실력 수학의 정석®

기하

홍성대 지음

동영상 강의 ▶
www.sungji.com

성지출판(주)

머 리 말

중학교와 고등학교에서 수학을 가르치고 배우는 목적은 크게 두 가지로 나누어 말할 수 있다.

첫째, 수학은 논리적 사고력을 길러 준다. "사람은 생각하는 동물"이라고 할 때 그 '생각한다'는 것은 논리적 사고를 이르는 말일 것이다. 우리는 학문의 연구나 문화적 행위에서, 그리고 개인적 또는 사회적인 여러 문제를 해결하는 데 있어서 논리적 사고 없이는 어느 하나도 이루어 낼 수가 없는데, 그 논리적 사고력을 기르는 데는 수학이 으뜸가는 학문인 것이다. 초등학교와 중·고등학교 12년간 수학을 배웠지만 실생활에 쓸모가 없다고 믿는 사람들은, 비록 공식이나 해법은 잊어버렸을 망정 수학 학습에서 얻어진 논리적 사고력은 그대로 남아서, 부지불식 중에 추리와 판단의 발판이 되어 일생을 좌우하고 있다는 사실을 미처 깨닫지 못하는 사람들이다.

둘째, 수학은 모든 학문의 기초가 된다는 것이다. 수학이 물리학·화학·공학·천문학 등 이공계 과학의 기초가 된다는 것은 상식에 속하지만, 현대에 와서는 경제학·사회학·정치학·심리학 등은 물론, 심지어는 예술의 각 분야에까지 깊숙이 파고들어 지대한 영향을 끼치고 있고, 최근에는 행정·관리·기획·경영 등에 종사하는 사람들에게도 상당한 수준의 수학이 필요하게 됨으로써 수학의 바탕 없이는 어느 학문이나 사무도 이루어지지 않는다는 사실을 실감케 하고 있다.

나는 이 책을 지음에 있어 이러한 점들에 바탕을 두고서 제도가 무시험이든 유시험이든, 출제 형태가 주관식이든 객관식이든, 문제 수준이 높든 낮든 크게 구애됨이 없이 적어도 고등학교에서 연마해 두어야 할 필요충분한 내용을 담는 데 내가 할 수 있는 최대한의 정성을 모두 기울였다.

따라서, 이 책으로 공부하는 제군들은 장차 변모할지도 모르는 어떤 입시에도 소기의 목적을 달성할 수 있음은 물론이거니와 앞으로 대학에 진학해서도 대학 교육을 받을 수 있는 충분한 기본 바탕을 이루리라는 것이 나에게는 절대적인 신념으로 되어 있다.

이제 나는 담담한 마음으로 이 책이 제군들의 장래를 위한 좋은 벗이 되기를 빌 뿐이다.

끝으로 이 책을 내는 데 있어서 아낌없는 조언을 해주신 서울대학교 윤옥경 교수님을 비롯한 수학계의 여러분들께 감사드린다.

1966. 8. 31.

지은이 홍 성 대

개정판을 내면서

지금까지 수학Ⅰ, 수학Ⅱ, 확률과 통계, 미적분Ⅰ, 미적분Ⅱ, 기하와 벡터로 세분되었던 고등학교 수학 과정은 2018학년도 고등학교 입학생부터 개정 교육과정이 적용됨에 따라

수학, 수학Ⅰ, 수학Ⅱ, 미적분, 확률과 통계,
기하, 실용 수학, 경제 수학, 수학과제 탐구

로 나뉘게 된다. 이 책은 그러한 새 교육과정에 맞추어 꾸며진 것이다.

특히, 이번 개정판이 마련되기까지는 우선 남진영 선생님과 박재희 선생님의 도움이 무척 컸음을 여기에 밝혀 둔다. 믿음직스럽고 훌륭한 두 분 선생님이 개편 작업에 적극 참여하여 꼼꼼하게 도와준 덕분에 더욱 좋은 책이 되었다고 믿어져 무엇보다도 뿌듯하다.

또한, 개정판을 낼 때마다 항상 세심한 조언을 아끼지 않으신 서울대학교 김성기 명예교수님께는 이 자리를 빌려 특별히 깊은 사의를 표하며, 아울러 편집부 김소희, 송연정, 박지영, 오명희 님께도 감사한 마음을 전한다.

「수학의 정석」은 1966년에 처음으로 세상에 나왔으니 올해로 발행 51주년을 맞이하는 셈이다. 거기다가 이 책은 이제 세대를 뛰어넘은 책이 되었다. 할아버지와 할머니가 고교 시절에 펼쳐 보던 이 책이 아버지와 어머니에게 이어졌다가 지금은 손자와 손녀의 책상 위에 놓여 있다.

이처럼 지난 반세기를 거치는 동안 이 책은 한결같이 학생들의 뜨거운 사랑과 성원을 받아 왔고, 이러한 관심과 격려는 이 책을 더욱 좋은 책으로 다듬는 데 큰 힘이 되었다.

이 책이 학생들에게 두고두고 사랑 받는 좋은 벗이요 길잡이가 되기를 간절히 바라마지 않는다.

2017. 3. 1.

지은이 홍 성 대

차 례

1. 포물선의 방정식

§ 1. 포물선의 방정식

기본정석

1 포물선의 정의

평면 위에서 한 정점과 이 점을 지나지 않는 한 정직선에 이르는 거리가 같은 점의 자취를 포물선이라고 한다.

이때, 정점을 포물선의 초점, 정직선을 포물선의 준선이라고 한다.

또, 포물선의 초점을 지나고 준선에 수직인 직선을 포물선의 축, 포물선과 축의 교점을 포물선의 꼭짓점이라고 한다.

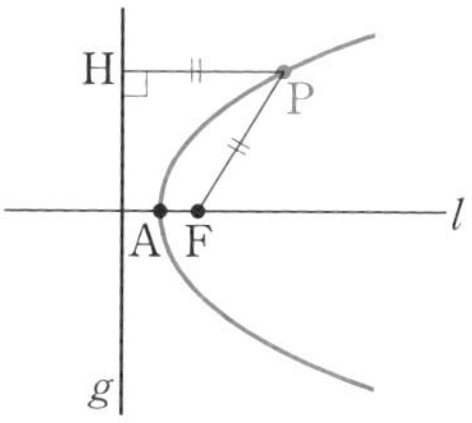

오른쪽 그림에서 $\overline{\mathbf{PF}}=\overline{\mathbf{PH}}$ 이고

F : 초점, $\boldsymbol{g}$: 준선, $\boldsymbol{l}$: 축, **A** : 꼭짓점

2 포물선의 방정식

(1) 초점이 점 $(p,\ 0)$, 준선이 직선 $x=-p$인 포물선의 방정식은

$$\boldsymbol{y^2=4px}\ (\text{단, } \boldsymbol{p\neq0})$$ ⇦ 아래 왼쪽 그림

역으로 포물선 $y^2=4px$ (단, $p\neq0$)에서

초점 $(\boldsymbol{p},\ \mathbf{0})$, 준선 $\boldsymbol{x=-p}$, 꼭짓점 $(\mathbf{0},\ \mathbf{0})$

(2) 초점이 점 $(0,\ p)$, 준선이 직선 $y=-p$인 포물선의 방정식은

$$\boldsymbol{x^2=4py}\ (\text{단, } \boldsymbol{p\neq0})$$ ⇦ 아래 오른쪽 그림

역으로 포물선 $x^2=4py$ (단, $p\neq0$)에서

초점 $(\mathbf{0},\ \boldsymbol{p})$, 준선 $\boldsymbol{y=-p}$, 꼭짓점 $(\mathbf{0},\ \mathbf{0})$

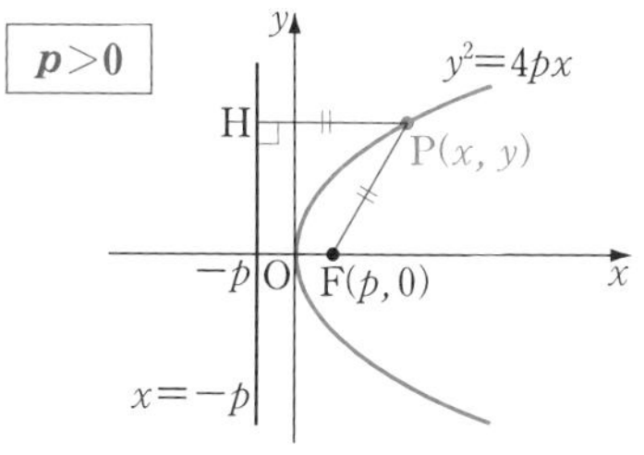

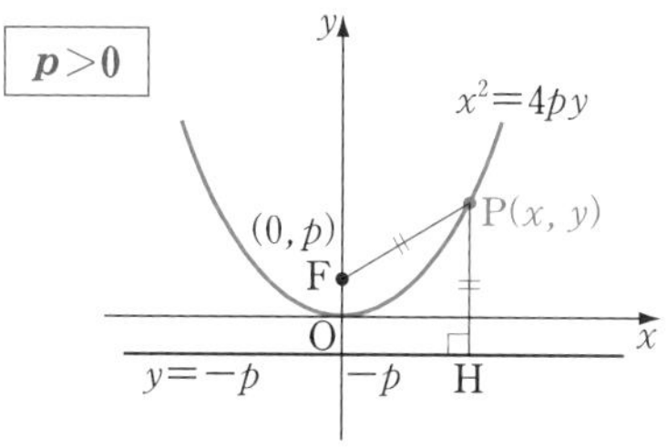

3 포물선 $y^2=4px$, $x^2=4py$ 의 평행이동

포물선 $y^2=4px$, $x^2=4py$는 평행이동

$$\mathbf{T} : (x,\ y) \longrightarrow (x+m,\ y+n)$$

에 의하여 각각 다음과 같이 이동된다.

$$(y-n)^2=4p(x-m) \qquad\qquad (x-m)^2=4p(y-n)$$

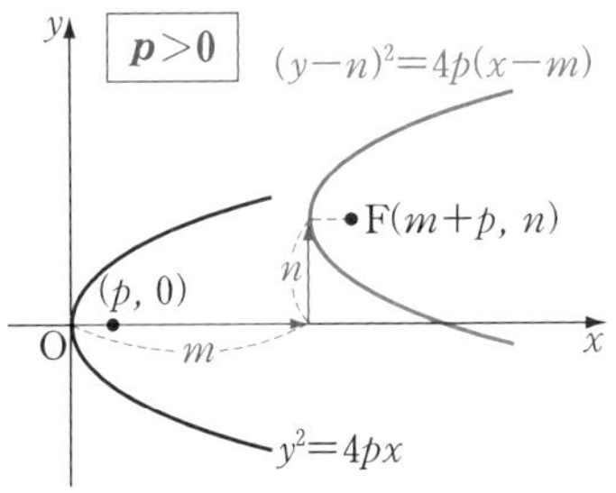

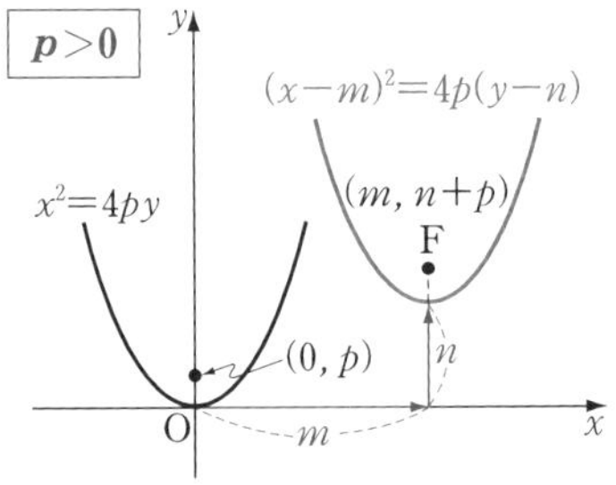

위의 평행이동에서 포물선 $(y-n)^2=4p(x-m)$의 꼭짓점, 초점, 준선은 각각 포물선 $y^2=4px$의 꼭짓점, 초점, 준선을 x축의 방향으로 m만큼, y축의 방향으로 n만큼 평행이동한 것과 같음을 알 수 있다.

포물선 $(x-m)^2=4p(y-n)$에 대해서도 마찬가지이다.

4 포물선의 방정식의 일반형

(1) 축이 y축에 수직인 포물선의 방정식은

$$y^2+Ax+By+C=0 \ (\text{단, } A\neq 0)$$

(2) 축이 x축에 수직인 포물선의 방정식은

$$x^2+Ax+By+C=0 \ (\text{단, } B\neq 0)$$

Advice 1° 초점이 점 $\mathrm{F}(p,\ 0)$, 준선이 직선 $x=-p$인 포물선

포물선 위의 점을 $\mathrm{P}(x,\ y)$라 하고, 점 P에서 준선 g에 내린 수선의 발을 H라고 하면

$$\overline{\mathrm{PF}}=\overline{\mathrm{PH}} \qquad \therefore \sqrt{(x-p)^2+y^2}=|x+p|$$

양변을 제곱하여 정리하면 $y^2=4px$

같은 방법으로 하면 초점이 점 $\mathrm{F}(0,\ p)$, 준선이 직선 $y=-p$인 포물선의 방정식은 $x^2=4py$

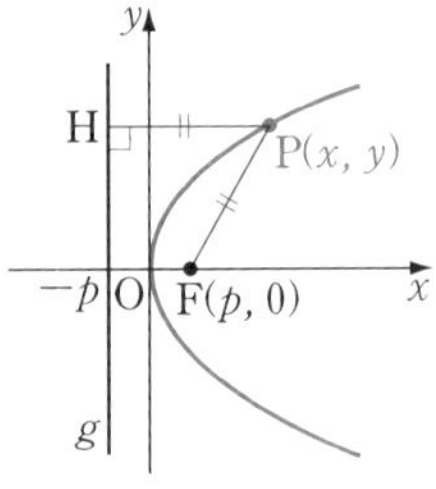

*Note $y^2=4px$에서 $p>0$이면 왼쪽으로, $p<0$이면 오른쪽으로 볼록한 포물선이 된다.

보기 1 다음을 만족시키는 포물선의 방정식을 구하여라.

(1) 초점 $(2, 0)$, 준선 $x=-2$ (2) 초점 $(0, 3)$, 준선 $y=-3$

연구 초점 $(\boldsymbol{p}, \mathbf{0})$, 준선 $\boldsymbol{x=-p}$인 포물선의 방정식 $\Longleftrightarrow$ $\boldsymbol{y^2=4px}$

초점 $(\mathbf{0}, \boldsymbol{p})$, 준선 $\boldsymbol{y=-p}$인 포물선의 방정식 $\Longleftrightarrow$ $\boldsymbol{x^2=4py}$

(1) $y^2=4px$에서

$p=2$이므로

$y^2=4\times2x$

곧, $\boldsymbol{y^2=8x}$

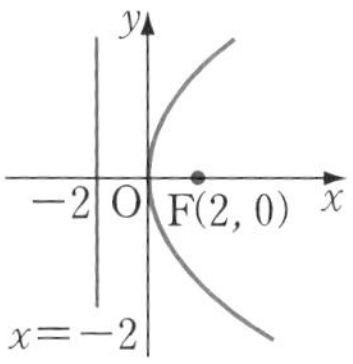

(2) $x^2=4py$에서

$p=3$이므로

$x^2=4\times3y$

곧, $\boldsymbol{x^2=12y}$

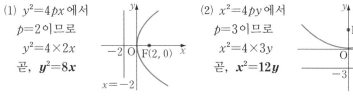

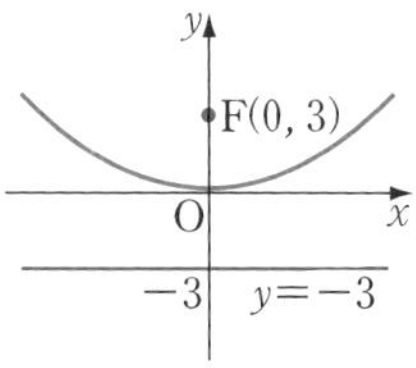

보기 2 다음 포물선의 초점의 좌표와 준선의 방정식을 구하여라.

(1) $y^2=12x$ (2) $y^2=-8x$ (3) $x^2=y$ (4) $x^2=-2y$

연구 (1) $4p=12$에서 $p=3$ $\therefore$ 초점 $(\mathbf{3}, \mathbf{0})$, 준선 $\boldsymbol{x=-3}$

(2) $4p=-8$에서 $p=-2$ $\therefore$ 초점 $(\mathbf{-2}, \mathbf{0})$, 준선 $\boldsymbol{x=2}$

(3) $4p=1$에서 $p=\dfrac{1}{4}$ $\therefore$ 초점 $\left(\mathbf{0}, \dfrac{\mathbf{1}}{\mathbf{4}}\right)$, 준선 $\boldsymbol{y=-\dfrac{1}{4}}$

(4) $4p=-2$에서 $p=-\dfrac{1}{2}$ $\therefore$ 초점 $\left(\mathbf{0}, -\dfrac{\mathbf{1}}{\mathbf{2}}\right)$, 준선 $\boldsymbol{y=\dfrac{1}{2}}$

Advice 2° 포물선의 방정식의 일반형

$(y-n)^2=4p(x-m)$, $(x-m)^2=4p(y-n)$을 각각 전개하여 정리하면

$y^2-4px-2ny+n^2+4pm=0$, $x^2-2mx-4py+m^2+4pn=0$

따라서 축이 y축에 수직인 포물선의 방정식은

$$\boldsymbol{y^2+Ax+By+C=0} \text{ (단, } \mathbf{A\neq0}\text{)}$$

또, 축이 x축에 수직인 포물선의 방정식은

$$\boldsymbol{x^2+Ax+By+C=0} \text{ (단, } \mathbf{B\neq0}\text{)}$$

의 꼴로 나타낼 수 있다.

보기 3 축이 y축에 수직이고, 세 점 $(0, 0)$, $(1, 1)$, $(3, -3)$을 지나는 포물선의 방정식을 구하여라.

연구 구하는 포물선의 방정식을 $y^2+Ax+By+C=0$이라고 하면

점 $(0, 0)$을 지나므로 $C=0$

점 $(1, 1)$을 지나므로 $1+A+B+C=0$

점 $(3, -3)$을 지나므로 $9+3A-3B+C=0$

세 식을 연립하여 풀면 $A=-2$, $B=1$, $C=0$

따라서 구하는 포물선의 방정식은 $\boldsymbol{y^2-2x+y=0}$

필수 예제 1-1 다음을 만족시키는 포물선의 방정식을 구하여라.

(1) 초점 F(3, 0), 준선 $x=1$ (2) 초점 F(3, -2), 준선 $y=4$

정석연구 조건에 맞게 포물선을 그려 꼭짓점의 좌표를 찾은 다음

정 석 꼭짓점이 점 $(\boldsymbol{m},\ \boldsymbol{n})$인 포물선의 방정식은

축이 $\boldsymbol{y}$축에 수직이면 $\Longrightarrow$ $(\boldsymbol{y}-\boldsymbol{n})^2=4\boldsymbol{p}(\boldsymbol{x}-\boldsymbol{m})$

축이 $\boldsymbol{x}$축에 수직이면 $\Longrightarrow$ $(\boldsymbol{x}-\boldsymbol{m})^2=4\boldsymbol{p}(\boldsymbol{y}-\boldsymbol{n})$

(단, $|\boldsymbol{p}|$는 초점과 꼭짓점 사이의 거리)

을 이용할 수 있다.

(1) 꼭짓점이 점 (2, 0)이고 $p=1$이므로 $(y-n)^2=4p(x-m)$에서

$\boldsymbol{y^2=4(x-2)}$

(2) 꼭짓점이 점 (3, 1)이고 $p=-3$이므로 $(x-m)^2=4p(y-n)$에서

$\boldsymbol{(x-3)^2=-12(y-1)}$

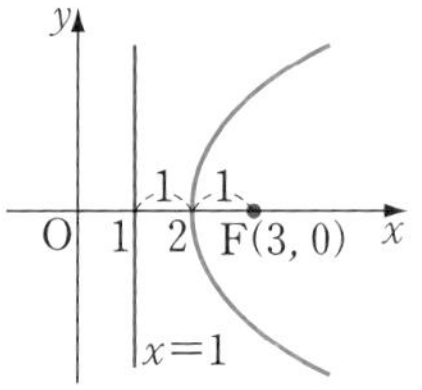

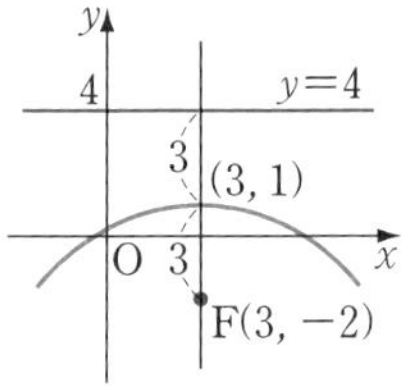

또는 포물선의 정의

정점과 정직선으로부터 같은 거리에 있는 점의 자취

를 이용하는 방법도 생각할 수 있다.

모범답안 (1) 포물선 위의 점을 P$(x,\ y)$라고 하면 $\overline{\mathrm{PF}}=\sqrt{(x-3)^2+y^2}$

또, 점 P$(x,\ y)$와 준선 $x=1$ 사이의 거리는 $|x-1|$

$\therefore\ \sqrt{(x-3)^2+y^2}=|x-1|$ $\therefore\ (x-3)^2+y^2=(x-1)^2$

이 식을 정리하면 $\boldsymbol{y^2=4(x-2)}$ ← 답

(2) 포물선 위의 점을 P$(x,\ y)$라고 하면 $\overline{\mathrm{PF}}=\sqrt{(x-3)^2+(y+2)^2}$

또, 점 P$(x,\ y)$와 준선 $y=4$ 사이의 거리는 $|y-4|$

$\therefore\ \sqrt{(x-3)^2+(y+2)^2}=|y-4|$ $\therefore\ (x-3)^2+(y+2)^2=(y-4)^2$

이 식을 정리하면 $\boldsymbol{(x-3)^2=-12(y-1)}$ ← 답

유제 **1**-1. 다음을 만족시키는 포물선의 방정식을 구하여라.

(1) 초점 (3, 2), 준선 $y=-3$ (2) 초점 (2, -2), 준선 $x=4$

답 (1) $\boldsymbol{(x-3)^2=10\left(y+\frac{1}{2}\right)}$ (2) $\boldsymbol{(y+2)^2=-4(x-3)}$

유제 **1**-2. 초점이 점 $(-1,\ 0)$이고 꼭짓점이 점 (3, 0)인 포물선의 방정식을 구하여라.

답 $\boldsymbol{y^2=-16(x-3)}$

필수 예제 1-2 좌표평면 위에 다음 포물선을 그리고, 꼭짓점, 초점의 좌표와 준선의 방정식을 구하여라.

(1) $y^2-4x+6y+29=0$ (2) $x^2-4x-8y+28=0$

정석연구 이와 같이 포물선의 방정식이 일반형으로 주어질 때에는

정석 $\boldsymbol{y^2+Ax+By+C=0}$**의 꼴은** $\Longrightarrow$ $\boldsymbol{(y-n)^2=4p(x-m)}$

$\boldsymbol{x^2+Ax+By+C=0}$**의 꼴은** $\Longrightarrow$ $\boldsymbol{(x-m)^2=4p(y-n)}$

의 꼴로 변형한다. 이때, 이들은 각각 포물선 $y^2=4px$, $x^2=4py$를

$\boldsymbol{x}$**축의 방향으로** $\boldsymbol{m}$**만큼,** $\boldsymbol{y}$**축의 방향으로** $\boldsymbol{n}$**만큼**

평행이동한 포물선의 방정식이다.

모범답안 (1) $y^2-4x+6y+29=0$을 y에 관하여 완전제곱의 꼴로 변형하면

$$(y+3)^2=4(x-5) \qquad \cdots\cdots①$$

이것은 포물선 $y^2=4x$를 x축의 방향으로 5만큼, y축의 방향으로 -3만큼 평행이동한 것이므로 그래프는 오른쪽 초록 곡선과 같다.

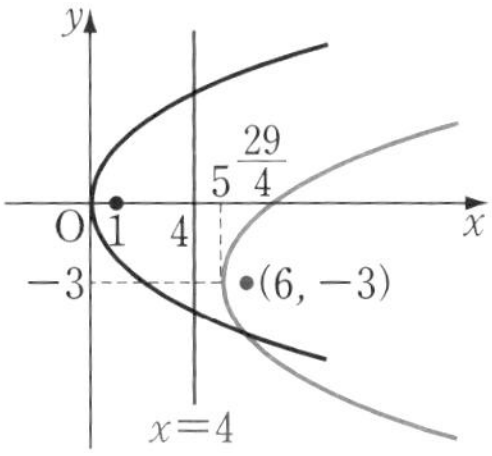

또, 포물선 $y^2=4x$에서

꼭짓점 $(0, 0)$, 초점 $(1, 0)$, 준선 $x=-1$

이므로 포물선 ①에서

꼭짓점 $\boldsymbol{(5, -3)}$, 초점 $\boldsymbol{(6, -3)}$, 준선 $\boldsymbol{x=4}$ ← 답

(2) $x^2-4x-8y+28=0$을 x에 관하여 완전제곱의 꼴로 변형하면

$$(x-2)^2=8(y-3) \qquad \cdots\cdots②$$

이것은 포물선 $x^2=8y$를 x축의 방향으로 2만큼, y축의 방향으로 3만큼 평행이동한 것이므로 그래프는 오른쪽 초록 곡선과 같다.

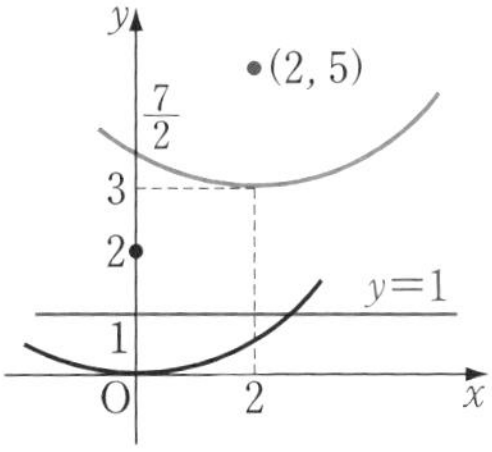

또, 포물선 $x^2=8y$에서

꼭짓점 $(0, 0)$, 초점 $(0, 2)$, 준선 $y=-2$

이므로 포물선 ②에서

꼭짓점 $\boldsymbol{(2, 3)}$, 초점 $\boldsymbol{(2, 5)}$, 준선 $\boldsymbol{y=1}$ ← 답

유제 **1**-3. 다음 포물선의 꼭짓점, 초점의 좌표와 준선의 방정식을 구하여라.

(1) $y^2+8x-6y+25=0$ (2) $x^2-10x-4y+21=0$

답 (1) $\boldsymbol{(-2, 3)}$, $\boldsymbol{(-4, 3)}$, $\boldsymbol{x=0}$ (2) $\boldsymbol{(5, -1)}$, $\boldsymbol{(5, 0)}$, $\boldsymbol{y=-2}$

필수 예제 1-3 포물선 $y^2=4px$의 초점 F를 지나는 직선이 포물선과 두 점 P, Q에서 만난다. 선분 PQ를 지름으로 하는 원을 C라고 할 때, 원 C는 준선에 접한다는 것을 증명하여라.

[정석연구] 원과 이 원에 접하는 직선에 관한 문제이다. 따라서

원의 중심과 준선 사이의 거리가 원의 반지름의 길이와 같다

는 것을 증명하는 방법을 생각하면 된다.

직선 PQ가 초점 F를 지난다는 것에 착안하여 포물선의 정의를 이용해 보자.

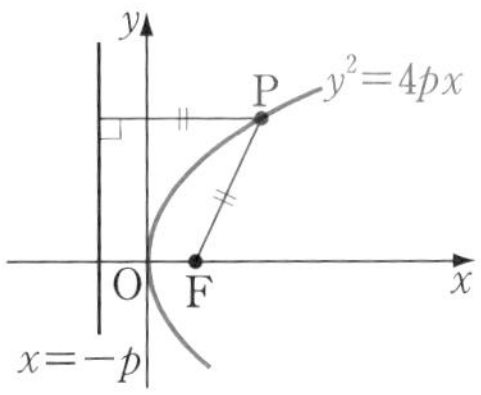

정석 포물선 위의 점 **P**와 초점 사이의 거리는 점 **P**와 준선 사이의 거리와 같다.

[모범답안] 선분 PQ의 중점을 M이라고 하면 원 C의 중심은 M, 반지름의 길이는 $\overline{PM}$이다.

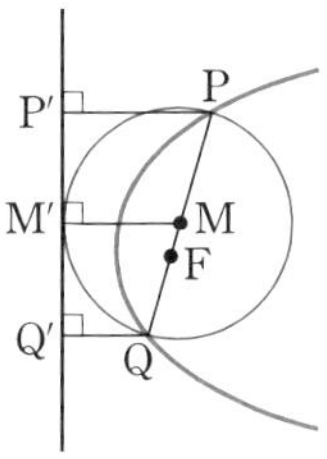

한편 포물선 위의 점 P, Q에서 준선에 내린 수선의 발을 각각 P′, Q′이라고 하면

$$\overline{PF}=\overline{PP'},\quad \overline{QF}=\overline{QQ'} \quad \cdots\cdots①$$

또, 점 M에서 준선에 내린 수선의 발을 M′, 선분 PQ′과 선분 MM′의 교점을 R라고 하면 삼각형의 두 변의 중점을 연결한 선분의 성질에 의하여

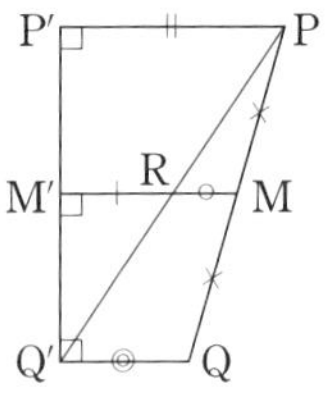

$$\overline{M'M}=\overline{M'R}+\overline{RM}=\frac{1}{2}\overline{P'P}+\frac{1}{2}\overline{Q'Q}$$

①을 대입하면

$$\overline{M'M}=\frac{1}{2}\overline{PF}+\frac{1}{2}\overline{QF}=\frac{1}{2}\overline{PQ}=\overline{PM}$$

곧, 원 C의 중심과 준선 사이의 거리가 반지름의 길이와 같으므로 원 C는 준선에 접한다.

[유제] **1**-4. 초점이 F인 포물선 $y^2=x$ 위에 $\overline{FP}=4$인 점 P가 있다. 오른쪽 그림과 같이 선분 FP의 연장선 위에 $\overline{FP}=\overline{PQ}$가 되도록 점 Q를 잡을 때, 점 Q의 x좌표를 구하여라.

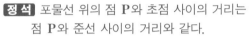

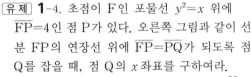

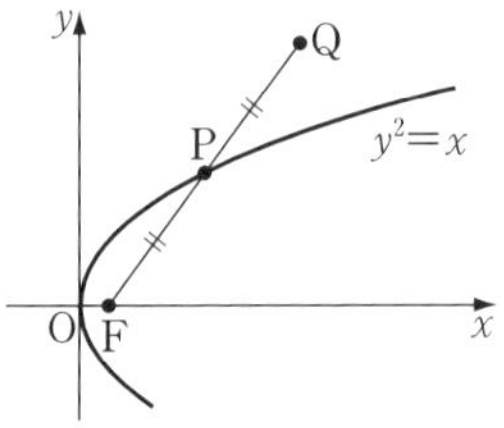

[답] $\dfrac{29}{4}$

[유제] **1**-5. 포물선 $y^2=4px$의 초점 $F(p,\ 0)$과 포물선 위의 점 $P(x_1,\ y_1)$을 지름의 양 끝 점으로 하는 원은 y축에 접한다는 것을 증명하여라.

필수 예제 1-4 좌표평면 위를 움직이는 점 $P(\cos\theta, 3+\sin\theta)$의 자취에 접하고 동시에 x축에 접하는 원의 중심의 자취의 방정식을 구하여라. 단, θ는 실수이다.

정석연구 수학 I의 삼각함수에서 공부하는

정석 $\sin^2\theta+\cos^2\theta=1$ ⇦ 실력 수학 I p. 90

을 이용하여 먼저 점 P의 자취의 방정식을 구한다.

그리고 두 원의 반지름의 길이가 각각 r_1, r_2이고 중심 사이의 거리가 d일 때, 두 원이 접할 조건은 다음과 같음을 이용한다. ⇦ 실력 수학(하) p. 58

정석 외접할 때 $d=r_1+r_2$, 내접할 때 $d=|r_1-r_2|$

모범답안 $x=\cos\theta$, $y=3+\sin\theta$라고 하면 $\sin^2\theta+\cos^2\theta=1$이므로

$$x^2+(y-3)^2=1 \quad \cdots\cdots①$$

곧, 점 P의 자취는 중심이 C(0, 3)이고 반지름의 길이가 1인 원이다.

원 ①에 접하고 동시에 x축에 접하는 원의 중심을 $Q(x, y)$라고 하면 $y>0$이고, y는 이 원의 반지름의 길이이다. 따라서

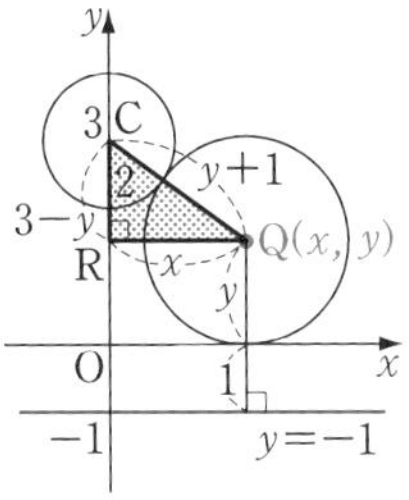

(i) 외접할 때 $\sqrt{x^2+(y-3)^2}=y+1$

양변을 제곱하여 정리하면 $x^2=8(y-1)$

(ii) 내접할 때 $\sqrt{x^2+(y-3)^2}=|y-1|$

양변을 제곱하여 정리하면 $x^2=4(y-2)$

답 $\boldsymbol{x^2=8(y-1)}$, $\boldsymbol{x^2=4(y-2)}$

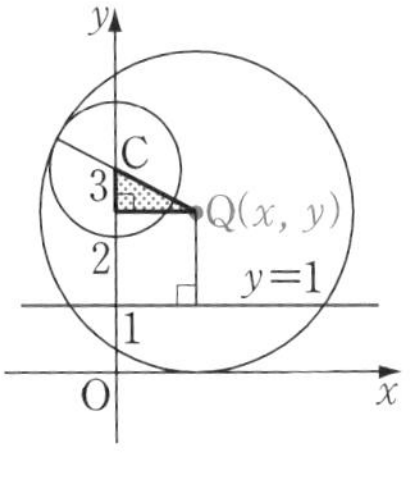

Advice | 포물선의 정의를 이용할 수도 있다.

(i) 외접할 때 : $\overline{QC}=y+1$이므로 점 Q의 자취는 초점이 점 C(0, 3)이고 준선이 직선 $y=-1$인 포물선이다.

(ii) 내접할 때 : $\overline{QC}=y-1$이므로 점 Q의 자취는 초점이 점 C(0, 3)이고 준선이 직선 $y=1$인 포물선이다.

유제 **1**-6. 원 $x^2+y^2=1$에 외접하고 동시에 직선 $y=-2$에 접하는 원의 중심의 자취의 방정식을 구하여라. 답 $\boldsymbol{x^2=6y+9}$

유제 **1**-7. 좌표평면 위를 움직이는 점 $P(\cos\theta-1, \sin\theta+2)$의 자취에 외접하고 동시에 직선 $x=2$에 접하는 원의 중심의 자취의 방정식을 구하여라. 단, θ는 실수이다. 답 $\boldsymbol{(y-2)^2=-8(x-1)}$

§ 2. 포물선과 직선의 위치 관계

기본정석

1 포물선과 직선의 위치 관계

직선 : $\boldsymbol{y=mx+n}$ $(\boldsymbol{m\neq 0})$ ……①

포물선 : $\boldsymbol{f(x,\ y)=0}$ ……②

①과 ②에서 y를 소거하면

$f(x,\ mx+n)=0$ ……③

③의 판별식을 D라고 하면

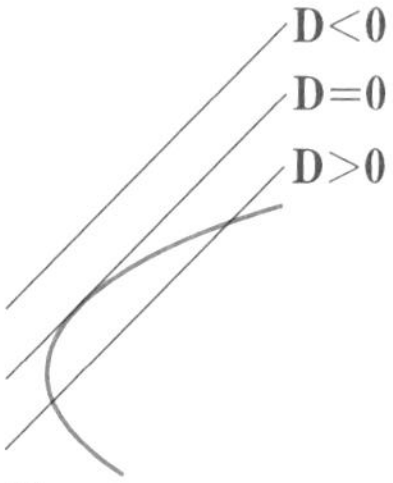

		$\boldsymbol{f(x,\ mx+n)=0}$의 근		직선과 포물선
$\mathrm{D}>0$	⟺	서로 다른 두 실근	⟺	서로 다른 두 점에서 만난다
$\mathrm{D}=0$	⟺	중근	⟺	접한다
$\mathrm{D}<0$	⟺	서로 다른 두 허근	⟺	만나지 않는다

2 포물선의 접선의 방정식

(1) 포물선 위의 점에서의 접선의 방정식

포물선 $y^2=4px$ 위의 점 $(x_1,\ y_1)$에서의 접선의 방정식은

$$\boldsymbol{y_1y=2p(x+x_1)}$$

포물선 $x^2=4py$ 위의 점 $(x_1,\ y_1)$에서의 접선의 방정식은

$$\boldsymbol{x_1x=2p(y+y_1)}$$

(2) 기울기가 $\boldsymbol{m}$인 접선의 방정식

포물선 $y^2=4px$에 접하고 기울기가 m인 직선의 방정식은

$$\boldsymbol{y=mx+\frac{p}{m}}$$

Advice 1° 포물선과 직선의 위치 관계

수학(하)에서 공부한 원과 직선의 위치 관계는

서로 다른 두 점에서 만나는 경우, 접하는 경우, 만나지 않는 경우

의 세 경우로 나누어 생각할 수 있다. ⇦ 실력 수학(하) p. 51

포물선과 직선의 위치 관계도 직선이 포물선의 준선에 수직이 아니면 위의 세 경우로 나누어 생각할 수 있다. 이 관계는 원과 직선의 경우와 같이 이차방정식의 판별식을 이용하여 알아볼 수 있다.

한편 준선에 수직인 직선은 포물선과 한 점에서 만나고 접하지 않는다.

보기 1 직선 $y=2x+n$과 포물선 $y^2=4x$의 위치 관계가 다음과 같을 때, 실수 n의 값 또는 값의 범위를 구하여라.

(1) 서로 다른 두 점에서 만난다. (2) 접한다. (3) 만나지 않는다.

연구 $y=2x+n$ ……① $y^2=4x$ ……②

①을 ②에 대입하여 정리하면 $4x^2+4(n-1)x+n^2=0$ ……③

이 방정식의 실근이 ①, ②의 교점의 x좌표와 같다. 따라서

(1) ①이 ②와 서로 다른 두 점에서 만나려면 ③이 서로 다른 두 실근을 가져야 하므로

$$\mathrm{D}/4=4(n-1)^2-4n^2>0 \quad \therefore \ \boldsymbol{n<\frac{1}{2}}$$

(2) ①이 ②에 접하려면 ③이 중근을 가져야 하므로

$$\mathrm{D}/4=4(n-1)^2-4n^2=0 \quad \therefore \ \boldsymbol{n=\frac{1}{2}}$$

(3) ①이 ②와 만나지 않으려면 ③이 허근을 가져야 하므로

$$\mathrm{D}/4=4(n-1)^2-4n^2<0 \quad \therefore \ \boldsymbol{n>\frac{1}{2}}$$

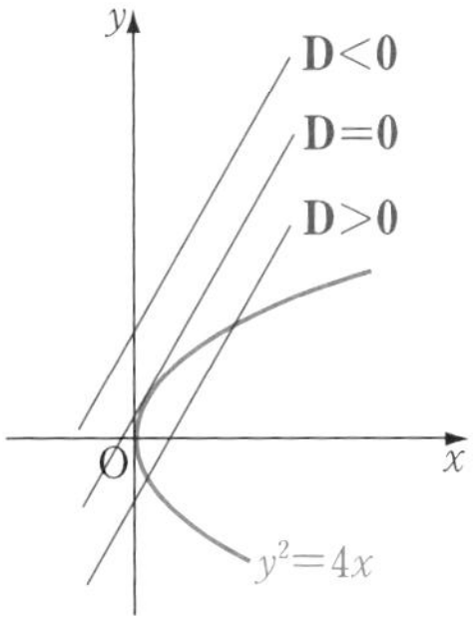

Advice 2° 포물선 위의 점 (x_1, y_1)에서의 접선의 방정식

직선 $\boldsymbol{y=mx+n\ (m\neq0)}$ ……①

포물선 $\boldsymbol{f(x, y)=0}$ ……②

가 만나는 점의 x좌표는 ①, ②에서 y를 소거한 이차방정식

$f(x, mx+n)=0$ ……③

의 실근과 같다. 따라서 ③의 판별식을 D라고 하면

정석 D=0 ⟺ 직선과 포물선은 접한다

보기 2 포물선 $y^2=8x$ 위의 점 $(2, 4)$에서의 접선의 방정식을 구하여라.

연구 $y^2=8x$ ……①

구하는 접선의 방정식을 $y=mx+n$ ……②

로 놓고, ②를 ①에 대입하여 정리하면

$m^2x^2+2(mn-4)x+n^2=0$ ……③

②가 ①에 접하면 ③이 중근을 가지므로

$\mathrm{D}/4=(mn-4)^2-m^2n^2=0$

$\therefore\ mn=2$ ……④

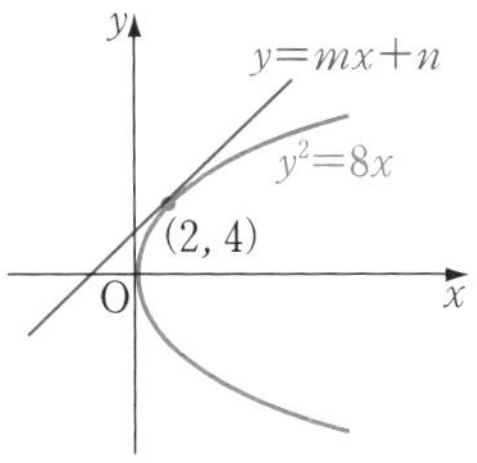

한편 ②는 점 $(2, 4)$를 지나므로 $2m+n=4$ ……⑤

④, ⑤를 연립하여 풀면 $m=1,\ n=2 \quad \therefore\ \boldsymbol{y=x+2}$

보기 3 포물선 $y^2=4px$ 위의 점 $(x_1,\ y_1)$에서의 접선의 방정식을 구하여라.

연구 $y^2=4px$ ……①

$(x_1,\ y_1)\neq(0,\ 0)$일 때, 구하는 접선의 방정식을 $y=mx+n$ ……②

로 놓고, ②를 ①에 대입하여 정리하면

$$m^2x^2+2(mn-2p)x+n^2=0 \quad \cdots\cdots③$$

②가 ①에 접하면 ③이 중근을 가지므로

$$D/4=(mn-2p)^2-m^2n^2=0 \quad \therefore\ -4p(mn-p)=0$$

$p\neq0$이므로 $mn=p$ ……④

한편 ②는 점 $(x_1,\ y_1)$을 지나므로 $y_1=mx_1+n$

이때, $n=y_1-mx_1$이므로 ④에 대입하면 $m^2x_1-my_1+p=0$ ……⑤

그런데 점 $(x_1,\ y_1)$은 ① 위의 점이므로

$$y_1{}^2=4px_1 \quad \therefore\ x_1=\frac{y_1{}^2}{4p}$$

이것을 ⑤에 대입하여 정리하면 $m^2y_1{}^2-4pmy_1+4p^2=0$

$$\therefore\ (my_1-2p)^2=0 \quad \therefore\ m=\frac{2p}{y_1}$$

④에 대입하여 정리하면 $n=\dfrac{y_1}{2}$

②에 대입하면 $y=\dfrac{2p}{y_1}x+\dfrac{y_1}{2}$ $\quad\therefore\ 2y_1y=4px+y_1{}^2$

$y_1{}^2=4px_1$이므로 $\boldsymbol{y_1y=2p(x+x_1)}$

$(x_1,\ y_1)=(0,\ 0)$일 때, 접선의 방정식은 $x=0$이므로 이 경우도 위의 식을 만족시킨다.

같은 방법으로 하면 포물선 $x^2=4py$ 위의 점 $(x_1,\ y_1)$에서의 접선의 방정식은 $\boldsymbol{x_1x=2p(y+y_1)}$

위의 결과는 $y^2=4px,\ x^2=4py$에서

$\boldsymbol{x^2}$ 대신 ⟹ $\boldsymbol{x_1x}$　　　$\boldsymbol{y^2}$ 대신 ⟹ $\boldsymbol{y_1y}$

$\boldsymbol{x}$ 대신 ⟹ $\dfrac{1}{2}(\boldsymbol{x+x_1})$　　　$\boldsymbol{y}$ 대신 ⟹ $\dfrac{1}{2}(\boldsymbol{y+y_1})$

을 대입한 것과 같다.

보기 4 다음 포물선 위의 주어진 점에서의 접선의 방정식을 구하여라.

(1) $y^2=4x$, 점 $(9,\ 6)$　　　(2) $x^2=2y$, 점 $(-4,\ 8)$

연구 (1) y^2 대신 $6\times y$를, x 대신 $\dfrac{1}{2}(x+9)$를 대입하면 $\boldsymbol{y=\dfrac{1}{3}x+3}$

(2) x^2 대신 $-4\times x$를, y 대신 $\dfrac{1}{2}(y+8)$을 대입하면 $\boldsymbol{y=-4x-8}$

Advice 3° 기울기가 m인 접선의 방정식

보기 5 포물선 $y^2=4x$에 접하고 기울기가 1인 직선의 방정식을 구하여라.

연구 $y^2=4x$ ……①

구하는 접선의 방정식을 $y=x+n$ ……②

로 놓고, ②를 ①에 대입하여 정리하면

$$x^2+2(n-2)x+n^2=0 \quad \cdots\cdots③$$

②가 ①에 접하면 ③이 중근을 가지므로

$$D/4=(n-2)^2-n^2=0 \quad \therefore\ n=1 \quad \therefore\ \boldsymbol{y=x+1}$$

보기 6 포물선 $y^2=4px$에 접하고 기울기가 m인 직선의 방정식을 구하여라.

연구 $y^2=4px$ ……①

구하는 접선의 방정식을 $y=mx+n$ ……②

로 놓고, ②를 ①에 대입하여 정리하면

$$m^2x^2+2(mn-2p)x+n^2=0 \quad \cdots\cdots③$$

②가 ①에 접하면 ③이 중근을 가지므로

$$D/4=(mn-2p)^2-m^2n^2=0 \quad \therefore\ -4p(mn-p)=0$$

$p\neq0$이므로 $n=\dfrac{p}{m}$ $\quad\therefore\ \boldsymbol{y=mx+\dfrac{p}{m}}$

Note **보기 5**에서 $p=1$이므로 위의 공식에 대입하면

$$y=1\times x+\frac{1}{1} \quad \therefore\ \boldsymbol{y=x+1}$$

Advice 4° 미분법을 이용한 포물선의 접선의 기울기 구하기

보기 2와 **보기 5**에서 접선의 기울기는 미적분에서 공부하는 음함수의 미분법을 이용하여 구할 수도 있다. ⇦ 실력 미적분 p. 120

보기 2에서 $y^2=8x$의 양변을 x에 관하여 미분하면

$$2y\frac{dy}{dx}=8 \quad \therefore\ \frac{dy}{dx}=\frac{4}{y}\ (y\neq0)$$

점 (2, 4)에서의 접선의 기울기는 $\left[\dfrac{dy}{dx}\right]_{\substack{x=2\\y=4}}=\dfrac{4}{4}=1$

따라서 접선의 방정식은 $y-4=1\times(x-2)$ $\quad\therefore\ \boldsymbol{y=x+2}$

또, **보기 5**에서 $y^2=4x$의 양변을 x에 관하여 미분하면

$$2y\frac{dy}{dx}=4 \quad \therefore\ \frac{dy}{dx}=\frac{2}{y}\ (y\neq0)$$

기울기가 1일 때 $\dfrac{2}{y}=1$ $\quad\therefore\ y=2 \quad \therefore\ x=1$

따라서 접선의 방정식은 $y-2=1\times(x-1)$ $\quad\therefore\ \boldsymbol{y=x+1}$

필수 예제 1-5 포물선 $y^2=4(x-2)$와 직선 $x-y-2=0$에 대하여

(1) 포물선과 직선의 교점의 좌표를 구하여라.

(2) (1)의 두 교점을 지나고 준선이 직선 $y=-1$인 포물선의 방정식을 구하여라.

정석연구 (1) 두 그래프의 교점을 구할 때에는 다음 **정석**을 이용한다.

정석 $\boldsymbol{y=f(x)}$, $\boldsymbol{y=g(x)}$의 그래프의 교점의 $\boldsymbol{x}$좌표는
⟹ 방정식 $\boldsymbol{f(x)=g(x)}$의 실근

$y^2=4(x-2)$는 $y=f(x)$ 꼴의 함수는 아니지만 방정식 $y^2=4(x-2)$와 $x-y-2=0$에서 y를 소거하면 교점의 x좌표를 구할 수 있다.

(2) 준선이 주어져 있으므로 초점을 점 $(a,\ b)$로 놓고 정의를 이용해 보자.

정석 초점 또는 준선이 주어지면 ⟹ 포물선의 정의를 이용한다.

모범답안 (1) $y^2=4(x-2)$, $x-y-2=0$에서 y를 소거하면

$(x-2)^2=4(x-2)$ $\quad\therefore\ x=2,\ 6$

이때, $y=0,\ 4$이므로 교점의 좌표는

$\mathbf{(2,\ 0),\ (6,\ 4)}$ ← 답

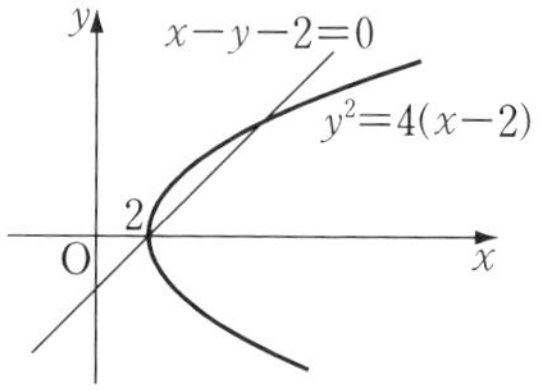

(2) 구하는 포물선의 초점을 점 $(a,\ b)$라고 하자.

교점과 준선 사이의 거리와 교점과 초점 사이의 거리가 각각 같으므로

$|0-(-1)|=\sqrt{(a-2)^2+b^2}$,

$|4-(-1)|=\sqrt{(a-6)^2+(b-4)^2}$

각각 양변을 제곱하여 정리하면

$a^2-4a+b^2+3=0$,

$a^2-12a+b^2-8b+27=0$

연립하여 풀면 $(a,\ b)=(2,\ 1),\ (3,\ 0)$

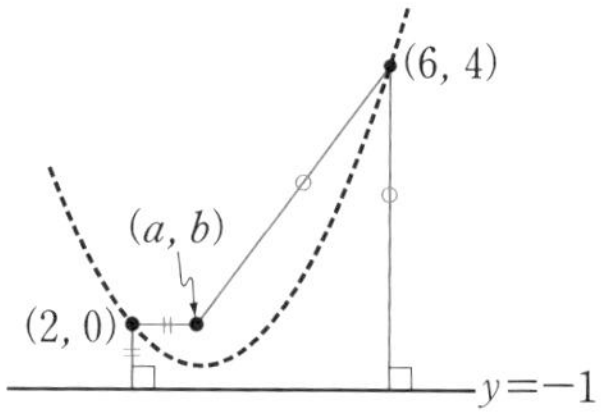

초점이 점 $(2,\ 1)$일 때, $p=1$이므로 포물선 $x^2=4y$를 x축의 방향으로 2만큼 평행이동하면 $\boldsymbol{(x-2)^2=4y}$ ← 답

초점이 점 $(3,\ 0)$일 때, $p=\dfrac{1}{2}$이므로 포물선 $x^2=2y$를 x축의 방향으로 3, y축의 방향으로 $-\dfrac{1}{2}$만큼 평행이동하면 $\boldsymbol{(x-3)^2=2\left(y+\dfrac{1}{2}\right)}$ ← 답

유제 **1**-8. 포물선 $y^2-5y-x+2=0$과 직선 $x-y+3=0$의 두 교점을 지나고, 초점의 y좌표가 2이며, 준선이 y축에 수직인 포물선의 준선의 방정식을 구하여라.

답 $\boldsymbol{y=0}$

필수 예제 1-6 직선 $y=x+k$가 포물선 $y^2=4x$와 서로 다른 두 점 P, Q에서 만날 때, 선분 PQ의 중점의 자취의 방정식을 구하여라.
단, k는 상수이다.

정석연구 직선 $y=x+k$와 포물선 $y^2=4x$의 교점의 x좌표는 두 식에서 y를 소거한 이차방정식

$$(x+k)^2=4x \qquad \cdots\cdots ①$$

의 실근이다.

여기서 방정식의 근을 구하기 쉽지 않으면 두 근을 α, β로 놓고 근과 계수의 관계를 이용할 수도 있다.

이때에는 직선과 포물선이 서로 다른 두 점에서 만나므로 ①이 서로 다른 두 실근을 가질 조건을 반드시 확인해야 한다.

정석 서로 다른 두 점에서 만난다 $\Longleftrightarrow$ 서로 다른 두 실근
$\Longleftrightarrow$ **D>0**

모범답안 $y=x+k$ ……② $y^2=4x$ ……③

②, ③에서 y를 소거하면 $(x+k)^2=4x$

곧, $x^2+2(k-2)x+k^2=0$ ……④

④의 두 근을 α, β라고 하면 α, β는 ②, ③의 교점의 x좌표이므로

$\mathrm{P}(\alpha,\ \alpha+k)$, $\mathrm{Q}(\beta,\ \beta+k)$

이때, 선분 PQ의 중점을 M(X, Y)라고 하면

$$\mathrm{X}=\frac{\alpha+\beta}{2},\quad \mathrm{Y}=\frac{\alpha+\beta+2k}{2}$$

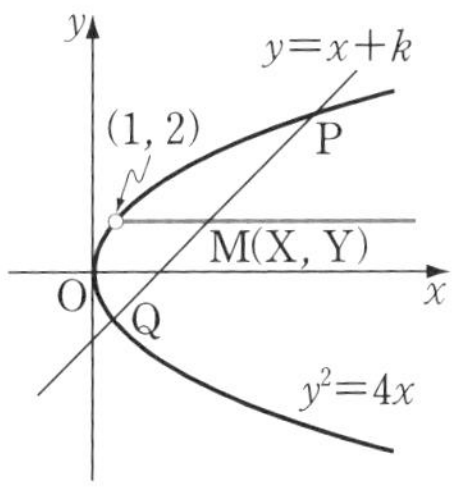

그런데 ④에서 $\alpha+\beta=-2(k-2)$이므로

$\mathrm{X}=-k+2,\ \mathrm{Y}=2 \quad \therefore \mathrm{M}(-k+2,\ 2)$

곧, 점 M은 k의 값이 변함에 따라 직선 $\mathrm{Y}=2$ 위를 움직인다.

한편 ④는 서로 다른 두 실근을 가져야 하므로

$\mathrm{D}/4=(k-2)^2-k^2>0 \quad \therefore k<1$

그러므로 $\mathrm{X}=-k+2$에서 $k=2-\mathrm{X}<1 \quad \therefore \mathrm{X}>1$

따라서 구하는 자취의 방정식은 $\boldsymbol{y=2\ (x>1)}$ ← 답

유제 **1**-9. 직선 $y=x$에 수직인 직선과 포물선 $y^2=2x$가 서로 다른 두 점 P, Q에서 만날 때, 선분 PQ의 중점의 자취의 방정식을 구하여라.

답 $\boldsymbol{y=-1\ \left(x>\frac{1}{2}\right)}$

필수 예제 1-7 포물선 $y^2=-4x$에 접하고 점 $(2,\ -1)$을 지나는 직선의 방정식을 구하여라.

정석연구 다음 두 가지 방법을 생각할 수 있다.

(i) 판별식을 이용한다.

정석 접한다 $\Longleftrightarrow$ 중근을 가진다 $\Longleftrightarrow$ $\mathrm{D}=0$

(ii) 공식을 이용한다.

정석 포물선 $\boldsymbol{y^2=4px}$ 위의 점 $(\boldsymbol{x_1},\ \boldsymbol{y_1})$에서의 접선의 방정식은

$\Longrightarrow$ $\boldsymbol{y_1y=2p(x+x_1)}$

여기에서 점 $(2,\ -1)$이 포물선 위의 점이 아닌 것에 주의해야 한다.

모범답안 1° $y^2=-4x$ ……①

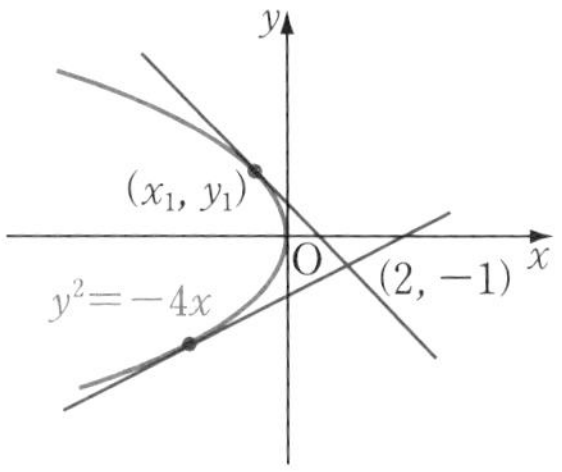

점 $(2,\ -1)$을 지나는 접선의 방정식을

$y=mx+n$ ……②

로 놓고, ②를 ①에 대입하면

$(mx+n)^2=-4x$

$\therefore\ m^2x^2+2(mn+2)x+n^2=0$ …③

②가 ①에 접하면 ③이 중근을 가지므로

$\mathrm{D}/4=(mn+2)^2-m^2n^2=0\quad \therefore\ mn=-1$ ……④

한편 ②는 점 $(2,\ -1)$을 지나므로 $2m+n=-1$ ……⑤

④, ⑤를 연립하여 풀면 $m=-1,\ n=1$ 또는 $m=\dfrac{1}{2},\ n=-2$

$\therefore\ \boldsymbol{y=-x+1,\ y=\dfrac{1}{2}x-2}$ ← 답

모범답안 2° 접점의 좌표를 $(x_1,\ y_1)$이라고 하면(위의 그림 참조)

접선의 방정식은 $y_1y=-2(x+x_1)$

이 직선이 점 $(2,\ -1)$을 지나므로 $y_1=2(2+x_1)$ ……⑥

한편 점 $(x_1,\ y_1)$은 포물선 $y^2=-4x$ 위의 점이므로 $y_1^2=-4x_1$ ……⑦

⑥을 ⑦에 대입하면 $4(2+x_1)^2=-4x_1\quad \therefore\ x_1^2+5x_1+4=0$

$\therefore\ x_1=-1,\ -4\quad \therefore\ y_1=2,\ -4$

$\therefore\ \boldsymbol{y=-x+1,\ y=\dfrac{1}{2}x-2}$ ← 답

유제 **1**-10. 포물선 $y^2=8x$에 접하고 점 $(0,\ 2)$를 지나는 직선의 방정식을 구하여라.

답 $\boldsymbol{x=0,\ y=x+2}$

필수 예제 1-8 포물선 $y^2-4x+8=0$에 접하고 직선 $y=x+1$에 수직인 직선의 방정식을 구하여라.

[정석연구] 다음 두 가지 방법을 생각할 수 있다.

(i) 판별식을 이용한다.

정석 접한다 $\Longleftrightarrow$ 중근을 가진다 $\Longleftrightarrow$ $\mathrm{D}=0$

(ii) 공식을 이용한다.

정석 포물선 $\boldsymbol{y^2=4px}$에 접하고 기울기가 $\boldsymbol{m}$인 직선의 방정식은

$$\Longrightarrow \boldsymbol{y=mx+\frac{p}{m}}$$

[모범답안] 1° $y^2-4x+8=0$ ……①

직선 $y=x+1$에 수직인 직선의 방정식을

$y=-x+n$ ……②

로 놓고, ②를 ①에 대입하면

$(-x+n)^2-4x+8=0$

$\therefore\ x^2-2(n+2)x+n^2+8=0$ ……③

②가 ①에 접하면 ③이 중근을 가지므로

$\mathrm{D}/4=(n+2)^2-(n^2+8)=0$

$\therefore\ n=1$ $\therefore\ \boldsymbol{y=-x+1}$ ← [답]

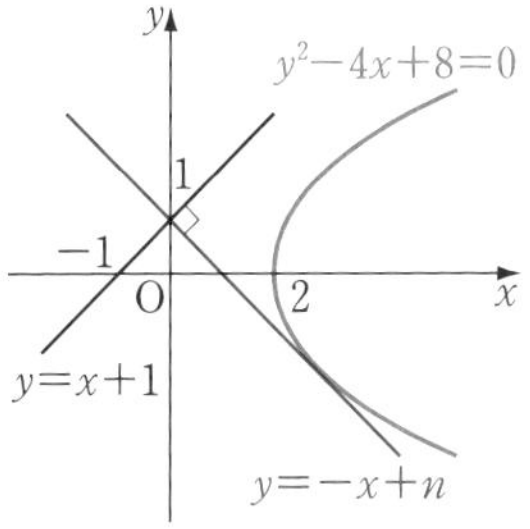

[모범답안] 2° $y^2-4x+8=0$에서 $y^2=4(x-2)$ ……④

한편 포물선 $y^2=4x$에 접하고 기울기가 -1인 직선의 방정식은

$y=-1\times x+\dfrac{1}{-1}$ 곧, $y=-x-1$ ⇦ $\boldsymbol{y=mx+\frac{p}{m}}$에 대입

④는 포물선 $y^2=4x$를 x축의 방향으로 2만큼 평행이동한 것이므로 ④의 접선은 직선 $y=-x-1$을 x축의 방향으로 2만큼 평행이동한 것이다.

따라서 구하는 직선의 방정식은

$y=-(x-2)-1$ $\therefore\ \boldsymbol{y=-x+1}$ ← [답]

[유제] **1**-11. 포물선 $y^2+8x-16=0$에 접하는 직선 중에서 다음을 만족시키는 직선의 방정식을 구하여라.

(1) 직선 $y=\dfrac{1}{2}x-1$에 수직이다.

(2) 직선 $y=x+5$에 평행하다.

[답] (1) $\boldsymbol{y=-2x+5}$ (2) $\boldsymbol{y=x-4}$

필수 예제 1-9 포물선 $y^2=4px$ (단, $p>0$) 위의 점 P를 지나고 y축에 수직인 직선 PX가 있다. F가 포물선의 초점일 때, 다음을 증명하여라.

(1) 점 P에서의 접선이 x축과 만나는 점을 T라고 하면 $\overline{TF}=\overline{PF}$이다.

(2) 두 직선 PF와 PX가 점 P에서의 접선과 이루는 예각의 크기는 서로 같다.

[정석연구] 다음 공식을 이용한다.

정석 포물선 $\boldsymbol{y^2=4px}$ 위의 점 $(\boldsymbol{x_1,\ y_1})$에서의 접선의 방정식은
$$\Longrightarrow\ \boldsymbol{y_1y=2p(x+x_1)}$$

[모범답안] 점 P의 좌표를 $(x_1,\ y_1)$이라고 하자.

(1) 점 P에서의 접선의 방정식은 $y_1y=2p(x+x_1)$ ……①

①이 x축과 만나는 점 T의 x좌표는

$y=0$에서 $x=-x_1$

한편 초점 F의 좌표는 $(p,\ 0)$이므로

$\overline{TF}=p+x_1$ ……②

또, $\overline{PF}$는 점 P와 준선 $x=-p$ 사이의 거리와 같으므로 $\overline{PF}=x_1+p$ ……③

②, ③에서 $\overline{TF}=\overline{PF}$

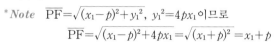

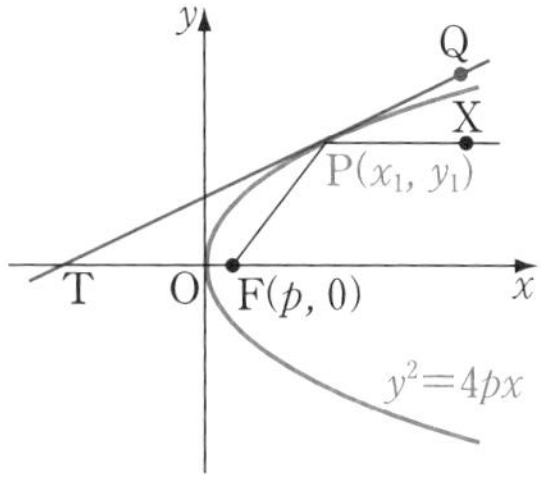

*Note $\overline{PF}=\sqrt{(x_1-p)^2+y_1^2}$, $y_1^2=4px_1$이므로
$$\overline{PF}=\sqrt{(x_1-p)^2+4px_1}=\sqrt{(x_1+p)^2}=x_1+p$$

(2) (1)에서 $\overline{TF}=\overline{PF}$이므로 $\angle PTF=\angle TPF$

또, 문제의 조건에서 $\overline{TF}\,/\!/\,\overline{PX}$이므로 위의 그림에서 $\angle PTF=\angle QPX$
$$\therefore\ \angle TPF=\angle QPX$$

곧, 두 직선 PF와 PX가 점 P에서의 접선과 이루는 예각의 크기는 서로 같다.

*Note 이것은 포물면경의 초점 F에서 출발한 빛은 포물면경에서 반사되어 축에 평행한 빛이 된다는 것을 뜻한다.

이 성질은 전조등이나 탐조등(서치라이트)에 이용된다.

[유제] **1**-12. 포물선 $y^2=4px$ (단, $p>0$) 위의 원점이 아닌 점 P에서의 접선과 x축의 교점을 T, 점 P에서의 법선(점 P에서의 접선에 수직인 직선)과 x축의 교점을 N, 점 P에서 x축에 내린 수선의 발을 H라고 할 때, 다음을 증명하여라. 단, O는 원점이고, F는 포물선의 초점이다.

(1) $\overline{OT}=\overline{OH}$ (2) $\overline{TF}=\overline{FN}$

동영상 강의 차현우 선생님

강의 특징

- 철저한 개념완성을 통해 수학적 사고력을 극대화 시킬 수 있는 강의
- 고난도 문항에 대한 다양한 접근방법을 제시
- 수능 및 논술의 출제원리까지 관련주제와 함께 제시

차현우 선생님과 함께 하는 수학 공부법

올바른 방법으로 집중력 있게 공부하라!

철저하게 개념을 완성하라

수학을 잘하기 위해서는 개념의 완성이 가장 중요합니다. 정확하고 깊이 있게 수학적 개념을 정리하면 어떠한 유형의 문제들을 만나더라도 흔들림 없이 해결할 수 있게 됩니다.

'이해'와 '암기'는 별개가 아니다.

수학에서 '암기'라는 단어는 피해야하는 대상이 아닙니다. 수학의 원리 및 공식을 이해하고 받아들이는 과정이 수학 공부의 출발이라고 하면 다음 과정은 이를 반복해서 익히고 자연스럽게 사용할 수 있게 암기하는 것입니다. '암기'와 '이해'는 상호 배타적인 것이 아니며, '이해'는 '암기'에서 오고 '암기'는 이해에서 온다는 것을 명심해야 합니다.

올바른 방법으로 집중력 있게 공부하라

수학은 한 번 공부하더라도 제대로 깊이 있게 공부하는 것이 중요한 과목입니다. 출발이 늦었더라도 집중력을 가지고 올바른 방법으로 공부하면 누구나 수학을 잘 할 수 있습니다.

수학의 정석®

www.sungji.com

수학의 정석 동영상 교육 사이트

연습문제 1

기본 **1-1** 다음을 만족시키는 점 P의 자취의 방정식을 구하여라.

(1) 점 $(-2,\ 0)$과 직선 $x=4$에 이르는 거리가 같은 점 P

(2) 점 $(-6,\ 5)$와 직선 $y=1$에 이르는 거리가 같은 점 P

(3) 점 $(2,\ 3)$과 직선 $2x+y=1$에 이르는 거리가 같은 점 P

1-2 점 $(6,\ 5)$를 지나고, 초점이 점 $(3,\ 1)$이며, 준선이 x축에 수직인 포물선의 방정식을 구하여라.

1-3 로그함수 $y=\log_2(x+a)+b$의 그래프가 포물선 $y^2=x$의 초점을 지나고, 이 로그함수의 그래프의 점근선이 포물선 $y^2=x$의 준선과 일치할 때, 상수 $a,\ b$의 값을 구하여라.

⇦ 수학 I (로그함수)

1-4 오른쪽 그림은 단면이 포물선인 거울이고 점 F는 이 포물선의 초점이다. 초점 F에서 출발한 빛이 거울에 반사되어 점 P에 도달했다고 할 때, 이 빛이 반사된 지점은 A, B, C, D, E 중 어느 지점인가?

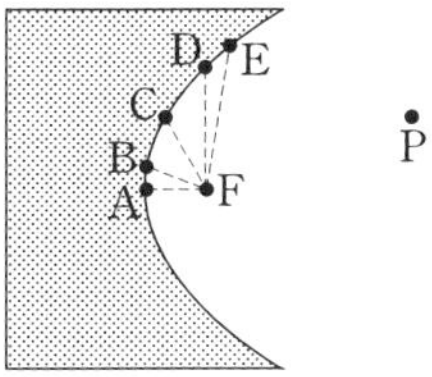

1-5 포물선 $y^2=4(x+1)$과 직선 $x=n$(단, n은 자연수)이 제1사분면에서 만나는 점을 P_n이라 하고, 포물선의 초점을 F라고 할 때, $\overline{FP_1}+\overline{FP_2}+\overline{FP_3}+\cdots+\overline{FP_{10}}$의 값을 구하여라.

1-6 오른쪽 그림과 같이 꼭짓점이 원점 O이고 초점이 F인 포물선과 점 F를 지나고 기울기가 1인 직선이 만나는 두 점 중에서 제1사분면에 있는 점을 A, 제4사분면에 있는 점을 B라고 하자. 선분 AF를 대각선으로 하는 정사각형의 한 변의 길이가 2일 때, 선분 AB의 길이를 구하여라.

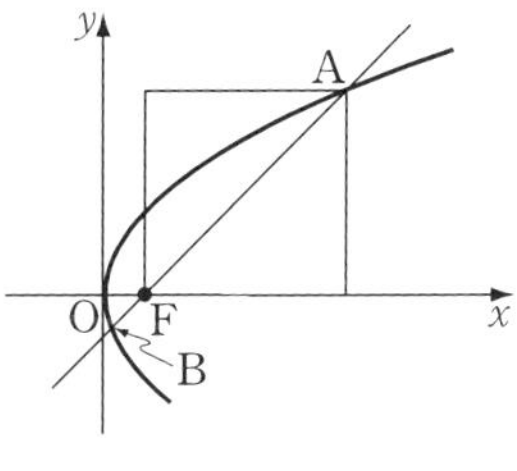

1-7 점 $(1,\ 2)$를 지나고 x축에 접하는 원의 중심의 자취의 방정식을 구하여라.

1-8 점 $A(2,\ -3)$을 지나는 직선이 포물선 $y^2=8x$와 만나는 두 점을 B, C라고 하자. 점 A가 선분 BC의 중점일 때, 직선 BC의 방정식을 구하여라.

1-9 포물선 $x^2=4py$에 접하고 기울기가 m인 직선의 방정식을 구하여라.

1-10 포물선 $y^2=4x$ 위의 점 $P(a,\ b)$에서의 접선이 x축과 만나는 점을 Q라고 하자. $\overline{PQ}=4\sqrt{5}$일 때, $a,\ b$의 값을 구하여라.

1-11 원 $x^2+y^2=4$와 포물선 $y^2=3x$의 교점 중 y좌표가 양수인 점에서 원에 접하는 직선의 기울기를 m_1, 포물선에 접하는 직선의 기울기를 m_2라고 할 때, m_1m_2의 값을 구하여라.

1-12 오른쪽 그림과 같이 초점이 F인 포물선 $y^2=4px$ (단, $p>0$)가 있다. 제1사분면에 있는 포물선 위의 점 A에서의 접선과 포물선의 준선이 만나는 점을 B라고 하자.

$\overline{AB}=2\overline{AF}$이고 $\angle FAB=\theta$라고 할 때, $\cos\theta$의 값을 구하여라.

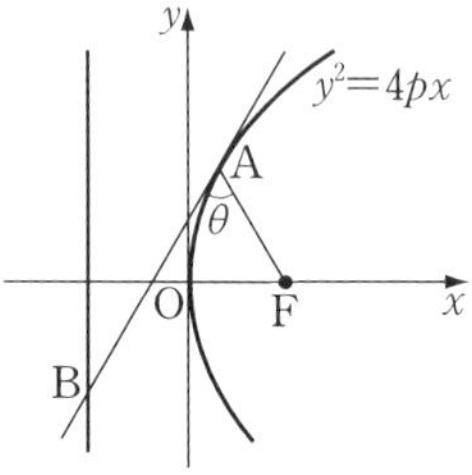

실력 **1-13** 점 $(4,\ -3)$이 포물선 $y=ax^2+bx$의 초점이 되도록 상수 $a,\ b$의 값을 정하여라.

1-14 포물선 $y^2=12x$의 초점 F를 지나는 직선 l이 포물선과 만나는 두 점을 A, B라고 하자. $\overline{AF}:\overline{BF}=4:1$일 때, 직선 l의 방정식을 구하여라.
단, 점 A의 y좌표는 양수이다.

1-15 오른쪽 그림과 같이 포물선 $y^2=4x$ 위에 네 점 A, B, C, D가 있다. 선분 AC와 선분 BD는 포물선의 초점 F에서 만나고, 선분 AB와 선분 CD는 각각 x축에 수직이다. $\overline{DF}=5$일 때, 선분 AF의 길이를 구하여라.

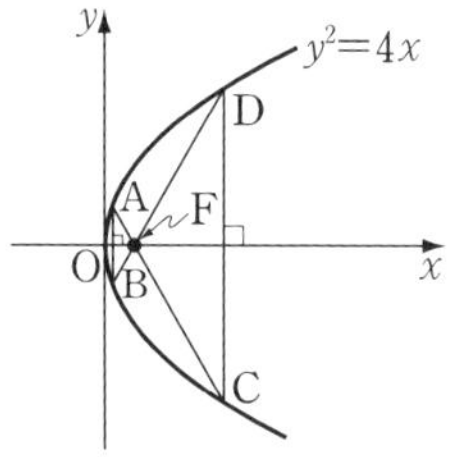

1-16 자연수 n에 대하여 포물선 $y^2=nx$의 초점 F를 지나는 직선이 포물선과 만나는 두 점을 P, Q라고 하자. $\overline{PF}=\dfrac{n}{3}$이고 $\overline{QF}=a_n$이라고 할 때, $a_1+a_2+a_3+\cdots+a_{100}$의 값을 구하여라.

1-17 오른쪽 그림과 같이 x축 위에 두 점 A, B가 있다. 포물선 p_1의 꼭짓점은 A, 초점은 B이고, 포물선 p_2의 꼭짓점은 B, 초점은 원점 O이며, 두 포물선은 y축 위의 점 C, D에서 만난다. $\overline{AB}=1$일 때, 사각형 ADBC의 넓이를 구하여라.

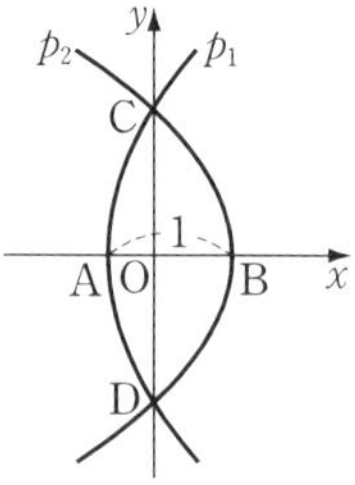

1-18 좌표평면에서 원 C_1은 중심이 포물선 $x^2=-8y$ 위에 있고 이 포물선의 초점 F_1을 지난다. 또, 원 C_2는 중심이 포물선 $y^2=12x$ 위에 있고 이 포물선의 초점 F_2를 지난다. 제2사분면에 있는 점 P가 원 C_1과 원 C_2의 교점일 때, 원점 O에 대하여 $\overline{OP}^2$의 최댓값을 구하여라.

1-19 점 $P(a, b)$가 중심이 원점이고 반지름의 길이가 1인 원 위를 움직일 때, 점 $Q(ab, a+b)$의 자취의 방정식을 구하여라.

1-20 포물선 $x^2=y$ 위의 두 점 P, Q가 원점 O에 대하여 $\angle POQ=90°$를 만족시킨다. 점 P의 x좌표가 t일 때 점 Q의 좌표를 t로 나타내고, 이것을 이용하여 다음 점의 자취의 방정식을 구하여라.

(1) $\triangle POQ$의 무게중심　　(2) $\triangle POQ$의 외심

1-21 점 (2, 1)을 지나는 직선이 포물선 $y^2=x$와 원점 O가 아닌 두 점 P, Q에서 만나고 $\angle POQ=90°$일 때, 직선 PQ의 방정식을 구하여라.

1-22 포물선 $y^2=4px$ (단, $p>0$) 위에 세 점 A, B, C가 있다. $\triangle ABC$의 무게중심이 포물선의 초점 F이고, 직선 BC의 방정식이 $4x+y-20=0$일 때, 상수 p의 값을 구하여라.

1-23 포물선 $y^2=4px$ (단, $p>0$)의 초점 F를 지나는 직선이 포물선과 두 점 A, B에서 만난다. 이때, $\dfrac{1}{\overline{AF}}+\dfrac{1}{\overline{BF}}=\dfrac{1}{p}$이 성립함을 보여라.

1-24 곡선 $x=y^2-4y+9$ (단, $y>0$) 위를 움직이는 점 P와 점 Q(1, 0)을 지나는 직선이 x축과 이루는 예각의 크기가 최대일 때, 점 P의 y좌표를 구하여라.

1-25 포물선 $y^2+4x-4=0$에 접하고 점 (1, 1)을 지나는 직선의 방정식을 구하여라.

1-26 다음 두 곡선의 공통접선의 방정식을 구하여라.

(1) $y^2=8x,\quad x^2=8y$　　(2) $y^2=8x,\quad x^2+y^2=2$

1-27 포물선의 준선 위의 한 점에서 포물선에 그은 두 개의 접선은 서로 수직임을 증명하여라.

1-28 직선 $y=-2x+5$ 위의 점 P에서 포물선 $y=4x^2$에 그은 두 접선이 서로 수직일 때, 점 P의 좌표를 구하여라.

2. 타원의 방정식

§ 1. 타원의 방정식

기본정석

1 타원의 정의

평면 위의 두 정점으로부터의 거리의 합이 일정한 점의 자취를 타원이라 하고, 이때 두 정점을 타원의 초점이라고 한다.

오른쪽 그림에서

$$\overline{\text{PF}}+\overline{\text{PF}'}=(\text{일정})$$

일 때, 점 P의 자취가 타원이고 점 F, F′이 초점이다.

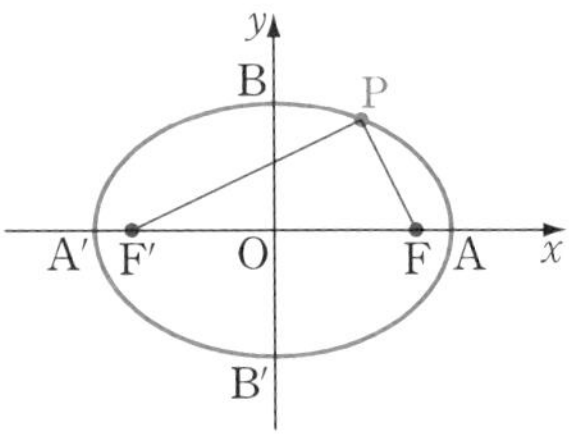

또, 선분 AA′, BB′을 타원의 축이라 하고, 특히 선분 AA′(초점을 지나는 축)을 타원의 장축, 선분 BB′을 타원의 단축이라고 한다. 그리고 두 축의 교점을 타원의 중심이라 하고, 타원이 두 축과 만나는 네 점 A, A′, B, B′을 타원의 꼭짓점이라고 한다.

2 타원의 방정식

(1) 점 F$(k,\ 0)$, F′$(-k,\ 0)$으로부터의 거리의 합이 $2a\,(a>k>0)$인 타원의 방정식은

$$\frac{x^2}{a^2}+\frac{y^2}{b^2}=1\ (a>b>0,\ k^2=a^2-b^2)$$

이다. 이때,

초점 : **F$(k,\ 0)$, F′$(-k,\ 0)$**

장축의 길이 : $\boldsymbol{2a}$, 단축의 길이 : $\boldsymbol{2b}$

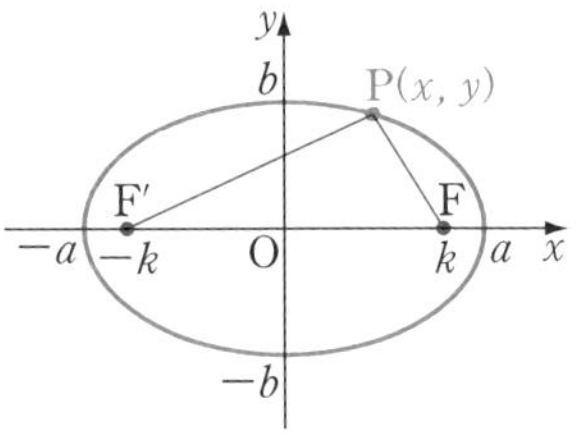

(2) 점 F$(0,\ k)$, F′$(0,\ -k)$로부터의 거리의 합이 $2b\,(b>k>0)$인 타원의 방정식은

$$\frac{x^2}{a^2}+\frac{y^2}{b^2}=1\ (b>a>0,\ k^2=b^2-a^2)$$

이다. 이때,

초점 : **F$(0,\ k)$, F′$(0,\ -k)$**

장축의 길이 : $\boldsymbol{2b}$, 단축의 길이 : $\boldsymbol{2a}$

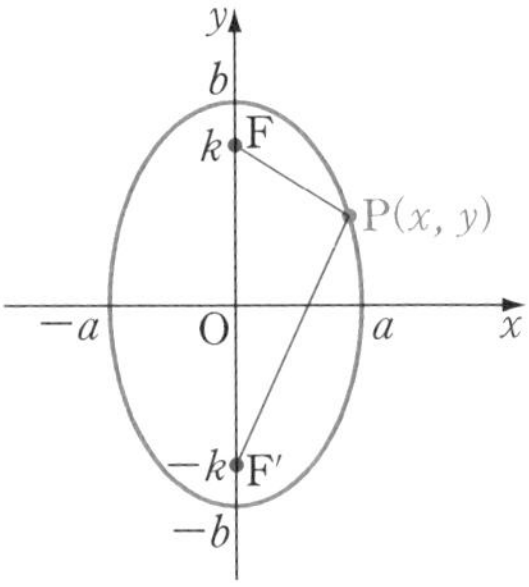

Advice 1° 타원의 방정식

두 정점 F, F′을 지나는 직선을 x축으로, 선분 FF′의 수직이등분선을 y축으로 잡고, 두 점 F, F′의 좌표를 각각 다음과 같이 정한다.

$$\mathbf{F}(\boldsymbol{k},\ \mathbf{0}),\ \ \mathbf{F}'(-\boldsymbol{k},\ \mathbf{0})\ \ (\text{단, } \boldsymbol{k}>\mathbf{0})$$

두 점 F, F′으로부터의 거리의 합이 $2a$(단, $a>k$)인 점을 $\mathrm{P}(x,\ y)$라고 하면 $\overline{\mathrm{PF}}+\overline{\mathrm{PF'}}=2a$

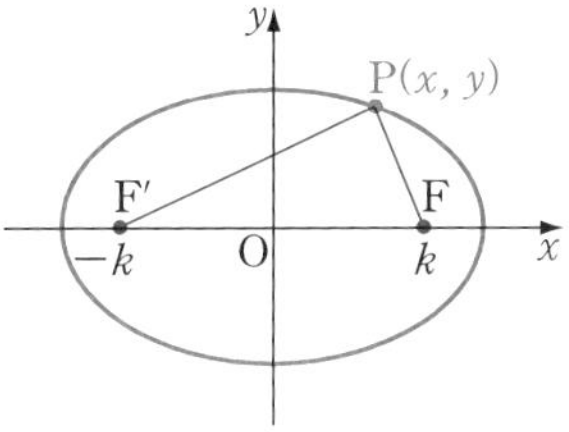

$\therefore\ \sqrt{(x-k)^2+y^2}+\sqrt{(x+k)^2+y^2}=2a$

$\therefore\ \sqrt{(x+k)^2+y^2}=2a-\sqrt{(x-k)^2+y^2}$

양변을 제곱하여 정리하면

$$a\sqrt{(x-k)^2+y^2}=a^2-kx$$

다시 양변을 제곱하여 정리하면

$$(a^2-k^2)x^2+a^2y^2=a^2(a^2-k^2)$$

여기에서 $a^2-k^2=b^2$(단, $b>0$)으로 놓으면 $b^2x^2+a^2y^2=a^2b^2$

양변을 a^2b^2으로 나누면 ⇦ $ab\neq0$

$$\frac{x^2}{a^2}+\frac{y^2}{b^2}=1\ (\text{단, } a>b>0,\ k^2=a^2-b^2) \quad \cdots\cdots①$$

이다.

역도 성립한다. 이 식을 타원의 방정식의 표준형이라고 한다.

같은 방법으로 두 정점 F, F′을 지나는 직선을 y축으로, 선분 FF′의 수직이등분선을 x축으로 잡고, 두 점 F, F′의 좌표를 각각

$$\mathbf{F}(\mathbf{0},\ \boldsymbol{k}),\ \ \mathbf{F}'(\mathbf{0},\ -\boldsymbol{k})\ \ (\text{단, } \boldsymbol{k}>\mathbf{0})$$

라고 하면 $\overline{\mathrm{PF}}+\overline{\mathrm{PF'}}=2b$(단, $b>k$)인 점 P의 자취의 방정식은 다음과 같다.

$$\frac{x^2}{a^2}+\frac{y^2}{b^2}=1\ (\text{단, } b>a>0,\ k^2=b^2-a^2) \quad \cdots\cdots②$$

또, ①, ②에

$y=0$을 대입하면 $x=\pm a$,

$x=0$을 대입하면 $y=\pm b$

이므로 이 타원은

x축과 두 점 $(a,\ 0)$, $(-a,\ 0)$,

y축과 두 점 $(0,\ b)$, $(0,\ -b)$

에서 만난다.

$a>b>0$일 때

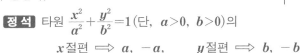

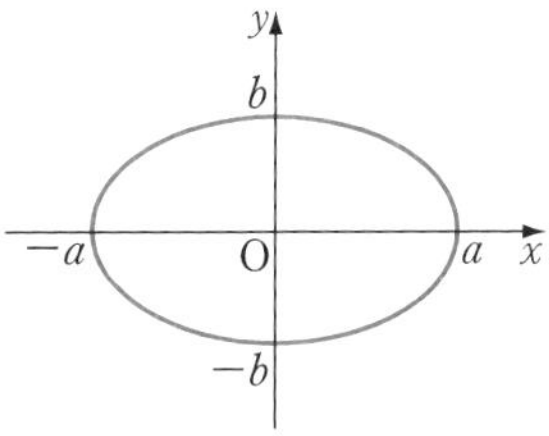

정 석 타원 $\dfrac{x^2}{a^2}+\dfrac{y^2}{b^2}=1$(단, $a>0,\ b>0$)의

x절편 ⟹ $a,\ -a$, y절편 ⟹ $b,\ -b$

보기 1 두 점 F(3, 0), F′(−3, 0)으로부터의 거리의 합이 10인 점의 자취의 방정식을 구하고, 그래프를 그려라.

연구 조건을 만족시키는 점을 P(x, y)라고 하면 $\overline{\mathrm{PF}}+\overline{\mathrm{PF'}}=10$

$$\therefore\ \sqrt{(x-3)^2+y^2}+\sqrt{(x+3)^2+y^2}=10$$

$$\therefore\ \sqrt{(x+3)^2+y^2}=10-\sqrt{(x-3)^2+y^2}$$

양변을 제곱하여 정리하면

$$5\sqrt{(x-3)^2+y^2}=25-3x$$

다시 양변을 제곱하여 정리하면

$$16x^2+25y^2=400$$

양변을 400으로 나누면 $\boldsymbol{\dfrac{x^2}{5^2}+\dfrac{y^2}{4^2}=1}$

따라서 그래프는 오른쪽과 같다.

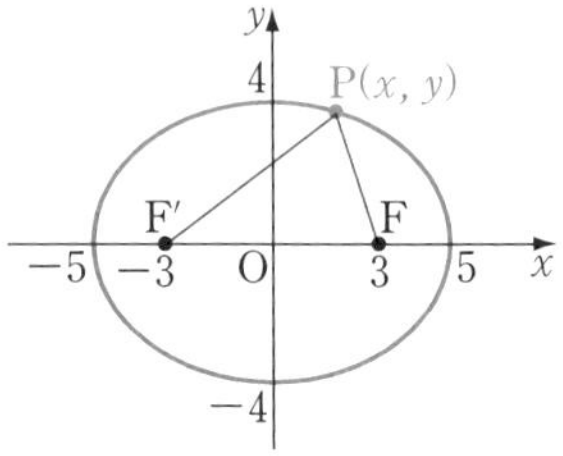

***Note** 타원의 방정식의 표준형을 이용할 수도 있다.

$$\frac{x^2}{a^2}+\frac{y^2}{b^2}=1\ (\text{단, } a>b>0,\ k^2=a^2-b^2)$$

에서 $2a=10$인 경우이므로 $a=5$

또, $k=3$이므로 $3^2=5^2-b^2$ $\therefore\ b=4\ (\because\ b>0)$ $\therefore\ \boldsymbol{\dfrac{x^2}{5^2}+\dfrac{y^2}{4^2}=1}$

보기 2 다음 방정식이 나타내는 타원의 초점, 꼭짓점의 좌표와 장축, 단축의 길이를 구하여라.

(1) $9x^2+25y^2=225$　　(2) $25x^2+9y^2=225$

연구 타원의 방정식 $\dfrac{x^2}{a^2}+\dfrac{y^2}{b^2}=1$에서

정석 $\boldsymbol{a>b>0}$일 때 ⟹ 초점은 $\boldsymbol{x}$축 위에 있다
$\boldsymbol{b>a>0}$일 때 ⟹ 초점은 $\boldsymbol{y}$축 위에 있다

는 것을 이용한다.

(1) $\dfrac{x^2}{5^2}+\dfrac{y^2}{3^2}=1$에서 $a=5,\ b=3$인 경우이므로 초점은 x축 위에 있다. 한편

$$k=\sqrt{a^2-b^2}=\sqrt{5^2-3^2}=4$$

이므로

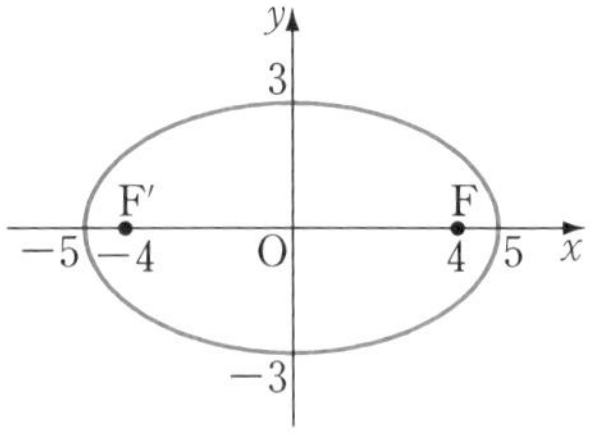

초점 **(4, 0), (−4, 0)**

꼭짓점 **(5, 0), (−5, 0), (0, 3), (0, −3)**

장축의 길이 $2a=2\times5=\mathbf{10}$,　　단축의 길이 $2b=2\times3=\mathbf{6}$

(2) $\dfrac{x^2}{3^2}+\dfrac{y^2}{5^2}=1$에서 $a=3$, $b=5$인 경우이므로

초점은 y축 위에 있다. 한편

$$k=\sqrt{b^2-a^2}=\sqrt{5^2-3^2}=4$$

이므로

초점 **(0, 4), (0, −4)**

꼭짓점 **(3, 0), (−3, 0), (0, 5), (0, −5)**

장축의 길이 $2b=2\times5=\mathbf{10}$

단축의 길이 $2a=2\times3=\mathbf{6}$

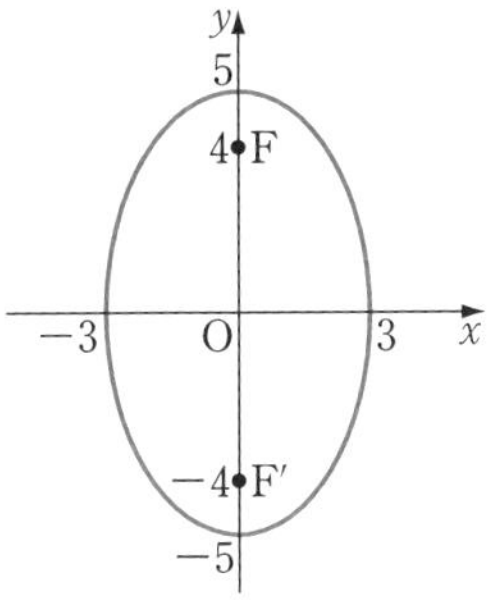

Advice 2° 타원의 평행이동과 일반형

타원 $\dfrac{x^2}{a^2}+\dfrac{y^2}{b^2}=1$ ……①

은 평행이동

$\mathrm{T}:(x,\ y)\longrightarrow(x+m,\ y+n)$

에 의하여 타원

$\dfrac{(x-m)^2}{a^2}+\dfrac{(y-n)^2}{b^2}=1$ ……②

로 이동된다.

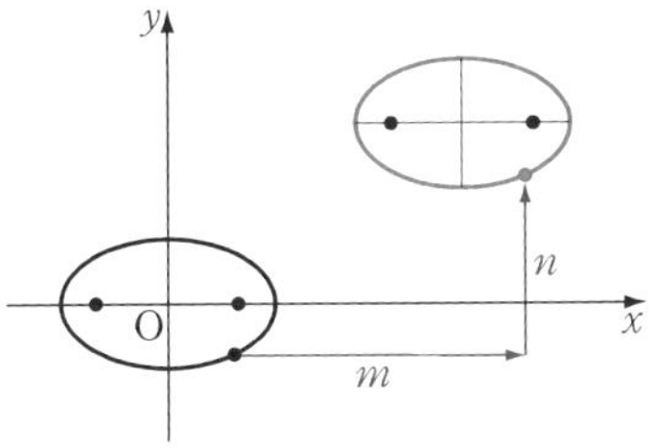

이때, 타원은 오른쪽 위와 같고, 다음을 알 수 있다.

(i) ①, ②의 장축의 길이와 단축의 길이는 각각 같다.

(ii) ②의 중심, 꼭짓점, 초점은 각각 ①의 중심, 꼭짓점, 초점을 x축의 방향으로 m만큼, y축의 방향으로 n만큼 평행이동한 것이다.

또, ②의 양변에 a^2b^2을 곱하고 정리하면

$$b^2x^2+a^2y^2-2b^2mx-2a^2ny+b^2m^2+a^2n^2-a^2b^2=0$$

$b^2=\mathrm{A}$, $a^2=\mathrm{B}$, $-2b^2m=\mathrm{C}$, $-2a^2n=\mathrm{D}$, $b^2m^2+a^2n^2-a^2b^2=\mathrm{E}$라고 하면

$$\mathbf{A}x^2+\mathbf{B}y^2+\mathbf{C}x+\mathbf{D}y+\mathbf{E}=0\ (\text{단, } \mathrm{AB}>0,\ \mathrm{A}\neq\mathrm{B})$$

이 식은 x, y에 관한 이차방정식으로 xy항이 없고 x^2항과 y^2항의 계수가 같은 부호이면서 값은 서로 다르다는 것을 알 수 있다. 이와 같은 꼴의 식을 타원의 축이 좌표축에 수직인 타원의 방정식의 일반형이라고 한다.

보기 3 타원 $\dfrac{(x-1)^2}{25}+\dfrac{(y+2)^2}{9}=1$의 중심과 초점의 좌표를 구하여라.

연구 타원 $\dfrac{x^2}{5^2}+\dfrac{y^2}{3^2}=1$ ……①을 x축의 방향으로 1만큼, y축의 방향으로 −2만큼 평행이동한 것이다. 그런데 타원 ①의 중심은 점 (0, 0), 초점은 점 (4, 0), (−4, 0)이므로 구하는 점의 좌표는

중심 **(1, −2)**, 초점 **(5, −2), (−3, −2)**

필수 예제 2-1 두 점 $A(1+\sqrt{2},\ 0)$, $B(1-\sqrt{2},\ 0)$으로부터의 거리의 합이 4인 점의 자취의 방정식을 구하여라.

모범답안 조건을 만족시키는 점을 $P(x,\ y)$라고 하면 $\overline{PA}+\overline{PB}=4$

$$\therefore \sqrt{\{x-(1+\sqrt{2})\}^2+y^2}+\sqrt{\{x-(1-\sqrt{2})\}^2+y^2}=4$$

$$\therefore \sqrt{\{x-(1+\sqrt{2})\}^2+y^2}=4-\sqrt{\{x-(1-\sqrt{2})\}^2+y^2}$$

양변을 제곱하여 정리하면 $2\sqrt{\{x-(1-\sqrt{2})\}^2+y^2}=\sqrt{2}x-\sqrt{2}+4$

다시 양변을 제곱하여 정리하면 $x^2+2y^2-2x-3=0$

$$\therefore \boldsymbol{(x-1)^2+2y^2=4} \longleftarrow \text{답}$$

Advice 1° 타원의 정의에 따라 두 점 $A(1+\sqrt{2},\ 0)$, $B(1-\sqrt{2},\ 0)$은 타원의 초점이고, 거리의 합 4는 타원의 장축의 길이이다.

또, 두 초점을 잇는 선분 AB의 중점인 점 (1, 0)은 이 타원의 중심이다.

2° 일반적으로 두 정점 $F(k,\ 0)$, $F'(-k,\ 0)$으로부터의 거리의 합이 $2a$인 점의 자취(타원)의 방정식은 다음과 같다.

$$\frac{x^2}{a^2}+\frac{y^2}{b^2}=1 \ (\text{단, } a>b>0,\ k^2=a^2-b^2) \qquad \cdots\cdots①$$

따라서 이를테면

「 두 점 $F(\sqrt{2},\ 0)$, $F'(-\sqrt{2},\ 0)$으로부터의 거리의 합이 4인 점의 자취의 방정식을 구하여라. 」

라고 하면 다음과 같이 구할 수 있다.

①에서 $2a=4$ $\quad\therefore a=2$

또, $k=\sqrt{2}$이므로 $a^2-b^2=(\sqrt{2})^2$ $\quad\therefore b=\sqrt{2}$

$$\therefore \frac{x^2}{2^2}+\frac{y^2}{(\sqrt{2})^2}=1 \quad \text{곧, } \frac{x^2}{4}+\frac{y^2}{2}=1$$

이 타원을 x축의 방향으로 1만큼 평행이동한 것이 위의 **필수 예제**에서 구하고자 하는 자취의 방정식이다.

유제 **2**-1. 점 $P(x,\ y)$에서 두 점 $A(0,\ 0)$, $B(4,\ 0)$에 이르는 거리의 합이 8일 때, 점 P의 자취의 방정식을 구하여라. 답 $\boldsymbol{3(x-2)^2+4y^2=48}$

유제 **2**-2. 점 $P(x,\ y)$에서 두 점 $A(0,\ 3-\sqrt{2})$, $B(0,\ 3+\sqrt{2})$에 이르는 거리의 합이 4일 때, 점 P의 자취의 방정식을 구하여라.

답 $\boldsymbol{2x^2+(y-3)^2=4}$

필수 예제 2-2 두 초점이 타원 $9x^2+16y^2=144$의 두 초점과 같은 타원 중에서 다음을 만족시키는 타원의 방정식을 구하여라.

(1) 단축의 길이가 10이다. (2) 점 $(4,\ 3)$을 지난다.

정석연구 다음 타원에 관한 성질을 이용하는 문제이다.

정석 타원 $\dfrac{x^2}{a^2}+\dfrac{y^2}{b^2}=1$ (단, $a>b>0,\ k^2=a^2-b^2$)에서

장축의 길이 ⟹ $2a$

단축의 길이 ⟹ $2b$

중심 ⟹ $(0,\ 0)$

초점 ⟹ $(k,\ 0),\ (-k,\ 0)$

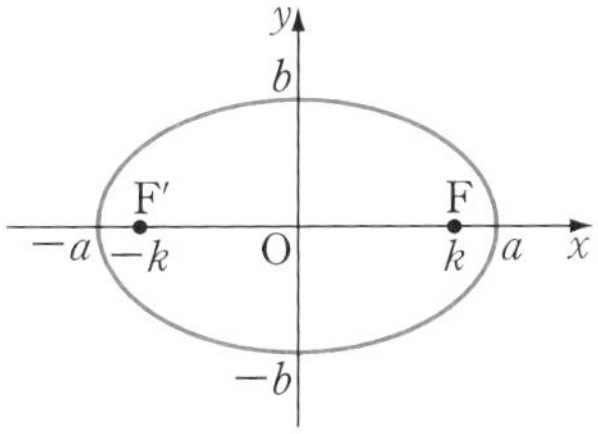

모범답안 $9x^2+16y^2=144$에서

$$\frac{x^2}{4^2}+\frac{y^2}{3^2}=1$$

$a=4,\ b=3$인 경우이므로 $k=\sqrt{a^2-b^2}=\sqrt{4^2-3^2}=\sqrt{7}$

따라서 주어진 타원의 초점의 좌표는 $(\sqrt{7},\ 0),\ (-\sqrt{7},\ 0)$이다.

한편 구하는 타원의 방정식을

$$\frac{x^2}{a^2}+\frac{y^2}{b^2}=1 \text{ (단, } a>b>0,\ k^2=a^2-b^2) \qquad \cdots\cdots①$$

이라고 하자.

(1) $k=\sqrt{7}$이므로 ①에서 $a^2-b^2=(\sqrt{7})^2$ 곧, $a^2-b^2=7$ ⋯⋯②

또, 단축의 길이가 10이므로 $2b=10$ $\therefore\ b=5$ ⋯⋯③

③을 ②에 대입하면 $a^2=b^2+7=5^2+7=32$

따라서 구하는 타원의 방정식은 $\boldsymbol{\dfrac{x^2}{32}+\dfrac{y^2}{25}=1}$ ← 답

(2) $k=\sqrt{7}$이므로 ①에서 $a^2-b^2=(\sqrt{7})^2$ 곧, $a^2-b^2=7$ ⋯⋯④

또, ①은 점 $(4,\ 3)$을 지나므로 $16b^2+9a^2=a^2b^2$ ⋯⋯⑤

④, ⑤를 $a^2,\ b^2$에 관하여 연립하여 풀면 $a^2=28,\ b^2=21$

따라서 구하는 타원의 방정식은 $\boldsymbol{\dfrac{x^2}{28}+\dfrac{y^2}{21}=1}$ ← 답

유제 **2**-3. 초점이 점 $(4,\ 0),\ (-4,\ 0)$이고 장축의 길이가 12인 타원의 방정식을 구하여라. 답 $\boldsymbol{\dfrac{x^2}{36}+\dfrac{y^2}{20}=1}$

유제 **2**-4. 두 초점이 타원 $4x^2+9y^2=36$의 두 초점과 같고 점 $(3,\ 2)$를 지나는 타원의 방정식을 구하여라. 답 $\boldsymbol{\dfrac{x^2}{15}+\dfrac{y^2}{10}=1}$

필수 예제 2-3 타원 $4x^2+9y^2-40x-54y+145=0$에 대하여 다음을 구하여라.

(1) 장축의 길이 (2) 단축의 길이 (3) 중심의 좌표

(4) 꼭짓점의 좌표 (5) 초점의 좌표

정석연구 주어진 이차방정식은 xy항이 없고 x^2항과 y^2항의 계수가 같은 부호의 다른 값이므로 타원의 축이 좌표축에 수직인 타원의 방정식의 일반형이다.

정석 타원의 방정식의 일반형은

$\Longrightarrow \mathbf{A}x^2+\mathbf{B}y^2+\mathbf{C}x+\mathbf{D}y+\mathbf{E}=0$ (단, $\mathbf{AB}>0$, $\mathbf{A}\neq\mathbf{B}$)

이와 같이 일반형으로 주어진 타원의 장축, 단축의 길이와 중심, 꼭짓점, 초점의 좌표 등을 구할 때에는 준 식을

$$\frac{(x-m)^2}{a^2}+\frac{(y-n)^2}{b^2}=1$$

의 꼴로 고친 다음, 타원 $\dfrac{x^2}{a^2}+\dfrac{y^2}{b^2}=1$의 평행이동을 생각하면 된다.

모범답안 준 식에서 $4(x-5)^2+9(y-3)^2=36$

$\therefore \dfrac{(x-5)^2}{3^2}+\dfrac{(y-3)^2}{2^2}=1$ ……①

따라서 $\dfrac{x^2}{3^2}+\dfrac{y^2}{2^2}=1$ ……②

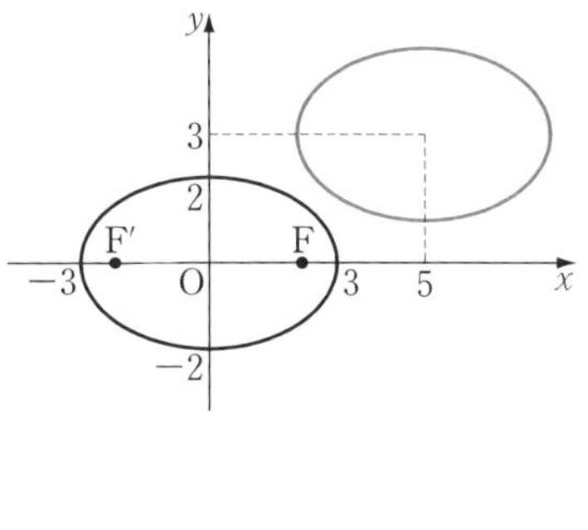

로 놓으면 타원 ①은 타원 ②를 x축의 방향으로 5만큼, y축의 방향으로 3만큼 평행이동한 것이다. 그런데 ②에서

장축의 길이 6, 단축의 길이 4,

중심 $(0, 0)$,

꼭짓점 $(\pm3, 0)$, $(0, \pm2)$, 초점 $(\pm\sqrt{5}, 0)$

이므로 ①에 대해서는 다음과 같다.

답 (1) **6** (2) **4** (3) **(5, 3)** (4) **(8, 3), (2, 3), (5, 5), (5, 1)**
(5) $\mathbf{(5+\sqrt{5}, 3)}$, $\mathbf{(5-\sqrt{5}, 3)}$

유제 **2**-5. 타원 $16x^2+25y^2-96x-100y-156=0$의 장축, 단축의 길이와 중심, 꼭짓점, 초점의 좌표를 구하여라.

답 장축의 길이 **10**, 단축의 길이 **8**, 중심 **(3, 2)**,
꼭짓점 **(8, 2), (−2, 2), (3, 6), (3, −2)**, 초점 **(6, 2), (0, 2)**

필수 예제 2-4 두 점 A(5, 0), B(−5, 0)에 대하여 장축이 선분 AB인 타원의 두 초점을 F, F′이라고 하자. 또, 초점이 F이고 꼭짓점이 원점인 포물선이 타원과 만나는 두 점을 P, Q라고 하자.

$\overline{PQ}=2\sqrt{10}$일 때, $\overline{PF}\times\overline{PF'}$의 값을 구하여라.

[정석연구] 오른쪽 그림과 같이 x좌표가 양수인 초점을 F, x좌표가 음수인 초점을 F′이라고 해도 된다.

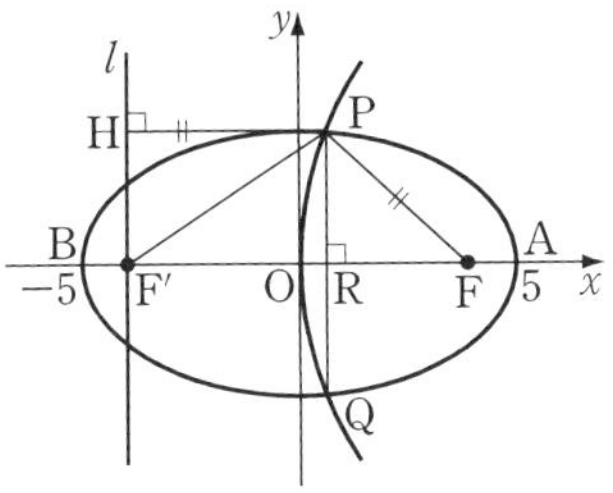

이때, 타원의 정의에 의하여 $\overline{PF}+\overline{PF'}$의 값은 타원의 장축의 길이이다.

또, $\overline{OF}=\overline{OF'}$이므로 포물선의 준선은 점 F′을 지난다. 따라서 오른쪽 그림에서 $\overline{PF}=\overline{PH}$이다.

이 사실을 이용하여 $\overline{PF}\times\overline{PF'}$의 값을 구해 보자.

정석 초점이 주어지면 ⟹ 포물선, 타원의 정의를 이용한다.

[모범답안] 타원의 정의에 의하여 $\overline{PF}+\overline{PF'}=2\times5=10$이므로

$\overline{PF}=a$로 놓으면 $\overline{PF'}=10-a$

또, 선분 PQ와 x축의 교점을 R라고 하면 $\overline{PR}=\frac{1}{2}\overline{PQ}=\sqrt{10}$

포물선의 준선을 l, 점 P에서 l에 내린 수선의 발을 H라고 하면 포물선의 정의에 의하여 $\overline{PH}=\overline{PF}=a$이고 l은 점 F′을 지난다.

이때, $\overline{RF'}=\overline{PH}$이므로 $\overline{RF'}=a$

따라서 직각삼각형 PF′R에서

$$a^2+(\sqrt{10})^2=(10-a)^2 \quad \therefore\ a=\frac{9}{2}$$

$$\therefore\ \overline{PF}\times\overline{PF'}=a(10-a)=\frac{9}{2}\times\left(10-\frac{9}{2}\right)=\mathbf{\frac{99}{4}} \longleftarrow \text{답}$$

**Note* 1° 주어진 포물선과 타원은 각각 x축에 대하여 대칭인 곡선이다. 따라서 점 P, Q는 x축에 대하여 대칭이고, x축은 선분 PQ를 수직이등분한다.

2° 점 F의 x좌표의 부호에 상관없이 성립하는 풀이이다.

[유제] **2**-6. 타원 $\frac{x^2}{36}+\frac{y^2}{16}=1$의 두 초점을 F, F′이라고 하자. 이 타원 위의 점 P가 $\overline{OP}=\overline{OF}$를 만족시킬 때, $\overline{PF}\times\overline{PF'}$의 값을 구하여라.

단, O는 원점이다. [답] 32

필수 예제 2-5 다음 물음에 답하여라.

(1) x축 위의 점 A, y축 위의 점 B가 $\overline{AB}=4$를 만족시키며 움직일 때, 선분 AB를 1 : 3으로 내분하는 점의 자취의 방정식을 구하여라.

(2) 점 F(2, 0)과 직선 $x=8$에 이르는 거리의 비가 1 : 2인 점의 자취의 방정식을 구하여라.

정석연구 자취 문제를 다루는 기본 방법은

첫째 : 조건을 만족시키는 점을 $\mathbf{P}(\boldsymbol{x}, \boldsymbol{y})$라 하고,

둘째 : 주어진 조건을 써서 $\boldsymbol{x}$와 $\boldsymbol{y}$의 관계식을 구한다.

모범답안 (1) $A(a, 0)$, $B(0, b)$라고 하면

$\overline{AB}=4$이므로 $a^2+b^2=16$ ……①

조건을 만족시키는 점을 $P(x, y)$라 하면

$$x=\frac{1\times0+3\times a}{1+3},\ y=\frac{1\times b+3\times 0}{1+3}$$

$$\therefore\ a=\frac{4}{3}x,\ b=4y$$

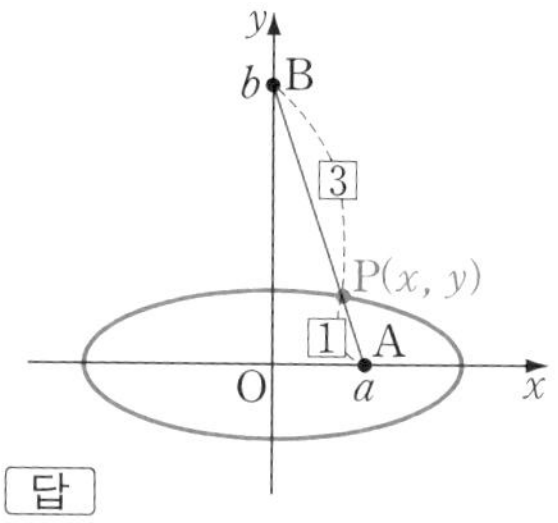

①에 대입하여 정리하면 $\boldsymbol{x^2+9y^2=9}$ ← 답

(2) 조건을 만족시키는 점을 $P(x, y)$라 하고, 점 P에서 직선 $x=8$에 내린 수선의 발을 H라고 하면

$\overline{PF}=\sqrt{(x-2)^2+y^2}$, $\overline{PH}=|8-x|$

그런데 문제의 조건에서

$\overline{PF} : \overline{PH}=1 : 2$ 곧, $2\overline{PF}=\overline{PH}$

$$\therefore\ 2\sqrt{(x-2)^2+y^2}=|8-x|$$

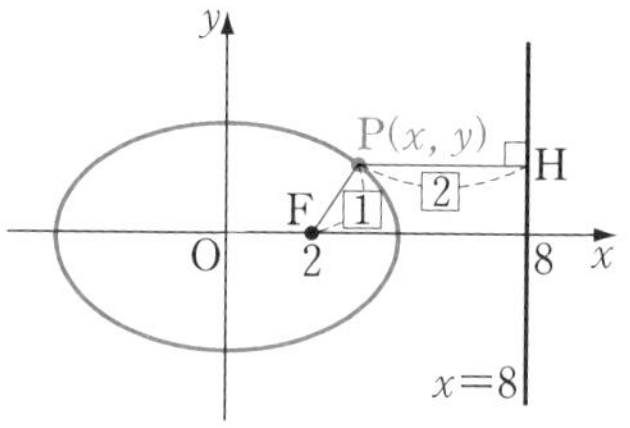

양변을 제곱하여 정리하면 $\boldsymbol{3x^2+4y^2=48}$ ← 답

유제 **2**-7. x축 위의 점 A, y축 위의 점 B가 $\overline{AB}=5$를 만족시키며 움직일 때, 선분 AB를 3 : 2로 내분하는 점의 자취의 방정식을 구하여라.

답 $\boldsymbol{9x^2+4y^2=36}$

유제 **2**-8. x축 위의 점 A, y축 위의 점 B가 $\overline{AB}=c$(단, $c>0$)를 만족시키며 움직일 때, 선분 AB를 $m : n$으로 내분하는 점의 자취가 타원이기 위한 조건을 구하여라.

답 $\boldsymbol{m\neq n}$

유제 **2**-9. 점 (0, 1)과 직선 $y=4$에 이르는 거리의 비가 1 : 2인 점의 자취의 방정식을 구하여라.

답 $\boldsymbol{4x^2+3y^2=12}$

§2. 타원과 직선의 위치 관계

기 본 정 석

1 타원과 직선의 위치 관계

직선 : $\boldsymbol{y=mx+n}$ ……① 타원 : $\boldsymbol{f(x,\ y)=0}$ ……②

①과 ②에서 y를 소거하면 $f(x,\ mx+n)=0$ ……③

③의 판별식을 D라고 하면

		$f(x,\ mx+n)=0$의 근		직선과 타원
$\mathrm{D}>0$	$\Longleftrightarrow$	서로 다른 두 실근	$\Longleftrightarrow$	서로 다른 두 점에서 만난다
$\mathrm{D}=0$	$\Longleftrightarrow$	중근	$\Longleftrightarrow$	접한다
$\mathrm{D}<0$	$\Longleftrightarrow$	서로 다른 두 허근	$\Longleftrightarrow$	만나지 않는다

2 타원의 접선의 방정식

(1) 타원 위의 점에서의 접선의 방정식

타원 $\dfrac{x^2}{a^2}+\dfrac{y^2}{b^2}=1$ 위의 점 $(x_1,\ y_1)$에서의 접선의 방정식은

$$\frac{x_1x}{a^2}+\frac{y_1y}{b^2}=1 \qquad \Leftarrow x^2 \text{ 대신 } x_1x\text{를, } y^2 \text{ 대신 } y_1y\text{를 대입}$$

(2) 기울기가 m인 접선의 방정식

타원 $\dfrac{x^2}{a^2}+\dfrac{y^2}{b^2}=1$에 접하고 기울기가 m인 직선의 방정식은

$$y=mx\pm\sqrt{a^2m^2+b^2}$$

Advice 1° 타원과 직선의 위치 관계

타원과 직선의 위치 관계는

서로 다른 두 점에서 만나는 경우, 접하는 경우, 만나지 않는 경우

의 세 경우로 나누어 생각할 수 있다.

또, 이 관계는 이차방정식의 판별식을 이용하여 알아볼 수 있다.

보기 1 직선 $y=2x+n$과 타원 $2x^2+y^2=3$의 위치 관계가 다음과 같을 때, 실수 n의 값 또는 값의 범위를 구하여라.

(1) 서로 다른 두 점에서 만난다. (2) 접한다. (3) 만나지 않는다.

연구 $y=2x+n$ ……① $2x^2+y^2=3$ ……②

①을 ②에 대입하여 정리하면 $6x^2+4nx+n^2-3=0$ ……③

이 방정식의 실근이 ①, ②의 교점의 x좌표와 같다. 따라서

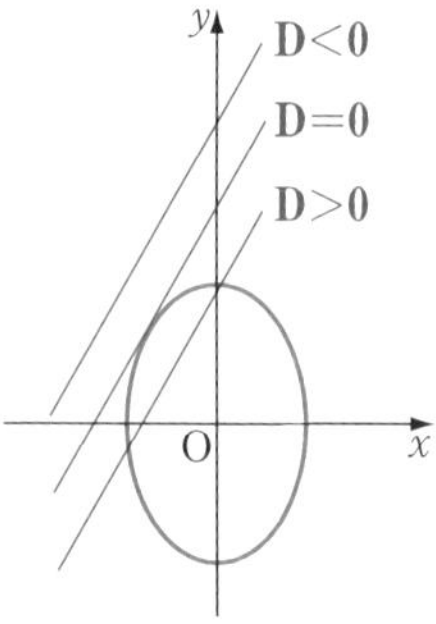

(1) ①이 ②와 서로 다른 두 점에서 만나려면 ③이 서로 다른 두 실근을 가져야 하므로

$D/4=4n^2-6(n^2-3)>0 \quad \therefore\ \boldsymbol{-3<n<3}$

(2) ①이 ②에 접하려면 ③이 중근을 가져야 하므로

$D/4=4n^2-6(n^2-3)=0 \quad \therefore\ \boldsymbol{n=-3,\ 3}$

(3) ①이 ②와 만나지 않으려면 ③이 허근을 가져야 하므로

$D/4=4n^2-6(n^2-3)<0 \quad \therefore\ \boldsymbol{n<-3,\ n>3}$

Advice 2° 타원 위의 점 $(\boldsymbol{x_1},\ \boldsymbol{y_1})$에서의 접선의 방정식

$\dfrac{x^2}{a^2}+\dfrac{y^2}{b^2}=1$ ……①

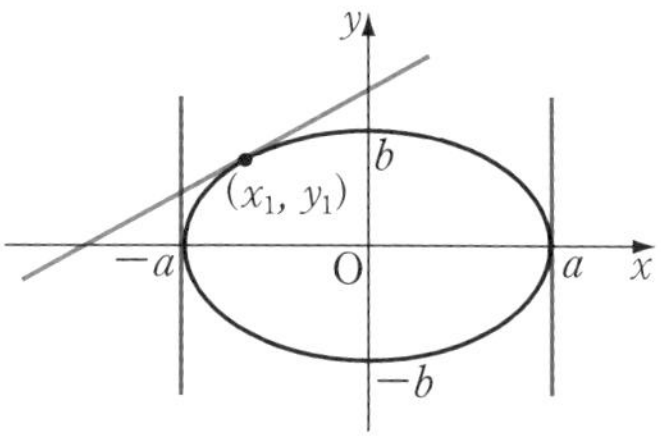

(i) $x_1=\pm a$일 때 $y_1=0$이고, 이때 직선 $x=\pm a$가 접선이다.

(ii) $x_1\neq\pm a$일 때, 접선의 방정식을

$y=mx+n$ ……②

로 놓고, ②를 ①에 대입한 다음 x에 관하여 정리하면

$(a^2m^2+b^2)x^2+2a^2mnx+a^2n^2-a^2b^2=0$ ……③

②가 ①에 접하면 ③이 중근을 가지므로

$D/4=(a^2mn)^2-(a^2m^2+b^2)(a^2n^2-a^2b^2)=0$

$\therefore\ a^2m^2+b^2=n^2$ ……④

점 $(x_1,\ y_1)$은 ② 위의 점이므로 $y_1=mx_1+n \quad \therefore\ n=y_1-mx_1$

이것을 ④에 대입하면 $m^2(a^2-x_1{}^2)+2mx_1y_1+b^2-y_1{}^2=0$ ……⑤

또, 점 $(x_1,\ y_1)$은 ① 위의 점이므로 $b^2x_1{}^2+a^2y_1{}^2=a^2b^2$ ……⑥

$\therefore\ b^2(a^2-x_1{}^2)=a^2y_1{}^2,\quad a^2(b^2-y_1{}^2)=b^2x_1{}^2$

이것을 ⑤에 대입하면

$\dfrac{a^2}{b^2}m^2y_1{}^2+2mx_1y_1+\dfrac{b^2}{a^2}x_1{}^2=0 \quad \therefore\ \left(\dfrac{a}{b}my_1+\dfrac{b}{a}x_1\right)^2=0$

$\therefore\ \dfrac{a}{b}my_1+\dfrac{b}{a}x_1=0 \quad \therefore\ m=-\dfrac{b^2x_1}{a^2y_1}$ ⇦ $x_1\neq\pm a$일 때 $y_1\neq0$

따라서 구하는 접선의 방정식은

$y-y_1=-\dfrac{b^2x_1}{a^2y_1}(x-x_1)$ ⇦ 기울기 $-\dfrac{b^2x_1}{a^2y_1}$, 점 $(x_1,\ y_1)$을 지난다.

$\therefore\ b^2x_1x+a^2y_1y=b^2x_1^2+a^2y_1^2$ 곧, $b^2x_1x+a^2y_1y=a^2b^2$ ⇦ ⑥

양변을 a^2b^2으로 나누면 $\dfrac{\boldsymbol{x_1x}}{\boldsymbol{a^2}}+\dfrac{\boldsymbol{y_1y}}{\boldsymbol{b^2}}=\mathbf{1}$

이 식은 $x_1=\pm a$, $y_1=0$일 때 $x=\pm a$ (복부호동순)이므로 타원 위의 모든 점에 대하여 성립한다.

곧, 타원 $\dfrac{x^2}{a^2}+\dfrac{y^2}{b^2}=1$ 위의 점 (x_1, y_1)에서의 접선의 방정식은 타원의 방정식에서 x^2 대신 x_1x를, y^2 대신 y_1y를 대입한 것임을 알 수 있다.

정석 곡선 위의 점 (x_1, y_1)에서의 접선의 방정식은
$\Longrightarrow$ x^2 대신 x_1x를, y^2 대신 y_1y를 대입

보기 2 다음 타원 위의 주어진 점에서의 접선의 방정식을 구하여라.

(1) $x^2+2y^2=6$, 점 $(-2, 1)$ (2) $4x^2+y^2=8$, 점 $(1, -2)$

연구 1° 판별식을 이용한 풀이

(1) $x^2+2y^2=6$ ……①

점 $(-2, 1)$은 타원의 꼭짓점이 아니므로 접선의 방정식을 $y=mx+n$ ……②

로 놓고, ②를 ①에 대입하여 정리하면

$(2m^2+1)x^2+4mnx+2n^2-6=0$ …③

②가 ①에 접하면 ③이 중근을 가지므로

$D/4=4m^2n^2-(2m^2+1)(2n^2-6)=0$

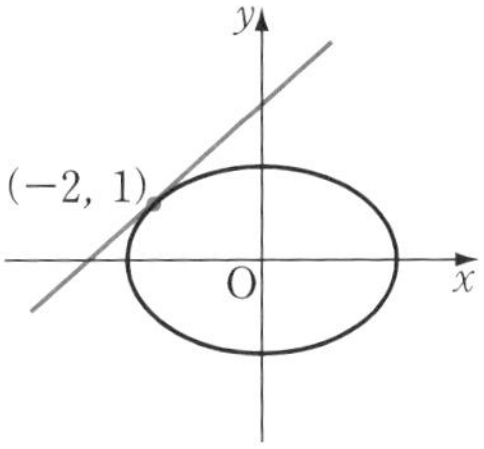

정리하면 $6m^2-n^2+3=0$ ……④

한편 ②는 점 $(-2, 1)$을 지나므로 $-2m+n=1$ ……⑤

④, ⑤를 연립하여 풀면 $m=1$, $n=3$ $\therefore\ \boldsymbol{y=x+3}$

(2) 접선의 방정식을 $y=mx+n$으로 놓고, $4x^2+y^2=8$에 대입하여 정리하면

$$(m^2+4)x^2+2mnx+n^2-8=0$$

$D/4=m^2n^2-(m^2+4)(n^2-8)=0$에서 $2m^2-n^2+8=0$ ……①

접선이 점 $(1, -2)$를 지나므로 $m+n=-2$ ……②

①, ②를 연립하여 풀면 $m=2$, $n=-4$ $\therefore\ \boldsymbol{y=2x-4}$

연구 2° 공식을 이용한 풀이

(1) x^2 대신 $-2\times x$를, y^2 대신 $1\times y$를 대입하면

$$-2x+2y=6 \quad \therefore\ \boldsymbol{y=x+3}$$

(2) x^2 대신 $1\times x$를, y^2 대신 $-2\times y$를 대입하면

$$4x-2y=8 \quad \therefore\ \boldsymbol{y=2x-4}$$

Advice 3° 기울기가 $\boldsymbol{m}$인 접선의 방정식

$$\frac{x^2}{a^2}+\frac{y^2}{b^2}=1 \quad \cdots\cdots ① \qquad y=mx+n \quad \cdots\cdots ②$$

로 놓고, ②를 ①에 대입한 다음 x에 관하여 정리하면

$$(a^2m^2+b^2)x^2+2a^2mnx+a^2n^2-a^2b^2=0 \quad \cdots\cdots ③$$

②가 ①에 접하면 ③이 중근을 가지므로

$$D/4=(a^2mn)^2-(a^2m^2+b^2)(a^2n^2-a^2b^2)=0 \quad \therefore\ n^2=a^2m^2+b^2$$

이때, 직선 ②는 $\boldsymbol{y=mx\pm\sqrt{a^2m^2+b^2}}$

보기 3 타원 $4x^2+9y^2=36$에 접하고 기울기가 $\sqrt{3}$인 직선의 방정식을 구하여라.

연구 준 식에서 $\dfrac{x^2}{9}+\dfrac{y^2}{4}=1$

따라서 $y=mx\pm\sqrt{a^2m^2+b^2}$에서 $m=\sqrt{3}$, $a^2=9$, $b^2=4$인 경우이므로 구하는 접선의 방정식은

$$y=\sqrt{3}x\pm\sqrt{9\times(\sqrt{3})^2+4} \quad \therefore\ \boldsymbol{y=\sqrt{3}x\pm\sqrt{31}}$$

Advice 4° 미분법을 이용한 타원의 접선의 기울기 구하기

포물선의 접선의 기울기를 구하는 경우와 마찬가지로 미적분에서 공부하는 음함수의 미분법을 이용하여 타원의 접선의 기울기를 구할 수도 있다.

⇦ 실력 미적분 p. 120

이를테면 앞면의 **보기 2**의 (1)에서 $x^2+2y^2=6$의 양변을 x에 관하여 미분하면 $2x+4y\dfrac{dy}{dx}=0 \quad \therefore\ \dfrac{dy}{dx}=-\dfrac{x}{2y}\ (y\neq0)$ ……①

점 $(-2,\ 1)$에서의 접선의 기울기는 $\left[\dfrac{dy}{dx}\right]_{\substack{x=-2\\y=1}}=-\dfrac{-2}{2\times1}=1$

따라서 접선의 방정식은 $y-1=1\times(x+2) \quad \therefore\ \boldsymbol{y=x+3}$

그런데 ①에서 $y\neq0$이어야 하므로 타원 $x^2+2y^2=6$ 위의 점 $(\pm\sqrt{6},\ 0)$에서의 접선의 방정식은 위와 같은 방법으로 구할 수 없다.

이와 같이 음함수의 미분법을 이용하여 이차곡선의 접선의 방정식을 구할 때에는 $\dfrac{dy}{dx}$의 값이 존재하지 않는 경우, 곧 접선이 x축에 수직인 경우를 따로 생각해야 한다는 것에 주의하여라.

보기 4 음함수의 미분법을 이용하여 **보기 2**의 (2)의 접선의 방정식을 구하여라.

연구 $4x^2+y^2=8$의 양변을 x에 관하여 미분하면

$$8x+2y\frac{dy}{dx}=0 \quad \therefore\ \frac{dy}{dx}=-\frac{4x}{y}\ (y\neq0) \quad \therefore\ \left[\frac{dy}{dx}\right]_{\substack{x=1\\y=-2}}=-\frac{4\times1}{-2}=2$$

따라서 구하는 접선의 방정식은 $y+2=2(x-1) \quad \therefore\ \boldsymbol{y=2x-4}$

필수 예제 2-6 타원 $x^2+4y^2=4$ 위를 움직이는 점 P를 지나고 점 P에서의 타원의 접선에 수직인 직선이 y축과 만나는 점을 Q라고 할 때, 선분 PQ의 중점 M의 자취의 방정식을 구하여라.

단, 점 P는 y축 위의 점이 아니다.

[정석연구] 먼저 점 P의 좌표를 (x_1, y_1)로 놓고,

정석 타원 $Ax^2+By^2=C$ 위의 점 (x_1, y_1)에서의 접선의 방정식은

$$\Longrightarrow Ax_1x+By_1y=C$$

를 이용하여 접선의 방정식부터 구한다.

그리고 점 Q와 점 M의 좌표를 차례로 x_1, y_1로 나타낸 다음, 점 M의 x좌표와 y좌표의 관계를 구하면 된다.

[모범답안] $P(x_1, y_1)$이라고 하면 점 P는 타원 $x^2+4y^2=4$ 위의 점이므로

$$x_1^2+4y_1^2=4 \qquad \cdots\cdots①$$

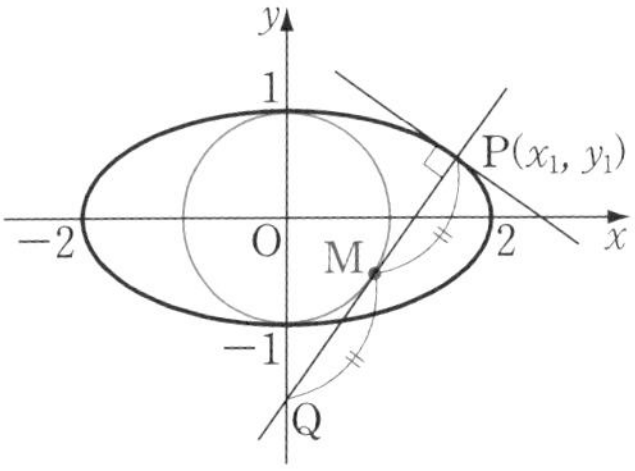

점 P에서의 접선의 방정식은

$$x_1x+4y_1y=4 \qquad \cdots\cdots②$$

(i) $y_1\neq0$일 때 ②의 기울기는 $-\dfrac{x_1}{4y_1}$ 이므로 점 P를 지나고 ②에 수직인 직선의 방정식은 $y-y_1=\dfrac{4y_1}{x_1}(x-x_1)$

$x=0$을 대입하면 $y=-3y_1$ $\quad\therefore$ $Q(0, -3y_1)$

따라서 $M(X, Y)$라고 하면

$$X=\frac{x_1}{2},\ Y=\frac{y_1-3y_1}{2}=-y_1 \qquad \therefore\ x_1=2X,\ y_1=-Y$$

①에 대입하면 $(2X)^2+4(-Y)^2=4$

$$\therefore\ X^2+Y^2=1 \qquad \cdots\cdots③$$

그런데 점 P는 y축 위의 점이 아니므로 점 $(0, \pm1)$은 제외한다.

(ii) $y_1=0$일 때 $x_1=\pm2$이고, $Q(0, 0)$이므로 이때의 중점은 ③을 만족시킨다.

[답] $\boldsymbol{x^2+y^2=1}$ 단, 점 $(\mathbf{0}, \pm\mathbf{1})$은 제외

[유제] **2**-10. 타원 $4x^2+y^2=4$ 위를 움직이는 점 P를 지나고 점 P에서의 타원의 접선에 수직인 직선이 x축과 만나는 점을 Q라고 할 때, 선분 PQ의 중점 M의 자취의 방정식을 구하여라. 단, 점 P는 x축 위의 점이 아니다.

[답] $\boldsymbol{x^2+y^2=1}$ 단, 점 $(\pm\mathbf{1}, \mathbf{0})$은 제외

필수 예제 **2**-7 다음 두 타원의 공통접선 중에서 접점이 제1사분면에 있는 직선의 방정식을 구하여라.

$$9x^2+16y^2=144, \qquad 21x^2+4y^2=84$$

정석연구 두 식을 각각 표준형으로 변형한 다음

정석 타원 $\dfrac{x^2}{a^2}+\dfrac{y^2}{b^2}=1$에 접하고 기울기가 m인 직선의 방정식은

$$\Longrightarrow \boldsymbol{y=mx\pm\sqrt{a^2m^2+b^2}}$$

임을 이용한다.

모범답안 준 식을 각각 표준형으로 변형하면

$$\frac{x^2}{16}+\frac{y^2}{9}=1, \quad \frac{x^2}{4}+\frac{y^2}{21}=1$$

따라서 공통접선의 기울기를 m이라고 하면 접선의 방정식은 각각

$$y=mx\pm\sqrt{16m^2+9} \qquad \cdots\cdots①$$

$$y=mx\pm\sqrt{4m^2+21} \qquad \cdots\cdots②$$

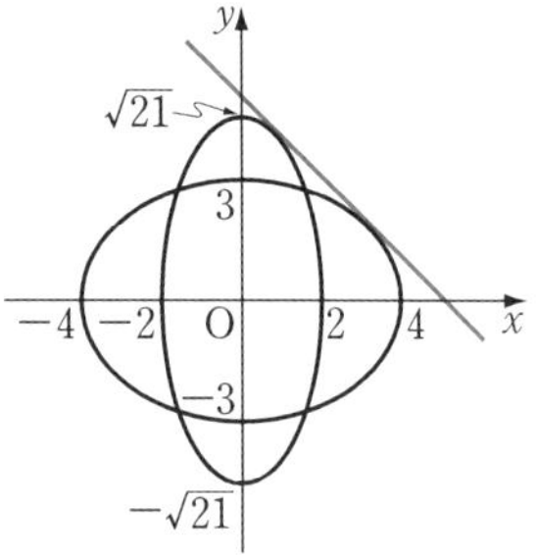

①, ②가 일치하므로

$$\sqrt{16m^2+9}=\sqrt{4m^2+21}$$

양변을 제곱하면 $16m^2+9=4m^2+21$ $\quad\therefore\ m^2=1$

그런데 위의 그림에서 $m<0$이므로 $m=-1$이고, 이 값을 ① 또는 ②에 대입하면 $y=-x\pm5$이다.

이 중에서 접점이 제1사분면에 있는 것은 $\boldsymbol{y=-x+5}$ ← 답

Advice | 공통접선의 방정식을 $y=mx+n$이라고 하여 y를 소거하고

정석 접한다 $\Longleftrightarrow$ 중근을 가진다 $\Longleftrightarrow$ $\mathrm{D}=0$

을 이용해도 된다.

유제 **2**-11. 타원 $9x^2+16y^2=144$에 접하는 직선 중에서 다음을 만족시키는 직선의 방정식을 구하여라.

(1) 직선 $y=2x+1$에 평행하다. (2) 직선 $y=2x+1$에 수직이다.

(3) 기울기가 양수이고 x축과 이루는 예각의 크기가 $45°$이다.

답 (1) $\boldsymbol{y=2x\pm\sqrt{73}}$ (2) $\boldsymbol{y=-\frac{1}{2}x\pm\sqrt{13}}$ (3) $\boldsymbol{y=x\pm5}$

유제 **2**-12. 원 $x^2+y^2=1$과 타원 $x^2+9y^2=3$의 공통접선 중에서 접점이 제1사분면에 있는 직선의 방정식을 구하여라. 답 $\boldsymbol{y=-\frac{\sqrt{3}}{3}x+\frac{2\sqrt{3}}{3}}$

필수 예제 2-8 다음 물음에 답하여라.

(1) 점 (3, 2)에서 타원 $x^2+4y^2=4$에 두 접선을 그을 때, 두 접점을 연결하는 선분의 중점의 x좌표를 구하여라.

(2) 점 (1, 2)에서 타원 $x^2+4y^2=4$에 그은 두 접선이 서로 수직임을 증명하여라.

모범답안 (1) 접점의 좌표를 $(x_1,\ y_1)$이라고 하면

$$x_1{}^2+4y_1{}^2=4 \qquad \cdots\cdots①$$

이고, 접선의 방정식은

$$x_1x+4y_1y=4$$

이 직선이 점 (3, 2)를 지나므로

$$3x_1+8y_1=4 \qquad \cdots\cdots②$$

①, ②에서 y_1을 소거하고 정리하면

$$25x_1{}^2-24x_1-48=0$$

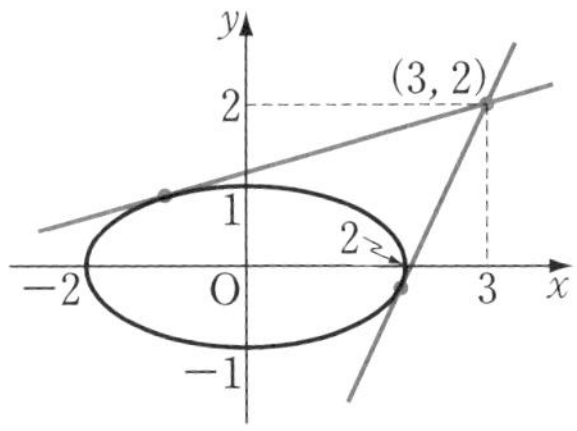

이 방정식의 두 근을 α, β라고 하면 근과 계수의 관계로부터

$$\alpha+\beta=\frac{24}{25}$$

α, β는 두 접점의 x좌표이므로 구하는 중점의 x좌표는

$$\frac{1}{2}(\alpha+\beta)=\frac{1}{2}\times\frac{24}{25}=\mathbf{\frac{12}{25}} \longleftarrow \boxed{답}$$

(2) 점 (1, 2)에서 타원 $\dfrac{x^2}{4}+y^2=1$에 그은 접선은 y절편이 양수이므로 기울기를 m이라고 하면 $y=mx+\sqrt{4m^2+1}$

이 직선이 점 (1, 2)를 지나므로

$$2=m+\sqrt{4m^2+1}$$

$$\therefore\ 2-m=\sqrt{4m^2+1}$$

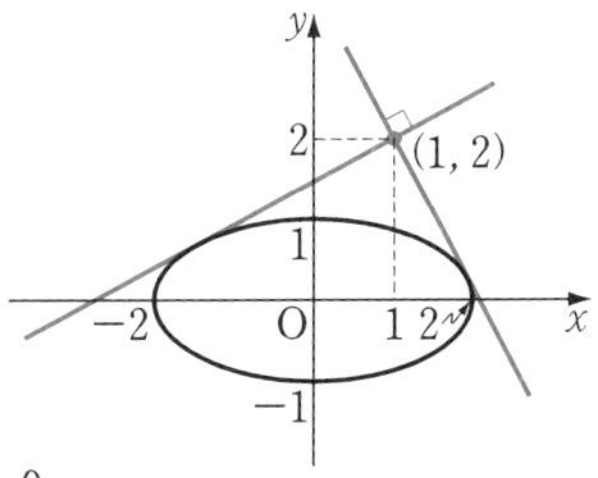

양변을 제곱하여 정리하면 $3m^2+4m-3=0$

이 방정식의 두 근을 m_1, m_2라고 하면 m_1, m_2는 두 접선의 기울기이고 근과 계수의 관계로부터 $m_1m_2=-1$

따라서 두 접선은 서로 수직이다.

유제 **2**-13. 점 (3, 1)에서 타원 $5x^2+9y^2=45$에 그은 접선의 방정식을 구하여라.

답 $\boldsymbol{y=-\frac{2}{3}x+3,\ x=3}$

유제 **2**-14. 점 (0, 0)에서 곡선 $4x^2+y^2-16x-2y+c=0$에 그은 두 접선이 서로 수직일 때, 상수 c의 값을 구하여라.

답 $\boldsymbol{c=13}$

필수 예제 2-9 다음 포물선과 타원이 직교함을 증명하여라.

$$y^2=4px, \quad \frac{x^2}{a^2}+\frac{y^2}{2a^2}=1$$

단, 두 곡선의 교점에서의 각 곡선의 접선이 서로 수직일 때, 두 곡선이 직교한다고 한다.

정석연구 두 곡선의 교점에서의 각 곡선의 접선이 서로 수직이어야 하므로 교점에서의 접선의 방정식을 각각 구한 다음

(두 접선의 기울기의 곱)$=-1$

임을 보이면 된다.

특히 이 문제와 같이 곡선의 교점을 바로 구하기 쉽지 않은 경우에는 먼저 교점의 좌표를 (x_1, y_1)로 놓고 접선의 방정식부터 구한다.

정석 포물선 $\boldsymbol{y^2=4px}$ 위의 점 $(\boldsymbol{x_1, y_1})$에서의 접선 $\Longrightarrow$ $\boldsymbol{y_1y=2p(x+x_1)}$

타원 $\boldsymbol{\dfrac{x^2}{a^2}+\dfrac{y^2}{b^2}=1}$ 위의 점 $(\boldsymbol{x_1, y_1})$에서의 접선 $\Longrightarrow$ $\boldsymbol{\dfrac{x_1x}{a^2}+\dfrac{y_1y}{b^2}=1}$

모범답안 $y^2=4px$ ······① $\quad \dfrac{x^2}{a^2}+\dfrac{y^2}{2a^2}=1$ ······②

①, ②의 교점을 $\mathrm{P}(x_1, y_1)$이라고 하면

점 P에서 ①에 그은 접선의 방정식은

$$y_1y=2p(x+x_1) \quad \cdots\cdots③$$

점 P에서 ②에 그은 접선의 방정식은

$$\frac{x_1x}{a^2}+\frac{y_1y}{2a^2}=1 \quad \cdots\cdots④$$

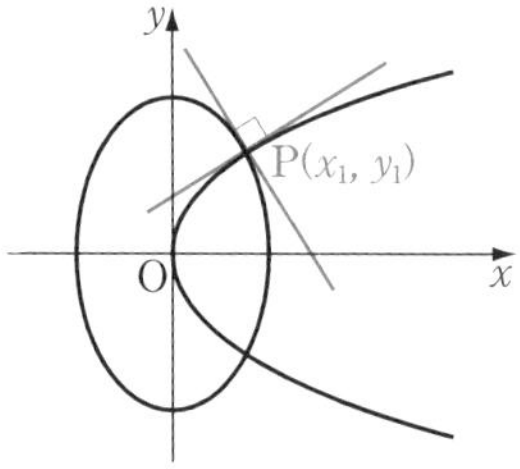

③, ④의 기울기를 각각 m, m'이라고 하면

$$m=\frac{2p}{y_1},\ m'=-\frac{2x_1}{y_1} \quad \therefore\ mm'=\frac{2p}{y_1}\times\left(-\frac{2x_1}{y_1}\right)=-\frac{4px_1}{{y_1}^2} \quad \cdots\cdots⑤$$

한편 점 P는 ① 위의 점이므로 ${y_1}^2=4px_1$

⑤에 대입하면 $mm'=-1$이므로 ①, ②는 직교한다.

*Note 공식을 이용하지 않고 음함수의 미분법을 이용하여 접선의 기울기를 구할 수도 있다.

유제 **2**-15. 포물선 $x^2=4py$와 타원 $\dfrac{x^2}{2a^2}+\dfrac{y^2}{a^2}=1$이 직교함을 증명하여라.

유제 **2**-16. 포물선 $y^2=4px$와 타원 $\dfrac{x^2}{16}+\dfrac{y^2}{a}=1$이 직교하도록 양수 a의 값을 정하여라.

답 $\boldsymbol{a=32}$

연습문제 2

기본 **2-1** 다음을 만족시키는 타원의 방정식을 구하여라.

(1) 중심이 점 (0, 0)이고, 초점이 x축 위에 있으며, 장축의 길이는 10, 단축의 길이는 8이다.

(2) 초점이 점 (2, 0), (−2, 0)이고, 네 꼭짓점 중에서 두 꼭짓점이 점 (3, 0), (−3, 0)이다.

(3) 중심이 점 (0, 0)이고, y축 위의 두 초점 사이의 거리가 4이며, 타원 위의 한 점에서 두 초점에 이르는 거리의 합이 $2\sqrt{6}$이다.

2-2 점 (1, 0)을 지나고 기울기가 1인 직선이 타원 $3x^2+4y^2=12$와 만나는 두 점을 A, B라고 하자. 두 점 A, B와 점 C(−1, 0)을 꼭짓점으로 하는 △ABC의 둘레의 길이를 구하여라.

2-3 장축의 길이가 각각 16, 24인 두 타원이 점 F를 한 초점으로 공유하고, 서로 다른 두 점 P, Q에서 만난다. 두 타원의 나머지 초점이 각각 F_1, F_2이고, 세 점 F_1, F, F_2가 이 순서로 한 직선 위에 있을 때, $|\overline{PF_1}-\overline{PF_2}|+|\overline{QF_1}-\overline{QF_2}|$의 값을 구하여라.

2-4 두 초점이 F, F′이고, 장축의 길이가 10, 단축의 길이가 6인 타원이 있다. 중심이 F이고 점 F′을 지나는 원과 이 타원의 두 교점 중에서 한 점을 P라고 할 때, △PFF′의 넓이를 구하여라.

2-5 이차곡선 $x^2-4x+9y^2-5=0$과 중심이 점 (2, 0)이고 반지름의 길이가 a인 원이 서로 다른 네 점에서 만날 때, 실수 a의 값의 범위를 구하여라.

2-6 오른쪽 그림과 같이 한 변의 길이가 10인 정육각형의 각 변을 장축으로 하는 서로 합동인 타원 6개가 있다. 정육각형의 꼭짓점과 이웃하는 두 타원의 꼭짓점에 가까운 초점으로 이루어진 삼각형 6개의 넓이의 합이 $6\sqrt{3}$일 때, 타원의 단축의 길이를 구하여라.

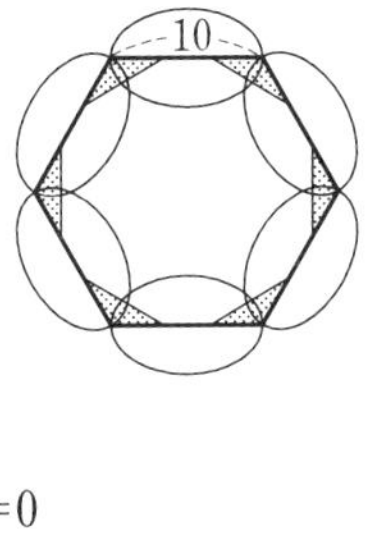

2-7 다음 두 방정식이 나타내는 타원이 서로 합동이다.

$$2x^2+3y^2=6, \qquad 2x^2+3y^2-8ax-6by=0$$

a, b가 변할 때, 두 번째 타원의 중심의 자취의 방정식을 구하여라.

2-8 두 곡선 $\dfrac{(x-a)^2}{2}+y^2=1$, $y^2=\dfrac{1}{2}x$가 만날 때, 실수 a의 값의 범위를 구하여라.

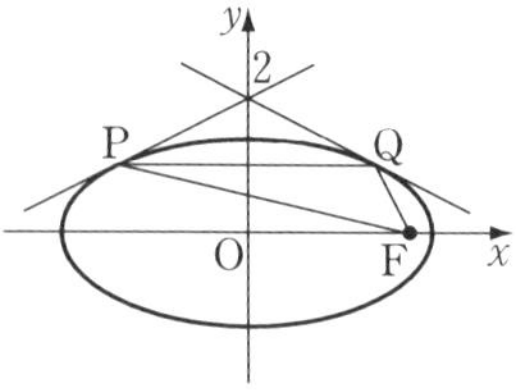

2-9 점 (0, 2)에서 타원 $\frac{x^2}{8}+\frac{y^2}{2}=1$에 그은 두 접선의 접점을 각각 P, Q라 하고, 타원의 두 초점 중 하나를 F라고 할 때, △PFQ의 둘레의 길이를 구하여라.

2-10 타원 $x^2+4y^2=4$ 위의 두 점 A$(-2, 0)$, B$(0, 1)$과 이 타원 위를 움직이는 점 P를 꼭짓점으로 하는 △APB의 넓이의 최댓값을 구하여라.

2-11 타원 $\frac{x^2}{4}+y^2=1$의 네 꼭짓점을 연결하여 만든 사각형에 내접하는 타원 $\frac{x^2}{a^2}+\frac{y^2}{b^2}=1$이 있다. 타원 $\frac{x^2}{a^2}+\frac{y^2}{b^2}=1$의 두 초점이 F$(b, 0)$, F′$(-b, 0)$일 때, 양수 a, b의 값을 구하여라.

실력 **2-12** 타원 $\frac{x^2}{a^2}+\frac{y^2}{b^2}=1$에 내접하는 정사각형의 대각선의 길이는 $2\sqrt{3}$이고, 외접하는 직사각형의 넓이는 $8\sqrt{3}$이다. 이때, 타원의 방정식을 구하여라. 단, 정사각형과 직사각형의 각 변은 좌표축에 수직이다.

2-13 타원 $\frac{x^2}{36}+\frac{y^2}{20}=1$의 초점 중 점 A$(6, 0)$에 가까운 점을 F, 다른 한 초점을 F′이라고 하자. 이 타원 위의 한 점 P에 대하여 $\angle$PFF′$=60^\circ$일 때, $\overline{\text{PA}}^2$의 값을 구하여라.

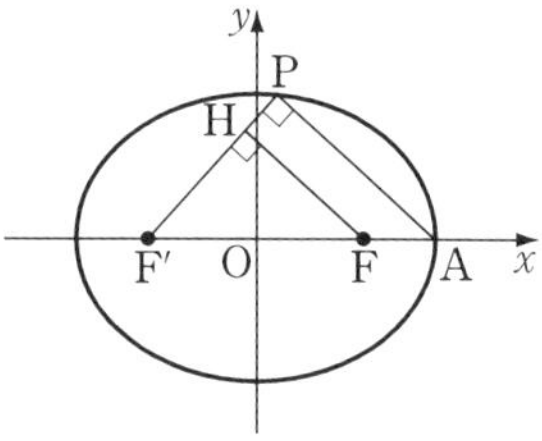

2-14 오른쪽 그림에서 x축 위의 두 점 F, F′은 타원 $\frac{x^2}{a^2}+\frac{y^2}{b^2}=1$의 초점이고, 점 A는 이 타원의 꼭짓점이다. 또, 제1사분면에 있는 타원 위의 점 P에 대하여 $\angle$F′PA$=90^\circ$이고, 점 F에서 선분 F′P에 내린 수선의 발 H는 선분 F′P를 3 : 1로 내분한다.

$\overline{\text{F'H}}=6$일 때, 양수 a, b의 값을 구하여라.

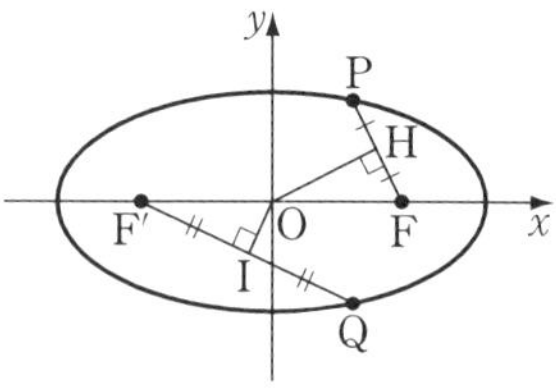

2-15 오른쪽 그림에서 두 점 P, Q는 두 점 F$(5, 0)$, F′$(-5, 0)$을 초점으로 하는 타원 위의 점이다. 원점 O에서 선분 PF, QF′에 내린 수선의 발을 각각 H, I라고 할 때, 점 H, I는 각각 선분 PF, QF′의 중점이다.

$\overline{\text{OH}}\times\overline{\text{OI}}=10$일 때, 이 타원의 장축의 길이를 구하여라.

2-16 오른쪽 그림과 같이 점 A를 초점으로 하는 포물선 $y^2=4px$ (단, $p>0$)와 x축 위의 두 점 F, F′을 초점으로 하고 중심이 원점인 타원이 제1사분면에 있는 점 P에서 만난다.

$\overline{AF}=2$, $\overline{PA}=\overline{PF}$, $\overline{F'F}=\overline{F'P}$일 때, 타원의 장축의 길이를 구하여라.

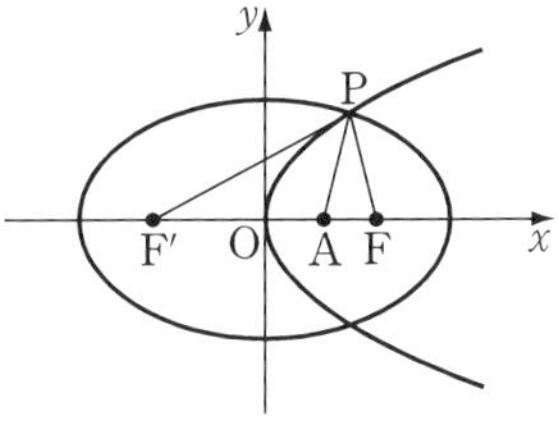

2-17 타원 $3x^2+4y^2=12$에서 $y\ge0$인 부분을 L, 두 원 $(x-1)^2+y^2=1$, $(x+1)^2+y^2=1$에서 $y\le0$인 부분을 각각 M, N이라고 하자. 세 점 P, Q, R가 각각 곡선 L, M, N 위를 움직일 때, $\overline{PQ}+\overline{PR}$의 최댓값을 구하여라.

2-18 점 A$(a,\ 0)$과 타원 $x^2+4y^2=16$ 위의 점 P에 대하여 선분 AP의 길이의 최솟값을 구하여라.

2-19 방정식 $x^2+4y^2-6x-16y+21=0$이 나타내는 타원과 x축에 수직인 직선의 두 교점을 A, B라고 하자. 이 타원의 중심을 O′이라고 할 때, △O′AB의 넓이의 최댓값을 구하여라.

2-20 $r=\dfrac{1}{\sqrt{2}+\cos\theta}$ (단, $0°\le\theta<360°$)일 때, 점 P$(r\cos\theta,\ r\sin\theta)$의 자취의 방정식을 구하여라. ⇦ 수학 I (삼각함수)

2-21 타원 $b^2x^2+a^2y^2=a^2b^2$의 서로 수직인 두 접선의 교점의 자취의 방정식을 구하여라.

2-22 중심이 점 C, 반지름의 길이가 1이고 원점 O를 지나는 원이 x축과 원점 O가 아닌 점 P에서 만난다. 원 위의 점 Q와 이 점을 지나는 접선 위의 점 R를 잡아 사각형 OPRQ가 평행사변형이 되게 하자. 원 C를 원점 O를 중심으로 한 바퀴 회전시킬 때, 점 R의 자취의 방정식을 구하여라.

단, 점 Q의 y좌표는 양수이다. ⇦ 수학 I (삼각함수)

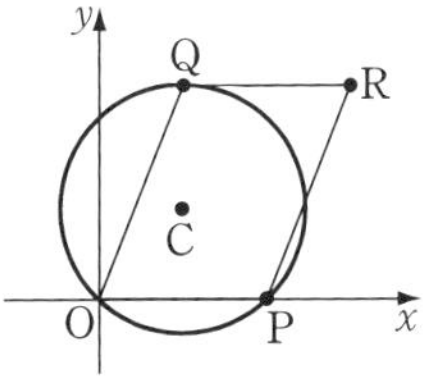

2-23 타원 $4x^2+9y^2=36$ 위를 움직이는 점 P에서의 접선이 x축, y축과 만나서 만들어지는 삼각형의 넓이의 최솟값을 구하여라.

2-24 점 A$(0,\ 4)$와 타원 $\dfrac{x^2}{5}+y^2=1$ 위를 움직이는 점 P가 있다. 두 점 A, P를 지나는 직선이 원 $x^2+(y-3)^2=1$과 만나는 두 점 중에서 A가 아닌 점을 Q라고 할 때, 점 Q의 자취의 길이를 구하여라.

3. 쌍곡선의 방정식

§ 1. 쌍곡선의 방정식

기본정석

1 쌍곡선의 정의

평면 위의 두 정점으로부터의 거리의 차가 일정한 점의 자취를 쌍곡선이라 하고, 이때 두 정점을 쌍곡선의 초점이라고 한다. 오른쪽 그림에서

$$|\overline{PF}-\overline{PF'}|=(\text{일정})$$

일 때, 점 P의 자취가 쌍곡선이고 점 F, F′이 초점이다.

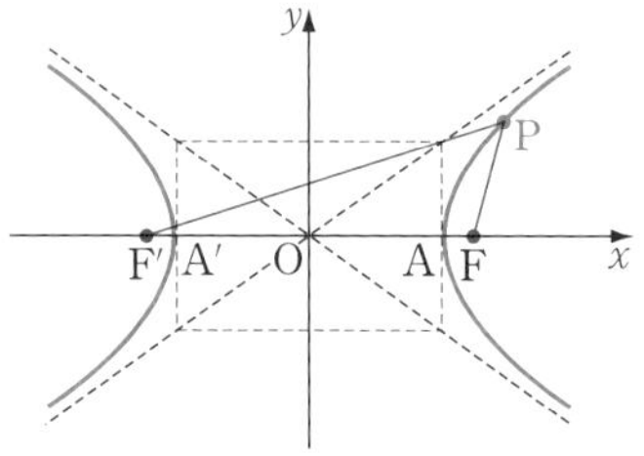

또, 점 A, A′을 쌍곡선의 꼭짓점이라 하고, 선분 AA′을 쌍곡선의 주축, 선분 AA′의 중점 O를 쌍곡선의 중심이라고 한다.

2 쌍곡선의 방정식

(1) 두 점 F$(k, 0)$, F′$(-k, 0)$으로부터의 거리의 차가 $2a\ (k>a>0)$인 쌍곡선의 방정식은

$$\boldsymbol{\frac{x^2}{a^2}-\frac{y^2}{b^2}=1\ (k^2=a^2+b^2)}$$

이다. 이때,

초점 : $\mathbf{F}(\boldsymbol{k}, \mathbf{0})$, $\mathbf{F'}(-\boldsymbol{k}, \mathbf{0})$,

꼭짓점 : $(\boldsymbol{a}, \mathbf{0})$, $(-\boldsymbol{a}, \mathbf{0})$

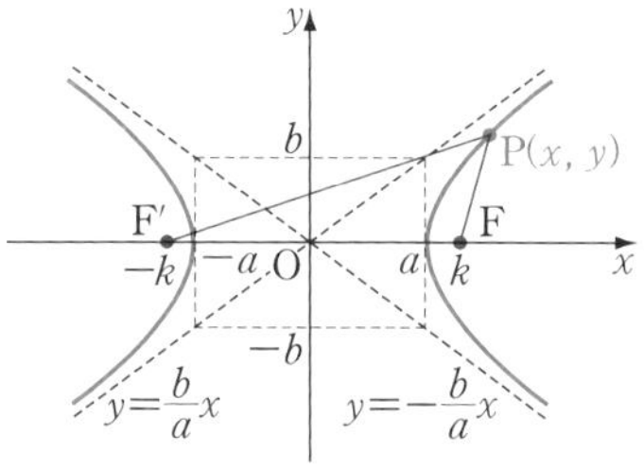

(2) 두 점 F$(0, k)$, F′$(0, -k)$로부터의 거리의 차가 $2b\ (k>b>0)$인 쌍곡선의 방정식은

$$\boldsymbol{\frac{x^2}{a^2}-\frac{y^2}{b^2}=-1\ (k^2=a^2+b^2)}$$

이다. 이때,

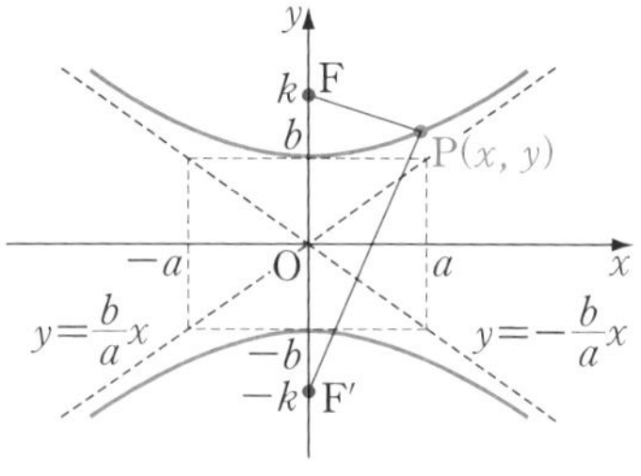

초점 : $\mathbf{F}(\mathbf{0}, \boldsymbol{k})$, $\mathbf{F'}(\mathbf{0}, -\boldsymbol{k})$, 꼭짓점 : $(\mathbf{0}, \boldsymbol{b})$, $(\mathbf{0}, -\boldsymbol{b})$

3 쌍곡선의 점근선

쌍곡선

$$\frac{x^2}{a^2}-\frac{y^2}{b^2}=1, \qquad \frac{x^2}{a^2}-\frac{y^2}{b^2}=-1$$

의 점근선의 방정식은 모두 다음과 같다.

$$\frac{x^2}{a^2}-\frac{y^2}{b^2}=0 \qquad \text{곧, } y=\pm\frac{b}{a}x$$

Advice 1° 쌍곡선의 방정식

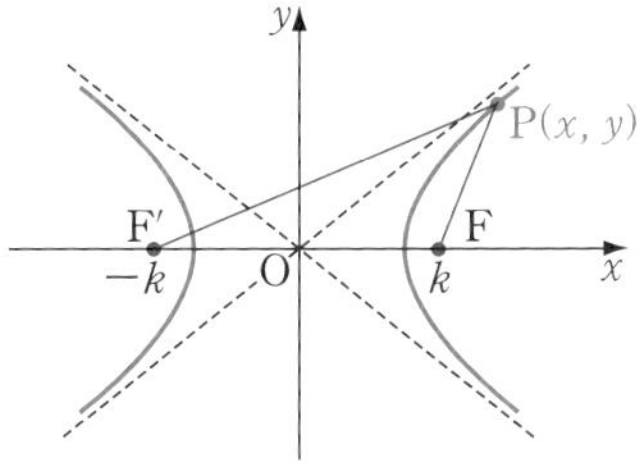

오른쪽 그림과 같이 쌍곡선의 초점 F, F′을 지나는 직선을 x축으로, 선분 FF′의 수직이등분선을 y축으로 잡고, 두 점 F, F′의 좌표를 각각

F(k, 0), F′($-k$, 0) (단, $k>0$)

과 같이 정한다.

두 점 F, F′으로부터의 거리의 차가 $2a$ (단, $k>a>0$)인 점을 P(x, y)라고 하면 $|\overline{\mathrm{PF}}-\overline{\mathrm{PF'}}|=2a$

$$\therefore\ \sqrt{(x-k)^2+y^2}-\sqrt{(x+k)^2+y^2}=\pm 2a$$

$$\therefore\ \sqrt{(x-k)^2+y^2}=\sqrt{(x+k)^2+y^2}\pm 2a$$

양변을 제곱하여 정리하면 $a\sqrt{(x+k)^2+y^2}=\pm(kx+a^2)$

다시 양변을 제곱하여 정리하면 $(k^2-a^2)x^2-a^2y^2=a^2(k^2-a^2)$

여기에서 $k^2-a^2=b^2$(단, $b>0$)으로 놓으면 $b^2x^2-a^2y^2=a^2b^2$

양변을 a^2b^2으로 나누면 ⇦ $ab\neq 0$

$$\frac{x^2}{a^2}-\frac{y^2}{b^2}=1 \ (\text{단, } a>0,\ b>0,\ k^2=a^2+b^2)$$

이고, 역도 성립한다. 이 식을 쌍곡선의 방정식의 표준형이라고 한다.

같은 방법으로 쌍곡선의 초점 F, F′을 지나는 직선을 y축으로, 선분 FF′의 수직이등분선을 x축으로 잡고, 두 점 F, F′의 좌표를 각각

F(0, k), F′(0, $-k$) (단, $k>0$)

라고 하면 $|\overline{\mathrm{PF}}-\overline{\mathrm{PF'}}|=2b$(단, $k>b>0$)인 점 P의 자취의 방정식은 다음과 같다.

$$\frac{x^2}{a^2}-\frac{y^2}{b^2}=-1 \ (\text{단, } a>0,\ b>0,\ k^2=a^2+b^2)$$

보기 1 두 점 F(4, 0), F′(−4, 0)으로부터의 거리의 차가 6인 점의 자취의 방정식을 구하여라.

연구 조건을 만족시키는 점을 P(x, y)라고 하면

$$|\overline{PF}-\overline{PF'}|=6 \quad \therefore \sqrt{(x-4)^2+y^2}-\sqrt{(x+4)^2+y^2}=\pm 6$$

$$\therefore \sqrt{(x-4)^2+y^2}=\sqrt{(x+4)^2+y^2}\pm 6$$

양변을 제곱하여 정리하면 $3\sqrt{(x+4)^2+y^2}=\pm(4x+9)$

다시 양변을 제곱하여 정리하면 $7x^2-9y^2=63$

양변을 63으로 나누면 $\boldsymbol{\dfrac{x^2}{9}-\dfrac{y^2}{7}=1}$

*Note 쌍곡선의 방정식의 표준형 $\boldsymbol{\dfrac{x^2}{a^2}-\dfrac{y^2}{b^2}=1}$ (단, $\boldsymbol{a>0,\ b>0,\ k^2=a^2+b^2}$)

에서 $2a=6$인 경우이므로 $a=3$

또, $k=4$이므로 $4^2=3^2+b^2$이고 $b>0$이므로 $b=\sqrt{7}$

이로부터 위의 쌍곡선의 방정식을 얻을 수도 있다.

보기 2 다음 방정식이 나타내는 쌍곡선의 주축의 길이, 꼭짓점의 좌표, 초점의 좌표를 구하여라.

(1) $9x^2-16y^2=144$ (2) $9x^2-16y^2=-144$

연구 먼저 방정식의 양변을 144로 나누어 표준형으로 고친다.

(1) $\dfrac{x^2}{4^2}-\dfrac{y^2}{3^2}=1$에서 $a=4,\ b=3$인 경우이므로

$$k=\sqrt{a^2+b^2}=\sqrt{4^2+3^2}=5$$

따라서

주축의 길이 $2a=2\times 4=\boldsymbol{8}$

꼭짓점 $\boldsymbol{(4,\ 0),\ (-4,\ 0)}$ ⇦ $y=0$

초점 $\boldsymbol{(5,\ 0),\ (-5,\ 0)}$

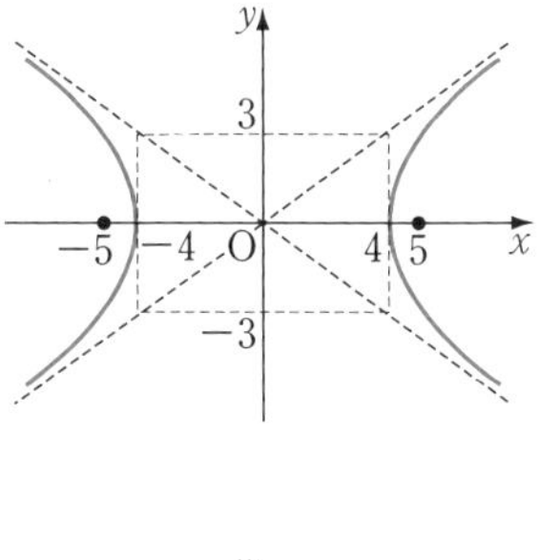

(2) $\dfrac{x^2}{4^2}-\dfrac{y^2}{3^2}=-1$에서 $a=4,\ b=3$인 경우이므로

$$k=\sqrt{a^2+b^2}=\sqrt{4^2+3^2}=5$$

따라서

주축의 길이 $2b=2\times 3=\boldsymbol{6}$

꼭짓점 $\boldsymbol{(0,\ 3),\ (0,\ -3)}$ ⇦ $x=0$

초점 $\boldsymbol{(0,\ 5),\ (0,\ -5)}$

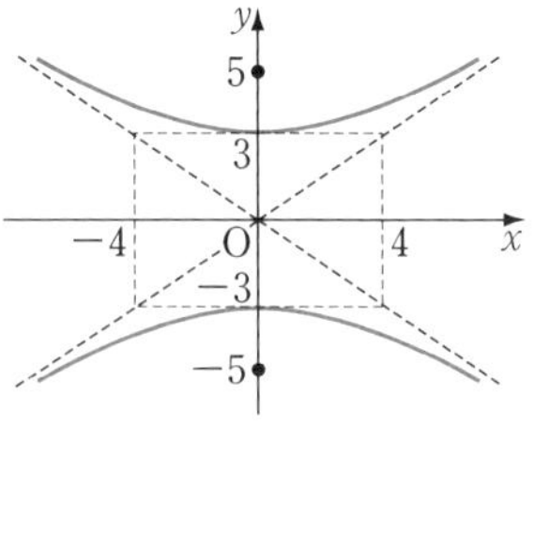

*Note 앞면의 두 쌍곡선

$$\frac{x^2}{4^2}-\frac{y^2}{3^2}=1 \qquad \cdots\cdots①$$

$$\frac{x^2}{4^2}-\frac{y^2}{3^2}=-1 \qquad \cdots\cdots②$$

를 좌표평면 위에 동시에 나타내면 오른쪽 그림과 같다. 이때, ①과 ②를 서로 **켤레쌍곡선**이라고 한다. 곧, 켤레쌍곡선은 표준형에서 우변의 부호만 서로 다른 것이다.

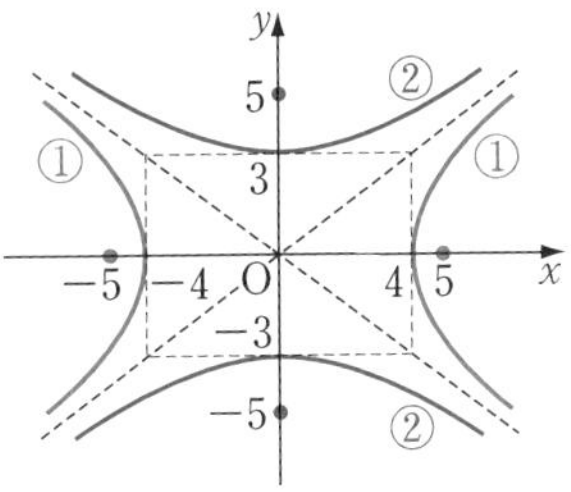

Advice 2° 쌍곡선의 점근선

쌍곡선 $\dfrac{x^2}{a^2}-\dfrac{y^2}{b^2}=1$ $\cdots\cdots①$

에서 $y^2=\dfrac{b^2}{a^2}(x^2-a^2)$

$\therefore\ y=\pm\dfrac{b}{a}\sqrt{x^2-a^2}=\pm\dfrac{b}{a}\sqrt{x^2\left(1-\dfrac{a^2}{x^2}\right)}$

곧, $y=\pm\dfrac{b}{a}x\sqrt{1-\left(\dfrac{a}{x}\right)^2}$ $\cdots\cdots②$

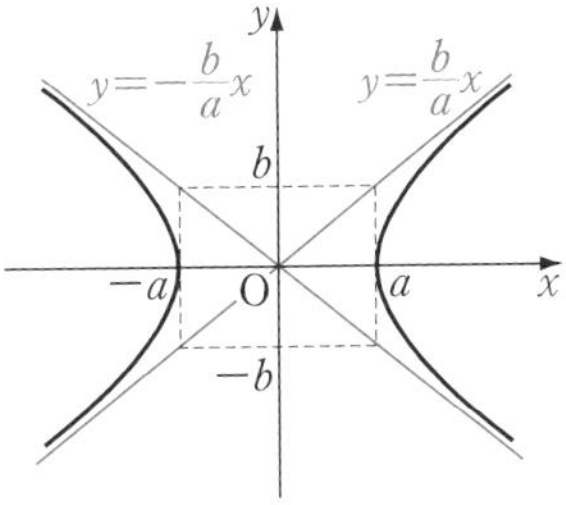

그런데 x의 절댓값이 커짐에 따라 $\left(\dfrac{a}{x}\right)^2$ 의 값은 0에 가까워지므로 ②는 $y=\pm\dfrac{b}{a}x$ $\cdots\cdots③$

에 접근한다. 따라서 쌍곡선 ①은 원점에서 멀어짐에 따라 두 직선 ③에 한없이 가까워진다. 이런 뜻에서 ③의 두 직선

$$y=\frac{b}{a}x, \qquad y=-\frac{b}{a}x$$

를 쌍곡선 ①의 **점근선**이라고 한다.

또, 위의 두 점근선의 방정식을 각각 변형하면

$$y=\frac{b}{a}x \text{ 에서 } \frac{x}{a}-\frac{y}{b}=0, \qquad y=-\frac{b}{a}x \text{ 에서 } \frac{x}{a}+\frac{y}{b}=0$$

이므로 이 점근선의 방정식은

$$\left(\frac{x}{a}-\frac{y}{b}\right)\left(\frac{x}{a}+\frac{y}{b}\right)=0 \quad \text{곧,} \quad \frac{x^2}{a^2}-\frac{y^2}{b^2}=0$$

과 같이 하나의 방정식으로 나타낼 수 있다.

이것은 쌍곡선의 방정식 ①의 우변을 0으로 놓은 것과 같다.

정석 쌍곡선 $\dfrac{x^2}{a^2}-\dfrac{y^2}{b^2}=\pm1$의 점근선의 방정식은

$$\Longrightarrow \frac{x^2}{a^2}-\frac{y^2}{b^2}=0 \quad \text{곧,} \quad y=\pm\frac{b}{a}x$$

보기 3 다음 쌍곡선의 점근선의 방정식을 구하고, 그래프를 그려라.

(1) $x^2-y^2=9$ (2) $25y^2-16x^2=400$

연구 (1) $x^2-y^2=9$에서 $\dfrac{x^2}{9}-\dfrac{y^2}{9}=1$ 곧, $\dfrac{x^2}{3^2}-\dfrac{y^2}{3^2}=1$

$\dfrac{x^2}{3^2}-\dfrac{y^2}{3^2}=0$으로 놓으면 $y^2=x^2$ $\therefore$ $\boldsymbol{y=\pm x}$

(2) $25y^2-16x^2=400$에서 $\dfrac{y^2}{16}-\dfrac{x^2}{25}=1$ 곧, $\dfrac{x^2}{5^2}-\dfrac{y^2}{4^2}=-1$

$\dfrac{x^2}{5^2}-\dfrac{y^2}{4^2}=0$으로 놓으면 $y^2=\left(\dfrac{4}{5}x\right)^2$ $\therefore$ $\boldsymbol{y=\pm\dfrac{4}{5}x}$

(1)

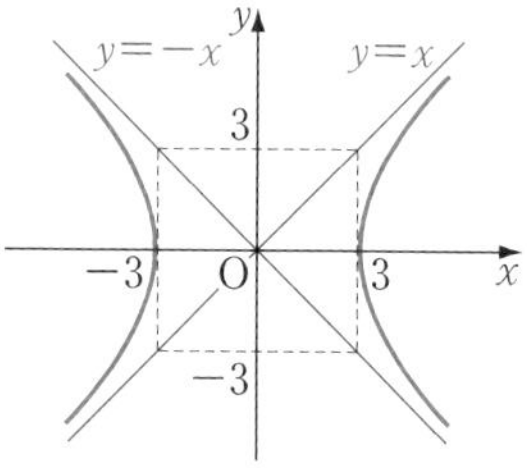

(2)

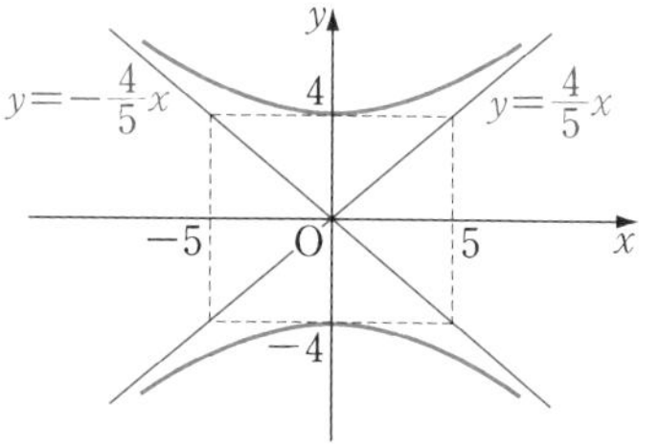

*Note (1)과 같이 두 점근선이 직교하는 쌍곡선을 직각쌍곡선이라고 한다.

Advice 3° 쌍곡선의 평행이동과 일반형

쌍곡선 $\dfrac{x^2}{a^2}-\dfrac{y^2}{b^2}=1$ ……①

은 평행이동

$\mathbf{T}:(\boldsymbol{x},\ \boldsymbol{y})\longrightarrow(\boldsymbol{x}+\boldsymbol{m},\ \boldsymbol{y}+\boldsymbol{n})$

에 의하여 쌍곡선

$\dfrac{(\boldsymbol{x}-\boldsymbol{m})^2}{\boldsymbol{a}^2}-\dfrac{(\boldsymbol{y}-\boldsymbol{n})^2}{\boldsymbol{b}^2}=1$ ……②

로 이동된다.

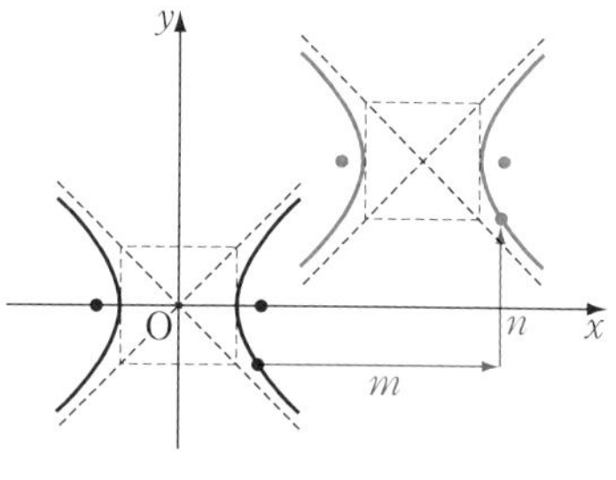

이때, 쌍곡선은 오른쪽과 같고, 다음을 알 수 있다.

(i) ①, ②의 주축의 길이는 같다.

(ii) ②의 중심, 꼭짓점, 초점, 점근선은 각각 ①의 중심, 꼭짓점, 초점, 점근선을 x축의 방향으로 m만큼, y축의 방향으로 n만큼 평행이동한 것이다.

또, ②식을 전개하여 정리하면

$$\mathbf{A}\boldsymbol{x}^2+\mathbf{B}\boldsymbol{y}^2+\mathbf{C}\boldsymbol{x}+\mathbf{D}\boldsymbol{y}+\mathbf{E}=\mathbf{0}\ (\text{단, }\mathbf{AB}<\mathbf{0})$$

의 꼴을 얻는다. 이 식은 xy항이 없고 x^2항과 y^2항의 계수의 부호가 다르다.

이와 같은 꼴의 식을 쌍곡선의 방정식의 일반형이라고 한다.

필수 예제 3-1 다음 물음에 답하여라.

(1) 타원 $16x^2+25y^2=400$과 두 초점을 공유하고 주축의 길이가 2인 쌍곡선의 방정식을 구하여라.

(2) 초점이 점 $(6, 0)$, $(-6, 0)$이고 점근선이 직선 $y=\sqrt{2}x$, $y=-\sqrt{2}x$인 쌍곡선의 방정식을 구하여라.

정석연구 다음 쌍곡선에 관한 성질을 이용한다.

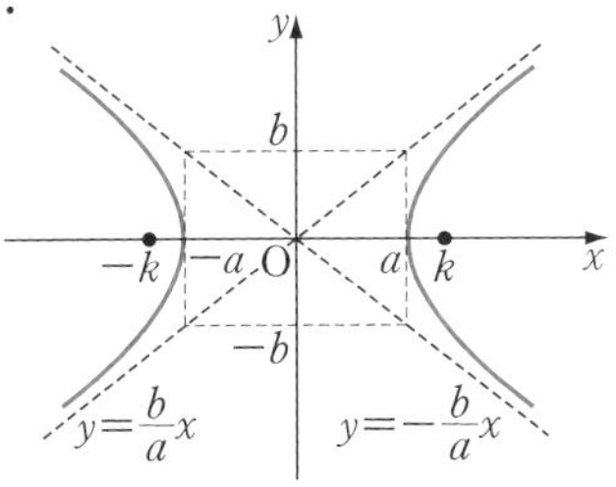

정석 쌍곡선 $\dfrac{x^2}{a^2}-\dfrac{y^2}{b^2}=1$에서

$a>0,\ b>0,\ k^2=a^2+b^2$일 때

(i) 주축의 길이 : $2a$

(ii) 초점의 좌표 : $(k, 0)$, $(-k, 0)$

(iii) 점근선의 방정식 : $y=\pm\dfrac{b}{a}x$

모범답안 (1) 주어진 타원의 초점의 좌표는 $(\pm 3, 0)$이고 ⇦ p. 26, 28

초점이 x축 위에 있으므로 구하는 방정식을 다음과 같이 놓는다.

$$\frac{x^2}{a^2}-\frac{y^2}{b^2}=1 \ (단,\ a>0,\ b>0)$$

초점의 좌표가 $(\pm 3, 0)$이므로 $a^2+b^2=3^2$

주축의 길이가 2이므로 $2a=2$ $\quad\therefore\ a=1$

$$\therefore\ a^2=1,\ b^2=8 \qquad \therefore\ x^2-\frac{y^2}{8}=1 \longleftarrow \boxed{답}$$

(2) 초점이 x축 위에 있으므로 구하는 방정식을 다음과 같이 놓는다.

$$\frac{x^2}{a^2}-\frac{y^2}{b^2}=1 \ (단,\ a>0,\ b>0)$$

초점의 좌표가 $(\pm 6, 0)$이므로 $a^2+b^2=6^2$ ……①

점근선의 방정식이 $y=\pm\sqrt{2}x$이므로 $\dfrac{b}{a}=\sqrt{2}$ $\quad\therefore\ b^2=2a^2$ …②

①, ②에서 $a^2=12,\ b^2=24$ $\quad\therefore\ \dfrac{x^2}{12}-\dfrac{y^2}{24}=1 \longleftarrow \boxed{답}$

**Note* (2)의 경우 점근선의 방정식이 $\sqrt{2}x-y=0$, $\sqrt{2}x+y=0$이므로 구하는 쌍곡선의 방정식을 $2x^2-y^2=\alpha$로 놓으면 $\dfrac{\alpha}{2}+\alpha=6^2$에서 $\alpha=24$를 얻는다.

유제 **3**-1. 초점이 점 $(5, 0)$, $(-5, 0)$이고 주축의 길이가 6인 쌍곡선의 방정식을 구하여라. 답 $16x^2-9y^2=144$

유제 **3**-2. 두 직선 $y=2x$, $y=-2x$가 점근선이고 점 $(-3, 2)$를 지나는 쌍곡선의 방정식을 구하여라. 답 $4x^2-y^2=32$

필수 예제 3-2 쌍곡선 $9x^2-4y^2+18x+48y-171=0$에 대하여 다음을 구하여라.

(1) 주축의 길이 (2) 중심의 좌표 (3) 꼭짓점의 좌표

(4) 초점의 좌표 (5) 점근선의 방정식

정석연구 주어진 이차방정식은 xy항이 없고 x^2항과 y^2항의 계수의 부호가 다르므로 쌍곡선의 방정식의 일반형이다.

정석 쌍곡선의 방정식의 일반형은

$\Longrightarrow$ $\mathbf{Ax^2+By^2+Cx+Dy+E=0}$ (단, $\mathbf{AB<0}$)

이와 같이 일반형으로 주어진 쌍곡선의 주축의 길이, 중심의 좌표, 꼭짓점의 좌표, 초점의 좌표, 점근선의 방정식 등을 구할 때에는 준 식을

$$\frac{(x-m)^2}{a^2}-\frac{(y-n)^2}{b^2}=\pm 1$$

의 꼴로 고친 다음, 쌍곡선 $\dfrac{x^2}{a^2}-\dfrac{y^2}{b^2}=\pm 1$의 평행이동을 생각하면 된다.

모범답안 준 식에서 $9(x+1)^2-4(y-6)^2=36$

$$\therefore \frac{(x+1)^2}{2^2}-\frac{(y-6)^2}{3^2}=1 \quad \cdots\cdots①$$

이것은 쌍곡선 $\dfrac{x^2}{2^2}-\dfrac{y^2}{3^2}=1$ ……②

를 x축의 방향으로 -1만큼, y축의 방향으로 6만큼 평행이동한 것이다.

그런데 ②에서

주축의 길이 4, 중심 $(0, 0)$,

꼭짓점 $(2, 0)$, $(-2, 0)$,

초점 $(\sqrt{13}, 0)$, $(-\sqrt{13}, 0)$, 점근선 $y=\pm\dfrac{3}{2}x$

이므로 ①에 대해서는 다음과 같다.

답 (1) **4** (2) $(-1, 6)$ (3) $(1, 6)$, $(-3, 6)$

(4) $(\sqrt{13}-1, 6)$, $(-\sqrt{13}-1, 6)$ (5) $y=\pm\dfrac{3}{2}(x+1)+6$

유제 **3**-3. 쌍곡선 $4x^2-9y^2-32x+36y-8=0$의 주축의 길이, 중심의 좌표, 초점의 좌표, 점근선의 방정식을 구하여라.

답 주축의 길이 **6**, 중심 $(4, 2)$, 초점 $(4\pm\sqrt{13}, 2)$,

점근선 $y=\pm\dfrac{2}{3}(x-4)+2$

필수 예제 3-3 오른쪽 그림과 같이 중심이 O, 반지름의 길이가 r인 원과 한 정점 A가 있다.

원 위를 움직이는 점 P에 대하여 선분 AP의 수직이등분선이 직선 OP와 만나는 점을 Q라고 할 때, 다음 경우 점 Q의 자취는 어떤 도형을 이루는가?

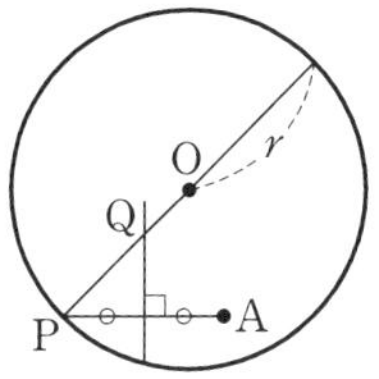

(1) 점 A가 원의 내부에 있다. (2) 점 A가 원의 외부에 있다.

정석연구 원, 포물선, 타원, 쌍곡선은 다음 성질을 가지는 점의 자취이다.

원 ⟹ 한 정점에서 거리가 일정하다.
포물선 ⟹ 한 정점과 한 직선에 이르는 거리가 같다.
타 원 ⟹ 두 정점에 이르는 거리의 합이 일정하다.
쌍곡선 ⟹ 두 정점에 이르는 거리의 차가 일정하다.

따라서 다음을 이용하여 점 Q가 움직여도 변하지 않는 것을 찾아본다.

(i) 원 위의 점에서 원의 중심까지의 거리가 일정하다.

(ii) 선분의 수직이등분선 위의 점에서 선분의 양 끝 점에 이르는 거리가 같다.

모범답안 점 Q가 선분 AP의 수직이등분선 위에 있으므로 $\overline{QP}=\overline{QA}$

(1) $\overline{QO}+\overline{QA}=\overline{QO}+\overline{QP}=\overline{PO}=r$ (일정)

따라서 초점이 **O, A**이고 장축의 길이가 $\boldsymbol{r}$인 타원 ← 답

(2) (그림 i) 점 Q가 $\overline{OP}$를 점 O 방향으로 연장한 반직선 위에 있을 때,

$\overline{QA}-\overline{QO}=\overline{QP}-\overline{QO}=\overline{OP}=r$

(그림 ii) 점 Q가 $\overline{OP}$를 점 P 방향으로 연장한 반직선 위에 있을 때,

$\overline{QO}-\overline{QA}=\overline{QO}-\overline{QP}=\overline{OP}=r$

곧, $|\overline{QO}-\overline{QA}|=r$ (일정)

이므로 초점이 **O, A**이고 주축의 길이가 $\boldsymbol{r}$인 쌍곡선 ← 답

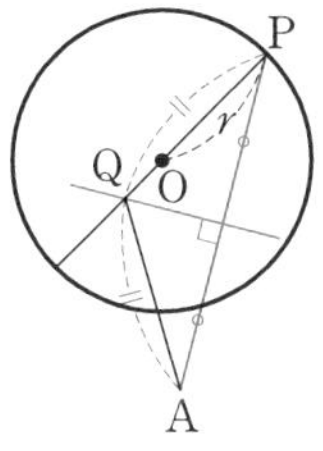

그림 i

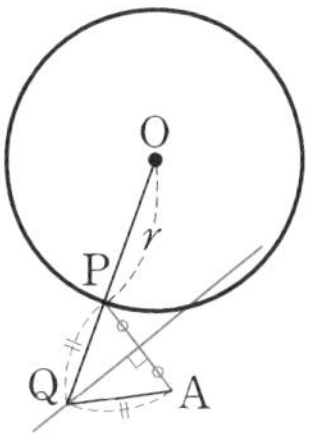

그림 ii

유제 **3**-4. 평면 위에 길이가 8인 선분 AB가 있다. 직선 AB 위에 있지 않은 점 P에 대하여 △PAB의 내접원이 항상 선분 AB를 3 : 1로 내분하는 점에서 선분 AB에 접할 때, 점 P의 자취를 구하여라.

답 두 점 **A, B**를 초점으로 하고 주축의 길이가 **4**인 쌍곡선 중에서 점 **B**에 가까운 부분 (단, 꼭짓점은 제외)

필수 예제 3-4 정점 $\mathrm{F}(k,\ 0)$과 정직선 $x=\dfrac{a^2}{k}$에 이르는 거리의 비가 $k : a$ (단, $0<a<k$)인 점의 자취의 방정식을 구하여라.

모범답안 조건을 만족시키는 점을 $\mathrm{P}(x,\ y)$라 하고, 점 P에서 직선 $x=\dfrac{a^2}{k}$에 내린 수선의 발을 H라고 하면

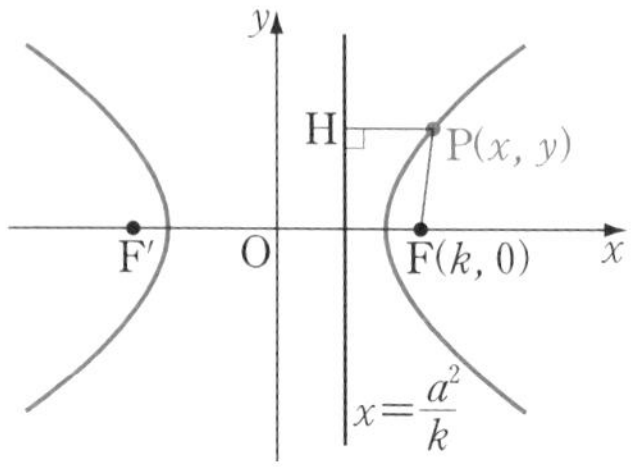

$$\overline{\mathrm{PF}}=\sqrt{(x-k)^2+y^2},$$

$$\overline{\mathrm{PH}}=\left|x-\frac{a^2}{k}\right|=\frac{|kx-a^2|}{k}$$

그런데 문제의 조건에서

$$\overline{\mathrm{PF}} : \overline{\mathrm{PH}}=k : a \quad \text{곧,}\ a\overline{\mathrm{PF}}=k\overline{\mathrm{PH}}$$

$$\therefore\ a\sqrt{(x-k)^2+y^2}=|kx-a^2|$$

양변을 제곱하면 $a^2(x^2-2kx+k^2+y^2)=k^2x^2-2ka^2x+a^4$

$$\therefore\ (k^2-a^2)x^2-a^2y^2=a^2(k^2-a^2)$$

여기에서 $k^2-a^2=b^2$으로 놓으면 $b^2x^2-a^2y^2=a^2b^2$

양변을 a^2b^2으로 나누면 $\boldsymbol{\dfrac{x^2}{a^2}-\dfrac{y^2}{b^2}=1}$ **(단, $\boldsymbol{k^2=a^2+b^2}$)** ← 답

Advice | 정점과 정직선으로부터 거리의 비가 $\dfrac{\overline{\mathrm{PF}}}{\overline{\mathrm{PH}}}=d$ (d는 상수)인 점의 자취는

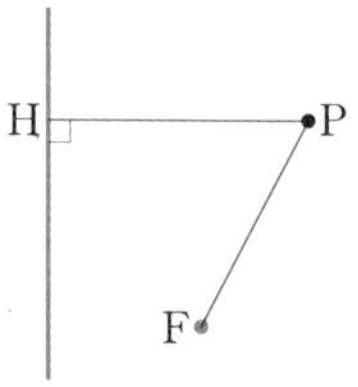

$d=1$이면 ⟹ 포물선,
$0<d<1$이면 ⟹ 타 원,
$d>1$이면 ⟹ 쌍곡선

이다.

$0<d<1$인 경우는 **필수 예제 2-5**와 **유제 3-6**을 참조하여라.

유제 **3**-5. 점 $\mathrm{F}(2,\ 0)$과 직선 $x=-1$에 이르는 거리의 비가 $2 : 1$인 점의 자취의 방정식을 구하여라.

답 $\boldsymbol{\dfrac{(x+2)^2}{4}-\dfrac{y^2}{12}=1}$

유제 **3**-6. 정점 $\mathrm{F}(k,\ 0)$과 정직선 $x=\dfrac{a^2}{k}$에 이르는 거리의 비가 $k : a$ (단, $0<k<a$)인 점의 자취의 방정식을 구하여라.

답 $\boldsymbol{\dfrac{x^2}{a^2}+\dfrac{y^2}{b^2}=1}$ **(단, $\boldsymbol{k^2=a^2-b^2}$)**

Advice | 매개변수로 나타낸 원, 타원, 쌍곡선의 방정식

원, 타원, 쌍곡선의 방정식은 수학 I에서 공부하는 삼각함수와 미적분에서 공부하는 매개변수를 이용하여 다음과 같이 나타낼 수 있다.

정석 원 $\boldsymbol{x^2+y^2=r^2 \iff x=r\cos\theta,\ y=r\sin\theta}$

타 원 $\boldsymbol{\dfrac{x^2}{a^2}+\dfrac{y^2}{b^2}=1 \iff x=a\cos\theta,\ y=b\sin\theta}$

쌍곡선 $\boldsymbol{\dfrac{x^2}{a^2}-\dfrac{y^2}{b^2}=1 \iff x=a\sec\theta,\ y=b\tan\theta}$

이때, 다음 삼각함수의 성질이 이용된다.

$$\boldsymbol{\sin^2\theta+\cos^2\theta=1,\quad \tan^2\theta+1=\frac{1}{\cos^2\theta}=\sec^2\theta}$$

⇦ 실력 수학 I p. 90, 실력 미적분 p. 47

보기 1 매개변수 θ로 나타낸 타원

$$x=3\cos\theta-1,\quad y=2\sin\theta\ (\text{단, } 0°\le\theta<360°)$$

의 초점의 좌표와 장축의 길이를 구하여라.

연구 $x=3\cos\theta-1$, $y=2\sin\theta$에서 $\cos\theta=\dfrac{x+1}{3}$, $\sin\theta=\dfrac{y}{2}$

$\sin^2\theta+\cos^2\theta=1$에 대입하여 정리하면 $\dfrac{(x+1)^2}{9}+\dfrac{y^2}{4}=1$

이 타원은 타원 $\dfrac{x^2}{9}+\dfrac{y^2}{4}=1$을 x축의 방향으로 -1만큼 평행이동한 것이므로 초점의 좌표는 $\boldsymbol{(\sqrt{5}-1,\ 0),\ (-\sqrt{5}-1,\ 0)}$

또, 장축의 길이는 $2\times3=\boldsymbol{6}$

보기 2 매개변수 θ로 나타낸 쌍곡선

$$x=4\sec\theta,\quad y=2\tan\theta+3\ (\text{단, } 0°\le\theta<360°)$$

의 초점의 좌표와 점근선의 방정식을 구하여라.

연구 $x=4\sec\theta$, $y=2\tan\theta+3$에서 $\sec\theta=\dfrac{x}{4}$, $\tan\theta=\dfrac{y-3}{2}$

$\tan^2\theta+1=\sec^2\theta$에 대입하여 정리하면 $\dfrac{x^2}{16}-\dfrac{(y-3)^2}{4}=1$

이 쌍곡선은 쌍곡선 $\dfrac{x^2}{16}-\dfrac{y^2}{4}=1$을 y축의 방향으로 3만큼 평행이동한 것이므로 초점의 좌표는 $\boldsymbol{(2\sqrt{5},\ 3),\ (-2\sqrt{5},\ 3)}$

또, 점근선의 방정식은 $y-3=\pm\dfrac{1}{2}x$에서 $\boldsymbol{y=\dfrac{1}{2}x+3,\ y=-\dfrac{1}{2}x+3}$

**Note* 이와 같이 기하를 공부할 때, 특히 수학 I에서 공부하는 삼각함수가 이용되는 경우가 많다. 따라서 이에 대한 기초가 되어 있지 않은 학생은 먼저 수학 I의 삼각함수를 공부하고 되돌아와서 기하를 공부하는 것이 좋다.

§ 2. 쌍곡선과 직선의 위치 관계

기본정석

1 쌍곡선과 직선의 위치 관계

직선 : $y=mx+n$ ……①　　　쌍곡선 : $f(x, y)=0$ ……②

①과 ②에서 y를 소거하면 $f(x, mx+n)=0$ ……③

③이 x에 관한 이차방정식일 때, 판별식을 D라고 하면

		$f(x, mx+n)=0$의 근		직선과 쌍곡선
D>0	⟺	서로 다른 두 실근	⟺	서로 다른 두 점에서 만난다
D=0	⟺	중근	⟺	접한다
D<0	⟺	서로 다른 두 허근	⟺	만나지 않는다

2 쌍곡선의 접선의 방정식

(1) 쌍곡선 위의 점에서의 접선의 방정식

쌍곡선 $\dfrac{x^2}{a^2}-\dfrac{y^2}{b^2}=1$ 위의 점 (x_1, y_1)에서의 접선의 방정식은

$$\frac{x_1x}{a^2}-\frac{y_1y}{b^2}=1$$ ⇦ x^2 대신 x_1x를, y^2 대신 y_1y를 대입

(2) 기울기가 m인 접선의 방정식

쌍곡선 $\dfrac{x^2}{a^2}-\dfrac{y^2}{b^2}=1$에 접하고 기울기가 m인 직선의 방정식은

$$y=mx\pm\sqrt{a^2m^2-b^2}$$

*Note $|m|\le\left|\dfrac{b}{a}\right|$이면 접하지 않는다. 그림을 그려 확인해 보아라.

Advice 1° 쌍곡선과 직선의 위치 관계

쌍곡선과 직선의 위치 관계는 직선이 쌍곡선의 점근선에 평행하지 않으면

서로 다른 두 점에서 만나는 경우, 접하는 경우, 만나지 않는 경우

의 세 경우로 나누어 생각할 수 있다.

또, 이 관계는 이차방정식의 판별식을 이용하여 알아볼 수 있다.

한편 점근선에 평행한 직선은 쌍곡선과 한 점에서 만나고 접하지 않는다.

보기 1 직선 $y=2x+n$과 쌍곡선 $2x^2-3y^2=6$의 위치 관계가 다음과 같을 때, 실수 n의 값 또는 값의 범위를 구하여라.

(1) 서로 다른 두 점에서 만난다.　(2) 접한다.　(3) 만나지 않는다.

연구 $y=2x+n$ ……① $2x^2-3y^2=6$ ……②

①을 ②에 대입하여 정리하면 $10x^2+12nx+3n^2+6=0$ ……③

이 방정식의 실근이 ①, ②의 교점의 x좌표와 같다. 따라서

(1) ①이 ②와 서로 다른 두 점에서 만나려면 ③이 서로 다른 두 실근을 가져야 하므로

$$D/4=36n^2-10(3n^2+6)>0$$

$$\therefore\ \boldsymbol{n<-\sqrt{10},\ n>\sqrt{10}}$$

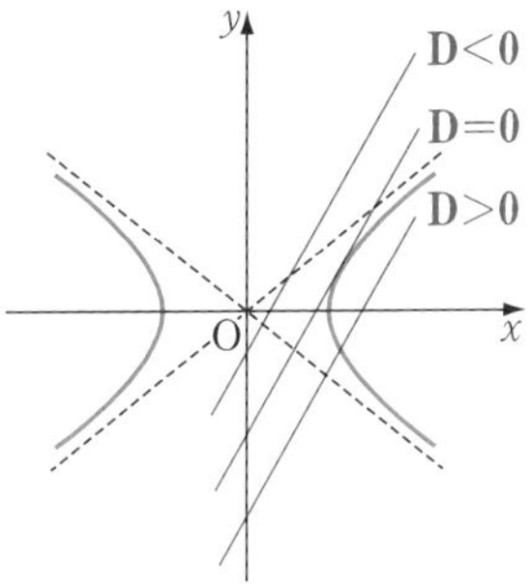

(2) ①이 ②에 접하려면 ③이 중근을 가져야 하므로

$$D/4=36n^2-10(3n^2+6)=0$$

$$\therefore\ \boldsymbol{n=-\sqrt{10},\ \sqrt{10}}$$

(3) ①이 ②와 만나지 않으려면 ③이 허근을 가져야 하므로

$$D/4=36n^2-10(3n^2+6)<0 \quad \therefore\ \boldsymbol{-\sqrt{10}<n<\sqrt{10}}$$

Advice 2° 쌍곡선의 접선의 방정식

포물선과 타원의 접선의 방정식을 유도할 때와 마찬가지로

정석 접한다 $\Longleftrightarrow$ D=0

을 이용하면 앞면의 **기본정석** 2의 공식을 얻을 수 있다.

보기 2 쌍곡선 $2x^2-y^2=17$ 위의 점 (3, 1)에서의 접선의 방정식을 구하여라.

연구 1° 판별식을 이용한 풀이

$2x^2-y^2=17$ ……①

점 (3, 1)을 지나는 접선의 방정식을 $y=mx+n$ ……②

로 놓고, ②를 ①에 대입하여 정리하면

$$(2-m^2)x^2-2mnx-(n^2+17)=0 \quad \cdots\cdots③$$

②가 ①에 접하면 ③이 중근을 가지므로

$$D/4=m^2n^2+(2-m^2)(n^2+17)=0$$

정리하면 $17m^2-2n^2-34=0$ ……④

한편 ②는 점 (3, 1)을 지나므로 $3m+n=1$ ……⑤

④, ⑤를 연립하여 풀면 $m=6,\ n=-17$ $\therefore\ \boldsymbol{y=6x-17}$

Note 일반적으로 점근선과 기울기가 같은 직선은 쌍곡선과 만나지 않거나(점근선인 경우) 한 점에서 만나고(점근선이 아닌 경우), 접하지는 않는다.

따라서 ②가 ①에 접하면 ③에서 $2-m^2\neq0$이다.

연구 2° 공식을 이용한 풀이

x^2 대신 $3\times x$를, y^2 대신 $1\times y$를 대입하면

$$2\times 3x-y=17 \qquad \therefore\ \boldsymbol{y=6x-17}$$

보기 3 쌍곡선 $25x^2-4y^2=100$에 접하고 기울기가 3인 직선의 방정식을 구하여라.

연구 1° 판별식을 이용한 풀이

구하는 접선의 방정식을 $y=3x+n$으로 놓고 $25x^2-4y^2=100$에 대입하여 정리하면 $11x^2+24nx+4n^2+100=0$

접하므로 $\mathrm{D}/4=(12n)^2-11(4n^2+100)=0$

$$\therefore\ n=\pm\sqrt{11} \qquad \therefore\ \boldsymbol{y=3x\pm\sqrt{11}}$$

연구 2° 공식을 이용한 풀이

준 식에서 $\dfrac{x^2}{4}-\dfrac{y^2}{25}=1$

따라서 $y=mx\pm\sqrt{a^2m^2-b^2}$에서 $m=3$, $a^2=4$, $b^2=25$인 경우이므로

$$y=3x\pm\sqrt{4\times 3^2-25} \qquad \therefore\ \boldsymbol{y=3x\pm\sqrt{11}}$$

Advice 3° 미분법을 이용한 쌍곡선의 접선의 기울기 구하기

포물선과 타원의 접선의 기울기를 구하는 경우와 마찬가지로 미적분에서 공부하는 음함수의 미분법을 이용하여 쌍곡선의 접선의 기울기를 구할 수도 있다.

⇦ 실력 미적분 p. 120

이를테면 앞면의 **보기 2**에서 $2x^2-y^2=17$의 양변을 x에 관하여 미분하면

$$4x-2y\frac{dy}{dx}=0 \qquad \therefore\ \frac{dy}{dx}=\frac{2x}{y}\ (y\neq 0) \qquad \therefore\ \left[\frac{dy}{dx}\right]_{\substack{x=3\\y=1}}=6$$

따라서 접선의 방정식은 $y-1=6(x-3)$ $\quad\therefore\ \boldsymbol{y=6x-17}$

보기 4 음함수의 미분법을 이용하여 쌍곡선 $5x^2-y^2=-5$에 접하고 기울기가 -1인 직선의 방정식을 구하여라.

연구 양변을 x에 관하여 미분하면 $10x-2y\dfrac{dy}{dx}=0$ $\quad\therefore\ \dfrac{dy}{dx}=\dfrac{5x}{y}$

접점의 좌표를 $(x_1,\ y_1)$이라고 하면 $\dfrac{5x_1}{y_1}=-1$ $\quad\therefore\ y_1=-5x_1$ ……①

점 $(x_1,\ y_1)$은 쌍곡선 위의 점이므로 $5x_1{}^2-y_1{}^2=-5$ ……②

①, ②를 연립하여 풀면 $(x_1,\ y_1)=\left(\dfrac{1}{2},\ -\dfrac{5}{2}\right),\ \left(-\dfrac{1}{2},\ \dfrac{5}{2}\right)$

따라서 접선의 방정식은 $y+\dfrac{5}{2}=-\left(x-\dfrac{1}{2}\right)$, $y-\dfrac{5}{2}=-\left(x+\dfrac{1}{2}\right)$

$$\therefore\ \boldsymbol{y=-x-2,\ y=-x+2}$$

필수 예제 3-5 이차곡선 $Ax^2+By^2=1$ (단, $AB\neq0$)에 접하는 직선 중에서 다음을 만족시키는 직선의 방정식을 구하여라.

(1) 기울기가 m이다. (2) 곡선 위의 점 (x_1, y_1)을 지난다.

모범답안 $Ax^2+By^2=1\ (AB\neq0)$ ……①

(1) 기울기가 m인 접선의 방정식을 $y=mx+n$ ……②

로 놓고, ②를 ①에 대입하여 정리하면

$(A+Bm^2)x^2+2Bmnx+Bn^2-1=0$ ……③

②가 ①에 접하면 $A+Bm^2\neq0$이고 ③이 중근을 가지므로

$D/4=(Bmn)^2-(A+Bm^2)(Bn^2-1)=0 \quad \therefore A+Bm^2=ABn^2$

$\therefore n=\pm\sqrt{\dfrac{1}{A}m^2+\dfrac{1}{B}} \quad \therefore \boldsymbol{y=mx\pm\sqrt{\dfrac{1}{A}m^2+\dfrac{1}{B}}}$ ← 답

(2) 점 (x_1, y_1)을 지나는 접선의 방정식을 $y=mx+n$ ……④

로 놓고, ④를 ①에 대입하여 정리하면

$(A+Bm^2)x^2+2Bmnx+Bn^2-1=0$ ……⑤

④가 ①에 접하면 $A+Bm^2\neq0$이고 ⑤가 중근을 가지므로

$D/4=(Bmn)^2-(A+Bm^2)(Bn^2-1)=0 \quad \therefore A+Bm^2=ABn^2$ …⑥

한편 점 (x_1, y_1)은 ①, ④ 위의 점이므로

$Ax_1^2+By_1^2=1$ ……⑦ $\quad y_1=mx_1+n$ ……⑧

⑧에서의 $n=y_1-mx_1$을 ⑥에 대입하면 $A+Bm^2=AB(y_1-mx_1)^2$

$\therefore B(1-Ax_1^2)m^2+2ABmx_1y_1+A(1-By_1^2)=0$ ⇦ ⑦

$\therefore B^2y_1^2m^2+2ABmx_1y_1+A^2x_1^2=0 \quad \therefore (By_1m+Ax_1)^2=0$

$y_1\neq0$일 때 $m=-\dfrac{Ax_1}{By_1}$이므로 $y-y_1=-\dfrac{Ax_1}{By_1}(x-x_1)$

$\therefore Ax_1x+By_1y=Ax_1^2+By_1^2$ 곧, $\boldsymbol{Ax_1x+By_1y=1}$ ← 답

이 접선의 방정식은 $y_1=0$일 때의 접선도 포함한다.

***Note** 위의 문제에서 이차곡선이 원인 경우에는 $A=B=\dfrac{1}{r^2}$을, 타원인 경우에는 $A=\dfrac{1}{a^2}$, $B=\dfrac{1}{b^2}$을, 쌍곡선인 경우에는 $A=\dfrac{1}{a^2}$, $B=-\dfrac{1}{b^2}$ 또는 $A=-\dfrac{1}{a^2}$, $B=\dfrac{1}{b^2}$을 대입하면 된다.

유제 **3**-7. 쌍곡선 $9x^2-16y^2=144$에 접하는 직선 중에서 다음을 만족시키는 직선의 방정식을 구하여라.

(1) 직선 $y=x+1$에 수직이다. (2) 점 $\left(5, \dfrac{9}{4}\right)$를 지난다.

답 (1) $\boldsymbol{y=-x\pm\sqrt{7}}$ (2) $\boldsymbol{5x-4y=16}$

필수 예제 3-6 쌍곡선 $x^2-y^2=1$ 위의 점 P에서의 접선과 두 점근선이 만나는 점을 A, B라고 할 때, 다음 물음에 답하여라.

(1) 점 P는 선분 AB의 중점임을 보여라.

(2) 삼각형 OAB의 넓이를 구하여라. 단, O는 원점이다.

모범답안 (1) 점 P의 좌표를 $(x_1,\ y_1)$이라고 하면 P는 쌍곡선 위의 점이므로

$$x_1{}^2-y_1{}^2=1 \quad \cdots\cdots①$$

점 P에서의 접선의 방정식은

$$x_1x-y_1y=1 \quad \cdots\cdots②$$

또, 점근선의 방정식은 $x^2-y^2=0$에서

$$y=\pm x \quad \cdots\cdots③$$

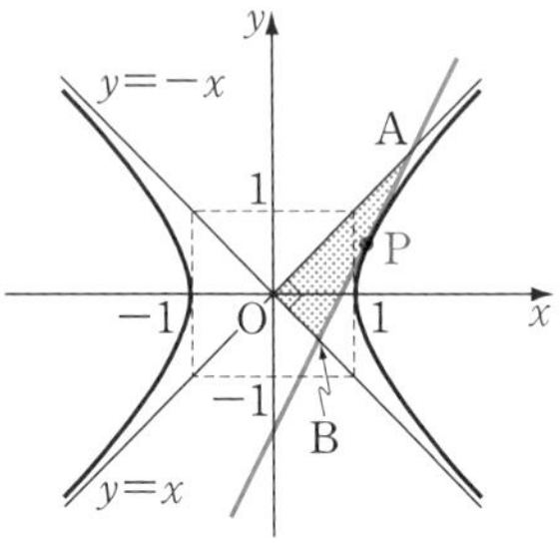

②, ③을 연립하여 교점을 구하면

$$\mathrm{A}\left(\frac{1}{x_1-y_1},\ \frac{1}{x_1-y_1}\right),\quad \mathrm{B}\left(\frac{1}{x_1+y_1},\ -\frac{1}{x_1+y_1}\right)$$

따라서 선분 AB의 중점의 좌표는

$$\left(\frac{2x_1}{2(x_1{}^2-y_1{}^2)},\ \frac{2y_1}{2(x_1{}^2-y_1{}^2)}\right)=\left(\frac{2x_1}{2},\ \frac{2y_1}{2}\right)=(x_1,\ y_1) \quad \Leftarrow ①$$

곧, 점 P는 선분 AB의 중점이다.

(2) 쌍곡선의 두 점근선 ③은 서로 수직으로 만나므로

$$\triangle\mathrm{OAB}=\frac{1}{2}\times\overline{\mathrm{OA}}\times\overline{\mathrm{OB}}$$

$$=\frac{1}{2}\sqrt{\left(\frac{1}{x_1-y_1}\right)^2+\left(\frac{1}{x_1-y_1}\right)^2}\sqrt{\left(\frac{1}{x_1+y_1}\right)^2+\left(-\frac{1}{x_1+y_1}\right)^2}$$

$$=\frac{1}{2}\sqrt{\frac{2}{(x_1-y_1)^2}}\sqrt{\frac{2}{(x_1+y_1)^2}}=\frac{1}{\sqrt{(x_1{}^2-y_1{}^2)^2}}=\frac{1}{1} \quad \Leftarrow ①$$

$$=\mathbf{1} \longleftarrow \boxed{\text{답}}$$

유제 **3**-8. 쌍곡선 $\dfrac{x^2}{9}-\dfrac{y^2}{16}=1$ 위의 점 $(a,\ b)$에서의 접선과 x축, y축으로 둘러싸인 삼각형의 넓이를 구하여라. 단, $a>0,\ b>0$이다. 답 $\boldsymbol{\dfrac{72}{ab}}$

유제 **3**-9. 쌍곡선 $3x^2-y^2=9$에서 x좌표가 양수인 초점을 F라고 하자. 점 F를 지나고 x축에 수직인 직선과 쌍곡선의 점근선이 만나는 점 중에서 y좌표가 양수인 점을 P라고 할 때, 점 P에서 쌍곡선에 그은 접선의 방정식을 구하여라. 답 $\boldsymbol{5\sqrt{3}\,x-3y=12}$

필수 예제 3-7 두 점 F, F′을 초점으로 하는 쌍곡선 $b^2x^2-a^2y^2=a^2b^2$ 위의 점 $P(x_1,\ y_1)$에서의 접선은 $\angle F'PF$를 이등분함을 증명하여라.
단, $y_1\neq 0$이다.

정석연구 접선이 x축과 만나는 점을 A라고 할 때,

$$\overline{PF'}:\overline{PF}=\overline{AF'}:\overline{AF}$$

임을 증명하면 된다.

접선의 방정식을 구하여 점 A의 좌표를 구한 다음 $\overline{PF'}$, $\overline{PF}$, $\overline{AF'}$, $\overline{AF}$를 구해 보아라.

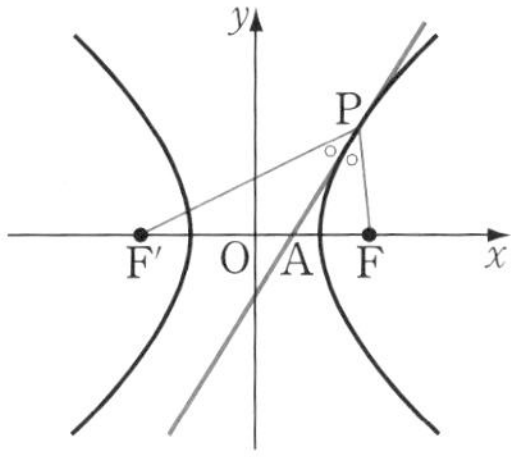

모범답안 점 $P(x_1,\ y_1)$에서의 접선의 방정식은

$$b^2x_1x-a^2y_1y=a^2b^2$$

$y=0$을 대입하면 $x=\dfrac{a^2}{x_1}$

따라서 접선과 x축이 만나는 점을 A라고 하면 $A\left(\dfrac{a^2}{x_1},\ 0\right)$

초점의 좌표를 $F'(-k,\ 0)$, $F(k,\ 0)$(단, $k^2=a^2+b^2$)으로 놓으면

$$\overline{PF'}^2=(x_1+k)^2+y_1^2=x_1^2+2kx_1+k^2+y_1^2 \quad \cdots\cdots①$$

그런데 $P(x_1,\ y_1)$이 쌍곡선 위의 점이므로

$$b^2x_1^2-a^2y_1^2=a^2b^2 \qquad \therefore\ y_1^2=b^2\left(\frac{x_1^2}{a^2}-1\right)=(k^2-a^2)\left(\frac{x_1^2}{a^2}-1\right)$$

①에 대입하여 정리하면 $\overline{PF'}^2=\dfrac{k^2x_1^2}{a^2}+2kx_1+a^2=\left(\dfrac{kx_1}{a}+a\right)^2$

같은 방법으로 하면 $\overline{PF}^2=\left(\dfrac{kx_1}{a}-a\right)^2$

$$\therefore\ \overline{PF'}:\overline{PF}=\left|\frac{kx_1}{a}+a\right|:\left|\frac{kx_1}{a}-a\right|$$
$$=\left|k+\frac{a^2}{x_1}\right|:\left|k-\frac{a^2}{x_1}\right|$$
$$=\overline{AF'}:\overline{AF}$$

따라서 접선 PA는 $\angle F'PF$를 이등분한다.

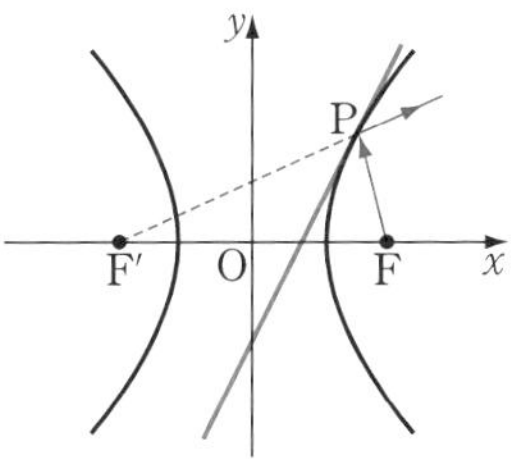

Advice | 초점 F에서 출발하여 쌍곡선 위의 점 P에서 반사된 빛은 오른쪽 그림과 같이 반직선 F′P의 방향으로 진행한다.

유제 **3**-10. 두 점 F, F′을 초점으로 하는 타원 $b^2x^2+a^2y^2=a^2b^2$ 위의 점 $P(x_1,\ y_1)$에서 이 타원에 그은 법선은 $\angle F'PF$를 이등분함을 증명하여라.
단, $a>b>0$, $x_1y_1\neq 0$이다.

연습문제 3

기본 **3-1** 다음을 만족시키는 쌍곡선의 방정식을 구하여라.

(1) 초점이 점 $(6, 0)$, $(-6, 0)$이고, 꼭짓점이 점 $(4, 0)$, $(-4, 0)$이다.

(2) 초점이 점 $(0, 4)$, $(0, -4)$이고, 점 $(2, 2\sqrt{6})$을 지난다.

(3) 원점을 중심으로 하고, 주축의 길이가 12이며, x축 위의 두 초점 사이의 거리가 20이다.

3-2 쌍곡선 $b^2x^2-a^2y^2=a^2b^2$ (단, $a>0$, $b>0$)의 초점을 지나고 주축에 수직인 직선이 쌍곡선과 만나는 두 점 사이의 거리를 구하여라.

3-3 쌍곡선 $\dfrac{x^2}{7}-\dfrac{y^2}{b^2}=-1$의 두 꼭짓점이 타원 $\dfrac{x^2}{a^2}+\dfrac{y^2}{7}=1$의 두 초점일 때, a^2+b^2의 값을 구하여라.

3-4 점 $(2, 0)$을 지나는 직선이 쌍곡선 $3x^2-y^2=3$의 $x\geq1$인 부분과 두 점 A, B에서 만난다. 두 점 A, B와 점 C$(-2, 0)$을 꼭짓점으로 하는 $\triangle$ABC의 둘레의 길이가 23일 때, 두 점 A, B 사이의 거리를 구하여라.

3-5 오른쪽 그림에서 타원과 쌍곡선의 초점은 모두 F$(1, 0)$, F$'(-1, 0)$이고, 타원과 쌍곡선이 x축과 만나는 점 중에서 x좌표가 양수인 점이 각각 A, B이다. 타원과 쌍곡선의 제1사분면에서의 교점이 P$(1, 1)$일 때, 선분 AB의 길이를 구하여라.

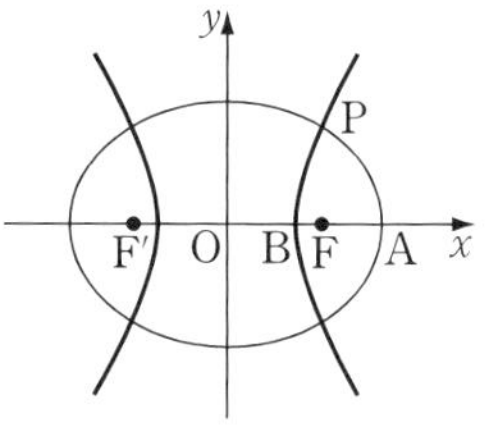

3-6 쌍곡선 $\dfrac{x^2}{16}-\dfrac{y^2}{9}=1$의 점근선과 직선 $x=4$가 제1사분면에서 만나는 점을 P라고 하자. 중심이 원점이고 점 P를 지나는 원이 쌍곡선과 제1사분면에서 만나는 점을 Q, x축과 만나는 두 점을 A, B라고 할 때, $\overline{\text{AQ}}\times\overline{\text{BQ}}$의 값을 구하여라.

3-7 오른쪽 그림에서 점 F는 쌍곡선 $\dfrac{x^2}{a^2}-\dfrac{y^2}{b^2}=1$의 두 초점 중에서 x좌표가 양수인 점이고, 점 P는 제1사분면에 있는 쌍곡선 위의 점이다.

선분 PF의 중점 M에 대하여 $\overline{\text{OM}}=\overline{\text{PF}}=6$, $\overline{\text{OF}}=3\sqrt{5}$일 때, $\dfrac{b^2}{a^2}$의 값을 구하여라.

단, O는 원점이다.

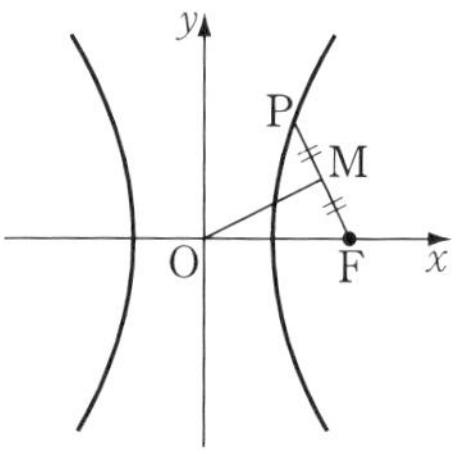

3-8 오른쪽 그림과 같이 두 초점이 $F(k, 0)$, $F'(-k, 0)$ (단, $k>0$)인 쌍곡선 $\frac{4x^2}{9}-\frac{y^2}{40}=1$에 대하여 점 F를 중심으로 하는 원 C가 쌍곡선과 한 점에서 만난다. 제2사분면에 있는 쌍곡선 위의 점 P에서 원 C에 그은 접선의 접점 Q에 대하여 $\overline{PQ}=12$일 때, 선분 PF′의 길이를 구하여라.

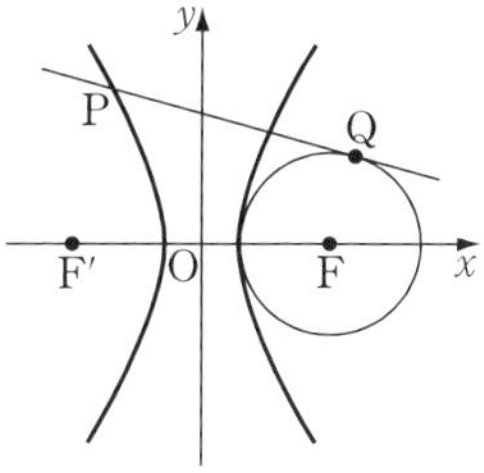

3-9 좌표평면 위의 점 P에서 두 직선

$$2y-x+1=0, \qquad 2y+x-1=0$$

에 내린 수선의 발을 각각 A, B라고 할 때, $\overline{PA}\times\overline{PB}=5$가 되는 점 P의 자취의 방정식을 구하여라.

3-10 직선 $y=kx+3$과 쌍곡선 $16x^2-y^2=16$이 서로 다른 두 점에서 만날 때, 실수 k의 값의 범위를 구하여라.

3-11 쌍곡선 $\frac{x^2}{a^2}-\frac{y^2}{b^2}=-1$에 접하고 기울기가 m인 직선의 방정식을 구하여라.

3-12 점 $(2, 1)$에서 쌍곡선 $2x^2-3y^2=6$에 그은 두 접선의 방정식을 구하여라.

3-13 원 $(x-3)^2+y^2=r^2$은 쌍곡선 $x^2-2y^2=1$과 서로 다른 세 점에서 만나는 원 중에서 반지름의 길이가 가장 작은 원이다. 이때, 세 교점 중 제1사분면에 있는 점 P에서 원에 그은 접선과 쌍곡선에 그은 접선이 이루는 예각의 크기를 θ라고 하자. $\tan\theta$의 값을 구하여라.

[실력] **3-14** 두 점 $F(a, a)$, $F'(-a, -a)$ (단, $a>0$)로부터의 거리의 차가 $2a$인 점의 자취의 방정식을 구하여라.

3-15 쌍곡선 $b^2x^2-a^2y^2=a^2b^2$ 위를 움직이는 점 P를 지나고 x축에 수직인 직선이 점근선과 만나는 두 점을 Q, R라고 할 때, $\overline{PR}\times\overline{PQ}$는 일정함을 증명하여라.

3-16 쌍곡선 $\frac{x^2}{9}-\frac{y^2}{16}=1$의 두 초점 $F(k, 0)$, $F'(-k, 0)$ (단, $k>0$)에 대하여 쌍곡선 위의 점 P를 중심으로 하고 선분 PF′을 반지름으로 하는 원 C가 y축에 접한다. 원 C 위를 움직이는 점 Q에 대하여 선분 FQ의 길이의 최댓값을 구하여라. 단, 점 P는 제2사분면의 점이다.

3-17 쌍곡선 $\dfrac{x^2}{a^2}-\dfrac{y^2}{4a^2}=1$의 점근선 중에서 기울기가 양수인 점근선에 평행하고 타원 $\dfrac{x^2}{2a^2}+\dfrac{y^2}{a^2}=1$에 접하는 직선을 l이라고 하자. 직선 l과 원점 사이의 거리가 1일 때, a^2의 값을 구하여라.

3-18 점 P는 한 변의 길이가 1인 정삼각형 ABC의 꼭짓점 A를 출발하여 세 변을 따라 한 바퀴 돌아서 A로 다시 돌아온다.

점 P가 움직인 거리 x에 대하여 $f(x)=\overline{\mathrm{AP}}$라고 할 때,

(1) $y=f(x)$의 그래프는 쌍곡선의 일부를 포함함을 보여라.

(2) (1)에서 구한 쌍곡선의 점근선의 방정식을 구하여라.

3-19 쌍곡선 $\dfrac{x^2}{9}-\dfrac{y^2}{3}=1$과 두 점 $\mathrm{F}(2\sqrt{3},\ 0)$, $\mathrm{F}'(-2\sqrt{3},\ 0)$이 있다. 이 쌍곡선 위를 움직이는 점 $\mathrm{P}(x,\ y)$(단, $x>0$)에 대하여 선분 PF′ 위의 점 Q가 $\overline{\mathrm{PF}}=\overline{\mathrm{PQ}}$를 만족시킬 때, 점 Q의 자취의 길이를 구하여라.

3-20 두 원 $x^2+y^2=4$, $(x-4)^2+y^2=1$에 이르는 거리가 같은 점 P의 자취의 방정식을 구하여라. 단, 점 P와 원 사이의 거리는 점 P와 원 위의 점 사이의 거리의 최솟값으로 정의한다.

3-21 직선 $y=x$ 위를 움직이는 점 A와 직선 $y=-x$ 위를 움직이는 점 B가 있다. 점 A와 점 B의 x좌표가 같은 부호이고 $\triangle$OAB의 넓이가 5일 때, 선분 AB의 중점의 자취의 방정식을 구하여라. 단, O는 원점이다.

3-22 점 $(2,\ 2)$를 지나는 직선이 쌍곡선 $xy=1$과 만나는 서로 다른 두 점을 P, Q라고 할 때, 선분 PQ의 중점의 자취의 방정식을 구하여라.

3-23 원 $x^2+y^2=1$과 x축의 교점을 A, B라 하고, 원 위를 움직이는 서로 다른 두 점을 C, D라고 하자. 선분 AB와 선분 CD가 수직으로 만날 때, 두 직선 AC, BD의 교점의 자취의 방정식을 구하여라.

3-24 타원 $2x^2+y^2=10$과 쌍곡선 $4y^2-x^2=4$의 교점에서 각 곡선에 그은 두 접선이 서로 수직임을 증명하여라.

3-25 x축 위의 점 $(p,\ 0)$에서 쌍곡선 $x^2-2y^2=4$에 그을 수 있는 접선의 개수를 $f(p)$라고 하자. 이때, 다음 세 조건을 만족시키는 다항함수 $g(x)$ 중에서 차수가 가장 작은 것을 구하여라. 단, $g(x)$는 상수함수가 아니다.

(가) $g(-1)=3$ (나) $g(x)$의 최고차항의 계수는 1이다.

(다) 함수 $g\big(f(x)\big)$는 실수 전체의 집합에서 연속이다.

⇦ 수학 Ⅱ (함수의 연속)

Advice | 이차곡선에 관한 종합 정리

지금까지 공부한 원, 포물선, 타원, 쌍곡선의 방정식을 정리하면 모두 x, y에 관한 방정식

$$\mathbf{A}x^2+\mathbf{B}y^2+\mathbf{C}x+\mathbf{D}y+\mathbf{E}=0 \qquad \cdots\cdots ①$$

의 꼴로 나타낼 수 있다.

한편 두 직선의 방정식의 곱의 꼴인 $(x+y+1)(x-y+2)=0$도 정리하면

$$x^2-y^2+3x+y+2=0$$

과 같이 ①의 꼴로 나타낼 수 있다.

일반적으로 ①의 꼴로 표시되는 곡선의 방정식이 두 일차식의 곱으로 인수분해되지 않으면

원, 포물선, 타원, 쌍곡선

중 어느 하나를 나타낸다. 이런 뜻에서 이들을 총칭하여 이차곡선이라고 한다. 단, 포물선, 타원, 쌍곡선은 축이 좌표축에 수직인 경우이다.

**Note* 이를테면 $x^2+y^2=-1$은 실수해가 없는 경우이고, $x^2+y^2=0$은 실수해가 $x=0$, $y=0$뿐인 경우이지만, 여기에서는 허원, 점원의 특수한 경우로 보았다.

1 이차곡선의 방정식의 일반형

이차곡선 $\mathrm{A}x^2+\mathrm{B}y^2+\mathrm{C}x+\mathrm{D}y+\mathrm{E}=0$에서

(1) $\mathrm{A}=\mathrm{B}\,(\neq 0)$일 때 ⟹ 원

(2) 「$\mathrm{A}=0\,(\mathrm{BC}\neq 0)$」 또는 「$\mathrm{B}=0\,(\mathrm{AD}\neq 0)$」일 때 ⟹ 포물선

(3) $\mathrm{AB}>0\,(\mathrm{A}\neq \mathrm{B})$일 때 ⟹ 타원

(4) $\mathrm{AB}<0$일 때 ⟹ 쌍곡선

을 나타낸다. 단, 두 일차식의 곱으로 인수분해되면 두 직선을 나타낸다.

2 이차곡선과 직선의 위치 관계

직선 : $\boldsymbol{y=mx+n}$ $\cdots\cdots ①$ 이차곡선 : $\boldsymbol{f(x,\ y)=0}$ $\cdots\cdots ②$

에서 ①을 ②에 대입하면 $f(x,\ mx+n)=0$ $\cdots\cdots ③$

③이 x에 관한 이차방정식일 때, 판별식을 D라고 하면

판별식	$f(x,\ mx+n)=0$의 근	직선과 이차곡선
$\mathrm{D}>0$	서로 다른 두 실근	서로 다른 두 점에서 만난다.
$\mathrm{D}=0$	중근	접한다.
$\mathrm{D}<0$	서로 다른 두 허근	만나지 않는다.

**Note* x축 또는 y축에 수직인 직선에 대하여 주의한다.

3 이차곡선의 접선의 방정식

(1) 곡선 위의 점 (x_1, y_1)에서의 접선의 방정식

원 : $x^2+y^2=r^2$ $\Longrightarrow$ $x_1x+y_1y=r^2$

포물선 : $y^2=4px$ $\Longrightarrow$ $y_1y=2p(x+x_1)$

타 원 : $\frac{x^2}{a^2}+\frac{y^2}{b^2}=1$ $\Longrightarrow$ $\frac{x_1x}{a^2}+\frac{y_1y}{b^2}=1$

쌍곡선 : $\frac{x^2}{a^2}-\frac{y^2}{b^2}=\pm1$ $\Longrightarrow$ $\frac{x_1x}{a^2}-\frac{y_1y}{b^2}=\pm1$

*Note x^2 대신 x_1x, y^2 대신 y_1y, x 대신 $\frac{x+x_1}{2}$, y 대신 $\frac{y+y_1}{2}$을 대입한다.

(2) 기울기가 m인 접선의 방정식

원 : $x^2+y^2=r^2$ $\Longrightarrow$ $y=mx\pm r\sqrt{m^2+1}$

포물선 : $y^2=4px$ $\Longrightarrow$ $y=mx+\frac{p}{m}$

타 원 : $\frac{x^2}{a^2}+\frac{y^2}{b^2}=1$ $\Longrightarrow$ $y=mx\pm\sqrt{a^2m^2+b^2}$

쌍곡선 : $\frac{x^2}{a^2}-\frac{y^2}{b^2}=1$ $\Longrightarrow$ $y=mx\pm\sqrt{a^2m^2-b^2}$

4 이차곡선과 원뿔곡선

이차곡선인 원, 포물선, 타원, 쌍곡선은 원뿔을 꼭짓점을 지나지 않는 평면으로 자를 때, 그 단면에 나타나는 곡선이다. 따라서 이들을 원뿔곡선이라고 부르기도 한다. 원뿔을 자르는 평면이 기울어진 정도에 따라 다음 그림과 같이 이차곡선이 나타난다.

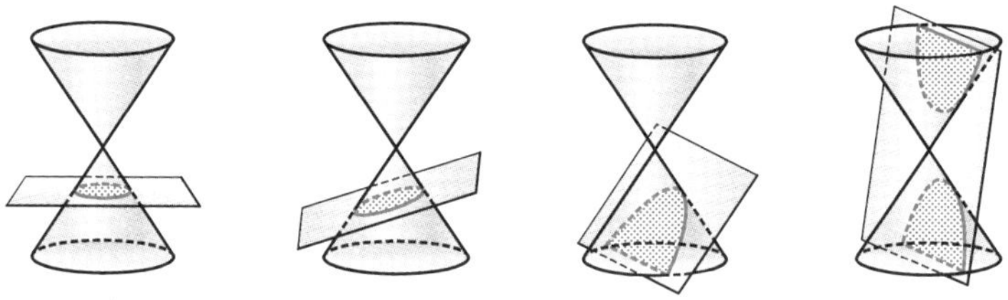

원 타원 포물선 쌍곡선

원 : 밑면에 평행한 평면으로 자를 때
타 원 : 밑면에 평행한 평면을 모선에 평행하기 전까지 기울여서 자를 때
포물선 : 모선에 평행한 평면으로 자를 때
쌍곡선 : 모선에 평행한 평면보다 더 기울어진 평면으로 자를 때

4. 벡터의 뜻과 연산

§ 1. 벡터의 뜻과 표시법

기본정석

1 스칼라와 벡터

크기만을 가지는 양을 스칼라(scalar)라 하고, 크기와 방향을 함께 가지는 양을 벡터(vector)라고 한다.

벡터는 오른쪽 그림과 같이 크기는 선분의 길이이고 방향은 선분의 방향인 유향선분 **AB**로 나타낸다.

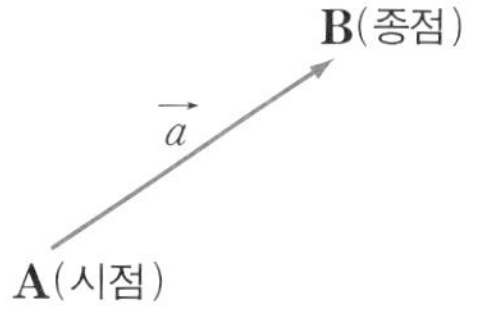

이때, 화살표가 시작하는 점 A를 시점, 끝나는 점 B를 종점이라고 한다.

A를 시점, B를 종점으로 하는 벡터를 $\overrightarrow{\mathbf{AB}}$로 나타내며, 한 문자를 써서 $\vec{a}$, $\vec{b}$, $\vec{c}$, $\vec{d}$, $\cdots$로 나타내기도 한다.

2 벡터의 크기와 단위벡터

벡터 $\overrightarrow{AB}$, $\vec{a}$의 크기는 $|\overrightarrow{AB}|$, $|\vec{a}|$와 같이 절댓값 기호를 써서 나타내고, 특히 크기가 1인 벡터를 단위벡터라고 한다.

3 서로 같은 벡터

두 벡터 $\overrightarrow{AB}$, $\overrightarrow{CD}$의 크기와 방향이 각각 같을 때, 두 벡터는 서로 같다고 하고,

$$\overrightarrow{\mathbf{AB}}=\overrightarrow{\mathbf{CD}}$$

로 나타낸다.

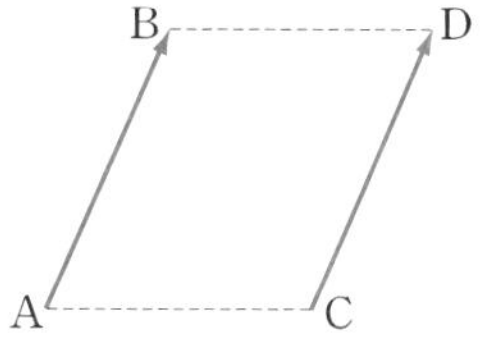

마찬가지로 두 벡터 $\vec{a}$, $\vec{b}$가 서로 같을 때는

$$\vec{a}=\vec{b}$$

로 나타낸다.

4 영벡터와 역벡터

크기가 0인 벡터는 한 점으로 나타내어지며, 이러한 벡터를 영벡터라 하고, $\vec{0}$로 나타낸다.

또, 벡터 $\overrightarrow{AB}$와 크기가 같고 방향이 반대인 벡터를 역벡터라 하고, $-\overrightarrow{\mathbf{AB}}$로 나타낸다.

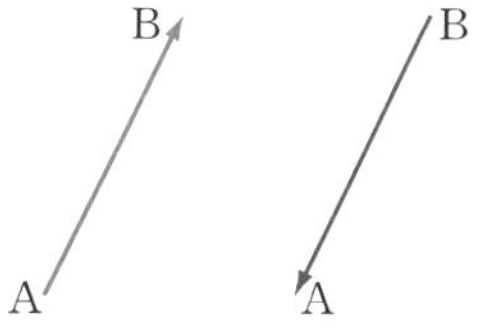

Advice 1° 스칼라와 벡터의 뜻

길이, 넓이, 부피, 무게 등의 양은 10 m, 100 m^2, 1000 m^3, 50 kg 등과 같이 단위의 크기를 정하면 실수 10, 100, 1000, 50 등을 써서 나타낼 수 있다. 이와 같이 크기만을 가지는 양을 **스칼라**라고 한다.

스칼라가 크기만으로 나타내는 양인 것에 비하여

도형의 평행이동, 힘, 속도, 가속도

등은 크기와 방향을 함께 생각해야 하는 양이다. 이와 같이 크기와 방향을 함께 가지는 양을 **벡터**라고 한다.

이를테면 도형의 평행이동은 그 도형 위의 임의의 점이 처음 위치 A에서 마지막 위치 B로 옮겨질 때, A에서 B까지의 거리와 A에서 B로 향하는 방향으로 결정된다.

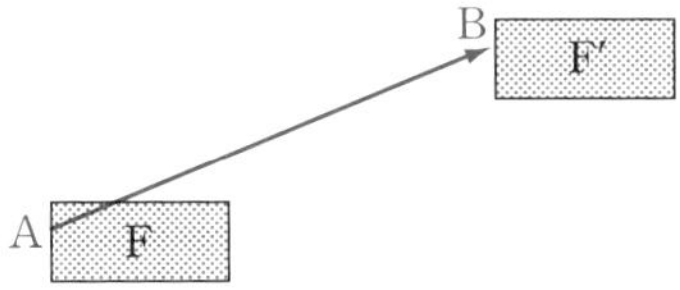

따라서 이 평행이동은 A에서 B로 향하는 선분에 위의 그림과 같이 화살표를 붙인 방향을 가진 선분으로 나타낼 수 있다. 이와 같은 선분을 **유향선분 AB**라 하고, A를 **시점**, B를 **종점**이라고 한다.

유향선분 AB에서 시점 A의 위치에는 관계없이 크기와 방향만을 생각하여 이를 벡터 $\overrightarrow{\mathbf{AB}}$로 나타낸다.

한편 유향선분을 이용하여 벡터를 나타낼 때, 평면 위에서의 유향선분에 대응하는 벡터를 **평면벡터** 또는 **이차원 벡터**라고 한다. 또, 공간에서의 유향선분에 대응하는 벡터를 **공간벡터** 또는 **삼차원 벡터**라고 한다.

앞으로 평면벡터, 공간벡터를 특별히 구별하지 않아도 혼동의 염려가 없을 때에는 간단히 벡터라고 하기로 한다.

*Note 고등학교 교육과정에 따르면 기하에서는 공간벡터를 다루지 않지만 벡터의 개념을 이해하는 데 도움이 되므로 이 단원에서는 공간벡터를 함께 다룬다.

Advice 2° 벡터의 크기와 단위벡터

벡터 $\overrightarrow{AB}$의 방향은 유향선분 AB의 방향이고, 크기는 선분 AB의 길이이다. 이때, 벡터 $\overrightarrow{AB}$의 크기를 기호로 $|\overrightarrow{\mathbf{AB}}|$와 같이 나타낸다.

특히 크기가 1인 벡터를 **단위벡터**라고 한다.

또, 벡터는 한 문자를 써서

$$\vec{a},\ \vec{b},\ \vec{c},\ \vec{d},\ \cdots$$

로 나타내기도 하고, 이때 크기는 절댓값 기호를 써서 다음과 같이 나타낸다.

$$|\vec{a}|,\ |\vec{b}|,\ |\vec{c}|,\ |\vec{d}|,\ \cdots$$

Advice 3° 서로 같은 벡터

이를테면 도형 F를 평행이동하여 도형 F′이 되었다고 할 때, 도형 F 위의 두 점 A, C가 각각 도형 F′ 위의 점 B, D로 옮겨졌다고 하면

$\overrightarrow{AB}$와 $\overrightarrow{CD}$는 같은 평행이동

을 나타낸다. 이런 뜻에서 두 벡터 $\overrightarrow{AB}$와 $\overrightarrow{CD}$의 크기가 같고 방향이 같을 때

두 벡터 $\overrightarrow{AB}$, $\overrightarrow{CD}$는 서로 같다

고 정의하고,

$$\overrightarrow{AB}=\overrightarrow{CD}$$

와 같이 나타낸다.

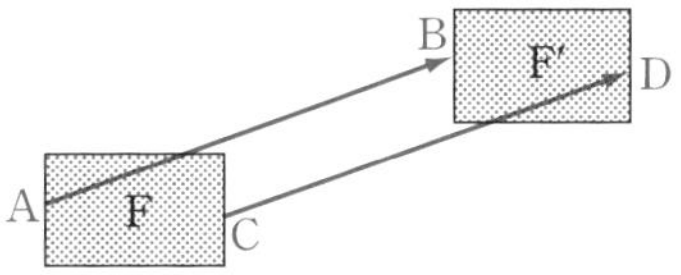

따라서 한 벡터를 평행이동한 것은 모두 같으며, 벡터를 유향선분으로 나타낼 때에는 시점을 임의로 잡을 수 있다.

보기 1 오른쪽 그림과 같이 정육각형 ABCDEF에서 대각선 AD, BE, CF의 교점을 O라고 할 때,

(1) 벡터 $\overrightarrow{AB}$와 서로 같은 벡터는 어느 것인가?

(2) 벡터 $\overrightarrow{AE}$와 서로 같은 벡터는 어느 것인가?

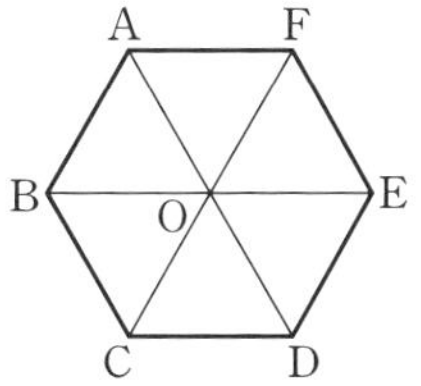

연구 크기와 방향이 각각 같은 것을 찾는다.

정 의 서로 같은 벡터
(i) 크기가 같다. (ii) 방향이 같다.

(1) 사각형 ABCO, CDEO, DEFO는 모두 합동인 평행사변형이므로 벡터 $\overrightarrow{AB}$와 서로 같은 것은 $\overrightarrow{OC}$, $\overrightarrow{ED}$, $\overrightarrow{FO}$

(2) 사각형 ABDE는 평행사변형이므로 벡터 $\overrightarrow{AE}$와 서로 같은 것은 $\overrightarrow{BD}$

보기 2 오른쪽 그림에서 $\overrightarrow{AB}=\overrightarrow{DC}$일 때,

(1) 사각형 ABCD는 평행사변형임을 증명하여라.

(2) $\overrightarrow{AD}=\overrightarrow{BC}$임을 증명하여라.

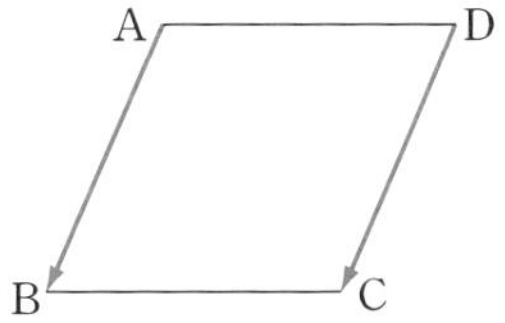

연구 (1) $\overrightarrow{AB}=\overrightarrow{DC}$에서 두 벡터 $\overrightarrow{AB}$와 $\overrightarrow{DC}$의 크기와 방향이 각각 같다. $\therefore\ \overline{AB}=\overline{DC},\ \overline{AB}/\!/\overline{DC}$

따라서 사각형 ABCD는 평행사변형이다.

(2) 사각형 ABCD가 평행사변형이므로

$\overline{AD}=\overline{BC}$이고 $\overline{AD}/\!/\overline{BC}$ $\therefore\ \overrightarrow{AD}=\overrightarrow{BC}$

보기 3 오른쪽 그림의 직육면체에서

$$\overrightarrow{AB}=\vec{a},\quad \overrightarrow{AD}=\vec{b},\quad \overrightarrow{AE}=\vec{c}$$

라고 할 때, 다음 벡터를 $\vec{a}$, $\vec{b}$, $\vec{c}$ 로 나타내어라.

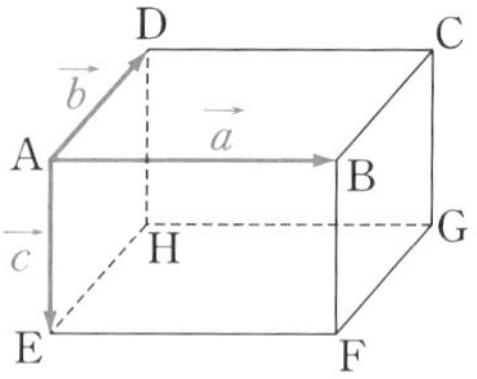

(1) $\overrightarrow{DC}$ (2) $\overrightarrow{FG}$ (3) $\overrightarrow{BF}$

(4) $\overrightarrow{HG}$ (5) $\overrightarrow{EH}$ (6) $\overrightarrow{CG}$

연구 크기와 방향이 각각 같은 것을 찾는다.

정 의 서로 같은 벡터
(i) 크기가 같다. (ii) 방향이 같다.

(1) $\overrightarrow{DC}=\overrightarrow{AB}=\vec{\boldsymbol{a}}$ (2) $\overrightarrow{FG}=\overrightarrow{AD}=\vec{\boldsymbol{b}}$ (3) $\overrightarrow{BF}=\overrightarrow{AE}=\vec{\boldsymbol{c}}$

(4) $\overrightarrow{HG}=\overrightarrow{AB}=\vec{\boldsymbol{a}}$ (5) $\overrightarrow{EH}=\overrightarrow{AD}=\vec{\boldsymbol{b}}$ (6) $\overrightarrow{CG}=\overrightarrow{AE}=\vec{\boldsymbol{c}}$

Advice 4° 영벡터와 역벡터

이를테면 $\overrightarrow{AA}$, $\overrightarrow{BB}$ 등은 시점과 종점이 일치하는 벡터로서 한 점으로 나타내어지므로 크기는 0이다. 이러한 특별한 벡터를 영벡터라 하고, $\vec{\boldsymbol{0}}$ 로 나타낸다. 곧, $|\vec{0}|=0$이고, 방향은 생각하지 않는다.

또, 점 A를 시점으로 하고 점 B를 종점으로 하는 벡터 $\overrightarrow{AB}$에 대하여 점 B를 시점으로 하고 점 A를 종점으로 하는 벡터 $\overrightarrow{BA}$를 $\overrightarrow{AB}$의 역벡터라 하고, $-\overrightarrow{\boldsymbol{AB}}$로 나타낸다. 곧,

정 의 $\overrightarrow{\boldsymbol{AB}}=-\overrightarrow{\boldsymbol{BA}},\quad \overrightarrow{\boldsymbol{BA}}=-\overrightarrow{\boldsymbol{AB}}$

따라서 $\overrightarrow{AB}$와 $\overrightarrow{BA}$는 방향이 반대이고 크기가 같은 벡터로 서로 역벡터이다.

보기 4 오른쪽 그림의 직육면체에서

$$\overrightarrow{AB}=\vec{a},\quad \overrightarrow{AD}=\vec{b},\quad \overrightarrow{AE}=\vec{c}$$

라고 할 때, 다음 벡터를 $\vec{a}$, $\vec{b}$, $\vec{c}$ 로 나타내어라.

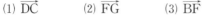

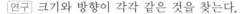

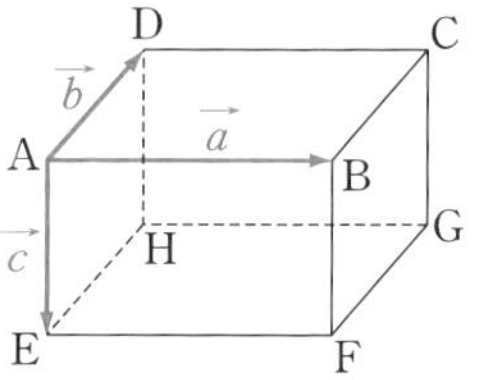

(1) $\overrightarrow{BA}$ (2) $\overrightarrow{GH}$ (3) $\overrightarrow{HE}$

(4) $\overrightarrow{GF}$ (5) $\overrightarrow{FB}$ (6) $\overrightarrow{GC}$

연구 역벡터, 곧 크기가 같고 방향이 반대인 벡터를 찾는다.

(1) $\overrightarrow{BA}=-\overrightarrow{AB}=-\vec{\boldsymbol{a}}$ (2) $\overrightarrow{GH}=-\overrightarrow{HG}=-\overrightarrow{AB}=-\vec{\boldsymbol{a}}$

(3) $\overrightarrow{HE}=-\overrightarrow{EH}=-\overrightarrow{AD}=-\vec{\boldsymbol{b}}$ (4) $\overrightarrow{GF}=-\overrightarrow{FG}=-\overrightarrow{AD}=-\vec{\boldsymbol{b}}$

(5) $\overrightarrow{FB}=-\overrightarrow{BF}=-\overrightarrow{AE}=-\vec{\boldsymbol{c}}$ (6) $\overrightarrow{GC}=-\overrightarrow{CG}=-\overrightarrow{AE}=-\vec{\boldsymbol{c}}$

필수 예제 4-1 직사각형 ABCD의 두 대각선의 교점을 O라고 하자. 다섯 개의 점 A, B, C, D, O에서 서로 다른 두 점을 뽑아 한쪽을 시점, 다른 쪽을 종점으로 하는 벡터를 만들 때, 서로 다른 것의 개수를 구하여라.

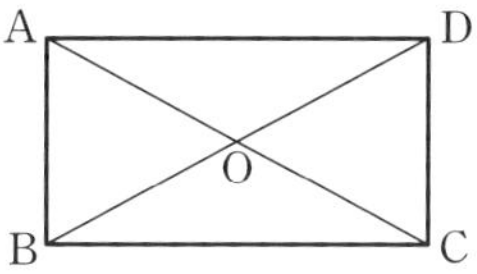

정석연구 경우의 수를 구하듯이

A를 시점으로 하는 벡터, B를 시점으로 하는 벡터, ⋯

를 차례로 구해 나가면서 앞서 나온 것과 중복된 벡터는 제외하면 된다.

정석 두 벡터가 서로 같을 조건

(i) 크기가 같다. (ii) 방향이 같다.

모범답안 A를 시점 : $\overrightarrow{AB}=\overrightarrow{DC}$, $\overrightarrow{AD}=\overrightarrow{BC}$, $\overrightarrow{AC}$, $\overrightarrow{AO}=\overrightarrow{OC}$

B를 시점 : $\overrightarrow{BA}=\overrightarrow{CD}$, $\overrightarrow{BC}=\overrightarrow{AD}$(중복), $\overrightarrow{BD}$, $\overrightarrow{BO}=\overrightarrow{OD}$

C를 시점 : $\overrightarrow{CD}=\overrightarrow{BA}$(중복), $\overrightarrow{CB}=\overrightarrow{DA}$, $\overrightarrow{CA}$, $\overrightarrow{CO}=\overrightarrow{OA}$

D를 시점 : $\overrightarrow{DC}=\overrightarrow{AB}$(중복), $\overrightarrow{DA}=\overrightarrow{CB}$(중복), $\overrightarrow{DB}$, $\overrightarrow{DO}=\overrightarrow{OB}$

O를 시점 : $\overrightarrow{OA}=\overrightarrow{CO}$(중복), $\overrightarrow{OB}=\overrightarrow{DO}$(중복), $\overrightarrow{OC}=\overrightarrow{AO}$(중복),
$\overrightarrow{OD}=\overrightarrow{BO}$(중복)

중복된 벡터를 제외하면 다음 12개이다.

$\overrightarrow{AB}=\overrightarrow{DC}$, $\overrightarrow{AD}=\overrightarrow{BC}$, $\overrightarrow{AC}$, $\overrightarrow{AO}=\overrightarrow{OC}$, $\overrightarrow{BA}=\overrightarrow{CD}$, $\overrightarrow{BD}$, $\overrightarrow{BO}=\overrightarrow{OD}$,
$\overrightarrow{CB}=\overrightarrow{DA}$, $\overrightarrow{CA}$, $\overrightarrow{CO}=\overrightarrow{OA}$, $\overrightarrow{DB}$, $\overrightarrow{DO}=\overrightarrow{OB}$ 답 **12**

유제 **4**-1. 오른쪽 그림의 평행사변형 ABCD에서 다음 벡터 중 서로 같은 것을 골라라. 단, 점 O는 두 대각선의 교점이다.

$\overrightarrow{AB}$, $\overrightarrow{BC}$, $\overrightarrow{AO}$, $\overrightarrow{BO}$, $\overrightarrow{OC}$, $\overrightarrow{OD}$, $\overrightarrow{DC}$, $\overrightarrow{AD}$

답 $\overrightarrow{AB}=\overrightarrow{DC}$, $\overrightarrow{BC}=\overrightarrow{AD}$, $\overrightarrow{AO}=\overrightarrow{OC}$, $\overrightarrow{BO}=\overrightarrow{OD}$

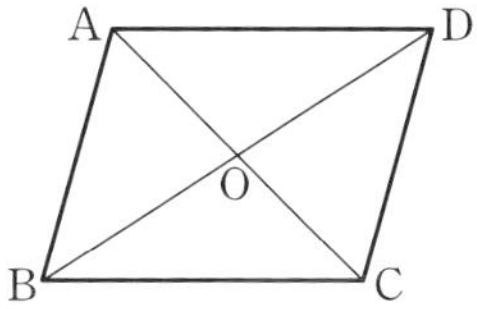

유제 **4**-2. 벡터를 나타낸 오른쪽 그림에서 다음과 같은 벡터는 어느 것인가?

(1) 크기가 같은 벡터

(2) 방향이 같은 벡터

(3) 서로 같은 벡터

답 (1) ②와 ⑦과 ⑧, ③과 ⑤

(2) ①과 ⑥, ③과 ⑤ (3) ③과 ⑤

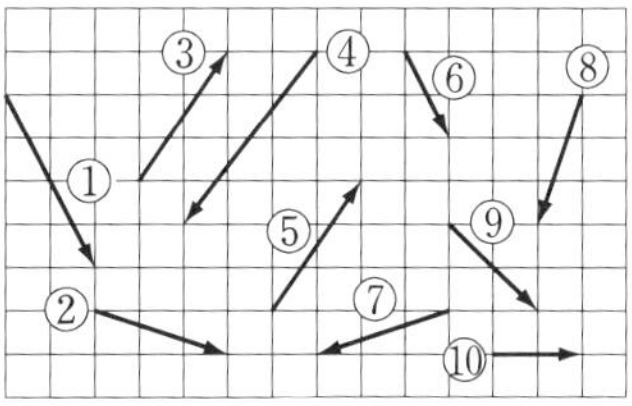

§ 2. 벡터의 덧셈과 뺄셈

기본정석

1 벡터의 덧셈

(1) 삼각형의 법칙(벡터의 합의 정의)

두 벡터 $\vec{a}$, $\vec{b}$가 있을 때, $\vec{a}$와 같게 $\overrightarrow{AB}$를 잡고 B를 시점으로 하여 $\vec{b}$와 같게 $\overrightarrow{BC}$를 잡는다. 이때, $\overrightarrow{AC}(=\vec{c})$를 $\vec{a}$와 $\vec{b}$의 합이라 하고, $\vec{a}+\vec{b}$로 나타낸다.

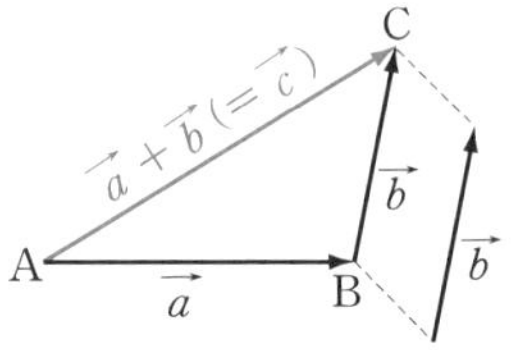

$$\vec{a}+\vec{b}=\vec{c} \iff \overrightarrow{AB}+\overrightarrow{BC}=\overrightarrow{AC}$$

(2) 평행사변형의 법칙

두 벡터 $\vec{a}$, $\vec{b}$가 있을 때, O를 시점으로 하여 $\vec{a}$, $\vec{b}$와 같게 각각 $\overrightarrow{OA}$, $\overrightarrow{OB}$를 잡는다. 이때, 선분 OA, OB를 두 변으로 하는 평행사변형 OACB를 만들면 $\overrightarrow{OC}(=\vec{c})$는 $\vec{a}$와 $\vec{b}$의 합을 나타낸다.

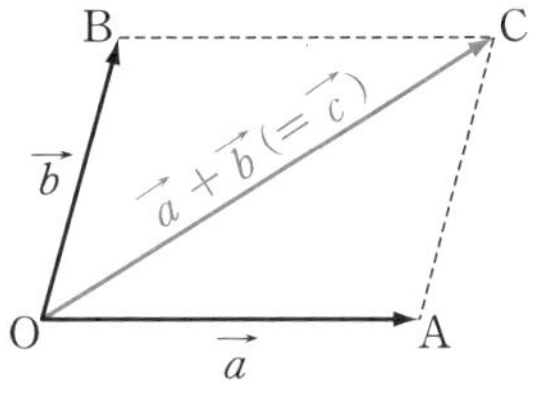

$$\vec{a}+\vec{b}=\vec{c} \iff \overrightarrow{OA}+\overrightarrow{OB}=\overrightarrow{OC}$$

(3) 벡터의 덧셈에 관한 교환법칙, 결합법칙

교환법칙 : $\vec{a}+\vec{b}=\vec{b}+\vec{a}$

결합법칙 : $(\vec{a}+\vec{b})+\vec{c}=\vec{a}+(\vec{b}+\vec{c})$

2 벡터의 뺄셈

두 벡터 $\vec{a}$, $\vec{b}$에 대하여

$$\vec{b}+\vec{x}=\vec{a}$$

를 만족시키는 벡터 $\vec{x}$를 $\vec{a}$에서 $\vec{b}$를 뺀 차라 하고, $\vec{a}-\vec{b}$로 나타낸다.

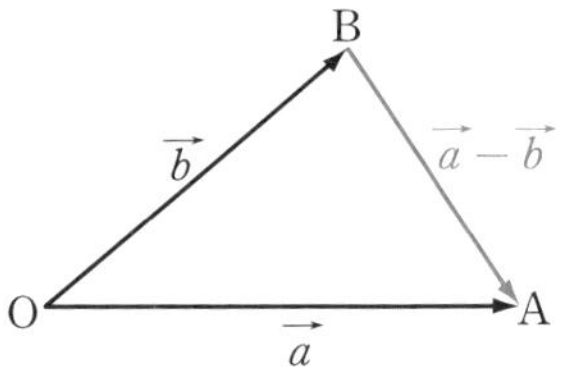

오른쪽 그림과 같이 $\vec{a}$, $\vec{b}$와 같게 각각 $\overrightarrow{OA}$, $\overrightarrow{OB}$를 잡을 때

$$\vec{a}-\vec{b}=\vec{x} \iff \overrightarrow{OA}-\overrightarrow{OB}=\overrightarrow{BA}$$

이다.

정석 $\overrightarrow{AB}+\overrightarrow{BC}=\overrightarrow{AC}$, $\quad \overrightarrow{OA}-\overrightarrow{OB}=\overrightarrow{BA}$

Advice 1° 벡터의 덧셈

이를테면 오른쪽 그림과 같이 도형 F를 F′의 위치로 평행이동한 다음 다시 F″의 위치로 평행이동한 것은 F를 F″의 위치로 한 번 평행이동한 것과 결과가 같다. 이 사실을 이용하여 벡터의 합을 정의할 수 있다.

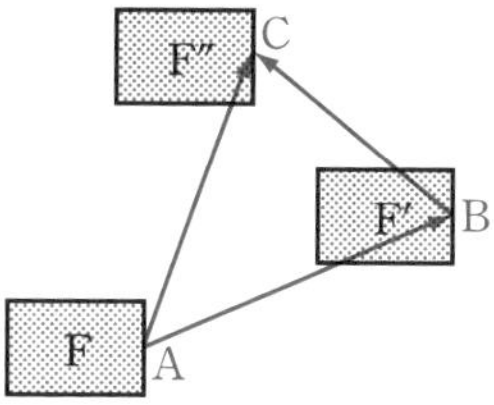

곧, F 위의 한 점 A가 F′ 위의 점 B로, 점 B가 F″ 위의 점 C로 옮겨진다고 하면 F를 F′으로, F′을 F″으로, F를 F″으로 옮기는 평행이동의 방향과 크기를 각각 $\overrightarrow{AB}$, $\overrightarrow{BC}$, $\overrightarrow{AC}$로 나타낼 수 있다. 이때, 평행이동을 연달아 하는 것을 벡터의 합으로 나타내기로 하면

$$\overrightarrow{AB}+\overrightarrow{BC}=\overrightarrow{AC}$$

이다.

또, 오른쪽 평행사변형에서 $\overrightarrow{OB}=\overrightarrow{AC}$이므로

$$\overrightarrow{OA}+\overrightarrow{OB}=\overrightarrow{OA}+\overrightarrow{AC}=\overrightarrow{OC}$$

이다.

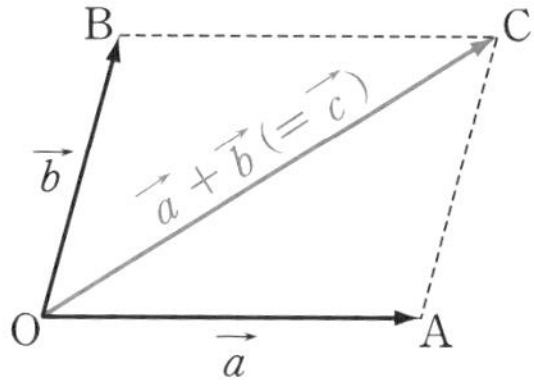

따라서 두 벡터의 합은 삼각형의 법칙, 평행사변형의 법칙 중에서 편리한 방법에 따라 구하면 된다.

보기 1 두 벡터 $\vec{a}$, $\vec{b}$가 오른쪽 그림과 같을 때, 합 $\vec{a}+\vec{b}$를 그림으로 나타내어라.

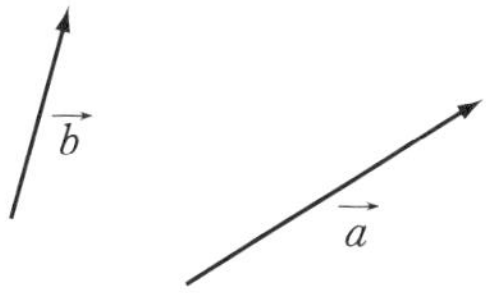

연구 (i) 삼각형의 법칙을 이용한다.

$\vec{a}$의 종점에 $\vec{b}$의 시점을 옮겨서 삼각형의 법칙을 이용하면 아래 왼쪽 그림이다.

(ii) 평행사변형의 법칙을 이용한다.

$\vec{a}$의 시점에 $\vec{b}$의 시점을 옮겨서 평행사변형의 법칙을 이용하면 아래 오른쪽 그림이다.

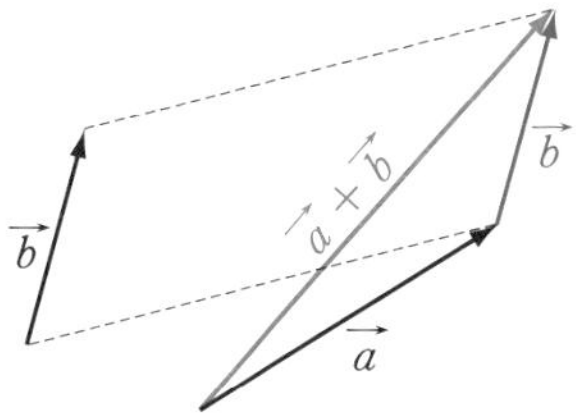

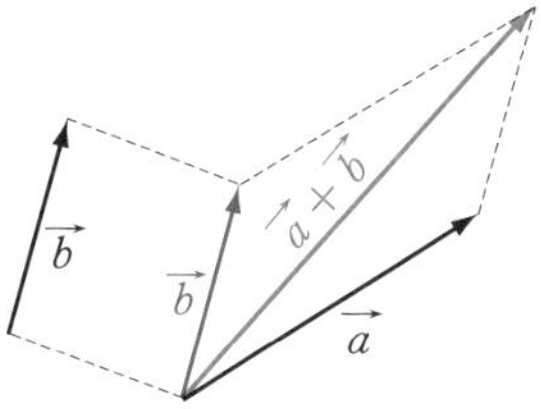

Advice 2° 벡터의 덧셈에 관한 교환법칙, 결합법칙

수, 식의 경우와 마찬가지로 벡터에서도 덧셈에 관한 교환법칙, 결합법칙이 성립한다. 오른쪽 아래 두 그림을 이용하여 증명해 보자.

▶ 교환법칙 : $\overrightarrow{\mathrm{OA}}=\vec{a}$, $\overrightarrow{\mathrm{AC}}=\vec{b}$ 라고 하면

△OAC에서 $\vec{a}+\vec{b}=\overrightarrow{\mathrm{OC}}$ ……①

한편 $\vec{b}=\overrightarrow{\mathrm{OB}}$, $\vec{a}=\overrightarrow{\mathrm{BC}}$ 이므로

△OBC에서 $\vec{b}+\vec{a}=\overrightarrow{\mathrm{OC}}$ ……②

①, ②에서

$$\vec{\boldsymbol{a}}+\vec{\boldsymbol{b}}=\vec{\boldsymbol{b}}+\vec{\boldsymbol{a}}$$

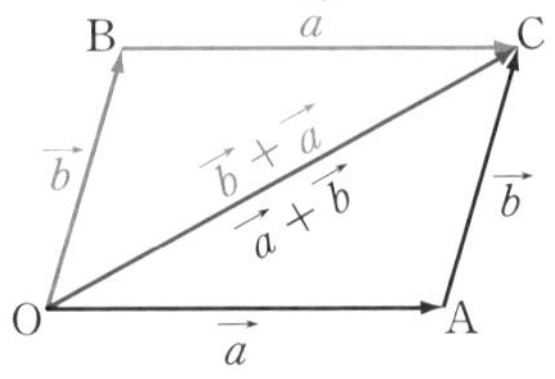

▶ 결합법칙 : $\overrightarrow{\mathrm{OA}}=\vec{a}$, $\overrightarrow{\mathrm{AB}}=\vec{b}$, $\overrightarrow{\mathrm{BC}}=\vec{c}$ 라고 하면

$$(\vec{a}+\vec{b})+\vec{c}=(\overrightarrow{\mathrm{OA}}+\overrightarrow{\mathrm{AB}})+\overrightarrow{\mathrm{BC}}$$
$$=\overrightarrow{\mathrm{OB}}+\overrightarrow{\mathrm{BC}}=\overrightarrow{\mathrm{OC}}$$
$$\vec{a}+(\vec{b}+\vec{c})=\overrightarrow{\mathrm{OA}}+(\overrightarrow{\mathrm{AB}}+\overrightarrow{\mathrm{BC}})$$
$$=\overrightarrow{\mathrm{OA}}+\overrightarrow{\mathrm{AC}}=\overrightarrow{\mathrm{OC}}$$
$$\therefore\ (\vec{\boldsymbol{a}}+\vec{\boldsymbol{b}})+\vec{\boldsymbol{c}}=\vec{\boldsymbol{a}}+(\vec{\boldsymbol{b}}+\vec{\boldsymbol{c}})$$

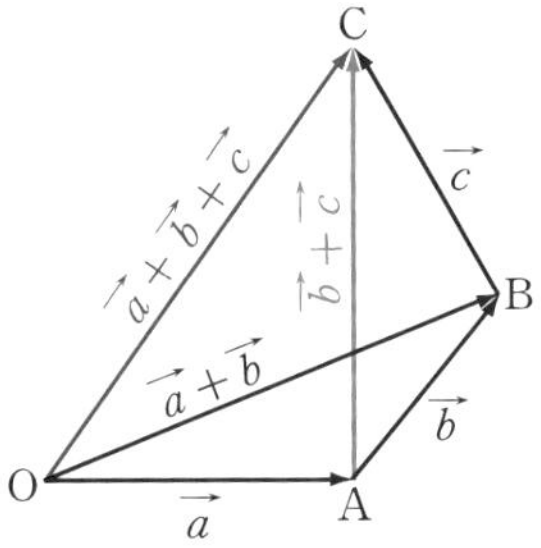

따라서 $(\vec{a}+\vec{b})+\vec{c}$, $\vec{a}+(\vec{b}+\vec{c})$를 간단히 $\vec{\boldsymbol{a}}+\vec{\boldsymbol{b}}+\vec{\boldsymbol{c}}$ 로 나타내어도 된다.

위의 성질은 평면벡터와 공간벡터에서 모두 성립한다.

Advice 3° 벡터의 뺄셈

두 벡터 $\vec{a}$, $\vec{b}$에 대하여 오른쪽 그림과 같이 O를 시점으로 하는 벡터 $\overrightarrow{\mathrm{OA}}$, $\overrightarrow{\mathrm{OB}}$를

$$\vec{a}=\overrightarrow{\mathrm{OA}},\quad \vec{b}=\overrightarrow{\mathrm{OB}}$$

가 되도록 잡으면 삼각형의 법칙에 의하여

$$\overrightarrow{\mathrm{OB}}+\overrightarrow{\mathrm{BA}}=\overrightarrow{\mathrm{OA}}$$

이다. 따라서 벡터의 차의 정의에 의하여

$$\overrightarrow{\mathrm{BA}}=\overrightarrow{\mathrm{OA}}-\overrightarrow{\mathrm{OB}}=\vec{a}-\vec{b}$$

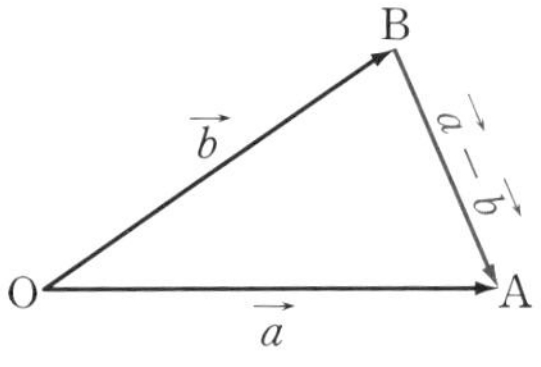

이상에서 공부한 벡터의 합, 차에 관한 다음 **정석**은 문제 해결의 기본이므로 반드시 기억해 두길 바란다.

정석 $\overrightarrow{\mathrm{AB}}+\overrightarrow{\mathrm{BC}}=\overrightarrow{\mathrm{AC}}$, $\overrightarrow{\mathrm{OA}}-\overrightarrow{\mathrm{OB}}=\overrightarrow{\mathrm{BA}}$

종점과 시점이 같다. 시점이 같다.

또, 오른쪽 그림에서 $\vec{a}-\vec{b}$ 는

$$\vec{a}-\vec{b}=\vec{a}+(-\vec{b})$$

임을 알 수 있다.

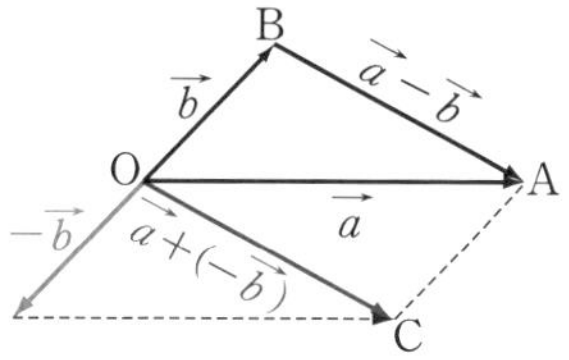

이 밖에도 벡터에서 다음 연산법칙이 성립함을 알 수 있다.

$$\vec{a}+\vec{0}=\vec{a},\quad \vec{a}-\vec{0}=\vec{a},\quad \vec{0}-\vec{a}=-\vec{a},\quad \vec{a}-\vec{a}=\vec{0}$$

보기 2 오른쪽 그림과 같이 평행사변형 ABCD의 두 대각선의 교점을 O라 하고,

$$\overrightarrow{OA}=\vec{a},\quad \overrightarrow{OB}=\vec{b}$$

라고 할 때, 다음 벡터를 $\vec{a}$, $\vec{b}$ 로 나타내어라.

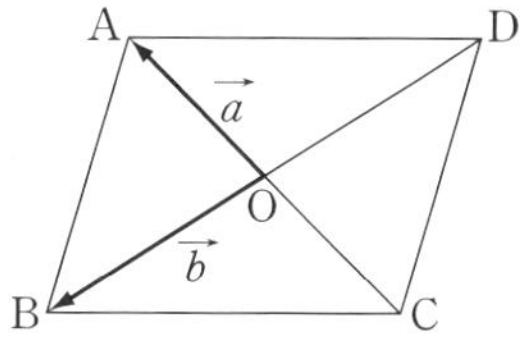

(1) $\overrightarrow{AB}$ (2) $\overrightarrow{BC}$ (3) $\overrightarrow{CD}$

연구 (1) $\overrightarrow{AB}=\overrightarrow{AO}+\overrightarrow{OB}=(-\vec{a})+\vec{b}=-\boldsymbol{\vec{a}}+\boldsymbol{\vec{b}}$

(2) $\overrightarrow{BC}=\overrightarrow{BO}+\overrightarrow{OC}=(-\vec{b})+(-\vec{a})=-\boldsymbol{\vec{a}}-\boldsymbol{\vec{b}}$

(3) $\overrightarrow{CD}=-\overrightarrow{AB}=-(-\vec{a}+\vec{b})=\boldsymbol{\vec{a}}-\boldsymbol{\vec{b}}$

보기 3 오른쪽 그림과 같이 직육면체에서

$$\overrightarrow{AB}=\vec{a},\quad \overrightarrow{AD}=\vec{b},\quad \overrightarrow{AE}=\vec{c}$$

라고 할 때, 다음 물음에 답하여라.

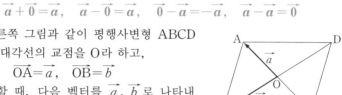

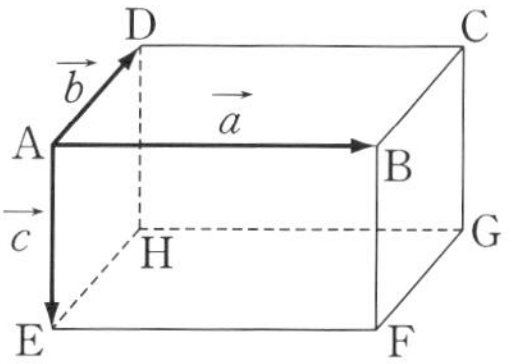

(1) $\overrightarrow{AG}$, $\overrightarrow{BH}$를 $\vec{a}$, $\vec{b}$, $\vec{c}$ 로 나타내어라.

(2) 다음 벡터를 하나의 벡터로 나타내어라.

① $\vec{a}+\vec{b}+\vec{c}$ ② $\vec{a}-\vec{b}-\vec{c}$ ③ $-\vec{a}-\vec{b}-\vec{c}$

연구 다음 **정석**을 이용한다.

정석 $\overrightarrow{AB}+\overrightarrow{BC}=\overrightarrow{AC}$, $\overrightarrow{OA}-\overrightarrow{OB}=\overrightarrow{BA}$

(1) $\overrightarrow{AG}=\overrightarrow{AC}+\overrightarrow{CG}=\overrightarrow{AB}+\overrightarrow{AD}+\overrightarrow{AE}=\boldsymbol{\vec{a}}+\boldsymbol{\vec{b}}+\boldsymbol{\vec{c}}$

$\overrightarrow{BH}=\overrightarrow{BA}+\overrightarrow{AH}=-\overrightarrow{AB}+\overrightarrow{AD}+\overrightarrow{AE}=-\boldsymbol{\vec{a}}+\boldsymbol{\vec{b}}+\boldsymbol{\vec{c}}$

(2) ① $\vec{a}+\vec{b}+\vec{c}=(\overrightarrow{AB}+\overrightarrow{AD})+\overrightarrow{AE}=\overrightarrow{AC}+\overrightarrow{CG}=\boldsymbol{\overrightarrow{AG}}$

② $\vec{a}-\vec{b}-\vec{c}=(\overrightarrow{AB}-\overrightarrow{AD})-\overrightarrow{AE}=\overrightarrow{DB}-\overrightarrow{DH}=\boldsymbol{\overrightarrow{HB}}$

③ $-\vec{a}-\vec{b}-\vec{c}=-(\vec{a}+\vec{b}+\vec{c})=-\overrightarrow{AG}=\boldsymbol{\overrightarrow{GA}}$

**Note* (1) 다음과 같이 모서리를 따라 시점에서 종점을 찾아가도 된다.

$$\overrightarrow{AG}=\overrightarrow{AB}+\overrightarrow{BC}+\overrightarrow{CG},\quad \overrightarrow{BH}=\overrightarrow{BA}+\overrightarrow{AD}+\overrightarrow{DH}$$

필수 예제 4-2 사각형 ABCD에서 다음 등식이 성립함을 증명하여라.

$$\overrightarrow{AB}+\overrightarrow{CD}=\overrightarrow{AD}+\overrightarrow{CB}$$

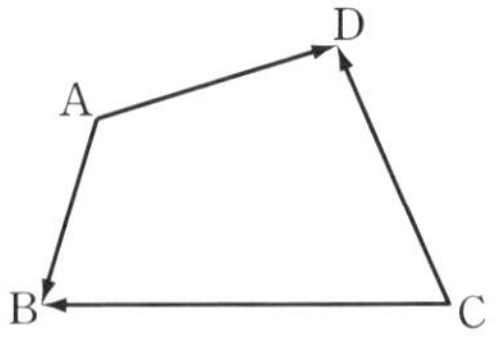

정석연구 여러 가지 증명 방법을 생각할 수 있다.

(방법 1) 좌변과 우변을 각각 하나의 벡터로 나타내어 본다.

곧, 오른쪽 그림과 같이 평행사변형 BCDE를 만들면

$\overrightarrow{AB}+\overrightarrow{CD}=\overrightarrow{AB}+\overrightarrow{BE}=\overrightarrow{AE}$,

$\overrightarrow{AD}+\overrightarrow{CB}=\overrightarrow{AD}+\overrightarrow{DE}=\overrightarrow{AE}$

$\therefore \overrightarrow{AB}+\overrightarrow{CD}=\overrightarrow{AD}+\overrightarrow{CB}$

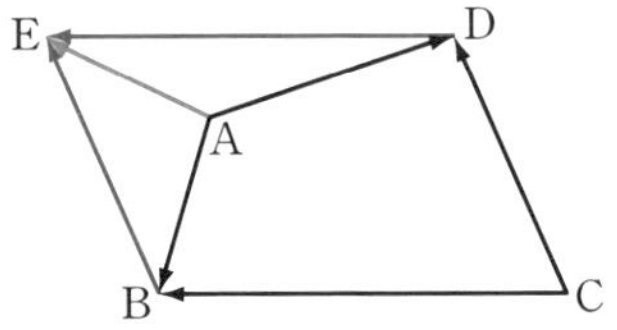

여기에서 다음 삼각형의 법칙을 이용하였다.

정석 $\overrightarrow{AB}+\overrightarrow{BC}=\overrightarrow{AC}$

(방법 2) 좌변의 $\overrightarrow{AB}$, $\overrightarrow{CD}$를 우변의 $\overrightarrow{AD}$, $\overrightarrow{CB}$를 포함한 벡터로 고쳐 본다. 곧,

$\overrightarrow{AB}=\overrightarrow{AD}+\overrightarrow{DB}$, $\quad \overrightarrow{CD}=\overrightarrow{CB}+\overrightarrow{BD}$

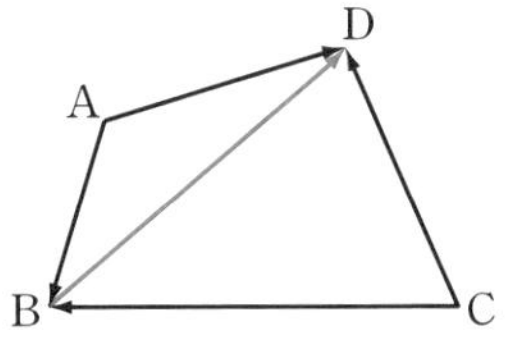

변변 더하면

$\overrightarrow{AB}+\overrightarrow{CD}=\overrightarrow{AD}+\overrightarrow{CB}+\overrightarrow{DB}+\overrightarrow{BD}$

그런데 $\overrightarrow{DB}+\overrightarrow{BD}=\overrightarrow{DB}-\overrightarrow{DB}=\overrightarrow{0}$ $\quad \therefore \overrightarrow{AB}+\overrightarrow{CD}=\overrightarrow{AD}+\overrightarrow{CB}$

여기에서 역벡터에 관한 다음 성질을 이용하였다.

정석 $\overrightarrow{AB}+\overrightarrow{BA}=\overrightarrow{0}$ $(\overrightarrow{AB}=-\overrightarrow{BA})$

(방법 3) $\overrightarrow{AB}-\overrightarrow{AD}=\overrightarrow{CB}-\overrightarrow{CD}$를 증명해도 된다. 곧,

$\overrightarrow{AB}-\overrightarrow{AD}=\overrightarrow{DB}$, $\quad \overrightarrow{CB}-\overrightarrow{CD}=\overrightarrow{DB}$

$\therefore \overrightarrow{AB}-\overrightarrow{AD}=\overrightarrow{CB}-\overrightarrow{CD}$ $\quad \therefore \overrightarrow{AB}+\overrightarrow{CD}=\overrightarrow{AD}+\overrightarrow{CB}$

여기에서 벡터의 뺄셈에 관한 다음 성질을 이용하였다.

정석 $\overrightarrow{OA}-\overrightarrow{OB}=\overrightarrow{BA}$

(방법 4) $\overrightarrow{AB}+\overrightarrow{BC}+\overrightarrow{CD}+\overrightarrow{DA}=\overrightarrow{AA}=\overrightarrow{0}$ 이므로

$\overrightarrow{AB}+\overrightarrow{CD}=-\overrightarrow{DA}-\overrightarrow{BC}=\overrightarrow{AD}+\overrightarrow{CB}$

유제 **4**-3. 네 점 A, B, C, D에 대하여 등식 $\overrightarrow{AB}+\overrightarrow{DC}=\overrightarrow{AC}+\overrightarrow{DB}$가 성립함을 증명하여라.

§ 3. 벡터의 실수배

기본정석

1 벡터의 실수배

실수 m과 벡터 $\vec{a}$의 곱 $m\vec{a}$는

(1) $m>0$이면 $\vec{a}$와 같은 방향이고 크기가 $m|\vec{a}|$인 벡터이다.

(2) $m<0$이면 $\vec{a}$와 반대 방향이고 크기가 $|m||\vec{a}|$인 벡터이다.

(3) $m=0$이면 영벡터이다. 곧, $0\vec{a}=\vec{0}$이다.

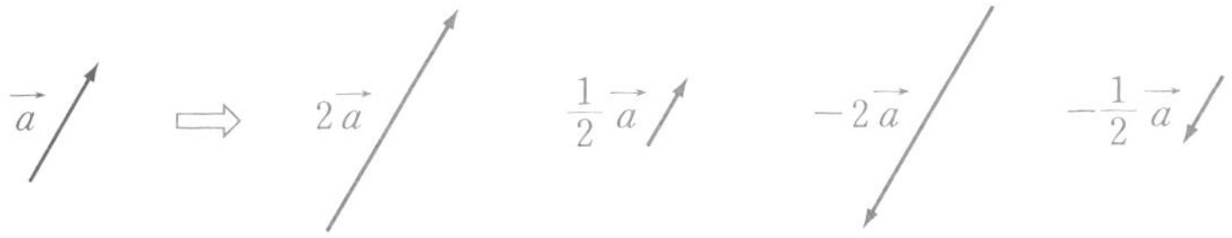

2 벡터의 실수배에 관한 성질

$\boldsymbol{m}$, $\boldsymbol{n}$이 실수일 때,

(1) $(mn)\vec{a}=m(n\vec{a})=n(m\vec{a})=mn\vec{a}$ ⇦ 결합법칙

(2) $(m+n)\vec{a}=m\vec{a}+n\vec{a}$, $m(\vec{a}+\vec{b})=m\vec{a}+m\vec{b}$ ⇦ 분배법칙

(3) $0\vec{a}=\vec{0}$, $1\vec{a}=\vec{a}$, $m\vec{0}=\vec{0}$

3 벡터의 평행

영벡터가 아닌 두 벡터 $\vec{a}$, $\vec{b}$가 같은 방향이거나 반대 방향일 때, $\vec{a}$와 $\vec{b}$는 서로 평행하다고 하고, $\vec{a} /\!/ \vec{b}$로 나타낸다. 이것은 $\vec{a}=\overrightarrow{\mathrm{OA}}$, $\vec{b}=\overrightarrow{\mathrm{OB}}$일 때, 세 점 O, A, B가 한 직선 위에 있다는 것과 같은 뜻이다.

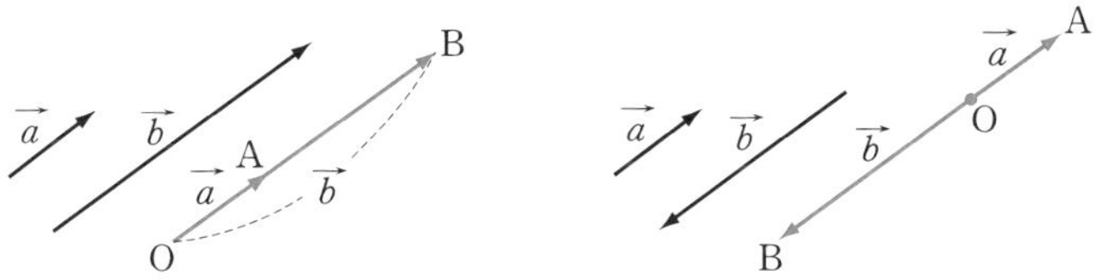

정석 $\vec{a}\neq\vec{0}$, $\vec{b}\neq\vec{0}$일 때, $\vec{a} /\!/ \vec{b} \iff \vec{b}=m\vec{a}$ (m은 0이 아닌 실수)

4 서로 다른 세 점 A, B, C가 한 직선 위에 있을 조건

(1) $\overrightarrow{\mathrm{AC}}=t\overrightarrow{\mathrm{AB}}$ (t는 0과 1이 아닌 실수)

(2) $\overrightarrow{\mathrm{OC}}=(1-t)\overrightarrow{\mathrm{OA}}+t\overrightarrow{\mathrm{OB}}$ (t는 0과 1이 아닌 실수)

(3) $\overrightarrow{\mathrm{OC}}=\alpha\overrightarrow{\mathrm{OA}}+\beta\overrightarrow{\mathrm{OB}}$, $\alpha+\beta=1$ (α, β는 0이 아닌 실수)

Advice 1° 벡터의 실수배

벡터의 합의 정의에 의하면 두 개의 같은 벡터의 합 $\overrightarrow{a}+\overrightarrow{a}$는 벡터 $\overrightarrow{a}$와 방향이 같고 크기가 $\overrightarrow{a}$의 크기의 2배인 벡터이다. 이것을 $2\overrightarrow{a}$로 나타낸다. 마찬가지로 $3\overrightarrow{a}$, $4\overrightarrow{a}$, $5\overrightarrow{a}$, $\cdots$를 정의한다.

또, $(-\overrightarrow{a})+(-\overrightarrow{a})$는 벡터 $-\overrightarrow{a}$와 방향이 같고 크기가 $-\overrightarrow{a}$의 크기의 2배인 벡터이다. 이것을 $-2\overrightarrow{a}$로 나타낸다.

$-3\overrightarrow{a}$, $-4\overrightarrow{a}$, $-5\overrightarrow{a}$, $\cdots$도 마찬가지이다.

일반적으로 벡터의 실수배를 앞면의 **기본정석** [1]과 같이 정의한다.

Note $\overrightarrow{a}\neq\overrightarrow{0}$일 때, $\left|\dfrac{\overrightarrow{a}}{|\overrightarrow{a}|}\right|=\dfrac{1}{|\overrightarrow{a}|}\times|\overrightarrow{a}|=1$이므로 $\dfrac{\overrightarrow{a}}{|\overrightarrow{a}|}$는 $\overrightarrow{a}$와 방향이 같은 단위벡터이다.

보기 1 $\overrightarrow{\mathrm{OA}}=\overrightarrow{a}$, $\overrightarrow{\mathrm{OB}}=\overrightarrow{b}$를 오른쪽 그림과 같은 평면 위의 벡터라고 하자. 다음 벡터를 O를 시점으로 하여 그림으로 나타내어라.

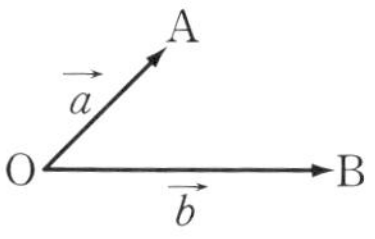

(1) $-\dfrac{1}{2}\overrightarrow{b}$ (2) $2\overrightarrow{a}+\overrightarrow{b}$ (3) $-\overrightarrow{a}+\dfrac{1}{2}\overrightarrow{b}$

연구

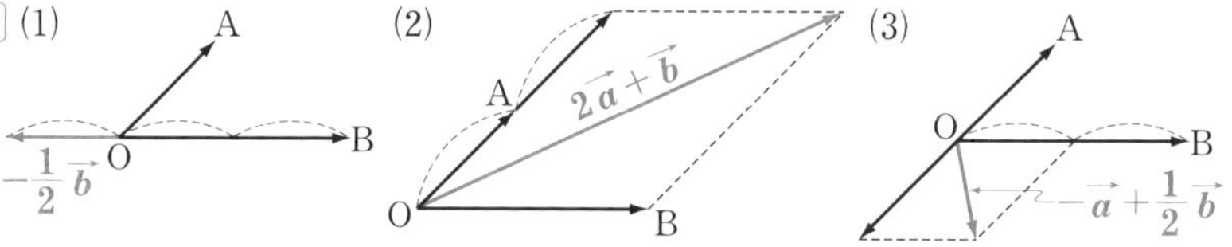

보기 2 오른쪽과 같이 간격이 같고 평행한 가로선과 세로선으로 이루어진 그림에서

$$\overrightarrow{\mathrm{OA}}=\overrightarrow{a},\quad \overrightarrow{\mathrm{OB}}=\overrightarrow{b}$$

라고 할 때, 다음 벡터를 $\overrightarrow{a}$, $\overrightarrow{b}$로 나타내어라.

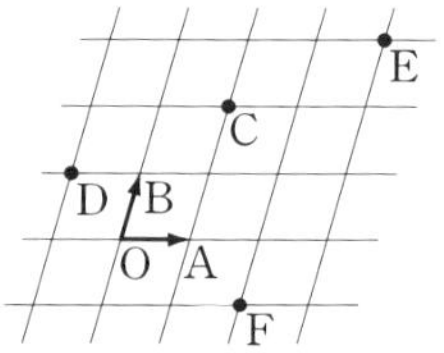

(1) $\overrightarrow{\mathrm{OC}}$ (2) $\overrightarrow{\mathrm{AE}}$ (3) $\overrightarrow{\mathrm{DE}}$

(4) $\overrightarrow{\mathrm{EB}}$ (5) $\overrightarrow{\mathrm{EF}}$ (6) $\overrightarrow{\mathrm{FA}}+\overrightarrow{\mathrm{AE}}$

연구 삼각형의 법칙을 이용하여 두 벡터의 합을 생각한다.

이를테면 (1)은 $\overrightarrow{\mathrm{OC}}=\overrightarrow{\mathrm{OA}}+\overrightarrow{\mathrm{AC}}=\overrightarrow{\mathrm{OA}}+2\overrightarrow{\mathrm{OB}}=\overrightarrow{a}+2\overrightarrow{b}$이다.

(6)은 $\overrightarrow{\mathrm{FA}}$, $\overrightarrow{\mathrm{AE}}$를 각각 $\overrightarrow{a}$, $\overrightarrow{b}$로 나타낸 다음 이를 더해도 되고,

$$\overrightarrow{\mathrm{FA}}+\overrightarrow{\mathrm{AE}}=\overrightarrow{\mathrm{FE}}$$

와 같이 간단히 한 다음 $\overrightarrow{a}$, $\overrightarrow{b}$로 나타낼 수도 있다.

(1) $\overrightarrow{\boldsymbol{a}}+2\overrightarrow{\boldsymbol{b}}$ (2) $2\overrightarrow{\boldsymbol{a}}+3\overrightarrow{\boldsymbol{b}}$ (3) $4\overrightarrow{\boldsymbol{a}}+2\overrightarrow{\boldsymbol{b}}$

(4) $-3\overrightarrow{\boldsymbol{a}}-2\overrightarrow{\boldsymbol{b}}$ (5) $-\overrightarrow{\boldsymbol{a}}-4\overrightarrow{\boldsymbol{b}}$ (6) $\overrightarrow{\boldsymbol{a}}+4\overrightarrow{\boldsymbol{b}}$

Advice 2° 벡터의 실수배에 관한 성질

벡터의 실수배에 관한 여러 가지 성질은 벡터의 덧셈, 뺄셈에서 $0\vec{a}=\vec{0}$, $m\vec{0}=\vec{0}$ 인 것만 주의하면

$\vec{a}$, $\vec{b}$ 를 보통의 문자 a, b로 생각하여 계산

해도 된다는 것을 보이고 있다.

이를테면 $2\vec{a}+\vec{b}$ 와 $\vec{a}-2\vec{b}$ 의 합은 다항식 $2a+b$와 $a-2b$의 합과 같이 할 수 있다. 곧,

$$(2\vec{a}+\vec{b})+(\vec{a}-2\vec{b})=(2+1)\vec{a}+(1-2)\vec{b}=3\vec{a}-\vec{b}$$

보기 3 $2(\vec{a}+2\vec{b})-\dfrac{1}{3}(9\vec{a}-12\vec{b})$를 간단히 하여라.

연구 (준 식)$=2\vec{a}+4\vec{b}-3\vec{a}+4\vec{b}=\boldsymbol{-\vec{a}+8\vec{b}}$

보기 4 다음 등식을 만족시키는 $\vec{x}$ 를 $\vec{a}$, $\vec{b}$ 로 나타내어라.

$$2(\vec{x}-3\vec{a})-(3\vec{b}-\vec{x})=\vec{0}$$

연구 $2\vec{x}-6\vec{a}-3\vec{b}+\vec{x}=\vec{0}$ $\quad\therefore 3\vec{x}=6\vec{a}+3\vec{b}$ $\quad\therefore \boldsymbol{\vec{x}=2\vec{a}+\vec{b}}$

보기 5 $\vec{p}=-\vec{a}+3\vec{b}$, $\vec{q}=2\vec{a}-5\vec{b}$ 일 때, $\vec{a}$, $\vec{b}$, $\vec{a}-4\vec{b}$ 를 $\vec{p}$, $\vec{q}$ 로 나타내어라.

연구 $\vec{p}=-\vec{a}+3\vec{b}$ ……① $\qquad \vec{q}=2\vec{a}-5\vec{b}$ ……②

에서 ①, ②를 $\vec{a}$, $\vec{b}$ 에 관한 연립방정식으로 보고 풀어도 된다.

①×2+②하면 $2\vec{p}+\vec{q}=\vec{b}$ 곧, $\boldsymbol{\vec{b}=2\vec{p}+\vec{q}}$

이것을 ①에 대입하면 $\vec{p}=-\vec{a}+3(2\vec{p}+\vec{q})$ $\quad\therefore \boldsymbol{\vec{a}=5\vec{p}+3\vec{q}}$

또, $\vec{a}-4\vec{b}=(5\vec{p}+3\vec{q})-4(2\vec{p}+\vec{q})=-3\vec{p}-\vec{q}$

곧, $\boldsymbol{\vec{a}-4\vec{b}=-3\vec{p}-\vec{q}}$

보기 6 오른쪽 그림의 원 O에서 두 반지름 OA, OB는 서로 수직이고, 반지름 OC는 ∠AOB의 이등분선이다. 벡터 $\overrightarrow{OC}$를 $\overrightarrow{OA}$, $\overrightarrow{OB}$로 나타내어라.

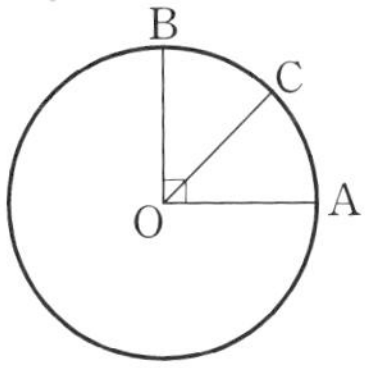

연구 반지름 OA, OB를 이웃하는 두 변으로 하는 평행사변형 OADB를 생각하면

$$\overrightarrow{OD}=\overrightarrow{OA}+\overrightarrow{OB}$$

또, 사각형 OADB는 정사각형이므로 $|\overrightarrow{OD}|=\sqrt{2}\,\overline{OC}$이고, 점 C는 선분 OD 위에 있으므로 $\overrightarrow{OD}=\sqrt{2}\,\overrightarrow{OC}$

$$\therefore \overrightarrow{OC}=\frac{1}{\sqrt{2}}\overrightarrow{OD}=\frac{1}{\sqrt{2}}(\overrightarrow{OA}+\overrightarrow{OB})=\boldsymbol{\frac{\sqrt{2}}{2}\overrightarrow{OA}+\frac{\sqrt{2}}{2}\overrightarrow{OB}}$$

Advice 3° 벡터의 평행

오른쪽 그림과 같이 영벡터가 아니고 방향이 같은 두 벡터 $\overrightarrow{a}$, $\overrightarrow{b}$를 시점이 같도록 평행이동한 다음 $\overrightarrow{a}$의 크기를 조절하면 $\overrightarrow{b}$와 일치하게 할 수 있다. 따라서

$$\overrightarrow{b}=m\overrightarrow{a} \qquad \cdots\cdots ①$$

을 만족시키는 양의 실수 m이 존재한다.

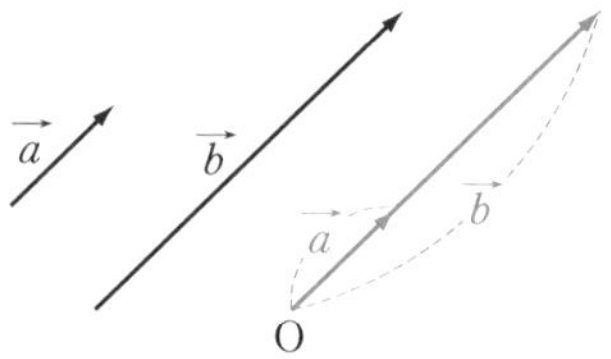

또, $\overrightarrow{a}$와 $\overrightarrow{b}$의 방향이 반대인 경우 ①을 만족시키는 음의 실수 m이 존재한다. 그리고 벡터의 실수배의 정의에 의하여 역도 성립한다.

정석 $\overrightarrow{a}\neq\overrightarrow{0}$, $\overrightarrow{b}\neq\overrightarrow{0}$일 때, $\overrightarrow{a}\,/\!/\,\overrightarrow{b} \iff \overrightarrow{b}=m\overrightarrow{a}$ (m은 0이 아닌 실수)

Advice 4° 세 점이 한 직선 위에 있을 조건

서로 다른 세 점 A, B, C가 한 직선 위에 있다고 하자. 이때, 두 벡터 $\overrightarrow{AB}$와 $\overrightarrow{AC}$가 서로 평행하므로 0이 아닌 실수 t가 존재하여

$$\overrightarrow{AC}=t\overrightarrow{AB} \qquad \cdots\cdots ①$$

이 성립한다.

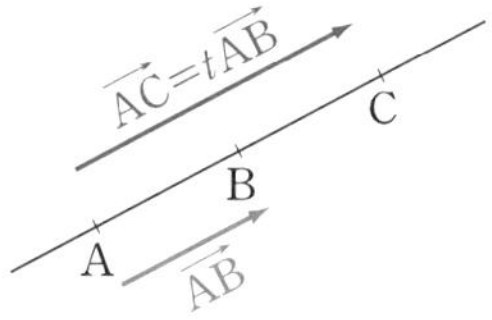

또, 한 점 O에 대하여

$$\overrightarrow{AB}=\overrightarrow{OB}-\overrightarrow{OA}, \quad \overrightarrow{AC}=\overrightarrow{OC}-\overrightarrow{OA}$$

이므로 ①에 대입하면

$$\overrightarrow{OC}-\overrightarrow{OA}=t(\overrightarrow{OB}-\overrightarrow{OA})$$

$$\therefore \overrightarrow{OC}=(1-t)\overrightarrow{OA}+t\overrightarrow{OB}$$

또, 이 식에서 $1-t=\alpha$, $t=\beta$라고 하면

$$\overrightarrow{OC}=\alpha\overrightarrow{OA}+\beta\overrightarrow{OB}, \quad \alpha+\beta=1$$

이상을 다음과 같이 정리해 두자.

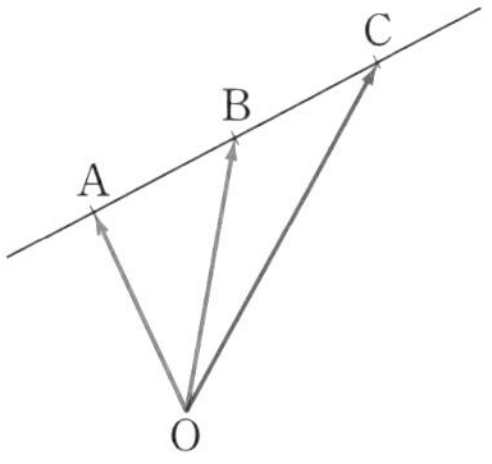

정석 서로 다른 세 점 A, B, C가 한 직선 위에 있을 조건

(i) $\overrightarrow{AC}=t\overrightarrow{AB}$를 만족시키는 실수 t가 존재한다.

(ii) $\overrightarrow{OC}=(1-t)\overrightarrow{OA}+t\overrightarrow{OB}$를 만족시키는 실수 t가 존재한다.

(iii) $\overrightarrow{OC}=\alpha\overrightarrow{OA}+\beta\overrightarrow{OB}$, $\alpha+\beta=1$을 만족시키는 실수 α, β가 존재한다.

단, t, α, β는 0과 1이 아니다.

보기 7 점 O를 지나지 않는 한 직선 위의 서로 다른 세 점 A, B, C에 대하여 $\overrightarrow{OA}=(k+1)\overrightarrow{OB}+(2k-3)\overrightarrow{OC}$가 성립할 때, 실수 k의 값을 구하여라.

연구 $(k+1)+(2k-3)=1$이므로 $\boldsymbol{k=1}$

필수 예제 4-3 한 변의 길이가 1인 정사각형 ABCD에서

$$\overrightarrow{AB}=\vec{a},\quad \overrightarrow{BC}=\vec{b},\quad \overrightarrow{AC}=\vec{c}$$

라고 할 때, 다음 벡터의 크기를 구하여라.

(1) $\vec{a}+\vec{b}+\vec{c}$ (2) $\vec{a}-\vec{b}+\vec{c}$ (3) $-\vec{a}-\vec{b}+\vec{c}$

[정석연구] 먼저 (1), (2), (3)의 $\vec{a}$, $\vec{b}$, $\vec{c}$를 각각 시점과 종점을 써서 나타낸 다음

정석 $\overrightarrow{AB}+\overrightarrow{BC}=\overrightarrow{AC}$, $\overrightarrow{OA}-\overrightarrow{OB}=\overrightarrow{BA}$

를 이용하여 각각을 하나의 벡터로 고쳐 본다.

[모범답안] $\vec{a}=\overrightarrow{AB}$, $\vec{b}=\overrightarrow{BC}$, $\vec{c}=\overrightarrow{AC}$

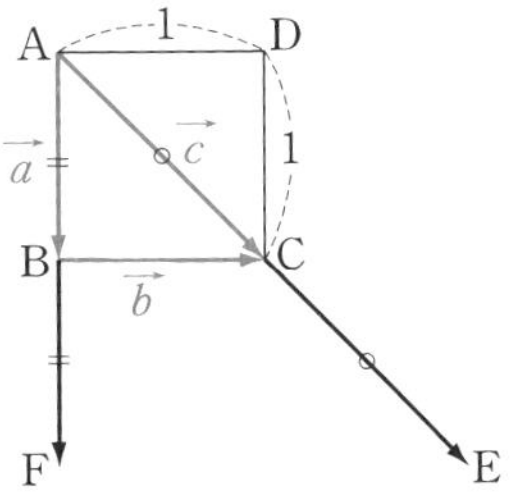

(1) $\vec{a}+\vec{b}+\vec{c}=(\overrightarrow{AB}+\overrightarrow{BC})+\overrightarrow{AC}$
$=\overrightarrow{AC}+\overrightarrow{AC}=2\overrightarrow{AC}$

따라서 선분 AC를 점 C 방향으로 2배 연장한 끝을 E라고 하면

$$\vec{a}+\vec{b}+\vec{c}=\overrightarrow{AE}$$

$\therefore |\vec{a}+\vec{b}+\vec{c}|=|\overrightarrow{AE}|=2|\overrightarrow{AC}|$
$=\mathbf{2\sqrt{2}}$ ← [답]

(2) $\vec{a}-\vec{b}+\vec{c}=\overrightarrow{AB}-\overrightarrow{BC}+\overrightarrow{AC}=\overrightarrow{AB}+\overrightarrow{AC}+\overrightarrow{CB}=\overrightarrow{AB}+(\overrightarrow{AC}+\overrightarrow{CB})$
$=\overrightarrow{AB}+\overrightarrow{AB}=2\overrightarrow{AB}$

따라서 선분 AB를 점 B 방향으로 2배 연장한 끝을 F라고 하면

$$\vec{a}-\vec{b}+\vec{c}=\overrightarrow{AF}$$

$\therefore |\vec{a}-\vec{b}+\vec{c}|=|\overrightarrow{AF}|=2|\overrightarrow{AB}|=\mathbf{2}$ ← [답]

(3) $-\vec{a}-\vec{b}+\vec{c}=-\overrightarrow{AB}-\overrightarrow{BC}+\overrightarrow{AC}=-(\overrightarrow{AB}+\overrightarrow{BC})+\overrightarrow{AC}=-\overrightarrow{AC}+\overrightarrow{AC}=\vec{0}$

$\therefore |-\vec{a}-\vec{b}+\vec{c}|=\mathbf{0}$ ← [답]

[유제] **4**-4. 오른쪽 그림의 직각이등변삼각형 OAB와 변 AB 위의 점 C에 대하여 $\overrightarrow{OA}=\vec{a}$, $\overrightarrow{OB}=\vec{b}$, $\overrightarrow{OC}=\vec{c}$라고 하자. $|\vec{a}|=1$일 때, 다음 벡터의 크기를 구하여라.

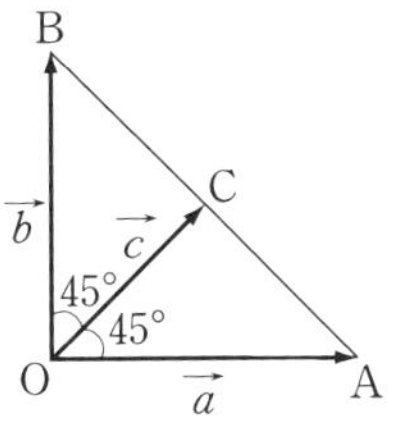

(1) $\vec{a}+\vec{b}+\vec{c}$ (2) $\vec{a}+\vec{b}-\vec{c}$

(3) $\vec{a}-\vec{b}+\vec{c}$ [답] (1) $\mathbf{\frac{3\sqrt{2}}{2}}$ (2) $\mathbf{\frac{\sqrt{2}}{2}}$ (3) $\mathbf{\frac{\sqrt{10}}{2}}$

필수 예제 4-4 △ABC의 변 AB, BC, CA의 중점을 각각 P, Q, R라 하고, 세 중선의 교점을 O라고 하자.

$\overrightarrow{CA}=\vec{a}$, $\overrightarrow{CB}=\vec{b}$라고 할 때, 다음 벡터를 $\vec{a}$, $\vec{b}$로 나타내어라.

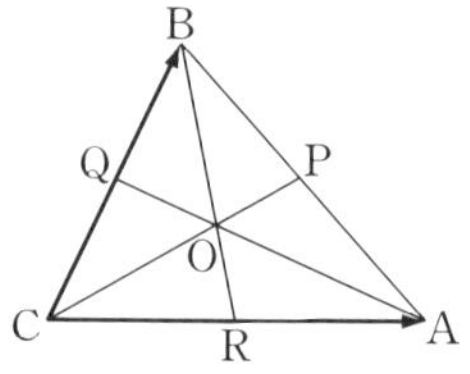

(1) $\overrightarrow{AP}$ (2) $\overrightarrow{AR}$ (3) $\overrightarrow{OP}$

(4) $\overrightarrow{OQ}$ (5) $\overrightarrow{BO}$

정석연구 다음 **정석**을 이용하여 각 벡터를 $\overrightarrow{CA}$, $\overrightarrow{CB}$로 나타내어 본다.

정석 $\overrightarrow{AC}=\overrightarrow{AB}+\overrightarrow{BC}$, $\overrightarrow{AB}=\overrightarrow{OB}-\overrightarrow{OA}$

모범답안 (1) $\overrightarrow{AP}=\frac{1}{2}\overrightarrow{AB}=\frac{1}{2}(\overrightarrow{CB}-\overrightarrow{CA})=\frac{1}{2}(\vec{b}-\vec{a})=-\frac{1}{2}\vec{a}+\frac{1}{2}\vec{b}$ ← 답

(2) $\overrightarrow{AR}=\frac{1}{2}\overrightarrow{AC}=-\frac{1}{2}\overrightarrow{CA}=-\frac{1}{2}\vec{a}$ ← 답

(3) 점 O는 △ABC의 무게중심이므로

$$\overline{CO}:\overline{OP}=2:1 \qquad \therefore \overline{OP}=\frac{1}{3}\overline{CP}$$

$\therefore \overrightarrow{OP}=\frac{1}{3}\overrightarrow{CP}=\frac{1}{3}(\overrightarrow{CA}+\overrightarrow{AP})=\frac{1}{3}\left(\vec{a}-\frac{1}{2}\vec{a}+\frac{1}{2}\vec{b}\right)=\frac{1}{6}\vec{a}+\frac{1}{6}\vec{b}$ ← 답

(4) $\overrightarrow{OQ}=\frac{1}{3}\overrightarrow{AQ}=\frac{1}{3}(\overrightarrow{CQ}-\overrightarrow{CA})=\frac{1}{3}\left(\frac{1}{2}\overrightarrow{CB}-\overrightarrow{CA}\right)=\frac{1}{3}\left(\frac{1}{2}\vec{b}-\vec{a}\right)$

$=-\frac{1}{3}\vec{a}+\frac{1}{6}\vec{b}$ ← 답

(5) $\overrightarrow{BO}=\frac{2}{3}\overrightarrow{BR}=\frac{2}{3}(\overrightarrow{CR}-\overrightarrow{CB})=\frac{2}{3}\left(\frac{1}{2}\overrightarrow{CA}-\overrightarrow{CB}\right)=\frac{1}{3}\vec{a}-\frac{2}{3}\vec{b}$ ← 답

***Note** (1), (4), (5)를 차의 공식을 이용하지 않고 다음과 같이 나타낼 수도 있다.

(1) $\overrightarrow{AP}=\frac{1}{2}\overrightarrow{AB}=\frac{1}{2}(\overrightarrow{AC}+\overrightarrow{CB})$ (4) $\overrightarrow{OQ}=\frac{1}{3}\overrightarrow{AQ}=\frac{1}{3}(\overrightarrow{AC}+\overrightarrow{CQ})$

(5) $\overrightarrow{BO}=\frac{2}{3}\overrightarrow{BR}=\frac{2}{3}(\overrightarrow{BC}+\overrightarrow{CR})$

유제 **4**-5. 오른쪽 그림의 평행사변형 ABCD에서 점 O는 두 대각선의 교점이고, $\overline{AE}=2\overline{EB}$, $\overline{CF}=2\overline{FD}$이다. $\overrightarrow{AB}=\vec{a}$, $\overrightarrow{BC}=\vec{b}$라고 할 때, 다음 벡터를 $\vec{a}$, $\vec{b}$로 나타내어라.

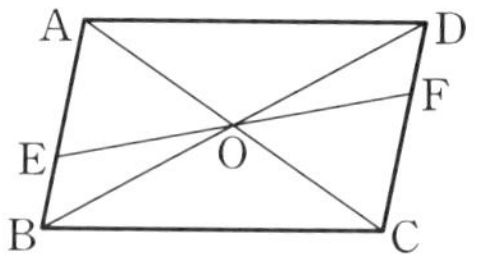

(1) $\overrightarrow{EB}$ (2) $\overrightarrow{CF}$ (3) $\overrightarrow{BD}$ (4) $\overrightarrow{OE}$

답 (1) $\frac{1}{3}\vec{a}$ (2) $-\frac{2}{3}\vec{a}$ (3) $-\vec{a}+\vec{b}$ (4) $\frac{1}{6}\vec{a}-\frac{1}{2}\vec{b}$

필수 예제 4-5 오른쪽 그림과 같이 6개의 평행사변형으로 이루어진 평행육면체에서

$$\overrightarrow{AB}=\vec{a},\quad \overrightarrow{AD}=\vec{b},\quad \overrightarrow{AE}=\vec{c}$$

라고 하자. 모서리 FG의 중점을 L, 선분 BH의 중점을 M이라고 할 때, 다음 벡터를 $\vec{a}$, $\vec{b}$, $\vec{c}$로 나타내어라.

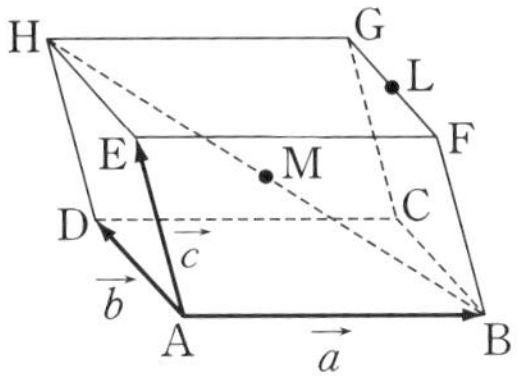

(1) $\overrightarrow{AL}$ (2) $\overrightarrow{AM}$ (3) $\overrightarrow{LM}$

정석연구 벡터의 합, 차에 관한 다음 **정석**을 이용하여 (1), (2), (3)을 $\overrightarrow{AB}$, $\overrightarrow{AD}$, $\overrightarrow{AE}$로 나타내어 본다.

정석 $\overrightarrow{AC}=\overrightarrow{AB}+\overrightarrow{BC}$, $\quad \overrightarrow{AB}=\overrightarrow{OB}-\overrightarrow{OA}$

모범답안 (1) $\overrightarrow{AL}=\overrightarrow{AB}+\overrightarrow{BF}+\overrightarrow{FL}=\overrightarrow{AB}+\overrightarrow{BF}+\frac{1}{2}\overrightarrow{FG}$

$=\overrightarrow{AB}+\overrightarrow{AE}+\frac{1}{2}\overrightarrow{AD}=\boldsymbol{\vec{a}+\frac{1}{2}\vec{b}+\vec{c}}$ ← 답

(2) $\overrightarrow{AM}=\overrightarrow{AB}+\overrightarrow{BM}=\overrightarrow{AB}+\frac{1}{2}\overrightarrow{BH}=\overrightarrow{AB}+\frac{1}{2}(\overrightarrow{BA}+\overrightarrow{AD}+\overrightarrow{DH})$

$=\vec{a}+\frac{1}{2}(-\vec{a}+\vec{b}+\vec{c})=\boldsymbol{\frac{1}{2}(\vec{a}+\vec{b}+\vec{c})}$ ← 답

(3) $\overrightarrow{LM}=\overrightarrow{AM}-\overrightarrow{AL}=\frac{1}{2}(\vec{a}+\vec{b}+\vec{c})-\left(\vec{a}+\frac{1}{2}\vec{b}+\vec{c}\right)$

$=\boldsymbol{-\frac{1}{2}(\vec{a}+\vec{c})}$ ← 답

**Note* 점 L, M이 각각 선분 FG, BH의 중점이므로

$$\overrightarrow{AL}=\frac{1}{2}(\overrightarrow{AF}+\overrightarrow{AG}),\quad \overrightarrow{AM}=\frac{1}{2}(\overrightarrow{AB}+\overrightarrow{AH})$$ ⇦ p. 87

로 나타낼 수 있다. 이것과 평행사변형의 법칙을 이용하여 (1), (2), (3)을 $\vec{a}$, $\vec{b}$, $\vec{c}$로 나타낼 수도 있다.

유제 **4**-6. 오른쪽 그림의 직육면체에서 다음 등식이 성립함을 증명하여라.

(1) $\overrightarrow{AC}+\overrightarrow{AF}+\overrightarrow{AH}=2\overrightarrow{AG}$

(2) $\overrightarrow{AG}+\overrightarrow{BH}+\overrightarrow{CE}+\overrightarrow{DF}=4\overrightarrow{AE}$

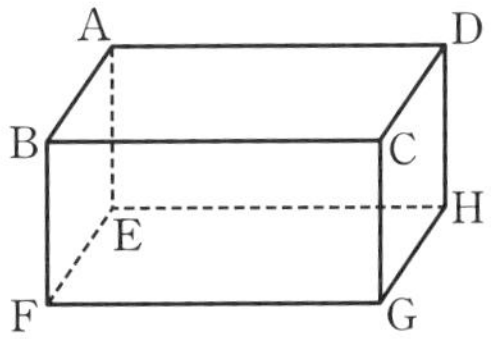

유제 **4**-7. **유제 4**-6의 직육면체에서 $\overrightarrow{FG}=\vec{a}$, $\overrightarrow{FB}=\vec{b}$, $\overrightarrow{FE}=\vec{c}$ 라 하고, 선분 GD의 중점을 L이라고 할 때, $\overrightarrow{FL}$을 $\vec{a}$, $\vec{b}$, $\vec{c}$로 나타내어라.

답 $\boldsymbol{\overrightarrow{FL}=\vec{a}+\frac{1}{2}\vec{b}+\frac{1}{2}\vec{c}}$

필수 예제 4-6 영벡터가 아닌 두 벡터 $\vec{a}$, $\vec{b}$가 서로 평행하지 않을 때, 다음을 증명하여라. 단, m, n, m', n'은 실수이다.

(1) $m\vec{a}+n\vec{b}=\vec{0}$일 필요충분조건은 $m=0$, $n=0$이다.

(2) $m\vec{a}+n\vec{b}=m'\vec{a}+n'\vec{b}$일 필요충분조건은 $m=m'$, $n=n'$이다.

정석연구 다음은 벡터에 관한 기본 성질 중의 하나로 기억해 두어야 한다.

정석 $\vec{p}\neq\vec{0}$, $\vec{q}\neq\vec{0}$, $\vec{p}\not\parallel\vec{q}$이고 m, n, m', n'이 실수일 때,

(i) $m\vec{p}+n\vec{q}=\vec{0} \iff m=0,\ n=0$

(ii) $m\vec{p}+n\vec{q}=m'\vec{p}+n'\vec{q} \iff m=m',\ n=n'$

무리수가 서로 같을 조건에서와 같이 귀류법을 이용하여 이 정리를 증명할 수 있다.

⇦ 실력 수학(상) p. 78

모범답안 (1) $m=0$, $n=0$일 때, $m\vec{a}+n\vec{b}=\vec{0}$는 성립한다.

역으로 $m\vec{a}+n\vec{b}=\vec{0}$가 성립하고 $m\neq0$이라고 가정하면

$$m\vec{a}=-n\vec{b} \qquad \therefore\ \vec{a}=-\frac{n}{m}\vec{b}$$

이것은 $\vec{a}$와 $\vec{b}$는 서로 평행하지 않다는 조건에 모순이다.

$$\therefore\ m=0$$

이때, $n\vec{b}=\vec{0}$이고 $\vec{b}\neq\vec{0}$이므로 $n=0$이다.

(2) $m\vec{a}+n\vec{b}=m'\vec{a}+n'\vec{b}$에서 $(m-m')\vec{a}+(n-n')\vec{b}=\vec{0}$

여기에 (1)을 이용하면

$$m-m'=0,\ n-n'=0 \qquad \therefore\ m=m',\ n=n'$$

Advice | 영벡터가 아닌 세 벡터 $\vec{a}$, $\vec{b}$, $\vec{c}$가 한 평면 위에 있지 않을 때,

$$l\vec{a}+m\vec{b}+n\vec{c}=\vec{0} \iff l=0,\ m=0,\ n=0$$

이 성립한다.

그러나 $\vec{a}$, $\vec{b}$, $\vec{c}$가 한 평면 위에 있을 때에는 성립하지 않는다. 이를테면 $\triangle ABC$에서 $\overrightarrow{AB}+\overrightarrow{BC}+\overrightarrow{CA}=\vec{0}$이다.

유제 **4**-8. 영벡터가 아닌 두 벡터 $\vec{a}$, $\vec{b}$가 서로 평행하지 않을 때, 다음 등식을 만족시키는 실수 m, n의 값을 구하여라.

(1) $(m-1)\vec{a}+(m+n)\vec{b}=\vec{0}$

(2) $m(3\vec{a}+2\vec{b})+n(2\vec{a}-3\vec{b})=16\vec{a}+2\vec{b}$

답 (1) $\boldsymbol{m=1,\ n=-1}$ (2) $\boldsymbol{m=4,\ n=2}$

필수 예제 4-7 평면 위의 서로 다른 세 점 O, A, B에 대하여

$$\overrightarrow{OP}=t\overrightarrow{OA}+(1-t)\overrightarrow{OB}\ (\text{단, } t\text{는 } 0\le t\le 1\text{인 실수})$$

를 만족시키는 점 P는 어떤 도형 위를 움직이는가?

[정석연구] 세 점 A, B, P가 한 직선 위에 있을 때,

$$\overrightarrow{OP}=t\overrightarrow{OA}+(1-t)\overrightarrow{OB}\ (t\text{는 실수}) \qquad \cdots\cdots①$$

의 꼴로 나타낼 수 있음(p. 77, 80)을 공부하였다.

역으로 ①의 꼴로 나타내어진 경우

$$\overrightarrow{OP}=\overrightarrow{OB}+t(\overrightarrow{OA}-\overrightarrow{OB})=\overrightarrow{OB}+t\overrightarrow{BA}$$

이므로 점 P는 직선 AB 위에 있다. 곧, 세 점 A, B, P는 한 직선 위에 있다.

정석 세 점 **A, B, P**가 한 직선 위에 있다

$$\iff \overrightarrow{\mathbf{OP}}=t\overrightarrow{\mathbf{OA}}+(1-t)\overrightarrow{\mathbf{OB}}\ (t\text{는 실수})$$

이 문제에서는 $0\le t\le 1$이라는 조건에 주의해야 한다.

[모범답안] $\overrightarrow{OP}=t\overrightarrow{OA}+\overrightarrow{OB}-t\overrightarrow{OB}$

$=\overrightarrow{OB}+t(\overrightarrow{OA}-\overrightarrow{OB})=\overrightarrow{OB}+t\overrightarrow{BA}$

따라서 점 P는 직선 AB 위에 있다.

그런데 $0\le t\le 1$이므로 $\overrightarrow{OP}$는

$\overrightarrow{OB}+0\times\overrightarrow{BA}=\overrightarrow{OB}$에서 $\overrightarrow{OB}+1\times\overrightarrow{BA}=\overrightarrow{OA}$까지 움직인다.

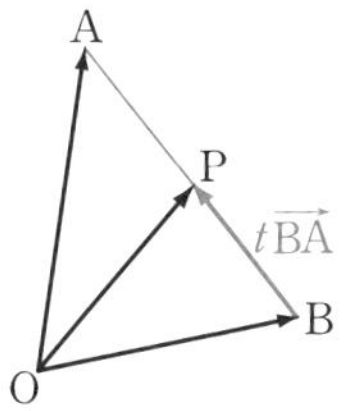

곧, 점 P는 선분 AB 위를 움직인다. [답] 선분 **AB**

Advice | t의 값의 범위에 따라 점 P는 다음 초록 선 위를 움직인다.

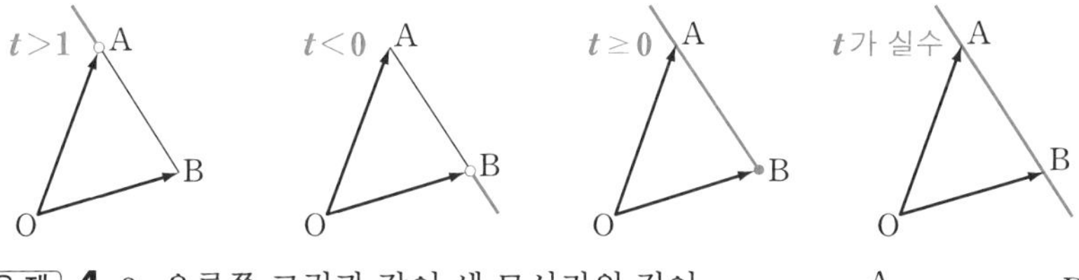

[유제] **4**-9. 오른쪽 그림과 같이 세 모서리의 길이가 3, 4, 5인 직육면체 ABCD-EFGH가 있다.

$$\overrightarrow{AX}=k\overrightarrow{AB}+(1-k)\overrightarrow{GD}$$

(단, k는 $0\le k\le 1$인 실수)를 만족시키는 점 X의 자취의 길이를 구하여라. [답] $\sqrt{73}$

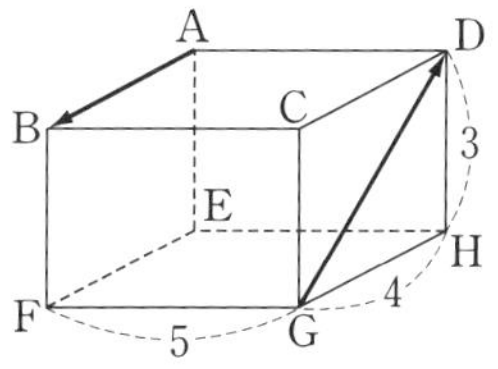

필수 예제 4-8 한 직선 위에 있지 않은 세 점 O, A, B에 대하여 다음을 만족시키는 점 P의 자취를 구하여라.

(1) $\overrightarrow{OP}=m\overrightarrow{OA}+n\overrightarrow{OB}$ (단, m, n은 $0\le m\le 1$, $0\le n\le 1$인 실수)

(2) $\overrightarrow{OP}=m\overrightarrow{OA}+n\overrightarrow{OB}$ (단, m, n은 $m+n\le 1$, $m\ge 0$, $n\ge 0$인 실수)

정석연구 세 점 O, A, B에 대하여

$$\overrightarrow{OP}=m\overrightarrow{OA}+n\overrightarrow{OB}\quad(m+n=1,\ m\ge 0,\ n\ge 0)\qquad\cdots\cdots①$$

을 만족시키는 점 P는 선분 AB 위를 움직인다.

이 문제와 같이 m, n이 범위로 주어진 경우 점 P의 자취는 영역이 된다. ①의 꼴을 기본으로 하여 자취를 구해 보자.

모범답안 (1) $m\overrightarrow{OA}=\overrightarrow{OA'}$, $n\overrightarrow{OB}=\overrightarrow{OB'}$

이라고 하면 점 P는 선분 OA′, OB′을 이웃하는 두 변으로 하는 평행사변형의 꼭짓점이다.

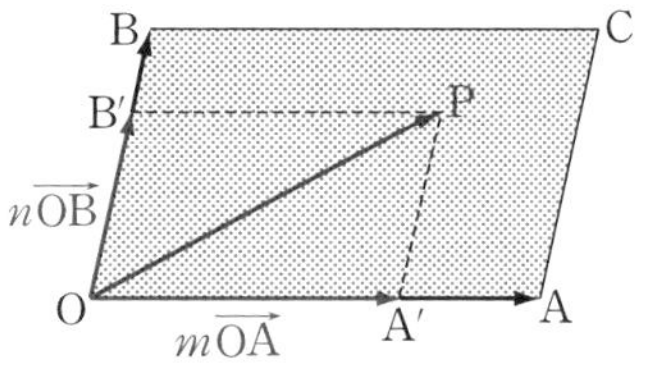

또, $0\le m\le 1$, $0\le n\le 1$이므로 점 A′, B′은 각각 선분 OA, OB 위에 있다.

따라서 점 P의 자취는 **선분 OA, OB**를 이웃하는 두 변으로 하는 평행사변형의 둘레와 내부 ← 답

(2) $m+n=k$로 놓으면 $k=0$일 때 $m=n=0$이므로 점 P는 점 O와 일치한다.

$k\ne 0$일 때 $k\overrightarrow{OA}=\overrightarrow{OA'}$, $k\overrightarrow{OB}=\overrightarrow{OB'}$이라고 하면

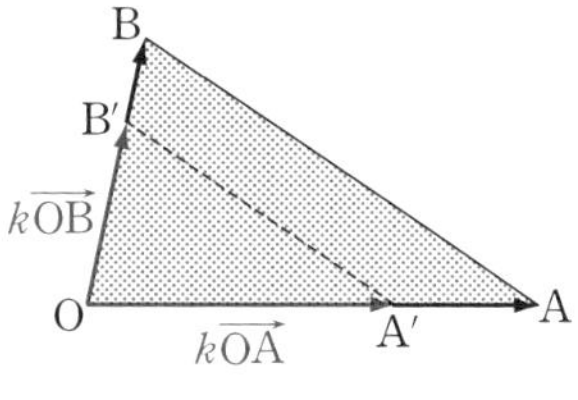

$$\overrightarrow{OP}=\frac{m}{k}\overrightarrow{OA'}+\frac{n}{k}\overrightarrow{OB'}$$

이때, $\dfrac{m}{k}+\dfrac{n}{k}=1$이므로 점 P는 선분 A′B′ 위를 움직인다. 그런데 $0<k\le 1$이므로 점 A′, B′은 각각 선분 OA, OB 위에 있다.

따라서 점 P의 자취는 **삼각형 OAB**의 둘레와 내부 ← 답

유제 **4**-10. 세 점 O, A, B에 대하여 $|\overrightarrow{OA}|=2$, $|\overrightarrow{OB}|=3$, $\angle AOB=60°$이다. 이때, 다음을 만족시키는 점 P가 나타내는 도형의 넓이를 구하여라.

(1) $\overrightarrow{OP}=2m\overrightarrow{OA}+3n\overrightarrow{OB}$ (단, m, n은 $0\le m\le 1$, $0\le n\le 1$인 실수)

(2) $\overrightarrow{OP}=3m\overrightarrow{OA}-2n\overrightarrow{OB}$ (단, m, n은 $m+n\le 1$, $m\ge 0$, $n\ge 0$인 실수)

답 (1) $\mathbf{18\sqrt{3}}$ (2) $\mathbf{9\sqrt{3}}$

§ 4. 위치벡터

기본정석

1 선분의 분점의 위치벡터

평면 또는 공간에서 선분 AB를 $m:n$ $(m>0,\ n>0)$으로 내분하는 점을 P, 외분하는 점을 Q, 선분 AB의 중점을 D라 하고, 점 A, B, P, Q, D의 위치벡터를 각각 $\vec{a}$, $\vec{b}$, $\vec{p}$, $\vec{q}$, $\vec{d}$ 라고 하면

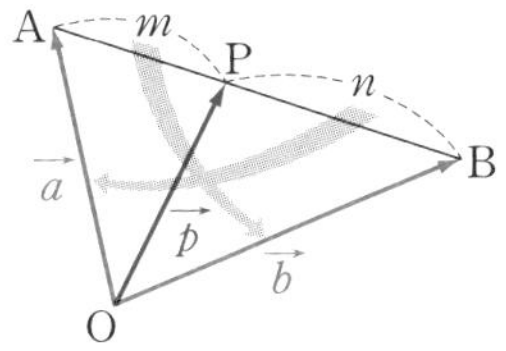

$$\vec{p}=\frac{m\vec{b}+n\vec{a}}{m+n},\quad \vec{q}=\frac{m\vec{b}-n\vec{a}}{m-n}\ (m\neq n),\quad \vec{d}=\frac{\vec{a}+\vec{b}}{2}$$

2 삼각형의 무게중심의 위치벡터

△ABC의 무게중심을 G라 하고, 점 A, B, C, G의 위치벡터를 각각 $\vec{a}$, $\vec{b}$, $\vec{c}$, $\vec{g}$ 라고 하면

$$\vec{g}=\frac{1}{3}(\vec{a}+\vec{b}+\vec{c})$$

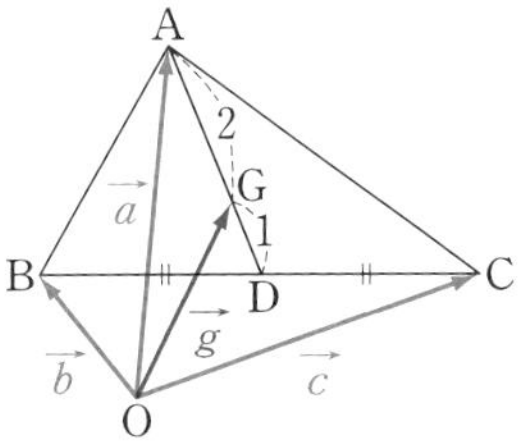

Advice 1° 위치벡터

평면 위의 한 정점 O를 정해 놓으면 임의의 평면벡터 $\vec{a}$에 대하여 $\overrightarrow{OA}=\vec{a}$인 평면 위의 점 A의 위치가 단 하나로 정해진다. 역으로 평면 위의 임의의 점 A에 대하여 $\vec{a}=\overrightarrow{OA}$인 평면벡터 $\vec{a}$가 단 하나로 정해진다.

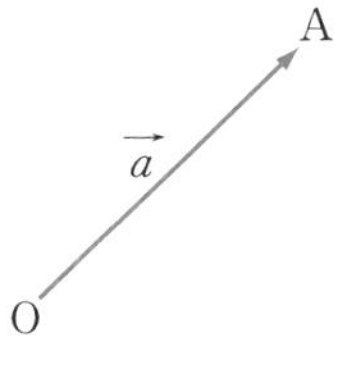

곧, 시점을 한 점 O로 고정하면 평면벡터 $\overrightarrow{OA}$와 평면의 한 점 A는 일대일 대응한다.

마찬가지로 공간에 한 정점 O를 정해 놓으면 O를 시점으로 하는 공간벡터 $\overrightarrow{OA}$와 공간의 한 점 A는 일대일 대응한다.

이때, 벡터 $\vec{a}$를 점 O에 대한 점 A의 위치벡터라고 한다.

앞으로 평면 또는 공간에서 위치벡터를 다룰 때에는 정점 O가 이미 정해져 있는 것으로 생각한다. 또, 특별한 언급이 없는 한 좌표평면 또는 좌표공간(9단원)에서 점 O는 원점으로 한다.

Advice 2° 선분의 분점의 위치벡터

오른쪽 그림의 △OAP에서

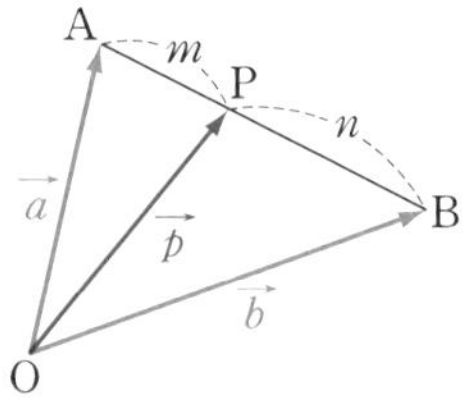

$$\overrightarrow{OP}=\overrightarrow{OA}+\overrightarrow{AP}$$

그런데 $\overline{AP}:\overline{PB}=m:n$이므로

$$\overrightarrow{AP}=\frac{m}{m+n}\overrightarrow{AB}$$

$$\therefore\ \overrightarrow{OP}=\overrightarrow{OA}+\frac{m}{m+n}\overrightarrow{AB}$$

$$=\overrightarrow{OA}+\frac{m}{m+n}(\overrightarrow{OB}-\overrightarrow{OA})$$

$$\therefore\ \vec{p}=\vec{a}+\frac{m}{m+n}(\vec{b}-\vec{a})=\boldsymbol{\frac{m\vec{b}+n\vec{a}}{m+n}}$$

같은 방법으로 하면 외분점의 위치벡터를 구할 수 있다. 또, 중점의 위치벡터는 위의 내분점의 위치벡터에서 $m=n$으로 놓으면 된다.

이 공식은 좌표평면에서 내분점, 외분점, 중점의 좌표를 구하는 공식의 각 좌표와 같은 꼴이다. 비교하면서 기억해 두어라.

보기 1 선분 AB를 3 : 2로 내분하는 점을 P, 외분하는 점을 Q, 선분 AB의 중점을 D라 하고, 점 A, B, P, Q, D의 위치벡터를 각각 $\vec{a}$, $\vec{b}$, $\vec{p}$, $\vec{q}$, $\vec{d}$ 라고 할 때, $\vec{p}$, $\vec{q}$, $\vec{d}$ 를 $\vec{a}$, $\vec{b}$ 로 나타내어라.

연구 $\vec{p}=\dfrac{3\vec{b}+2\vec{a}}{3+2}=\boldsymbol{\dfrac{1}{5}(2\vec{a}+3\vec{b})}$, $\quad\vec{q}=\dfrac{3\vec{b}-2\vec{a}}{3-2}=\boldsymbol{-2\vec{a}+3\vec{b}}$,

$$\vec{d}=\frac{\vec{a}+\vec{b}}{2}=\boldsymbol{\frac{1}{2}\vec{a}+\frac{1}{2}\vec{b}}$$

Advice 3° 삼각형의 무게중심의 위치벡터

△ABC의 변 BC의 중점을 D라고 하면

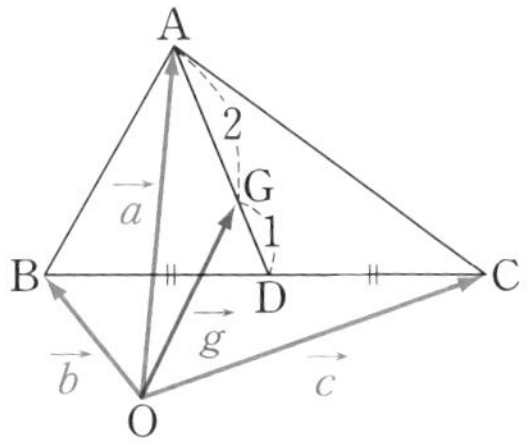

$$\overrightarrow{OD}=\frac{1}{2}(\vec{b}+\vec{c})$$

이때, 점 G는 선분 AD를 2 : 1로 내분하는 점이므로

$$\overrightarrow{OG}=\frac{2\times\overrightarrow{OD}+1\times\overrightarrow{OA}}{2+1}=\frac{2\overrightarrow{OD}+\overrightarrow{OA}}{3}$$

$$\therefore\ \vec{g}=\frac{1}{3}\left\{2\times\frac{1}{2}(\vec{b}+\vec{c})+\vec{a}\right\}=\boldsymbol{\frac{1}{3}(\vec{a}+\vec{b}+\vec{c})}$$

이 공식은 좌표평면에서 삼각형의 무게중심의 좌표를 구하는 공식의 각 좌표와 같은 꼴이다. 비교하면서 기억해 두어라.

필수 예제 4-9 △OAB에서 변 OA를 1∶2로 내분하는 점을 P, 선분 BP를 1∶2로 내분하는 점을 Q, 선분 AQ의 중점을 R, 변 AB를 3∶5로 내분하는 점을 S라고 하자. $\overrightarrow{OA}=\vec{a}$, $\overrightarrow{OB}=\vec{b}$ 라고 할 때,

(1) $\overrightarrow{OR}$, $\overrightarrow{OS}$를 $\vec{a}$, $\vec{b}$로 나타내어라.

(2) 세 점 O, R, S는 한 직선 위에 있음을 보여라.

정석연구 (1) 오른쪽 그림에서

정석 $\overrightarrow{AP}=\dfrac{m\overrightarrow{AC}+n\overrightarrow{AB}}{m+n}$

임을 이용한다.

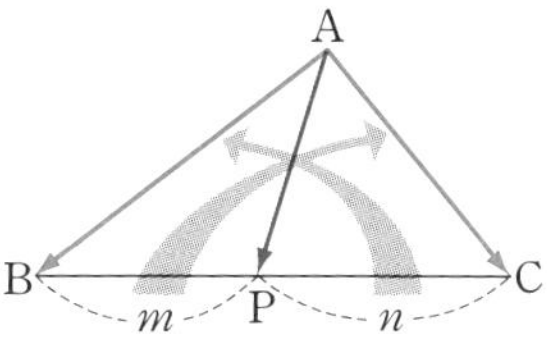

(2) 세 점 O, R, S가 한 직선 위에 있으면 $\overrightarrow{OS}=k\overrightarrow{OR}$를 만족시키는 실수 k가 존재한다.

또, 역도 성립한다.

정석 O, R, S (한 직선 위) $\iff$ $\overrightarrow{OS}=k\overrightarrow{OR}$

모범답안 (1) $\overrightarrow{OP}=\dfrac{1}{3}\overrightarrow{OA}=\dfrac{1}{3}\vec{a}$

이때, △OBP에서

$$\overrightarrow{OQ}=\frac{1\times\overrightarrow{OP}+2\times\overrightarrow{OB}}{1+2}=\frac{1}{3}\left(\frac{1}{3}\vec{a}+2\vec{b}\right)=\frac{1}{9}\vec{a}+\frac{2}{3}\vec{b}$$

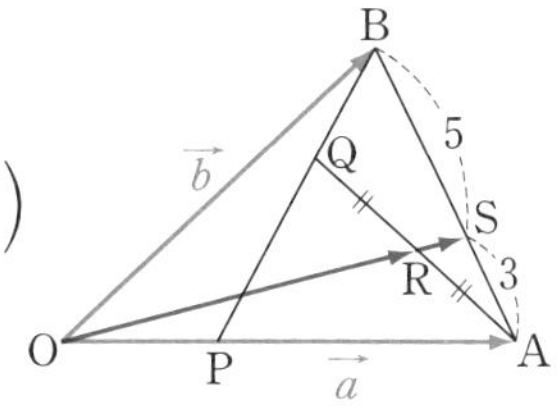

따라서 △OQA에서

$$\overrightarrow{OR}=\frac{1}{2}(\overrightarrow{OA}+\overrightarrow{OQ})=\frac{1}{2}\left(\vec{a}+\frac{1}{9}\vec{a}+\frac{2}{3}\vec{b}\right)=\frac{1}{9}(5\vec{a}+3\vec{b})$$ ← 답

또, △OAB에서 $\overrightarrow{OS}=\dfrac{3\overrightarrow{OB}+5\overrightarrow{OA}}{3+5}=\dfrac{1}{8}(5\vec{a}+3\vec{b})$ ← 답

(2) $\overrightarrow{OS}=\dfrac{9}{8}\overrightarrow{OR}$이므로 세 점 O, R, S는 한 직선 위에 있다.

유제 **4**-11. 평행사변형 ABCD의 대각선 AC의 연장선 위에 점 E를 $\overrightarrow{CE}=2\overrightarrow{AC}$가 되게 잡고, 선분 AB, DE의 중점을 각각 P, Q라고 하자. $\overrightarrow{AB}=\vec{a}$, $\overrightarrow{AD}=\vec{b}$ 라고 할 때,

(1) $\overrightarrow{AQ}$를 $\vec{a}$, $\vec{b}$로 나타내어라.

(2) 세 점 P, C, Q가 한 직선 위에 있음을 보여라.

답 (1) $\overrightarrow{AQ}=\dfrac{1}{2}(3\vec{a}+4\vec{b})$ (2) 생략

필수 예제 4-10 사면체 OABC에서 모서리 AB를 1 : 2로 내분하는 점을 D, 선분 CD를 3 : 5로 내분하는 점을 E, 선분 OE를 1 : 3으로 내분하는 점을 F라고 하자.

$\overrightarrow{OA}=\vec{a}$, $\overrightarrow{OB}=\vec{b}$, $\overrightarrow{OC}=\vec{c}$ 라고 할 때, $\overrightarrow{AF}$를 $\vec{a}$, $\vec{b}$, $\vec{c}$ 로 나타내어라.

모범답안 오른쪽 그림의 △OAB에서

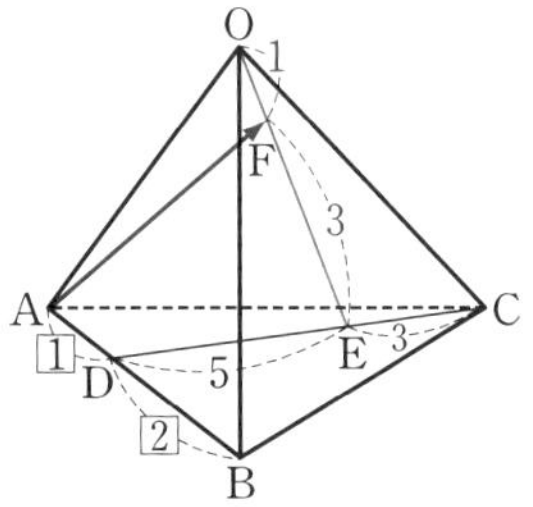

$$\overrightarrow{OD}=\frac{\overrightarrow{OB}+2\overrightarrow{OA}}{1+2}=\frac{2}{3}\vec{a}+\frac{1}{3}\vec{b}$$

△ODC에서

$$\overrightarrow{OE}=\frac{3\overrightarrow{OD}+5\overrightarrow{OC}}{3+5}=\frac{5}{8}\overrightarrow{OC}+\frac{3}{8}\overrightarrow{OD}$$

$$=\frac{5}{8}\vec{c}+\frac{3}{8}\left(\frac{2}{3}\vec{a}+\frac{1}{3}\vec{b}\right)$$

$$=\frac{1}{4}\vec{a}+\frac{1}{8}\vec{b}+\frac{5}{8}\vec{c}$$

$$\therefore \overrightarrow{AF}=\overrightarrow{OF}-\overrightarrow{OA}=\frac{1}{4}\overrightarrow{OE}-\overrightarrow{OA}=\frac{1}{4}\left(\frac{1}{4}\vec{a}+\frac{1}{8}\vec{b}+\frac{5}{8}\vec{c}\right)-\vec{a}$$

$$=-\frac{15}{16}\vec{\boldsymbol{a}}+\frac{1}{32}\vec{\boldsymbol{b}}+\frac{5}{32}\vec{\boldsymbol{c}} \longleftarrow \text{답}$$

유제 4-12. 사면체 OABC에서 모서리 AB, OC의 중점을 각각 M, N이라고 하자. $\overrightarrow{OA}=\vec{a}$, $\overrightarrow{OB}=\vec{b}$, $\overrightarrow{OC}=\vec{c}$ 라고 할 때, 다음 물음에 답하여라.

(1) $\overrightarrow{MN}$을 $\vec{a}$, $\vec{b}$, $\vec{c}$ 로 나타내어라.

(2) 선분 MN을 2 : 1로 내분하는 점을 P라고 할 때, $\overrightarrow{OP}$를 $\vec{a}$, $\vec{b}$, $\vec{c}$ 로 나타내어라.

답 (1) $\frac{1}{2}(-\vec{\boldsymbol{a}}-\vec{\boldsymbol{b}}+\vec{\boldsymbol{c}})$ (2) $\frac{1}{6}(\vec{\boldsymbol{a}}+\vec{\boldsymbol{b}}+2\vec{\boldsymbol{c}})$

유제 4-13. 오른쪽 그림과 같은 사면체 ABCD와 공간의 한 점 O에 대하여

$\overrightarrow{OA}=\vec{a}$, $\overrightarrow{OB}=\vec{b}$, $\overrightarrow{OC}=\vec{c}$, $\overrightarrow{OD}=\vec{d}$

라고 할 때, 다음 벡터를 $\vec{a}$, $\vec{b}$, $\vec{c}$, $\vec{d}$ 로 나타내어라.

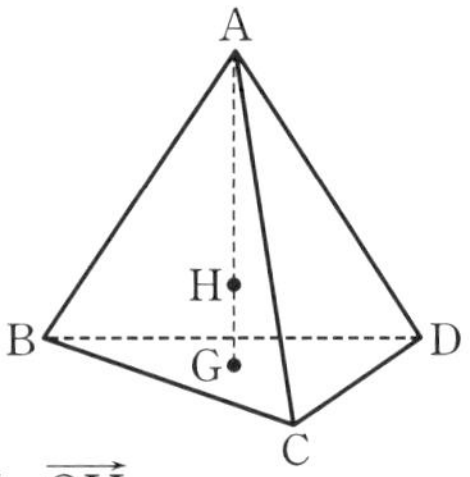

(1) △BCD의 무게중심을 G라고 할 때, $\overrightarrow{OG}$

(2) 선분 AG를 3 : 1로 내분하는 점을 H라고 할 때, $\overrightarrow{OH}$

답 (1) $\frac{1}{3}(\vec{\boldsymbol{b}}+\vec{\boldsymbol{c}}+\vec{\boldsymbol{d}})$ (2) $\frac{1}{4}(\vec{\boldsymbol{a}}+\vec{\boldsymbol{b}}+\vec{\boldsymbol{c}}+\vec{\boldsymbol{d}})$

필수 예제 4-11 $\triangle ABC$의 내부의 점 P가 $5\overrightarrow{PA}+3\overrightarrow{PB}+4\overrightarrow{PC}=\overrightarrow{0}$를 만족시킨다. 직선 AP와 변 BC의 교점을 E라고 할 때,

(1) $\overline{BE}:\overline{EC}$를 구하여라.

(2) 삼각형의 넓이의 비 $\triangle BCP:\triangle CAP:\triangle ABP$를 구하여라.

정석연구 준 식을 점 **A**를 시점으로 하는 위치벡터로 정리하고, 아래 그림에서

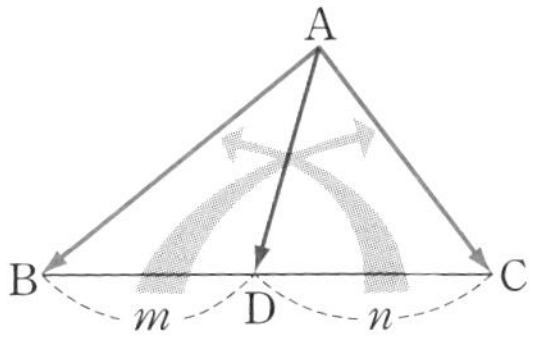

정석 $\overrightarrow{AD}=\dfrac{m\overrightarrow{AC}+n\overrightarrow{AB}}{m+n}$

임을 이용한다.

모범답안 (1) $5\overrightarrow{PA}+3\overrightarrow{PB}+4\overrightarrow{PC}=\overrightarrow{0}$에서

$-5\overrightarrow{AP}+3(\overrightarrow{AB}-\overrightarrow{AP})+4(\overrightarrow{AC}-\overrightarrow{AP})=\overrightarrow{0}$

$\therefore\ 12\overrightarrow{AP}=3\overrightarrow{AB}+4\overrightarrow{AC}$

$\therefore\ \overrightarrow{AP}=\dfrac{1}{12}(3\overrightarrow{AB}+4\overrightarrow{AC})=\dfrac{7}{12}\times\dfrac{3\overrightarrow{AB}+4\overrightarrow{AC}}{7}$ ……①

여기에서 변 BC를 4 : 3으로 내분하는 점을 E′이라고 하면

$\overrightarrow{AE'}=\dfrac{4\overrightarrow{AC}+3\overrightarrow{AB}}{7}$

이므로 ①에서 $\overrightarrow{AP}=\dfrac{7}{12}\overrightarrow{AE'}$ ……②

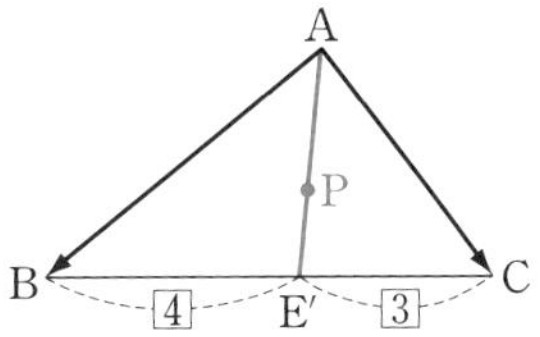

곧, 점 P가 선분 AE′을 7 : 5로 내분하므로 E′은 직선 AP와 변 BC의 교점이다.

따라서 점 E와 E′은 일치한다.

$\therefore\ \overline{\mathbf{BE}}:\overline{\mathbf{EC}}=\mathbf{4:3}$ ← 답

(2) $\triangle ABC$의 넓이를 S라고 하자.

②에서 $\overline{AP}:\overline{PE}=7:5$이므로

$\overline{AE}:\overline{PE}=12:5$ $\quad\therefore\ \triangle BCP=\dfrac{5}{12}S$

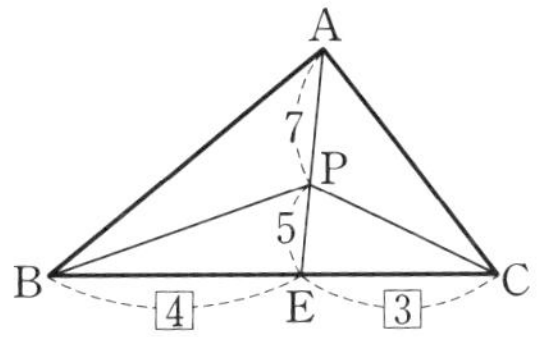

또, $\overline{AP}:\overline{PE}=7:5$, $\overline{BE}:\overline{EC}=4:3$이므로

$\triangle CAP=\dfrac{3}{7}S\times\dfrac{7}{12}=\dfrac{3}{12}S,\quad \triangle ABP=\dfrac{4}{7}S\times\dfrac{7}{12}=\dfrac{4}{12}S$

따라서 구하는 비는 $\dfrac{5}{12}S:\dfrac{3}{12}S:\dfrac{4}{12}S=\mathbf{5:3:4}$ ← 답

유제 **4**-14. $\triangle ABC$의 내부의 점 P가 $\overrightarrow{PA}+3\overrightarrow{PB}+5\overrightarrow{PC}=\overrightarrow{0}$를 만족시킨다. 직선 AP와 변 BC의 교점을 D라고 할 때, $\overline{BD}:\overline{DC}$를 구하여라.

답 **5 : 3**

필수 예제 4-12 △OAB의 변 OA, OB 위에 각각 점 P, Q를 $\overline{OP}:\overline{PA}=3:2$, $\overline{OQ}:\overline{QB}=5:1$이 되도록 잡는다.

또, 선분 AQ와 BP의 교점을 R라 하고, 선분 OR의 연장선이 변 AB와 만나는 점을 S라고 하자. $\overrightarrow{OA}=\vec{a}$, $\overrightarrow{OB}=\vec{b}$ 라고 할 때,

(1) $\overrightarrow{OR}$를 $\vec{a}$, $\vec{b}$ 로 나타내어라.

(2) $\overline{AS}:\overline{SB}$를 구하여라.

정석연구 오른쪽 그림의 △OAQ에서 $\overline{AQ}=1$로 볼 때, $\overline{AR}=m\,(0<m<1)$이라고 하면 $\overline{RQ}=1-m$이므로

$$\overline{AR}:\overline{RQ}=m:(1-m)$$

으로 놓을 수 있다.

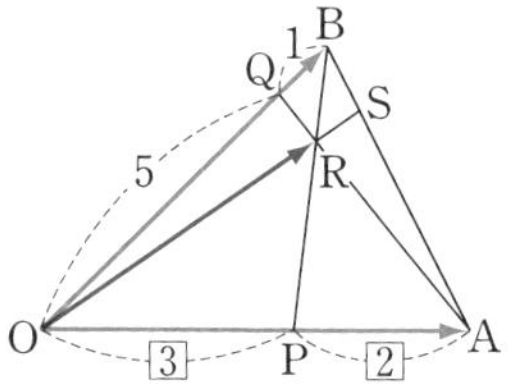

모범답안 (1) △OAQ에서 $\overline{AR}:\overline{RQ}=m:(1-m)\,(0<m<1)$이라고 하면

$$\overrightarrow{OR}=m\overrightarrow{OQ}+(1-m)\overrightarrow{OA}=\frac{5}{6}m\vec{b}+(1-m)\vec{a} \quad \cdots\cdots①$$

△OBP에서 $\overline{BR}:\overline{RP}=n:(1-n)\,(0<n<1)$이라고 하면

$$\overrightarrow{OR}=n\overrightarrow{OP}+(1-n)\overrightarrow{OB}=\frac{3}{5}n\vec{a}+(1-n)\vec{b} \quad \cdots\cdots②$$

①, ②에서 $(1-m)\vec{a}+\frac{5}{6}m\vec{b}=\frac{3}{5}n\vec{a}+(1-n)\vec{b}$

$\vec{a}$, $\vec{b}$ 는 영벡터가 아니고 서로 평행하지 않으므로

$$1-m=\frac{3}{5}n,\ \frac{5}{6}m=1-n \quad \therefore\ m=\frac{4}{5},\ n=\frac{1}{3}$$ ⇦ p. 84

$$\therefore\ \overrightarrow{OR}=\frac{1}{5}\vec{a}+\frac{2}{3}\vec{b}$$ ← 답

(2) $\overrightarrow{OS}=k\overrightarrow{OR}$($k$는 실수)로 놓으면 $\overrightarrow{OS}=\frac{k}{5}\vec{a}+\frac{2}{3}k\vec{b}$

그런데 점 A, S, B는 한 직선 위에 있으므로

$$\frac{k}{5}+\frac{2}{3}k=1 \quad \therefore\ k=\frac{15}{13} \quad \therefore\ \overrightarrow{OS}=\frac{1}{13}(3\vec{a}+10\vec{b})$$

$$\therefore\ \overline{AS}:\overline{SB}=10:3$$ ← 답

유제 **4**-15. △OAB에서 변 OB의 중점을 M, 변 OA의 삼등분점 중에서 점 O에 가까운 점을 N이라 하고, 선분 AM, BN의 교점을 P라고 하자. $\overrightarrow{ON}=\vec{a}$, $\overrightarrow{OM}=\vec{b}$ 라고 할 때, $\overrightarrow{OP}$를 $\vec{a}$, $\vec{b}$ 로 나타내어라.

답 $\overrightarrow{OP}=\frac{3}{5}\vec{a}+\frac{4}{5}\vec{b}$

필수 예제 **4**-13 직육면체 ABCD-EFGH에서 모서리 AB의 중점을 M, 모서리 FG의 중점을 N이라고 하자. 선분 AN과 평면 DEM이 만나는 점을 P라고 할 때, $\overline{AP}:\overline{PN}$을 구하여라.

정석연구 오른쪽 그림과 같이 네 점 A, B, C, D가 한 평면 위에 있을 때, 직선 AB 위의 점 B′, 직선 AC 위의 점 C′을 잡아 평행사변형 AC′DB′을 만들 수 있다.

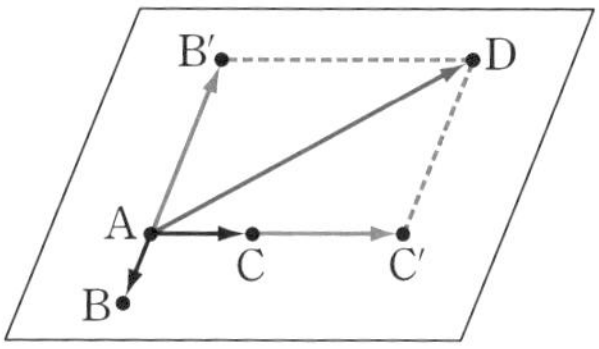

이때, 적당한 실수 m, n에 대하여 $\overrightarrow{AD}=m\overrightarrow{AB}+n\overrightarrow{AC}$로 나타낼 수 있다.

따라서 네 점이 한 평면 위에 있을 조건은 다음과 같이 정리할 수 있다.

정석 서로 다른 네 점 **A, B, C, D**가 한 평면 위에 있고 어느 세 점도 한 직선 위에 있지 않다

$\Longleftrightarrow$ $\overrightarrow{\mathbf{AD}}=\boldsymbol{m}\overrightarrow{\mathbf{AB}}+\boldsymbol{n}\overrightarrow{\mathbf{AC}}$인 실수 $\boldsymbol{m}$, $\boldsymbol{n}$이 존재

$\Longleftrightarrow$ $\overrightarrow{\mathbf{OD}}=(1-\boldsymbol{m}-\boldsymbol{n})\overrightarrow{\mathbf{OA}}+\boldsymbol{m}\overrightarrow{\mathbf{OB}}+\boldsymbol{n}\overrightarrow{\mathbf{OC}}$인 실수 $\boldsymbol{m}$, $\boldsymbol{n}$이 존재

$\Longleftrightarrow$ $\overrightarrow{\mathbf{OD}}=\boldsymbol{\alpha}\overrightarrow{\mathbf{OA}}+\boldsymbol{\beta}\overrightarrow{\mathbf{OB}}+\boldsymbol{\gamma}\overrightarrow{\mathbf{OC}}$, $\boldsymbol{\alpha}+\boldsymbol{\beta}+\boldsymbol{\gamma}=\mathbf{1}$인 실수 $\boldsymbol{\alpha}$, $\boldsymbol{\beta}$, $\boldsymbol{\gamma}$가 존재

단, $\boldsymbol{m}$, $\boldsymbol{n}$, $\boldsymbol{\alpha}$, $\boldsymbol{\beta}$, $\boldsymbol{\gamma}$는 $\mathbf{0}$이 아니고 $\boldsymbol{m}+\boldsymbol{n}\neq\mathbf{1}$이다.

모범답안 $\overrightarrow{AE}=\vec{a}$, $\overrightarrow{AM}=\vec{b}$, $\overrightarrow{AD}=\vec{c}$ 라고 하면

$$\overrightarrow{AN}=\overrightarrow{AE}+\overrightarrow{EF}+\overrightarrow{FN}=\vec{a}+2\vec{b}+\frac{\vec{c}}{2}$$

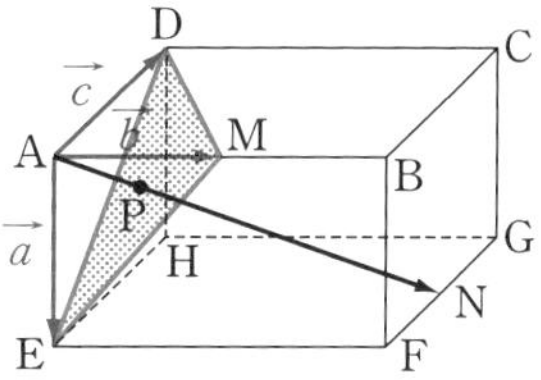

이때, 세 점 A, P, N이 한 직선 위에 있으므로 $\overrightarrow{AP}=t\overrightarrow{AN}$을 만족시키는 실수 t가 존재한다.

$$\therefore\ \overrightarrow{AP}=t\vec{a}+2t\vec{b}+\frac{t}{2}\vec{c}$$

그런데 네 점 P, D, E, M이 한 평면 위에 있고 어느 세 점도 한 직선 위에 있지 않으므로

$$t+2t+\frac{t}{2}=1 \quad \therefore\ t=\frac{2}{7} \quad \therefore\ \overrightarrow{AP}=\frac{2}{7}\overrightarrow{AN}$$

$$\therefore\ \overline{\mathbf{AP}}:\overline{\mathbf{PN}}=\mathbf{2}:\mathbf{5} \longleftarrow \text{답}$$

유제 **4**-16. 사면체 OABC에서 모서리 OA를 2 : 1로 내분하는 점을 D, 삼각형 ABC의 무게중심을 G라고 하자. 평면 BCD와 선분 OG의 교점을 P라고 할 때, $\overline{OP}:\overline{PG}$를 구하여라. 답 **6 : 1**

연습문제 4

기본 **4-1** 점 O와 한 직선 위의 세 점 A, B, C에 대하여 $\overrightarrow{OA}=2\vec{a}+\vec{b}$, $\overrightarrow{OB}=\vec{a}-\vec{b}$, $\overrightarrow{OC}=4\vec{a}+m\vec{b}$ 일 때, 실수 m의 값을 구하여라.
단, $\vec{a}$, $\vec{b}$ 는 영벡터가 아니고 서로 평행하지 않다.

4-2 타원 $\dfrac{x^2}{4}+y^2=1$의 두 초점을 F, F′이라고 하자. 이 타원 위의 점 P가 $|\overrightarrow{OP}+\overrightarrow{OF}|=1$을 만족시킬 때, 선분 PF의 길이를 구하여라.
단, O는 원점이다.

4-3 좌표평면 위의 점 A가 포물선 $y=\dfrac{1}{4}x^2+3$ 위를 움직일 때, 벡터 $\overrightarrow{OB}=\dfrac{\overrightarrow{OA}}{|\overrightarrow{OA}|}$의 종점 B의 자취의 길이를 구하여라. 단, O는 원점이다.

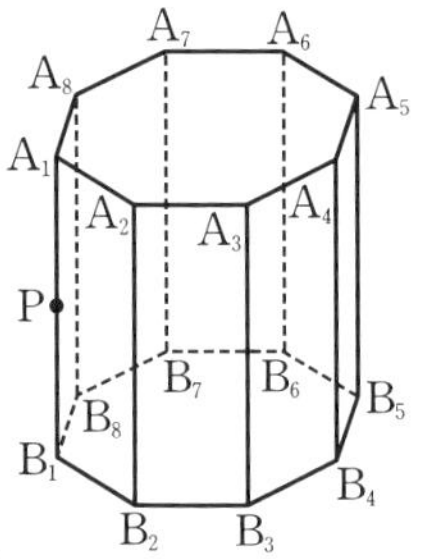

4-4 오른쪽 그림은 밑면이 정팔각형인 팔각기둥이다. $\overline{A_1A_3}=3\sqrt{2}$ 이고, 점 P가 모서리 A_1B_1의 중점일 때, 다음 벡터의 크기를 구하여라.

$$(\overrightarrow{PA_1}+\overrightarrow{PB_1})+(\overrightarrow{PA_2}+\overrightarrow{PB_2})+\cdots+(\overrightarrow{PA_8}+\overrightarrow{PB_8})$$

4-5 사각형 ABCD에서 변 AB, DC를 2 : 3으로 내분하는 점을 각각 P, Q라고 하자. $\overrightarrow{AD}=\vec{a}$, $\overrightarrow{BC}=\vec{b}$ 라고 할 때, $\overrightarrow{PQ}$를 $\vec{a}$, $\vec{b}$ 로 나타내어라.

4-6 넓이가 10인 평행사변형 ABCD에 대하여 점 P가 $\overrightarrow{PA}+\overrightarrow{PB}+\overrightarrow{PC}+\overrightarrow{PD}=3\overrightarrow{BD}$를 만족시킬 때, □APCD의 넓이를 구하여라.

4-7 △OAB에서 변 AB 위에 $\overline{AC}:\overline{CD}:\overline{DB}=2:3:1$이 되도록 점 C, D를 잡고, 변 OA의 중점을 P, 선분 OD의 중점을 Q, 선분 BP의 중점을 R라고 하자. $\overrightarrow{OA}=\vec{a}$, $\overrightarrow{OB}=\vec{b}$ 라고 할 때, 다음 물음에 답하여라.

(1) $\overrightarrow{OD}$, $\overrightarrow{BP}$를 $\vec{a}$, $\vec{b}$ 로 나타내어라.

(2) $\overrightarrow{QR}$를 $\vec{a}$, $\vec{b}$ 로 나타내어라. (3) $\overline{OC}\,/\!/\,\overline{QR}$ 임을 보여라.

4-8 △ABC에서 $\overline{AB}=6$, $\overline{BC}=4$, $\overline{CA}=5$이다. $\overrightarrow{OA}=\vec{a}$, $\overrightarrow{OB}=\vec{b}$, $\overrightarrow{OC}=\vec{c}$ 라고 할 때, △ABC의 내심 I의 위치벡터 $\overrightarrow{OI}$를 $\vec{a}$, $\vec{b}$, $\vec{c}$ 로 나타내어라.

4-9 직선 l을 경계로 같은 쪽에 두 점 A, B가 있다. 점 A, B에서 직선 l에 이르는 거리가 각각 6, 9이고, 점 P가 직선 l 위를 움직일 때, $|\overrightarrow{PA}+2\overrightarrow{PB}|$의 최솟값을 구하여라.

실력 **4-10** 반지름의 길이가 1인 원 O에 내접하는 정팔각형 ABCDEFGH에서 $\overrightarrow{AB}=\vec{a}$, $\overrightarrow{AH}=\vec{b}$ 라고 할 때, 다음 물음에 답하여라.

(1) $|\vec{a}-\vec{b}|$, $|\vec{a}+\vec{b}|$의 값을 구하여라.

(2) $\overrightarrow{AE}$, $\overrightarrow{AD}$를 $\vec{a}$, $\vec{b}$ 로 나타내어라.

4-11 질량 20 kg의 물체를 $\vec{f_1}$, $\vec{f_2}$의 힘으로 잡아당겨서 균형이 이루어졌다고 하자.

오른쪽 그림과 같이 수직 방향과 $\vec{f_1}$, $\vec{f_2}$가 이루는 각의 크기가 각각 30°, 45°라고 할 때, $\vec{f_1}$, $\vec{f_2}$의 힘의 크기를 구하여라.

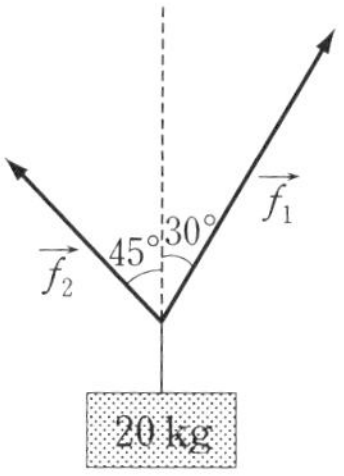

4-12 평면 위의 세 점 A, B, C에 대하여 점 P가

$$\overrightarrow{PA}+2\overrightarrow{PB}+3\overrightarrow{PC}=k\overrightarrow{AB}$$

를 만족시킨다. 단, 세 점 A, B, C는 한 직선 위에 있지 않다.

(1) k가 실수일 때, 점 P의 자취를 구하여라.

(2) 점 P가 △ABC의 내부에 있기 위한 실수 k의 값의 범위를 구하여라.

4-13 사면체 ABCD에서 모서리 AD를 1 : 2로 내분하는 점을 P, 모서리 BC를 1 : 2로 내분하는 점을 Q라고 하자. $\overrightarrow{AB}=\vec{a}$, $\overrightarrow{CD}=\vec{b}$ 라고 할 때, $\overrightarrow{PQ}$를 $\vec{a}$, $\vec{b}$ 로 나타내어라.

4-14 △OAB에서 변 OA의 중점을 C라 하고, 선분 BC를 4 : 3으로 내분하는 점을 D라고 할 때, 다음 물음에 답하여라.

(1) $\overrightarrow{OD}$를 $\overrightarrow{OA}$, $\overrightarrow{OB}$로 나타내어라.

(2) 선분 OD의 연장선이 변 AB와 만나는 점을 E, 선분 AD의 연장선이 변 OB와 만나는 점을 F라고 할 때, $\overrightarrow{OE}$, $\overrightarrow{FE}$를 $\overrightarrow{OA}$, $\overrightarrow{OB}$로 나타내어라.

(3) △CEF : △OAB를 구하여라.

4-15 △OAB의 무게중심 G를 지나는 직선이 변 OA, OB와 각각 점 P, Q에서 만나고 $\overrightarrow{OP}=5\overrightarrow{PA}$가 성립할 때, $\overrightarrow{OQ}=x\overrightarrow{QB}$, $\overrightarrow{PG}=y\overrightarrow{GQ}$를 만족시키는 실수 x, y의 값을 구하여라.

4-16 사면체 ABCD에서 점 P가 $\overrightarrow{AP}+2\overrightarrow{BP}+3\overrightarrow{CP}+6\overrightarrow{DP}=\vec{0}$ 를 만족시킨다. 사면체 ABCD의 부피가 V일 때, 사면체 PBCD의 부피를 구하여라.

4-17 사면체 OABC에서 $\overrightarrow{OA}=\vec{a}$, $\overrightarrow{OB}=\vec{b}$, $\overrightarrow{OC}=\vec{c}$ 라고 하자. △ABC의 내부의 점 P에 대하여 다음과 같이 나타낼 수 있음을 보여라.

$$\overrightarrow{OP}=l\vec{a}+m\vec{b}+n\vec{c}, \quad l+m+n=1, \quad l>0, \ m>0, \ n>0$$

5. 평면벡터의 성분과 내적

§1. 평면벡터의 성분

기본정석

1 평면벡터의 성분

좌표평면의 원점 O를 시점으로 하는 벡터 $\overrightarrow{OA}=\vec{a}$의 종점 A의 좌표를 $(a_1,\ a_2)$라고 할 때,

a_1을 $\vec{a}$의 $\boldsymbol{x}$성분,

a_2를 $\vec{a}$의 $\boldsymbol{y}$성분

이라 하고, a_1, a_2를 통틀어 $\vec{a}$의 성분이라고 한다. 또,

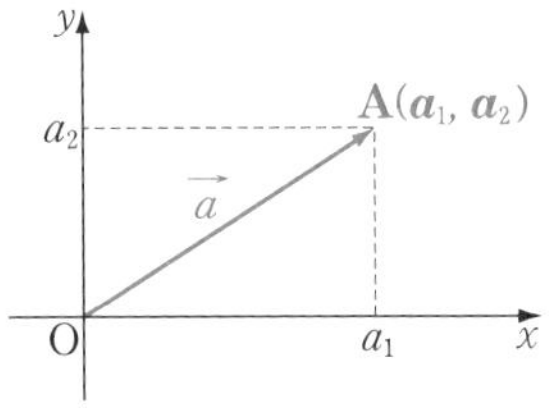

$$\vec{a}=(a_1,\ a_2)$$

와 같이 나타낸다.

2 성분으로 나타낸 평면벡터의 크기

벡터 $\vec{a}=(a_1,\ a_2)$의 크기는 두 점 O(0, 0), A$(a_1,\ a_2)$에 대하여 선분 OA의 길이이다. 곧,

$$\vec{a}=(a_1,\ a_2)\text{일 때} \Longrightarrow |\vec{a}|=\sqrt{a_1^2+a_2^2}$$

3 기본단위벡터

좌표평면의 원점 O와 두 점 $E_1(1,\ 0)$, $E_2(0,\ 1)$에 대하여 $\overrightarrow{OE_1}$, $\overrightarrow{OE_2}$를 평면의 기본단위벡터 또는 기본벡터라 하고, 각각 $\vec{e_1}$, $\vec{e_2}$로 나타낸다. 곧,

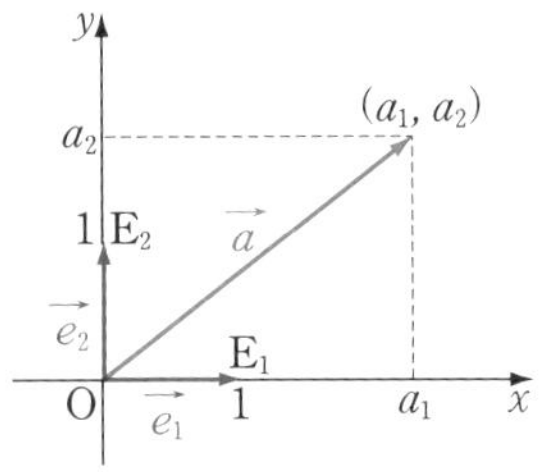

$$\vec{e_1}=(1,\ 0),\quad \vec{e_2}=(0,\ 1),$$
$$|\vec{e_1}|=|\vec{e_2}|=1$$

이다.

또, 벡터 $\vec{a}=(a_1,\ a_2)$를 기본벡터를 써서 나타내면 다음과 같다.

$$\vec{a}=(a_1,\ a_2)=a_1\vec{e_1}+a_2\vec{e_2}$$

4 평면벡터의 성분에 의한 연산

$\vec{a}=(a_1,\ a_2)$, $\vec{b}=(b_1,\ b_2)$라고 하면

(1) $\vec{a}=\vec{b} \iff a_1=b_1,\ a_2=b_2$

(2) $m\vec{a}=(ma_1,\ ma_2)$ (단, m은 실수)

(3) $\vec{a}+\vec{b}=(a_1+b_1,\ a_2+b_2)$, $\vec{a}-\vec{b}=(a_1-b_1,\ a_2-b_2)$

5 평면벡터의 방향코사인

영벡터가 아닌 평면벡터 $\vec{a}=(a_1,\ a_2)$가 x축, y축의 양의 방향과 이루는 각의 크기를 각각 α, β라고 하면

(1) $a_1=|\vec{a}|\cos\alpha$, $a_2=|\vec{a}|\cos\beta$

(2) $\vec{a}$와 같은 방향의 단위벡터 $\Longrightarrow (\cos\alpha,\ \cos\beta)$

(3) 방향코사인 $\Longrightarrow \cos\alpha,\ \cos\beta$

(4) 방향코사인의 성질 $\Longrightarrow \cos^2\alpha+\cos^2\beta=1$

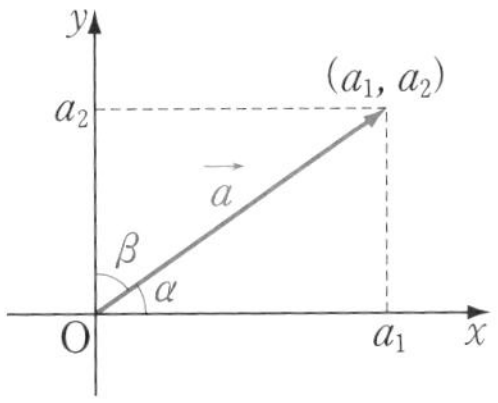

Advice 1° 평면벡터의 성분과 크기

좌표평면 위에서의 벡터를 생각해 보자.

$\vec{a}$를 평행이동하여 시점이 좌표평면 위의 원점 O에 오도록 할 때, 종점을 A라고 하면

$$\vec{a}=\overrightarrow{OA}$$

여기에서 점 A의 좌표를 $(a_1,\ a_2)$라고 하면 이 좌표는 $\vec{a}$의 방향과 크기에 의하여 하나로 정해진다. 또, 역으로 좌표가 정해지면 벡터의 크기와 방향도 하나로 정해진다. 곧,

$$\vec{a} \longleftrightarrow (a_1,\ a_2)$$

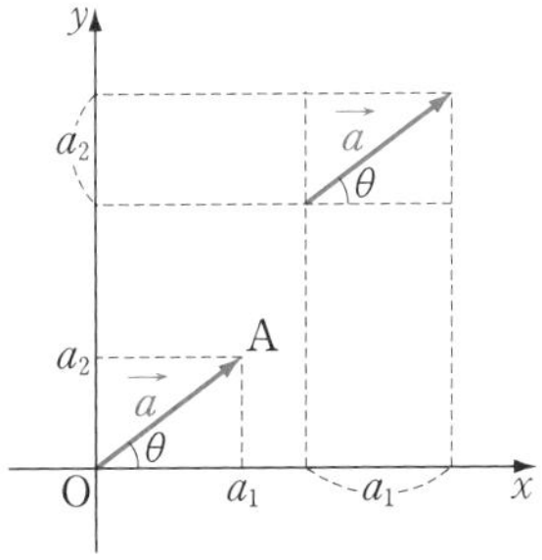

이런 뜻에서 $\vec{a}$를

$$\vec{a}=(a_1,\ a_2)$$

로 나타내기로 하고, a_1을 $\vec{a}$의 $\boldsymbol{x}$**성분**, a_2를 $\vec{a}$의 $\boldsymbol{y}$**성분**이라고 한다.

이와 같이 벡터를 성분으로 나타내는 것을 **벡터의 성분 표시**라고 한다. 이때, $\vec{a}$의 크기는 $|\vec{a}|=\overline{OA}=\sqrt{a_1^2+a_2^2}$이다.

보기 1 벡터 $\vec{a}=(\sqrt{3},\ -1)$의 크기를 구하여라.

연구 $|\vec{a}|=\sqrt{(\sqrt{3})^2+(-1)^2}=\mathbf{2}$

Advice 2° 기본단위벡터

$\overrightarrow{e_1}=(1, 0)$, $\overrightarrow{e_2}=(0, 1)$이라고 하면 $\overrightarrow{e_1}$, $\overrightarrow{e_2}$는 시점이 원점 O이고 종점이 각각 x축 위의 점 $(1, 0)$, y축 위의 점 $(0, 1)$인 벡터이며 $|\overrightarrow{e_1}|=1$, $|\overrightarrow{e_2}|=1$이다. 이 벡터를 평면의 기본단위벡터 또는 기본벡터라고 한다.

이제 벡터 $\overrightarrow{a}$를 기본벡터 $\overrightarrow{e_1}$, $\overrightarrow{e_2}$를 써서 나타내는 방법을 생각해 보자.

이를테면 $\overrightarrow{a}=(4, 3)$이라고 하면 오른쪽 그림에서

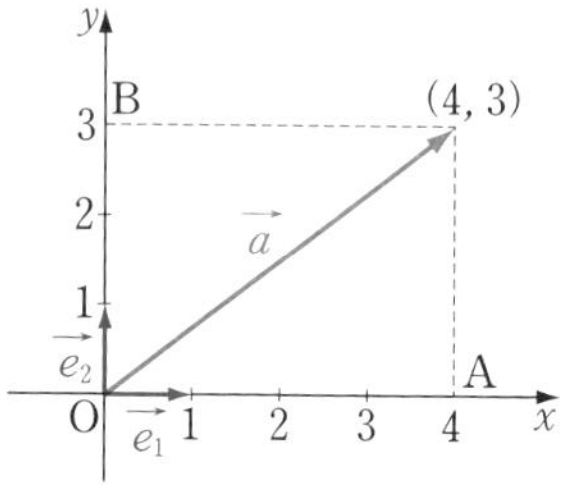

$$\overrightarrow{\mathrm{OA}}=4\overrightarrow{e_1},\quad \overrightarrow{\mathrm{OB}}=3\overrightarrow{e_2}$$

이므로

$$\overrightarrow{a}=\overrightarrow{\mathrm{OA}}+\overrightarrow{\mathrm{OB}}=4\overrightarrow{e_1}+3\overrightarrow{e_2}$$

이다.

일반적으로 $\overrightarrow{a}=(a_1, a_2)$라고 할 때, $\overrightarrow{a}$를 기본벡터 $\overrightarrow{e_1}$, $\overrightarrow{e_2}$를 써서 나타내면

$$\overrightarrow{a}=(a_1, a_2) \iff \overrightarrow{a}=a_1\overrightarrow{e_1}+a_2\overrightarrow{e_2}$$

보기 2 다음 벡터를 성분으로 나타내어라.

(1) $\overrightarrow{a}=5\overrightarrow{e_1}-3\overrightarrow{e_2}$ (2) $\overrightarrow{b}=\overrightarrow{e_2}+7\overrightarrow{e_1}$ (3) $\overrightarrow{c}=-2\overrightarrow{e_1}$

연구 (1) $\overrightarrow{a}=(5, -3)$ (2) $\overrightarrow{b}=(7, 1)$ (3) $\overrightarrow{c}=(-2, 0)$

보기 3 다음 벡터를 기본벡터를 써서 나타내어라.

(1) $\overrightarrow{a}=(4, 2)$ (2) $\overrightarrow{b}=(3, -4)$ (3) $\overrightarrow{c}=(0, -5)$

연구 (1) $\overrightarrow{a}=4\overrightarrow{e_1}+2\overrightarrow{e_2}$ (2) $\overrightarrow{b}=3\overrightarrow{e_1}-4\overrightarrow{e_2}$ (3) $\overrightarrow{c}=-5\overrightarrow{e_2}$

Advice 3° 평면벡터의 성분에 의한 연산

$\overrightarrow{a}=(a_1, a_2)$, $\overrightarrow{b}=(b_1, b_2)$라고 할 때, $\overrightarrow{a}$, $\overrightarrow{b}$를 기본벡터를 써서 나타내면

$$\overrightarrow{a}=a_1\overrightarrow{e_1}+a_2\overrightarrow{e_2},\quad \overrightarrow{b}=b_1\overrightarrow{e_1}+b_2\overrightarrow{e_2}$$

(1) $m\overrightarrow{a}=m(a_1\overrightarrow{e_1}+a_2\overrightarrow{e_2})=ma_1\overrightarrow{e_1}+ma_2\overrightarrow{e_2}=(ma_1, ma_2)$ 곧,

$$m\overrightarrow{a}=(ma_1, ma_2)$$ ⇦ m은 실수

(2) $\overrightarrow{a}+\overrightarrow{b}=(a_1\overrightarrow{e_1}+a_2\overrightarrow{e_2})+(b_1\overrightarrow{e_1}+b_2\overrightarrow{e_2})$

$=(a_1+b_1)\overrightarrow{e_1}+(a_2+b_2)\overrightarrow{e_2}=(a_1+b_1, a_2+b_2)$ 곧,

$$\overrightarrow{a}+\overrightarrow{b}=(a_1+b_1, a_2+b_2)$$

같은 방법으로 $\overrightarrow{a}-\overrightarrow{b}=\overrightarrow{a}+(-\overrightarrow{b})$를 계산하면

$$\overrightarrow{a}-\overrightarrow{b}=(a_1-b_1, a_2-b_2)$$

일반적으로 $m\overrightarrow{a}+n\overrightarrow{b}=(ma_1+nb_1)\overrightarrow{e_1}+(ma_2+nb_2)\overrightarrow{e_2}$이므로

$$\boldsymbol{m\overrightarrow{a}+n\overrightarrow{b}=(ma_1+nb_1,\ ma_2+nb_2)}$$ ⇦ m, n은 실수

가 성립한다.

보기 4 $\overrightarrow{a}=(5,\ 4)$, $\overrightarrow{b}=(-2,\ 3)$, $\overrightarrow{c}=(3,\ -5)$일 때, 다음 벡터를 성분으로 나타내어라.

(1) $-\overrightarrow{a}$ (2) $2\overrightarrow{b}$ (3) $2\overrightarrow{a}+3\overrightarrow{b}$ (4) $3\overrightarrow{a}+\overrightarrow{b}-2\overrightarrow{c}$

연구 (1) $-\overrightarrow{a}=-(5,\ 4)=(\mathbf{-5},\ \mathbf{-4})$

(2) $2\overrightarrow{b}=2(-2,\ 3)=(\mathbf{-4},\ \mathbf{6})$

(3) $2\overrightarrow{a}+3\overrightarrow{b}=2(5,\ 4)+3(-2,\ 3)=(10,\ 8)+(-6,\ 9)=(\mathbf{4},\ \mathbf{17})$

(4) $3\overrightarrow{a}+\overrightarrow{b}-2\overrightarrow{c}=3(5,\ 4)+(-2,\ 3)-2(3,\ -5)$
$=(15,\ 12)+(-2,\ 3)+(-6,\ 10)$
$=(15-2-6,\ 12+3+10)=(\mathbf{7},\ \mathbf{25})$

보기 5 $\overrightarrow{a}=\overrightarrow{e_1}+2\overrightarrow{e_2}$, $\overrightarrow{b}=3\overrightarrow{e_1}-2\overrightarrow{e_2}$일 때, 다음 벡터를 성분으로 나타내어라.

(1) $2\overrightarrow{a}+3\overrightarrow{b}$ (2) $-4\overrightarrow{a}+5\overrightarrow{b}$

연구 $\overrightarrow{a}=(1,\ 2)$, $\overrightarrow{b}=(3,\ -2)$이므로

(1) $2\overrightarrow{a}+3\overrightarrow{b}=2(1,\ 2)+3(3,\ -2)=(2,\ 4)+(9,\ -6)=(\mathbf{11},\ \mathbf{-2})$

(2) $-4\overrightarrow{a}+5\overrightarrow{b}=-4(1,\ 2)+5(3,\ -2)=(-4,\ -8)+(15,\ -10)$
$=(\mathbf{11},\ \mathbf{-18})$

보기 6 두 점 A(2, 3), B(5, 7)에 대하여 벡터 $\overrightarrow{\mathrm{AB}}$를 성분으로 나타내어라.

연구 원점 O에 대하여

$$\overrightarrow{\mathrm{AB}}=\overrightarrow{\mathrm{OB}}-\overrightarrow{\mathrm{OA}}=(5,\ 7)-(2,\ 3)=(\mathbf{3},\ \mathbf{4})$$

보기 7 오른쪽 그림에서 △OAB는 한 변의 길이가 2인 정삼각형이다.

이때, 다음 벡터를 성분으로 나타내어라.

(1) $\overrightarrow{\mathrm{OA}}$ (2) $\overrightarrow{\mathrm{OB}}$ (3) $\overrightarrow{\mathrm{AB}}$

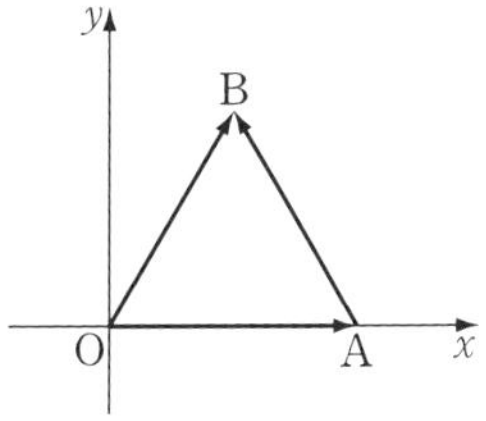

연구 (1) $\overrightarrow{\mathrm{OA}}=(\mathbf{2},\ \mathbf{0})$

(2) $\overrightarrow{\mathrm{OB}}=(2\cos 60°,\ 2\sin 60°)=(\mathbf{1},\ \boldsymbol{\sqrt{3}})$

(3) $\overrightarrow{\mathrm{AB}}=\overrightarrow{\mathrm{OB}}-\overrightarrow{\mathrm{OA}}=(1,\ \sqrt{3})-(2,\ 0)=(\mathbf{-1},\ \boldsymbol{\sqrt{3}})$

*Note (3) $(-1,\ \sqrt{3})$은 $\overrightarrow{\mathrm{AB}}$를 시점 A가 원점 O에 오도록 평행이동할 때 종점 B가 옮겨지는 점의 좌표이다.

보기 8 $\vec{a}=(2,\ 3)$, $\vec{b}=(4,\ -5)$일 때,

$$\vec{x}+\vec{y}=\vec{a}, \qquad \vec{x}-2\vec{y}=\vec{b}$$

를 동시에 만족시키는 벡터 $\vec{x}$, $\vec{y}$를 성분으로 나타내어라.

연구 두 식을 $\vec{x}$, $\vec{y}$에 관하여 연립하여 풀면

$$\vec{x}=\frac{1}{3}(2\vec{a}+\vec{b})=\frac{1}{3}\{2(2,\ 3)+(4,\ -5)\}=\left(\mathbf{\frac{8}{3}},\ \mathbf{\frac{1}{3}}\right),$$
$$\vec{y}=\frac{1}{3}(\vec{a}-\vec{b})=\frac{1}{3}\{(2,\ 3)-(4,\ -5)\}=\left(-\mathbf{\frac{2}{3}},\ \mathbf{\frac{8}{3}}\right)$$

Advice 4° **평면벡터의 방향코사인**

오른쪽 그림과 같이 영벡터가 아닌 평면벡터 $\vec{a}=(a_1,\ a_2)$가 x축, y축의 양의 방향과 이루는 각의 크기를 각각 α, β라고 하면

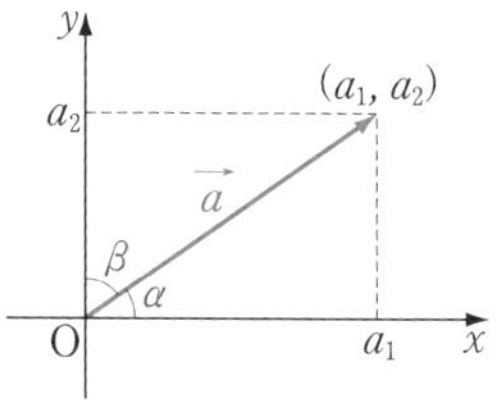

$$\boldsymbol{a_1=|\vec{a}|\cos\alpha,\quad a_2=|\vec{a}|\cos\beta}$$

따라서 벡터 $\vec{a}$와 같은 방향의 단위벡터는

$$\frac{1}{|\vec{a}|}\vec{a}=\frac{1}{|\vec{a}|}(a_1,\ a_2)=\left(\frac{a_1}{|\vec{a}|},\ \frac{a_2}{|\vec{a}|}\right)$$
$$=(\boldsymbol{\cos\alpha,\ \cos\beta})$$

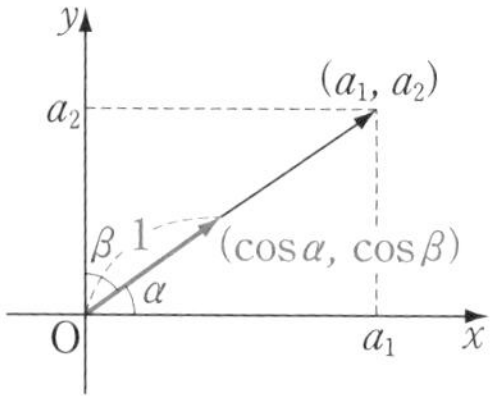

여기에서 $\cos\alpha$, $\cos\beta$를 벡터 $\vec{a}$의 **방향코사인**이라고 한다. 그리고 벡터 $(\cos\alpha,\ \cos\beta)$는 $\vec{a}$의 방향을 결정하는 단위벡터이므로

$$\boldsymbol{\cos^2\alpha+\cos^2\beta=1}$$

**Note* $a_1^2=|\vec{a}|^2\cos^2\alpha$, $a_2^2=|\vec{a}|^2\cos^2\beta$를 변변 더해도 $\cos^2\alpha+\cos^2\beta=1$을 얻을 수 있다.

보기 9 벡터 $\vec{a}=(4,\ 3)$이 x축, y축의 양의 방향과 이루는 각의 크기를 각각 α, β라고 할 때, $\vec{a}$와 같은 방향의 단위벡터와 $\vec{a}$의 방향코사인을 구하여라.

연구 $|\vec{a}|=\sqrt{4^2+3^2}=5$이므로

$$\frac{1}{|\vec{a}|}\vec{a}=\frac{1}{5}(4,\ 3)=\left(\mathbf{\frac{4}{5}},\ \mathbf{\frac{3}{5}}\right) \qquad \therefore\ \cos\alpha=\mathbf{\frac{4}{5}},\ \cos\beta=\mathbf{\frac{3}{5}}$$

보기 10 벡터 $\vec{a}$의 크기가 4이고 x축의 양의 방향과 이루는 각의 크기가 30° 일 때, $\vec{a}$를 성분으로 나타내어라.

연구 $\vec{a}$가 x축, y축의 양의 방향과 이루는 각의 크기를 각각 α, β라고 하면

$$\vec{a}=|\vec{a}|(\cos\alpha,\ \cos\beta)=4(\cos 30°,\ \cos 60°)=(\mathbf{2\sqrt{3},\ 2})$$

필수 예제 5-1 $\overrightarrow{a}=(5, 4)$, $\overrightarrow{b}=(-2, 3)$, $\overrightarrow{c}=(3, 7)$에 대하여

(1) $m\overrightarrow{a}+n\overrightarrow{b}=\overrightarrow{c}$가 성립할 때, 실수 m, n의 값을 구하여라.

(2) $\overrightarrow{a}+k\overrightarrow{c}$와 $\overrightarrow{b}-\overrightarrow{a}$가 서로 평행할 때, 실수 k의 값을 구하여라.

정석연구 (1) $m\overrightarrow{a}+n\overrightarrow{b}$를

정석 $\boldsymbol{m(a_1,\ a_2)=(ma_1,\ ma_2)}$ (단, $\boldsymbol{m}$은 실수)
$\boldsymbol{(a_1,\ a_2)\pm(b_1,\ b_2)=(a_1\pm b_1,\ a_2\pm b_2)}$ (복부호동순)

를 써서 성분으로 나타낸 다음

정석 $\boldsymbol{(a_1,\ a_2)=(b_1,\ b_2) \iff a_1=b_1,\ a_2=b_2}$

를 이용한다.

(2) (1)과 같이 $\overrightarrow{a}+k\overrightarrow{c}$, $\overrightarrow{b}-\overrightarrow{a}$를 각각 성분으로 나타낸 다음

정석 $\boldsymbol{(a_1,\ a_2)/\!/(b_1,\ b_2) \iff (b_1,\ b_2)=m(a_1,\ a_2)}$ (단, $\boldsymbol{m\neq0}$)

를 이용하여 평행할 조건을 찾는다.

모범답안 (1) $m\overrightarrow{a}+n\overrightarrow{b}=m(5, 4)+n(-2, 3)=(5m-2n, 4m+3n)$

$m\overrightarrow{a}+n\overrightarrow{b}=\overrightarrow{c}$이므로 $(5m-2n, 4m+3n)=(3, 7)$

$\therefore 5m-2n=3,\ 4m+3n=7 \quad \therefore \boldsymbol{m=1,\ n=1}$ ← 답

(2) $\overrightarrow{a}+k\overrightarrow{c}=(5, 4)+k(3, 7)=(5+3k, 4+7k)$,

$\overrightarrow{b}-\overrightarrow{a}=(-2, 3)-(5, 4)=(-7, -1)$

$(\overrightarrow{a}+k\overrightarrow{c})/\!/(\overrightarrow{b}-\overrightarrow{a})$이므로 $\overrightarrow{a}+k\overrightarrow{c}=m(\overrightarrow{b}-\overrightarrow{a})$를 만족시키는 0이 아닌 실수 m이 존재한다.

$\therefore (5+3k, 4+7k)=m(-7, -1)$ 곧, $(5+3k, 4+7k)=(-7m, -m)$

$\therefore 5+3k=-7m,\ 4+7k=-m \quad \therefore m=-\dfrac{1}{2},\ \boldsymbol{k=-\dfrac{1}{2}}$ ← 답

유제 **5**-1. $\overrightarrow{a}=(3, 2)$, $\overrightarrow{b}=(-2, 3)$일 때, $m\overrightarrow{a}+n\overrightarrow{b}=\overrightarrow{0}$를 만족시키는 실수 m, n의 값을 구하여라. 답 $\boldsymbol{m=0,\ n=0}$

유제 **5**-2. 두 벡터 $\overrightarrow{a}=(2, -1)$, $\overrightarrow{b}=(-3, 5)$가 있다.
벡터 $\overrightarrow{c}=(4, 5)$를 $m\overrightarrow{a}+n\overrightarrow{b}$의 꼴로 나타낼 때, 실수 m, n의 값을 구하여라. 답 $\boldsymbol{m=5,\ n=2}$

유제 **5**-3. $\overrightarrow{a}=(1, 2)$, $\overrightarrow{b}=(k, 1)$에 대하여 $\overrightarrow{a}+2\overrightarrow{b}$와 $2\overrightarrow{a}-\overrightarrow{b}$가 서로 평행할 때, 실수 k의 값을 구하여라. 답 $\boldsymbol{k=\dfrac{1}{2}}$

필수 예제 5-2 네 점 O(0, 0), A(1, 3), B(4, 2), C(2, 5)가 있다.

(1) $\overrightarrow{OC}$를 $\overrightarrow{OA}$와 $\overrightarrow{OB}$로 나타내어라.

(2) 직선 AB와 직선 OC의 교점을 P라고 할 때, $\overrightarrow{OP}$를 $\overrightarrow{OA}$와 $\overrightarrow{OB}$로 나타내어라.

(3) 점 Q가 직선 AB 위의 점이고 $\overrightarrow{QC}$가 $\overrightarrow{OB}$에 평행할 때, $\overrightarrow{OQ}$를 $\overrightarrow{OA}$와 $\overrightarrow{OB}$로 나타내어라.

정석연구 세 점이 한 직선 위에 있을 조건은 다음과 같다. ⇦ p. 77

정석 세 점 P, Q, R가 한 직선 위에 있을 조건은

(i) $\overrightarrow{\mathbf{PR}}=\boldsymbol{k}\overrightarrow{\mathbf{PQ}}$ ($\boldsymbol{k}$는 실수)

(ii) $\overrightarrow{\mathbf{AR}}=(\mathbf{1}-\boldsymbol{t})\overrightarrow{\mathbf{AP}}+\boldsymbol{t}\overrightarrow{\mathbf{AQ}}$ ($\boldsymbol{t}$는 실수)

(iii) $\overrightarrow{\mathbf{AR}}=\boldsymbol{\alpha}\overrightarrow{\mathbf{AP}}+\boldsymbol{\beta}\overrightarrow{\mathbf{AQ}},\ \boldsymbol{\alpha}+\boldsymbol{\beta}=\mathbf{1}$

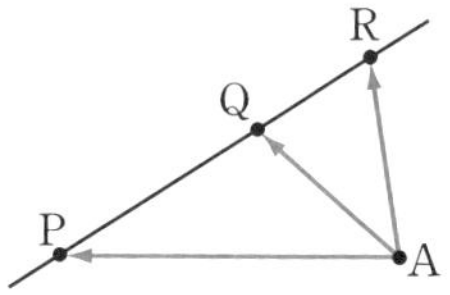

모범답안 (1) $\overrightarrow{OC}=m\overrightarrow{OA}+n\overrightarrow{OB}$로 놓으면

$(2,\ 5)=m(1,\ 3)+n(4,\ 2)=(m+4n,\ 3m+2n)$

$\therefore\ m+4n=2,\ 3m+2n=5 \quad \therefore\ m=\dfrac{8}{5},\ n=\dfrac{1}{10}$

$\therefore\ \overrightarrow{\mathbf{OC}}=\dfrac{\mathbf{8}}{\mathbf{5}}\overrightarrow{\mathbf{OA}}+\dfrac{\mathbf{1}}{\mathbf{10}}\overrightarrow{\mathbf{OB}}$ ← 답

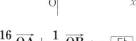

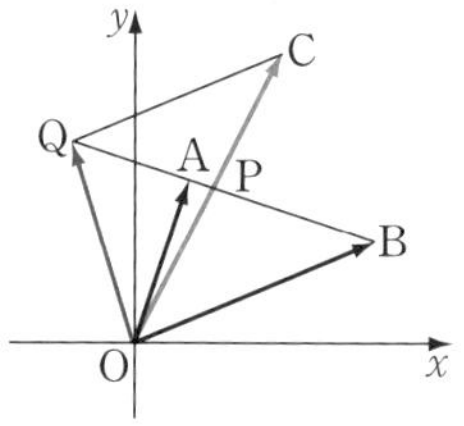

(2) 점 P는 직선 OC 위의 점이므로

$\overrightarrow{OP}=k\overrightarrow{OC}$ (k는 실수)로 놓을 수 있다.

(1)의 결과를 대입하면

$\overrightarrow{OP}=\dfrac{8}{5}k\overrightarrow{OA}+\dfrac{1}{10}k\overrightarrow{OB}$

세 점 A, B, P는 한 직선 위의 점이므로

$\dfrac{8}{5}k+\dfrac{1}{10}k=1 \quad \therefore\ k=\dfrac{10}{17} \quad \therefore\ \overrightarrow{\mathbf{OP}}=\dfrac{\mathbf{16}}{\mathbf{17}}\overrightarrow{\mathbf{OA}}+\dfrac{\mathbf{1}}{\mathbf{17}}\overrightarrow{\mathbf{OB}}$ ← 답

(3) $\overrightarrow{OQ}=(1-t)\overrightarrow{OA}+t\overrightarrow{OB}$ (t는 실수)로 놓을 수 있으므로

$\overrightarrow{QC}=\overrightarrow{OC}-\overrightarrow{OQ}=\left(\dfrac{3}{5}+t\right)\overrightarrow{OA}+\left(\dfrac{1}{10}-t\right)\overrightarrow{OB}$

그런데 $\overrightarrow{QC}/\!/\overrightarrow{OB}$이므로 $\overrightarrow{QC}$는 $\overrightarrow{OB}$의 실수배이다.

$\therefore\ \dfrac{3}{5}+t=0 \quad \therefore\ t=-\dfrac{3}{5} \quad \therefore\ \overrightarrow{\mathbf{OQ}}=\dfrac{\mathbf{8}}{\mathbf{5}}\overrightarrow{\mathbf{OA}}-\dfrac{\mathbf{3}}{\mathbf{5}}\overrightarrow{\mathbf{OB}}$ ← 답

유제 **5**-4. 네 점 O(0, 0), A(1, 2), B(5, 1), C(3, 3)이 있다.

직선 AB와 직선 OC의 교점을 P라고 할 때, $\overrightarrow{OP}$를 $\overrightarrow{OA}$와 $\overrightarrow{OB}$로 나타내어라.

답 $\overrightarrow{\mathbf{OP}}=\dfrac{\mathbf{4}}{\mathbf{5}}\overrightarrow{\mathbf{OA}}+\dfrac{\mathbf{1}}{\mathbf{5}}\overrightarrow{\mathbf{OB}}$

§2. 평면벡터의 내적

기본정석

1 평면벡터의 내적의 정의

평면에서 영벡터가 아닌 두 벡터 $\overrightarrow{a}$, $\overrightarrow{b}$가 이루는 각의 크기를 $\theta\,(0°\le\theta\le180°)$라고 할 때,

$$|\overrightarrow{a}|,\quad |\overrightarrow{b}|,\quad \cos\theta$$

의 곱을 $\overrightarrow{a}$와 $\overrightarrow{b}$의 내적이라 하고, $\overrightarrow{a}\cdot\overrightarrow{b}$와 같이 나타낸다. 곧,

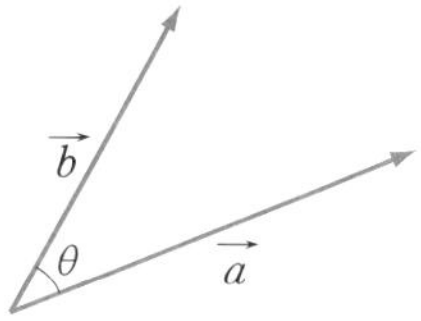

정의 $\overrightarrow{a}\cdot\overrightarrow{b}=|\overrightarrow{a}||\overrightarrow{b}|\cos\theta$

또, $\overrightarrow{a}=\overrightarrow{0}$ 또는 $\overrightarrow{b}=\overrightarrow{0}$이면 $\overrightarrow{a}\cdot\overrightarrow{b}=0$으로 정의한다.

2 평면벡터의 내적과 성분

영벡터가 아닌 두 벡터 $\overrightarrow{a}=(a_1,\ a_2)$, $\overrightarrow{b}=(b_1,\ b_2)$가 이루는 각의 크기를 θ라고 하면

(1) $\overrightarrow{a}\cdot\overrightarrow{b}=a_1b_1+a_2b_2$

(2) $\cos\theta=\dfrac{\overrightarrow{a}\cdot\overrightarrow{b}}{|\overrightarrow{a}||\overrightarrow{b}|}=\dfrac{a_1b_1+a_2b_2}{\sqrt{a_1^2+a_2^2}\sqrt{b_1^2+b_2^2}}$

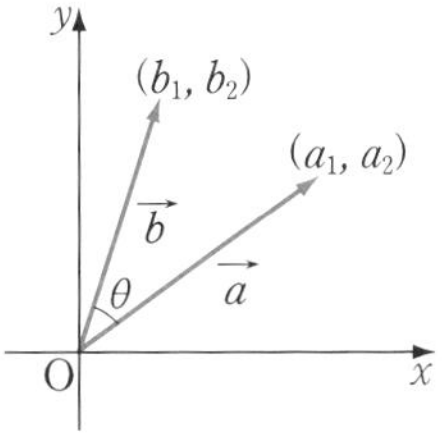

3 평면벡터의 내적의 기본 성질

$\overrightarrow{a}$, $\overrightarrow{b}$, $\overrightarrow{c}$가 평면벡터이고 m이 실수일 때,

(1) $\overrightarrow{a}\cdot\overrightarrow{b}=\overrightarrow{b}\cdot\overrightarrow{a}$ (교환법칙)

(2) $(m\overrightarrow{a})\cdot\overrightarrow{b}=\overrightarrow{a}\cdot(m\overrightarrow{b})=m(\overrightarrow{a}\cdot\overrightarrow{b})$ (실수배의 성질)

(3) $\overrightarrow{a}\cdot(\overrightarrow{b}+\overrightarrow{c})=\overrightarrow{a}\cdot\overrightarrow{b}+\overrightarrow{a}\cdot\overrightarrow{c}$ (분배법칙)

Advice 1° 평면벡터의 내적의 정의

(i) 이를테면 물리학에서 어떤 물체에 힘 $\overrightarrow{f}$를 가하여 이 물체를 이 힘의 방향과 이루는 각의 크기가 $\theta\,(0°\le\theta\le90°)$인 다른 방향으로 $|\overrightarrow{s}|$만큼 평행이동할 때, 이 힘이 물체에 대하여 한 일 w는

$$w=|\overrightarrow{f}||\overrightarrow{s}|\cos\theta$$

로 정의한다.

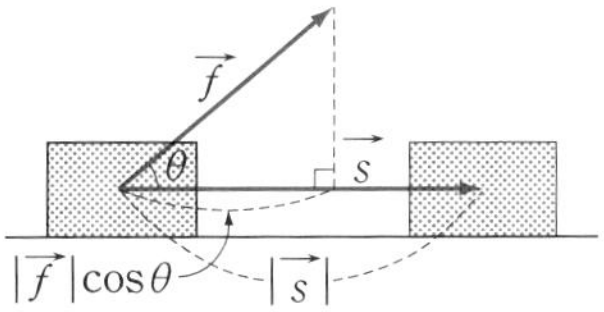

수학에서는 이 값을 두 벡터 $\vec{f}$ 와 $\vec{s}$ 의 내적이라 하고, 기호로 $\vec{\boldsymbol{f}} \cdot \vec{\boldsymbol{s}}$ 와 같이 나타낸다.

일반적으로 영벡터가 아닌 두 벡터 $\vec{a}$, $\vec{b}$ 가 이루는 각의 크기를 θ라고 할 때, 두 벡터 $\vec{a}$ 와 $\vec{b}$ 의 내적은

$$\textbf{정 의} \quad \vec{a} \cdot \vec{b} = |\vec{a}||\vec{b}|\cos\theta$$

로 정의한다.

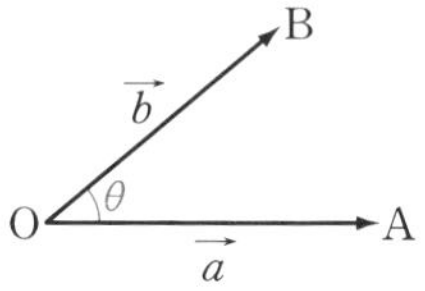

여기에서 $\vec{a}$, $\vec{b}$ 가 이루는 각의 크기 θ는 $\vec{a}=\overrightarrow{\mathrm{OA}}$, $\vec{b}=\overrightarrow{\mathrm{OB}}$로 나타낼 때, 두 선분 OA, OB가 이루는 각의 크기 중에서 크지 않은 것으로 한다. 곧, $\theta=\angle\mathrm{AOB}$이고 $0^\circ \le \theta \le 180^\circ$이다.

또, $\vec{a}=\vec{0}$ 또는 $\vec{b}=\vec{0}$ 이면 $\vec{a}$, $\vec{b}$ 가 이루는 각의 크기를 정할 수 없지만 $|\vec{a}|=0$ 또는 $|\vec{b}|=0$이므로 $\vec{a} \cdot \vec{b}=0$으로 정의한다.

(ii) $\vec{a} \cdot \vec{b}$ 는 $|\vec{a}|$, $|\vec{b}|$, $\cos\theta$의 곱이므로

내적은 벡터가 아니고 실수

라는 것에 특히 주의해야 한다.

(iii) θ의 크기에 따라 $\vec{a} \cdot \vec{b}$ 는 양, 0, 음의 값을 가진다. 곧, 내적의 정의 $\vec{a} \cdot \vec{b}=|\vec{a}||\vec{b}|\cos\theta\,(\vec{a}\neq\vec{0},\ \vec{b}\neq\vec{0})$에서

① $0^\circ \le \theta < 90^\circ$일 때
$\cos\theta > 0$
$\therefore\ \vec{a} \cdot \vec{b} > 0$

② $\theta = 90^\circ$일 때
$\cos\theta = 0$
$\therefore\ \vec{a} \cdot \vec{b} = 0$

③ $90^\circ < \theta \le 180^\circ$일 때
$\cos\theta < 0$
$\therefore\ \vec{a} \cdot \vec{b} < 0$

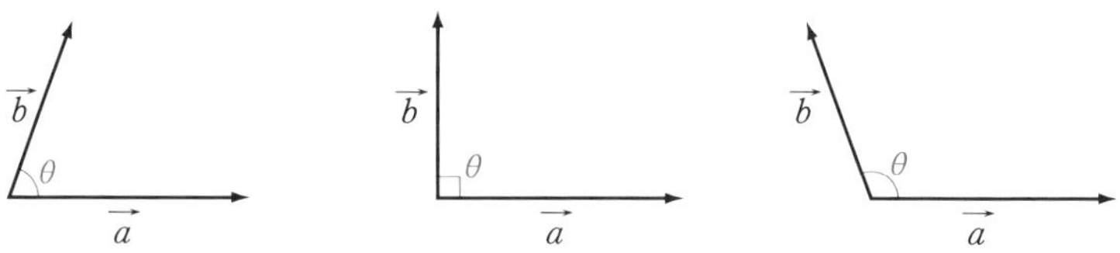

***Note** $90^\circ < \theta \le 180^\circ$일 때에는 $\cos(180^\circ-\theta)=-\cos\theta$임을 이용한다.
이와 같은 삼각함수의 성질은 앞으로 자주 이용되므로 실력 수학 I p. 97을 참고하여 공식으로 기억해 두길 바란다.

(iv) 두 벡터가 서로 같을 때에는 $\theta=0^\circ$이고, 이때 $\cos\theta=1$이므로

$$\vec{a} \cdot \vec{a} = |\vec{a}||\vec{a}|\cos 0^\circ = |\vec{a}|^2 \quad \text{곧,}$$

$$\textbf{정 석} \quad \vec{a} \cdot \vec{a} = |\vec{a}|^2$$

이다. 이 성질은 문제 해결에 자주 이용되므로 기억해 두어라.

보기 1 $|\vec{a}|=6$, $|\vec{b}|=5$인 두 벡터 $\vec{a}$와 $\vec{b}$가 이루는 각의 크기가 135°일 때, $\vec{a}\cdot\vec{b}$의 값을 구하여라.

연구 $\vec{a}\cdot\vec{b}=|\vec{a}||\vec{b}|\cos 135°=6\times5\times\left(-\dfrac{1}{\sqrt{2}}\right)=\mathbf{-15\sqrt{2}}$

*Note $\cos 135°=\cos(180°-45°)=-\cos 45°=-\dfrac{1}{\sqrt{2}}$

보기 2 오른쪽 그림에서 △OAB는 한 변의 길이가 2인 정삼각형이고, 점 H는 변 AB의 중점이다.

이때, 다음을 구하여라.

(1) $\overrightarrow{OA}\cdot\overrightarrow{OB}$ (2) $\overrightarrow{OA}\cdot\overrightarrow{OH}$ (3) $\overrightarrow{OA}\cdot\overrightarrow{OA}$

(4) $\overrightarrow{OH}\cdot\overrightarrow{AB}$ (5) $\overrightarrow{OA}\cdot\overrightarrow{AB}$ (6) $\overrightarrow{OB}\cdot\overrightarrow{BH}$

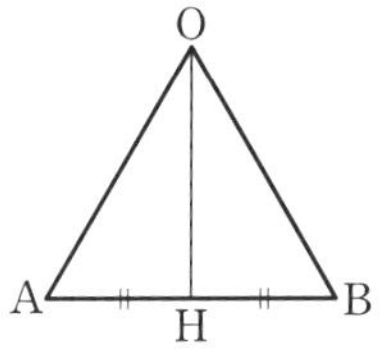

연구 다음 내적의 정의를 이용한다.

정의 $\overrightarrow{OA}\cdot\overrightarrow{OB}=|\overrightarrow{OA}||\overrightarrow{OB}|\cos\theta$

(1) $\overrightarrow{OA}\cdot\overrightarrow{OB}=|\overrightarrow{OA}||\overrightarrow{OB}|\cos 60°=2\times2\times\dfrac{1}{2}=\mathbf{2}$

(2) $\overrightarrow{OA}\cdot\overrightarrow{OH}=|\overrightarrow{OA}||\overrightarrow{OH}|\cos 30°=2\times\sqrt{3}\times\dfrac{\sqrt{3}}{2}=\mathbf{3}$

(3) $\overrightarrow{OA}\cdot\overrightarrow{OA}=|\overrightarrow{OA}||\overrightarrow{OA}|\cos 0°=2\times2\times1=\mathbf{4}$ ⇦ $\overrightarrow{OA}\cdot\overrightarrow{OA}=|\overrightarrow{OA}|^2$

(4) $\overrightarrow{OH}\cdot\overrightarrow{AB}=|\overrightarrow{OH}||\overrightarrow{AB}|\cos 90°=\sqrt{3}\times2\times0=\mathbf{0}$

(5) $\overrightarrow{OB'}=\overrightarrow{AB}$가 되도록 점 B′을 잡으면

$$\begin{aligned}\overrightarrow{OA}\cdot\overrightarrow{AB}&=\overrightarrow{OA}\cdot\overrightarrow{OB'}=|\overrightarrow{OA}||\overrightarrow{OB'}|\cos 120°\\&=|\overrightarrow{OA}||\overrightarrow{OB'}|\times(-\cos 60°)\\&=2\times2\times\left(-\frac{1}{2}\right)=\mathbf{-2}\end{aligned}$$

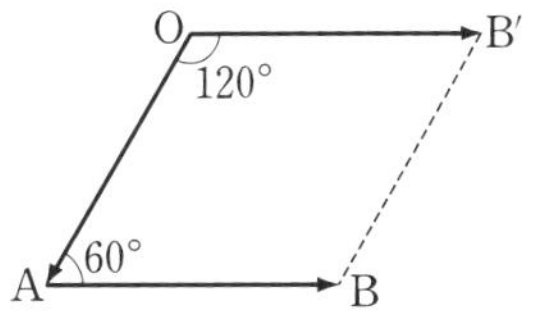

(6) $\overrightarrow{OH'}=\overrightarrow{BH}$가 되도록 점 H′을 잡으면

$$\begin{aligned}\overrightarrow{OB}\cdot\overrightarrow{BH}&=\overrightarrow{OB}\cdot\overrightarrow{OH'}=|\overrightarrow{OB}||\overrightarrow{OH'}|\cos 120°\\&=|\overrightarrow{OB}||\overrightarrow{OH'}|\times(-\cos 60°)\\&=2\times1\times\left(-\frac{1}{2}\right)=\mathbf{-1}\end{aligned}$$

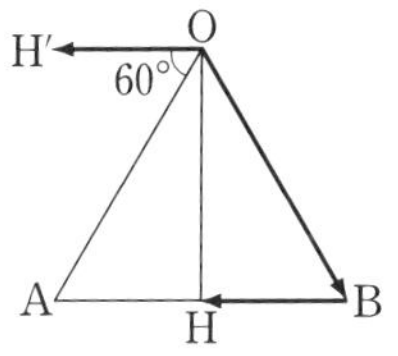

보기 3 △ABC의 꼭짓점 A에서 변 BC에 그은 수선 AH의 길이가 5일 때, $\overrightarrow{AB}\cdot\overrightarrow{AH}$의 값을 구하여라.

연구 $\overrightarrow{AB}$, $\overrightarrow{AH}$가 이루는 각의 크기를 θ라 하면

$$\begin{aligned}\overrightarrow{AB}\cdot\overrightarrow{AH}&=|\overrightarrow{AB}||\overrightarrow{AH}|\cos\theta\\&=|\overrightarrow{AH}||\overrightarrow{AB}|\cos\theta\\&=|\overrightarrow{AH}|^2=\mathbf{25}\end{aligned}$$

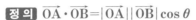

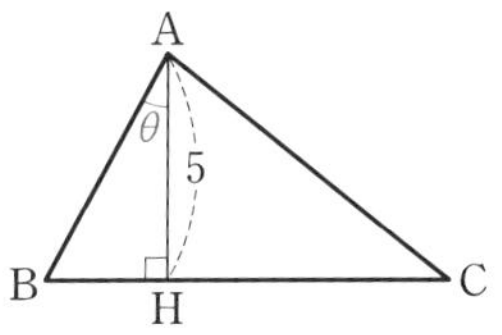

Advice 2° 평면벡터의 내적과 성분

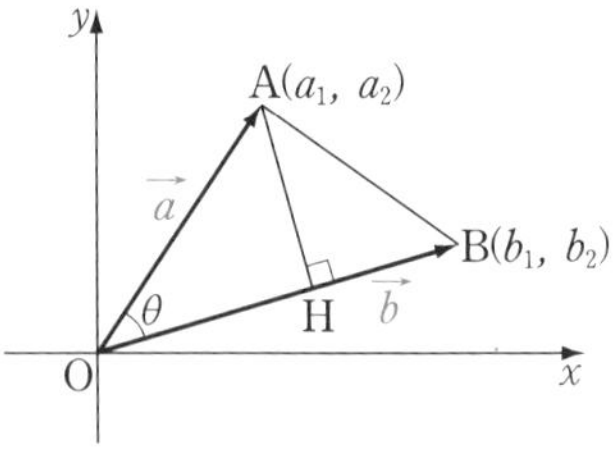

좌표평면에서 영벡터가 아닌 두 벡터

$$\vec{a}=(a_1,\ a_2),\quad \vec{b}=(b_1,\ b_2)$$

가 이루는 각의 크기가 $\theta\,(0°<\theta<90°)$일 때, 원점 O에 대하여 $\overrightarrow{OA}=\vec{a}$, $\overrightarrow{OB}=\vec{b}$인 점 A, B를 잡으면 점 A, B의 좌표는

$$A(a_1,\ a_2),\quad B(b_1,\ b_2)$$

점 A에서 직선 OB에 내린 수선의 발을 H라고 하면

$$\overline{AH}=\overline{OA}\sin\theta,\quad \overline{HB}=|\overline{OB}-\overline{OH}|=|\overline{OB}-\overline{OA}\cos\theta|$$

△AHB는 직각삼각형이므로

$$\overline{AB}^2=\overline{AH}^2+\overline{HB}^2=(\overline{OA}\sin\theta)^2+(\overline{OB}-\overline{OA}\cos\theta)^2$$

$$=\overline{OA}^2+\overline{OB}^2-2\times\overline{OA}\times\overline{OB}\cos\theta \qquad \cdots\cdots①$$

$$\therefore\ (b_1-a_1)^2+(b_2-a_2)^2=(a_1{}^2+a_2{}^2)+(b_1{}^2+b_2{}^2)-2(\vec{a}\cdot\vec{b})$$

이 식을 정리하면 다음이 성립한다.

정석 $\boldsymbol{\vec{a}\cdot\vec{b}=a_1b_1+a_2b_2}$ ……②

같은 방법으로 하면 ②는 $90°<\theta<180°$일 때도 성립한다. 또, ②는 θ가 0°, 90°, 180°일 때도 성립하고, $\vec{a}=\vec{0}$ 또는 $\vec{b}=\vec{0}$일 때도 성립한다.

한편 $\vec{a}\cdot\vec{b}=|\vec{a}||\vec{b}|\cos\theta$이므로 다음이 성립한다.

정석 $\boldsymbol{\cos\theta=\dfrac{\vec{a}\cdot\vec{b}}{|\vec{a}||\vec{b}|}=\dfrac{a_1b_1+a_2b_2}{\sqrt{a_1{}^2+a_2{}^2}\sqrt{b_1{}^2+b_2{}^2}}}$

**Note* 수학 I에서 공부하는 코사인법칙을 이용하여 $0°<\theta<180°$일 때 ①이 성립함을 보여도 된다. ⇦ 실력 수학 I p. 131

보기 4 다음 두 벡터의 내적과 두 벡터가 이루는 각의 크기 θ를 구하여라.

(1) $\vec{a}=(1,\ 1)$, $\vec{b}=(2,\ 0)$ (2) $\vec{a}=(3,\ \sqrt{3})$, $\vec{b}=(-\sqrt{3},\ 1)$

연구 (1) $\vec{a}\cdot\vec{b}=(1,\ 1)\cdot(2,\ 0)=1\times2+1\times0=\mathbf{2}$

또, $|\vec{a}|=\sqrt{1^2+1^2}=\sqrt{2}$, $|\vec{b}|=\sqrt{2^2+0^2}=2$

$$\therefore\ \cos\theta=\frac{\vec{a}\cdot\vec{b}}{|\vec{a}||\vec{b}|}=\frac{2}{\sqrt{2}\times2}=\frac{1}{\sqrt{2}}\qquad \therefore\ \boldsymbol{\theta=45°}$$

(2) $\vec{a}\cdot\vec{b}=(3,\ \sqrt{3})\cdot(-\sqrt{3},\ 1)=3\times(-\sqrt{3})+\sqrt{3}\times1=\mathbf{-2\sqrt{3}}$

또, $|\vec{a}|=\sqrt{3^2+(\sqrt{3})^2}=2\sqrt{3}$, $|\vec{b}|=\sqrt{(-\sqrt{3})^2+1^2}=2$

$$\therefore\ \cos\theta=\frac{\vec{a}\cdot\vec{b}}{|\vec{a}||\vec{b}|}=\frac{-2\sqrt{3}}{2\sqrt{3}\times2}=-\frac{1}{2}\qquad \therefore\ \boldsymbol{\theta=120°}$$

Advice 3° 평면벡터의 내적의 기본 성질

내적의 기본 성질을 증명하는 여러 가지 방법이 있지만, 여기에서는

$$\vec{a}=(a_1,\ a_2),\quad \vec{b}=(b_1,\ b_2),\quad \vec{c}=(c_1,\ c_2)$$

로 놓고 내적을 성분으로 나타내어 증명해 보자.

(1) 교환법칙 : $\vec{a}\cdot\vec{b}=\vec{b}\cdot\vec{a}$

$\vec{a}\cdot\vec{b}=(a_1,\ a_2)\cdot(b_1,\ b_2)=a_1b_1+a_2b_2$

$\vec{b}\cdot\vec{a}=(b_1,\ b_2)\cdot(a_1,\ a_2)=b_1a_1+b_2a_2=a_1b_1+a_2b_2$

$$\therefore\ \vec{a}\cdot\vec{b}=\vec{b}\cdot\vec{a}$$

(2) 실수배의 성질 : $(m\vec{a})\cdot\vec{b}=\vec{a}\cdot(m\vec{b})=m(\vec{a}\cdot\vec{b})$ ⇦ m은 실수

$(m\vec{a})\cdot\vec{b}=(ma_1,\ ma_2)\cdot(b_1,\ b_2)=ma_1b_1+ma_2b_2=m(a_1b_1+a_2b_2)$

$\vec{a}\cdot(m\vec{b})=(a_1,\ a_2)\cdot(mb_1,\ mb_2)=ma_1b_1+ma_2b_2=m(a_1b_1+a_2b_2)$

$$\therefore\ (m\vec{a})\cdot\vec{b}=\vec{a}\cdot(m\vec{b})=m(\vec{a}\cdot\vec{b})$$

(3) 분배법칙 : $\vec{a}\cdot(\vec{b}+\vec{c})=\vec{a}\cdot\vec{b}+\vec{a}\cdot\vec{c}$

$\vec{a}\cdot(\vec{b}+\vec{c})=(a_1,\ a_2)\cdot(b_1+c_1,\ b_2+c_2)=a_1(b_1+c_1)+a_2(b_2+c_2)$

$\qquad=(a_1b_1+a_2b_2)+(a_1c_1+a_2c_2)=\vec{a}\cdot\vec{b}+\vec{a}\cdot\vec{c}$

곧, $\vec{a}\cdot(\vec{b}+\vec{c})=\vec{a}\cdot\vec{b}+\vec{a}\cdot\vec{c}$

이와 같은 성질이 성립하므로 내적은 다항식의 곱셈처럼 계산해도 좋다. 다만 $\vec{a}\cdot\vec{a}$를 $\vec{a}^2$으로 쓰지 않고 $\vec{a}\cdot\vec{b}$를 $\vec{a}\,\vec{b}$로 쓰지 않는다는 것에 주의하길 바란다.

정석 $\vec{a}\cdot\vec{a}=|\vec{a}|^2$

보기 5 벡터의 내적에 관하여 다음 등식이 성립함을 보여라.

(1) $(\vec{a}+\vec{b})\cdot(\vec{a}-\vec{b})=|\vec{a}|^2-|\vec{b}|^2$

(2) $|\vec{a}+\vec{b}|^2=|\vec{a}|^2+2(\vec{a}\cdot\vec{b})+|\vec{b}|^2$

연구 다항식의 전개에서와 같이 분배법칙, 교환법칙을 이용해 보아라.

(1) $(\vec{a}+\vec{b})\cdot(\vec{a}-\vec{b})=\vec{a}\cdot\vec{a}-\vec{a}\cdot\vec{b}+\vec{b}\cdot\vec{a}-\vec{b}\cdot\vec{b}$

$\qquad=|\vec{a}|^2-|\vec{b}|^2$

(2) $|\vec{a}+\vec{b}|^2=(\vec{a}+\vec{b})\cdot(\vec{a}+\vec{b})=\vec{a}\cdot\vec{a}+\vec{a}\cdot\vec{b}+\vec{b}\cdot\vec{a}+\vec{b}\cdot\vec{b}$

$\qquad=|\vec{a}|^2+2(\vec{a}\cdot\vec{b})+|\vec{b}|^2$

**Note* 위의 내용을 일반화하면 다음과 같다.

정석 $(m\vec{a}+n\vec{b})\cdot(m\vec{a}+n\vec{b})=m^2|\vec{a}|^2+2mn(\vec{a}\cdot\vec{b})+n^2|\vec{b}|^2$

(단, m, n은 실수)

필수 예제 5-3 두 벡터 $\vec{a}$, $\vec{b}$에 대하여 다음 물음에 답하여라.

(1) $|\vec{a}|=2$, $|\vec{b}|=3$이고 $\vec{a}$, $\vec{b}$가 이루는 각의 크기가 $120°$일 때, $2\vec{a}-3\vec{b}$의 크기를 구하여라.

(2) $|\vec{a}|=1$, $|\vec{b}|=2$이고 $\vec{a}$, $\vec{b}$가 이루는 각의 크기가 $30°$일 때, $|x\vec{a}+\vec{b}|=2$를 만족시키는 실수 x의 값을 구하여라.

정석연구 이를테면 $|2\vec{a}-3\vec{b}|$는

정석 $|\vec{a}|^2=\vec{a}\cdot\vec{a}$

를 이용하여 다음과 같이 변형할 수 있다.

$$\begin{aligned}|2\vec{a}-3\vec{b}|^2&=(2\vec{a}-3\vec{b})\cdot(2\vec{a}-3\vec{b})\\&=4(\vec{a}\cdot\vec{a})-6(\vec{a}\cdot\vec{b})-6(\vec{b}\cdot\vec{a})+9(\vec{b}\cdot\vec{b})\\&=4|\vec{a}|^2-12(\vec{a}\cdot\vec{b})+9|\vec{b}|^2\end{aligned}$$

정석 $|m\vec{a}+n\vec{b}|^2=(m\vec{a}+n\vec{b})\cdot(m\vec{a}+n\vec{b})$ ⇦ m, n은 실수

$=m^2|\vec{a}|^2+2mn(\vec{a}\cdot\vec{b})+n^2|\vec{b}|^2$

모범답안 (1) $|2\vec{a}-3\vec{b}|^2=4|\vec{a}|^2-12(\vec{a}\cdot\vec{b})+9|\vec{b}|^2$

문제의 조건으로부터 $|\vec{a}|=2$, $|\vec{b}|=3$이고

$$\vec{a}\cdot\vec{b}=|\vec{a}||\vec{b}|\cos 120°=2\times3\times\left(-\frac{1}{2}\right)=-3$$

$\therefore\ |2\vec{a}-3\vec{b}|^2=4\times2^2-12\times(-3)+9\times3^2=133$

$\therefore\ |2\vec{a}-3\vec{b}|=\sqrt{133}$ ← 답

(2) $|x\vec{a}+\vec{b}|^2=2^2$이므로 $x^2|\vec{a}|^2+2x(\vec{a}\cdot\vec{b})+|\vec{b}|^2=4$ ……①

문제의 조건으로부터 $|\vec{a}|=1$, $|\vec{b}|=2$이고

$$\vec{a}\cdot\vec{b}=|\vec{a}||\vec{b}|\cos 30°=1\times2\times\frac{\sqrt{3}}{2}=\sqrt{3}$$

①에 대입하면 $x^2\times1^2+2x\times\sqrt{3}+2^2=4$

$\therefore\ x(x+2\sqrt{3})=0$ $\quad\therefore\ \boldsymbol{x=0,\ -2\sqrt{3}}$ ← 답

유제 **5**-5. $|\vec{a}|=1$, $|\vec{b}|=2$이고 $\vec{a}\cdot\vec{b}=2$일 때, $|2\vec{a}+3\vec{b}|$의 값을 구하여라. 답 8

유제 **5**-6. $|\vec{a}|=2$, $|\vec{b}|=\sqrt{3}$이고 $\vec{a}$, $\vec{b}$가 이루는 각의 크기가 $150°$일 때, $|x\vec{a}+\vec{b}|=1$을 만족시키는 정수 x의 값을 구하여라. 답 $\boldsymbol{x=1}$

필수 예제 5-4 세 벡터 $\vec{a}$, $\vec{b}$, $\vec{c}$에 대하여 다음 물음에 답하여라.

(1) $|\vec{a}|=1$, $|\vec{b}|=1$이고 $\vec{a}$, $\vec{b}$가 이루는 각의 크기가 $60°$일 때, $\vec{a}+\vec{b}$와 $-\vec{a}+2\vec{b}$가 이루는 각의 크기 θ를 구하여라.

(2) $\vec{a}+\vec{b}+\vec{c}=\vec{0}$이고 $|\vec{a}|=3$, $|\vec{b}|=5$, $|\vec{c}|=7$일 때, $\vec{a}$와 $\vec{b}$가 이루는 각의 크기 θ를 구하여라.

정석연구 (1) 두 벡터의 크기와 내적을 알고 있을 때에는

$$\textbf{정의}\quad \vec{a}\cdot\vec{b}=|\vec{a}||\vec{b}|\cos\theta$$

를 이용하여 두 벡터가 이루는 각의 크기를 구할 수 있다.

(2) $\vec{a}+\vec{b}=-\vec{c}$에서 $|\vec{a}+\vec{b}|=|\vec{c}|$이다. 이 식의 양변을 제곱하면 $\vec{a}\cdot\vec{b}$를 포함하는 항이 생긴다는 것을 이용한다.

$$\textbf{정석}\quad |\vec{a}|^2=\vec{a}\cdot\vec{a}$$

모범답안 (1) 조건에서 $\vec{a}\cdot\vec{b}=|\vec{a}||\vec{b}|\cos 60°=1\times1\times\frac{1}{2}=\frac{1}{2}$이므로

$(\vec{a}+\vec{b})\cdot(-\vec{a}+2\vec{b})=-|\vec{a}|^2+\vec{a}\cdot\vec{b}+2|\vec{b}|^2=-1+\frac{1}{2}+2=\frac{3}{2}$,

$|\vec{a}+\vec{b}|^2=|\vec{a}|^2+2(\vec{a}\cdot\vec{b})+|\vec{b}|^2=1+1+1=3$,

$|-\vec{a}+2\vec{b}|^2=|\vec{a}|^2-4(\vec{a}\cdot\vec{b})+4|\vec{b}|^2=1-2+4=3$

이 값을 $(\vec{a}+\vec{b})\cdot(-\vec{a}+2\vec{b})=|\vec{a}+\vec{b}||-\vec{a}+2\vec{b}|\cos\theta$에 대입하면

$$\frac{3}{2}=\sqrt{3}\times\sqrt{3}\cos\theta \qquad \therefore \cos\theta=\frac{1}{2} \qquad \therefore \boldsymbol{\theta=60°} \longleftarrow \text{답}$$

(2) $\vec{a}+\vec{b}+\vec{c}=\vec{0}$에서 $\vec{a}+\vec{b}=-\vec{c}$이므로 $|\vec{a}+\vec{b}|^2=|\vec{c}|^2$

$$\therefore |\vec{a}|^2+2(\vec{a}\cdot\vec{b})+|\vec{b}|^2=|\vec{c}|^2$$

$$\therefore 3^2+2(\vec{a}\cdot\vec{b})+5^2=7^2 \qquad \therefore \vec{a}\cdot\vec{b}=\frac{15}{2}$$

$$\therefore \cos\theta=\frac{\vec{a}\cdot\vec{b}}{|\vec{a}||\vec{b}|}=\frac{15/2}{3\times5}=\frac{1}{2} \qquad \therefore \boldsymbol{\theta=60°} \longleftarrow \text{답}$$

유제 **5**-7. $|\vec{a}|=2$, $|\vec{b}|=\sqrt{3}$, $|\vec{a}+\vec{b}|=1$일 때, $\vec{a}\cdot\vec{b}$의 값을 구하고, $\vec{a}$와 $\vec{b}$가 이루는 각의 크기를 구하여라. 답 **−3, 150°**

유제 **5**-8. $\vec{a}+\vec{b}+\vec{c}=\vec{0}$이고 $|\vec{a}|=4\sqrt{3}$, $|\vec{b}|=6+2\sqrt{3}$, $|\vec{c}|=2\sqrt{6}$일 때, $\vec{a}$와 $\vec{b}$가 이루는 각의 크기를 구하여라. 답 **150°**

필수 예제 **5**-5 다음 물음에 답하여라.

(1) $\vec{a}=(-3,\ 2)$, $\vec{b}=(-2,\ 2-\sqrt{3})$, $\vec{c}=(0,\ 1+\sqrt{3})$, $\vec{d}=(-1,\ 1)$일 때, $\vec{a}-\vec{b}$와 $\vec{c}-\vec{d}$가 이루는 각의 크기 θ를 구하여라.

(2) $\vec{a}=(2\sqrt{3},\ x-1)$, $\vec{b}=(\sqrt{3},\ x)$, $\vec{c}=(3\sqrt{3},\ -4)$에 대하여 $\vec{a}-\vec{b}$와 $\vec{a}-\vec{c}$가 이루는 각의 크기가 150°일 때, 실수 x의 값을 구하여라.

정석연구 두 벡터가 이루는 각의 크기에 관한 문제는

정석 $\vec{a}\cdot\vec{b}=|\vec{a}||\vec{b}|\cos\theta, \qquad \cos\theta=\dfrac{\vec{a}\cdot\vec{b}}{|\vec{a}||\vec{b}|}$

를 이용한다. 여기에서 $\vec{a}\cdot\vec{b}$는 다음을 이용하여 성분으로 나타낸다.

$\vec{a}=(a_1,\ a_2),\ \vec{b}=(b_1,\ b_2) \Longrightarrow \vec{a}\cdot\vec{b}=a_1b_1+a_2b_2$

모범답안 (1) $\vec{a}-\vec{b}=(-1,\ \sqrt{3})$, $\vec{c}-\vec{d}=(1,\ \sqrt{3})$이므로

$(\vec{a}-\vec{b})\cdot(\vec{c}-\vec{d})=(-1,\ \sqrt{3})\cdot(1,\ \sqrt{3})=-1+3=2,$

$|\vec{a}-\vec{b}|=\sqrt{(-1)^2+(\sqrt{3})^2}=2, \quad |\vec{c}-\vec{d}|=\sqrt{1^2+(\sqrt{3})^2}=2$

$\therefore \cos\theta=\dfrac{(\vec{a}-\vec{b})\cdot(\vec{c}-\vec{d})}{|\vec{a}-\vec{b}||\vec{c}-\vec{d}|}=\dfrac{2}{2\times2}=\dfrac{1}{2} \qquad \therefore \boldsymbol{\theta=60°}$ ← 답

(2) $\vec{a}-\vec{b}=(\sqrt{3},\ -1)$, $\vec{a}-\vec{c}=(-\sqrt{3},\ x+3)$이므로

$(\vec{a}-\vec{b})\cdot(\vec{a}-\vec{c})=(\sqrt{3},\ -1)\cdot(-\sqrt{3},\ x+3)=-3-(x+3)=-x-6,$

$|\vec{a}-\vec{b}|=\sqrt{(\sqrt{3})^2+(-1)^2}=2,$

$|\vec{a}-\vec{c}|=\sqrt{(-\sqrt{3})^2+(x+3)^2}=\sqrt{x^2+6x+12}$

따라서 $(\vec{a}-\vec{b})\cdot(\vec{a}-\vec{c})=|\vec{a}-\vec{b}||\vec{a}-\vec{c}|\cos150°$에서

$-x-6=2\times\sqrt{x^2+6x+12}\times\left(-\dfrac{\sqrt{3}}{2}\right)$

$\therefore x+6=\sqrt{3(x^2+6x+12)}$ ……①

양변을 제곱하여 정리하면 $x^2+3x=0 \quad \therefore x=0,\ -3$

이 값은 모두 ①을 만족시키므로 $\boldsymbol{x=0,\ -3}$ ← 답

*Note 양변을 제곱하여 방정식을 풀 때에는 계산하여 얻은 값이 원래 방정식을 만족시키는지 반드시 확인해야 한다.

유제 **5**-9. $\vec{a}=2\vec{e_1}+3\vec{e_2}$, $\vec{b}=5\vec{e_1}+6\vec{e_2}$, $\vec{c}=-3\vec{e_2}$일 때, $\vec{a}-\vec{b}$와 $\vec{a}+\vec{c}$가 이루는 각의 크기를 구하여라. 답 **135°**

유제 **5**-10. $\vec{a}=(1,\ -1)$, $\vec{b}=(-1,\ x)$가 이루는 각의 크기가 120°일 때, 실수 x의 값을 구하여라. 답 $\boldsymbol{x=-2+\sqrt{3}}$

필수 예제 5-6 △ABC에서 $\overrightarrow{CA}=\vec{a}$, $\overrightarrow{CB}=\vec{b}$, $\angle ACB=\theta$일 때, △ABC의 넓이 S를 $\vec{a}$, $\vec{b}$로 나타내어라.

정석연구 오른쪽 그림에서

$$\triangle ABC=\frac{1}{2}|\vec{a}||\vec{b}|\sin\theta$$

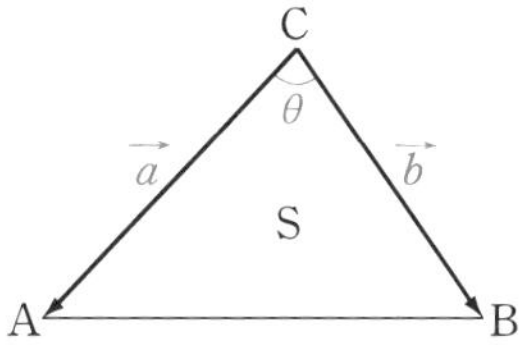

여기에서 $\sin\theta$를 $\vec{a}$, $\vec{b}$로 나타낼 때에는 다음 내적의 정의를 이용한다.

정의 $\vec{a}\cdot\vec{b}=|\vec{a}||\vec{b}|\cos\theta$

모범답안 $S=\frac{1}{2}|\vec{a}||\vec{b}|\sin\theta$

한편 $\cos\theta=\dfrac{\vec{a}\cdot\vec{b}}{|\vec{a}||\vec{b}|}$이고 $0°<\theta<180°$이므로

$$\sin\theta=\sqrt{1-\cos^2\theta}=\sqrt{1-\frac{(\vec{a}\cdot\vec{b})^2}{|\vec{a}|^2|\vec{b}|^2}}=\sqrt{\frac{|\vec{a}|^2|\vec{b}|^2-(\vec{a}\cdot\vec{b})^2}{|\vec{a}|^2|\vec{b}|^2}}$$

$$\therefore\ S=\frac{1}{2}|\vec{a}||\vec{b}|\times\frac{1}{|\vec{a}||\vec{b}|}\sqrt{|\vec{a}|^2|\vec{b}|^2-(\vec{a}\cdot\vec{b})^2}$$

$$=\frac{1}{2}\sqrt{|\vec{a}|^2|\vec{b}|^2-(\vec{a}\cdot\vec{b})^2} \longleftarrow \text{답}$$

Advice | $\vec{a}=(a_1,\ a_2)$, $\vec{b}=(b_1,\ b_2)$라고 하면

$|\vec{a}|^2=a_1^2+a_2^2$, $|\vec{b}|^2=b_1^2+b_2^2$,

$\vec{a}\cdot\vec{b}=a_1b_1+a_2b_2$

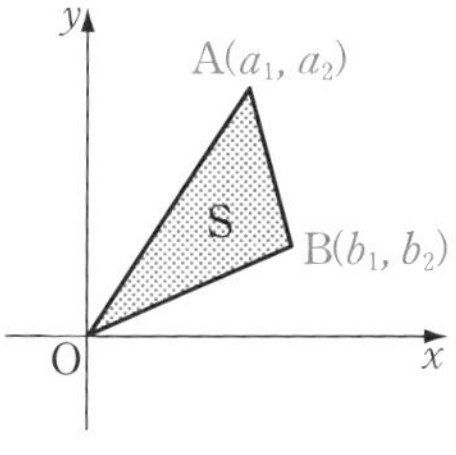

이므로 위의 S에 대입하면

$$S=\frac{1}{2}\sqrt{(a_1^2+a_2^2)(b_1^2+b_2^2)-(a_1b_1+a_2b_2)^2}$$

$$=\frac{1}{2}\sqrt{(a_1b_2-a_2b_1)^2}=\frac{1}{2}|a_1b_2-a_2b_1|$$

정석 $\vec{a}=\overrightarrow{OA}=(a_1,\ a_2)$, $\vec{b}=\overrightarrow{OB}=(b_1,\ b_2)$일 때,

$$\triangle OAB=\frac{1}{2}\sqrt{|\vec{a}|^2|\vec{b}|^2-(\vec{a}\cdot\vec{b})^2}=\frac{1}{2}|a_1b_2-a_2b_1|$$

유제 **5**-11. 세 점 A(2, −3), B(−1, 2), C(3, 1)에 대하여 다음을 구하여라.

(1) $|\overrightarrow{AB}|$, $|\overrightarrow{AC}|$, $\overrightarrow{AB}\cdot\overrightarrow{AC}$　　(2) △ABC의 넓이

답 (1) $|\overrightarrow{AB}|=\sqrt{34}$, $|\overrightarrow{AC}|=\sqrt{17}$, $\overrightarrow{AB}\cdot\overrightarrow{AC}=17$ (2) $\dfrac{17}{2}$

§ 3. 평면벡터의 수직과 평행

기본정석

1 평면벡터의 수직 조건과 평행 조건

$\overrightarrow{a} \neq \overrightarrow{0}$, $\overrightarrow{b} \neq \overrightarrow{0}$ 일 때,

$\overrightarrow{a} \perp \overrightarrow{b} \iff \overrightarrow{a} \cdot \overrightarrow{b} = 0$, $\quad \overrightarrow{a} /\!/ \overrightarrow{b} \iff \overrightarrow{a} \cdot \overrightarrow{b} = \pm |\overrightarrow{a}||\overrightarrow{b}|$

2 평면벡터의 수직 조건과 성분

$\overrightarrow{a} = (a_1, a_2)$, $\overrightarrow{b} = (b_1, b_2)$가 영벡터가 아닐 때,

$\overrightarrow{a} \perp \overrightarrow{b} \iff \overrightarrow{a} \cdot \overrightarrow{b} = 0 \iff a_1b_1 + a_2b_2 = 0$

Advice 1° 평면벡터의 수직과 평행

평면에서 $\overrightarrow{a} \neq \overrightarrow{0}$, $\overrightarrow{b} \neq \overrightarrow{0}$ 인 $\overrightarrow{a}$ 와 $\overrightarrow{b}$ 가 이루는 각의 크기를 θ라고 하자.

(1) 수직 조건 : $\overrightarrow{a} \perp \overrightarrow{b}$ 이면 $\theta = 90°$ 이므로

$\overrightarrow{a} \cdot \overrightarrow{b} = |\overrightarrow{a}||\overrightarrow{b}|\cos 90° = |\overrightarrow{a}||\overrightarrow{b}| \times 0 = 0$

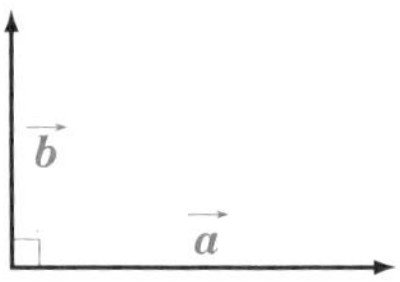

역으로 $\overrightarrow{a} \cdot \overrightarrow{b} = 0$ ($\overrightarrow{a} \neq \overrightarrow{0}$, $\overrightarrow{b} \neq \overrightarrow{0}$)이면

$\cos\theta = 0$이므로 $\theta = 90°$이다.

$\therefore$ $\overrightarrow{a} \perp \overrightarrow{b} \iff \cos\theta = 0 \iff \overrightarrow{a} \cdot \overrightarrow{b} = 0$

또, $\overrightarrow{a} = (a_1, a_2)$, $\overrightarrow{b} = (b_1, b_2)$라고 하면 $\overrightarrow{a} \cdot \overrightarrow{b} = a_1b_1 + a_2b_2$이므로

$\overrightarrow{a} \perp \overrightarrow{b} \iff \overrightarrow{a} \cdot \overrightarrow{b} = 0 \iff a_1b_1 + a_2b_2 = 0$

(2) 평행 조건 : $\overrightarrow{a} /\!/ \overrightarrow{b}$ 이고 $\overrightarrow{a}$, $\overrightarrow{b}$ 의 방향이 같으면 $\theta = 0°$이므로

$\overrightarrow{a} \cdot \overrightarrow{b} = |\overrightarrow{a}||\overrightarrow{b}|\cos 0° = |\overrightarrow{a}||\overrightarrow{b}|$

역으로 $\overrightarrow{a} \cdot \overrightarrow{b} = |\overrightarrow{a}||\overrightarrow{b}|$이면 $\cos\theta = 1$이므로 $\theta = 0°$ $\quad \therefore \overrightarrow{a} /\!/ \overrightarrow{b}$

또, $\overrightarrow{a} /\!/ \overrightarrow{b}$ 이고 $\overrightarrow{a}$, $\overrightarrow{b}$ 의 방향이 반대이면 $\theta = 180°$이므로

$\overrightarrow{a} \cdot \overrightarrow{b} = |\overrightarrow{a}||\overrightarrow{b}|\cos 180° = -|\overrightarrow{a}||\overrightarrow{b}|$

역으로 $\overrightarrow{a} \cdot \overrightarrow{b} = -|\overrightarrow{a}||\overrightarrow{b}|$이면 $\cos\theta = -1$이므로 $\theta = 180°$

$\therefore \overrightarrow{a} /\!/ \overrightarrow{b}$

$\therefore$ $\overrightarrow{a} /\!/ \overrightarrow{b} \iff \cos\theta = \pm 1 \iff \overrightarrow{a} \cdot \overrightarrow{b} = \pm |\overrightarrow{a}||\overrightarrow{b}|$

**Note* 영벡터가 아닌 두 벡터 $\overrightarrow{a}$, $\overrightarrow{b}$ 가 서로 평행하면 0이 아닌 실수 k에 대하여 $\overrightarrow{b} = k\overrightarrow{a}$ 이므로 다음이 성립한다.

$\overrightarrow{a} \cdot \overrightarrow{b} = \overrightarrow{a} \cdot (k\overrightarrow{a}) = k|\overrightarrow{a}|^2$

보기 1 두 벡터 $\overrightarrow{a}=(1,\ -1)$, $\overrightarrow{b}=(-2,\ x)$가 다음을 만족시키도록 실수 x의 값을 정하여라.

(1) $\overrightarrow{b}$는 $\overrightarrow{a}$에 수직이다. (2) $\overrightarrow{b}$는 $\overrightarrow{a}$와 방향이 반대이다.

연구 두 벡터의 수직 조건과 평행 조건을 기억해 두고서 이용해도 되지만,

$$\textbf{정 의}\quad \overrightarrow{a}\cdot\overrightarrow{b}=|\overrightarrow{a}||\overrightarrow{b}|\cos\theta$$

로부터 유도할 수도 있어야 한다.

곧, $\overrightarrow{a}$와 $\overrightarrow{b}$가 이루는 각의 크기 θ에 대하여

(1) $\theta=90°$일 때이므로 $\cos\theta=0$ $\quad\therefore\ \overrightarrow{a}\cdot\overrightarrow{b}=0$

$\therefore\ (1,\ -1)\cdot(-2,\ x)=0 \quad \therefore\ -2-x=0 \quad \therefore\ \boldsymbol{x=-2}$

(2) $\theta=180°$일 때이므로 $\cos\theta=-1$ $\quad\therefore\ \overrightarrow{a}\cdot\overrightarrow{b}=-|\overrightarrow{a}||\overrightarrow{b}|$

$\therefore\ (1,\ -1)\cdot(-2,\ x)=-\sqrt{1^2+(-1)^2}\sqrt{(-2)^2+x^2}$

$\therefore\ -2-x=-\sqrt{2}\sqrt{4+x^2} \quad \therefore\ x+2=\sqrt{2(x^2+4)}$

양변을 제곱하여 정리하면 $x^2-4x+4=0$ $\quad\therefore\ \boldsymbol{x=2}$

* *Note* $\overrightarrow{b}$는 $\overrightarrow{a}$와 방향이 반대이므로 $\overrightarrow{a}\parallel\overrightarrow{b}$

따라서 0이 아닌 실수 k에 대하여 $\overrightarrow{b}=k\overrightarrow{a}$ 곧, $(-2,\ x)=k(1,\ -1)$

$\therefore\ -2=k,\ x=-k \quad \therefore\ \boldsymbol{x=2}$

이때, $\overrightarrow{b}=-2\overrightarrow{a}$이므로 $\overrightarrow{b}$는 $\overrightarrow{a}$와 방향이 반대임을 확인할 수 있다.

Advice 2° 평면의 기본벡터의 내적

좌표평면에서 원점 O를 시점으로 하는 기본벡터 $\overrightarrow{e_1}$, $\overrightarrow{e_2}$는

$\overrightarrow{e_1}=(1,\ 0)$, $\quad \overrightarrow{e_2}=(0,\ 1)$

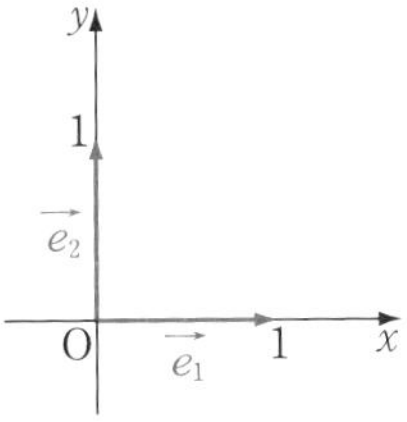

이므로 $|\overrightarrow{e_1}|=1$, $|\overrightarrow{e_2}|=1$, $\overrightarrow{e_1}\perp\overrightarrow{e_2}$이다. 따라서

$\overrightarrow{e_1}\cdot\overrightarrow{e_1}=|\overrightarrow{e_1}||\overrightarrow{e_1}|\cos 0°=1\times1\times1=\mathbf{1}$,

$\overrightarrow{e_2}\cdot\overrightarrow{e_2}=|\overrightarrow{e_2}||\overrightarrow{e_2}|\cos 0°=1\times1\times1=\mathbf{1}$,

$\overrightarrow{e_1}\cdot\overrightarrow{e_2}=|\overrightarrow{e_1}||\overrightarrow{e_2}|\cos 90°=1\times1\times0=\mathbf{0}$,

$\overrightarrow{e_2}\cdot\overrightarrow{e_1}=|\overrightarrow{e_2}||\overrightarrow{e_1}|\cos 90°=1\times1\times0=\mathbf{0}$

정 석 평면의 기본벡터 $\overrightarrow{e_1}$, $\overrightarrow{e_2}$에 대하여

$$\overrightarrow{e_i}\cdot\overrightarrow{e_j}=\begin{cases}1 & (i=j)\\ 0 & (i\neq j)\end{cases} \quad (\text{단, } i=1,\ 2,\ j=1,\ 2)$$

보기 2 $(\overrightarrow{e_1}+\overrightarrow{e_2})\cdot(\overrightarrow{e_1}+\overrightarrow{e_2})$의 값을 구하여라.

연구 $(\overrightarrow{e_1}+\overrightarrow{e_2})\cdot(\overrightarrow{e_1}+\overrightarrow{e_2})=\overrightarrow{e_1}\cdot\overrightarrow{e_1}+\overrightarrow{e_1}\cdot\overrightarrow{e_2}+\overrightarrow{e_2}\cdot\overrightarrow{e_1}+\overrightarrow{e_2}\cdot\overrightarrow{e_2}=1+0+0+1=\mathbf{2}$

필수 예제 5-7 두 벡터 $\overrightarrow{a}$, $\overrightarrow{b}$에 대하여 다음 물음에 답하여라.

(1) $|\overrightarrow{b}|=2|\overrightarrow{a}|\neq 0$이고 $(\overrightarrow{a}+\overrightarrow{b})\perp(5\overrightarrow{a}-2\overrightarrow{b})$일 때, $\overrightarrow{a}$와 $\overrightarrow{b}$가 이루는 각의 크기를 구하여라.

(2) $\overrightarrow{a}$와 $\overrightarrow{b}$가 이루는 각의 크기는 $60°$이고 $|\overrightarrow{a}|=6$, $(\overrightarrow{a}+\overrightarrow{b})\perp(2\overrightarrow{a}-5\overrightarrow{b})$일 때, $|\overrightarrow{b}|$의 값을 구하여라.

정석연구 두 벡터의 수직에 관한 문제는

정석 $\overrightarrow{u}\neq\overrightarrow{0}$, $\overrightarrow{v}\neq\overrightarrow{0}$일 때, $\overrightarrow{u}\perp\overrightarrow{v} \iff \overrightarrow{u}\cdot\overrightarrow{v}=0$

을 이용한다.

모범답안 (1) $(\overrightarrow{a}+\overrightarrow{b})\perp(5\overrightarrow{a}-2\overrightarrow{b})$이므로

$$(\overrightarrow{a}+\overrightarrow{b})\cdot(5\overrightarrow{a}-2\overrightarrow{b})=0 \quad \therefore\ 5|\overrightarrow{a}|^2+3(\overrightarrow{a}\cdot\overrightarrow{b})-2|\overrightarrow{b}|^2=0$$

$|\overrightarrow{b}|=2|\overrightarrow{a}|$이므로

$$5|\overrightarrow{a}|^2+3(\overrightarrow{a}\cdot\overrightarrow{b})-8|\overrightarrow{a}|^2=0 \quad \therefore\ \overrightarrow{a}\cdot\overrightarrow{b}=|\overrightarrow{a}|^2$$

따라서 $\overrightarrow{a}$와 $\overrightarrow{b}$가 이루는 각의 크기를 θ라고 하면

$$\cos\theta=\frac{\overrightarrow{a}\cdot\overrightarrow{b}}{|\overrightarrow{a}||\overrightarrow{b}|}=\frac{|\overrightarrow{a}|^2}{|\overrightarrow{a}|\times 2|\overrightarrow{a}|}=\frac{1}{2} \quad \therefore\ \theta=\mathbf{60°} \longleftarrow \text{답}$$

(2) $|\overrightarrow{b}|=x$라고 하면 $\overrightarrow{a}$와 $\overrightarrow{b}$가 이루는 각의 크기는 $60°$이므로

$$\overrightarrow{a}\cdot\overrightarrow{b}=|\overrightarrow{a}||\overrightarrow{b}|\cos 60°=6\times x\times\frac{1}{2}=3x$$

또, $(\overrightarrow{a}+\overrightarrow{b})\perp(2\overrightarrow{a}-5\overrightarrow{b})$이므로

$$(\overrightarrow{a}+\overrightarrow{b})\cdot(2\overrightarrow{a}-5\overrightarrow{b})=0 \quad \therefore\ 2|\overrightarrow{a}|^2-3(\overrightarrow{a}\cdot\overrightarrow{b})-5|\overrightarrow{b}|^2=0$$

여기에서 $|\overrightarrow{a}|=6$, $\overrightarrow{a}\cdot\overrightarrow{b}=3x$, $|\overrightarrow{b}|=x$이므로

$$2\times 6^2-3\times 3x-5\times x^2=0 \quad \therefore\ (x-3)(5x+24)=0$$

$x>0$이므로 $x=3$ $\quad \therefore\ |\overrightarrow{\boldsymbol{b}}|=\mathbf{3} \longleftarrow$ 답

유제 **5**-12. $|\overrightarrow{a}|=2|\overrightarrow{b}|\neq 0$이고 $\overrightarrow{a}+5\overrightarrow{b}$와 $2\overrightarrow{a}-3\overrightarrow{b}$가 서로 수직일 때, 두 벡터 $\overrightarrow{a}$, $\overrightarrow{b}$가 이루는 각의 크기를 구하여라. 답 **60°**

유제 **5**-13. 서로 평행하지 않은 두 벡터 $\overrightarrow{a}$, $\overrightarrow{b}$에 대하여 $|\overrightarrow{a}|=5$, $|\overrightarrow{b}|=\sqrt{5}$이고 $\overrightarrow{a}+t\overrightarrow{b}$와 $\overrightarrow{a}-t\overrightarrow{b}$가 서로 수직일 때, 실수 t의 값을 구하여라.

답 $\boldsymbol{t=\pm\sqrt{5}}$

필수 예제 **5**-8 두 벡터 $\overrightarrow{a}=(1,\ 2)$, $\overrightarrow{b}=(2,\ 1)$에 대하여 다음을 만족시키는 실수 $x,\ y$의 값을 구하여라.

(1) $(x\overrightarrow{a}+y\overrightarrow{b})\perp\overrightarrow{a}$, $|x\overrightarrow{a}+y\overrightarrow{b}|=1$

(2) $(x\overrightarrow{a}+\overrightarrow{b})\perp(\overrightarrow{a}+y\overrightarrow{b})$, $|x\overrightarrow{a}+\overrightarrow{b}|=|\overrightarrow{a}+y\overrightarrow{b}|$

정석연구 (1)은 $x\overrightarrow{a}+y\overrightarrow{b}$를, (2)는 $x\overrightarrow{a}+\overrightarrow{b}$와 $\overrightarrow{a}+y\overrightarrow{b}$를 성분으로 나타낸 다음 아래 **정석**을 이용한다.

정석 $\overrightarrow{u}=(a_1,\ a_2)$, $\overrightarrow{v}=(b_1,\ b_2)$이고 $\overrightarrow{u}\neq\overrightarrow{0}$, $\overrightarrow{v}\neq\overrightarrow{0}$일 때,

수직 조건 : $\overrightarrow{u}\cdot\overrightarrow{v}=0$ 곧, $a_1b_1+a_2b_2=0$

크 기 : $|\overrightarrow{u}|=\sqrt{a_1^2+a_2^2}$, $|\overrightarrow{v}|=\sqrt{b_1^2+b_2^2}$

모범답안 (1) $x\overrightarrow{a}+y\overrightarrow{b}=x(1,\ 2)+y(2,\ 1)=(x+2y,\ 2x+y)$

$(x\overrightarrow{a}+y\overrightarrow{b})\perp\overrightarrow{a}$이므로 $(x\overrightarrow{a}+y\overrightarrow{b})\cdot\overrightarrow{a}=0$

$\therefore\ (x+2y,\ 2x+y)\cdot(1,\ 2)=0$ $\therefore\ (x+2y)+2(2x+y)=0$ ……①

$|x\overrightarrow{a}+y\overrightarrow{b}|=1$이므로 $(x+2y)^2+(2x+y)^2=1$ ……②

①, ②를 연립하여 풀면 $x=\pm\dfrac{4\sqrt{5}}{15}$, $y=\mp\dfrac{\sqrt{5}}{3}$ (복부호동순) ← 답

(2) $x\overrightarrow{a}+\overrightarrow{b}=x(1,\ 2)+(2,\ 1)=(x+2,\ 2x+1)$,

$\overrightarrow{a}+y\overrightarrow{b}=(1,\ 2)+y(2,\ 1)=(1+2y,\ 2+y)$

$(x\overrightarrow{a}+\overrightarrow{b})\perp(\overrightarrow{a}+y\overrightarrow{b})$이므로 $(x\overrightarrow{a}+\overrightarrow{b})\cdot(\overrightarrow{a}+y\overrightarrow{b})=0$

$\therefore\ (x+2,\ 2x+1)\cdot(1+2y,\ 2+y)=0$

$\therefore\ (x+2)(1+2y)+(2x+1)(2+y)=0$ ……③

$|x\overrightarrow{a}+\overrightarrow{b}|=|\overrightarrow{a}+y\overrightarrow{b}|$이므로 $|x\overrightarrow{a}+\overrightarrow{b}|^2=|\overrightarrow{a}+y\overrightarrow{b}|^2$

$\therefore\ (x+2)^2+(2x+1)^2=(1+2y)^2+(2+y)^2$ ……④

③, ④를 연립하여 풀면 $x=y=-\dfrac{1}{2}$, $x=y=-2$ ← 답

유제 **5**-14. $\overrightarrow{a}=(2,\ 3)$, $\overrightarrow{b}=(x,\ 2)$이고 $\overrightarrow{a}+\overrightarrow{b}$와 $\overrightarrow{a}-\overrightarrow{b}$가 서로 수직일 때, 실수 x의 값을 구하여라. 답 $x=\pm3$

유제 **5**-15. $\overrightarrow{a}=(3,\ 4)$, $\overrightarrow{b}=(2,\ -1)$이고 $\overrightarrow{a}+x\overrightarrow{b}$와 $\overrightarrow{a}-\overrightarrow{b}$가 서로 수직일 때, 실수 x의 값을 구하여라. 답 $x=\dfrac{23}{3}$

유제 **5**-16. $\overrightarrow{a}=(3,\ 4)$에 수직이고 크기가 1인 벡터를 성분으로 나타내어라.

답 $\left(\dfrac{4}{5},\ -\dfrac{3}{5}\right)$, $\left(-\dfrac{4}{5},\ \dfrac{3}{5}\right)$

필수 예제 5-9 영벡터가 아닌 두 벡터 $\overrightarrow{a}$, $\overrightarrow{b}$가 서로 평행하지 않을 때, 실수 t에 대하여 다음 물음에 답하여라.

(1) $\overrightarrow{a}+t\overrightarrow{b}$의 크기가 최소일 때, t의 값 t_0을 구하여라.

(2) (1)의 t_0에 대하여 $\overrightarrow{a}+t_0\overrightarrow{b}$는 $\overrightarrow{b}$에 수직임을 보여라.

정석연구 (1) $|\overrightarrow{a}+t\overrightarrow{b}|\ge 0$이므로

$$|\overrightarrow{a}+t\overrightarrow{b}|^2=(\overrightarrow{a}+t\overrightarrow{b})\cdot(\overrightarrow{a}+t\overrightarrow{b})$$

가 최소일 때의 t의 값을 구해도 된다.

정석 $|\overrightarrow{u}|^2=\overrightarrow{u}\cdot\overrightarrow{u}$

(2) $(\overrightarrow{a}+t_0\overrightarrow{b})\cdot\overrightarrow{b}=0$임을 보인다.

정석 $\overrightarrow{a}\ne\overrightarrow{0}$, $\overrightarrow{b}\ne\overrightarrow{0}$일 때, $\overrightarrow{a}\perp\overrightarrow{b} \iff \overrightarrow{a}\cdot\overrightarrow{b}=0$

모범답안 (1) $|\overrightarrow{a}+t\overrightarrow{b}|^2=|\overrightarrow{b}|^2t^2+2(\overrightarrow{a}\cdot\overrightarrow{b})t+|\overrightarrow{a}|^2$

따라서 $t=-\dfrac{2(\overrightarrow{a}\cdot\overrightarrow{b})}{2|\overrightarrow{b}|^2}=-\dfrac{\overrightarrow{a}\cdot\overrightarrow{b}}{|\overrightarrow{b}|^2}$일 때 $|\overrightarrow{a}+t\overrightarrow{b}|^2$은 최소이고,

이때 $|\overrightarrow{a}+t\overrightarrow{b}|$도 최소이다. 답 $t_0=-\dfrac{\overrightarrow{a}\cdot\overrightarrow{b}}{|\overrightarrow{b}|^2}$

(2) $(\overrightarrow{a}+t_0\overrightarrow{b})\cdot\overrightarrow{b}=\overrightarrow{a}\cdot\overrightarrow{b}+t_0|\overrightarrow{b}|^2$

$$=\overrightarrow{a}\cdot\overrightarrow{b}+\left(-\frac{\overrightarrow{a}\cdot\overrightarrow{b}}{|\overrightarrow{b}|^2}\right)|\overrightarrow{b}|^2=\overrightarrow{a}\cdot\overrightarrow{b}-\overrightarrow{a}\cdot\overrightarrow{b}=0$$

따라서 $\overrightarrow{a}+t_0\overrightarrow{b}$는 $\overrightarrow{b}$에 수직이다.

Advice 오른쪽 그림과 같이 $\overrightarrow{a}=\overrightarrow{OA}$, $\overrightarrow{b}=\overrightarrow{OB}$라고 하자.

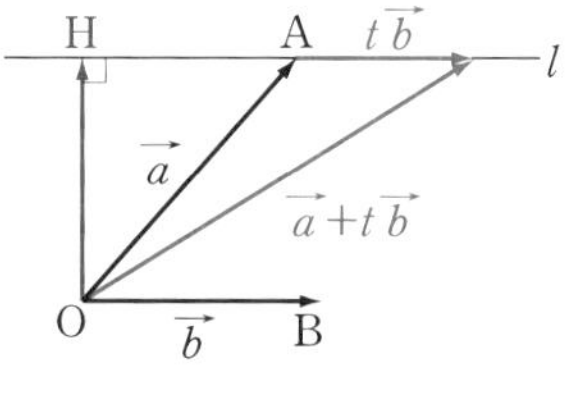

이때, 점 O를 시점으로 하는 위치벡터 $\overrightarrow{a}+t\overrightarrow{b}$의 종점은 점 A를 지나고 벡터 $\overrightarrow{b}$에 평행한 직선 l 위의 점이다.

따라서 점 O에서 직선 l에 내린 수선의 발을 H라고 하면 $\overrightarrow{a}+t\overrightarrow{b}$의 종점이 H일 때 크기가 최소이다.

유제 **5**-17. 두 벡터 $\overrightarrow{a}=(-1, 2)$, $\overrightarrow{b}=(1, 3)$과 실수 t에 대하여

(1) $\overrightarrow{a}+t\overrightarrow{b}$의 크기가 최소일 때, t의 값을 구하여라.

(2) (1)의 t의 값을 t_0이라고 할 때, $\overrightarrow{a}+t_0\overrightarrow{b}$는 $\overrightarrow{b}$에 수직임을 보여라.

답 (1) $t=-\dfrac{1}{2}$ (2) 생략

연습문제 5

기본 **5-1** 원점 O가 외부에 있는 정사각형 PQRS의 두 대각선의 교점을 M이라고 하자. $\overrightarrow{OR}=(0,\ 3)$, $\overrightarrow{OS}=(4,\ 0)$일 때, 다음 벡터를 성분으로 나타내어라.

(1) $\overrightarrow{RS}$ (2) $\overrightarrow{RQ}$ (3) $\overrightarrow{SQ}$ (4) $\overrightarrow{QM}$ (5) $\overrightarrow{PM}$

5-2 좌표평면 위에 두 점 A(1, 1), B(−1, −3)이 있다.
점 P가 $|\overrightarrow{AP}|-|\overrightarrow{BP}|=0$을 만족시키며 움직일 때, $|\overrightarrow{AP}|$의 최솟값을 구하여라.

5-3 좌표평면 위에 원점 O와 세 점 A(2, 6), B(−1, 0), C(4, 0)이 있다.
선분 AC의 중점을 M이라고 할 때, 다음 물음에 답하여라.

(1) $\overrightarrow{OA}-2\overrightarrow{OB}$에 평행하고 크기가 $\sqrt{13}$인 벡터를 성분으로 나타내어라.

(2) 점 T가 선분 BM 위를 움직일 때, $|\overrightarrow{AT}+\overrightarrow{BT}+\overrightarrow{CT}|$의 최댓값을 구하여라.

5-4 $\overline{AB}=3$, $\overline{AD}=4$인 직사각형 ABCD의 꼭짓점 A에서 대각선 BD에 내린 수선의 발을 H라고 할 때, $\overrightarrow{AH}\cdot\overrightarrow{AC}$의 값을 구하여라.

5-5 $\vec{a}=(1,\ m)$, $\vec{b}=(m-1,\ m+1)$ (단, $m>0$)에 대하여 $|\vec{a}-\vec{b}|=\sqrt{5}$이고 $\vec{a}$와 $\vec{b}$가 이루는 각의 크기가 θ일 때, $\cos\theta$의 값을 구하여라.

5-6 두 벡터 $\vec{a}$, $\vec{b}$가 이루는 각의 크기는 $60°$이고 $|\vec{a}|=|\vec{b}|=2$이다.
$\overrightarrow{OP}=\vec{a}+\vec{b}$, $\overrightarrow{OQ}=2\vec{a}-\vec{b}$일 때, 두 점 P, Q 사이의 거리를 구하여라.

5-7 $|\vec{a}|=|\vec{b}|\neq0$이고 $|2\vec{a}-\vec{b}|=|\vec{a}+3\vec{b}|$일 때, $\vec{a}$와 $\vec{b}$가 이루는 각의 크기를 구하여라.

5-8 두 단위벡터 $\vec{a}$, $\vec{b}$가 이루는 각의 크기가 $45°$일 때,
$\displaystyle\lim_{x\to0}\frac{|\vec{a}+x\vec{b}|-|\vec{a}|}{x}$의 값을 구하여라. ⇦ 수학 Ⅱ (함수의 극한)

5-9 세 벡터 $\vec{a}$, $\vec{b}$, $\vec{c}$ 사이에 다음 관계가 성립한다.

$$\vec{b}\cdot\vec{c}=\vec{c}\cdot\vec{a}=\vec{a}\cdot\vec{b}=-1,\quad \vec{a}+\vec{b}+\vec{c}=\vec{0}$$

(1) $|\vec{a}|$, $|\vec{b}|$, $|\vec{c}|$의 값을 구하여라.

(2) $\vec{a}$와 $\vec{b}$가 이루는 각의 크기를 구하여라.

5-10 $\overline{\text{AB}}/\!/\overline{\text{DC}}$, $\overline{\text{BC}}=\overline{\text{CD}}=\overline{\text{DA}}=2$, $\angle\text{A}=\angle\text{B}=60°$인 등변사다리꼴 ABCD에서 점 M, N은 각각 변 BC, CD의 중점이고, 두 벡터 $\vec{a}$, $\vec{b}$는 각각 벡터 $\overrightarrow{\text{AB}}$, $\overrightarrow{\text{AD}}$와 같은 방향의 단위벡터이다.

(1) $\overrightarrow{\text{AC}}$, $\overrightarrow{\text{AM}}$, $\overrightarrow{\text{AN}}$을 $\vec{a}$, $\vec{b}$로 나타내어라.

(2) $\overrightarrow{\text{AC}}\cdot\overrightarrow{\text{MN}}$의 값을 구하여라.

5-11 타원 $x^2+5y^2=5$의 두 초점 F$(k, 0)$, F$'(-k, 0)$ (단, $k>0$)에 대하여 타원 위의 점 P가 $\overrightarrow{\text{PF}}\cdot\overrightarrow{\text{PF}'}=\dfrac{1}{2}$을 만족시킨다. 점 P를 원점에 대하여 대칭이동한 점을 Q라고 할 때, $\overrightarrow{\text{PQ}}\cdot\overrightarrow{\text{FF}'}$의 값을 구하여라.

5-12 오른쪽 그림과 같이 중심이 각각 O_1, O_2이고 반지름의 길이가 각각 1인 두 원이 두 점 A, B에서 만난다. 호 AO_2B 위의 점 P와 호 AO_1B 위의 점 Q에 대하여 $\overrightarrow{\text{O}_1\text{P}}\cdot\overrightarrow{\text{O}_2\text{Q}}$의 최댓값과 최솟값을 구하여라.

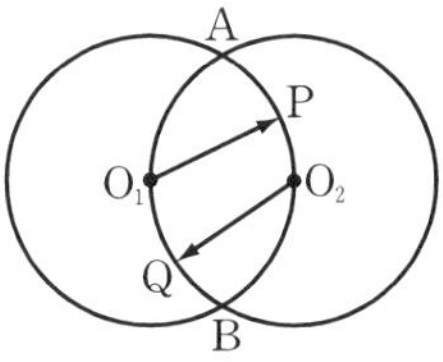

5-13 두 벡터 $\vec{a}$, $\vec{b}$에 대하여 다음 부등식을 증명하여라.

(1) $|\vec{a}\cdot\vec{b}|\le|\vec{a}||\vec{b}|$ (2) $|\vec{a}+\vec{b}|\le|\vec{a}|+|\vec{b}|$

5-14 $\overline{\text{AB}}=\overline{\text{AC}}$인 직각이등변삼각형 ABC가 있다. 선분 AB를 $1:3$으로 내분하는 점을 D, 선분 AC를 $1:2$로 내분하는 점을 E, 선분 BE의 중점을 F, 선분 BC를 $7:1$로 외분하는 점을 G라고 할 때, $\angle$DFG의 크기를 구하여라.

5-15 대각선의 길이가 4인 직사각형 ABCD의 외부의 점 P가 $\overrightarrow{\text{PA}}+\overrightarrow{\text{PB}}+\overrightarrow{\text{PC}}+\overrightarrow{\text{PD}}=3\overrightarrow{\text{CA}}$를 만족시킬 때, 다음 중 옳은 것만을 있는 대로 골라라.

> ㄱ. $\overrightarrow{\text{AP}}=5\overrightarrow{\text{CP}}$ ㄴ. $\overrightarrow{\text{PB}}\cdot\overrightarrow{\text{PD}}=5$
> ㄷ. $\triangle$ABP의 넓이가 5이면 $\overrightarrow{\text{AB}}\cdot\overrightarrow{\text{AC}}=8$이다.

5-16 오른쪽 그림과 같이 평면 위에 $\overline{\text{AB}}=1$, $\overline{\text{BC}}=\sqrt{3}$인 직사각형 ABCD와 정삼각형 EAD가 있다. 점 P가 선분 AE 위를 움직일 때, 다음을 구하여라.

(1) $|\overrightarrow{\text{CB}}-\overrightarrow{\text{CP}}|$의 최솟값 (2) $\overrightarrow{\text{CA}}\cdot\overrightarrow{\text{CP}}$

(3) $|\overrightarrow{\text{DA}}+\overrightarrow{\text{CP}}|$의 최솟값

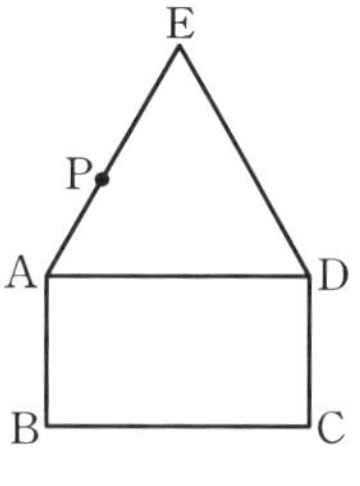

5-17 영벡터가 아닌 벡터 $\vec{u}$, $\vec{v}$가 모든 실수 t에 대하여 $|\vec{u}+t\vec{v}|\ge|\vec{u}|$를 만족시킬 때, $\vec{u}$와 $\vec{v}$는 서로 수직임을 보여라.

5-18 $\overrightarrow{AB}=(6, 1)$, $\overrightarrow{BC}=(x, y)$, $\overrightarrow{CD}=(-2, -3)$이다.

(1) $\overrightarrow{BC}$와 $\overrightarrow{DA}$가 서로 평행할 때, 실수 x, y 사이의 관계식을 구하여라.

(2) 이때, $\overrightarrow{AC}$와 $\overrightarrow{BD}$가 서로 수직이 되도록 x, y의 값을 정하여라.

5-19 직각삼각형 OAB에서 $\overline{OA}=\overline{OB}=1$이고 $\overrightarrow{OA}=\vec{a}$, $\overrightarrow{OB}=\vec{b}$, $\overrightarrow{AB}=\vec{c}$일 때, 다음 물음에 답하여라.

(1) $\vec{p}=7(\vec{a}+\vec{b})+\vec{c}$의 크기 $|\vec{p}|$를 구하여라.

(2) $\vec{c}-x\vec{a}$와 $\vec{a}$가 서로 수직이 되도록 실수 x의 값을 정하여라.

5-20 $\triangle$OAB에서 변 AB를 $m:n$(단, $m>n>0$)으로 내분하는 점과 외분하는 점을 각각 P, Q라 하고, $\overrightarrow{OA}=\vec{a}$, $\overrightarrow{OB}=\vec{b}$라고 하자.

$\overrightarrow{OP}$와 $\overrightarrow{OQ}$가 서로 수직일 때, $|\vec{a}|:|\vec{b}|$를 m, n으로 나타내어라.

실력 **5-21** 좌표평면에서 벡터 $\vec{a}$가 x축의 양의 방향과 이루는 각의 크기를 θ라고 할 때, $\vec{a}$에 수직인 단위벡터를 성분으로 나타내어라.

⇦ 수학 I (삼각함수의 기본 성질)

5-22 오른쪽 그림과 같이 선분 AB 위의 두 점 O_1, O_2를 중심으로 하고 반지름의 길이가 1인 두 반원이 점 C에서 만난다. 이 두 반원이 선분 AB와 만나는 점 중에서 A, B가 아닌 점을 각각 D, E라고 하자.

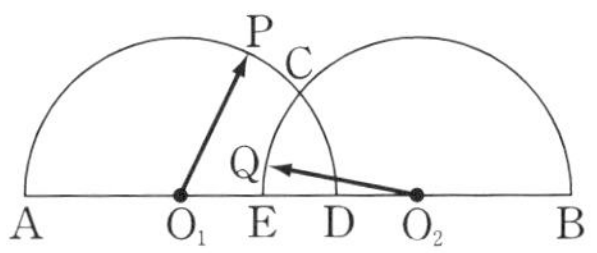

호 AC 위의 점 P와 호 EC 위의 점 Q에 대하여 $|\overrightarrow{O_1P}+\overrightarrow{O_2Q}|$의 최솟값이 $\dfrac{1}{2}$이다. 이때의 $\triangle O_1PQ$의 넓이를 구하여라. 단, $1<\overline{O_1O_2}<2$이다.

5-23 오른쪽 그림과 같이 평면 위에 정삼각형 ABC와 선분 AC를 지름으로 하는 원 O가 있다. 또, 선분 BC 위의 점 D를 $\angle DAB=12°$가 되도록 정한다. 원 O 위를 움직이는 점 X에 대하여 $\overrightarrow{AD}\cdot\overrightarrow{CX}$가 최소일 때의 $\angle ACX$의 크기를 구하여라.

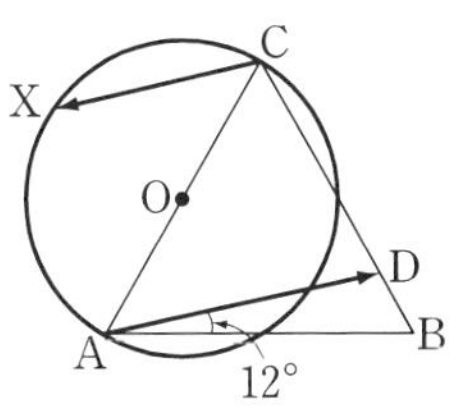

5-24 $\overline{AB}=4$, $\overline{BC}=6$인 $\triangle$ABC의 외심을 O라고 할 때, $\overrightarrow{CA}\cdot\overrightarrow{BO}$의 값을 구하여라.

5-25 △ABC에서 $\overrightarrow{AB}=\vec{c}$, $\overrightarrow{BC}=\vec{a}$, $\overrightarrow{CA}=\vec{b}$ 라고 하자. 세 변의 길이가 $\overline{AB}=c$, $\overline{BC}=a$, $\overline{CA}=b$일 때, 다음 물음에 답하여라.

(1) △ABC의 무게중심을 G라고 할 때, $\overrightarrow{AG}$를 $\vec{b}$, $\vec{c}$로 나타내어라.

(2) $|\overrightarrow{AG}|^2$을 a, b, c로 나타내어라.

(3) $a=2\sqrt{3}$, $b=\sqrt{21}$, $c=\sqrt{3}$일 때, ∠AGB의 크기를 구하여라.

5-26 실수 x, y, u, v가 $x^2+y^2=1$, $(u-4)^2+(v-3)^2=1$을 만족시킬 때, $xu+yv$의 최댓값과 최솟값을 구하여라.

5-27 다음 물음에 답하여라.

(1) 중심이 원점 O이고 반지름의 길이가 1인 원 위에 세 점 A, B, C가 있다. $\overrightarrow{OA}+\overrightarrow{OB}+\overrightarrow{OC}=\vec{0}$일 때, ∠AOB의 크기를 구하여라.

(2) $\alpha>0$, $\beta>0$, $\gamma>0$, $\alpha+\beta+\gamma=360°$일 때, $\cos\alpha+\cos\beta+\cos\gamma$의 최솟값과 이때 α, β, γ의 값을 구하여라.

5-28 좌표평면 위의 세 점 P, Q, R가 한 직선 위에 있다.
두 벡터 $\vec{a}=(1, 0)$, $\vec{b}=(0, 1)$에 대하여

$$\overrightarrow{OP}=-2\vec{a}+m\vec{b},\quad \overrightarrow{OQ}=n\vec{a}+\vec{b},\quad \overrightarrow{OR}=5\vec{a}-\vec{b}$$

이고 $\overrightarrow{OP}\perp\overrightarrow{OQ}$일 때, 실수 m, n의 값을 구하여라. 단, O는 원점이다.

5-29 $\overline{OB}=4\overline{OA}$를 만족시키는 △OAB에서 변 AB의 중점을 M, 선분 OM을 1 : 2로 내분하는 점을 N이라고 하자.

(1) $\overrightarrow{OA}=\vec{a}$, $\overrightarrow{OB}=\vec{b}$ 라고 할 때, $\overrightarrow{NA}$를 $\vec{a}$, $\vec{b}$로 나타내어라.

(2) $\overline{ON}\perp\overline{NA}$일 때, $\cos(\angle AOB)$의 값을 구하여라.

5-30 △ABC의 세 변 BC, CA, AB의 길이가 각각 $2\sqrt{7}$, 4, 6이고, 선분 AD가 △ABC의 외접원의 지름일 때, 다음 물음에 답하여라.

(1) $\overrightarrow{AB}\cdot\overrightarrow{AC}$의 값을 구하여라.

(2) $\overrightarrow{AD}=x\overrightarrow{AB}+y\overrightarrow{AC}$를 만족시키는 실수 x, y의 값을 구하여라.

5-31 △OAB에서 $\overline{OA}=5$, $\overline{OB}=4$, ∠AOB$=60°$이고, 점 O에서 변 AB에 내린 수선의 발을 H라고 하자.
$\overrightarrow{OA}=\vec{a}$, $\overrightarrow{OB}=\vec{b}$ 라고 할 때, $\overrightarrow{OH}$를 $\vec{a}$, $\vec{b}$로 나타내어라.

⑥. 직선과 원의 벡터방정식

§1. 직선의 벡터방정식

기본정석

1 점 **A**를 지나고 $\vec{d}$에 평행한 직선의 방정식

(1) 점 A와 직선 위의 점 P의 위치벡터를 각각 $\vec{a}$, $\vec{p}$라고 하면

$$\vec{p}=\vec{a}+t\vec{d} \quad (\text{단, } t\text{는 실수})$$

(2) $A(x_1, y_1)$이고 $\vec{d}=(l, m)$일 때, 직선의 방정식은

$$\frac{x-x_1}{l}=\frac{y-y_1}{m} \quad (\text{단, } l\neq0,\ m\neq0)$$

이때, 벡터 $\vec{d}$를 이 직선의 방향벡터라고 한다.

2 두 점 **A**, **B**를 지나는 직선의 방정식

(1) 두 점 A, B와 직선 위의 점 P의 위치벡터를 각각 $\vec{a}$, $\vec{b}$, $\vec{p}$라고 하면

$$\vec{p}=\vec{a}+t(\vec{b}-\vec{a}) \quad (\text{단, } t\text{는 실수})$$

(2) $A(x_1, y_1)$, $B(x_2, y_2)$일 때, 직선의 방정식은

$$\frac{x-x_1}{x_2-x_1}=\frac{y-y_1}{y_2-y_1} \quad (\text{단, } x_1\neq x_2,\ y_1\neq y_2)$$

3 점 **A**를 지나고 $\vec{h}$에 수직인 직선의 방정식

(1) 점 A와 직선 위의 점 P의 위치벡터를 각각 $\vec{a}$, $\vec{p}$라고 하면

$$(\vec{p}-\vec{a})\cdot\vec{h}=0$$

(2) $A(x_1, y_1)$이고 $\vec{h}=(a, b)$일 때, 직선의 방정식은

$$a(x-x_1)+b(y-y_1)=0$$

이때, 벡터 $\vec{h}$를 이 직선의 법선벡터라고 한다.

Advice 1° 점 **A**를 지나고 $\vec{d}$에 평행한 직선의 방정식

좌표평면에서 점 $A(x_1, y_1)$을 지나고 벡터 $\vec{d}=(l, m)$에 평행한 직선의 방정식을 구해 보자.

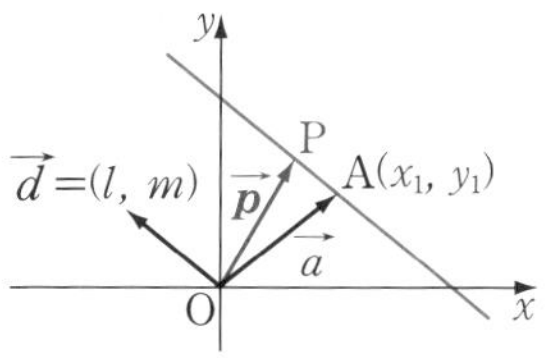

직선 위의 점을 P라 하면 $\overrightarrow{AP}\,/\!/\,\vec{d}$이므로 $\overrightarrow{AP}=t\vec{d}$를 만족시키는 실수 t가 존재한다.

따라서 점 A, P의 위치벡터를 각각 $\vec{a}$, $\vec{p}$라고 하면
$\overrightarrow{AP}=\overrightarrow{OP}-\overrightarrow{OA}=\vec{p}-\vec{a}$이므로

$$\vec{p}=\vec{a}+t\vec{d} \text{ (단, } t\text{는 실수)}$$

이 식을 직선의 벡터방정식이라고 한다.

여기에서 P(x, y)라고 하면 $(x, y)=(x_1, y_1)+t(l, m)$

$$\therefore\ x=x_1+lt,\ y=y_1+mt \qquad \cdots\cdots①$$

이 식을 직선의 매개변수방정식이라고 한다.

①에서 $l\neq0$, $m\neq0$이면 $t=\dfrac{x-x_1}{l}$, $t=\dfrac{y-y_1}{m}$이므로 t를 소거하면

$$\frac{x-x_1}{l}=\frac{y-y_1}{m}$$

과 같은 직선의 방정식을 얻는다.

이때, $\vec{d}=(l, m)$을 이 직선의 방향벡터라고 한다.

한편 ①에서 $l=0$이면 $x=x_1$이고, y는 모든 실숫값을 가진다. 따라서 직선의 방정식은 $x=x_1$이다. 또, $m=0$이면 직선의 방정식은 $y=y_1$이다.

보기 1 좌표평면에서 다음을 만족시키는 직선의 방정식을 구하여라.

(1) 점 (0, 2)를 지나고 방향벡터가 (4, 1)이다.

(2) 점 (1, 2)를 지나고 $\vec{d}=(0, 2)$에 평행하다.

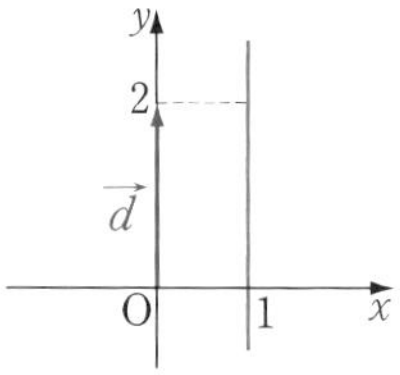

연구 (1) $\dfrac{x-0}{4}=\dfrac{y-2}{1}$ 곧, $\boldsymbol{\dfrac{x}{4}=y-2}$

(2) 방향벡터가 $\vec{d}=(0, 2)$이므로 x축에 수직인 직선이다. $\therefore\ \boldsymbol{x=1}$

*Note (2) $\dfrac{x-x_1}{l}=\dfrac{y-y_1}{m}$에서 $l=0$인 경우이므로 $x=x_1$, 곧 $x=1$이다.

보기 2 좌표평면에서 직선 $4x=3(y-2)$의 방향벡터를 구하여라.

연구 주어진 식의 양변을 12로 나누면 $\dfrac{x}{3}=\dfrac{y-2}{4}$이므로 **(3, 4)**

*Note $t(3, 4)$ (단, $t\neq0$)는 모두 주어진 직선의 방향벡터이다.

Advice 2° 두 점 A, B를 지나는 직선의 방정식

좌표평면에서 두 점 A, B를 지나는 직선은 $\overrightarrow{AB}$에 평행하다. 따라서 점 A, B의 위치벡터를 각각 $\vec{a}$, $\vec{b}$라고 하면 직선의 방향벡터는

$$\overrightarrow{AB}=\overrightarrow{OB}-\overrightarrow{OA}=\vec{b}-\vec{a}$$

이고, 직선 위의 점 P의 위치벡터를 $\vec{p}$라 하면

$$\vec{p}=\vec{a}+t(\vec{b}-\vec{a}) \text{ (단, } t\text{는 실수)}$$

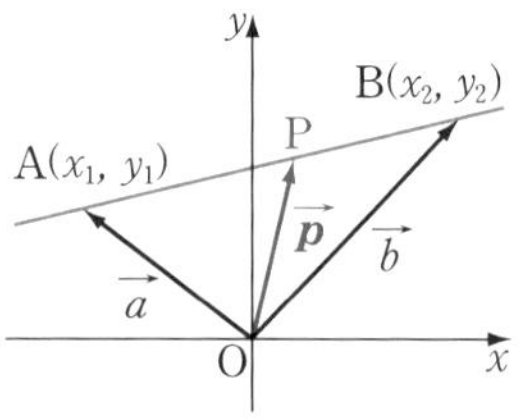

또, $\mathrm{A}(x_1,\ y_1)$, $\mathrm{B}(x_2,\ y_2)$라고 하면 방향벡터가 $\overrightarrow{d}=(x_2-x_1,\ y_2-y_1)$이므로 $x_1 \neq x_2$, $y_1 \neq y_2$일 때 직선의 방정식은 다음과 같다.

$$\boldsymbol{\frac{x-x_1}{x_2-x_1}=\frac{y-y_1}{y_2-y_1}} \qquad \cdots\cdots①$$

한편 $x_1=x_2$ 또는 $y_1=y_2$이면 좌표축에 수직인 직선이다.

*Note ①의 양변에 y_2-y_1을 곱하고 정리하면

$$y-y_1=\frac{y_2-y_1}{x_2-x_1}(x-x_1)$$

이것은 수학(하)의 직선의 방정식 단원에서 공부한 식과 같은 꼴이다.

보기 3 좌표평면에서 두 점 $(2,\ 1)$, $(-3,\ 3)$을 지나는 직선의 방정식을 구하여라.

연구 $\dfrac{x-2}{-3-2}=\dfrac{y-1}{3-1}$ $\quad\therefore$ $\boldsymbol{\dfrac{x-2}{-5}=\dfrac{y-1}{2}}$

Advice 3° 점 A를 지나고 $\overrightarrow{h}$에 수직인 직선의 방정식

좌표평면에서 점 A를 지나고 $\overrightarrow{h}$에 수직인 직선의 방정식을 구해 보자.

직선 위의 점을 P라고 하면 $\overrightarrow{\mathrm{AP}}\perp\overrightarrow{h}$이므로 $\overrightarrow{\mathrm{AP}}\cdot\overrightarrow{h}=0$이다. 이때, 점 A, P의 위치벡터를 각각 $\overrightarrow{a}$, $\overrightarrow{p}$라고 하면

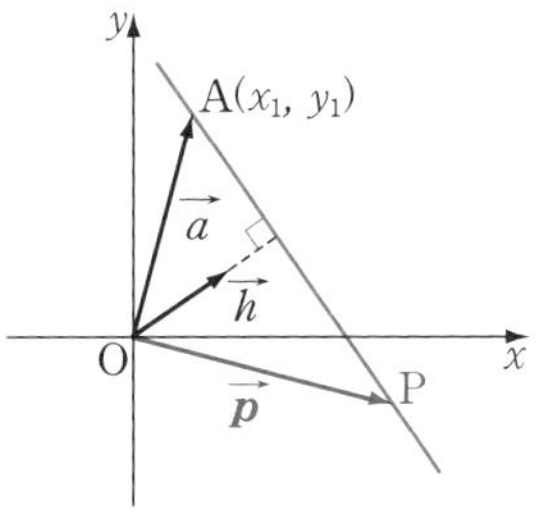

$$(\overrightarrow{p}-\overrightarrow{a})\cdot\overrightarrow{h}=0$$

따라서 $\mathrm{A}(x_1,\ y_1)$, $\overrightarrow{h}=(a,\ b)$, $\mathrm{P}(x,\ y)$라고 하면

$$(x-x_1,\ y-y_1)\cdot(a,\ b)=0$$

$$\therefore\ \boldsymbol{a(x-x_1)+b(y-y_1)=0}$$

이때, 직선에 수직인 벡터 $\overrightarrow{h}=(a,\ b)$를 이 직선의 법선벡터라고 한다.

보기 4 좌표평면에서 점 $(0,\ 2)$를 지나고 법선벡터가 $(4,\ 1)$인 직선의 방정식을 구하여라.

연구 $4(x-0)+1\times(y-2)=0$에서 $\quad\boldsymbol{4x+y-2=0}$

보기 5 좌표평면에서 직선 $x-2y+6=0$의 법선벡터 $\overrightarrow{h}$를 구하여라.

연구 $\overrightarrow{h}=(a,\ b)$라고 하면 직선의 방정식은 $ax+by+c=0$의 꼴이다.

$$\therefore\ a=1,\ b=-2 \qquad \therefore\ \boldsymbol{\overrightarrow{h}=(1,\ -2)}$$

*Note 1° $x-2(y-3)=0$에서 법선벡터가 $(1,\ -2)$라고 해도 된다.

2° $t(1,\ -2)$ (단, $t\neq0$)는 모두 주어진 직선의 법선벡터이다.

Advice | 이 단원에서 다루는 대부분의 문제는 수학(하)의 직선의 방정식 단원에서 공부한 내용을 이용하여 해결할 수 있지만, 여기서는 p. 121~123에서 공부한 직선의 벡터방정식을 이용하고자 한다.

다음은 수학(하)에서 공부한 내용이다. 간단히 정리해 두자.

1 좌표축에 수직인 직선의 방정식

(1) x절편이 a이고 x축에 수직인 직선 : $\boldsymbol{x=a}$

(2) y절편이 b이고 y축에 수직인 직선 : $\boldsymbol{y=b}$

2 직선의 방정식

(1) 기울기가 a이고 y절편이 b인 직선 : $\boldsymbol{y=ax+b}$

(2) 기울기가 m이고 점 $(x_1,\ y_1)$을 지나는 직선 : $\boldsymbol{y-y_1=m(x-x_1)}$

(3) 두 점 $(x_1,\ y_1)$, $(x_2,\ y_2)$를 지나는 직선 :

$\boldsymbol{x_1\neq x_2}$일 때 $\boldsymbol{y-y_1=\dfrac{y_2-y_1}{x_2-x_1}(x-x_1)}$, $\boldsymbol{x_1=x_2}$일 때 $\boldsymbol{x=x_1}$

(4) x절편이 $a(\neq 0)$이고 y절편이 $b(\neq 0)$인 직선 : $\boldsymbol{\dfrac{x}{a}+\dfrac{y}{b}=1}$

3 정점을 지나는 직선

(1) m이 실수일 때, 직선 $(ax+by+c)m+(a'x+b'y+c')=0$은 m의 값에 관계없이 두 직선

$$ax+by+c=0,\quad a'x+b'y+c'=0$$

의 교점을 지난다. 단, 두 직선이 서로 만나는 경우에 한한다.

(2) 서로 만나는 두 직선 $ax+by+c=0$, $a'x+b'y+c'=0$의 교점을 지나는 직선의 방정식은 h, k가 실수일 때,

$$(ax+by+c)h+(a'x+b'y+c')k=0$$

으로 나타낼 수 있다. 단, h, k는 동시에 0이 아니다.

4 점과 직선 사이의 거리

점 $(x_1,\ y_1)$과 직선 $ax+by+c=0$ 사이의 거리를 d라고 하면

$$\boldsymbol{d=\frac{|ax_1+by_1+c|}{\sqrt{a^2+b^2}}}$$

5 두 직선 $\boldsymbol{ax+by+c=0}$, $\boldsymbol{a'x+b'y+c'=0}$의 위치 관계

(단, $\boldsymbol{abc\neq 0}$, $\boldsymbol{a'b'c'\neq 0}$)

(1) $\dfrac{a}{a'}\neq\dfrac{b}{b'} \iff$ 한 점에서 만난다　(2) $\dfrac{a}{a'}=\dfrac{b}{b'}\neq\dfrac{c}{c'} \iff$ 평행하다

(3) $\dfrac{a}{a'}=\dfrac{b}{b'}=\dfrac{c}{c'} \iff$ 일치한다　(4) $aa'+bb'=0 \iff$ 수직이다

필수 예제 6-1 좌표평면 위에 삼각형 ABC와 두 점 P, Q가 있다.
점 A, B, C, P, Q의 위치벡터를 각각 $\vec{a}$, $\vec{b}$, $\vec{c}$, $\vec{p}$, $\vec{q}$ 라고 하자.

(1) 점 P가 점 C를 지나고 방향벡터가 $\overrightarrow{AB}$인 직선 위를 움직일 때, 점 P의 자취를 벡터방정식으로 나타내어라.

(2) 점 Q가 점 C를 지나고 법선벡터가 $\overrightarrow{AB}$인 직선 위를 움직일 때, 점 Q의 자취를 벡터방정식으로 나타내어라.

정석연구 (1) 점 C를 지나는 직선 위의 점 P에 대하여 $\overrightarrow{CP} /\!/ \overrightarrow{AB}$이므로 $\overrightarrow{CP}=t\overrightarrow{AB}$ (단, $t\neq0$)이다. 이 식을 $\vec{a}$, $\vec{b}$, $\vec{c}$, $\vec{p}$ 로 나타낸다.

(2) 점 C를 지나는 직선 위의 점 Q에 대하여 $\overrightarrow{CQ}\perp\overrightarrow{AB}$이므로 $\overrightarrow{CQ}\cdot\overrightarrow{AB}=0$ 이다. 이 식을 $\vec{a}$, $\vec{b}$, $\vec{c}$, $\vec{q}$ 로 나타낸다.

정석 영벡터가 아닌 두 벡터 $\vec{a}$, $\vec{b}$에 대하여
(i) $\vec{a} /\!/ \vec{b} \Longrightarrow \vec{b}=t\vec{a}$ (단, t는 0이 아닌 실수)
(ii) $\vec{a}\perp\vec{b} \Longrightarrow \vec{a}\cdot\vec{b}=0$

모범답안 (1) $\overrightarrow{CP} /\!/ \overrightarrow{AB}$이므로 $\overrightarrow{CP}=t\overrightarrow{AB}$ (단, t는 0이 아닌 실수)

$\therefore\ \vec{p}-\vec{c}=t(\vec{b}-\vec{a})\qquad \therefore\ \vec{p}=\vec{c}+t(\vec{b}-\vec{a})$

$t=0$일 때 $\vec{p}=\vec{c}$ 이므로 점 P는 점 C와 일치한다.
따라서 구하는 벡터방정식은

$\vec{p}=\vec{c}+t(\vec{b}-\vec{a})$ (단, t는 실수) ← 답

(2) $\overrightarrow{CQ}\perp\overrightarrow{AB}$이므로 $\overrightarrow{CQ}\cdot\overrightarrow{AB}=0$

$\therefore\ (\vec{q}-\vec{c})\cdot(\vec{b}-\vec{a})=0$ ← 답

유제 **6**-1. 오른쪽 그림과 같은 삼각형 ABC에서 변 AC의 중점을 D라 하고, 세 점 A, B, C의 위치벡터를 각각 $\vec{a}$, $\vec{b}$, $\vec{c}$ 라고 하자.
이때, 다음 물음에 답하여라.

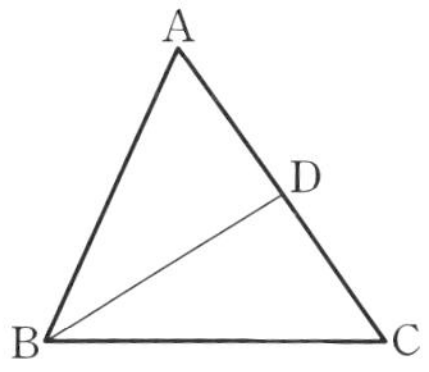

(1) 직선 AC 위의 점 P의 위치벡터를 $\vec{p}$ 라고 할 때, 직선 AC를 벡터방정식으로 나타내어라.

(2) 점 B를 지나고 직선 BD에 수직인 직선 위의 점 Q의 위치벡터를 $\vec{q}$ 라고 할 때, 점 Q의 자취를 벡터방정식으로 나타내어라.

답 (1) $\vec{p}=\vec{a}+t(\vec{c}-\vec{a})$ (단, t는 실수)
(2) $(\vec{q}-\vec{b})\cdot(\vec{a}-2\vec{b}+\vec{c})=0$

필수 예제 **6**-2 좌표평면에서 직선 l: $x=-t+2$, $y=2t-1$(단, t는 실수)에 대하여 다음을 구하여라.

(1) 점 A$(-2, 1)$을 지나고 직선 l에 평행한 직선의 방정식

(2) 점 A$(-2, 1)$을 지나고 직선 l에 수직인 직선의 방정식

(3) 점 A$(-2, 1)$과 직선 l이 x축과 만나는 점을 지나는 직선의 방정식

정석연구 (1) 구하는 직선과 l이 평행하므로 l의 방향벡터가 구하는 직선의 방향벡터이다. l의 방정식에서 t를 소거하여 방향벡터부터 찾는다.

정석 직선 $\dfrac{x-x_1}{a}=\dfrac{y-y_1}{b}$의 방향벡터는 $\Longrightarrow$ $\overrightarrow{d}=(a, b)$

(2) 구하는 직선과 l이 수직이므로 l의 방향벡터가 구하는 직선의 법선벡터임을 이용한다.

정석 점 (x_1, y_1)을 지나고 법선벡터가 $\overrightarrow{h}=(a, b)$인 직선의 방정식
$\Longrightarrow$ $a(x-x_1)+b(y-y_1)=0$

(3) 직선 l이 x축과 만나는 점을 찾은 다음,

정석 두 점 (x_1, y_1), (x_2, y_2)를 지나는 직선 $\Longrightarrow$ $\dfrac{x-x_1}{x_2-x_1}=\dfrac{y-y_1}{y_2-y_1}$

을 이용하여 직선의 방정식을 구한다.

모범답안 (1) 직선 l의 방정식에서 t를 소거하면 $\dfrac{x-2}{-1}=\dfrac{y+1}{2}$ ……①

따라서 방향벡터가 $(-1, 2)$이므로 $\dfrac{x+2}{-1}=\dfrac{y-1}{2}$ ← 답

*Note 직선 l의 방정식에서 $(x, y)=(2, -1)+t(-1, 2)$
이로부터 직선 l의 방향벡터가 $(-1, 2)$임을 알 수도 있다.

(2) 법선벡터가 $(-1, 2)$이므로 $-1\times(x+2)+2(y-1)=0$

$\therefore$ $x-2y+4=0$ ← 답

(3) ①에 $y=0$을 대입하면 $x=\dfrac{3}{2}$이므로 x축과 만나는 점의 좌표는 $\left(\dfrac{3}{2}, 0\right)$이다.

$\therefore$ $\dfrac{x+2}{\dfrac{3}{2}+2}=\dfrac{y-1}{0-1}$ $\therefore$ $\dfrac{x+2}{7}=\dfrac{y-1}{-2}$ ← 답

유제 **6**-2. 좌표평면 위의 점 $(2, -3)$을 지나고 직선 $2(x-1)=-3(y+1)$에 평행한 직선 l과 수직인 직선 m의 방정식을 구하여라.

답 l: $\dfrac{x-2}{3}=\dfrac{y+3}{-2}$, m: $3x-2y-12=0$

필수 예제 6-3 좌표평면 위에 직선 l : $x-1=\dfrac{1-y}{2}$가 있다.

(1) 점 A(6, 1)에서 직선 l에 내린 수선의 발을 H라고 할 때, $\overrightarrow{AH}$를 성분으로 나타내어라.

(2) 점 B(−1, 3)을 지나고 법선벡터가 $\vec{h}=(3, 4)$인 직선 m과 직선 l의 교점 P의 좌표를 구하여라.

정석연구 $x-1=\dfrac{1-y}{2}=t$ (단, t는 실수)라고 하면 직선 l 위의 점의 좌표를 $(t+1, -2t+1)$로 놓을 수 있다.

(1) 직선 l의 방향벡터를 $\vec{d}$ 라고 할 때, $\overrightarrow{AH}\perp\vec{d}$ 임을 이용한다.

(2) 두 직선 l, m의 교점 P에 대하여 $\overrightarrow{BP}\perp\vec{h}$ 임을 이용한다.

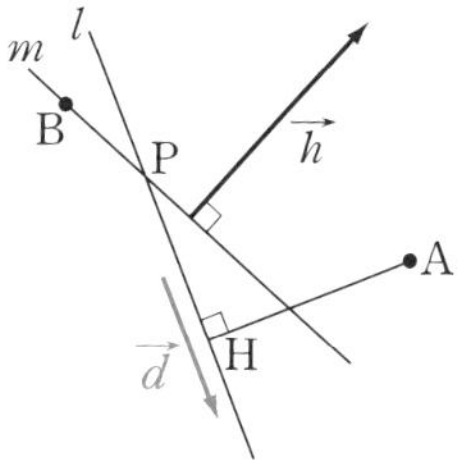

정석 직선 $\dfrac{x-x_1}{a}=\dfrac{y-y_1}{b}$ 위의 점의 좌표는

$\Longrightarrow$ $(at+x_1,\ bt+y_1)$ (단, t는 실수)

모범답안 (1) 직선 l의 방향벡터를 $\vec{d}$ 라고 하면 $\vec{d}=(1, -2)$

점 H는 직선 l 위의 점이므로 $\mathrm{H}(t+1, -2t+1)$로 놓을 수 있다.

$\overrightarrow{AH}\perp\vec{d}$ 이므로 $\overrightarrow{AH}\cdot\vec{d}=0$

이때, $\overrightarrow{AH}=(t+1, -2t+1)-(6, 1)=(t-5, -2t)$이므로

$(t-5, -2t)\cdot(1, -2)=0$ $\therefore$ $(t-5)-2\times(-2t)=0$

$\therefore$ $t=1$ $\therefore$ $\overrightarrow{\mathbf{AH}}=(-4, -2)$ ← 답

(2) 점 P는 직선 l 위의 점이므로 $\mathrm{P}(t+1, -2t+1)$로 놓을 수 있다.

또, 점 P는 직선 m 위의 점이므로 $\overrightarrow{BP}\perp\vec{h}$ $\therefore$ $\overrightarrow{BP}\cdot\vec{h}=0$

이때, $\overrightarrow{BP}=(t+1, -2t+1)-(-1, 3)=(t+2, -2t-2)$이므로

$(t+2, -2t-2)\cdot(3, 4)=0$ $\therefore$ $3(t+2)+4(-2t-2)=0$

$\therefore$ $t=-\dfrac{2}{5}$ $\therefore$ $\mathbf{P}\left(\dfrac{3}{5}, \dfrac{9}{5}\right)$ ← 답

유제 **6**-3. 좌표평면 위의 직선 l : $x=-2t+3$, $y=-t$ (단, t는 실수)에 대하여 다음을 구하여라.

(1) 점 A(3, a)에서 직선 l에 내린 수선의 길이가 $\sqrt{5}$일 때, 양수 a의 값

(2) 점 B(b, −1)을 지나고 방향벡터가 $\vec{d}=(2, -3)$인 직선 m과 직선 l이 점 C(7, c)에서 만날 때, 실수 b, c의 값

답 (1) $\boldsymbol{a=\dfrac{5}{2}}$ (2) $\boldsymbol{b=9,\ c=2}$

필수 예제 6-4 좌표평면에서 다음 두 직선이 이루는 예각의 크기를 θ라고 할 때, $\cos\theta$의 값을 구하여라.

$$g_1:\ 3(x+1)=4(y-5),\qquad g_2:\ -x=2y-5$$

정석연구 이를테면 두 직선 g_1, g_2의 방향벡터를 각각 $\vec{d_1}$, $\vec{d_2}$라고 하면 두 직선 g_1, g_2가 이루는 각의 크기는 방향벡터 $\vec{d_1}$, $\vec{d_2}$가 이루는 각의 크기와 같다.

정석 두 직선이 이루는 각의 크기는
$\Longrightarrow$ 두 직선의 방향벡터가 이루는 각의 크기

그런데 두 직선이 이루는 예각의 크기를 구하는 경우, 방향벡터 $\vec{d_1}$, $\vec{d_2}$가 이루는 각의 크기 θ'이 $90°$보다 크면 두 직선 g_1, g_2가 이루는 예각의 크기는 $180°-\theta'$이라고 해야 한다.

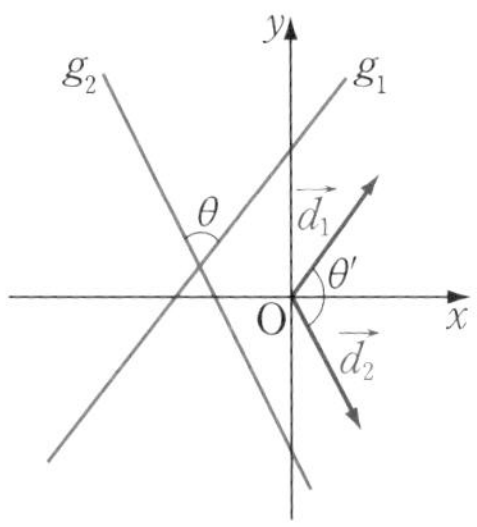

따라서 방향벡터 $\vec{d_1}$, $\vec{d_2}$를 이용하여 두 직선이 이루는 예각의 크기 θ를 구할 때에는

정석 $\cos\theta=\dfrac{|\vec{d_1}\cdot\vec{d_2}|}{|\vec{d_1}||\vec{d_2}|}$

와 같이 절댓값을 써서 계산하면 θ'이 $90°$보다 큰 경우를 따로 생각하지 않아도 된다.

모범답안 두 직선 g_1, g_2의 방정식을 각각 변형하면

$$g_1:\ \frac{x+1}{4}=\frac{y-5}{3},\qquad g_2:\ \frac{x}{-2}=y-\frac{5}{2}$$

따라서 두 직선 g_1, g_2의 방향벡터를 각각 $\vec{d_1}$, $\vec{d_2}$라고 하면

$$\vec{d_1}=(4,\ 3),\qquad \vec{d_2}=(-2,\ 1)$$

$$\therefore\ \cos\theta=\frac{|\vec{d_1}\cdot\vec{d_2}|}{|\vec{d_1}||\vec{d_2}|}=\frac{|4\times(-2)+3\times1|}{\sqrt{4^2+3^2}\sqrt{(-2)^2+1^2}}=\frac{\sqrt{5}}{5} \longleftarrow \text{답}$$

유제 **6**-4. 좌표평면에서 다음 두 직선이 이루는 예각의 크기를 구하여라.

$$g_1:\ 1-x=\frac{y+2}{2},\qquad g_2:\ \frac{x+2}{-3}=y+1$$

답 45°

유제 **6**-5. 좌표평면에서 두 점 $\mathrm{A}(2,\ -\sqrt{3})$, $\mathrm{B}(-3,\ 0)$을 지나는 직선 g_1과 두 점 $\mathrm{C}(2\sqrt{3},\ -5)$, $\mathrm{D}(3\sqrt{3},\ -4)$를 지나는 직선 g_2가 이루는 예각의 크기를 θ라고 할 때, $\sin\theta$의 값을 구하여라.

답 $\dfrac{2\sqrt{7}}{7}$

필수 예제 6-5 좌표평면 위의 세 점 O, A, B에 대하여 $|\overrightarrow{OA}|=1$, $|\overrightarrow{OB}|=2$, $\overrightarrow{OA}\cdot\overrightarrow{OB}=-1$이다. $\overrightarrow{OX}=s\overrightarrow{OA}+t\overrightarrow{OB}$이고 실수 s, t가 $s+2t=1$을 만족시키면서 변할 때, 다음 물음에 답하여라.

(1) 점 X의 자취를 구하여라.

(2) $|\overrightarrow{OX}|$의 최솟값과 이때 s, t의 값을 구하여라.

정석연구 $\overrightarrow{OP}=m\overrightarrow{OA}+n\overrightarrow{OB}$(단, $m+n=1$, m, n은 실수)를 만족시키는 점 P의 자취는 직선임(p. 77, 80)을 공부하였다. 이때,

$$\overrightarrow{OP}=(1-n)\overrightarrow{OA}+n\overrightarrow{OB}=\overrightarrow{OA}+n\overrightarrow{AB}$$

이므로 점 P의 자취는 점 A를 지나고 $\overrightarrow{AB}$에 평행한 직선, 곧 직선 AB이다.

정석 $\overrightarrow{\mathbf{OP}}=m\overrightarrow{\mathbf{OA}}+n\overrightarrow{\mathbf{OB}}$ (단, $m+n=1$, m, n은 실수)
$\Longrightarrow$ 점 **P**는 직선 **AB** 위를 움직인다.

먼저 $s+2t=1$임을 이용하여 $\overrightarrow{OX}=s\overrightarrow{OA}+t\overrightarrow{OB}$를 변형해 보자.

모범답안 (1) 선분 OB의 중점을 C라고 하면

$$\overrightarrow{OX}=s\overrightarrow{OA}+t\overrightarrow{OB}=s\overrightarrow{OA}+2t\overrightarrow{OC}$$

$s+2t=1$이므로 선분 **OB**의 중점과 점 **A**를 지나는 직선 ⟵ 답

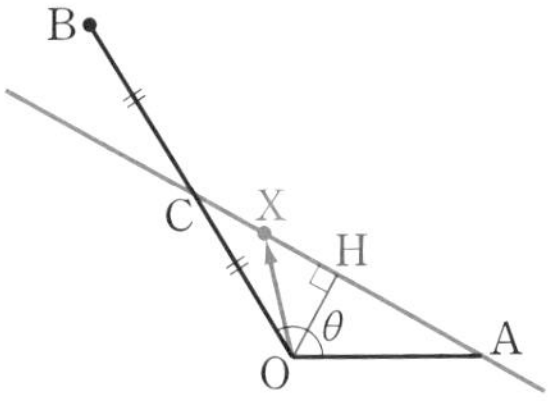

(2) 점 O에서 직선 AC에 내린 수선의 발을 H라고 할 때, $|\overrightarrow{OX}|$의 최솟값은 $|\overrightarrow{OH}|$이다.

한편 $\overrightarrow{OA}$, $\overrightarrow{OB}$가 이루는 각의 크기를 θ라고 하면

$$\cos\theta=\frac{\overrightarrow{OA}\cdot\overrightarrow{OB}}{|\overrightarrow{OA}||\overrightarrow{OB}|}=\frac{-1}{1\times2}=-\frac{1}{2} \qquad \therefore\ \theta=120^\circ$$

따라서 △OAC는 $\overline{OA}=\overline{OC}=1$이고 ∠AOC$=120^\circ$인 이등변삼각형이므로 점 H는 변 AC의 중점이고 ∠OAH$=30^\circ$이다.

$$\therefore\ \overrightarrow{OH}=\frac{\overrightarrow{OA}+\overrightarrow{OC}}{2}=\frac{1}{2}\overrightarrow{OA}+\frac{1}{4}\overrightarrow{OB},\quad |\overrightarrow{OH}|=\overline{OH}=\frac{1}{2}$$

답 최솟값 $\mathbf{\frac{1}{2}}$, $\boldsymbol{s=\frac{1}{2}}$, $\boldsymbol{t=\frac{1}{4}}$

유제 **6**-6. 좌표평면 위에 세 점 A(2, 4), B(3, −1), C(−1, 7)이 있다. $\overrightarrow{AP}=m\overrightarrow{AB}+n\overrightarrow{AC}$ (단, $m+n=1$, m, n은 실수)를 만족시키는 점 P에 대하여 $|\overrightarrow{AP}|$의 최솟값과 이때 점 P의 좌표를 구하여라.

답 최솟값 $\mathbf{\frac{3\sqrt{5}}{5}}$, $\mathbf{P\left(\frac{4}{5}, \frac{17}{5}\right)}$

§ 2. 원의 벡터방정식

기본정석

원의 벡터방정식

좌표평면에서 중심이 점 C이고 반지름의 길이가 r인 원에 대하여 점 C의 위치벡터를 $\vec{c}$, 원 위의 점 P의 위치벡터를 $\vec{p}$라고 할 때,

$$|\vec{p}-\vec{c}|=r, \quad (\vec{p}-\vec{c})\cdot(\vec{p}-\vec{c})=r^2$$

Advice | 좌표평면에서 원의 방정식은 수학(하)에서 이미 공부하였다. 여기에서는 중심이 점 C이고 반지름의 길이가 r인 원의 방정식을 벡터를 이용하여 나타내는 방법을 알아보자.

원 위의 점을 P라 하고, 점 C와 P의 위치벡터를 각각 $\vec{c}$, $\vec{p}$라고 하면

$\overrightarrow{CP}=\overrightarrow{OP}-\overrightarrow{OC}=\vec{p}-\vec{c}$

그런데 $|\overrightarrow{CP}|=\overline{CP}=r$이므로

$|\vec{p}-\vec{c}|=r$ ……①

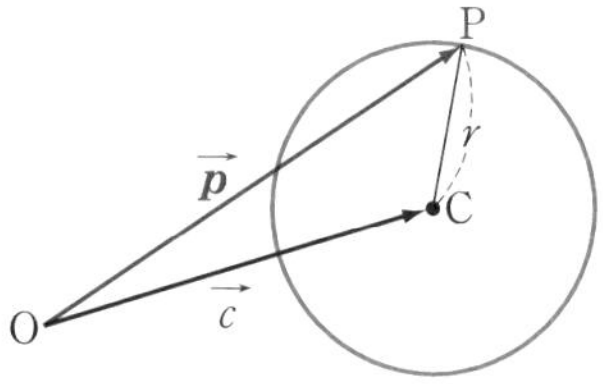

또, $|\vec{p}-\vec{c}|^2=r^2$이므로 내적을 이용하여 나타내면 다음과 같다.

$(\vec{p}-\vec{c})\cdot(\vec{p}-\vec{c})=r^2$ ……②

두 식 ①, ②를 좌표평면에서 원의 벡터방정식이라고 한다.

또, C(a, b), P(x, y)라 하고 ②에 대입하면

$(x-a, y-b)\cdot(x-a, y-b)=r^2 \quad \therefore (x-a)^2+(y-b)^2=r^2$

따라서 수학(하)의 원의 방정식 단원에서 공부한 것과 같은 결과를 얻는다.

보기 1 좌표평면에서 점 A$(2, -3)$의 위치벡터가 $\vec{a}$일 때,

$$(\vec{p}-\vec{a})\cdot(\vec{p}-\vec{a})=4$$

를 만족시키는 위치벡터 $\vec{p}$의 종점의 자취의 길이를 구하여라.

연구 $\vec{p}$의 종점은 중심이 점 A$(2, -3)$이고 반지름의 길이가 2인 원 위의 점이므로 자취의 길이는 $2\pi\times2=\mathbf{4\pi}$

보기 2 두 점 A, B를 지름의 양 끝 점으로 하는 원 위의 점을 P라고 하자. 세 점 A, B, P의 위치벡터를 각각 $\vec{a}$, $\vec{b}$, $\vec{p}$라고 할 때, 점 P의 자취를 벡터방정식으로 나타내어라.

연구 $\overrightarrow{AP}\perp\overrightarrow{BP}$이므로 $\overrightarrow{AP}\cdot\overrightarrow{BP}=0 \quad \therefore (\vec{p}-\vec{a})\cdot(\vec{p}-\vec{b})=0$

필수 예제 6-6 좌표평면 위의 두 벡터 $\vec{a}$, $\vec{b}$에 대하여 벡터 $\vec{x}$는 $|\vec{x}-\vec{a}|=2|\vec{x}-\vec{b}|$를 만족시킨다. 이것을 $|\vec{x}-\vec{c}|=r$로 나타낼 때, 벡터 $\vec{c}$와 실수 r를 $\vec{a}$, $\vec{b}$로 나타내어라.

모범답안 $|\vec{x}-\vec{a}|=2|\vec{x}-\vec{b}|$에서 $|\vec{x}-\vec{a}|^2=4|\vec{x}-\vec{b}|^2$

곧, $(\vec{x}-\vec{a})\cdot(\vec{x}-\vec{a})=4(\vec{x}-\vec{b})\cdot(\vec{x}-\vec{b})$

$\therefore\ \vec{x}\cdot\vec{x}-2(\vec{a}\cdot\vec{x})+\vec{a}\cdot\vec{a}=4(\vec{x}\cdot\vec{x})-8(\vec{b}\cdot\vec{x})+4(\vec{b}\cdot\vec{b})$

$\therefore\ \vec{x}\cdot\vec{x}-\dfrac{2}{3}(4\vec{b}-\vec{a})\cdot\vec{x}+\dfrac{4}{3}(\vec{b}\cdot\vec{b})-\dfrac{1}{3}(\vec{a}\cdot\vec{a})=0$

$$\therefore\ \left(\vec{x}-\frac{4\vec{b}-\vec{a}}{3}\right)\cdot\left(\vec{x}-\frac{4\vec{b}-\vec{a}}{3}\right)$$
$$=\frac{1}{9}(4\vec{b}-\vec{a})\cdot(4\vec{b}-\vec{a})-\frac{4}{3}(\vec{b}\cdot\vec{b})+\frac{1}{3}(\vec{a}\cdot\vec{a})$$

$$\therefore\ \left(\vec{x}-\frac{4\vec{b}-\vec{a}}{3}\right)\cdot\left(\vec{x}-\frac{4\vec{b}-\vec{a}}{3}\right)=\frac{4}{9}(\vec{b}-\vec{a})\cdot(\vec{b}-\vec{a})$$

$\therefore\ \left|\vec{x}-\dfrac{4\vec{b}-\vec{a}}{3}\right|^2=\dfrac{4}{9}|\vec{b}-\vec{a}|^2 \qquad \therefore\ \left|\vec{x}-\dfrac{4\vec{b}-\vec{a}}{3}\right|=\dfrac{2}{3}|\vec{b}-\vec{a}|$

$|\vec{x}-\vec{c}|=r$와 비교하면 $\boldsymbol{\vec{c}=\dfrac{4\vec{b}-\vec{a}}{3}}$, $\boldsymbol{r=\dfrac{2}{3}|\vec{b}-\vec{a}|}$ ← 답

Advice | A($\vec{a}$), B($\vec{b}$), C($\vec{c}$), X($\vec{x}$)일 때, 주어진 조건식은 $\overline{\mathrm{AX}}=2\overline{\mathrm{BX}}$이므로 네 점 A, B, C, X가 한 평면 위의 점이면 실력 수학(하) (p. 65)에서 공부한 아폴로니우스(Apollonius)의 원을 이용하여 풀 수 있다.

곧, 선분 AB를 2 : 1로 내분하는 점을 P($\vec{p}$), 외분하는 점을 Q($\vec{q}$)라고 하면 점 X는 선분 PQ를 지름으로 하는 원 위의 점이다.

그런데 $\vec{p}=\dfrac{2\vec{b}+\vec{a}}{2+1}=\dfrac{2\vec{b}+\vec{a}}{3}$, $\quad\vec{q}=\dfrac{2\vec{b}-\vec{a}}{2-1}=2\vec{b}-\vec{a}$

이므로 원의 중심 C($\vec{c}$)는 $\boldsymbol{\vec{c}}=\dfrac{\vec{p}+\vec{q}}{2}=\boldsymbol{\dfrac{4\vec{b}-\vec{a}}{3}}$

원의 반지름의 길이 r는 $\boldsymbol{r}=\overline{\mathrm{PC}}=|\overrightarrow{\mathrm{PC}}|=|\vec{c}-\vec{p}|=\boldsymbol{\dfrac{2}{3}|\vec{b}-\vec{a}|}$

유제 **6**-7. 좌표평면 위의 두 정점 A, B와 동점 P의 위치벡터를 각각 $\vec{a}$, $\vec{b}$, $\vec{p}$라고 할 때, 다음 등식을 만족시키는 점 P의 자취를 구하여라.

$$\vec{p}\cdot\vec{p}-4(\vec{a}\cdot\vec{p})+5|\vec{a}|^2=\vec{a}\cdot\vec{a}+|\vec{b}|^2$$

답 중심이 위치벡터 $\boldsymbol{2\vec{a}}$의 종점이고 반지름의 길이가 $|\boldsymbol{\vec{b}}|$인 원

필수 예제 6-7 좌표평면 위의 점 A$(-2, 4)$와 점 P의 위치벡터를 각각 $\vec{a}$, $\vec{p}$라고 할 때, $\vec{p}\cdot(\vec{p}-\vec{a})=0$이 성립한다.

점 P의 자취와 직선 l : $\dfrac{x+1}{3}=2-y$가 두 점 B, C에서 만날 때, △ABC의 넓이를 구하여라.

[정석연구] $\vec{p}\cdot(\vec{p}-\vec{a})=0$이므로 $\overrightarrow{OP}\cdot(\overrightarrow{OP}-\overrightarrow{OA})=0$ $\therefore$ $\overrightarrow{OP}\cdot\overrightarrow{AP}=0$

곧, 점 P는 $\overrightarrow{OP}\perp\overrightarrow{AP}$를 만족시키며 움직이므로 점 P의 자취는 두 점 O, A를 지름의 양 끝 점으로 하는 원이다.

정석 두 점 **A, B**를 지름의 양 끝 점으로 하는 원 위의 점 **P**에 대하여 세 점 **A, B, P**의 위치벡터를 각각 $\vec{a}$, $\vec{b}$, $\vec{p}$라고 하면

$\Longrightarrow$ $(\vec{p}-\vec{a})\cdot(\vec{p}-\vec{b})=0$

[모범답안] $\vec{p}\cdot(\vec{p}-\vec{a})=0$이므로 $\overrightarrow{OP}\cdot\overrightarrow{AP}=0$ $\therefore$ $\overrightarrow{OP}\perp\overrightarrow{AP}$

따라서 점 P의 자취는 두 점 O, A를 지름의 양 끝 점으로 하는 원이다.

이 원의 중심의 좌표는 $\left(\dfrac{0-2}{2}, \dfrac{0+4}{2}\right)=(-1, 2)$

또, 반지름의 길이는 $\dfrac{1}{2}|\overrightarrow{OA}|=\dfrac{1}{2}\sqrt{(-2)^2+4^2}=\sqrt{5}$

한편 직선 l : $\dfrac{x+1}{3}=2-y(=t)$는 원의 중심 $(-1, 2)$를 지난다.

점 A에서 직선 l에 내린 수선의 발을 H라고 하면 점 H는 직선 l 위의 점이므로 H$(3t-1, -t+2)$로 놓을 수 있다.

직선 l의 방향벡터를 $\vec{d}$라고 하면 $\vec{d}=(3, -1)$

$\overrightarrow{AH}\perp\vec{d}$이므로 $\overrightarrow{AH}\cdot\vec{d}=0$

이때, $\overrightarrow{AH}=(3t-1, -t+2)-(-2, 4)=(3t+1, -t-2)$이므로

$(3t+1, -t-2)\cdot(3, -1)=0$ $\therefore$ $t=-\dfrac{1}{2}$

따라서 $\overrightarrow{AH}=\left(-\dfrac{1}{2}, -\dfrac{3}{2}\right)$이므로 $|\overrightarrow{AH}|=\sqrt{\left(-\dfrac{1}{2}\right)^2+\left(-\dfrac{3}{2}\right)^2}=\dfrac{\sqrt{10}}{2}$

$\therefore$ $\triangle ABC=\dfrac{1}{2}|\overrightarrow{BC}||\overrightarrow{AH}|=\dfrac{1}{2}\times2\sqrt{5}\times\dfrac{\sqrt{10}}{2}=\mathbf{\dfrac{5\sqrt{2}}{2}}$ ← [답]

[유제] **6**-8. 좌표평면 위의 두 점 A$(-1, 1)$, B$(3, 3)$과 점 P의 위치벡터를 각각 $\vec{a}$, $\vec{b}$, $\vec{p}$라고 할 때, $(\vec{p}-\vec{a})\cdot(\vec{p}-\vec{b})=0$이 성립한다.

점 P의 자취와 직선 l : $3-x=2(1-y)$가 두 점 Q, R에서 만날 때, $|\overrightarrow{QR}|$의 값을 구하여라.

[답] $\mathbf{\dfrac{6\sqrt{5}}{5}}$

필수 예제 6-8 좌표평면에서 점 $C(a,\ b)$를 중심으로 하고 반지름의 길이가 r인 원 위의 점 $P(x_1,\ y_1)$에서의 접선의 방정식은

$$(x_1-a)(x-a)+(y_1-b)(y-b)=r^2$$

임을 보여라.

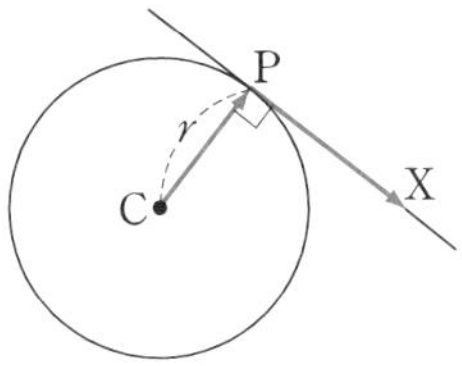

정석연구 접선 위의 점을 $X(x,\ y)$라 하고, 세 점 C, P, X의 위치벡터를 각각 $\vec{c},\ \vec{p},\ \vec{x}$ 라고 하면

$$|\overrightarrow{CP}|=|\vec{p}-\vec{c}|=r$$

또, 원의 중심과 접점을 이은 선분은 접선에 수직이므로 $\overrightarrow{CP}\perp\overrightarrow{PX}$이다.

따라서 $(\vec{p}-\vec{c})\cdot(\vec{x}-\vec{p})=0$임을 이용한다.

정 석 중심이 점 **C**, 반지름의 길이가 $\boldsymbol{r}$인 원 위의 점 **P**에서의 접선 위의 점을 **X**라고 하면

$$\Longrightarrow |\overrightarrow{CP}|=r,\quad \overrightarrow{CP}\cdot\overrightarrow{PX}=0$$

모범답안 접선 위의 점을 $X(x,\ y)$라 하고, 세 점 C, P, X의 위치벡터를 각각 $\vec{c},\ \vec{p},\ \vec{x}$ 라고 하면 $|\overrightarrow{CP}|=r$ $\quad\therefore |\vec{p}-\vec{c}|=r$

또, $\overrightarrow{CP}\perp\overrightarrow{PX}$이므로 $\overrightarrow{CP}\cdot\overrightarrow{PX}=0$ $\quad\therefore (\vec{p}-\vec{c})\cdot(\vec{x}-\vec{p})=0$

곧, $(\vec{p}-\vec{c})\cdot(\vec{x}-\vec{c}+\vec{c}-\vec{p})=0$에서

$$(\vec{p}-\vec{c})\cdot(\vec{x}-\vec{c})+(\vec{p}-\vec{c})\cdot(\vec{c}-\vec{p})=0$$

$$\therefore (\vec{p}-\vec{c})\cdot(\vec{x}-\vec{c})=|\vec{p}-\vec{c}|^2=r^2$$

이때, $\vec{p}-\vec{c}=(x_1-a,\ y_1-b)$, $\vec{x}-\vec{c}=(x-a,\ y-b)$이므로

$$(x_1-a,\ y_1-b)\cdot(x-a,\ y-b)=r^2$$

$$\therefore (x_1-a)(x-a)+(y_1-b)(y-b)=r^2$$

유제 **6**-9. 좌표평면 위의 원 $x^2+y^2=r^2$에 대하여 다음 물음에 답하여라.

(1) 원 위의 점 $P(x_1,\ y_1)$에서의 접선의 방정식을 구하여라.

(2) 직선 $\dfrac{x-1}{3}=y-2$가 이 원에 접할 때, 접점 P의 좌표와 원의 반지름의 길이를 구하여라.

답 (1) $\boldsymbol{x_1x+y_1y=r^2}$ (2) $\mathbf{P}\left(-\frac{1}{2},\ \frac{3}{2}\right)$, $\frac{\sqrt{10}}{2}$

유제 **6**-10. 좌표평면에서 중심이 점 $C(a,\ b)$이고 반지름의 길이가 1인 원 위의 점 P에서의 접선이 원점을 지난다. 두 점 C, P의 위치벡터를 각각 $\vec{c}$, $\vec{p}$ 라고 할 때, $\vec{c}\cdot\vec{p}$를 a, b로 나타내어라.

답 $\boldsymbol{a^2+b^2-1}$

필수 예제 6-9 좌표평면 위에 세 점 A(2, 1), B(3, 4), C(1, 4)가 있다.

(1) $\overrightarrow{PA}+\overrightarrow{PB}+\overrightarrow{PC}=\vec{0}$ 인 점 P의 좌표를 구하여라.

(2) $\overrightarrow{PA}+\overrightarrow{PB}+\overrightarrow{PC}$의 크기가 6이 되는 점 P의 자취의 길이를 구하여라.

정석연구 (1) 원점 O에 대하여 벡터 $\overrightarrow{PA}+\overrightarrow{PB}+\overrightarrow{PC}$를 다음과 같이 변형한다.

$$\overrightarrow{PA}+\overrightarrow{PB}+\overrightarrow{PC}=(\overrightarrow{OA}-\overrightarrow{OP})+(\overrightarrow{OB}-\overrightarrow{OP})+(\overrightarrow{OC}-\overrightarrow{OP})$$
$$=\overrightarrow{OA}+\overrightarrow{OB}+\overrightarrow{OC}-3\overrightarrow{OP}$$

정석 △ABC의 무게중심을 G라고 할 때,

$$\overrightarrow{OG}=\frac{1}{3}(\overrightarrow{OA}+\overrightarrow{OB}+\overrightarrow{OC})$$

⇦ p. 87

(2) $|\overrightarrow{OA}+\overrightarrow{OB}+\overrightarrow{OC}-3\overrightarrow{OP}|=6$을 $|\vec{p}-\vec{c}|=r$의 꼴로 변형한다.

정석 $|\vec{p}-\vec{c}|=r\,(r>0)$인 $\vec{p}$의 종점의 자취

⟹ 중심이 $\vec{c}$의 종점, 반지름의 길이가 r인 원

모범답안 (1) $\overrightarrow{PA}+\overrightarrow{PB}+\overrightarrow{PC}=(\overrightarrow{OA}-\overrightarrow{OP})+(\overrightarrow{OB}-\overrightarrow{OP})+(\overrightarrow{OC}-\overrightarrow{OP})$

$$=\overrightarrow{OA}+\overrightarrow{OB}+\overrightarrow{OC}-3\overrightarrow{OP}$$

$\overrightarrow{OA}+\overrightarrow{OB}+\overrightarrow{OC}-3\overrightarrow{OP}=\vec{0}$ 에서 $\overrightarrow{OP}=\dfrac{\overrightarrow{OA}+\overrightarrow{OB}+\overrightarrow{OC}}{3}$

따라서 점 P는 △ABC의 무게중심이므로

$$P\left(\frac{2+3+1}{3}, \frac{1+4+4}{3}\right)$$ 곧, **P(2, 3)** ← 답

(2) $|\overrightarrow{PA}+\overrightarrow{PB}+\overrightarrow{PC}|=6$이므로 $|\overrightarrow{OA}+\overrightarrow{OB}+\overrightarrow{OC}-3\overrightarrow{OP}|=6$

양변을 3으로 나누면 $\left|\overrightarrow{OP}-\dfrac{\overrightarrow{OA}+\overrightarrow{OB}+\overrightarrow{OC}}{3}\right|=2$

따라서 점 P의 자취는 중심이 $\dfrac{\overrightarrow{OA}+\overrightarrow{OB}+\overrightarrow{OC}}{3}$의 종점이고 반지름의 길이가 2인 원이다. 이때, 자취의 길이는 $2\pi\times2=\boldsymbol{4\pi}$ ← 답

**Note* 점 P의 좌표를 P(x, y)로 놓고 벡터의 성분을 이용하여 자취의 방정식을 구해도 된다.

유제 **6**-11. 좌표평면 위의 세 점 A(3, 2), B(−2, 1), C(−1, −3)에 대하여 다음을 만족시키는 점 P(x, y)의 자취의 방정식을 구하여라.

(1) $|\overrightarrow{PA}+\overrightarrow{PB}+\overrightarrow{PC}|=3$ (2) $|\overrightarrow{PA}+2\overrightarrow{PB}|=12$

답 (1) $\boldsymbol{x^2+y^2=1}$ (2) $\left(\boldsymbol{x+\frac{1}{3}}\right)^2+\left(\boldsymbol{y-\frac{4}{3}}\right)^2=\boldsymbol{16}$

연습문제 6

기본 **6-1** 좌표평면 위의 점 A(1, -3)을 지나고 직선
g_1 : $x=-3t+3$, $y=2t$ (단, t는 실수)에 수직인 직선을 g_2라고 하자. 직선 g_2의 x절편을 a, y절편을 b라고 할 때, $a+b$의 값을 구하여라.

6-2 좌표평면 위에 원점 O를 지나지 않는 직선 l이 있다. 원점에서 직선 l에 내린 수선의 발을 H라고 할 때, $\overline{\mathrm{OH}}=h$이고 직선 OH가 x축의 양의 방향과 이루는 각의 크기는 θ이다. 직선 l의 방정식을 구하여라.

6-3 좌표평면 위의 세 점 A(3, 1), B(-2, 5), C(0, k)에 대하여 △ABC의 무게중심 G를 지나고 벡터 $\overrightarrow{\mathrm{CG}}$에 수직인 직선 l이 점 $\mathrm{P}\left(-\frac{4}{3}, \frac{3}{2}\right)$을 지날 때, 상수 k의 값을 구하여라.

6-4 좌표평면 위의 직선 l : $x=1-2t$, $y=3t+2$(단, t는 실수) 위의 두 점 A, B와 점 C(0, -3)에 대하여 △ABC가 정삼각형일 때, △ABC의 넓이와 무게중심 G의 좌표를 구하여라.

6-5 두 벡터 $\vec{a}=(1, 2)$, $\vec{b}=(2, 1)$에 대하여 $\overrightarrow{\mathrm{OP}}=\left(t+\frac{1}{t}\right)\vec{a}+\vec{b}$ 라고 하자. t가 0이 아닌 실수일 때, 점 P의 자취의 방정식을 구하여라.
단, O는 원점이다.

6-6 좌표평면 위에 정삼각형 OAB가 있다. 두 점 A, B의 위치벡터를 각각 $\vec{a}$, $\vec{b}$라 하고, △OAB의 외접원 위를 움직이는 점 P의 위치벡터를 $\vec{p}$라고 할 때, 다음이 성립함을 보여라. 단, O는 원점이다.

$$\left|\vec{p}-\frac{\vec{a}+\vec{b}}{3}\right|=\left|\frac{\vec{a}+\vec{b}}{3}\right|$$

6-7 좌표평면에서 다음 물음에 답하여라.

(1) 두 점 A(a_1, a_2), B(b_1, b_2)를 지름의 양 끝 점으로 하는 원의 방정식은
$$(x-a_1)(x-b_1)+(y-a_2)(y-b_2)=0$$
임을 보여라.

(2) 두 점 P(2, -3), Q(5, a)를 지름의 양 끝 점으로 하는 원 위의 점 R(3, -5)에서의 접선의 방정식이 $\frac{x-3}{b}=\frac{y+5}{-2}$일 때, 상수 a, b의 값을 구하여라.

6-8 좌표평면 위의 점 A(3, -4)의 위치벡터 $\overrightarrow{a}$와 두 점 P, Q의 위치벡터 $\overrightarrow{p}$, $\overrightarrow{q}$에 대하여

$$\overrightarrow{a}\cdot(\overrightarrow{p}-\overrightarrow{a})=0, \quad \overrightarrow{q}\cdot(\overrightarrow{q}+\overrightarrow{a})=0$$

이 성립한다. 이때, $|\overrightarrow{PQ}|$의 최솟값을 구하여라.

실력 **6-9** 평면 위에 세 정점 O, A, B와 동점 P가 있다.
$\overrightarrow{OA}=\overrightarrow{a}$, $\overrightarrow{OB}=\overrightarrow{b}$, $\overrightarrow{OP}=\overrightarrow{p}$ 라고 하면 $|\overrightarrow{p}-\overrightarrow{a}|^2-|\overrightarrow{p}-\overrightarrow{b}|^2=|\overrightarrow{a}-\overrightarrow{b}|^2$이 성립한다. 이때, 점 P의 자취를 구하여라.

6-10 좌표평면 위의 세 점 A(7, 0), B(5, 6), C(1, 4)에 대하여 원점 O를 지나고 방향벡터가 $\overrightarrow{d}=(17, a)$인 직선 l이 사각형 OABC의 넓이를 이등분할 때, 실수 a의 값을 구하여라.

6-11 좌표평면에서 원 $(\overrightarrow{x}-\overrightarrow{a})\cdot(\overrightarrow{x}-\overrightarrow{a})=r^2$ 위의 점 P에서의 접선 위에 한 점 Q가 있다. 두 점 P, Q의 위치벡터를 각각 $\overrightarrow{p}$, $\overrightarrow{q}$ 라고 할 때, $(\overrightarrow{p}-\overrightarrow{a})\cdot(\overrightarrow{q}-\overrightarrow{a})=r^2$임을 보여라.

6-12 좌표평면 위의 원점 O를 중심으로 하고 반지름의 길이가 1인 원 위에 세 점 A, B, C가 있다. $3\overrightarrow{OA}+4\overrightarrow{OB}+5\overrightarrow{OC}=\overrightarrow{0}$일 때, △ABC의 넓이를 구하여라.

6-13 좌표평면에서 중심이 원점 O이고 반지름의 길이가 1인 원 C_1 위의 한 점을 A, 중심이 원점 O이고 반지름의 길이가 3인 원 C_2 위의 한 점을 B라고 하자. 다음 두 조건을 만족시키는 점 P에 대하여 두 벡터 $\overrightarrow{PA}$와 $\overrightarrow{PB}$가 이루는 각의 크기를 θ라고 하자.

(가) $\overrightarrow{OB}\cdot\overrightarrow{OP}=3\overrightarrow{OA}\cdot\overrightarrow{OP}$　　　(나) $|\overrightarrow{PA}|^2+|\overrightarrow{PB}|^2=20$

$\overrightarrow{PA}\cdot\overrightarrow{PB}$가 최소일 때, $\cos\theta$의 값을 구하여라.

6-14 좌표평면 위의 세 점 A(1, 4), B(2, 6), C(-3, -1)에 대하여 점 P가 $|\overrightarrow{PA}+\overrightarrow{PB}+\overrightarrow{PC}|=6$을 만족시킬 때, 다음 물음에 답하여라.

(1) $\overrightarrow{AB}$에 평행한 직선이 점 P의 자취에 접할 때, 접점의 좌표를 구하여라.

(2) 원점 O에 대하여 $\overrightarrow{OA}\cdot\overrightarrow{OP}$의 최댓값과 최솟값을 구하여라.

6-15 좌표평면 위에 중심이 원점 O이고 반지름의 길이가 r인 원이 있다. 원 밖의 한 점 A에서 이 원에 그은 두 접선의 접점을 지나는 직선을 l이라고 하자. 직선 l 위의 점 P의 위치벡터를 $\overrightarrow{p}$, 점 A의 위치벡터를 $\overrightarrow{a}$라고 할 때, $\overrightarrow{a}\cdot\overrightarrow{p}=r^2$임을 보여라.

7. 공간도형

§ 1. 점 · 직선 · 평면을 결정하는 조건

기본정석

1 공간도형의 기본 성질

(1) 한 직선 위에 있지 않은 서로 다른 세 점을 지나는 평면은 단 하나 존재한다.

(2) 한 평면 위의 서로 다른 두 점을 지나는 직선 위의 모든 점은 이 평면 위에 있다.

(3) 서로 다른 두 평면이 한 점을 공유하면 두 평면은 이 점을 지나는 한 직선을 공유한다.

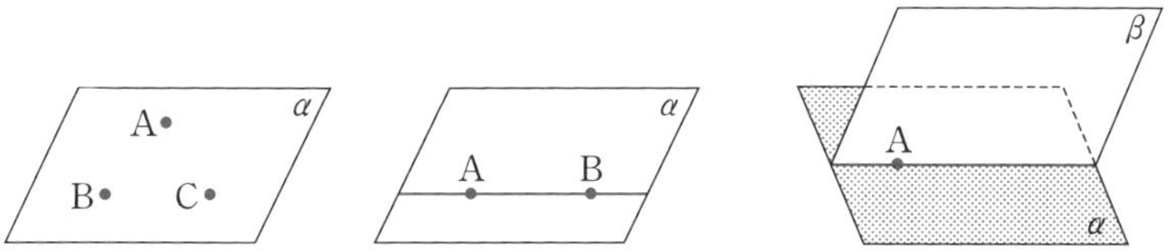

2 평면을 결정하는 조건

(1) 한 직선 위에 있지 않은 세 점은 단 하나의 평면을 결정한다.

(2) 한 직선과 이 직선 위에 있지 않은 한 점은 단 하나의 평면을 결정한다.

(3) 한 점에서 만나는 두 직선은 단 하나의 평면을 결정한다.

(4) 평행한 두 직선은 단 하나의 평면을 결정한다.

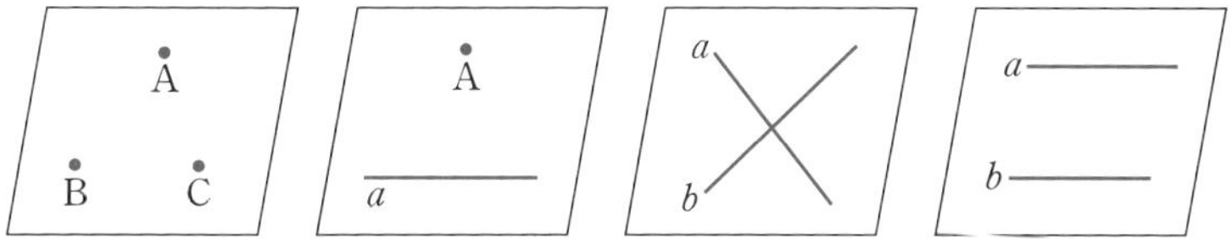

3 직선을 결정하는 조건

(1) 서로 다른 두 점은 단 하나의 직선을 결정한다.

(2) 서로 다른 두 평면이 만나면 단 하나의 직선을 결정한다.

4 점을 결정하는 조건

(1) 서로 다른 두 직선이 만나면 단 하나의 점을 결정한다.

(2) 평면과 이 평면에 포함되지 않은 직선이 만나면 단 하나의 점을 결정한다.

(3) 교선이 평행하지 않은 서로 다른 세 평면은 단 하나의 점을 결정한다.

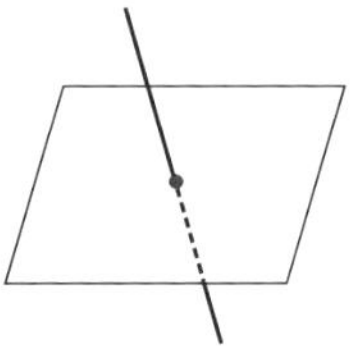

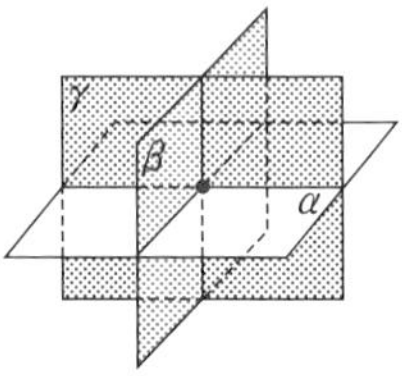

Advice 1° 공간도형의 기본 성질

삼각형, 사각형, 원 등은 평면 위의 도형이고, 사면체, 육면체, 구 등은 공간에서의 도형이다.

앞면의 공간도형의 기본 성질은 증명 없이 옳은 것으로 인정하고 추론의 근거로 삼기로 한다. 이와 같은 명제를 공리라고 한다.

또, 앞으로 특별한 단서가 없는 한 공간의 기본 도형인 점, 직선, 평면을 다음과 같은 기호로 나타내기로 한다.

점 : A, B, C, ⋯, P, Q, R, ⋯의 대문자

직선 : AB, BC, ⋯와 같은 두 점의 기호나 a, b, ⋯의 소문자

평면 : α, β, γ, ⋯, π, ⋯와 같은 그리스 문자

Advice 2° 평면을 결정하는 조건

위에서 공부한 점, 직선, 평면을 결정하는 조건은 직관에 의하여 쉽게 이해할 수 있는 성질이지만, 공간도형의 기본 성질로부터 증명할 수도 있다.

이 중에서 평면의 경우를 증명해 보자.

정리 1. 한 직선과 이 직선 위에 있지 않은 한 점은 단 하나의 평면을 결정한다.

증명 직선 a와 이 직선 위에 있지 않은 점 A에 대하여 직선 a 위에 두 점 B, C를 잡으면 세 점 A, B, C는 한 직선 위에 있지 않은 세 점이므로 이 세 점은 단 하나의 평면 α를 결정한다.

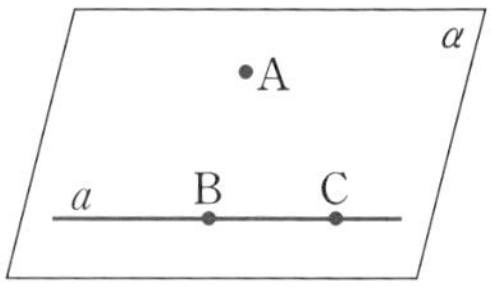

또, 점 B, C는 평면 α 위의 점이므로 직선 a는 평면 α에 포함된다.

따라서 직선 a를 포함하고 점 A를 지나는 평면은 단 하나 존재한다.

정리 2. 한 점에서 만나는 두 직선은 단 하나의 평면을 결정한다.

증명 두 직선 a, b의 교점을 P라 하고, 직선 a 위에 점 P가 아닌 점 A를 잡자.

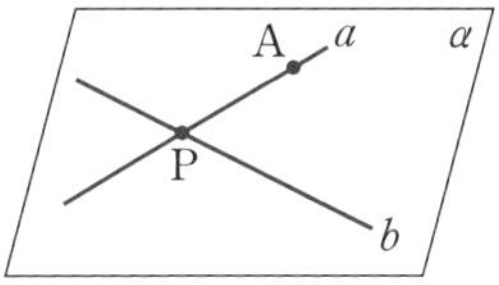

그러면 **정리 1**에 의하여 직선 b와 점 A를 포함하는 평면은 단 하나뿐이다. 이 평면을 α라고 하면 α는 직선 a 위의 서로 다른 두 점 P와 A를 포함하므로 직선 a도 포함한다.

따라서 한 점에서 만나는 두 직선은 단 하나의 평면을 결정한다.

정리 3. 평행한 두 직선은 단 하나의 평면을 결정한다.

증명 평행한 두 직선 a, b를 포함하는 평면은 직선의 평행의 정의(p. 141의 *Advice* 3° 참조)에 의하여 적어도 하나 존재한다.

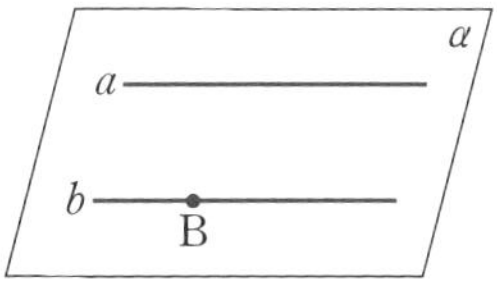

한편 직선 a와 직선 b 위의 한 점 B를 포함하는 평면은 단 하나뿐이다. 이 평면을 α라고 하자.

그런데 두 직선 a, b를 포함하는 평면은 직선 a와 점 B를 포함하므로 이 평면은 평면 α와 같다.

따라서 평행한 두 직선은 단 하나의 평면을 결정한다.

보기 1 공간에 어느 세 점도 같은 직선 위에 있지 않은 네 점이 있다. 또, 한 점에서 만나고 같은 평면 위에 있지 않은 세 직선이 있다.

이때, 네 점과 세 직선으로 결정되는 평면의 개수의 최댓값을 구하여라.

연구 (i) 점들만으로 결정되는 평면의 개수의 최댓값은 ${}_4C_3=4$

(ii) 직선들만으로 결정되는 평면의 개수의 최댓값은 ${}_3C_2=3$

(iii) 점과 직선으로 결정되는 평면의 개수의 최댓값은 ${}_4C_1\times{}_3C_1=12$

(i), (ii), (iii)에서 $4+3+12=\mathbf{19}$

보기 2 서로 다른 두 평면 α, β가 만날 때, α, β는 단 하나의 직선을 결정한다는 것을 증명하여라.

연구 직선이 존재한다는 것과 유일하다는 것을 나누어 증명한다.

(i) 존재한다 공간도형의 기본 성질로부터 α, β는 두 평면이 공유하는 한 점을 지나는 한 직선을 공유한다.

(ii) 유일하다 α, β가 서로 다른 두 직선 a, b를 공유한다고 하자. 직선 b 위에 있고 직선 a에 포함되지 않은 점 P와 직선 a를 포함하는 평면은 하나뿐이므로 α, β는 같은 평면이어야 한다. 이는 가정에 모순이다.

§ 2. 직선과 평면의 위치 관계

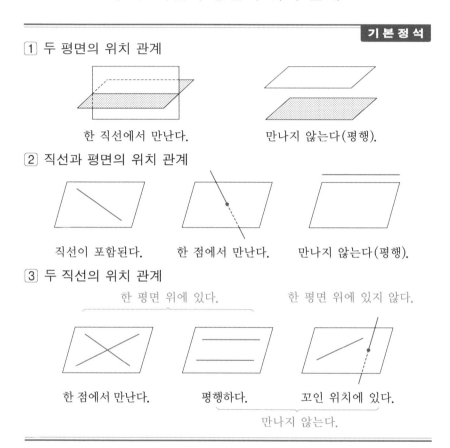

기본정석

① 두 평면의 위치 관계

한 직선에서 만난다. 만나지 않는다(평행).

② 직선과 평면의 위치 관계

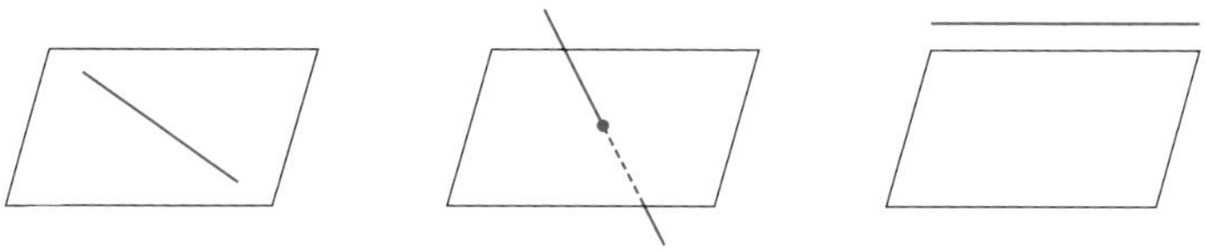

직선이 포함된다. 한 점에서 만난다. 만나지 않는다(평행).

③ 두 직선의 위치 관계

한 평면 위에 있다. 한 평면 위에 있지 않다.

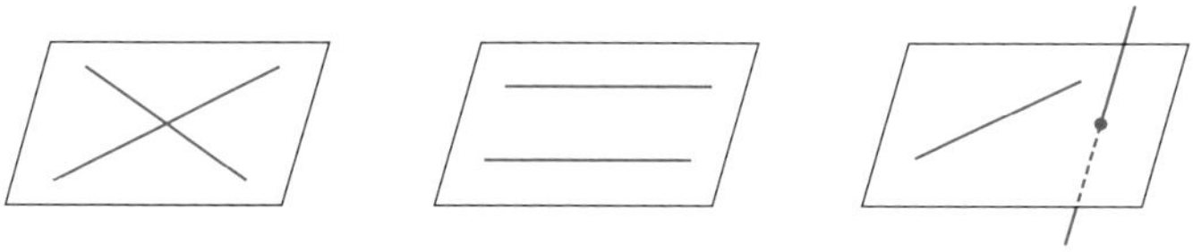

한 점에서 만난다. 평행하다. 꼬인 위치에 있다.

만나지 않는다.

Advice 1° 두 평면의 위치 관계

두 평면의 위치 관계는 다음 두 가지 중 하나이다.

(i) 두 평면 α, β가 공유점을 가지는 경우

(ii) 두 평면 α, β가 공유점을 가지지 않는 경우

두 평면 α, β가 공유점을 가질 때에는 한 직선을 공유한다. 이때, 두 평면은 만난다고 하고, 공유하는 직선을 두 평면의 교선이라고 한다.

그리고 두 평면 α, β가 공유점을 가지지 않을 때 α, β는 평행하다고 하고, $\alpha /\!/ \beta$와 같이 나타낸다.

Advice 2° 직선과 평면의 위치 관계

직선과 평면의 위치 관계는 다음 세 가지 중 하나이다.

(i) 직선 $\boldsymbol{a}$와 평면 $\boldsymbol{\alpha}$가 두 개 이상의 공유점을 가지는 경우

(ii) 직선 $\boldsymbol{a}$와 평면 $\boldsymbol{\alpha}$가 단 하나의 공유점을 가지는 경우

(iii) 직선 $\boldsymbol{a}$와 평면 $\boldsymbol{\alpha}$가 공유점을 가지지 않는 경우

(i)의 경우 직선 a는 평면 α 위에 있다.

또, (ii)의 경우 직선 a와 평면 α는 서로 만난다고 하고, 공유점을 교점이라고 한다. 그리고 (iii)의 경우 직선 a와 평면 α는 평행하다고 하고, $\boldsymbol{a /\!/ \alpha}$와 같이 나타낸다.

Advice 3° 두 직선의 위치 관계

두 직선의 위치 관계는 우선 다음 두 가지 경우를 생각할 수 있다.

(i) 두 직선 $\boldsymbol{a}$, $\boldsymbol{b}$가 만나는 경우

(ii) 두 직선 $\boldsymbol{a}$, $\boldsymbol{b}$가 만나지 않는 경우

또, 두 직선 a, b가 만나지 않는 경우는 a, b가 한 평면 위에 있으면서 만나지 않는 경우와 a, b가 한 평면 위에 있지 않으면서 만나지 않는 경우가 있다. 전자의 경우 a, b는 평행하다고 하고 $\boldsymbol{a /\!/ b}$와 같이 나타내며, 후자의 경우 a, b는 꼬인 위치에 있다고 한다.

정리 4. 평면 $\boldsymbol{\gamma}$가 평행한 두 평면 $\boldsymbol{\alpha}$, $\boldsymbol{\beta}$와 만날 때 생기는 두 교선은 서로 평행하다.

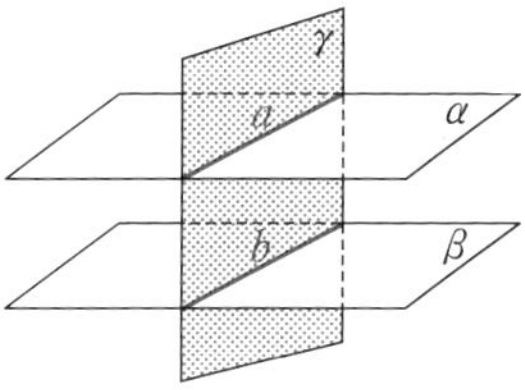

증명 평면 α, β는 공유점을 가지지 않으므로 평면 γ와 평면 α, β의 교선을 각각 a, b라고 하면 a, b는 공유점을 가지지 않는다.

또한 a, b는 한 평면 γ 위에 있으므로 a, b는 평행하다.

정리 5. $\boldsymbol{a /\!/ b}$일 때 직선 $\boldsymbol{a}$를 포함하고 직선 $\boldsymbol{b}$를 포함하지 않는 임의의 평면을 $\boldsymbol{\alpha}$라고 하면 $\boldsymbol{b /\!/ \alpha}$이다.

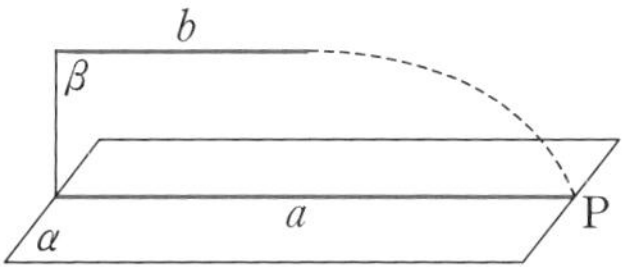

증명 직선 b가 평면 α와 점 P에서 만난다고 하면 점 P는 직선 b 위의 점이므로 a와 b가 결정하는 평면 β 위의 점이다. 따라서 P는 α와 β의 공유점이다. 한편 α, β는 하나의 직선에서 만나며, 이것은 직선 a이므로 P는 a 위의 점이다.

따라서 a와 b는 점 P에서 만나고, 이것은 가정에 모순이다. $\therefore\ b /\!/ \alpha$

정리 6. $\boldsymbol{a} /\!/ \boldsymbol{\alpha}$일 때 직선 $\boldsymbol{a}$를 포함하는 평면과 평면 $\boldsymbol{\alpha}$의 교선은 $\boldsymbol{a}$에 평행하다.

증명 직선 a를 포함하는 평면 β와 α의 교선을 b라고 하면 b는 α 위의 직선이므로 a와 만나지 않는다. 그런데 a, b는 한 평면 β 위에 있으므로 $a /\!/ b$이다.

정리 7. 서로 다른 세 직선 $\boldsymbol{a}$, $\boldsymbol{b}$, $\boldsymbol{c}$에 대하여 $\boldsymbol{a} /\!/ \boldsymbol{b}$, $\boldsymbol{b} /\!/ \boldsymbol{c}$이면 $\boldsymbol{a} /\!/ \boldsymbol{c}$이다.

증명 두 직선 a, b가 결정하는 평면을 α라고 하자.

(i) 직선 c가 α 위에 있을 때에는 명백하다.

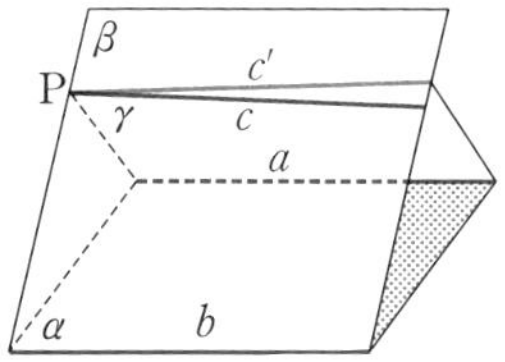

(ii) 직선 c가 α 위에 있지 않을 때에는 b, c가 결정하는 평면을 β, c 위의 한 점 P와 a가 결정하는 평면을 γ라 하고, β와 γ의 교선을 c'이라고 하면 $b /\!/ c'$, $a /\!/ c'$이다.

그런데 가정에 의하여 $b /\!/ c$이고, 점 P를 지나고 b에 평행한 직선은 하나밖에 없으므로 c와 c'은 일치한다.

그리고 $a /\!/ c'$이므로 $a /\!/ c$이다.

정리 8. 평면 $\boldsymbol{\alpha}$ 위에 있지 않은 점 $\mathbf{P}$를 지나고 $\boldsymbol{\alpha}$에 평행한 평면은 반드시 존재하고 단 하나뿐이다.

증명 (i) 존재한다.

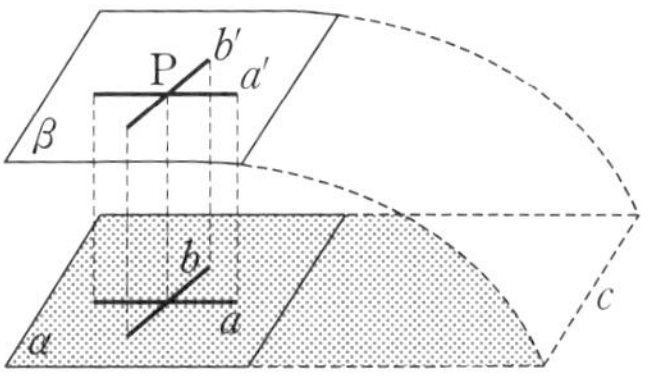

평면 α 위에 서로 만나는 임의의 두 직선 a, b를 긋고, a와 P로 결정되는 평면 위에 P를 지나고 a에 평행한 직선 a'을 긋는다. 마찬가지로 b와 P로 결정되는 평면 위에 P를 지나고 b와 평행한 직선 b'을 긋는다. 두 직선 a'과 b'은 점 P에서 만나므로 하나의 평면 β를 결정한다.

이 β가 α와 평행하지 않다고 하면 α, β는 교선 c를 공유한다. $a /\!/ a'$이므로 **정리 5**에 의하여 $a /\!/ \beta$이고 **정리 6**에 의하여 $c /\!/ a$이다.

같은 방법으로 하면 $c /\!/ b$이다.

$c /\!/ a$, $c /\!/ b$로부터 $a /\!/ b$이고, 이것은 가정에 모순이다. $\therefore \alpha /\!/ \beta$

(ii) 유일하다.

평면 α 위의 두 직선 a, b에 대하여 점 P를 지나고 이들과 각각 평행한 직선은 단 하나뿐이므로 a', b'으로 결정되는 평면 β는 단 하나뿐이다.

필수 예제 7-1 오른쪽 그림과 같이 꼬인 사변형 ABCD의 변 AB, BC, CD, DA의 중점을 각각 P, Q, R, S라고 할 때, □PQRS는 평행사변형임을 증명하여라.

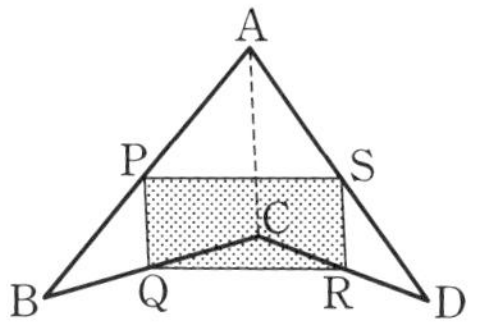

정석연구 한 평면 위에 있지 않은 네 점을 차례로 이어서 만든 사변형을 꼬인 사변형이라고 한다. 곧, 꼬인 사변형은 위의 그림과 같이 평면사변형을 대각선으로 꺾은 모양이다.

이 문제에서는 다음 삼각형의 두 변의 중점을 연결한 선분의 성질을 이용한다.

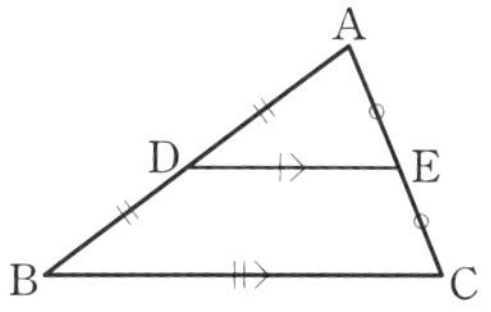

정석 **△ABC에서 변 AB, AC의 중점을 각각 D, E라고 하면**

$\Longrightarrow \overline{\mathbf{DE}} /\!/ \overline{\mathbf{BC}},\ \overline{\mathbf{DE}}=\frac{1}{2}\overline{\mathbf{BC}}$

모범답안 △ABC에서 점 P, Q는 각각 변 AB, BC의 중점이므로

$\overline{PQ} /\!/ \overline{AC}$ 이고 $\overline{PQ}=\frac{1}{2}\overline{AC}$ ······①

△ACD에서 점 R, S는 각각 변 CD, DA의 중점이므로

$\overline{SR} /\!/ \overline{AC}$ 이고 $\overline{SR}=\frac{1}{2}\overline{AC}$ ······②

①, ②로부터 $\overline{PQ} /\!/ \overline{SR},\ \overline{PQ}=\overline{SR}$

따라서 □PQRS는 평행사변형이다.

***Note* 위에서 $\overline{PQ} /\!/ \overline{SR}$이므로 네 점 P, Q, R, S는 한 평면 위에 있다.

유제 **7**-1. 한 평면 위에 있지 않은 네 점 A, B, C, D에 대하여 선분 BC, AC, AD, BD의 중점을 각각 L, M, L′, M′이라고 할 때, 다음 직선의 위치 관계를 말하여라.

(1) $\overleftrightarrow{LM}$과 $\overleftrightarrow{AD}$ (2) $\overleftrightarrow{LM'}$과 $\overleftrightarrow{ML'}$

(3) $\overleftrightarrow{LL'}$과 $\overleftrightarrow{MM'}$

답 (1) 꼬인 위치 (2) 평행 (3) 한 점에서 만난다.

유제 **7**-2. 사면체 ABCD의 모서리 AB, AC, AD, CD, DB, BC의 중점을 각각 L, M, N, P, Q, R라고 하면 선분 LP, MQ, NR는 한 점에서 만나고 서로 다른 것을 이등분함을 증명하여라.

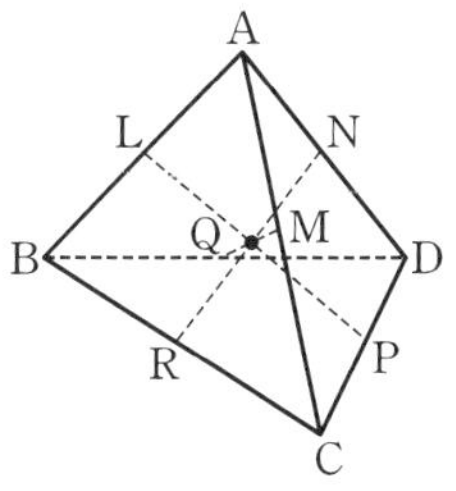

필수 예제 7-2 정육면체 ABCD-A′B′C′D′에서 모서리 AB, BB′, B′C′, C′D′, D′D, DA의 중점을 각각 L, M, N, P, Q, R라고 하면 육각형 LMNPQR는 정육각형임을 증명하여라.

정석연구 평면 위에 있는 여섯 개의 점을 차례로 연결하여 얻은 다각형이 정육각형임을 증명하려면

모든 변의 길이가 같고, 모든 내각의 크기가 같다

는 것만 보이면 충분하다.

그러나 이 문제와 같이 공간에 있는 여섯 개의 점이 주어진 경우에는 반드시 모든 점이 한 평면 위에 있다는 것도 보여야 한다.

정석 공간에서의 평면도형 ⟹ 한 평면 위의 점인가를 확인!

모범답안 점 L과 P, 점 B와 C′을 연결한다.

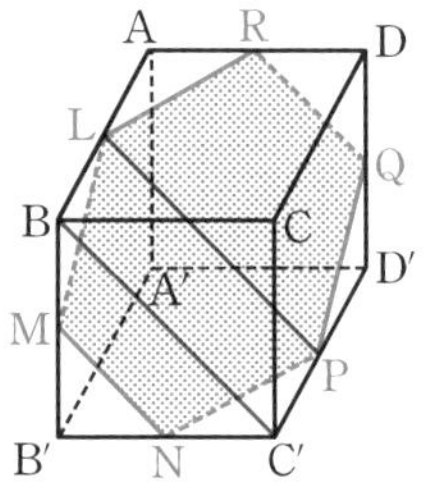

$\overline{BL}=\overline{C'P}$, $\overline{BL}/\!/\overline{C'P}$이므로 $\overline{BC'}/\!/\overline{LP}$

또, $\overline{BM}=\overline{MB'}$, $\overline{B'N}=\overline{NC'}$ $\quad\therefore$ $\overline{BC'}/\!/\overline{MN}$

$\therefore$ $\overline{LP}/\!/\overline{MN}$

곧, 점 L, M, N, P는 한 평면 α 위에 있다.

같은 방법으로 하면

점 M, N, P, Q는 한 평면 β 위에 있다.

점 N, P, Q, R는 한 평면 γ 위에 있다.

평면 α와 β는 세 점 M, N, P를 공유하고, 평면 β와 γ는 세 점 N, P, Q를 공유하므로 α, β, γ는 같은 평면이다.

따라서 점 L, M, N, P, Q, R는 한 평면 위에 있다.

한편 $\overline{AB}=2a$라고 하면 $\overline{BL}=\overline{BM}=a$, $\overline{BL}\perp\overline{BM}$이므로 $\overline{LM}=\sqrt{2}\,a$이다.

같은 방법으로 하면 $\overline{MN}=\overline{NP}=\overline{PQ}=\overline{QR}=\overline{RL}=\sqrt{2}\,a$

또, $\overline{AB'}=\overline{AD'}=\overline{B'D'}$이므로 $\angle B'AD'=60^\circ$

$\overline{LM}/\!/\overline{AB'}$, $\overline{MN}/\!/\overline{BC'}/\!/\overline{AD'}$이므로 두 직선 LM, PN의 교점을 T라고 하면 $\angle TMN=\angle B'AD'=60^\circ$ $\quad\therefore$ $\angle LMN=120^\circ$

같은 방법으로 하면 육각형 LMNPQR의 내각의 크기가 모두 120°이므로 정육각형이다.

유제 **7**-3. 사면체 ABCD에서 $\overline{AC}=\overline{BD}=a$이다. 이 사면체를 모서리 AC, BD에 평행한 평면 α로 자를 때, 단면인 사각형의 둘레의 길이를 구하여라.

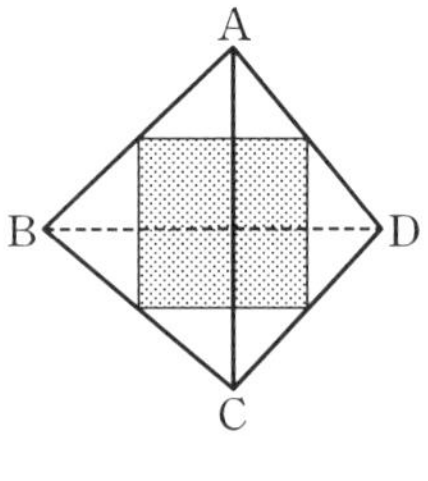

답 $2a$

§ 3. 직선과 평면이 이루는 각

기본정석

[1] 꼬인 위치에 있는 두 직선이 이루는 각

한 점 O를 지나고 각각 직선 a, b에 평행한 두 직선 a', b'을 그을 때, 두 직선 a', b'이 이루는 각을 직선 $\boldsymbol{a}$, $\boldsymbol{b}$가 이루는 각이라고 한다.

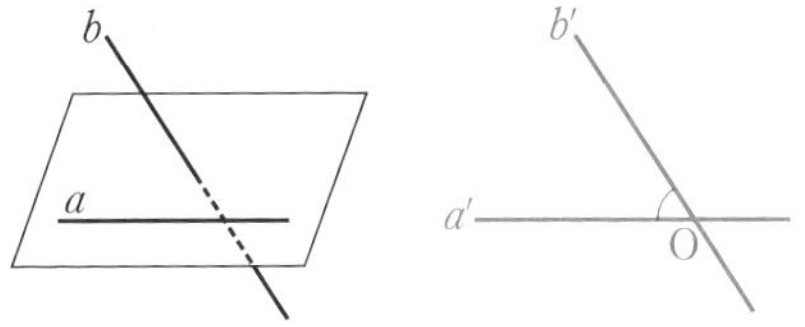

[2] 직선과 평면의 수직

직선 l이 평면 α와 점 O에서 만나고 점 O를 지나는 α 위의 모든 직선과 수직일 때 l과 α는 서로 수직이라 하고, $\boldsymbol{l \perp \alpha}$와 같이 나타낸다. 이 때, l을 α의 수선, O를 수선의 발이라고 한다.

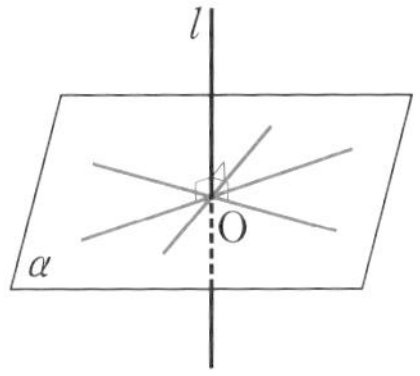

*Note 점 P와 평면 α 위의 점을 연결하는 선분의 길이 중 최소인 것은 P에서 α에 그은 수선의 길이이다. 이 길이를 점 **P**와 평면 $\boldsymbol{\alpha}$ 사이의 거리라 한다.

[3] 직선과 평면이 이루는 각

직선 a가 평면 α와 점 O에서 만날 때, 직선 위의 O가 아닌 임의의 점 A에서 평면 α에 내린 수선의 발을 B라고 하면 ∠AOB를 직선 $\boldsymbol{a}$와 평면 $\boldsymbol{\alpha}$가 이루는 각이라고 한다.

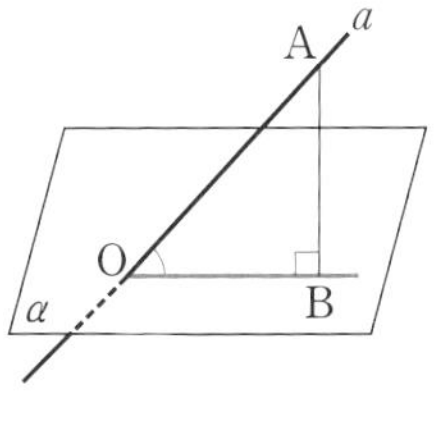

[4] 두 평면이 이루는 각

두 평면이 만날 때 두 평면의 교선을 공유하는 두 반평면이 이루는 도형을 이면각(二面角)이라 하고, 교선을 이면각의 변, 두 반평면을 이면각의 면이라고 한다.

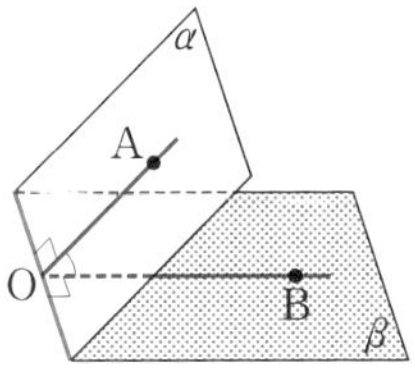

이면각의 변 위의 한 점 O를 지나고 각 면 위에서 이면각의 변에 수직인 직선 OA, OB를 그을 때, ∠AOB의 크기를 이면각의 크기라고 한다.

또, 두 평면이 만날 때, 이와 같은 이면각의 크기를 두 평면이 이루는 각의 크기라고 한다. 특히 두 평면 α, β가 이루는 각이 직각일 때 두 평면은 수직이라 하고, $\boldsymbol{\alpha \perp \beta}$와 같이 나타낸다.

Advice 특히 직선과 평면, 평면과 평면의 수직 관계는 공간도형에서 대단히 중요하므로 삼수선의 정리를 비롯한 몇 가지 중요한 정리에 대해서는 다음 § **4**(p. 148)에서 다시 정리하기로 한다.

**Note* 두 직선 또는 두 평면이 이루는 각의 크기는 보통 크기가 크지 않은 쪽의 각의 크기를 말한다.

정 리 9. 점 O에서 만나는 두 직선 a, b와 점 O′에서 만나는 두 직선 a', b'에 대하여 $a /\!/ a'$, $b /\!/ b'$이면 a, b가 이루는 각의 크기와 a', b'이 이루는 각의 크기는 같다.

증명 오른쪽 그림과 같이

직선 a, a' 위에 $\overline{OA}=\overline{O'A'}$
직선 b, b' 위에 $\overline{OB}=\overline{O'B'}$ ……①

이 되는 점 A, A′, B, B′을 잡는다.

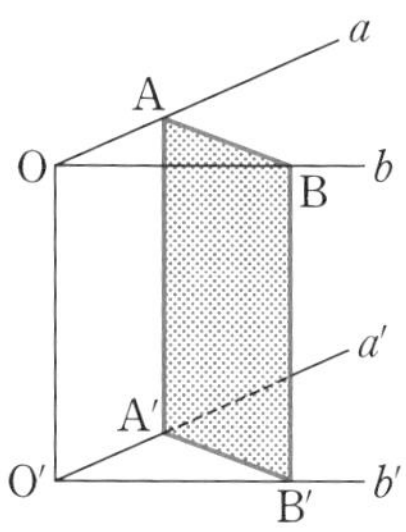

$\overline{OA}=\overline{O'A'}$이고 $\overline{OA} /\!/ \overline{O'A'}$이므로 사각형 OAA′O′은 평행사변형이다.

$\therefore\ \overline{OO'}=\overline{AA'},\quad \overline{OO'} /\!/ \overline{AA'}$

같은 방법으로 하면

$\overline{OO'}=\overline{BB'},\quad \overline{OO'} /\!/ \overline{BB'}$

따라서 $\overline{AA'}=\overline{BB'}$, $\overline{AA'} /\!/ \overline{BB'}$이므로 사각형 ABB′A′은 평행사변형이다.

$\therefore\ \overline{AB}=\overline{A'B'}$ ……②

①, ②로부터 $\triangle OAB \equiv \triangle O'A'B'$ $\quad\therefore\ \angle AOB=\angle A'O'B'$

따라서 a, b가 이루는 각의 크기는 a', b'이 이루는 각의 크기와 같다.

보기 1 오른쪽 그림의 직육면체 ABCD-A′B′C′D′에서 밑면 ABCD는 한 변의 길이가 $\sqrt{3}$ 인 정사각형이고 모서리 AA′의 길이는 1이다.

이때, 다음 두 직선이 이루는 각의 크기를 구하여라.

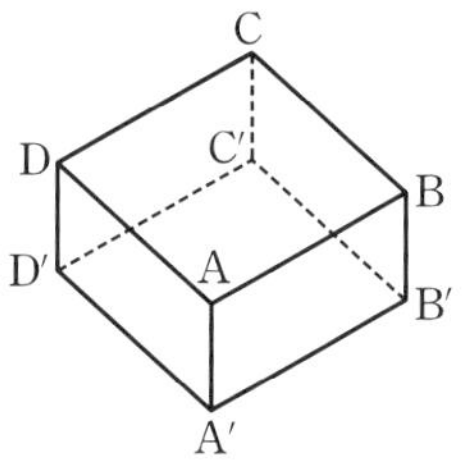

(1) $\overleftrightarrow{AA'}$과 $\overleftrightarrow{B'C'}$ (2) $\overleftrightarrow{AC}$와 $\overleftrightarrow{B'D'}$

(3) $\overleftrightarrow{AA'}$과 $\overleftrightarrow{BC'}$

연구 (1) 직선 AA′과 A′D′이 이루는 각의 크기와 같으므로 **90°**

(2) 직선 AC와 BD가 이루는 각의 크기와 같으므로 **90°**

(3) 직선 AA′과 AD′이 이루는 각 A′AD′의 크기와 같다.

$\triangle AA'D'$에서 $\angle A'=90°$, $\overline{AA'}=1$, $\overline{A'D'}=\sqrt{3}$ 이므로 $\angle A'AD'=$**60°**

필수 예제 7-3 정사각형 ABCD를 밑면으로 하고 V를 꼭짓점으로 하는 정사각뿔에서 밑면과 옆면이 이루는 이면각의 크기가 모두 45°일 때, 정사각뿔의 이웃하는 두 옆면이 이루는 각의 크기를 구하여라.

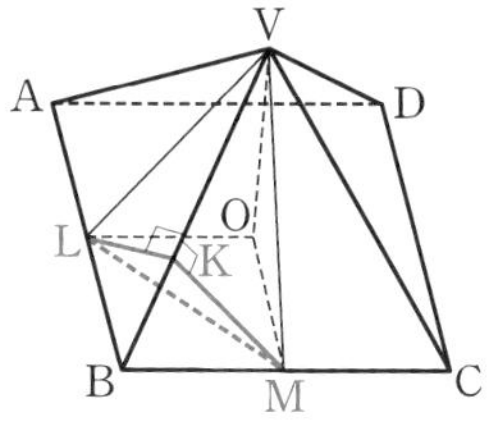

정석연구 오른쪽 그림에서 모서리 AB, BC의 중점을 각각 L, M이라고 하면 △VBL과 △VBM은 서로 합동이므로 점 L, M에서 모서리 VB에 내린 수선의 발은 일치한다. 이 수선의 발을 K라고 하면 ∠LKM이 두 옆면이 이루는 각이다.

정석 이면각의 크기 ⟹ 교선에서 그은 두 수선이 이루는 각을 생각!

모범답안 밑면의 두 대각선의 교점을 O, 모서리 AB, BC의 중점을 각각 L, M이라 하고, 밑면의 한 변의 길이를 $2a$라고 하자.

$\angle\text{VLO}=45^\circ$이므로 $\overline{\text{VO}}=\overline{\text{LO}}=\dfrac{1}{2}\overline{\text{BC}}=a,\quad \overline{\text{VL}}=\sqrt{a^2+a^2}=\sqrt{2}\,a$

$\angle\text{VLB}=90^\circ$이므로 $\overline{\text{VB}}=\sqrt{\overline{\text{VL}}^2+\overline{\text{LB}}^2}=\sqrt{(\sqrt{2}\,a)^2+a^2}=\sqrt{3}\,a$

한편 점 L에서 모서리 VB에 수선 LK를 그으면 △VLB의 넓이 관계에서

$$\frac{1}{2}\times a\times\sqrt{2}\,a=\frac{1}{2}\times\sqrt{3}\,a\times\overline{\text{LK}}\qquad \therefore\ \overline{\text{LK}}=\sqrt{\frac{2}{3}}\,a$$

△VBL과 △VBM이 서로 합동이므로 점 M에서 모서리 VB에 내린 수선의 발도 K이고 $\overline{\text{MK}}=\overline{\text{LK}}=\sqrt{\dfrac{2}{3}}\,a$

또, $\overline{\text{LM}}=\sqrt{\overline{\text{BL}}^2+\overline{\text{BM}}^2}=\sqrt{a^2+a^2}=\sqrt{2}\,a$

따라서 점 K에서 선분 LM에 내린 수선의 발을 H라고 하면

$$\overline{\text{LH}}=\frac{1}{2}\overline{\text{LM}}=\frac{\sqrt{2}}{2}a\qquad \therefore\ \sin(\angle\text{HKL})=\frac{\overline{\text{LH}}}{\overline{\text{LK}}}=\frac{\sqrt{3}}{2}$$

$0^\circ<\angle\text{HKL}<90^\circ$이므로 $\angle\text{HKL}=60^\circ$

$$\therefore\ \angle\text{LKM}=2\angle\text{HKL}=\mathbf{120^\circ}$$ ← 답

*Note 이웃하는 두 옆면을 포함한 평면이 이루는 각의 크기는 $180^\circ-120^\circ=60^\circ$이다.

유제 **7**-4. 정삼각형 ABC를 밑면으로 하고 V를 꼭짓점으로 하는 정삼각뿔에서 밑면과 옆면이 이루는 각의 크기는 모두 60°이다. 정삼각뿔의 이웃하는 두 옆면이 이루는 각의 크기를 θ라고 할 때, $\cos\theta$의 값을 구하여라.

답 $\dfrac{1}{8}$

§ 4. 직선과 평면의 수직에 관한 정리

기본정석

직선과 평면의 수직에 관한 정리

정리 10. 평면 α 위의 평행하지 않은 두 직선 a, b에 수직인 직선 l은 평면 α에 수직이다. 곧, $l\perp\alpha$이다.

정리 11. 삼수선의 정리

P가 평면 α 밖의 점, a가 평면 α 위의 직선이라고 하자.

(1) 점 P에서 평면 α에 내린 수선의 발을 M이라 하고, 점 M에서 직선 a에 내린 수선의 발을 N이라고 하면 $\overline{\mathrm{PN}}\perp a$이다.

(2) 점 P에서 평면 α와 직선 a에 내린 수선의 발을 각각 M, N이라고 하면 $\overline{\mathrm{MN}}\perp a$이다.

(3) 점 P에서 직선 a에 내린 수선의 발을 N이라 하고, 평면 α 위에서 점 N을 지나고 직선 a에 수직인 직선을 b라고 하면 점 P에서 직선 b에 그은 수선 PM은 평면 α에 수직이다. 곧, $\overline{\mathrm{PM}}\perp\alpha$이다.

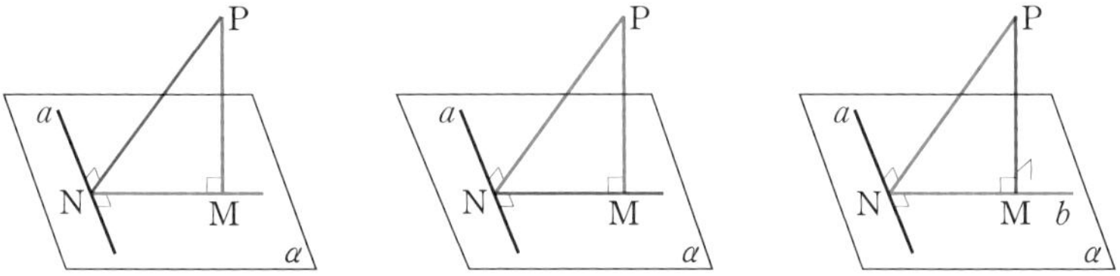

정리 12. (1) 직선 l이 평면 α에 수직일 때, l을 포함하는 모든 평면은 평면 α에 수직이다.

(2) 한 점 P를 지나고 한 평면 α에 수직인 직선은 단 하나뿐이다.

(3) 한 점 P를 지나고 한 직선 l에 수직인 평면은 단 하나뿐이다.

(4) 한 평면에 수직인 두 직선은 서로 평행하다.

(5) 한 직선에 수직인 두 평면은 서로 평행하다.

(6) 한 평면에 수직인 두 평면의 교선은 처음 평면에 수직이다.

Advice 1° 직선과 평면의 수직에 관한 정리 중에서 가장 중요한 것은 삼수선의 정리이다. 이 정리는 세 개의 수직 관계

$$\overline{\mathrm{PM}}\perp\alpha,\quad \overline{\mathrm{MN}}\perp a,\quad \overline{\mathrm{PN}}\perp a$$

중 어느 두 개가 성립하면 나머지 하나가 성립한다는 것을 뜻한다.

Advice 2° **정리 10의 증명**

(i) 직선 l이 두 직선 a, b의 교점을 지나는 경우

오른쪽 그림에서 평면 α 위에 a, b의 교점 O를 지나는 임의의 직선 c를 긋고, a, b, c와 α 위의 한 직선이 만나서 생기는 교점을 각각 A, B, C라고 하자.

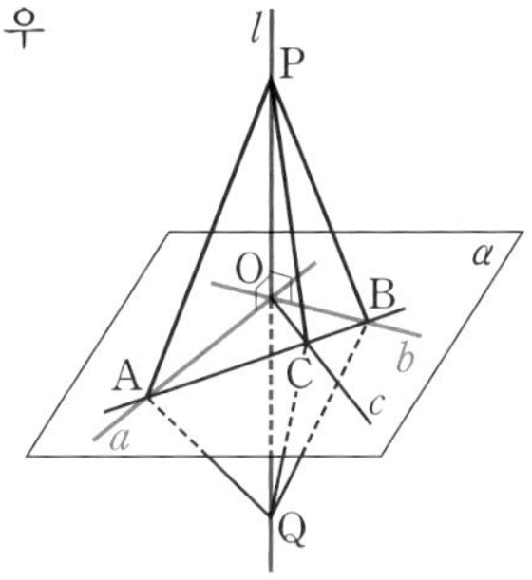

직선 l 위에 점 O에 대하여 서로 대칭인 점 P, Q를 잡으면 $\triangle$PAB와 $\triangle$QAB에서 대응하는 세 변의 길이가 각각 같으므로

$\triangle PAB \equiv \triangle QAB$ $\therefore$ $\angle PAB = \angle QAB$

$\therefore$ $\triangle PAC \equiv \triangle QAC$ $\therefore$ $\overline{CP} = \overline{CQ}$ $\therefore$ $\overline{PQ} \perp \overline{OC}$ $\therefore$ $l \perp c$ $\therefore$ $l \perp \alpha$

(ii) 직선 l이 두 직선 a, b의 교점을 지나지 않는 경우

두 직선의 교점이 직선 l과 평면 α의 교점의 위치에 오도록 두 직선 a, b를 각각 평행이동하면 결국 (i)과 같아진다.

* ***Note*** 따라서 $l \perp \alpha$를 증명할 때에는 직선 l이 평면 α 위의 한 점에서 만나는 두 직선과 수직이라는 것만 증명하면 된다.

Advice 3° **정리 11의 증명**

(1) $\overline{PM} \perp \alpha$이므로 $\overline{PM}$은 평면 α 위의 모든 직선과 수직이다. $\therefore$ $\overline{PM} \perp a$

또, $\overline{MN} \perp a$이므로 $\overline{PM}$, $\overline{MN}$을 포함하는 평면 β는 a와 수직이다. 곧, $a \perp \beta$

또, a와 수직인 β 위의 모든 직선은 a와 수직이므로 $\overline{PN} \perp a$

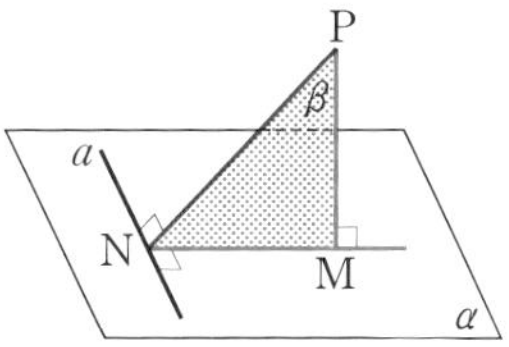

(2), (3)에 대해서도 같은 방법으로 증명할 수 있다.

보기 1 공간에서 서로 다른 세 직선 a, b, c와 서로 다른 세 평면 α, β, γ에 대하여 다음 중 옳은 것만을 있는 대로 골라라.

ㄱ. $a \perp \alpha$, $a \perp \beta$이면 $\alpha /\!/ \beta$ ㄴ. $a \perp \alpha$, $b \perp \alpha$이면 $a /\!/ b$

ㄷ. $a \perp b$, $a /\!/ c$이면 $b \perp c$ ㄹ. $\alpha \perp \beta$, $\alpha \perp \gamma$이면 $\beta /\!/ \gamma$

연구 그림으로 나타내면 다음과 같다. 답 ㄱ, ㄴ, ㄷ

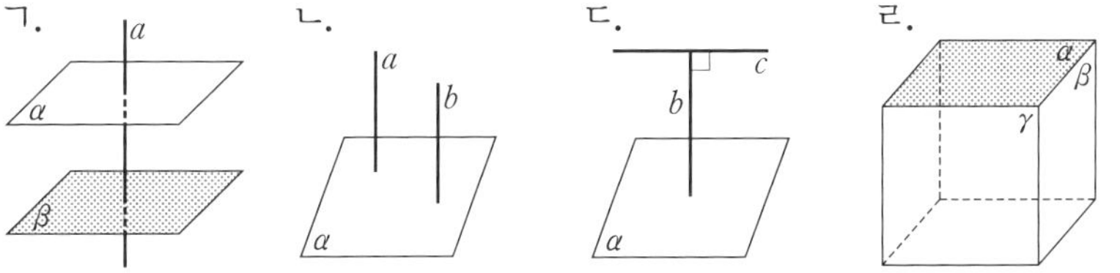

필수 예제 7-4 오른쪽 그림의 정육면체 ABCD-EFGH에 대하여 다음에 답하여라.

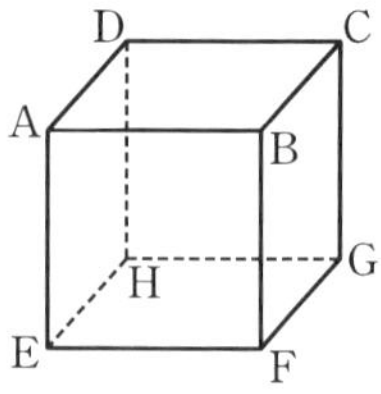

(1) 대각선 AG의 길이가 6 cm일 때, 이 정육면체의 부피 V를 구하여라.

(2) $\triangle$BDE의 넓이가 $8\sqrt{3}$ cm^{2}일 때, 대각선 AG의 길이를 구하여라.

(3) 정육면체의 한 모서리의 길이가 1 cm일 때, 대각선 AG를 포함하고 직선 HF에 평행한 평면으로 이 정육면체를 자른 단면의 넓이 S를 구하여라.

정석연구 오른쪽 그림과 같이 세 모서리의 길이가 a, b, c인 직육면체에서

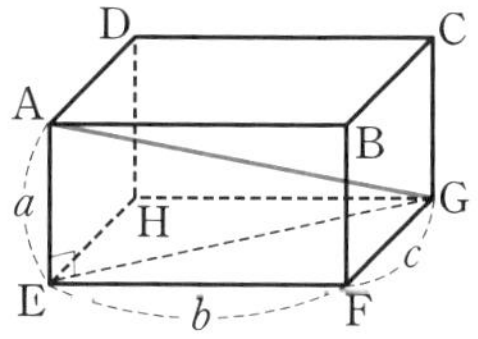

$$\overline{AG}^2=\overline{AE}^2+\overline{EG}^2=\overline{AE}^2+(\overline{EF}^2+\overline{FG}^2)$$
$$=a^2+b^2+c^2$$
$$\therefore \overline{AG}=\sqrt{a^2+b^2+c^2}$$

정석 세 모서리의 길이가 $\boldsymbol{a}$, $\boldsymbol{b}$, $\boldsymbol{c}$인 직육면체에서 대각선의 길이는 $\Longrightarrow \sqrt{\boldsymbol{a}^2+\boldsymbol{b}^2+\boldsymbol{c}^2}$

모범답안 (1) 정육면체의 한 모서리의 길이를 x cm라고 하면

$$\overline{AG}=\sqrt{x^2+x^2+x^2}=\sqrt{3}\,x=6 \qquad \therefore x=2\sqrt{3}$$
$$\therefore V=x^3=(2\sqrt{3})^3=\mathbf{24\sqrt{3}\ (cm^3)} \longleftarrow \boxed{답}$$

(2) 정육면체의 한 모서리의 길이를 x cm라고 하면

$$\overline{DE}=\overline{BE}=\overline{BD}=\sqrt{x^2+x^2}=\sqrt{2}\,x$$

이므로 $\triangle$BDE는 한 변의 길이가 $\sqrt{2}\,x$인 정삼각형이다.

$$\therefore \triangle BDE=\frac{\sqrt{3}}{4}\times(\sqrt{2}\,x)^2=\frac{\sqrt{3}}{2}x^2=8\sqrt{3} \qquad \therefore x^2=16$$

$x>0$이므로 $x=4$ $\quad\therefore \overline{AG}=\sqrt{x^2+x^2+x^2}=\sqrt{3}\,x=\mathbf{4\sqrt{3}\ (cm)} \longleftarrow \boxed{답}$

(3) 단면은 오른쪽 그림에서 마름모 ALGM이다.

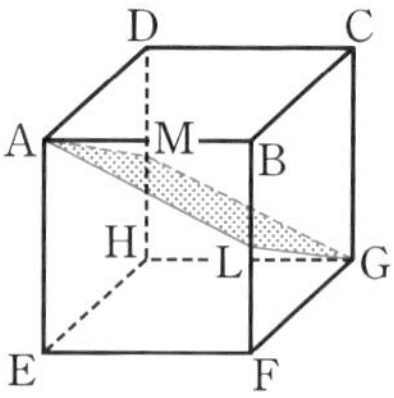

$\overline{LM}\perp\overline{AG}$, $\overline{LM}=\overline{FH}=\sqrt{2}$, $\overline{AG}=\sqrt{3}$ 이므로

$$S=\frac{1}{2}\times\overline{LM}\times\overline{AG}=\frac{1}{2}\times\sqrt{2}\times\sqrt{3}$$
$$=\mathbf{\frac{\sqrt{6}}{2}\ (cm^2)} \longleftarrow \boxed{답}$$

유제 **7**-5. 부피가 $3\sqrt{3}$ cm^{3}인 정육면체의 대각선의 길이를 구하여라.

답 **3 cm**

필수 예제 7-5 오른쪽 그림의 정육면체 ABCD-EFGH에서 점 P는 직선 BD 위에, 점 Q는 직선 AG 위에 있고, 선분 PQ는 직선 BD, AG에 각각 수직이다.

정육면체의 한 모서리의 길이가 6일 때, 선분 PQ의 길이를 구하여라.

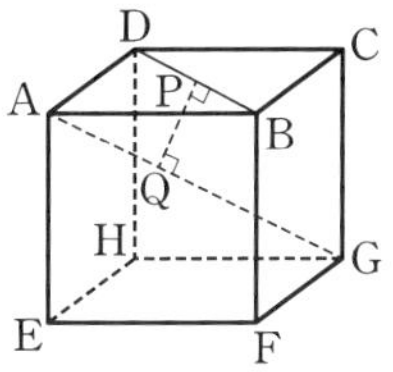

모범답안 점 Q는 대각선 AG 위의 점이므로 $\overline{QD}=\overline{QB}$

△QBD는 이등변삼각형이고, $\overline{PQ}\perp\overline{BD}$이므로 $\overline{DP}=\overline{BP}$

따라서 점 P는 선분 AC와 선분 BD의 교점이다.

$$\therefore \overline{AP}=\overline{CP} \quad \therefore 2\triangle APG=\triangle ACG$$

$$\therefore 2\times\left(\frac{1}{2}\times\overline{AG}\times\overline{PQ}\right)=\frac{1}{2}\times\overline{AC}\times\overline{CG}$$

$$\therefore 2\times\overline{AG}\times\overline{PQ}=\overline{AC}\times\overline{CG} \qquad \cdots\cdots①$$

한편 $\overline{AG}=\sqrt{6^2+6^2+6^2}=6\sqrt{3}$, $\overline{AC}=\sqrt{6^2+6^2}=6\sqrt{2}$, $\overline{CG}=6$

이므로 이 값을 ①에 대입하면 $\overline{PQ}=\sqrt{\mathbf{6}}$ ← 답

Advice 1° △APQ∽△AGC를 이용해도 된다. 곧,

$\overline{AP}:\overline{AG}=\overline{PQ}:\overline{GC}$ $\quad\therefore 3\sqrt{2}:6\sqrt{3}=\overline{PQ}:6$ $\quad\therefore \overline{PQ}=\sqrt{\mathbf{6}}$

2° 이 문제는 꼬인 위치에 있는 두 직선 BD, AG의 공통수선의 길이를 구하는 것과 같다.

또, 이 공통수선의 길이는 꼬인 위치에 있는 두 직선 BD, AG 사이의 최단 거리이기도 하다.

일반적으로 꼬인 위치에 있는 두 직선 a, b 사이의 최단 거리는 공통수선의 길이이다.

왜냐하면 오른쪽 그림과 같이 직선 a 위의 점 P, 직선 b 위의 점 Q를 잡으면 $\overline{PQ}\geq\overline{PR}=\overline{AB}$이기 때문이다.

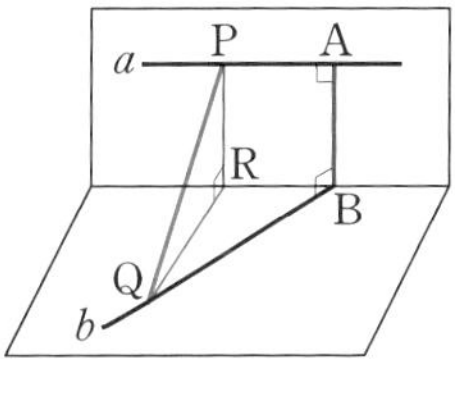

정석 꼬인 위치에 있는 두 직선 사이의 거리
⟹ 공통수선의 길이

유제 **7**-6. 오른쪽 그림의 정육면체 ABCD-EFGH에서 $\overline{AB}=12$이다. 밑면의 대각선 AC, BD의 교점 P에서 직선 AG에 내린 수선의 발을 Q라고 할 때, 선분 PQ의 길이를 구하여라. 답 $\mathbf{2\sqrt{6}}$

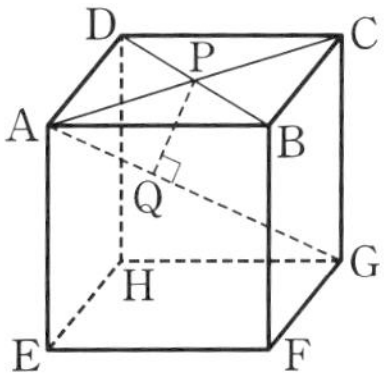

필수 예제 7-6 정사면체 ABCD에 대하여 다음 물음에 답하여라.

(1) $\overline{AB}=a$일 때, 정사면체 ABCD의 부피 V를 구하여라.

(2) 두 평면 ABC와 BCD가 이루는 예각의 크기를 θ라고 할 때, $\cos\theta$의 값을 구하여라.

(3) $\overline{AB}=a$이고, 모서리 BC의 중점을 M, 모서리 AD의 삼등분점 중 하나를 N이라고 할 때, 선분 MN의 길이를 구하여라.

모범답안 (1) 점 A에서 △BCD에 내린 수선의 발을 H라고 하면

$\triangle ABH\equiv\triangle ACH\equiv\triangle ADH$

이므로 H는 정삼각형 BCD의 무게중심이다.

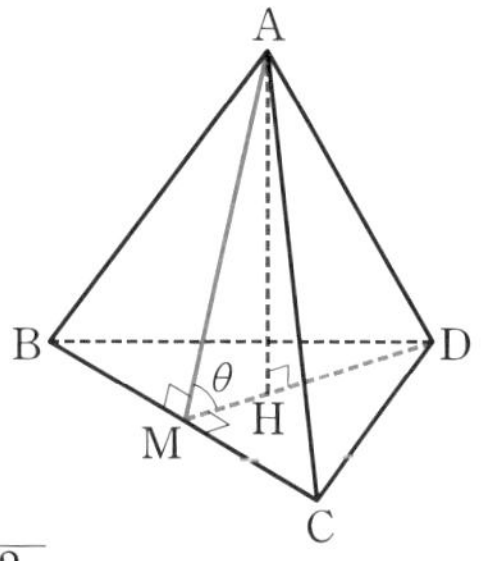

직선 DH와 BC의 교점을 M이라고 하면

$\overline{BM}=\overline{CM},\ \overline{DH}:\overline{HM}=2:1$

$\therefore\ \overline{DM}=\sqrt{a^2-\left(\frac{a}{2}\right)^2}=\frac{\sqrt{3}}{2}a$

$\therefore\ \overline{DH}=\frac{2}{3}\overline{DM}=\frac{2}{3}\times\frac{\sqrt{3}}{2}a=\frac{\sqrt{3}}{3}a$

$\therefore\ \overline{AH}=\sqrt{\overline{AD}^2-\overline{DH}^2}=\sqrt{a^2-\left(\frac{\sqrt{3}}{3}a\right)^2}=\sqrt{\frac{2}{3}}\,a$

$\therefore\ V=\frac{1}{3}\times\triangle BCD\times\overline{AH}=\frac{1}{3}\times\frac{\sqrt{3}}{4}a^2\times\frac{\sqrt{2}}{\sqrt{3}}a=\boldsymbol{\frac{\sqrt{2}}{12}a^3}$ ← 답

(2) 점 M은 모서리 BC의 중점이므로 $\overline{AM}\perp\overline{BC},\ \overline{DM}\perp\overline{BC}$

$\therefore\ \cos\theta=\cos(\angle AMH)=\frac{\overline{MH}}{\overline{AM}}=\frac{\overline{MH}}{\overline{DM}}=\boldsymbol{\frac{1}{3}}$ ← 답

(3) $\overline{AM}=\overline{DM}=\frac{\sqrt{3}}{2}a$

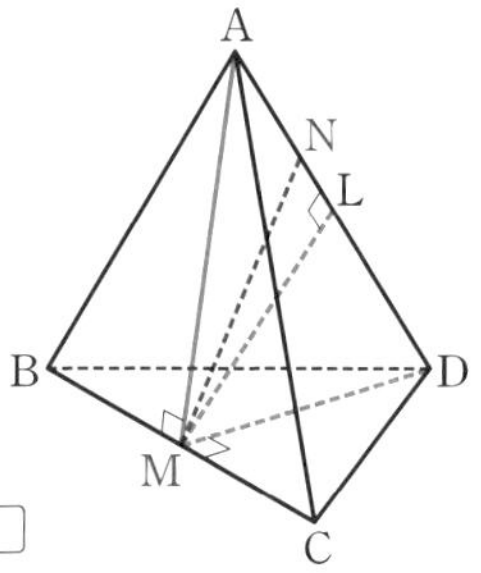

그런데 모서리 AD의 중점을 L이라고 하면 $\overline{ML}\perp\overline{AD}$이므로

$\overline{ML}=\sqrt{\overline{AM}^2-\overline{AL}^2}=\frac{\sqrt{2}}{2}a,$

$\overline{NL}=\overline{AL}-\overline{AN}=\frac{a}{2}-\frac{a}{3}=\frac{a}{6}$

$\therefore\ \overline{MN}=\sqrt{\left(\frac{\sqrt{2}}{2}a\right)^2+\left(\frac{a}{6}\right)^2}=\boldsymbol{\frac{\sqrt{19}}{6}a}$ ← 답

유제 **7**-7. 한 변의 길이가 a인 정사각형 ABCD의 두 대각선의 교점을 O라고 하자. 정사각형에서 △OAD를 잘라 내고, 선분 OA와 선분 OD를 일치시켜서 만든 삼각뿔 OABC를 생각하자. 점 O에서 밑면 ABC에 내린 수선의 발을 H라고 할 때, 선분 OH의 길이를 구하여라. 답 $\boldsymbol{\frac{\sqrt{6}}{6}a}$

필수 예제 7-7 오른쪽 그림과 같이 평면 α 위에 선분 AB가 있다. 평면 α 밖의 점 P에서 α에 내린 수선의 발을 Q라고 하자.

$\overline{AQ}=2$, $\angle PAQ=45^\circ$, $\angle QAB=60^\circ$일 때, 다음 물음에 답하여라.

(1) 선분 PA의 길이를 구하여라.

(2) $\cos(\angle PAB)$의 값을 구하여라.

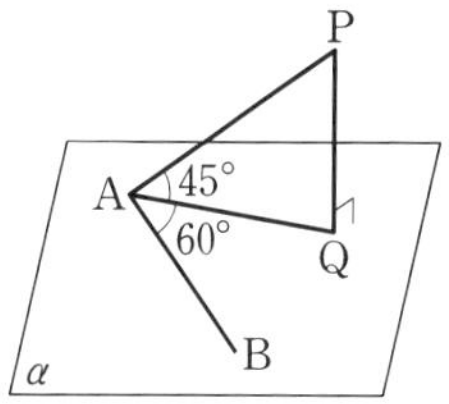

정석연구 (1) 직선과 평면의 수직 관계에 의하여 직선 PQ는 평면 α 위의 모든 직선과 수직이다. 따라서 $\overline{PQ}\perp\overline{AQ}$임을 이용한다.

(2) $\overline{PQ}\perp\alpha$이므로 점 Q에서 직선 AB에 내린 수선의 발을 H라고 하면 삼수선의 정리에 의하여 $\overline{PH}\perp\overline{AB}$이다.

이와 같이 평면에 수직인 직선이 있고, 나머지 직선들이 수직으로 연결되어 있는 경우 삼수선의 정리를 이용하면 문제가 해결되는 경우가 많다.

정석 직선이 수직으로 연결된 문제 ⟹ 삼수선의 정리를 이용하여라.

그런데 삼수선의 정리를 이용하기 위해서는 이 문제와 같이 먼저 이 정리를 적용할 수 있는 보조선을 그어야 하는 경우가 대부분이다.

따라서 p. 148의 삼수선의 정리를 설명할 때 사용한 그림을 기억해 두는 것이 좋다.

모범답안 (1) $\overline{PQ}\perp\alpha$이므로 $\overline{PQ}\perp\overline{AQ}$ $\quad\therefore \dfrac{\overline{AQ}}{\overline{PA}}=\cos 45^\circ$

$\therefore \overline{PA}=\sqrt{2}\,\overline{AQ}=\mathbf{2\sqrt{2}}$ ← 답

(2) 점 Q에서 직선 AB에 내린 수선의 발을 H라고 하면 $\overline{PQ}\perp\alpha$, $\overline{QH}\perp\overline{AB}$이므로 삼수선의 정리에 의하여 $\overline{PH}\perp\overline{AB}$

또, $\overline{AH}=\overline{AQ}\cos 60^\circ=2\times\dfrac{1}{2}=1$

$\therefore \cos(\angle PAB)=\dfrac{\overline{AH}}{\overline{PA}}=\dfrac{1}{2\sqrt{2}}=\mathbf{\dfrac{\sqrt{2}}{4}}$ ← 답

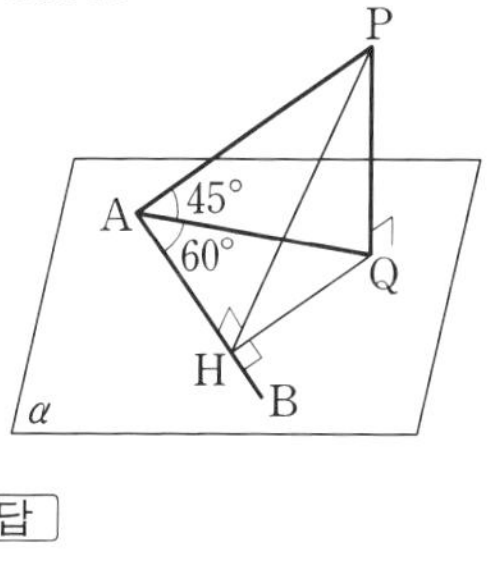

유제 **7**-8. 평면 α 밖의 한 점 P에서 평면 α에 내린 수선의 발을 O라 하고, 점 O에서 평면 α 위의 선분 AB에 내린 수선의 발을 Q라고 하자.

$\overline{PO}=4\text{ cm}$, $\overline{AQ}=2\sqrt{6}\text{ cm}$, $\overline{AP}=7\text{ cm}$일 때, 선분 OQ의 길이를 구하여라.

답 **3 cm**

필수 예제 **7**-8 직육면체 ABCD-EFGH에서 $\overline{AD}=\overline{AE}=30$, $\overline{AB}=60$이라고 하자.

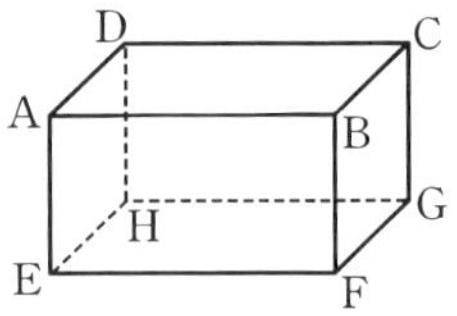

(1) 꼭짓점 D에서 선분 EG에 내린 수선의 발을 P라고 할 때, 선분 DP의 길이를 구하여라.

(2) 두 평면 HEG와 DEG가 이루는 예각의 크기를 θ라고 할 때, $\cos\theta$의 값을 구하여라.

(3) 꼭짓점 H에서 평면 DEG에 내린 수선의 발을 Q라고 할 때, 선분 HQ의 길이를 구하여라.

모범답안 (1) $\overline{EG}=\sqrt{30^2+60^2}=30\sqrt{5}$ 이고, 삼수선의 정리에 의하여 $\overline{HP}\perp\overline{EG}$이다.

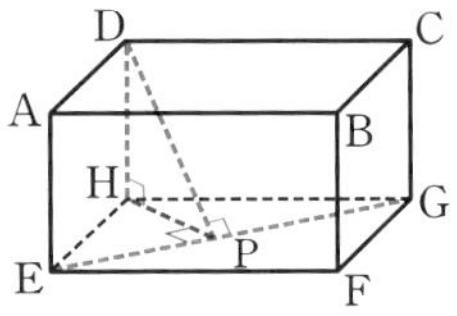

한편 △HEG의 넓이 관계에서

$$\frac{1}{2}\times\overline{EG}\times\overline{HP}=\frac{1}{2}\times\overline{HE}\times\overline{HG}$$

$\therefore\ \frac{1}{2}\times30\sqrt{5}\times\overline{HP}=\frac{1}{2}\times30\times60 \quad \therefore\ \overline{HP}=12\sqrt{5}$

$\therefore\ \overline{DP}=\sqrt{\overline{DH}^2+\overline{HP}^2}=\sqrt{30^2+(12\sqrt{5})^2}=\mathbf{18\sqrt{5}}$ ← 답

(2) $\cos\theta=\cos(\angle HPD)=\dfrac{\overline{HP}}{\overline{DP}}=\dfrac{12\sqrt{5}}{18\sqrt{5}}=\mathbf{\dfrac{2}{3}}$ ← 답

(3) △DEG에서 $\overline{EG}=30\sqrt{5}$, $\overline{DP}\perp\overline{EG}$이므로

$$\triangle DEG=\frac{1}{2}\times30\sqrt{5}\times18\sqrt{5}=1350$$

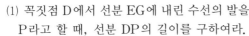

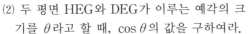

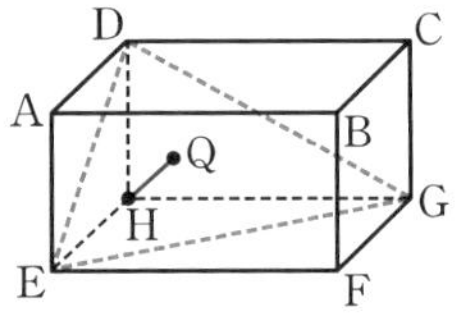

한편 사면체 DEGH의 부피 관계에서

$$\frac{1}{3}\times\triangle DEG\times\overline{HQ}=\frac{1}{3}\times\triangle HEG\times\overline{DH}$$

$\therefore\ \frac{1}{3}\times1350\times\overline{HQ}=\frac{1}{3}\times\left(\frac{1}{2}\times30\times60\right)\times30 \quad \therefore\ \mathbf{\overline{HQ}=20}$ ← 답

***Note** 삼수선의 정리에 의하여 점 H에서 직선 DP에 내린 수선의 발이 점 Q이다. 따라서 △DHP의 넓이 관계 $\frac{1}{2}\times\overline{DP}\times\overline{HQ}=\frac{1}{2}\times\overline{DH}\times\overline{HP}$에서 선분 HQ의 길이를 구할 수도 있다.

유제 **7**-9. 서로 직교하는 세 선분 OA, OB, OC의 길이가 각각 1, 2, 3일 때,

(1) △ABC의 넓이를 구하여라.

(2) 점 O와 평면 ABC 사이의 거리를 구하여라.

(3) 두 평면 ABC와 OAB가 이루는 예각의 크기를 θ라고 할 때, $\cos\theta$의 값을 구하여라.

답 (1) $\mathbf{\frac{7}{2}}$ (2) $\mathbf{\frac{6}{7}}$ (3) $\mathbf{\frac{2}{7}}$

연습문제 7

기본 **7-1** 평면 α 밖의 같은 쪽에 두 점 A, B가 있다. $\overline{AP}+\overline{BP}$가 최소가 되는 평면 α 위의 점 P를 찾아라.

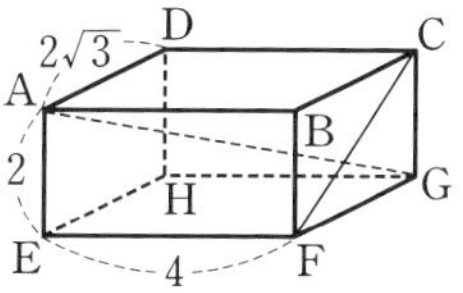

7-2 오른쪽 그림과 같은 직육면체에서 선분 AG와 CF가 이루는 예각의 크기를 θ라고 할 때, $\cos\theta$의 값을 구하여라.

7-3 정육면체 ABCD-EFGH에서 선분 CF와 평면 BDHF가 이루는 각의 크기를 구하여라.

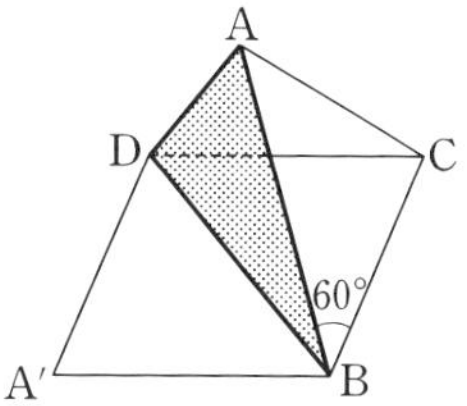

7-4 오른쪽 그림은 정사각형 모양의 종이 A′BCD를 대각선 BD를 접는 선으로 하여 변 AB와 BC가 이루는 각의 크기가 60°가 되도록 접은 것이다. 이때, 두 평면 ABD와 BCD가 이루는 각의 크기를 구하여라.

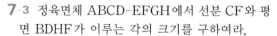

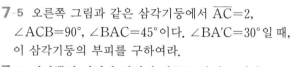

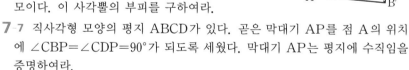

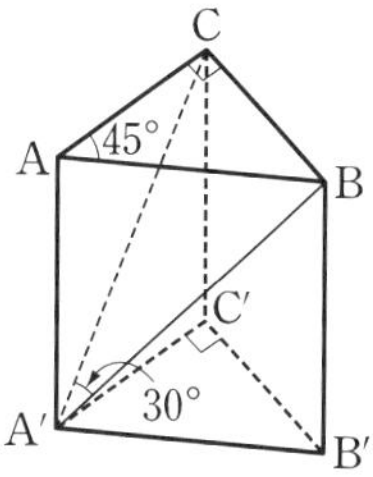

7-5 오른쪽 그림과 같은 삼각기둥에서 $\overline{AC}=2$, $\angle ACB=90°$, $\angle BAC=45°$이다. $\angle BA'C=30°$일 때, 이 삼각기둥의 부피를 구하여라.

7-6 사각뿔의 밑면과 옆면이 이루는 각의 크기가 모두 45°이고, 밑면은 두 대각선의 길이가 12, 16인 마름모이다. 이 사각뿔의 부피를 구하여라.

7-7 직사각형 모양의 평지 ABCD가 있다. 곧은 막대기 AP를 점 A의 위치에 $\angle CBP=\angle CDP=90°$가 되도록 세웠다. 막대기 AP는 평지에 수직임을 증명하여라.

7-8 정사면체 ABCD에 대하여 다음 물음에 답하여라.

(1) 모서리 AB, CD는 서로 수직임을 증명하여라.

(2) $\overline{AB}=a$일 때, 모서리 AB, CD 사이의 거리를 구하여라.

7-9 사면체 VABC의 세 모서리 VA, VB, VC가 서로 직교하고, $\overline{VA}=\overline{VB}=2$, $\overline{VC}=3$일 때, 다음 물음에 답하여라.

(1) $\triangle ABC$의 넓이를 구하여라.

(2) 면 ABC와 면 VAB가 이루는 예각의 크기를 θ라고 할 때, $\cos\theta$의 값을 구하여라.

(3) 점 V에서 면 ABC에 내린 수선의 발을 H라고 할 때, 점 H는 $\triangle ABC$의 수심임을 증명하여라.

7-10 오른쪽 그림과 같이 모든 모서리의 길이가 3인 정삼각기둥 ABC-DEF가 있다.

모서리 DE를 2 : 1로 내분하는 점을 P라고 할 때, 점 B와 평면 APC 사이의 거리를 구하여라.

⇦ 수학 I (삼각형과 삼각함수)

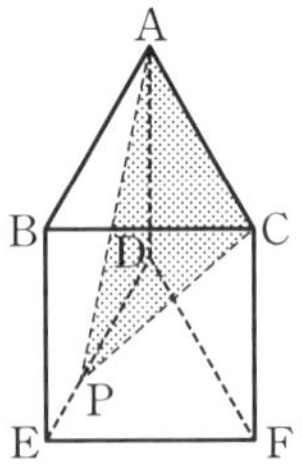

7-11 오른쪽 그림과 같이 평면 α 위의 세 점 A, B, C와 평면 α 위에 있지 않은 점 P에 대하여

$\overline{AB}\perp\overline{BC}$, $\overline{PC}\perp\alpha$,

$\overline{AB}=1$, $\overline{BC}=2$, $\overline{PC}=3$

이다. $\angle$APB의 크기를 θ라고 할 때, $\cos\theta$의 값을 구하여라.

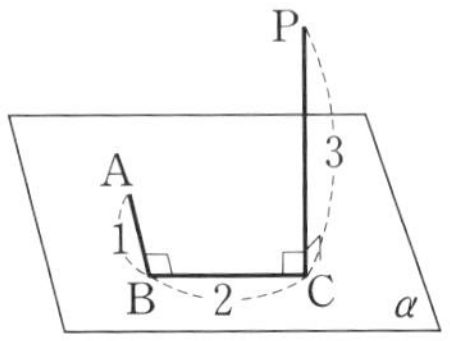

7-12 평면 α 위에 $\angle A=90°$이고 $\overline{BC}=6$인 직각이등변삼각형 ABC가 있다. 평면 α 밖의 한 점 P에서 α까지의 거리가 4이고, 점 P에서 평면 α에 내린 수선의 발이 점 A일 때, 점 P와 직선 BC 사이의 거리를 구하여라.

7-13 $\overline{AB}=9$, $\overline{AD}=3$인 직사각형 모양의 종이 ABCD가 있다. 선분 AB 위의 점 E와 선분 DC 위의 점 F를 연결하는 선을 접는 선으로 하여, 직선 BD가 평면 AEFD에 수직이 되도록 종이를 접었다. 이때, 두 평면 AEFD와 EFCB가 이루는 예각의 크기를 θ라고 하자. $\overline{AE}=3$일 때, $\cos\theta$의 값을 구하여라.

실력 **7-14** 평행한 두 평면 α, β 위에 중심이 각각 점 A, B이고 반지름의 길이가 각각 2, 4인 두 원이 있다. 점 P, Q가 각각 원 A, B 위를 움직일 때, 선분 PQ의 중점 M이 존재하는 영역의 넓이를 구하여라.

7-15 서로 수직인 두 평면의 교선 위의 점 A를 지나고 교선과 이루는 각의 크기가 45°이며 길이가 같은 두 선분 AB, AC를 각각의 평면 위에 그을 때, $\angle$BAC의 크기를 구하여라.

7-16 한 모서리의 길이가 2인 정사면체 ABCD의 꼭짓점 D에서 모서리 BC에 내린 수선의 발을 E라고 할 때, 선분 EA의 연장선과 점 D에서 면 BCD에 세운 수직인 직선이 만나는 점을 F라고 하자. 이때, △BCF의 넓이를 구하여라.

7-17 한 모서리의 길이가 1인 정사면체 ABCD에 외접하는 구의 반지름의 길이와 내접하는 구의 반지름의 길이를 구하여라.

7-18 오른쪽 그림의 정사면체에서 모서리 OA를 1 : 2로 내분하는 점을 P라 하고, 모서리 OB와 OC를 2 : 1로 내분하는 점을 각각 Q와 R라고 하자. △PQR와 △ABC가 이루는 예각의 크기를 θ라고 할 때, $\cos\theta$의 값을 구하여라.

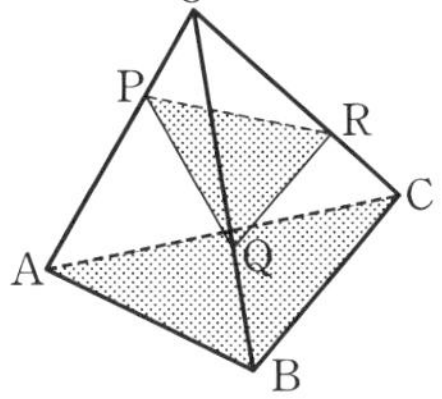

7-19 오른쪽 그림과 같이 직선 l을 교선으로 하고, 이루는 각의 크기가 60°인 두 평면 α, β가 있다. 평면 α 위의 점 A에서 직선 l에 내린 수선의 발을 C, 평면 β 위의 점 B에서 직선 l에 내린 수선의 발을 D라고 하면 $\overline{AB}=\sqrt{6}$, $\overline{CD}=1$이다. 직선 AB와 평면 β가 이루는 각의 크기가 45°일 때, 사면체 ABCD의 부피를 구하여라.

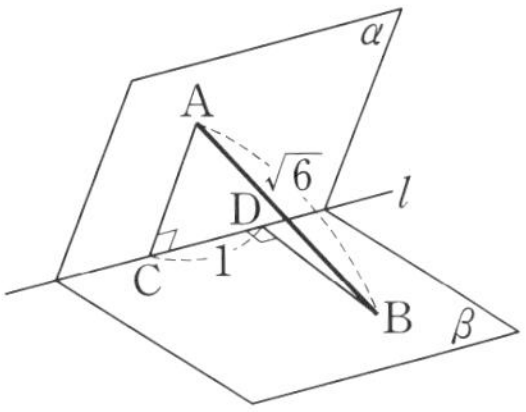

7-20 사면체 OABC에서 $\angle BOC=\angle COA=\angle AOB=90°$이고, 모서리 OA, OB, OC와 세 점 A, B, C를 지나는 평면이 이루는 각의 크기를 각각 α, β, γ라고 할 때, $\cos^2\alpha+\cos^2\beta+\cos^2\gamma=2$가 성립함을 증명하여라.

7-21 오른쪽 그림과 같은 사면체 ABCD에서 $\angle ABC$, $\angle ABD$, $\angle CBD$의 크기가 모두 60°이고, 모서리 AB의 길이는 a이다.

꼭짓점 A에서 밑면 BCD에 내린 수선의 발을 H라고 할 때, 선분 AH의 길이를 구하여라.

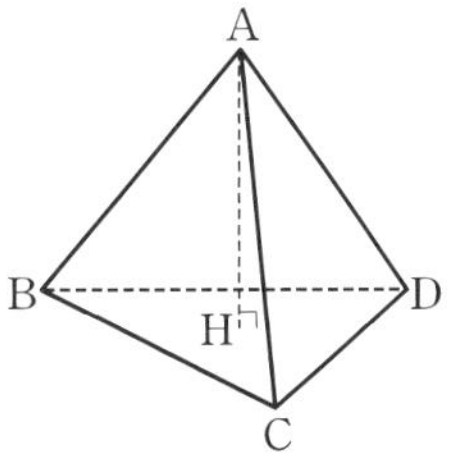

7-22 한 모서리의 길이가 a인 정팔면체에 대하여

(1) 서로 마주 보는 꼭짓점 사이의 거리를 구하여라.

(2) 서로 마주 보는 평행한 면 사이의 거리를 구하여라.

7-23 오른쪽 그림과 같이 밑면의 반지름의 길이가 모두 $\sqrt{3}$이고 높이가 서로 다른 세 원기둥이 서로 외접하며, 한 평면 α 위에 놓여 있다. 평면 α와 만나지 않는 세 원기둥의 밑면의 중심을 각각 P, Q, R라고 할 때, △PQR는 이등변삼각형이고, 평면 PQR와 평면 α가 이루는 각의 크기는 60°이다. 세 원기둥의 높이를 각각 8, a, b라고 할 때, a, b의 값을 구하여라. 단, $8<a<b$이다.

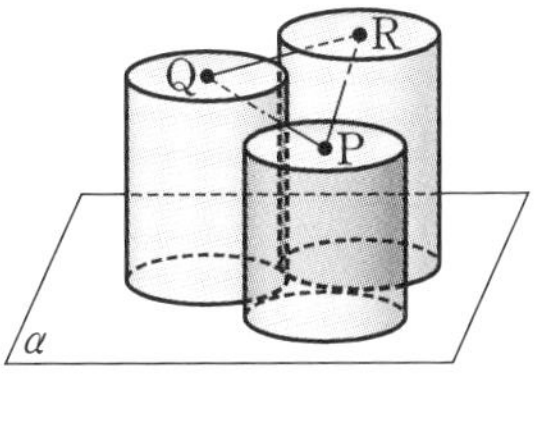

8. 정사영과 전개도

§1. 정 사 영

기본정석

평면 α 밖의 점 P에서 α에 내린 수선의 발 P′을 점 P의 평면 α 위로의 정사영이라고 한다. 또, 도형 F에 속하는 모든 점의 평면 α 위로의 정사영으로 이루어지는 도형 F′을 F의 α 위로의 정사영이라고 한다.

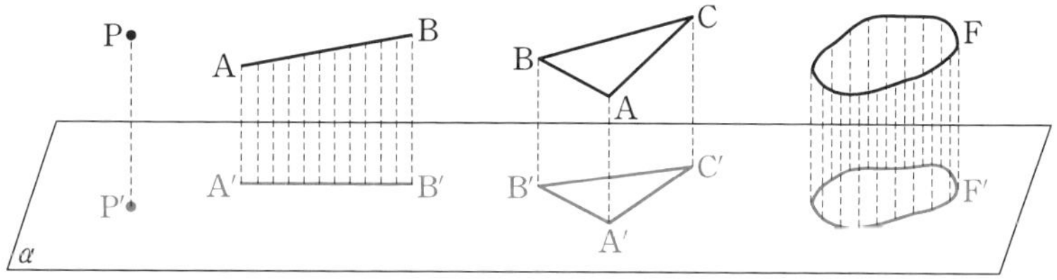

정리 1. 직선 $\boldsymbol{l}$과 평면 $\boldsymbol{\alpha}$가 이루는 예각의 크기를 $\boldsymbol{\theta}$라 하고, $\boldsymbol{l}$ 위의 선분 AB의 $\boldsymbol{\alpha}$ 위로의 정사영을 선분 **A′B′**이라고 하면(아래 왼쪽 그림)

$$\overline{\mathbf{A'B'}}=\overline{\mathbf{AB}}\cos\boldsymbol{\theta}$$

정리 2. 두 평면 $\boldsymbol{\alpha}$, $\boldsymbol{\beta}$가 이루는 예각의 크기를 $\boldsymbol{\theta}$라 하고, $\boldsymbol{\beta}$ 위의 넓이가 S인 도형의 $\boldsymbol{\alpha}$ 위로의 정사영의 넓이를 **S′**이라 하면(아래 오른쪽 그림)

$$\mathbf{S'}=\mathbf{S}\cos\boldsymbol{\theta}$$

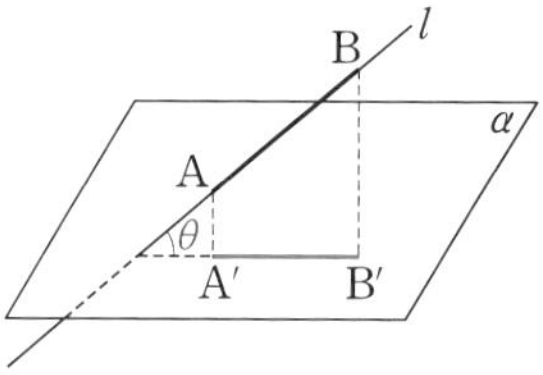

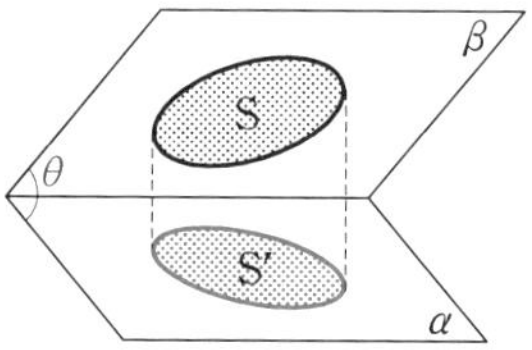

Advice | 정사영의 길이와 넓이

(1) 다음 그림 ①에서 $\overline{A'B'}=\overline{AB''}=\overline{AB}\cos\theta$ $\quad\therefore$ $\overline{\mathbf{A'B'}}=\overline{\mathbf{AB}}\cos\boldsymbol{\theta}$

(2) 다음 그림 ②에서 $S=ab$, $S'=ab\cos\theta$ $\quad\therefore$ $\mathbf{S'}=\mathbf{S}\cos\boldsymbol{\theta}$

여기에서는 알기 쉽게 직사각형의 예를 들었으나 평면 β 위의 도형이 어떤 도형이든 관계없이 일반적인 평면도형에 대하여 성립한다.

그림 ①

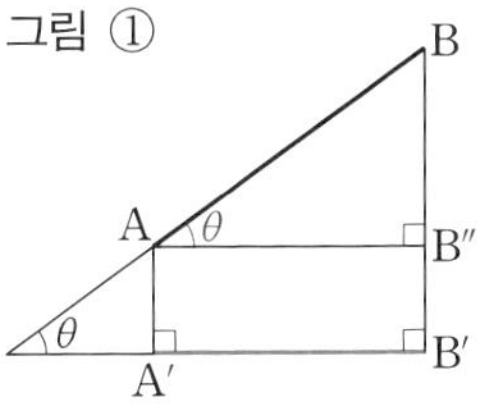

그림 ②

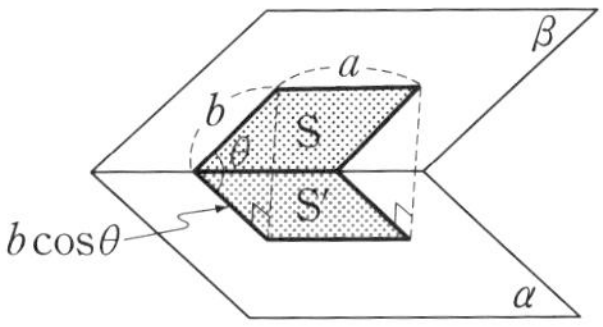

보기 1 평면 α와 크기가 θ인 예각을 이루며 만나는 평면 위에 있는 △ABC의 넓이를 S라 하고, 이 삼각형의 평면 α 위로의 정사영인 △A′B′C′의 넓이를 S′이라고 하면 $S'=S\cos\theta$이다. 이를 증명하여라.

연구 (i) 변 BC가 평면 α에 평행한 경우(다른 한 변이 평행한 경우도 같다)

변 B′C′을 포함하고 평면 ABC에 평행한 평면과 직선 AA′의 교점을 A_1이라고 하면

$$\triangle A_1B'C' \equiv \triangle ABC$$

점 A_1에서 변 B′C′에 내린 수선의 발을 H′이라고 하면 삼수선의 정리에 의하여

$$\overline{A'H'} \perp \overline{B'C'}$$

$$\therefore\ S'=\frac{1}{2}\times\overline{B'C'}\times\overline{A'H'}$$

$$=\frac{1}{2}\times\overline{B'C'}\times\overline{A_1H'}\cos\theta=S\cos\theta$$

곧, $\mathbf{S'=S\cos\theta}$

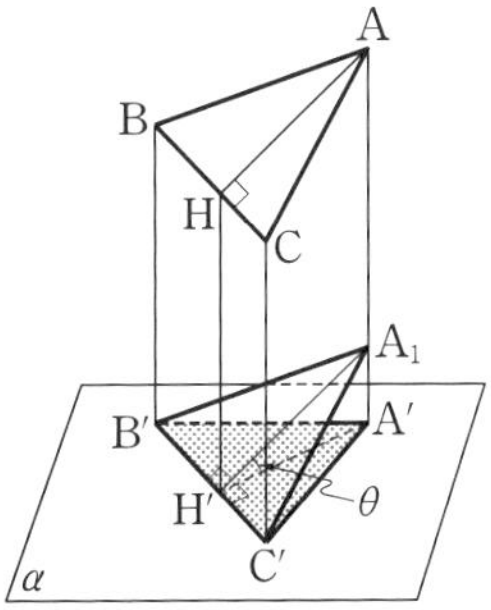

(ii) 평면 α에 평행한 변이 없는 경우

꼭짓점 A, B, C에서 각각 평면 α에 그은 수선 AA′, BB′, CC′의 길이는 어느 두 개도 같지 않다.

점 B를 포함하고 평면 α에 평행한 평면이 직선 AC와 만나는 점을 D라 하고, 점 D의 α 위로의 정사영을 D′이라고 하면 (i)로부터

$$\triangle A'B'D'=\triangle ABD\cos\theta$$
$$\triangle B'C'D'=\triangle BCD\cos\theta$$

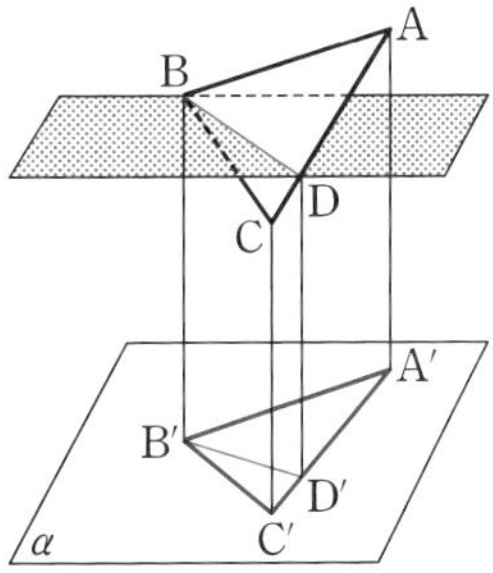

점 D가 변 AC 위에 있을 때

$$S'=\triangle A'B'D'+\triangle B'C'D'=\triangle ABD\cos\theta+\triangle BCD\cos\theta$$
$$=(\triangle ABD+\triangle BCD)\cos\theta=S\cos\theta$$

곧, $\mathbf{S'=S\cos\theta}$

점 D가 변 AC의 연장선 위에 있을 때도 같은 방법으로 증명할 수 있다.

필수 예제 8-1 밑면의 반지름의 길이가 3인 원기둥을 밑면과 이루는 각의 크기가 30°인 평면으로 자른 단면은 타원이다. 다음을 구하여라.

(1) 이 타원의 넓이 S

(2) 이 타원의 두 초점 사이의 거리 l

(3) 이 타원에 내접하는 사각형의 넓이의 최댓값 M

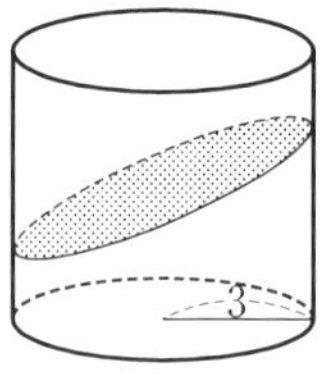

정석연구 다음 정사영의 성질을 이용한다.

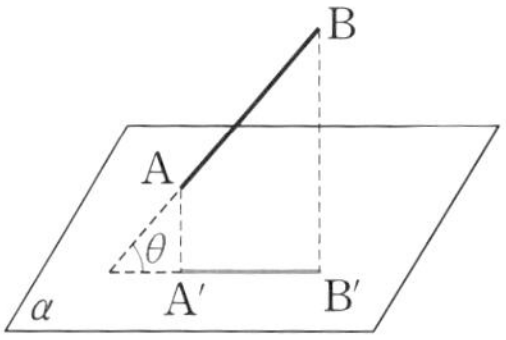

$\overline{A'B'}=\overline{AB}\cos\theta$

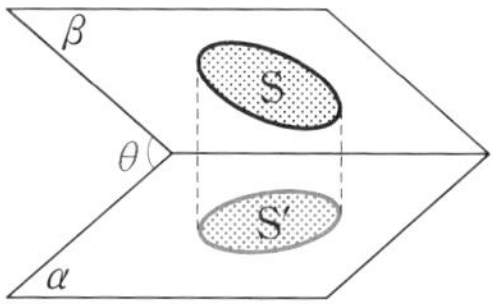

$S'=S\cos\theta$

모범답안 (1) 타원이 정사영은 인기둥의 밑면으로 ⊥ 넓이가 $\pi\times3^2$이다.

$\pi\times3^2=S\cos30°$이므로 $S=\dfrac{9\pi}{\cos30°}=\boldsymbol{6\sqrt{3}\pi}$ ← 답

(2) 타원의 장축의 길이를 $2a$라고 하면 장축의 정사영의 길이는 밑면의 지름의 길이와 같으므로 $2\times3=2a\cos30°$ $\therefore a=\dfrac{3}{\cos30°}=2\sqrt{3}$

또, 타원의 단축의 길이를 $2b$라고 하면 단축의 정사영의 길이는 밑면의 지름의 길이와 같으므로 $2b=2\times3$ $\therefore b=3$

$\therefore l=2\sqrt{a^2-b^2}=2\sqrt{(2\sqrt{3})^2-3^2}=\boldsymbol{2\sqrt{3}}$ ← 답

(3) 타원에 내접하는 사각형의 넓이가 최대이면 정사영된 사각형의 넓이도 최대이다. 또, 원에 내접하는 사각형의 넓이가 최대일 때, 사각형의 두 대각선은 직교하는 원의 지름이다.

따라서 밑면인 원에 내접하는 사각형의 넓이의 최댓값을 M′이라고 하면

$$M'=\frac{1}{2}\times6\times6\times\sin90°=18$$

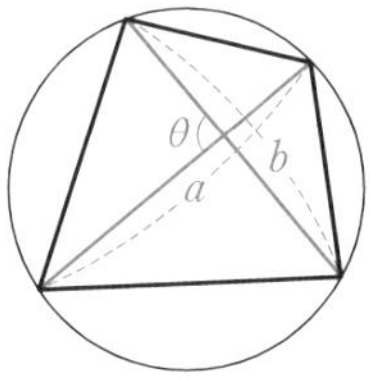

$S=\dfrac{1}{2}ab\sin\theta$

$M'=M\cos30°$이므로 $M=\dfrac{18}{\cos30°}=\boldsymbol{12\sqrt{3}}$ ← 답

유제 **8**-1. 밑면의 반지름의 길이가 10 cm이고 높이가 20 cm인 원기둥을 밑면의 중심을 포함하고 밑면과 이루는 각의 크기가 60°인 평면으로 자를 때, 단면의 넓이를 구하여라.

답 $\boldsymbol{100\pi}$ **cm²**

필수 예제 8-2 오른쪽 그림과 같이 정육면체 ABCD-EFGH가 있다. $\overline{AB}=a$일 때,

(1) $\triangle$BDE의 넓이를 구하여라.

(2) 평면 BDE와 평면 EFGH가 이루는 예각의 크기를 θ라고 할 때, $\cos\theta$의 값을 구하여라.

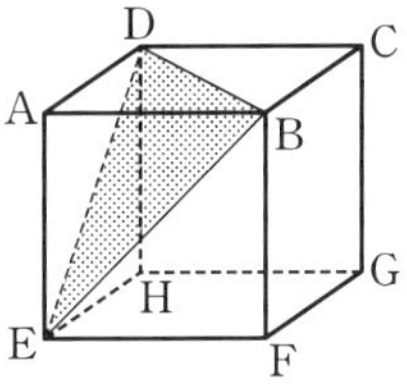

정석연구 (1) $\overline{BD}=\sqrt{\overline{AB}^2+\overline{AD}^2}=\sqrt{a^2+a^2}=\sqrt{2}\,a$이므로 $\triangle$BDE는 한 변의 길이가 $\sqrt{2}\,a$인 정삼각형이다.

(2) $\triangle$BDE의 평면 EFGH 위로의 정사영이 $\triangle$FHE이므로

$$\triangle\mathbf{FHE}=\triangle\mathbf{BDE}\times\cos\boldsymbol{\theta} \qquad \Leftarrow \mathbf{S'=S\cos\theta}$$

가 성립한다. 이로부터 $\cos\theta$의 값을 구한다.

모범답안 (1) 정육면체이므로 $\overline{BD}=\overline{DE}=\overline{EB}=\sqrt{2}\,a$

$$\therefore\ \triangle\text{BDE}=\frac{\sqrt{3}}{4}\times(\sqrt{2}\,a)^2=\boldsymbol{\frac{\sqrt{3}}{2}a^2} \longleftarrow \boxed{답}$$

(2) $\triangle$BDE의 정사영이 $\triangle$FHE, 두 평면이 이루는 예각의 크기가 θ이므로

$$\triangle\text{FHE}=\triangle\text{BDE}\times\cos\theta$$

한편 $\triangle\text{BDE}=\dfrac{\sqrt{3}}{2}a^2$이고, $\triangle\text{FHE}=\dfrac{1}{2}\square\text{EFGH}=\dfrac{1}{2}a^2$이므로

$$\frac{1}{2}a^2=\frac{\sqrt{3}}{2}a^2\cos\theta \qquad \therefore\ \cos\theta=\frac{1}{\sqrt{3}}=\boldsymbol{\frac{\sqrt{3}}{3}} \longleftarrow \boxed{답}$$

*Note 평면 ABCD와 평면 EFGH는 평행하므로 평면 BDE와 평면 ABCD가 이루는 예각의 크기를 θ라고 해도 된다.

선분 BD의 중점을 P라고 하면

$$\overline{AP}=\frac{\sqrt{2}}{2}a,\ \overline{EP}=\frac{\sqrt{6}}{2}a\text{이므로}\quad \cos\theta=\frac{\overline{AP}}{\overline{EP}}=\frac{\sqrt{2}}{\sqrt{6}}=\boldsymbol{\frac{\sqrt{3}}{3}}$$

유제 **8**-2. 오른쪽 그림과 같이 한 모서리의 길이가 6인 정육면체 ABCD-EFGH가 있다. 모서리 AD의 중점 P에 대하여 평면 PEC와 평면 EFGH가 이루는 예각의 크기를 θ라고 할 때, $\cos\theta$의 값을 구하여라. 답 $\boldsymbol{\frac{\sqrt{6}}{6}}$

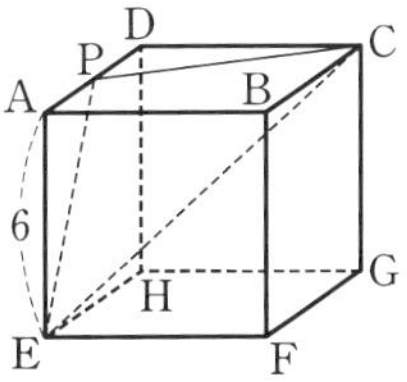

유제 **8**-3. 평면 α 위에 한 변의 길이가 2 cm인 정삼각형이 있다. 이 정삼각형의 평면 β 위로의 정사영의 넓이가 $\dfrac{\sqrt{6}}{2}$ cm²일 때, 두 평면 α, β가 이루는 예각의 크기를 구하여라. 답 **45°**

필수 예제 8-3 오른쪽 그림과 같이 평평한 지면에 반지름의 길이가 10인 반구가 있다. 빛이 지면과 크기가 45°인 각을 이루며 반구를 비출 때, 그림자의 넓이를 구하여라.

단, 반구의 윗면은 지면에 평행하다.

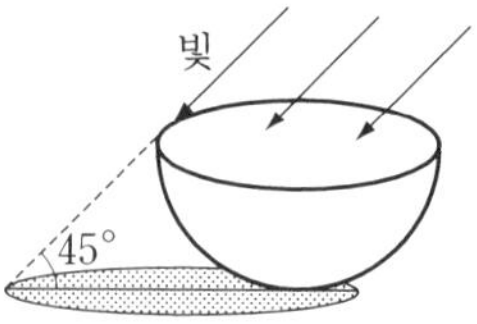

정석연구 구의 경우 그림 ①과 같이 그림자는 구의 중심을 포함하고 빛에 수직인 평면에 의하여 생기는 원판의 그림자와 같다.

따라서 이 원판의 넓이 S를 구한 다음, 그림자의 넓이 S′은

$$S=S'\cos 45°$$

를 이용하여 구하면 된다.

그림 ①

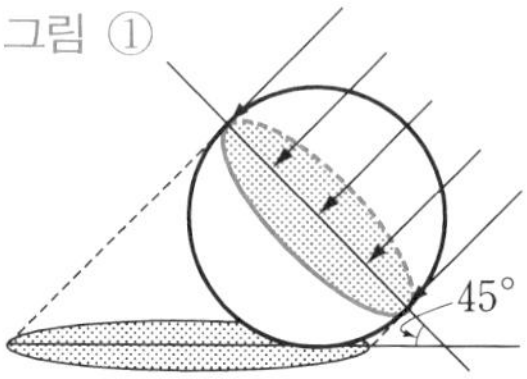

그러나 반구의 경우 그림자는 그림 ②와 같이 P의 그림자와 Q의 그림자의 합이다.

이때, P의 그림자의 넓이는 P의 그림자와 P가 평행하다는 것을 이용하여 구한다.

또, Q의 그림자의 넓이는 정사영을 이용하여 구한다.

그림 ②

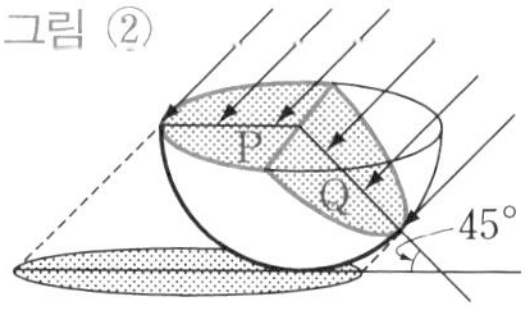

정석 입체의 정사영에서는 ⟹ 필요한 단면부터 찾는다.

모범답안 반구의 그림자는 그림 ②에서 P와 Q의 그림자의 합이다.

이때, P, Q의 넓이는 각각 $\dfrac{1}{2}\pi\times10^2=50\pi$ 이다.

P는 지면과 평행하므로 P의 그림자의 넓이를 S_1이라고 하면 S_1은 P의 넓이와 같다. $\quad\therefore\ S_1=50\pi$

또, Q는 지면과 이루는 각의 크기가 45°이므로 Q의 그림자의 넓이를 S_2라고 하면 $S_2\cos 45°=50\pi \quad \therefore\ S_2=50\sqrt{2}\,\pi$

따라서 그림자의 넓이는 $S_1+S_2=\mathbf{50\pi+50\sqrt{2}\,\pi}$ ← 답

유제 **8**-4. 밑면의 반지름의 길이가 2이고 높이가 10인 원기둥이 오른쪽 그림과 같이 평면 α와 크기가 60°인 각을 이루면서 비스듬히 놓여 있다.

이 원기둥의 평면 α 위로의 정사영의 넓이를 구하여라. 답 $\mathbf{20+2\sqrt{3}\,\pi}$

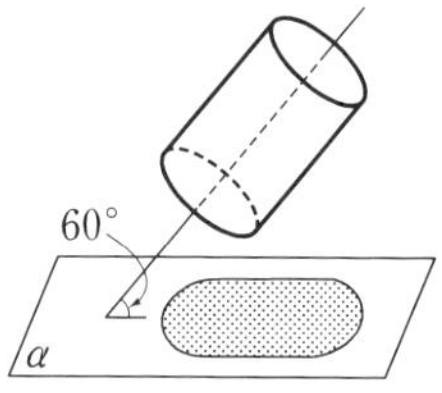

Advice | 벡터의 직선 위로의 정사영

(i) $\overrightarrow{a}=\overrightarrow{\mathrm{AB}}$와 직선 g가 있어 점 A, B에서 g에 내린 수선의 발을 각각 A′, B′이라고 할 때, $\overrightarrow{\mathrm{A'B'}}=\overrightarrow{a'}$을 $\overrightarrow{a}$의 g 위로의 정사영이라고 한다.

g의 방향이 주어지고 g 방향의 단위벡터를 $\overrightarrow{e}$라고 할 때, $\overrightarrow{\mathrm{AB}}$가 $\overrightarrow{e}$와 이루는 각의 크기를 $\theta(0°\le\theta\le180°)$라고 하면

$$\overrightarrow{\mathrm{A'B'}}=|\overrightarrow{\mathrm{AB}}|\cos\theta\,\overrightarrow{e} \quad \text{또는} \quad \overrightarrow{a'}=|\overrightarrow{a}|\cos\theta\,\overrightarrow{e}$$

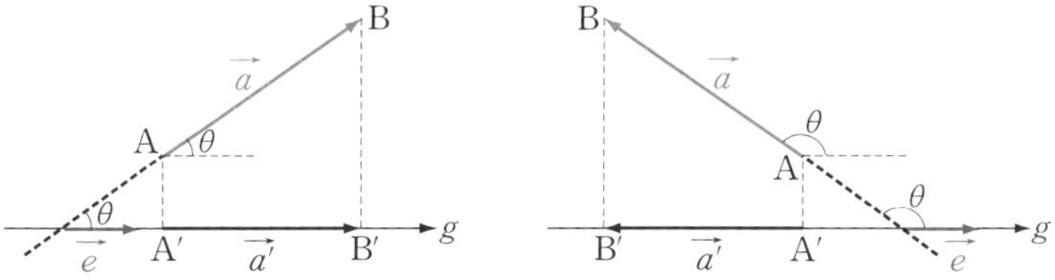

(ii) 두 벡터 $\overrightarrow{\mathrm{OA}}$, $\overrightarrow{\mathrm{OB}}$가 이루는 각의 크기를 θ라고 하면 $0°\le\theta\le90°$일 때, 두 벡터의 내적을 정사영과 관련지어 이해할 수 있다.

곧, $\overrightarrow{\mathrm{OA}}\cdot\overrightarrow{\mathrm{OB}}=|\overrightarrow{\mathrm{OA}}||\overrightarrow{\mathrm{OB}}|\cos\theta$는 $\overrightarrow{\mathrm{OA}}$의 크기 $|\overrightarrow{\mathrm{OA}}|$와 $\overrightarrow{\mathrm{OB}}$의 직선 OA 위로의 정사영의 크기 $|\overrightarrow{\mathrm{OB}}|\cos\theta$의 곱이라고 할 수 있다. 또는 $\overrightarrow{\mathrm{OB}}$의 크기 $|\overrightarrow{\mathrm{OB}}|$와 $\overrightarrow{\mathrm{OA}}$의 직선 OB 위로의 정사영의 크기 $|\overrightarrow{\mathrm{OA}}|\cos\theta$의 곱이라고 할 수 있다.

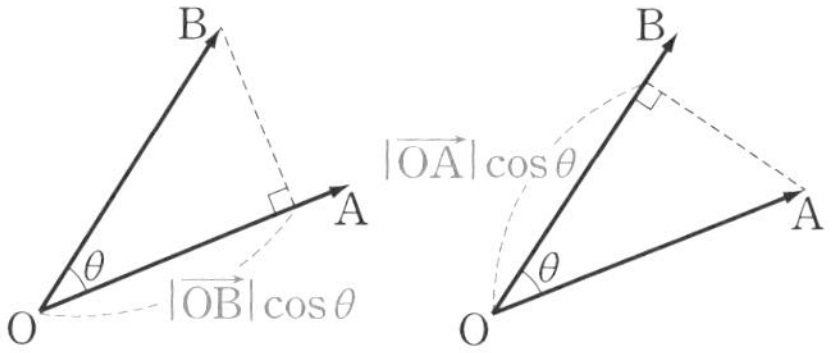

보기 1 두 벡터 $\overrightarrow{\mathrm{OA}}=(3,\ -1)$, $\overrightarrow{\mathrm{OB}}=(2,\ 4)$에 대하여 $\overrightarrow{\mathrm{OA}}$의 직선 OB 위로의 정사영의 크기를 구하여라.

연구 벡터의 정사영 문제는 벡터의 내적을 이용하여 해결할 수 있다.

정석 벡터의 정사영 ⟹ 내적을 이용한다.

$\overrightarrow{\mathrm{OA}}$와 $\overrightarrow{\mathrm{OB}}$가 이루는 각의 크기를 θ라고 하면 $\overrightarrow{\mathrm{OA}}$의 직선 OB 위로의 정사영의 크기는 $\left||\overrightarrow{\mathrm{OA}}|\cos\theta\right|$이다.

이때,

$$|\overrightarrow{\mathrm{OB}}|=\sqrt{2^2+4^2}=2\sqrt{5},\quad \overrightarrow{\mathrm{OA}}\cdot\overrightarrow{\mathrm{OB}}=(3,\ -1)\cdot(2,\ 4)=6-4=2$$

이므로 $\overrightarrow{\mathrm{OA}}\cdot\overrightarrow{\mathrm{OB}}=|\overrightarrow{\mathrm{OA}}||\overrightarrow{\mathrm{OB}}|\cos\theta$에서

$$\left||\overrightarrow{\mathrm{OA}}|\cos\theta\right|=\frac{|\overrightarrow{\mathrm{OA}}\cdot\overrightarrow{\mathrm{OB}}|}{|\overrightarrow{\mathrm{OB}}|}=\frac{2}{2\sqrt{5}}=\boldsymbol{\frac{\sqrt{5}}{5}}$$

§2. 전 개 도

필수 예제 **8**-4 오른쪽 그림은 밑면의 반지름의 길이가 r이고 높이가 $2\sqrt{2}\,r$인 원뿔이다.

이 원뿔의 밑면의 둘레 위의 한 점 P가 원뿔의 옆면을 한 바퀴 돌아 제자리에 올 때, 그 최단 거리를 구하여라.

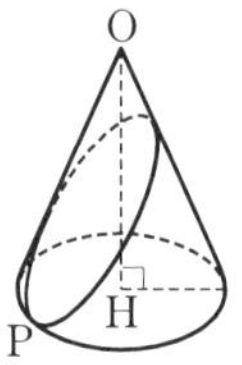

정석연구 모선 OP로 원뿔을 잘라 펼치면 전개도는 오른쪽 그림과 같은 부채꼴과 원이 되고, 구하는 최단 거리는 선분 PP′의 길이와 같다.

이와 같이 공간도형에서 최단 거리는 도형의 전개도에서 구하는 것이 간단한 경우가 많다.

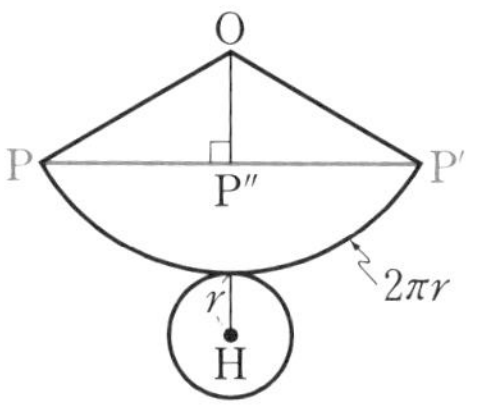

정석 공간도형에서의 최단 거리는

⟹ 전개도를 생각하여라.

모범답안 모선 OP로 원뿔을 잘라 펼치면 전개도는 위와 같은 부채꼴과 원이 되고, 구하는 최단 거리는 선분 PP′의 길이와 같다.

문제의 그림에서 $\overline{OP}=\sqrt{\overline{OH}^2+\overline{PH}^2}=\sqrt{(2\sqrt{2}\,r)^2+r^2}=3r$

$$\therefore\ 2\pi\times3r\times\frac{\angle POP'}{360^\circ}=2\pi r \qquad \therefore\ \angle POP'=120^\circ$$

$$\therefore\ \overline{PP''}=\overline{OP}\sin60^\circ=\frac{3\sqrt{3}}{2}r \qquad \therefore\ \overline{PP'}=2\overline{PP''}=\boldsymbol{3\sqrt{3}\,r} \longleftarrow \text{답}$$

유제 **8**-5. 꼭짓점이 O이고 밑면의 반지름의 길이가 a인 원뿔의 모선 OA의 중점을 B라고 하자. 이 원뿔의 옆면을 따라 점 A에서 점 B까지 실을 한 바퀴 감아 팽팽하게 당길 때, 실의 길이를 구하여라. 단, $\overline{OA}=4a$이다.

답 $\boldsymbol{2\sqrt{5}\,a}$

유제 **8**-6. 오른쪽 그림과 같이 원뿔의 옆면 위의 점 A를 지나도록 끈을 원뿔의 옆면에 한 바퀴 감을 때, 필요한 끈의 최소 길이는 24 cm이다.

$\overline{OA}=15$ cm일 때, 꼭짓점 O에서 끈에 이르는 최단 거리를 구하여라.

답 **9 cm**

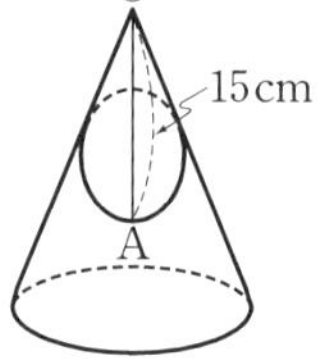

필수 예제 8-5 직육면체 모양의 상자를 포장하기 위하여 오른쪽 그림과 같이 윗면과 아랫면은 두 번씩, 옆면은 한 번씩 걸어서 끈으로 팽팽하게 묶었다고 한다. 이 상자의 세로의 길이, 가로의 길이, 높이를 각각 3, 4, 1이라고 할 때, 필요한 끈의 길이를 구하여라.

단, 매듭짓는 끈의 길이는 생각하지 않는다.

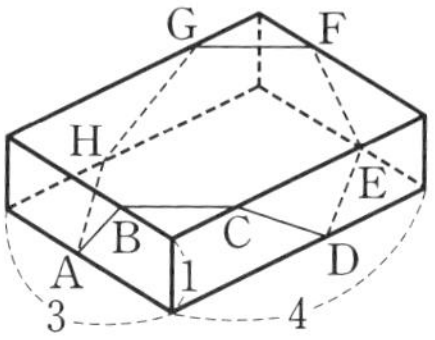

정석연구 A부터 시작하여 끈을 따라 순차적으로 펼치면 아래와 같은 그림을 얻는다.

정석 공간도형에서의 최단 거리는 ⟹ 전개도를 생각하여라.

이때, 두 번 지나는 면은 두 번 나타난다.

최단 거리는 선분 AA′의 길이이므로 구하는 끈의 길이를 l이라고 하면

$$l=\overline{AA'}$$

그런데 점 A, A′은 같은 점이므로 $\overline{OA}=\overline{O'A'}$이다.

$$\therefore\ \overline{AA'}=\overline{OO'}$$

따라서

$$l=\overline{OO'}=\sqrt{\overline{OP}^2+\overline{O'P}^2}$$

$$=\sqrt{10^2+8^2}=\mathbf{2\sqrt{41}} \longleftarrow \text{답}$$

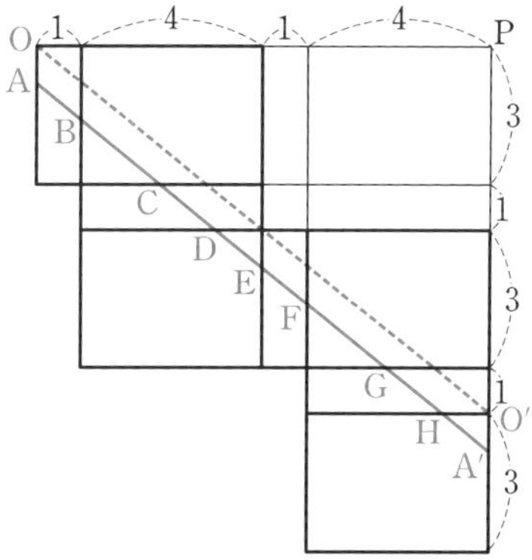

유제 **8**-7. 오른쪽 그림과 같이 밑면의 반지름의 길이가 r이고 높이가 h인 원기둥의 한 밑면의 둘레 위의 점 P에서 다른 밑면의 둘레 위의 점 Q(단, 선분 PQ는 원기둥의 밑면에 수직)까지 원기둥의 옆면을 두 번 돌도록 팽팽하게 실을 감았다. 실의 길이를 구하여라.

답 $\sqrt{\boldsymbol{h}^2+16\boldsymbol{\pi}^2\boldsymbol{r}^2}$

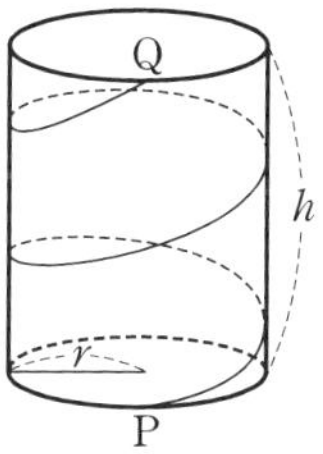

유제 **8**-8. 세 모서리의 길이가 a, b, c인 직육면체 ABCD-EFGH가 있다. 면 위를 따라 꼭짓점 A에서 꼭짓점 G까지 가는 최단 거리를 구하여라. 단, $a>b>c$이다. 답 $\sqrt{\boldsymbol{a}^2+(\boldsymbol{b}+\boldsymbol{c})^2}$

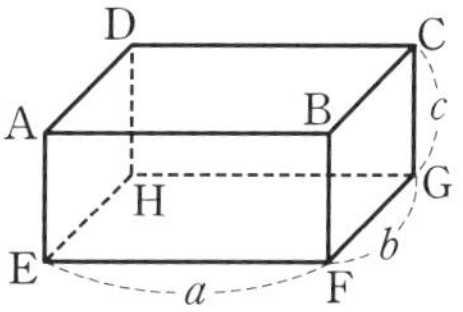

연습문제 8

기본 **8-1** 오른쪽 그림과 같이 반지름의 길이가 4인 반구가 있다. 밑면의 둘레 위의 한 점 A를 지나고 밑면과 이루는 각의 크기가 $30°$인 평면으로 잘라 생긴 단면의 밑면 위로의 정사영의 넓이를 구하여라.

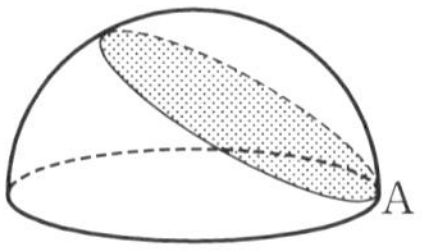

8-2 오른쪽 그림과 같이 태양 광선이 지면과 크기가 $60°$인 각을 이루면서 비추고 있다. 한 변의 길이가 4인 정사각형의 중앙에 반지름의 길이가 1인 원 모양의 구멍이 뚫려 있는 판이 지면과 수직으로 서 있고, 태양 광선과 이루는 각의 크기가 $30°$이다.

판의 밑변을 지면에 고정하고 판을 그림자 쪽으로 기울일 때 생기는 그림자의 최대 넓이를 구하여라. 단, 판의 두께는 무시한다.

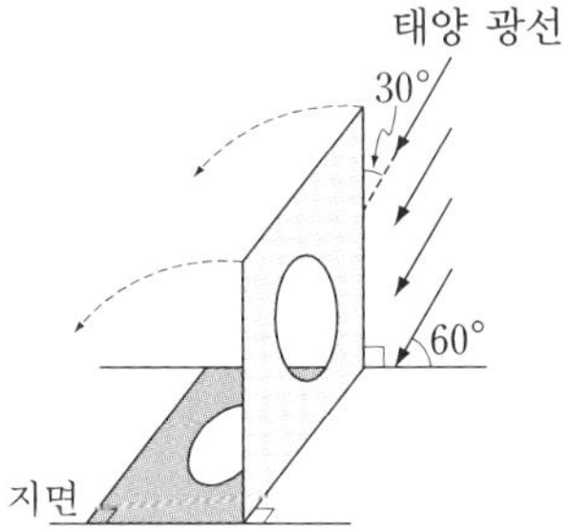

8-3 공간에 빗변 BC의 길이가 5인 직각삼각형 ABC가 있다. 또, 직선 BC를 포함하는 한 평면을 α라고 할 때, 선분 AB, AC의 평면 α 위로의 정사영인 선분 A′B, A′C의 길이가 각각 2, $\sqrt{19}$이다.

(1) 선분 AB, AC, AA′의 길이를 구하여라.

(2) △ABC를 포함하는 평면과 평면 α가 이루는 예각의 크기를 구하여라.

8-4 서로 수직인 두 평면 α, β의 교선을 l이라고 하자. 반지름의 길이가 6인 원판이 두 평면 α, β와 각각 한 점에서 만나고 l에 평행하게 놓여 있다. 빛이 평면 α와 크기가 $30°$인 각을 이루면서 원판의 면에 수직으로 비출 때, 평면 β에 나타나는 원판의 그림자의 넓이를 구하여라.

8-5 공중에 한 모서리의 길이가 1인 정육면체 ABCD-A′B′C′D′이 있다. 직선 AC′에 평행한 빛에 의하여 이 빛과 수직인 평면에 정육면체의 그림자가 생겼다. 그림자의 넓이를 구하여라.

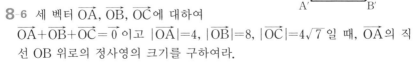

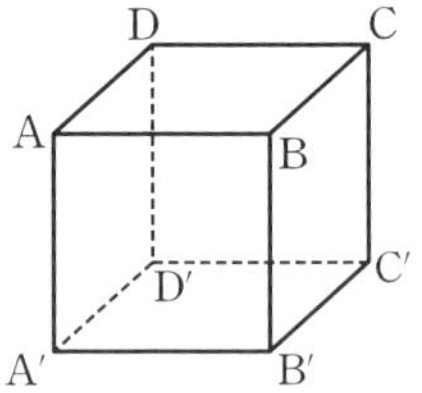

8-6 세 벡터 $\overrightarrow{OA}$, $\overrightarrow{OB}$, $\overrightarrow{OC}$에 대하여
$\overrightarrow{OA}+\overrightarrow{OB}+\overrightarrow{OC}=\overrightarrow{0}$이고 $|\overrightarrow{OA}|=4$, $|\overrightarrow{OB}|=8$, $|\overrightarrow{OC}|=4\sqrt{7}$일 때, $\overrightarrow{OA}$의 직선 OB 위로의 정사영의 크기를 구하여라.

실력 **8-7** 오른쪽 그림과 같이 한 모서리의 길이가 각각 6인 정팔면체 ABCDEF와 정사면체 ACDG가 면 ACD를 공유하고 있다.

이때, △ABG의 평면 ADG 위로의 정사영의 넓이를 구하여라. ⇦ 수학 I (삼각함수)

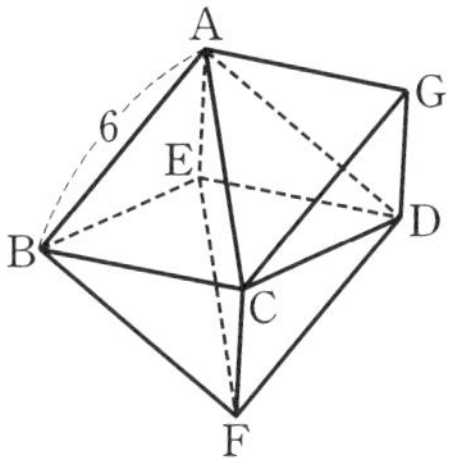

8-8 반지름의 길이가 6인 반구가 오른쪽 그림과 같이 평면 α 위에 놓여 있다. 반구와 평면 α가 만나서 생기는 원의 중심을 O라고 하자. 점 O로부터의 거리가 $2\sqrt{3}$이고 평면 α와 크기가 45°인 각을 이루는 평면 β로 이 반구를 자를 때 생기는 단면의 평면 α 위로의 정사영의 넓이를 구하여라.

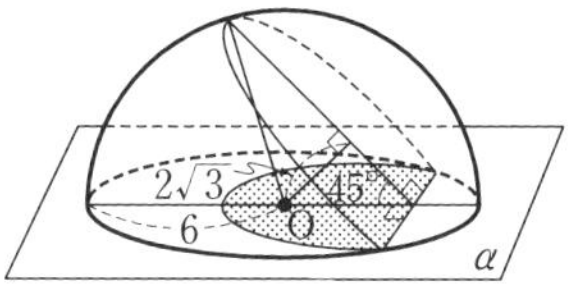

8-9 오른쪽 그림과 같이 평면 α 위에 점 A가 있고, α로부터의 거리가 각각 1, 3인 두 점 B, C가 있다. 선분 AC를 1 : 2로 내분하는 점 P에 대하여 $\overline{PB}=4$이다.

△ABC의 넓이가 9일 때, △ABC의 평면 α 위로의 정사영의 넓이를 구하여라.

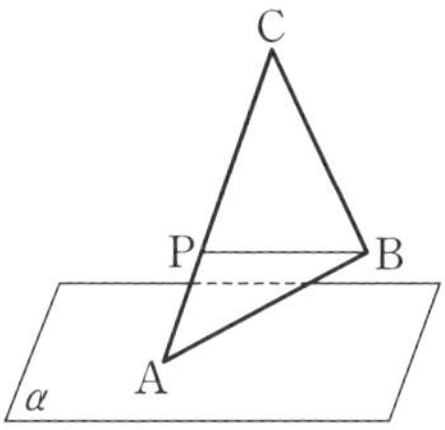

8-10 오른쪽 그림과 같은 원뿔 모양의 산이 있다. A지점을 출발하여 산을 한 바퀴 돌아 B지점으로 가는 관광 열차의 궤도를 최단 거리로 놓으면 이 궤도는 처음에는 오르막길이지만 나중에는 내리막길이 된다.

이 내리막길의 길이를 구하여라.

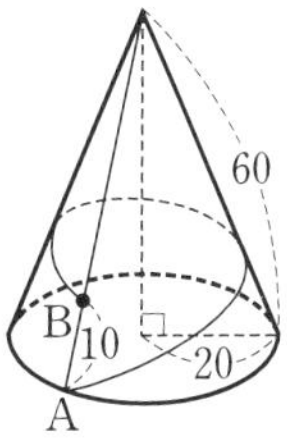

8-11 오른쪽 그림과 같이 밑면은 한 변의 길이가 5인 정사각형이고 높이가 2인 직육면체 ABCD-EFGH가 있다. 면을 따라 꼭짓점 E에서 두 모서리 AB와 BC를 지나 꼭짓점 G에 이르는 길이가 최소인 선을 그을 때, 이 선이 모서리 AB와 만나는 점을 P, 모서리 BC와 만나는 점을 Q라고 하자.

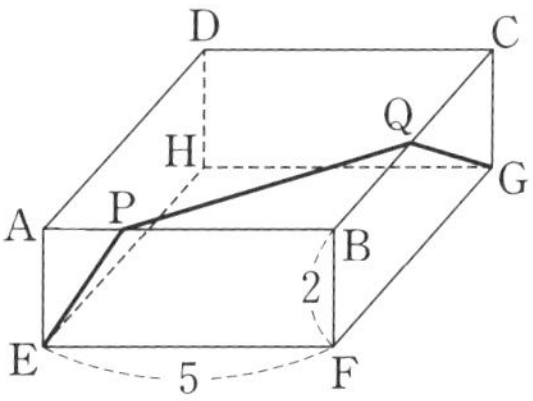

(1) 선의 길이의 최솟값을 구하여라.

(2) 평면 EPQG와 평면 EFGH가 이루는 예각의 크기를 θ라고 할 때, $\cos\theta$의 값을 구하여라.

⑨. 공간좌표

§ 1. 두 점 사이의 거리

기본정석

1 공간의 점의 좌표

직선, 평면, 공간의 점은 다음과 같이 나타낸다.

직선 위의 점 ⟷ 실수 x ⇦ 수직선
평면 위의 점 ⟷ 두 실수의 순서쌍 (x, y) ⇦ 좌표평면
공간의 점 ⟷ 세 실수의 순서쌍 (x, y, z) ⇦ 좌표공간

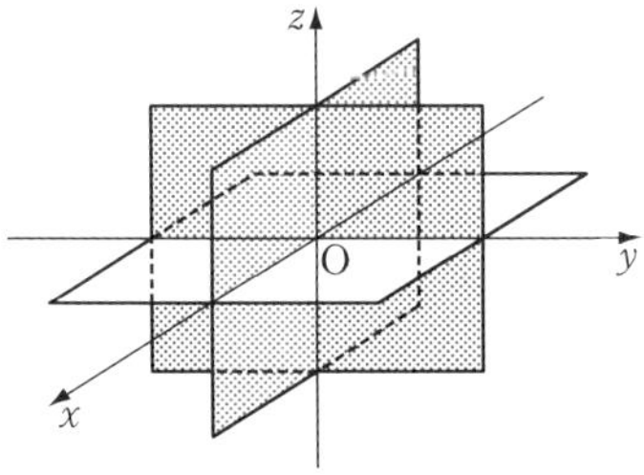

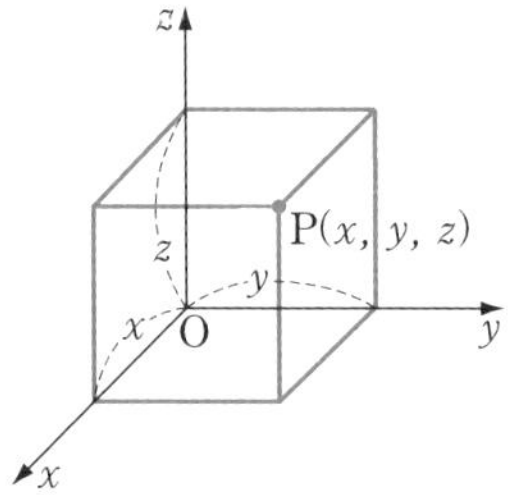

2 두 점 사이의 거리

좌표공간의 두 점 $A(x_1, y_1, z_1)$, $B(x_2, y_2, z_2)$ 사이의 거리는

$$\overline{AB}=\sqrt{(x_2-x_1)^2+(y_2-y_1)^2+(z_2-z_1)^2}$$

특히 원점 O와 점 $A(x_1, y_1, z_1)$ 사이의 거리는

$$\overline{OA}=\sqrt{x_1^2+y_1^2+z_1^2}$$

Advice 1° 좌표공간

공간의 한 점 O에서 직교하는 두 수직선을 잡아 이것을 각각 x축, y축으로 하고, 점 O에서 x축과 y축이 결정하는 평면에 수직인 또 하나의 수직선을 잡아 이것을 z축으로 하자. 이때, 점 O를 원점이라 하고, x축, y축, z축을 통틀어 좌표축이라고 한다.

또, x축과 y축이 결정하는 평면을 **xy평면**, y축과 z축이 결정하는 평면을 **yz평면**, z축과 x축이 결정하는 평면을 **zx평면**이라 하고, 이 세 평면을 통틀어 좌표평면이라고 한다.

이와 같이 좌표축과 좌표평면이 정해진 공간을 좌표공간이라고 한다.

Advice 2° 공간좌표

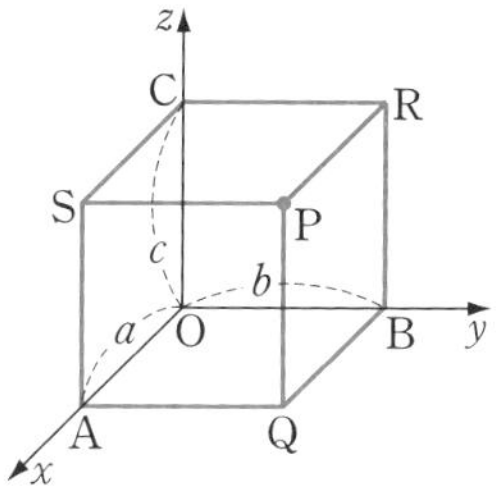

공간의 한 점 P에서 각 좌표평면에 내린 수선의 발을 각각 Q, R, S라 하고, 평면 PQS, 평면 PQR, 평면 PRS와 세 좌표축의 교점을 각각 A, B, C라고 하면 삼수선의 정리에 의하여 점 A, B, C는 점 P에서 각 좌표축에 내린 수선의 발과 일치한다.

점 A의 x축 위에서의 좌표를 a, 점 B의 y축 위에서의 좌표를 b, 점 C의 z축 위에서의 좌표를 c라고 하면 점 P에 대하여 세 실수의 순서쌍 $(a,\ b,\ c)$가 정해진다.

역으로 세 실수의 순서쌍 $(a,\ b,\ c)$가 주어질 때, x축, y축, z축 위의 각 좌표가 a, b, c인 점 A, B, C를 잡으면 점 A, B, C를 지나고 각 좌표축과 수직인 세 평면의 교점 P가 정해진다.

따라서 공간의 한 점 P와 세 실수의 순서쌍 $(a,\ b,\ c)$는 일대일 대응한다.

이와 같이 공간의 점 P에 대응하는 세 실수의 순서쌍 $(a,\ b,\ c)$를 점 P의 공간좌표 또는 좌표라 하고, 세 실수 a, b, c를 각각 점 P의 **x좌표**, **y좌표**, **z좌표**라고 하며, **$\mathrm{P}(a,\ b,\ c)$**로 나타낸다.

특히 원점 O의 좌표는 $\mathrm{O}(0,\ 0,\ 0)$이다.

**Note* 위의 그림에서 점 A, B, C, Q, R, S의 좌표는

$\mathrm{A}(a,\ 0,\ 0)$, $\mathrm{B}(0,\ b,\ 0)$, $\mathrm{C}(0,\ 0,\ c)$, $\mathrm{Q}(a,\ b,\ 0)$, $\mathrm{R}(0,\ b,\ c)$, $\mathrm{S}(a,\ 0,\ c)$

이다.

보기 1 다음 점을 좌표공간에 나타내어라.

(1) $\mathrm{A}(3,\ 4,\ 5)$ (2) $\mathrm{B}(1,\ -2,\ 3)$ (3) $\mathrm{C}(2,\ 3,\ -4)$

연구 (1)

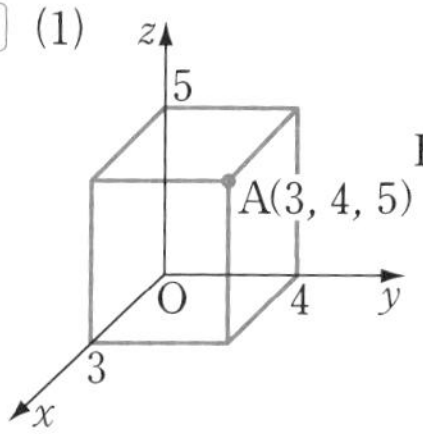

(2)

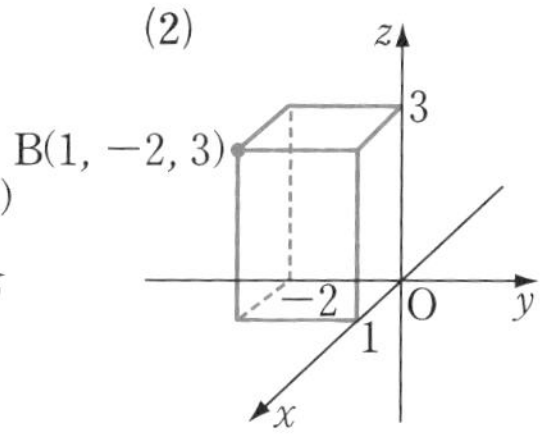

(3)

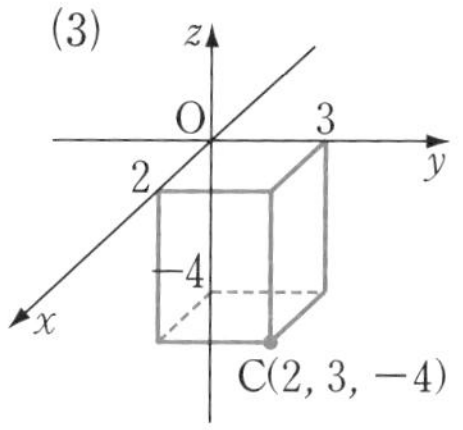

Advice 3° 두 점 사이의 거리

오른쪽 그림과 같이 선분 PQ를 대각선으로 하는 직육면체를 생각하면

$$\angle PLQ=90^\circ,\ \angle LMQ=90^\circ$$

이므로

$$\begin{aligned}\overline{PQ}^2&=\overline{PL}^2+\overline{LQ}^2\\&=\overline{PL}^2+(\overline{LM}^2+\overline{MQ}^2)\\&=\overline{LM}^2+\overline{MQ}^2+\overline{PL}^2\end{aligned}$$

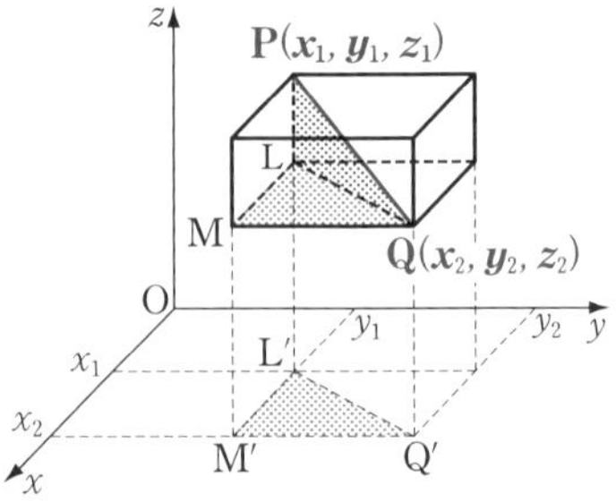

그런데

$$\overline{LM}=|x_2-x_1|,\quad \overline{MQ}=|y_2-y_1|,\quad \overline{PL}=|z_2-z_1|$$

이므로

$$\overline{PQ}^2=(x_2-x_1)^2+(y_2-y_1)^2+(z_2-z_1)^2$$

$$\therefore\ \overline{PQ}=\sqrt{(x_2-x_1)^2+(y_2-y_1)^2+(z_2-z_1)^2}$$

또, 원점 O의 좌표는 O(0, 0, 0)이므로 원점과 점 P(x_1, y_1, z_1) 사이의 거리는

$$\overline{OP}=\sqrt{(x_1-0)^2+(y_1-0)^2+(z_1-0)^2}=\sqrt{x_1^2+y_1^2+z_1^2}$$

$$\therefore\ \overline{OP}=\sqrt{x_1^2+y_1^2+z_1^2}$$

이것은 좌표평면 위의 두 점 사이의 거리를 구하는 공식에 z좌표가 추가된 꼴이다.

정 석 좌표평면 위의 두 점 **P(x_1, y_1), Q(x_2, y_2)** 사이의 거리는

$$\overline{PQ}=\sqrt{(x_2-x_1)^2+(y_2-y_1)^2}$$

좌표공간의 두 점 **P(x_1, y_1, z_1), Q(x_2, y_2, z_2)** 사이의 거리는

$$\overline{PQ}=\sqrt{(x_2-x_1)^2+(y_2-y_1)^2+(z_2-z_1)^2}$$

보기 2 두 점 P(2, 0, −3), Q(1, −2, −1) 사이의 거리를 구하여라.

연구 $\overline{PQ}=\sqrt{(1-2)^2+(-2-0)^2+(-1+3)^2}=\sqrt{9}=\mathbf{3}$

보기 3 다음 세 점을 꼭짓점으로 하는 △ABC는 어떤 삼각형인가?

A(2, 4, 3), B(−4, 2, 3), C(3, 1, 2)

연구 $\overline{AB}^2=(-4-2)^2+(2-4)^2+(3-3)^2=40$

$\overline{BC}^2=(3+4)^2+(1-2)^2+(2-3)^2=51$

$\overline{CA}^2=(2-3)^2+(4-1)^2+(3-2)^2=11$

$\therefore\ \overline{BC}^2=\overline{AB}^2+\overline{CA}^2\quad \therefore\ \angle \mathbf{A=90^\circ}$**인 직각삼각형**

필수 예제 9-1 다음 물음에 답하여라.

(1) xy평면 위의 점 P와 세 점 A(1, 3, 2), B(4, −1, 3), C(−1, 2, 1)에 대하여 $\overline{AP}=\overline{BP}=\overline{CP}$일 때, 점 P의 좌표를 구하여라.

(2) 두 점 A(1, 2, 1), B(2, 3, −1)과 xy평면 위의 점 C에 대하여 △ABC가 정삼각형일 때, 점 C의 좌표를 구하여라.

정석연구 (1) 점 P가 xy평면 위의 점이면 점 P의 z좌표가 0이므로 P(x, y, 0)으로 놓을 수 있다.

정석 xy평면 위의 점 ⟹ $(x, y, 0)$
yz평면 위의 점 ⟹ $(0, y, z)$
zx평면 위의 점 ⟹ $(x, 0, z)$

(2) C(x, y, 0)으로 놓고, $\overline{AB}^2=\overline{BC}^2=\overline{CA}^2$을 만족시키는 x, y의 값을 구한다.

모범답안 (1) 점 P는 xy평면 위의 점이므로 P(x, y, 0)이라고 하면

$$\overline{AP}^2=(x-1)^2+(y-3)^2+(0-2)^2,$$
$$\overline{BP}^2=(x-4)^2+(y+1)^2+(0-3)^2,$$
$$\overline{CP}^2=(x+1)^2+(y-2)^2+(0-1)^2$$

$\overline{AP}^2=\overline{BP}^2$에서 $3x-4y=6$, $\overline{AP}^2=\overline{CP}^2$에서 $2x+y=4$

연립하여 풀면 $x=2$, $y=0$ 답 **P(2, 0, 0)**

(2) 점 C는 xy평면 위의 점이므로 C(x, y, 0)이라고 하면

$$\overline{AB}^2=(2-1)^2+(3-2)^2+(-1-1)^2=6,$$
$$\overline{BC}^2=(x-2)^2+(y-3)^2+(0+1)^2=(x-2)^2+(y-3)^2+1,$$
$$\overline{CA}^2=(x-1)^2+(y-2)^2+(0-1)^2=(x-1)^2+(y-2)^2+1$$

$\overline{BC}^2=\overline{AB}^2$에서 $(x-2)^2+(y-3)^2+1=6$ ……①

$\overline{CA}^2=\overline{AB}^2$에서 $(x-1)^2+(y-2)^2+1=6$ ……②

①−②하면 $-2x-2y+8=0$ ∴ $y=-x+4$ ……③

③을 ①에 대입하면 $(x-2)^2+(-x+4-3)^2+1=6$ ∴ $x=0, 3$

$x=0$일 때 $y=4$, $x=3$일 때 $y=1$ 답 **(0, 4, 0), (3, 1, 0)**

유제 **9**-1. 좌표공간에 두 점 A(1, 1, 2), B(−1, 2, 3)이 있다.

(1) 두 점 A, B로부터 같은 거리에 있는 x축 위의 점 P의 좌표를 구하여라.

(2) yz평면 위의 점 C에 대하여 △ABC가 정삼각형일 때, 점 C의 좌표를 구하여라.

답 (1) **P(−2, 0, 0)** (2) **(0, 0, 4), (0, 3, 1)**

필수 예제 **9**-2 $\angle A=90°$인 직각이등변삼각형 ABC와 $\angle DBC=30°$, $\angle DCB=90°$인 직각삼각형 DBC에 대하여 두 삼각형을 각각 포함하는 두 평면이 이루는 각의 크기가 다음과 같을 때, 두 점 A, D 사이의 거리를 구하여라. 단, $\overline{CD}=a$이다.

(1) 각의 크기가 90°　　　　(2) 각의 크기가 30°

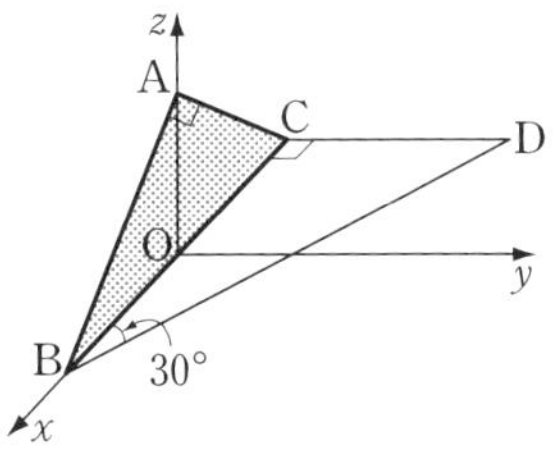

모범답안 선분 BC의 중점을 좌표공간의 원점에, 선분 BC를 x축 위에 놓고, $\triangle DBC$가 xy평면 위에 있다고 하자.

$\triangle DBC$에서

$\angle DCB=90°$, $\angle DBC=30°$, $\overline{CD}=a$

이므로 $\overline{BC}=\sqrt{3}\,a$, $\overline{OC}=\dfrac{\sqrt{3}}{2}a$

따라서 점 D의 좌표는 $D\left(-\dfrac{\sqrt{3}}{2}a,\ a,\ 0\right)$

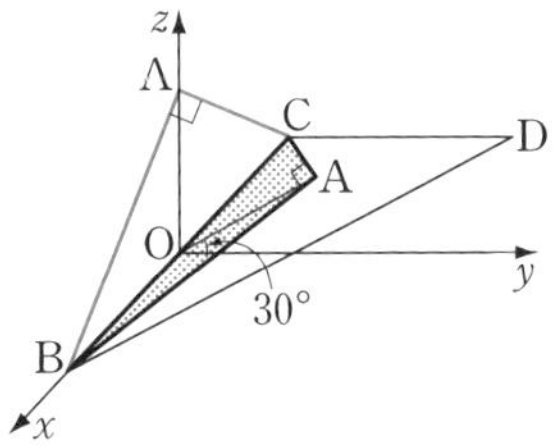

(1) 두 평면이 이루는 각의 크기가 90°일 때 점 A는 z축 위에 있다.

그런데 $\overline{OA}=\overline{OC}=\dfrac{\sqrt{3}}{2}a$이므로

점 A의 좌표는 $A\left(0,\ 0,\ \dfrac{\sqrt{3}}{2}a\right)$

$$\therefore\ \overline{AD}=\sqrt{\left(-\frac{\sqrt{3}}{2}a\right)^2+a^2+\left(-\frac{\sqrt{3}}{2}a\right)^2}=\boldsymbol{\frac{\sqrt{10}}{2}a} \leftarrow \boxed{답}$$

(2) 두 평면이 이루는 각의 크기가 30°일 때　　⇦ $\overline{OA}=\dfrac{\sqrt{3}}{2}a$

(i) $A\left(0,\ \dfrac{\sqrt{3}}{2}a\cos 30°,\ \dfrac{\sqrt{3}}{2}a\sin 30°\right)$　　$\therefore\ A\left(0,\ \dfrac{3}{4}a,\ \dfrac{\sqrt{3}}{4}a\right)$

$$\therefore\ \overline{AD}=\sqrt{\left(-\frac{\sqrt{3}}{2}a\right)^2+\left(a-\frac{3}{4}a\right)^2+\left(-\frac{\sqrt{3}}{4}a\right)^2}=\boldsymbol{a} \leftarrow \boxed{답}$$

(ii) $A\left(0,\ \dfrac{\sqrt{3}}{2}a\cos 150°,\ \dfrac{\sqrt{3}}{2}a\sin 150°\right)$　　$\therefore\ A\left(0,\ -\dfrac{3}{4}a,\ \dfrac{\sqrt{3}}{4}a\right)$

$$\therefore\ \overline{AD}=\sqrt{\left(-\frac{\sqrt{3}}{2}a\right)^2+\left(a+\frac{3}{4}a\right)^2+\left(-\frac{\sqrt{3}}{4}a\right)^2}=\boldsymbol{2a} \leftarrow \boxed{답}$$

유제 **9**-2. $\overline{AB}=3$, $\overline{BC}=4$인 직사각형 모양의 종이 ABCD를 대각선 AC를 접는 선으로 하여 평면 ABC와 평면 ADC가 수직이 되도록 접을 때, 두 점 B, D 사이의 거리를 구하여라.

답 $\dfrac{\sqrt{337}}{5}$

§2. 선분의 내분점과 외분점

기본정석

선분의 내분점, 외분점의 좌표

좌표공간의 두 점 $A(x_1, y_1, z_1)$, $B(x_2, y_2, z_2)$에 대하여

(1) 선분 AB를 $m:n\,(m>0,\ n>0)$으로 내분하는 점 P의 좌표는

$$P\left(\frac{mx_2+nx_1}{m+n},\ \frac{my_2+ny_1}{m+n},\ \frac{mz_2+nz_1}{m+n}\right)$$

특히 점 P가 선분 AB의 중점일 때에는

$$P\left(\frac{x_1+x_2}{2},\ \frac{y_1+y_2}{2},\ \frac{z_1+z_2}{2}\right)$$

(2) 선분 AB를 $m:n\,(m>0,\ n>0,\ m\neq n)$으로 외분하는 점 Q의 좌표는

$$Q\left(\frac{mx_2-nx_1}{m-n},\ \frac{my_2-ny_1}{m-n},\ \frac{mz_2-nz_1}{m-n}\right)$$

Advice | 좌표공간에서 두 점 $A(x_1, y_1, z_1)$, $B(x_2, y_2, z_2)$를 연결하는 선분 AB를 $m:n$으로 내분하는 점을 $P(x, y, z)$라고 하면 아래 그림에서

$$\overline{AP}:\overline{PB}=\overline{A_1P_1}:\overline{P_1B_1}=\overline{A_2P_2}:\overline{P_2B_2} \quad 곧,\ \overline{A_2P_2}:\overline{P_2B_2}=\overline{AP}:\overline{PB}$$

한편 $\overline{A_2P_2}=x-x_1$, $\overline{P_2B_2}=x_2-x$

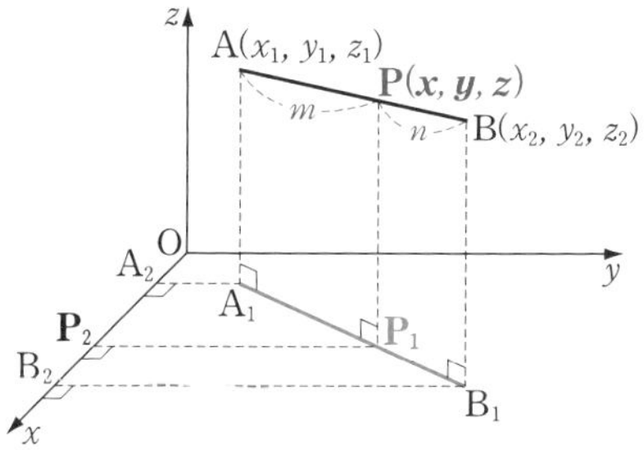

이므로

$$(x-x_1):(x_2-x)=m:n$$

$$\therefore\ nx-nx_1=mx_2-mx$$

$$\therefore\ (m+n)x=mx_2+nx_1$$

$$\therefore\ x=\frac{mx_2+nx_1}{m+n}$$

같은 방법으로 하면

$$y=\frac{my_2+ny_1}{m+n},\quad z=\frac{mz_2+nz_1}{m+n}$$

$$\therefore\ P\left(\frac{mx_2+nx_1}{m+n},\ \frac{my_2+ny_1}{m+n},\ \frac{mz_2+nz_1}{m+n}\right)$$

여기에서 $m=n$일 때 점 P는 선분 AB의 중점이므로 중점을 M이라고 하면 점 M의 좌표는 다음과 같다.

$$M\left(\frac{x_1+x_2}{2},\ \frac{y_1+y_2}{2},\ \frac{z_1+z_2}{2}\right)$$

같은 방법으로 하면 외분점의 좌표도 구할 수 있다.

*Note 좌표평면 위의 선분의 외분점의 좌표의 경우와 마찬가지로 좌표공간의 내분점의 좌표의 공식에서 n 대신 $-n$을 대입하면 좌표공간의 외분점의 좌표가 된다.

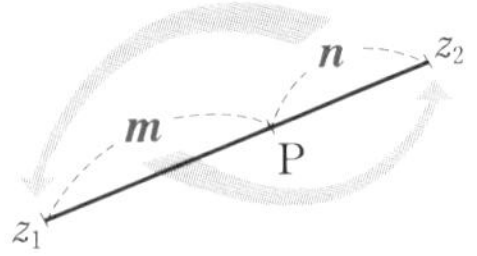

이것은 좌표평면 위의 선분의 내분점, 중점, 외분점의 좌표를 구하는 공식에 z좌표가 추가된 꼴이다.

(i) 좌표평면에서 내분점 ⟹ $\mathrm{P}\left(\dfrac{mx_2+nx_1}{m+n}, \dfrac{my_2+ny_1}{m+n}\right)$

좌표공간에서 내분점 ⟹ $\mathrm{P}\left(\dfrac{mx_2+nx_1}{m+n}, \dfrac{my_2+ny_1}{m+n}, \dfrac{mz_2+nz_1}{m+n}\right)$

(ii) 좌표평면에서 중점 ⟹ $\mathrm{M}\left(\dfrac{x_1+x_2}{2}, \dfrac{y_1+y_2}{2}\right)$

좌표공간에서 중점 ⟹ $\mathrm{M}\left(\dfrac{x_1+x_2}{2}, \dfrac{y_1+y_2}{2}, \dfrac{z_1+z_2}{2}\right)$

(iii) 좌표평면에서 외분점 ⟹ $\mathrm{Q}\left(\dfrac{mx_2-nx_1}{m-n}, \dfrac{my_2-ny_1}{m-n}\right)$ (단, $m\neq n$)

좌표공간에서 외분점 ⟹ $\mathrm{Q}\left(\dfrac{mx_2-nx_1}{m-n}, \dfrac{my_2-ny_1}{m-n}, \dfrac{mz_2-nz_1}{m-n}\right)$

(단, $m\neq n$)

보기 1 다음 두 점을 연결하는 선분의 중점 M의 좌표를 구하여라.

(1) $(0, 0, 0)$, $(-4, 2, 4)$ (2) $(-1, 2, 0)$, $(3, 4, -2)$

연구 (1) $\mathrm{M}\left(\dfrac{0-4}{2}, \dfrac{0+2}{2}, \dfrac{0+4}{2}\right)$ 곧, $\mathbf{M(-2, 1, 2)}$

(2) $\mathrm{M}\left(\dfrac{-1+3}{2}, \dfrac{2+4}{2}, \dfrac{0-2}{2}\right)$ 곧, $\mathbf{M(1, 3, -1)}$

보기 2 두 점 $\mathrm{A}(3, 4, 5)$, $\mathrm{B}(1, -3, 6)$을 연결하는 선분 AB를 $3:2$로 내분하는 점 P와 외분하는 점 Q의 좌표를 구하여라.

연구 내분하는 점 P의 좌표를 $\mathrm{P}(x_1, y_1, z_1)$이라고 하면

$$x_1=\frac{3\times1+2\times3}{3+2},\ y_1=\frac{3\times(-3)+2\times4}{3+2},\ z_1=\frac{3\times6+2\times5}{3+2}$$

$$\therefore\ \mathbf{P}\left(\frac{9}{5}, -\frac{1}{5}, \frac{28}{5}\right)$$

외분하는 점 Q의 좌표를 $\mathrm{Q}(x_2, y_2, z_2)$라고 하면

$$x_2=\frac{3\times1-2\times3}{3-2},\ y_2=\frac{3\times(-3)-2\times4}{3-2},\ z_2=\frac{3\times6-2\times5}{3-2}$$

$$\therefore\ \mathbf{Q(-3, -17, 8)}$$

필수 예제 **9**-3 세 점 $A(x_1, y_1, z_1)$, $B(x_2, y_2, z_2)$, $C(x_3, y_3, z_3)$을 꼭짓점으로 하는 $\triangle ABC$의 무게중심의 좌표를 구하여라.

정석연구 변 BC의 중점을 M이라고 할 때, 선분 AM을 2 : 1로 내분하는 점이 $\triangle ABC$의 무게중심 G이다.

따라서 점 G의 좌표를 구하려면

(i) 변 BC의 중점 M의 좌표를 구한다.

(ii) 선분 AM을 2 : 1로 내분하는 점의 좌표를 구한다.

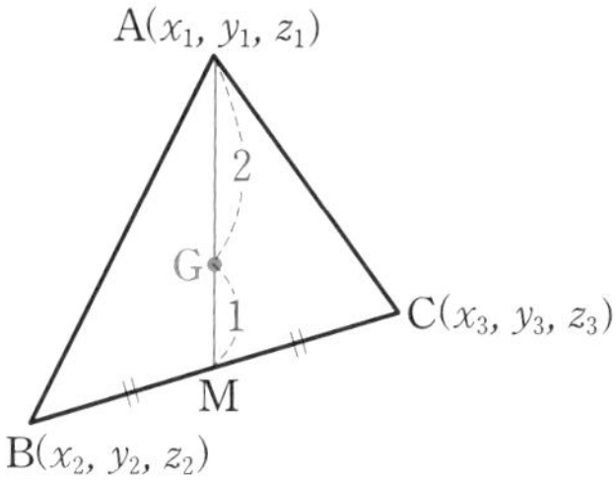

정석 $A(x_1, y_1, z_1)$, $B(x_2, y_2, z_2)$일 때, 선분 AB를 $m : n$으로

내분하는 점 $\Longrightarrow \left(\dfrac{mx_2+nx_1}{m+n}, \dfrac{my_2+ny_1}{m+n}, \dfrac{mz_2+nz_1}{m+n}\right)$

모범답안 변 BC의 중점을 M이라고 하면 $M\left(\dfrac{x_2+x_3}{2}, \dfrac{y_2+y_3}{2}, \dfrac{z_2+z_3}{2}\right)$

선분 AM을 2 : 1로 내분하는 점을 $G(x, y, z)$라고 하면 점 G는 $\triangle ABC$의 무게중심이고, 점 G의 x좌표는

$$x=\frac{1}{3}\left(2\times\frac{x_2+x_3}{2}+1\times x_1\right)=\frac{1}{3}(x_1+x_2+x_3)$$

같은 방법으로 하면 $y=\dfrac{1}{3}(y_1+y_2+y_3)$, $z=\dfrac{1}{3}(z_1+z_2+z_3)$

$$\therefore \left(\frac{x_1+x_2+x_3}{3}, \frac{y_1+y_2+y_3}{3}, \frac{z_1+z_2+z_3}{3}\right) \longleftarrow \text{답}$$

Advice | 좌표평면에서의 무게중심의 좌표와 비교하면서 기억해 두어라.

(i) $A(x_1, y_1)$, $B(x_2, y_2)$, $C(x_3, y_3)$인 $\triangle ABC$의 무게중심

$$\Longrightarrow \left(\frac{x_1+x_2+x_3}{3}, \frac{y_1+y_2+y_3}{3}\right)$$

(ii) $A(x_1, y_1, z_1)$, $B(x_2, y_2, z_2)$, $C(x_3, y_3, z_3)$인 $\triangle ABC$의 무게중심

$$\Longrightarrow \left(\frac{x_1+x_2+x_3}{3}, \frac{y_1+y_2+y_3}{3}, \frac{z_1+z_2+z_3}{3}\right)$$

유제 **9**-3. $\triangle ABC$에서 $A(3, 4, 5)$, $B(-1, 2, 7)$이고 무게중심 G의 좌표가 $G(2, 3, 6)$일 때, 점 C의 좌표를 구하여라. 답 **C(4, 3, 6)**

유제 **9**-4. 세 점 $A_n(a_n, 0, 0)$, $B_n(0, a_n, 0)$, $C_n(0, 0, a_n)$을 꼭짓점으로 하는 $\triangle A_nB_nC_n$의 무게중심 G_n과 원점 O 사이의 거리를 l_n이라고 하자.

$a_n=\dfrac{1}{2^n}$일 때, $l_n<0.001$인 자연수 n의 최솟값을 구하여라. 답 **10**

필수 예제 **9**-4 점 O를 원점으로 하는 좌표공간에서 정사면체 OABC의 면 OAB가 xy평면 위에 있고, 점 A의 좌표는 A(2, 0, 0)이다. 점 B의 y좌표와 점 C의 z좌표가 양수일 때, 점 B와 C의 좌표를 구하여라.

정석연구 꼭짓점 C에서 밑면에 내린 수선의 발을 H라고 하면 점 H는 정삼각형 OAB의 무게중심이다. 이에 대해서는 **필수 예제 7-6**에서 공부하였다.

먼저 △OAB가 정삼각형이라는 것을 이용하여 점 B의 좌표를 구하면 점 H와 점 C의 좌표도 구할 수 있다.

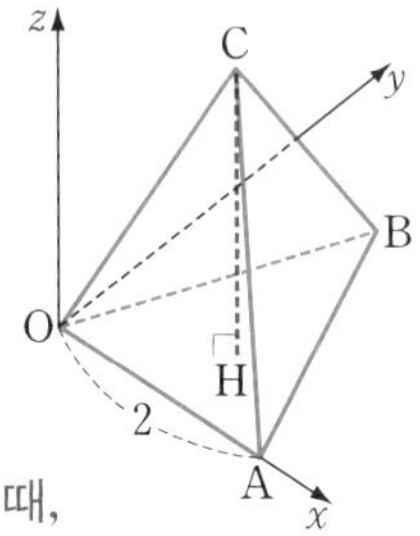

정석 $A(x_1,\ y_1,\ z_1)$, $B(x_2,\ y_2,\ z_2)$, $C(x_3,\ y_3,\ z_3)$일 때,

$$\triangle \mathrm{ABC}\text{의 무게중심} \Longrightarrow \left(\frac{x_1+x_2+x_3}{3},\ \frac{y_1+y_2+y_3}{3},\ \frac{z_1+z_2+z_3}{3}\right)$$

모범답안 △OAB는 한 변의 길이가 2인 정삼각형이므로 점 B의 좌표를 B$(a,\ b,\ 0)$이라고 하면

$$a=2\cos 60^\circ=1,\quad b=2\sin 60^\circ=\sqrt{3}$$

$$\therefore\ B(1,\ \sqrt{3},\ 0)$$

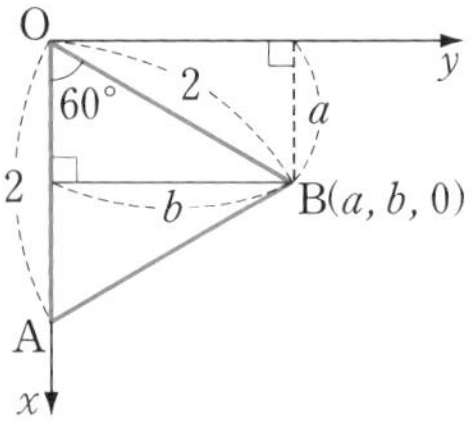

점 C에서 평면 OAB에 내린 수선의 발 H는 △OAB의 무게중심이므로 $\mathrm{H}\left(1,\ \dfrac{\sqrt{3}}{3},\ 0\right)$

따라서 점 C의 좌표는 $\mathrm{C}\left(1,\ \dfrac{\sqrt{3}}{3},\ c\right)$ $(c>0)$로 놓을 수 있다.

그런데 $\overline{\mathrm{OC}}=\overline{\mathrm{OA}}=2$이므로 $1^2+\left(\dfrac{\sqrt{3}}{3}\right)^2+c^2=2^2$

$c>0$이므로 $c=\dfrac{2\sqrt{6}}{3}$ $\quad\therefore\ \mathrm{C}\left(1,\ \dfrac{\sqrt{3}}{3},\ \dfrac{2\sqrt{6}}{3}\right)$

답 $\mathbf{B(1,\ \sqrt{3},\ 0)}$, $\mathbf{C\left(1,\ \dfrac{\sqrt{3}}{3},\ \dfrac{2\sqrt{6}}{3}\right)}$

**Note* 서술형 답안을 작성할 때에는 점 H가 △OAB의 무게중심이라는 것을 보여야 한다.

유제 **9**-5. 원점 O와 점 A(−1, 2, 3), B(2, 3, −1), C(3, −1, 2)에 대하여

(1) △ABC는 정삼각형임을 보이고, △ABC의 넓이를 구하여라.

(2) 세 선분 OA, OB, OC의 길이를 구하여라.

(3) 사면체 OABC의 부피를 구하여라.

답 (1) $\dfrac{13\sqrt{3}}{2}$ (2) $\overline{\mathrm{OA}}=\overline{\mathrm{OB}}=\overline{\mathrm{OC}}=\sqrt{14}$ (3) $\dfrac{26}{3}$

§ 3. 구의 방정식

기본정석

1 구의 방정식

중심이 점 C(a, b, c)이고 반지름의 길이가 r인 구의 방정식은

$$(x-a)^2+(y-b)^2+(z-c)^2=r^2$$

특히 중심이 원점이고 반지름의 길이가 r인 구의 방정식은

$$x^2+y^2+z^2=r^2$$

2 구의 방정식의 일반형

$$x^2+y^2+z^2+\mathrm{A}x+\mathrm{B}y+\mathrm{C}z+\mathrm{D}=0$$

Advice | **중심이 점 C(a, b, c), 반지름의 길이가 r인 구의 방정식**

평면 위에서 한 정점으로부터 일정한 거리에 있는 점의 자취를 원이라 하고, 이때 정점을 원의 중심, 일정한 거리를 원의 반지름의 길이라고 한다.

이에 대하여 공간에서 한 정점으로부터 일정한 거리에 있는 점의 자취를 구 또는 구면이라 하고, 이때 정점을 구의 중심, 일정한 거리를 구의 반지름의 길이라고 한다.

이제 중심이 점 C(a, b, c)이고 반지름의 길이가 r인 구의 방정식을 구해 보자.

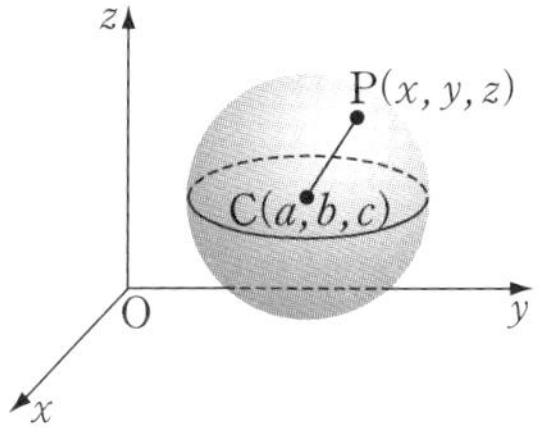

구 위의 임의의 점을 P(x, y, z)라고 하면

$$\overline{\mathrm{CP}}=r \quad 곧, \ \overline{\mathrm{CP}}^2=r^2$$

이므로 구의 방정식은

$$(x-a)^2+(y-b)^2+(z-c)^2=r^2$$

이다.

이 식을 전개하여 정리하면

$$x^2+y^2+z^2-2ax-2by-2cz+a^2+b^2+c^2-r^2=0$$

이다. 여기에서

$$-2a=\mathrm{A}, \quad -2b=\mathrm{B}, \quad -2c=\mathrm{C}, \quad a^2+b^2+c^2-r^2=\mathrm{D}$$

로 놓으면

$$x^2+y^2+z^2+\mathrm{A}x+\mathrm{B}y+\mathrm{C}z+\mathrm{D}=0$$

의 꼴이 된다. 이 방정식을 구의 방정식의 일반형이라고 한다.

보기 1 다음을 만족시키는 구의 방정식을 구하여라.

(1) 중심이 점 (2, 3, 4)이고 반지름의 길이가 5이다.

(2) 중심이 점 (4, −3, 5)이고 원점을 지난다.

연구 (1) $(\boldsymbol{x}-\mathbf{2})^2+(\boldsymbol{y}-\mathbf{3})^2+(\boldsymbol{z}-\mathbf{4})^2=\mathbf{25}$

(2) 구하는 구의 반지름의 길이를 r라고 하면 구의 방정식은

$$(x-4)^2+(y+3)^2+(z-5)^2=r^2$$

원점 (0, 0, 0)을 지나므로 $(-4)^2+3^2+(-5)^2=r^2$ $\quad\therefore\ r^2=50$

따라서 구하는 구의 방정식은 $(\boldsymbol{x}-\mathbf{4})^2+(\boldsymbol{y}+\mathbf{3})^2+(\boldsymbol{z}-\mathbf{5})^2=\mathbf{50}$

보기 2 다음은 구의 방정식이다. 중심의 좌표와 반지름의 길이를 구하여라.

(1) $x^2+y^2+z^2-2x=3$　　(2) $x^2+y^2+z^2+4z=0$

(3) $x^2+y^2+z^2-2x-4y-6z=11$

연구 $(x-a)^2+(y-b)^2+(z-c)^2=r^2$의 꼴로 변형한다.

(1) $(x^2-2x)+y^2+z^2=3$ $\quad\therefore\ (x-1)^2+y^2+z^2=2^2$

따라서 중심 **(1, 0, 0)**, 반지름의 길이 **2**

(2) $x^2+y^2+(z^2+4z)=0$ $\quad\therefore\ x^2+y^2+(z+2)^2=2^2$

따라서 중심 **(0, 0, −2)**, 반지름의 길이 **2**

(3) $(x^2-2x)+(y^2-4y)+(z^2-6z)=11$ $\quad\therefore\ (x-1)^2+(y-2)^2+(z-3)^2=5^2$

따라서 중심 **(1, 2, 3)**, 반지름의 길이 **5**

보기 3 네 점 (0, 0, 0), (−2, 0, 0), (0, 2, 0), (0, 0, 2)를 지나는 구의 방정식을 구하여라.

연구 구하는 구의 방정식을

$$x^2+y^2+z^2+\mathrm{A}x+\mathrm{B}y+\mathrm{C}z+\mathrm{D}=0$$

이라 하고, 이 식에 주어진 네 점의 좌표를 각각 대입하면

$$\mathrm{D}=0,\quad 4-2\mathrm{A}+\mathrm{D}=0,\quad 4+2\mathrm{B}+\mathrm{D}=0,\quad 4+2\mathrm{C}+\mathrm{D}=0$$

연립하여 풀면 $\mathrm{A}=2,\ \mathrm{B}=-2,\ \mathrm{C}=-2,\ \mathrm{D}=0$

따라서 구하는 구의 방정식은 $\boldsymbol{x}^2+\boldsymbol{y}^2+\boldsymbol{z}^2+\mathbf{2}\boldsymbol{x}-\mathbf{2}\boldsymbol{y}-\mathbf{2}\boldsymbol{z}=\mathbf{0}$

이상을 정리하면 다음과 같다.

정석 구의 방정식을 구하는 기본 방법

중심 또는 반지름의 길이가 주어질 때

$\Longrightarrow$ $(\boldsymbol{x}-\boldsymbol{a})^2+(\boldsymbol{y}-\boldsymbol{b})^2+(\boldsymbol{z}-\boldsymbol{c})^2=\boldsymbol{r}^2$을 이용한다.

네 점이 주어질 때

$\Longrightarrow$ $\boldsymbol{x}^2+\boldsymbol{y}^2+\boldsymbol{z}^2+\mathbf{A}\boldsymbol{x}+\mathbf{B}\boldsymbol{y}+\mathbf{C}\boldsymbol{z}+\mathbf{D}=\mathbf{0}$을 이용한다.

필수 예제 **9**-5 네 점 O(0, 0, 0), A(2, 0, 0), B(0, −6, 0), C(0, 0, 4)를 지나는 구에 대하여 다음 물음에 답하여라.

(1) 구의 방정식을 구하여라.

(2) 구와 xy 평면의 교선은 원이다. 이 원의 중심의 좌표와 반지름의 길이를 구하여라.

(3) 점 P(3, 2, 1)에서 구에 그은 접선의 접점을 T라고 할 때, 선분 PT의 길이를 구하여라.

정석연구 구의 방정식은 다음 방법으로 구한다.

정 석 중심 또는 반지름의 길이가 주어질 때

⟹ $(\boldsymbol{x}-\boldsymbol{a})^2+(\boldsymbol{y}-\boldsymbol{b})^2+(\boldsymbol{z}-\boldsymbol{c})^2=\boldsymbol{r}^2$을 이용한다.

네 점이 주어질 때

⟹ $\boldsymbol{x}^2+\boldsymbol{y}^2+\boldsymbol{z}^2+\boldsymbol{ax}+\boldsymbol{by}+\boldsymbol{cz}+\boldsymbol{d}=\boldsymbol{0}$을 이용한다.

모범답안 (1) 구하는 구의 방정식을

$$x^2+y^2+z^2+ax+by+cz+d=0 \qquad \cdots\cdots①$$

이라 하고, 네 점 O, A, B, C의 좌표를 각각 ①에 대입하면

$$d=0,\quad 4+2a+d=0,\quad 36-6b+d=0,\quad 16+4c+d=0$$

연립하여 풀면 $a=-2,\ b=6,\ c=-4,\ d=0$

이것을 ①에 대입하면 $x^2+y^2+z^2-2x+6y-4z=0$

곧, $(\boldsymbol{x}-\boldsymbol{1})^2+(\boldsymbol{y}+\boldsymbol{3})^2+(\boldsymbol{z}-\boldsymbol{2})^2=\boldsymbol{14}$ ← 답 $\cdots\cdots②$

(2) xy 평면과의 교선의 방정식은 ②에서 $z=0$일 때이므로

$$(x-1)^2+(y+3)^2+(0-2)^2=14 \quad 곧,\ (x-1)^2+(y+3)^2=10$$

따라서 중심 **(1, −3, 0)**, 반지름의 길이 $\boldsymbol{\sqrt{10}}$ ← 답

(3) 구의 중심을 S라고 하면 S(1, −3, 2)이므로

$$\overline{SP}^2=(1-3)^2+(-3-2)^2+(2-1)^2=30$$

$$\therefore\ \overline{PT}^2=\overline{SP}^2-\overline{ST}^2=30-14=16$$

$$\therefore\ \overline{\mathbf{PT}}=\mathbf{4} \text{ ← 답}$$

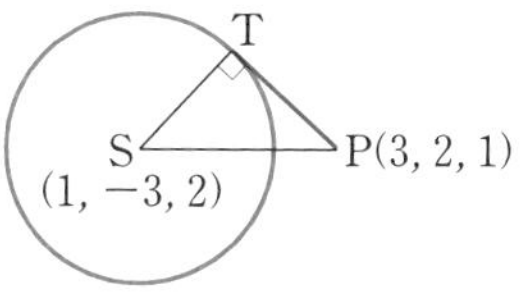

유제 **9**-6. 좌표공간의 두 점 A(10, 2, 5), B(−6, 10, 11)을 지름의 양 끝 점으로 하는 구에 대하여 다음 물음에 답하여라.

(1) 구의 방정식을 구하여라.

(2) 구와 xy 평면의 교선은 원이다. 이 원의 넓이를 구하여라.

답 (1) $(\boldsymbol{x}-\boldsymbol{2})^2+(\boldsymbol{y}-\boldsymbol{6})^2+(\boldsymbol{z}-\boldsymbol{8})^2=\boldsymbol{89}$ (2) $\boldsymbol{25\pi}$

필수 예제 **9**-6 좌표공간의 네 점 A(1, 2, 3), B(5, 6, 7), C(−4, −2, 0), P(−7, 2, 3)에 대하여 다음 물음에 답하여라.

(1) 점 Q가 선분 AB를 지름으로 하는 구 위를 움직일 때, 선분 PQ의 길이의 최솟값과 이때 점 Q의 좌표를 구하여라.

(2) 점 R가 xy평면 위에 있고 중심이 점 C, 반지름의 길이가 2인 원 위를 움직일 때, 선분 PR의 길이의 최솟값을 구하여라.

모범답안 (1) 구의 중심을 S라고 하면 점 Q가 선분 PS와 구가 만나는 점일 때, 선분 PQ의 길이가 최소이다.

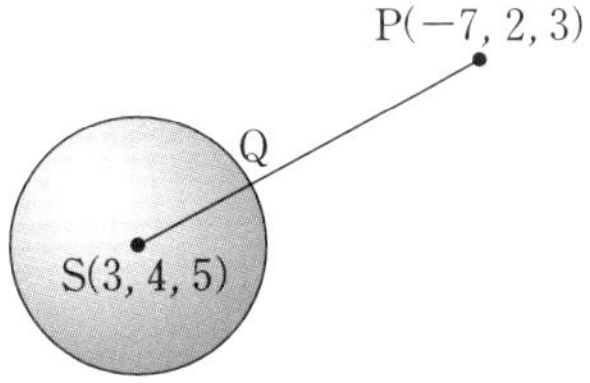

구의 중심 S는 선분 AB의 중점이므로

$S\left(\frac{1+5}{2}, \frac{2+6}{2}, \frac{3+7}{2}\right)$ 곧, S(3, 4, 5)

구의 반지름의 길이는

$$\overline{AS}=\sqrt{(3-1)^2+(4-2)^2+(5-3)^2}=2\sqrt{3}$$

따라서 선분 PQ의 길이의 최솟값은

$$\overline{PS}-\overline{QS}=\sqrt{(3+7)^2+(4-2)^2+(5-3)^2}-2\sqrt{3}=\mathbf{4\sqrt{3}} \longleftarrow \text{답}$$

이때, 점 Q는 선분 PS를 $\overline{PQ}:\overline{QS}=4\sqrt{3}:2\sqrt{3}=2:1$ 로 내분하는 점이므로

$$Q\left(\frac{2\times3+1\times(-7)}{2+1}, \frac{2\times4+1\times2}{2+1}, \frac{2\times5+1\times3}{2+1}\right)$$

$$\text{곧, } \mathbf{Q\left(-\frac{1}{3}, \frac{10}{3}, \frac{13}{3}\right)} \longleftarrow \text{답}$$

(2) 점 P에서 xy평면에 내린 수선의 발을 H라고 하면 점 R가 선분 CH와 원이 만나는 점일 때, 선분 PR의 길이가 최소이다.

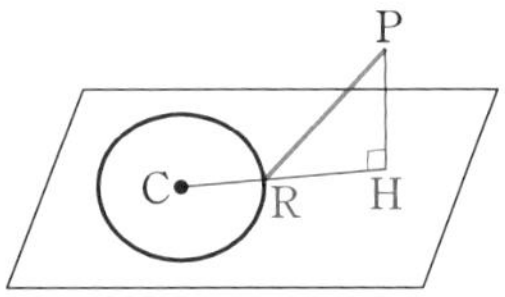

H(−7, 2, 0)이므로

$$\overline{PH}=3,\ \overline{CH}=\sqrt{(-7+4)^2+(2+2)^2+0^2}=5$$

$$\therefore \overline{RH}=\overline{CH}-\overline{CR}=5-2=3$$

$$\therefore \overline{PR}=\sqrt{\overline{PH}^2+\overline{RH}^2}=\sqrt{3^2+3^2}=\mathbf{3\sqrt{2}} \longleftarrow \text{답}$$

유제 **9**-7. xy평면 위에 있고 중심이 점 P(3, 1, 0), 반지름의 길이가 $\sqrt{2}$인 원 위의 점에서 점 Q(−2, 6, −3)까지의 최단 거리를 구하여라.

답 $\mathbf{\sqrt{41}}$

필수 예제 9-7 좌표공간에 반지름의 길이가 5이고 중심의 z좌표가 양수인 구가 있다. 이 구와 xy평면의 교선의 방정식이 $x^2+y^2-6y=0$일 때, 다음 물음에 답하여라.

(1) 구의 방정식을 구하여라.

(2) 점 A(4, 0, 0)과 구 위를 움직이는 점 B에 대하여 선분 AB의 중점의 자취의 방정식을 구하여라.

모범답안 (1) 반지름의 길이가 5인 구의 방정식을

$$(x-a)^2+(y-b)^2+(z-c)^2=25 \ (c>0)$$

라고 하면 이 구와 xy평면의 교선의 방정식은 $z=0$일 때이므로

$$(x-a)^2+(y-b)^2+(0-c)^2=25$$

곧, $(x-a)^2+(y-b)^2=25-c^2$

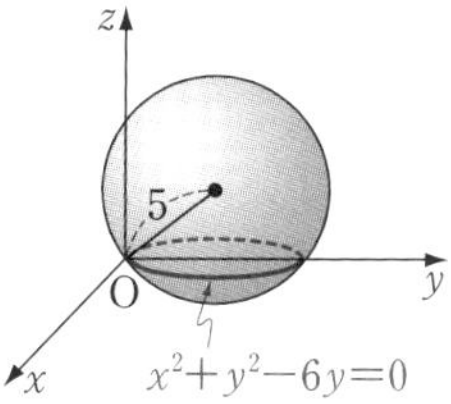

이 방정식이 $x^2+y^2-6y=0$ 곧, $x^2+(y-3)^2=9$

와 일치하므로 $a=0,\ b=3,\ 25-c^2=9 \quad \therefore\ c=4\ (\because\ c>0)$

$$\therefore\ \boldsymbol{x^2+(y-3)^2+(z-4)^2=25} \longleftarrow \text{답}$$

**Note* 구의 중심은 주어진 원의 중심을 지나고 xy평면에 수직인 직선 위에 있다. 따라서 구의 중심의 좌표를 $(0,\ 3,\ c)$로 놓고 풀어도 된다.

(2) 구 위의 점 B의 좌표를 $B(x_1,\ y_1,\ z_1)$이라고 하면

$$x_1{}^2+(y_1-3)^2+(z_1-4)^2=25 \qquad \cdots\cdots ①$$

조건을 만족시키는 점을 $P(x,\ y,\ z)$라고 하면 점 P는 두 점 A(4, 0, 0), $B(x_1,\ y_1,\ z_1)$을 연결하는 선분 AB의 중점이므로

$$x=\frac{4+x_1}{2},\ y=\frac{0+y_1}{2},\ z=\frac{0+z_1}{2}$$

$$\therefore\ x_1=2x-4,\ y_1=2y,\ z_1=2z$$

이것을 ①에 대입하고 정리하면

$$\boldsymbol{x^2+y^2+z^2-4x-3y-4z+4=0} \longleftarrow \text{답}$$

유제 **9**-8. 반지름의 길이가 $\sqrt{26}$이고 zx평면과의 교선의 방정식이 $(x-2)^2+(z+2)^2=25$인 구의 방정식을 구하여라.

답 $\boldsymbol{(x-2)^2+(y\pm1)^2+(z+2)^2=26}$

유제 **9**-9. 점 $A(0,\ 0,\ 3a)$와 구 $x^2+y^2+z^2=a^2$ 위를 움직이는 점 B에 대하여 선분 AB의 중점의 자취의 방정식을 구하여라.

단, a는 0이 아닌 상수이다. 답 $\boldsymbol{x^2+y^2+z^2-3az+2a^2=0}$

§4. 입체의 부피

Advice | 이 절의 내용을 이해하기 위해서는 미적분에서 공부하는 정적분에 대하여 알아야 한다. 아직 정적분을 배우지 않은 학생은 먼저 관련 내용을 배운 다음에 되돌아와서 이 절을 공부하길 바란다.

필수 예제 **9**-8 좌표공간에서 $0\le x\le\frac{\pi}{2}$일 때, 두 점 $\mathrm{P}(x,\ 0,\ \cos^2 x)$, $\mathrm{Q}(x,\ 1-\sin x,\ 0)$을 지나는 직선이 움직여 생기는 곡면과 xy평면, yz평면, zx평면으로 둘러싸인 입체의 부피 V를 구하여라.

정석연구 직선 PQ가 움직여 생기는 곡면과 세 좌표평면으로 둘러싸인 입체는 오른쪽 그림과 같다.

이 입체를 점 P를 지나고 x축에 수직인 평면으로 자른 단면인 삼각형의 넓이를 구한 다음, 아래 **정석**을 이용한다.

정석 단면의 넓이가 $\mathrm{S}(x)$인 입체의 부피는 ⟹ $\mathrm{V}=\int_a^b \mathrm{S}(x)\,dx$

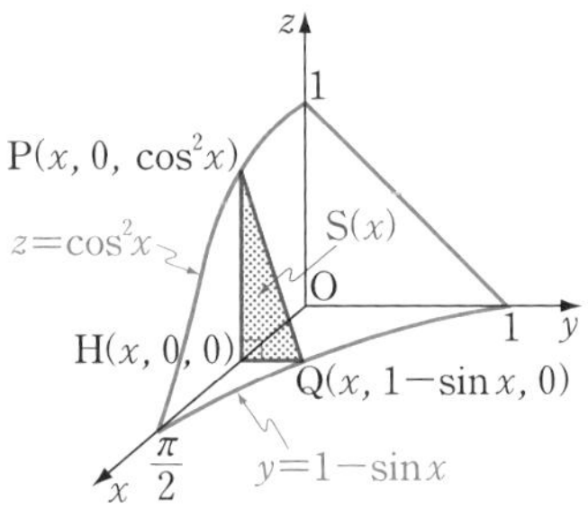

모범답안 점 $\mathrm{P}(x,\ 0,\ \cos^2 x)$에서 x축에 내린 수선의 발을 H라고 하면 $\mathrm{H}(x,\ 0,\ 0)$이므로 △PHQ의 넓이 $\mathrm{S}(x)$는

$$\mathrm{S}(x)=\frac{1}{2}\times\overline{\mathrm{HQ}}\times\overline{\mathrm{PH}}=\frac{1}{2}(1-\sin x)\cos^2 x$$

$$\therefore\ \mathrm{V}=\int_0^{\frac{\pi}{2}}\mathrm{S}(x)\,dx=\int_0^{\frac{\pi}{2}}\frac{1}{2}(1-\sin x)\cos^2 x\,dx$$

$$=\frac{1}{2}\int_0^{\frac{\pi}{2}}\cos^2 x\,dx-\frac{1}{2}\int_0^{\frac{\pi}{2}}\sin x\cos^2 x\,dx \quad \Leftarrow (\cos^3 x)'=3\cos^2 x(-\sin x)$$

$$=\frac{1}{4}\int_0^{\frac{\pi}{2}}(1+\cos 2x)\,dx+\frac{1}{2}\left[\frac{\cos^3 x}{3}\right]_0^{\frac{\pi}{2}}$$

$$=\frac{1}{4}\left[x+\frac{\sin 2x}{2}\right]_0^{\frac{\pi}{2}}-\frac{1}{6}=\boldsymbol{\frac{\pi}{8}-\frac{1}{6}} \longleftarrow \boxed{\text{답}}$$

유제 **9**-10. 좌표공간에서 $0\le t\le\frac{\pi}{2}$일 때, 네 점

$\mathrm{O}(0,\ 0,\ 0)$, $\mathrm{P}(\cos t,\ \sin t,\ 0)$, $\mathrm{Q}(\cos t,\ \sin t,\ t)$, $\mathrm{R}(0,\ 0,\ t)$

를 연결한 □OPQR가 움직여 생기는 입체의 부피를 구하여라. 답 $\boldsymbol{\frac{\pi^2}{16}}$

필수 예제 9-9 좌표공간에서 세 점 A(1, 0, 0), B(0, 1, 1), C(0, 0, 1)을 꼭짓점으로 하는 삼각형을 z축 둘레로 회전시켜 생기는 입체의 부피를 구하여라.

정석연구 좌표공간에 세 점 A, B, C를 나타내면 오른쪽 그림과 같다.

따라서 △ABC를 z축 둘레로 회전시켜 생기는 입체에서 선분 AB는 바깥쪽의 곡면을, 선분 AC는 안쪽의 곡면을 만든다.

이때, 이 입체의 부피는 입체를 z축에 수직인 평면으로 자른 단면의 넓이를 구한 다음, 아래 **정석**을 이용하여 구한다.

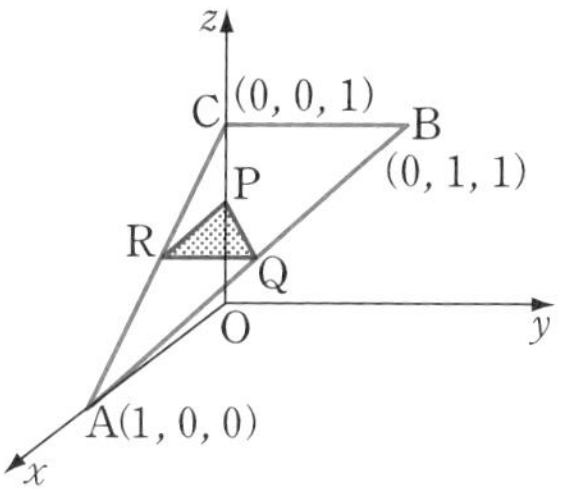

정석 단면의 넓이가 $\mathrm{S}(x)$인 입체의 부피는 ⟹ $\mathrm{V}=\int_a^b \mathrm{S}(x)dx$

모범답안 z축 위의 점 $\mathrm{P}(0,\ 0,\ t)\ (0\le t\le 1)$를 지나고 z축에 수직인 평면과 선분 AB, AC가 만나는 점을 각각 Q, R라고 하자.

조건을 만족시키는 입체를 평면 PQR로 자른 단면은 오른쪽 그림과 같으므로 넓이를 $\mathrm{S}(t)$라고 하면

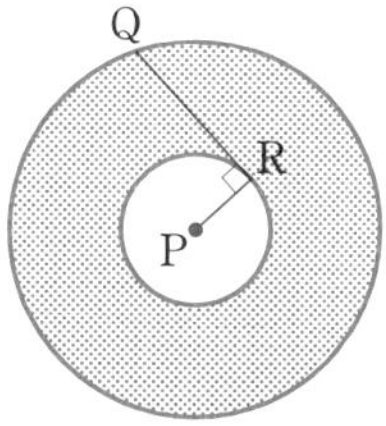

$$\mathrm{S}(t)=\pi\overline{\mathrm{PQ}}^2-\pi\overline{\mathrm{PR}}^2=\pi(\overline{\mathrm{PQ}}^2-\overline{\mathrm{PR}}^2)$$

한편 직선 QR는 y축에 평행하므로

$$\overline{\mathrm{PR}}\perp\overline{\mathrm{QR}} \quad \therefore\ \overline{\mathrm{PQ}}^2-\overline{\mathrm{PR}}^2=\overline{\mathrm{QR}}^2$$

또, $\overline{\mathrm{BC}}\,/\!/\,\overline{\mathrm{QR}}$, $\overline{\mathrm{PR}}\,/\!/\,\overline{\mathrm{OA}}$이므로

$$\overline{\mathrm{QR}}:\overline{\mathrm{BC}}=\overline{\mathrm{AR}}:\overline{\mathrm{AC}}=\overline{\mathrm{OP}}:\overline{\mathrm{OC}}=t:1$$

$\overline{\mathrm{BC}}=1$이므로 $\overline{\mathrm{QR}}=t$ $\quad\therefore\ \mathrm{S}(t)=\pi(\overline{\mathrm{PQ}}^2-\overline{\mathrm{PR}}^2)=\pi\overline{\mathrm{QR}}^2=\pi t^2$

따라서 구하는 부피를 V라고 하면

$$\mathrm{V}=\int_0^1 \mathrm{S}(t)dt=\int_0^1 \pi t^2 dt=\pi\left[\frac{1}{3}t^3\right]_0^1=\boldsymbol{\frac{\pi}{3}} \longleftarrow \boxed{답}$$

유제 **9**-11. 다음 두 구의 내부의 공통부분의 부피를 구하여라.

$$x^2+y^2+z^2=9, \quad (x-4)^2+y^2+z^2=25$$

답 $\boldsymbol{\frac{68}{3}\pi}$

유제 **9**-12. 좌표공간에서 세 점 A(1, 1, 0), B(0, 1, 0), C(0, 1, 1)을 꼭짓점으로 하는 삼각형을 x축 둘레로 회전시켜 생기는 입체의 부피를 구하여라.

답 $\boldsymbol{\frac{\pi}{3}}$

연습문제 9

기본 **9-1** 좌표공간에서 길이가 l인 선분의 xy평면, yz평면, zx평면 위로의 정사영의 길이를 각각 l_{xy}, l_{yz}, l_{zx}라고 할 때, 다음이 성립함을 보여라.

$$l_{xy}{}^2+l_{yz}{}^2+l_{zx}{}^2=2l^2$$

9-2 네 점 A(3, 2, 1), B(4, 6, 10), C(a, 3, 5), D(7, b, 2)를 꼭짓점으로 하는 사면체 ABCD가 정사면체가 되도록 실수 a, b의 값을 정하여라.

9-3 좌표공간에서 두 점 A(2, 0, 2), B(1, 1, 1)과 xy평면 위의 점 P, yz평면 위의 점 Q에 대하여 다음 물음에 답하여라.

(1) $\overline{\mathrm{AP}}+\overline{\mathrm{PB}}$의 최솟값과 이때 점 P의 좌표를 구하여라.

(2) $\overline{\mathrm{AP}}+\overline{\mathrm{PQ}}+\overline{\mathrm{QB}}$의 최솟값을 구하여라.

9-4 평행사변형 ABCD에서 꼭짓점 A, B, C의 좌표가 A(4, 3, −3), B(−1, 2, 4), C(−3, 5, 8)일 때, 꼭짓점 D의 좌표와 대각선 BD의 길이를 구하여라.

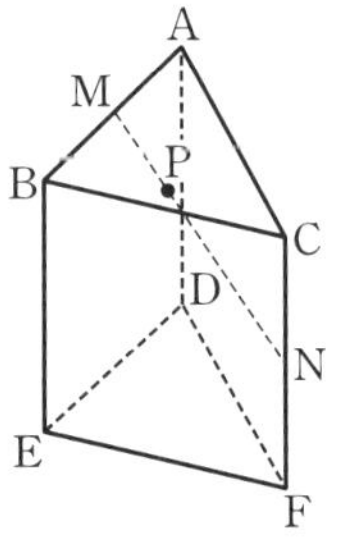

9-5 오른쪽 그림과 같이 모든 모서리의 길이가 4인 삼각기둥이 있다. 선분 AB의 중점을 M, 선분 CF의 중점을 N, 선분 MN을 1 : 2로 내분하는 점을 P라고 할 때, 점 P에서 선분 DE에 이르는 거리를 구하여라.

9-6 다음을 만족시키는 구의 중심의 좌표와 반지름의 길이를 구하여라.

(1) 점 (1, 1, −2)를 지나고 xy평면, yz평면, zx평면에 접한다.

(2) 두 점 A(1, 1, 1), B(1, 1, 3)을 지나고 y축, z축에 접한다.

9-7 좌표공간에 x축, y축, z축에 접하고 중심이 점 C(1, 1, 1)인 구가 있다. 점 A(0, 0, 3)을 지나고 이 구에 접하는 직선이 xy평면과 만나는 점으로 만들어지는 곡선을 생각하자. 이 곡선 위의 두 점 사이의 거리의 최댓값을 구하여라. ⇦ 미적분(삼각함수의 덧셈정리)

9-8 좌표공간에 점 A(6, 0, 0)과 구 $x^2+y^2+z^2=9$가 있다. 점 A에서 구에 접선을 그을 때, 접점의 자취는 원이 된다. 구와 접선으로 둘러싸인 입체의 부피를 구하여라. ⇦ 미적분(부피와 적분)

실력 **9-9** 좌표공간에 정점 A(a, b, c)가 있다. x축, y축, z축 위의 세 점을 각각 P, Q, R라고 할 때, $\overline{\mathrm{AP}}^2+\overline{\mathrm{PQ}}^2+\overline{\mathrm{QR}}^2+\overline{\mathrm{RA}}^2$이 최소가 되는 점 P, Q, R의 좌표를 구하여라.

9-10 오른쪽 그림은 좌표공간에 있는 한 모서리의 길이가 2인 정육면체이다.

점 P는 점 A를 출발하여 반직선 AB 위를 매초 2의 속도로 움직이고, 점 Q는 원점 O를 출발하여 반직선 OC 위를 매초 $\sqrt{3}$의 속도로 움직인다. 동시에 출발한 지 몇 초 후 점 P와 점 Q 사이의 거리가 최소가 되는가?

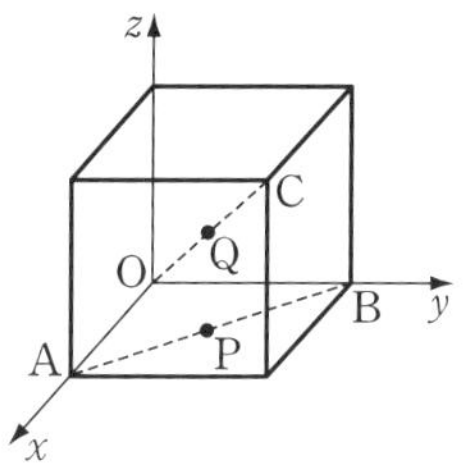

9-11 공간에 있는 정삼각형 ABC의 한 평면 α 위로의 정사영을 $\triangle A'B'C'$이라고 하자. $\triangle A'B'C'$의 세 변의 길이가 2, 3, $2\sqrt{3}$일 때, $\triangle ABC$의 한 변의 길이를 구하여라.

9-12 두 구 $x^2+y^2+z^2=1$, $(x-2)^2+(y+1)^2+(z-2)^2=4$에 동시에 외접하고 반지름의 길이가 2인 구의 중심의 자취의 길이를 구하여라.

9-13 좌표공간에 구 S : $x^2+y^2+z^2=25$와 점 P(0, 3, 4)가 있다. 점 P를 지나는 평면이 구 S와 만나서 생기는 원의 반지름의 길이가 1일 때, 이 원의 xy평면 위로의 정사영의 넓이의 최솟값을 구하여라.

⇦ 미적분(삼각함수의 덧셈정리)

9-14 좌표공간에 구 $(x-5)^2+(y-4)^2+z^2=9$가 있다. y축을 포함하는 평면 α가 이 구에 접할 때, α와 xy평면이 이루는 예각의 크기 θ에 대하여 $\cos\theta$의 값을 구하여라.

9-15 구 $x^2+y^2+z^2=81$, $x^2+(y-5)^2+z^2=56$을 각각 S_1, S_2라고 하자. 두 구 S_1, S_2가 만나서 생기는 원 위의 한 점을 P, 점 P의 xy평면 위로의 정사영을 P′이라고 하자. 구 S_1과 y축이 만나는 점을 각각 Q, R라고 할 때, 사면체 PQP′R의 부피의 최댓값을 구하여라.

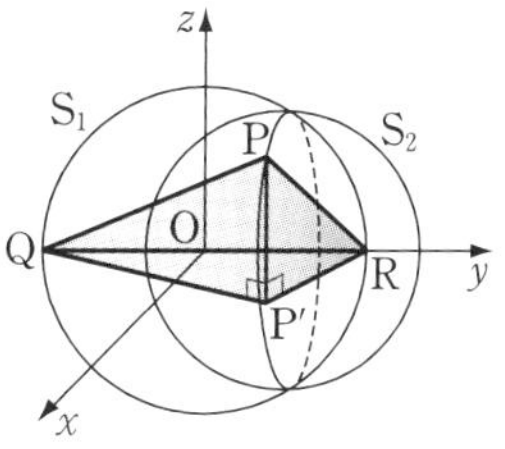

9-16 좌표공간에서 xy평면, yz평면, zx평면은 공간을 8개의 부분으로 나눈다. 이 8개의 부분 중에서 구 $(x+2)^2+(y-3)^2+(z-4)^2=24$가 지나는 부분의 개수를 구하여라.

9-17 좌표공간에서 두 점 A(1, 0, 1), B(1, 1, 0)을 연결하는 선분 AB를 z축 둘레로 회전시킨 도형과 xy평면, 점 (0, 0, 1)을 지나고 xy평면에 평행한 평면으로 둘러싸인 입체의 부피를 구하여라. ⇦ 미적분(부피와 적분)

10. 공간벡터의 성분과 내적

§1. 공간벡터의 성분

Advice | (고등학교 교육과정 밖의 내용) 이 단원에서는 공간벡터의 성분과 내적에 대하여 공부한다. 이 내용은 고등학교 교육과정에서 제외되었지만, 벡터를 더 깊이 공부하고 싶거나 이와 관련된 분야에 진학하고자 하는 학생들은 이 단원을 공부해 보길 바란다.

기본정석

1 공간벡터의 성분

좌표공간의 원점 O를 시점으로 하는 벡터 $\overrightarrow{OA}=\overrightarrow{a}$ 의 종점 A의 좌표를 $(a_1,\ a_2,\ a_3)$이라고 할 때, $a_1,\ a_2,\ a_3$을 각각 $\overrightarrow{a}$ 의

$\boldsymbol{x}$성분, $\boldsymbol{y}$성분, $\boldsymbol{z}$성분

이라 하고, $a_1,\ a_2,\ a_3$을 통틀어 $\overrightarrow{a}$ 의 성분이라고 한다. 또,

$$\overrightarrow{a}=(a_1,\ a_2,\ a_3)$$

과 같이 나타낸다.

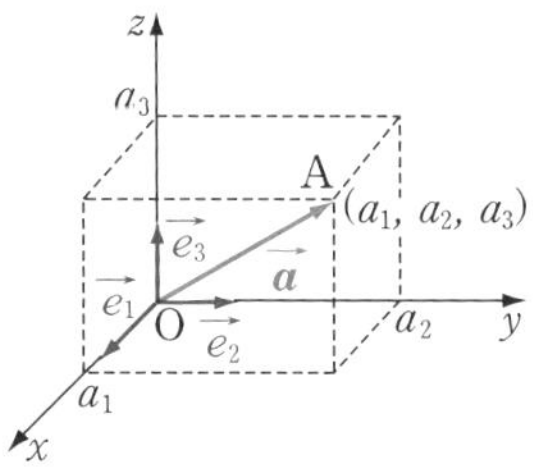

2 성분으로 나타낸 공간벡터의 크기

벡터 $\overrightarrow{a}=(a_1,\ a_2,\ a_3)$의 크기는 두 점 O(0, 0, 0), A$(a_1,\ a_2,\ a_3)$에 대하여 선분 OA의 길이이다. 곧,

$$\overrightarrow{a}=(a_1,\ a_2,\ a_3)\text{일 때} \Longrightarrow |\overrightarrow{a}|=\sqrt{a_1^2+a_2^2+a_3^2}$$

3 기본단위벡터

좌표공간의 원점 O와 세 점 $E_1(1,\ 0,\ 0)$, $E_2(0,\ 1,\ 0)$, $E_3(0,\ 0,\ 1)$에 대하여 $\overrightarrow{OE_1}$, $\overrightarrow{OE_2}$, $\overrightarrow{OE_3}$을 공간의 기본단위벡터 또는 기본벡터라 하고, 각각 $\overrightarrow{e_1}$, $\overrightarrow{e_2}$, $\overrightarrow{e_3}$으로 나타낸다. ⇦ 위의 그림 참조

또, 벡터 $\overrightarrow{a}=(a_1,\ a_2,\ a_3)$을 기본벡터를 써서 나타내면 다음과 같다.

$$\overrightarrow{a}=(a_1,\ a_2,\ a_3)=a_1\overrightarrow{e_1}+a_2\overrightarrow{e_2}+a_3\overrightarrow{e_3}$$

4 공간벡터의 성분에 의한 연산

$\vec{a}=(a_1,\ a_2,\ a_3)$, $\vec{b}=(b_1,\ b_2,\ b_3)$이라고 하면

(1) $\vec{a}=\vec{b} \iff a_1=b_1,\ a_2=b_2,\ a_3=b_3$

(2) $m\vec{a}=(ma_1,\ ma_2,\ ma_3)$ (단, m은 실수)

(3) $\vec{a}\pm\vec{b}=(a_1\pm b_1,\ a_2\pm b_2,\ a_3\pm b_3)$ (복부호동순)

5 공간벡터의 방향코사인

영벡터가 아닌 공간벡터 $\vec{a}=(a_1,\ a_2,\ a_3)$이 x축, y축, z축의 양의 방향과 이루는 각의 크기를 각각 α, β, γ라고 하면

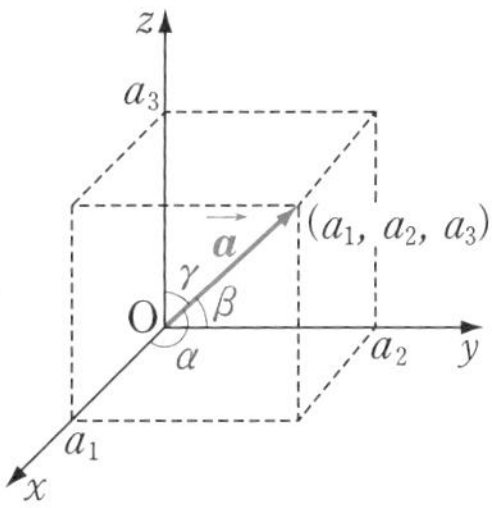

(1) $a_1=|\vec{a}|\cos\alpha$, $a_2=|\vec{a}|\cos\beta$, $a_3=|\vec{a}|\cos\gamma$

(2) $\vec{a}$와 같은 방향의 단위벡터

$\Longrightarrow (\cos\alpha,\ \cos\beta,\ \cos\gamma)$

(3) 방향코사인 $\Longrightarrow \cos\alpha,\ \cos\beta,\ \cos\gamma$

(4) 방향코사인의 성질 $\Longrightarrow \cos^2\alpha+\cos^2\beta+\cos^2\gamma=1$

(5) 방향비 $\Longrightarrow \cos\alpha : \cos\beta : \cos\gamma=a_1 : a_2 : a_3$

Advice 1° 공간벡터의 성분과 크기

공간벡터 $\vec{a}$를 평행이동하여 시점이 좌표공간의 원점 O에 오도록 할 때, 종점을 A라고 하면 $\vec{a}=\overrightarrow{OA}$이다. 여기에서 점 A의 좌표를 $(a_1,\ a_2,\ a_3)$이라고 하면 이 좌표는 $\vec{a}$의 방향과 크기에 의하여 하나로 정해진다. 또, 역으로 좌표가 정해지면 벡터의 크기와 방향도 하나로 정해진다.

곧, 공간에서의 위치벡터는 좌표공간의 각 점에 일대일 대응시킬 수 있다. 따라서 벡터 $\vec{a}$를

$$\vec{a}=(a_1,\ a_2,\ a_3)$$

으로 나타낼 수 있다. 이때, a_1, a_2, a_3을 각각 $\vec{a}$의 $\boldsymbol{x}$성분, $\boldsymbol{y}$성분, $\boldsymbol{z}$성분이라 하고, a_1, a_2, a_3을 통틀어 $\vec{a}$의 성분이라고 한다.

이와 같이 벡터를 성분으로 나타내는 것을 벡터의 성분 표시라고 한다. 이때, $\vec{a}$의 크기는 $|\vec{a}|=\overline{OA}=\sqrt{a_1^2+a_2^2+a_3^2}$이다.

Advice 2° 기본단위벡터

좌표공간에서 $\vec{e_1}=(1,\ 0,\ 0)$, $\vec{e_2}=(0,\ 1,\ 0)$, $\vec{e_3}=(0,\ 0,\ 1)$이라고 하면 $|\vec{e_1}|=|\vec{e_2}|=|\vec{e_3}|=1$이다. 이때, $\vec{e_1}$, $\vec{e_2}$, $\vec{e_3}$을 통틀어 공간의 기본단위벡터 또는 기본벡터라고 한다.

Advice 3° 공간벡터의 성분에 의한 연산

공간벡터의 성분에 대해서도 평면벡터의 성분과 같은 성질이 성립한다. 다만 평면벡터와 공간벡터를 성분으로 나타낼 때,

평면벡터에서는 ⟹ $\boldsymbol{x}$, $\boldsymbol{y}$성분,   공간벡터에서는 ⟹ $\boldsymbol{x}$, $\boldsymbol{y}$, $\boldsymbol{z}$성분

으로 나타내어진다는 점이 다르다.

보기 1 두 점 A(1, 2, 1), B(2, 3, 3)에 대하여 $\overrightarrow{\mathrm{AB}}$를 성분으로 나타내어라.

연구 원점 O에 대하여

$$\overrightarrow{\mathrm{AB}}=\overrightarrow{\mathrm{OB}}-\overrightarrow{\mathrm{OA}}=(2,\ 3,\ 3)-(1,\ 2,\ 1)=(\mathbf{1},\ \mathbf{1},\ \mathbf{2})$$

보기 2 $\vec{a}=(1,\ 2,\ 3)$, $\vec{b}=(2,\ -1,\ 1)$, $\vec{c}=(4,\ -2,\ 1)$일 때, $2(\vec{a}-\vec{b})-3(\vec{a}-\vec{b}-\vec{c})$를 성분으로 나타내고, 크기를 구하여라.

연구 $2(\vec{a}-\vec{b})-3(\vec{a}-\vec{b}-\vec{c})=2\vec{a}-2\vec{b}-3\vec{a}+3\vec{b}+3\vec{c}=-\vec{a}+\vec{b}+3\vec{c}$

$$=-(1,\ 2,\ 3)+(2,\ -1,\ 1)+3(4,\ -2,\ 1)$$

$$=(-1,\ -2,\ -3)+(2,\ -1,\ 1)+(12,\ -6,\ 3)=(\mathbf{13},\ \mathbf{-9},\ \mathbf{1})$$

또, $\left|2(\vec{a}-\vec{b})-3(\vec{a}-\vec{b}-\vec{c})\right|=\sqrt{13^2+(-9)^2+1^2}=\sqrt{\mathbf{251}}$

보기 3 다음 두 식을 만족시키는 벡터 $\vec{a}$, $\vec{b}$를 성분으로 나타내어라.

$$2\vec{a}-\vec{b}=(1,\ 0,\ 2),\qquad 3\vec{a}+2\vec{b}=(5,\ -7,\ 3)$$

연구 $2\vec{a}-\vec{b}=(1,\ 0,\ 2)$ ……① $3\vec{a}+2\vec{b}=(5,\ -7,\ 3)$ ……②

①×2+②하면 $7\vec{a}=(7,\ -7,\ 7)$ $\therefore\ \vec{\boldsymbol{a}}=(\mathbf{1},\ \mathbf{-1},\ \mathbf{1})$

①에 대입하면 $2(1,\ -1,\ 1)-\vec{b}=(1,\ 0,\ 2)$ $\therefore\ \vec{\boldsymbol{b}}=(\mathbf{1},\ \mathbf{-2},\ \mathbf{0})$

Advice 4° 공간벡터의 방향코사인

영벡터가 아닌 공간벡터 $\vec{a}=(a_1,\ a_2,\ a_3)$이 x축, y축, z축의 양의 방향과 이루는 각의 크기를 각각 α, β, γ라고 하면

$$\boldsymbol{a_1=|\vec{a}|\cos\alpha},\quad \boldsymbol{a_2=|\vec{a}|\cos\beta},\quad \boldsymbol{a_3=|\vec{a}|\cos\gamma}$$

따라서 벡터 $\vec{a}$와 같은 방향의 단위벡터는

$$\frac{1}{|\vec{a}|}\vec{a}=\frac{1}{|\vec{a}|}(a_1,\ a_2,\ a_3)=\left(\frac{a_1}{|\vec{a}|},\ \frac{a_2}{|\vec{a}|},\ \frac{a_3}{|\vec{a}|}\right)=(\boldsymbol{\cos\alpha,\ \cos\beta,\ \cos\gamma})$$

또, 이것은 단위벡터이므로 $\boldsymbol{\cos^2\alpha+\cos^2\beta+\cos^2\gamma=1}$이 성립한다.

보기 4 공간벡터 $\vec{a}=(3,\ -2,\ 6)$의 방향코사인을 구하여라.

연구 $\dfrac{1}{|\vec{a}|}\vec{a}=\dfrac{1}{\sqrt{3^2+(-2)^2+6^2}}(3,\ -2,\ 6)=\left(\dfrac{3}{7},\ -\dfrac{2}{7},\ \dfrac{6}{7}\right)$

$$\therefore\ \cos\alpha=\mathbf{\frac{3}{7}},\ \cos\beta=-\mathbf{\frac{2}{7}},\ \cos\gamma=\mathbf{\frac{6}{7}}$$

필수 예제 10-1 다음과 같은 네 벡터 $\overrightarrow{a}$, $\overrightarrow{b}$, $\overrightarrow{c}$, $\overrightarrow{d}$가 있다.

$\overrightarrow{a}=(0,\ 1,\ 1)$, $\overrightarrow{b}=(1,\ 0,\ 1)$, $\overrightarrow{c}=(1,\ 1,\ 0)$, $\overrightarrow{d}=(3,\ -4,\ 5)$

(1) $l\overrightarrow{a}+m\overrightarrow{b}+n\overrightarrow{c}=\overrightarrow{0}$이면 $l=m=n=0$임을 보여라.

(2) $\overrightarrow{d}=l\overrightarrow{a}+m\overrightarrow{b}+n\overrightarrow{c}$를 만족시키는 실수 l, m, n의 값을 구하여라.

정석연구 $l\overrightarrow{a}+m\overrightarrow{b}+n\overrightarrow{c}$를 성분으로 나타낸 다음 (1)에서는 $\overrightarrow{0}=(0,\ 0,\ 0)$과 성분을 비교하고, (2)에서는 $\overrightarrow{d}=(3,\ -4,\ 5)$와 성분을 비교한다.

이때, 다음 **정석**을 이용한다.

정석 $(a_1,\ a_2,\ a_3)=(b_1,\ b_2,\ b_3) \iff a_1=b_1,\ a_2=b_2,\ a_3=b_3$
$m(a_1,\ a_2,\ a_3)=(ma_1,\ ma_2,\ ma_3)$ (단, m은 실수)
$(a_1,\ a_2,\ a_3)\pm(b_1,\ b_2,\ b_3)=(a_1\pm b_1,\ a_2\pm b_2,\ a_3\pm b_3)$
(복부호동순)

모범답안 (1) $l\overrightarrow{a}+m\overrightarrow{b}+n\overrightarrow{c}=l(0,\ 1,\ 1)+m(1,\ 0,\ 1)+n(1,\ 1,\ 0)$
$=(0,\ l,\ l)+(m,\ 0,\ m)+(n,\ n,\ 0)$
$=(m+n,\ l+n,\ l+m)$

이것이 $\overrightarrow{0}=(0,\ 0,\ 0)$과 같으므로

$m+n=0,\ l+n=0,\ l+m=0$

연립하여 풀면 $l=m=n=0$

(2) $l\overrightarrow{a}+m\overrightarrow{b}+n\overrightarrow{c}=(3,\ -4,\ 5)$에서

$l(0,\ 1,\ 1)+m(1,\ 0,\ 1)+n(1,\ 1,\ 0)=(3,\ -4,\ 5)$

$\therefore (0,\ l,\ l)+(m,\ 0,\ m)+(n,\ n,\ 0)=(3,\ -4,\ 5)$

$\therefore (m+n,\ l+n,\ l+m)=(3,\ -4,\ 5)$

$\therefore m+n=3,\ l+n=-4,\ l+m=5$

연립하여 풀면 $\boldsymbol{l=-1,\ m=6,\ n=-3}$ ← 답

유제 **10**-1. 다음과 같은 네 벡터 $\overrightarrow{a}$, $\overrightarrow{b}$, $\overrightarrow{c}$, $\overrightarrow{d}$가 있다.

$\overrightarrow{a}=(-1,\ 1,\ 0)$, $\overrightarrow{b}=(0,\ -1,\ 1)$, $\overrightarrow{c}=(1,\ 0,\ 1)$, $\overrightarrow{d}=(-1,\ 7,\ 2)$

(1) $l\overrightarrow{a}+m\overrightarrow{b}+n\overrightarrow{c}=\overrightarrow{0}$이면 $l=m=n=0$임을 보여라.

(2) $\overrightarrow{d}=l\overrightarrow{a}+m\overrightarrow{b}+n\overrightarrow{c}$를 만족시키는 실수 l, m, n의 값을 구하여라.

답 (1) 생략 (2) $\boldsymbol{l=5,\ m=-2,\ n=4}$

유제 **10**-2. 두 벡터 $\overrightarrow{a}=(3,\ -2,\ 4)$, $\overrightarrow{b}=(x-1,\ 6,\ 2y)$가 서로 평행할 때, 실수 x, y의 값을 구하여라.

답 $\boldsymbol{x=-8,\ y=-6}$

필수 예제 **10**-2 두 점 A(2, −1, 0), B(4, 3, −5)에 대하여 $\overrightarrow{a}=\overrightarrow{\mathrm{AB}}$라고 할 때, 다음 물음에 답하여라.

(1) 벡터 $\overrightarrow{a}$의 크기를 구하여라.

(2) 벡터 $\overrightarrow{a}$와 같은 방향의 단위벡터 $\overrightarrow{e}$를 성분으로 나타내어라.

(3) 벡터 $\overrightarrow{a}$가 x축, y축, z축의 양의 방향과 이루는 각의 크기를 각각 α, β, γ라고 할 때, $\cos\alpha$, $\cos\beta$, $\cos\gamma$의 값을 구하여라.

정석연구 벡터 $\overrightarrow{a}$를 성분으로 나타낸 다음 아래 **정석**을 이용한다.

정석 영벡터가 아닌 공간벡터 $\overrightarrow{a}=(a_1,\ a_2,\ a_3)$이 x축, y축, z축의 양의 방향과 이루는 각의 크기를 각각 α, β, γ라고 하면

(i) $|\overrightarrow{a}|=\sqrt{a_1^2+a_2^2+a_3^2}$

(ii) $\overrightarrow{a}$와 같은 방향의 단위벡터는

$$\Longrightarrow \frac{1}{|\overrightarrow{a}|}\overrightarrow{a}=\left(\frac{a_1}{|\overrightarrow{a}|},\ \frac{a_2}{|\overrightarrow{a}|},\ \frac{a_3}{|\overrightarrow{a}|}\right)=(\cos\alpha,\ \cos\beta,\ \cos\gamma)$$

(iii) $\cos\alpha=\dfrac{a_1}{|\overrightarrow{a}|}$, $\cos\beta=\dfrac{a_2}{|\overrightarrow{a}|}$, $\cos\gamma=\dfrac{a_3}{|\overrightarrow{a}|}$ ⇦ 방향코사인

모범답안 원점 O에 대하여

$$\overrightarrow{a}=\overrightarrow{\mathrm{AB}}=\overrightarrow{\mathrm{OB}}-\overrightarrow{\mathrm{OA}}=(4,\ 3,\ -5)-(2,\ -1,\ 0)=(2,\ 4,\ -5)$$

(1) $|\overrightarrow{a}|=\sqrt{2^2+4^2+(-5)^2}=3\sqrt{5}$ ← 답

(2) $\overrightarrow{e}=\dfrac{1}{|\overrightarrow{a}|}\overrightarrow{a}=\dfrac{1}{3\sqrt{5}}(2,\ 4,\ -5)=\left(\dfrac{2\sqrt{5}}{15},\ \dfrac{4\sqrt{5}}{15},\ -\dfrac{\sqrt{5}}{3}\right)$ ← 답

(3) $\cos\alpha=\dfrac{2\sqrt{5}}{15}$, $\cos\beta=\dfrac{4\sqrt{5}}{15}$, $\cos\gamma=-\dfrac{\sqrt{5}}{3}$ ← 답

유제 **10**-3. 두 벡터 $\overrightarrow{a}=(4,\ -2,\ 0)$, $\overrightarrow{b}=(1,\ 0,\ -1)$에 대하여

$$\overrightarrow{u}=\overrightarrow{a}+\overrightarrow{b},\quad \overrightarrow{v}=\overrightarrow{a}-\overrightarrow{b}$$

라고 할 때, 다음 물음에 답하여라.

(1) $|\overrightarrow{u}|$, $|\overrightarrow{v}|$의 값을 구하여라.

(2) $\overrightarrow{u}$, $\overrightarrow{v}$와 같은 방향의 단위벡터를 각각 $\overrightarrow{x}$, $\overrightarrow{y}$라고 할 때, $\overrightarrow{x}$, $\overrightarrow{y}$를 성분으로 나타내어라.

답 (1) $|\overrightarrow{u}|=\sqrt{30}$, $|\overrightarrow{v}|=\sqrt{14}$

(2) $\overrightarrow{x}=\left(\dfrac{\sqrt{30}}{6},\ -\dfrac{\sqrt{30}}{15},\ -\dfrac{\sqrt{30}}{30}\right)$, $\overrightarrow{y}=\left(\dfrac{3\sqrt{14}}{14},\ -\dfrac{\sqrt{14}}{7},\ \dfrac{\sqrt{14}}{14}\right)$

필수 예제 10-3 평행사변형 OABC의 네 꼭짓점을 각각 O(0, 0, 0), A(a, 1, 1), B(x, y, z), C(1, b, 3)이라고 하자. 또, 변 AB, BC의 중점을 각각 D, E라 하고, 선분 AE와 OD의 교점을 G라고 하자.

(1) 벡터 $\overrightarrow{OB}$를 a, b를 써서 성분으로 나타내어라.

(2) 벡터 $\overrightarrow{OG}$를 벡터 $\overrightarrow{OD}$로 나타내어라.

(3) 점 G의 좌표를 a, b로 나타내어라.

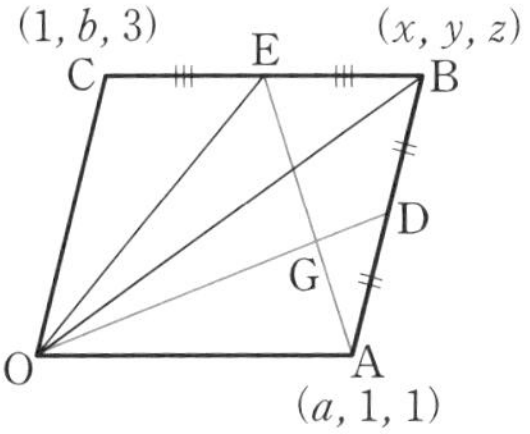

모범답안 (1) $\overrightarrow{OB}=\overrightarrow{OA}+\overrightarrow{OC}$

$=(a,\ 1,\ 1)+(1,\ b,\ 3)$

$=(\boldsymbol{a}+\mathbf{1},\ \boldsymbol{b}+\mathbf{1},\ \mathbf{4})$ ← 답

(2) 점 G는 선분 OD 위의 점이므로

$\overrightarrow{OG}=k\overrightarrow{OD}\ (0\le k\le 1)$ ……①

또, 점 G는 선분 AE 위의 점이므로

$\overrightarrow{OG}=(1-t)\overrightarrow{OA}+t\overrightarrow{OE}\ (0\le t\le 1)$ ……②

한편 $\overrightarrow{OD}=\dfrac{\overrightarrow{OA}+\overrightarrow{OB}}{2}=\overrightarrow{OA}+\dfrac{1}{2}\overrightarrow{OC}$, $\overrightarrow{OE}=\dfrac{\overrightarrow{OB}+\overrightarrow{OC}}{2}=\dfrac{1}{2}\overrightarrow{OA}+\overrightarrow{OC}$

이므로 ①, ②에 대입하고 정리하면

$\overrightarrow{OG}=k\overrightarrow{OA}+\dfrac{1}{2}k\overrightarrow{OC}$, $\quad \overrightarrow{OG}=\left(1-\dfrac{1}{2}t\right)\overrightarrow{OA}+t\overrightarrow{OC}$

$\overrightarrow{OA}$와 $\overrightarrow{OC}$가 서로 평행하지 않으므로

$k=1-\dfrac{1}{2}t,\ \dfrac{1}{2}k=t \qquad \therefore\ k=\dfrac{4}{5},\ t=\dfrac{2}{5}$

$k=\dfrac{4}{5}$를 ①에 대입하면 $\overrightarrow{\mathbf{OG}}=\dfrac{\mathbf{4}}{\mathbf{5}}\overrightarrow{\mathbf{OD}}$ ← 답

(3) $\overrightarrow{OG}=\dfrac{4}{5}\overrightarrow{OA}+\dfrac{2}{5}\overrightarrow{OC}$이므로 $\mathbf{G}\left(\dfrac{\mathbf{4}\boldsymbol{a}+\mathbf{2}}{\mathbf{5}},\ \dfrac{\mathbf{2}\boldsymbol{b}+\mathbf{4}}{\mathbf{5}},\ \mathbf{2}\right)$ ← 답

***Note** (2) 다음과 같이 풀 수도 있다.

$\overrightarrow{OD}=\overrightarrow{OA}+\dfrac{1}{2}\overrightarrow{OC}=\overrightarrow{OA}+\dfrac{1}{2}\left(\overrightarrow{OE}-\dfrac{1}{2}\overrightarrow{OA}\right)=\dfrac{3}{4}\overrightarrow{OA}+\dfrac{1}{2}\overrightarrow{OE}$

$\therefore\ \overrightarrow{OG}=k\overrightarrow{OD}=\dfrac{3}{4}k\overrightarrow{OA}+\dfrac{1}{2}k\overrightarrow{OE}$

세 점 E, G, A는 한 직선 위에 있으므로

$\dfrac{3}{4}k+\dfrac{1}{2}k=1 \qquad \therefore\ k=\dfrac{4}{5} \qquad \therefore\ \overrightarrow{\mathbf{OG}}=\dfrac{\mathbf{4}}{\mathbf{5}}\overrightarrow{\mathbf{OD}}$

유제 10-4. 네 점 A(-2, 1, 3), B(1, -4, -1), C(5, -3, 0), D(x, y, z)를 꼭짓점으로 하는 사각형이 평행사변형일 때, x, y, z의 값을 구하여라.

답 $(\boldsymbol{x},\ \boldsymbol{y},\ \boldsymbol{z})=(\mathbf{2},\ \mathbf{2},\ \mathbf{4}),\ (\mathbf{8},\ -\mathbf{8},\ -\mathbf{4}),\ (-\mathbf{6},\ \mathbf{0},\ \mathbf{2})$

§2. 공간벡터의 내적

기본 정석

① 공간벡터의 내적의 정의

공간에서 영벡터가 아닌 두 벡터 $\vec{a}$, $\vec{b}$가 이루는 각의 크기를 $\theta(0° \le \theta \le 180°)$라고 할 때, $\vec{a}$와 $\vec{b}$의 내적은 다음과 같이 정의한다.

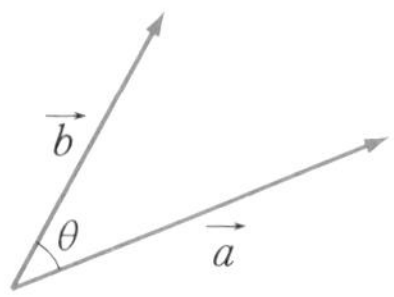

정의 $\vec{a} \cdot \vec{b} = |\vec{a}||\vec{b}|\cos\theta$

또, $\vec{a}=\vec{0}$ 또는 $\vec{b}=\vec{0}$이면 $\vec{a} \cdot \vec{b}=0$으로 정의한다.

② 공간벡터의 내적과 성분

영벡터가 아닌 두 벡터

$\vec{a}=(a_1,\ a_2,\ a_3)$, $\vec{b}=(b_1,\ b_2,\ b_3)$

이 이루는 각의 크기를 θ라고 하면

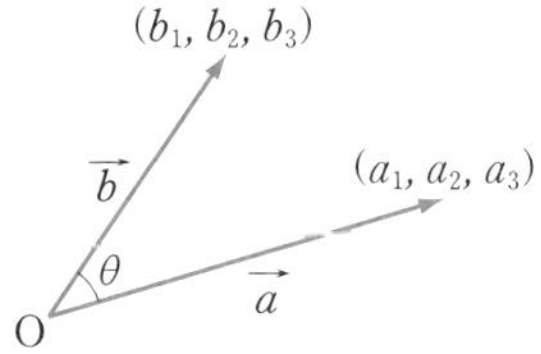

(1) $\vec{a} \cdot \vec{b} = a_1b_1 + a_2b_2 + a_3b_3$

(2) $\cos\theta = \dfrac{\vec{a} \cdot \vec{b}}{|\vec{a}||\vec{b}|} = \dfrac{a_1b_1+a_2b_2+a_3b_3}{\sqrt{a_1^2+a_2^2+a_3^2}\sqrt{b_1^2+b_2^2+b_3^2}}$

③ 공간벡터의 내적의 기본 성질

$\vec{a}$, $\vec{b}$, $\vec{c}$가 공간벡터이고 m이 실수일 때,

(1) $\vec{a} \cdot \vec{b} = \vec{b} \cdot \vec{a}$ (교환법칙)

(2) $(m\vec{a}) \cdot \vec{b} = \vec{a} \cdot (m\vec{b}) = m(\vec{a} \cdot \vec{b})$ (실수배의 성질)

(3) $\vec{a} \cdot (\vec{b}+\vec{c}) = \vec{a} \cdot \vec{b} + \vec{a} \cdot \vec{c}$ (분배법칙)

Advice 1° 공간벡터의 내적의 정의

공간벡터의 내적은 평면벡터의 내적과 같은 방법으로 정의한다. 곧, 영벡터가 아닌 두 벡터 $\vec{a}$, $\vec{b}$가 이루는 각의 크기를 θ라고 할 때,

정의 $\vec{a} \cdot \vec{b} = |\vec{a}||\vec{b}|\cos\theta$

특히 $\vec{a}=\vec{0}$ 또는 $\vec{b}=\vec{0}$일 때에는 $|\vec{a}|=0$ 또는 $|\vec{b}|=0$이므로 $\vec{a} \cdot \vec{b}=0$으로 정의한다.

또, $\vec{a}=\vec{b}$이면 $\theta=0°$이고, 이때 $\cos\theta=1$이므로

$$\vec{a} \cdot \vec{a} = |\vec{a}||\vec{a}| \quad \text{곧,}\ \vec{a} \cdot \vec{a} = |\vec{a}|^2$$

*Note 영벡터가 아닌 두 벡터 $\vec{a}$, $\vec{b}$가 이루는 각의 크기 θ에 따라 $\vec{a}\cdot\vec{b}$는 양, 0, 음의 값을 가진다. ⇦ p. 104

① $0^\circ \le \theta < 90^\circ$일 때, $\cos\theta > 0$이므로 $\vec{a}\cdot\vec{b} > 0$

② $\theta = 90^\circ$일 때, $\cos\theta = 0$이므로 $\vec{a}\cdot\vec{b} = 0$

③ $90^\circ < \theta \le 180^\circ$일 때, $\cos\theta = -\cos(180^\circ - \theta) < 0$이므로 $\vec{a}\cdot\vec{b} < 0$

보기 1 오른쪽 그림은 한 모서리의 길이가 1인 정육면체이다. 이때, 다음을 구하여라.

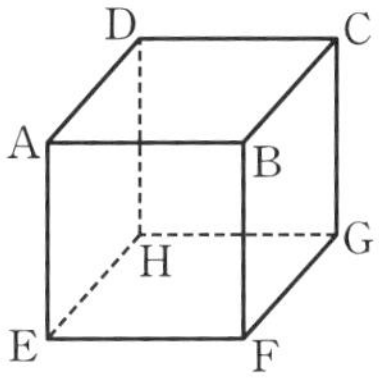

(1) $\overrightarrow{AB}\cdot\overrightarrow{AC}$ (2) $\overrightarrow{AB}\cdot\overrightarrow{BG}$ (3) $\overrightarrow{AB}\cdot\overrightarrow{HF}$

(4) $\overrightarrow{AB}\cdot\overrightarrow{CD}$ (5) $\overrightarrow{AF}\cdot\overrightarrow{BG}$ (6) $\overrightarrow{AF}\cdot\overrightarrow{FC}$

연구 공간의 두 벡터는 적당한 평행이동에 의하여 항상 한 평면 위의 시점이 같은 벡터로 옮겨 놓을 수 있다.

정석 두 벡터가 이루는 각 ⟹ 시점이 같게 평행이동하여 구한다.

(1) $\overrightarrow{AB}\cdot\overrightarrow{AC} = |\overrightarrow{AB}||\overrightarrow{AC}|\cos 45^\circ = 1\times\sqrt{2}\times\dfrac{1}{\sqrt{2}} = \mathbf{1}$

(2) $\overrightarrow{BG} = \overrightarrow{AH}$이므로 $\overrightarrow{AB}\cdot\overrightarrow{BG} = \overrightarrow{AB}\cdot\overrightarrow{AH} = |\overrightarrow{AB}||\overrightarrow{AH}|\cos 90^\circ = \mathbf{0}$

(3) $\overrightarrow{AB}\cdot\overrightarrow{HF} = \overrightarrow{HG}\cdot\overrightarrow{HF} = |\overrightarrow{HG}||\overrightarrow{HF}|\cos 45^\circ = 1\times\sqrt{2}\times\dfrac{1}{\sqrt{2}} = \mathbf{1}$

(4) $\overrightarrow{AB}$, $\overrightarrow{CD}$가 이루는 각의 크기는 180°이므로(평행하고 방향이 반대)

$$\overrightarrow{AB}\cdot\overrightarrow{CD} = |\overrightarrow{AB}||\overrightarrow{CD}|\cos 180^\circ = 1\times1\times(-1) = \mathbf{-1}$$

(5) $\overrightarrow{AF}\cdot\overrightarrow{BG} = \overrightarrow{AF}\cdot\overrightarrow{AH} = |\overrightarrow{AF}||\overrightarrow{AH}|\cos 60^\circ$

$$= \sqrt{2}\times\sqrt{2}\times\frac{1}{2} = \mathbf{1}$$

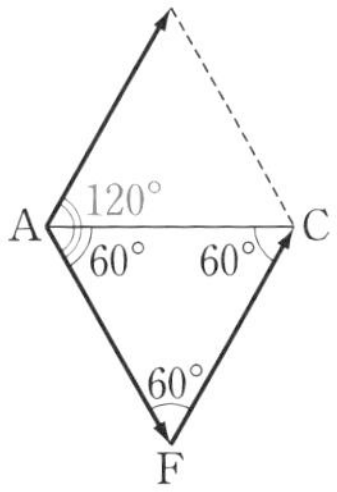

(6) △AFC는 정삼각형이고 오른쪽 그림과 같이 $\overrightarrow{AF}$, $\overrightarrow{FC}$가 이루는 각의 크기는 120°이므로

$$\overrightarrow{AF}\cdot\overrightarrow{FC} = |\overrightarrow{AF}||\overrightarrow{FC}|\cos 120^\circ$$

$$= \sqrt{2}\times\sqrt{2}\times\left(-\frac{1}{2}\right) = \mathbf{-1}$$

보기 2 사면체 ABCD의 꼭짓점 A에서 밑면 BCD에 내린 수선의 발을 H라고 할 때, $\overline{BH}=3$이다. 이때, $\overrightarrow{BA}\cdot\overrightarrow{BH}$의 값을 구하여라.

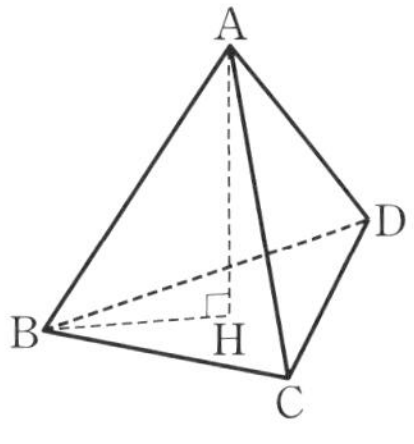

연구 $\angle ABH = \theta$라고 하면

$$\overrightarrow{BA}\cdot\overrightarrow{BH} = |\overrightarrow{BA}||\overrightarrow{BH}|\cos\theta = |\overrightarrow{BH}|^2 = \mathbf{9}$$

*Note $\overrightarrow{OA}\cdot\overrightarrow{OB} = |\overrightarrow{OA}||\overrightarrow{OB}|\cos\theta$는 θ가 예각일 때, $\overrightarrow{OA}$의 크기 $|\overrightarrow{OA}|$와 $\overrightarrow{OB}$의 직선 OA 위로의 정사영의 크기 $|\overrightarrow{OB}|\cos\theta$의 곱이라고 할 수 있다. ⇦ p. 163

Advice 2° 공간벡터의 내적과 성분

평면벡터에서와 마찬가지로 좌표공간에서 공간벡터의 내적을 성분으로 나타낼 수 있다.

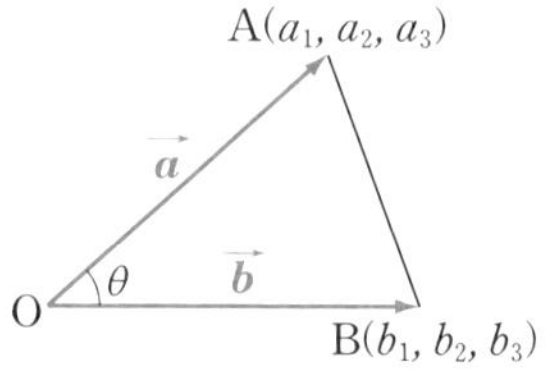

좌표공간에서 영벡터가 아닌 두 벡터

$\vec{a}=(a_1,\ a_2,\ a_3),\quad \vec{b}=(b_1,\ b_2,\ b_3)$

이 이루는 각의 크기를 θ라 하고, 원점 O에 대하여 $\overrightarrow{OA}=\vec{a}$, $\overrightarrow{OB}=\vec{b}$인 점 A, B를 잡으면 점 A, B의 좌표는

$\mathrm{A}(a_1,\ a_2,\ a_3),\quad \mathrm{B}(b_1,\ b_2,\ b_3)$

△OAB에 코사인법칙을 쓰면 ⇦ 실력 수학 I p. 131

$$\overline{\mathrm{AB}}^2=\overline{\mathrm{OA}}^2+\overline{\mathrm{OB}}^2-2\times\overline{\mathrm{OA}}\times\overline{\mathrm{OB}}\cos\theta$$

여기에 $\overline{\mathrm{AB}}^2=(b_1-a_1)^2+(b_2-a_2)^2+(b_3-a_3)^2$, $\overline{\mathrm{OA}}^2=a_1^2+a_2^2+a_3^2$, $\overline{\mathrm{OB}}^2=b_1^2+b_2^2+b_3^2$을 대입하고 정리하면

$$\overline{\mathrm{OA}}\times\overline{\mathrm{OB}}\cos\theta=a_1b_1+a_2b_2+a_3b_3$$

그런데 $\overline{\mathrm{OA}}\times\overline{\mathrm{OB}}\cos\theta=|\vec{a}||\vec{b}|\cos\theta=\vec{a}\cdot\vec{b}$이므로

정석 $\boldsymbol{\vec{a}\cdot\vec{b}=a_1b_1+a_2b_2+a_3b_3}$ ……①

또, $\vec{a}=\vec{0}$ 또는 $\vec{b}=\vec{0}$이면 $a_1=a_2=a_3=0$ 또는 $b_1=b_2=b_3=0$이므로 ①이 성립한다.

**Note* 평면벡터에서와 같은 방법으로 피타고라스 정리를 이용하여 ①이 성립함을 보일 수도 있다. ⇦ p. 106

보기 3 $\vec{a}=(3,\ -1,\ -2)$, $\vec{b}=(2,\ -3,\ 1)$에 대하여 두 벡터의 내적과 두 벡터가 이루는 각의 크기 θ를 구하여라.

연구 $\vec{a}\cdot\vec{b}=3\times2+(-1)\times(-3)+(-2)\times1=\mathbf{7}$

또, $|\vec{a}|=\sqrt{3^2+(-1)^2+(-2)^2}=\sqrt{14}$, $|\vec{b}|=\sqrt{2^2+(-3)^2+1^2}=\sqrt{14}$

$$\therefore\ \cos\theta=\frac{\vec{a}\cdot\vec{b}}{|\vec{a}||\vec{b}|}=\frac{7}{\sqrt{14}\times\sqrt{14}}=\frac{1}{2}\qquad \therefore\ \boldsymbol{\theta=60^\circ}$$

Advice 3° 공간벡터의 내적의 기본 성질

공간벡터의 내적의 기본 성질은 평면벡터에서와 같은 방법으로 내적을 성분으로 나타내어 증명할 수 있다. ⇦ p. 107

또, 내적의 기본 성질로부터 다음이 성립함을 알 수 있다.

정석 $\boldsymbol{|m\vec{a}+n\vec{b}|^2=m^2|\vec{a}|^2+2mn(\vec{a}\cdot\vec{b})+n^2|\vec{b}|^2}$

(단, $\boldsymbol{m}$, $\boldsymbol{n}$은 실수)

필수 예제 10-4 다음 물음에 답하여라.

(1) $\vec{a}=(x,\ 3,\ 2)$, $\vec{b}=(0,\ 1,\ 1)$, $\vec{c}=(x+2,\ 4,\ 1)$에 대하여 $\vec{a}-\vec{b}$와 $\vec{a}-\vec{c}$가 이루는 각의 크기가 $120°$일 때, 실수 x의 값을 구하여라.

(2) $\overrightarrow{OA}=(3,\ 4,\ -1)$, $\overrightarrow{OB}=(2,\ 4,\ -6)$일 때, $\overrightarrow{OA}$의 직선 OB 위로의 정사영의 크기를 구하여라.

정석연구 (1) 두 벡터 $\vec{a}=(a_1,\ a_2,\ a_3)$, $\vec{b}=(b_1,\ b_2,\ b_3)$이 이루는 각의 크기를 θ라고 할 때,

정석 $\boldsymbol{\vec{a}\cdot\vec{b}=|\vec{a}||\vec{b}|\cos\theta=a_1b_1+a_2b_2+a_3b_3}$

(2) 두 벡터 $\overrightarrow{OA}$, $\overrightarrow{OB}$가 이루는 각의 크기를 θ라고 할 때, $\overrightarrow{OA}$의 직선 OB 위로의 정사영의 크기는 $\big||\overrightarrow{OA}|\cos\theta\big|$임을 이용한다. ⇦ p. 163

모범답안 (1) $\vec{a}-\vec{b}=(x,\ 2,\ 1)$, $\vec{a}-\vec{c}=(-2,\ -1,\ 1)$이므로

$(\vec{a}-\vec{b})\cdot(\vec{a}-\vec{c})=(x,\ 2,\ 1)\cdot(-2,\ -1,\ 1)=-2x-2+1=-2x-1,$

$|\vec{a}-\vec{b}|=\sqrt{x^2+2^2+1^2}=\sqrt{x^2+5},\quad |\vec{a}-\vec{c}|=\sqrt{(-2)^2+(-1)^2+1^2}=\sqrt{6}$

따라서 $(\vec{a}-\vec{b})\cdot(\vec{a}-\vec{c})=|\vec{a}-\vec{b}||\vec{a}-\vec{c}|\cos 120°$에서

$$-2x-1=\sqrt{x^2+5}\times\sqrt{6}\times\left(-\frac{1}{2}\right)\quad \therefore\ 4x+2=\sqrt{6(x^2+5)}\ \cdots\cdots①$$

양변을 제곱하여 정리하면 $5x^2+8x-13=0\quad \therefore\ x=1,\ -\dfrac{13}{5}$

그런데 $x=1$만 ①을 만족시킨다. 답 $\boldsymbol{x=1}$

(2) $\overrightarrow{OA}$, $\overrightarrow{OB}$가 이루는 각의 크기를 θ라고 하면 $\overrightarrow{OA}$의 직선 OB 위로의 정사영의 크기는 $\big||\overrightarrow{OA}|\cos\theta\big|$이다.

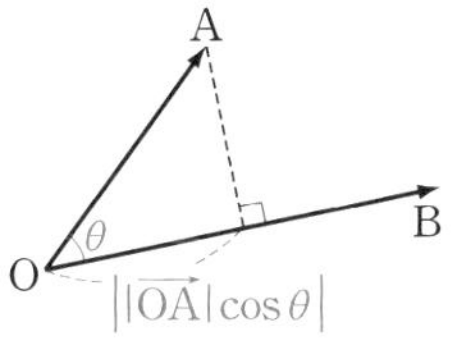

$|\overrightarrow{OB}|=\sqrt{2^2+4^2+(-6)^2}=2\sqrt{14},$

$\overrightarrow{OA}\cdot\overrightarrow{OB}=3\times2+4\times4+(-1)\times(-6)=28$

이므로 $\overrightarrow{OA}\cdot\overrightarrow{OB}=|\overrightarrow{OA}||\overrightarrow{OB}|\cos\theta$에서

$$\big||\overrightarrow{OA}|\cos\theta\big|=\frac{|\overrightarrow{OA}\cdot\overrightarrow{OB}|}{|\overrightarrow{OB}|}=\frac{28}{2\sqrt{14}}=\boldsymbol{\sqrt{14}}$$ ← 답

유제 **10**-5. $\vec{a}=(1,\ -1,\ 0)$, $\vec{b}=(1,\ -3,\ x)$가 이루는 각의 크기가 $45°$일 때, 실수 x의 값을 구하여라. 답 $\boldsymbol{x=\pm\sqrt{6}}$

유제 **10**-6. $\overrightarrow{OA}=(5,\ 2,\ 3)$, $\overrightarrow{OB}=(2,\ 5,\ 6)$일 때, $\overrightarrow{OB}$의 직선 OA 위로의 정사영의 크기를 구하여라. 답 $\boldsymbol{\sqrt{38}}$

필수 예제 **10**-5 오른쪽 그림과 같이 $\overline{AB}=3$, $\overline{AD}=4$, $\overline{AE}=2$인 직육면체 ABCD-EFGH에서 선분 EH의 중점을 I라고 하자.

(1) 두 직선 AI, BD가 이루는 예각의 크기를 θ라고 할 때, $\cos\theta$의 값을 구하여라.

(2) $\triangle$AIC의 넓이 S를 구하여라.

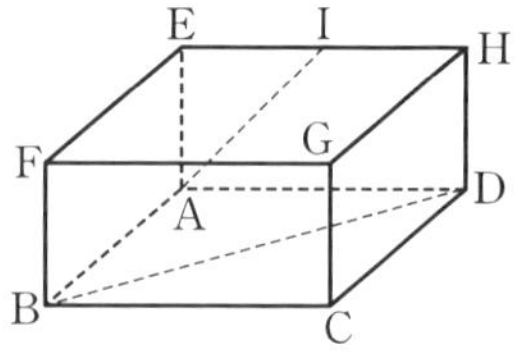

정석연구 7단원에서와 같이 공간도형의 성질을 이용하여 구할 수도 있지만, 여기에서는 벡터의 내적을 이용하여 구해 보자.

(1) 좌표공간을 설정하여 $\overrightarrow{AI}$와 $\overrightarrow{BD}$를 성분으로 나타낸다. 이때, 두 직선 AI, BD가 이루는 예각의 크기가 θ이므로 다음이 성립한다.

$$\cos\theta=\frac{|\overrightarrow{AI}\cdot\overrightarrow{BD}|}{|\overrightarrow{AI}||\overrightarrow{BD}|}$$ ⇦ p. 128

(2) 다음 **정석**을 이용한다.

정석 $\triangle ABC=\frac{1}{2}\sqrt{|\overrightarrow{AB}|^2|\overrightarrow{AC}|^2-(\overrightarrow{AB}\cdot\overrightarrow{AC})^2}$ ⇦ p. 111

모범답안 점 A를 좌표공간의 원점에, 선분 AB, AD, AE를 각각 x축, y축, z축 위에 놓고, 각 점의 좌표를 다음과 같이 정한다.

A(0, 0, 0), B(3, 0, 0), C(3, 4, 0), D(0, 4, 0),
E(0, 0, 2), F(3, 0, 2), G(3, 4, 2), H(0, 4, 2), I(0, 2, 2)

(1) $\overrightarrow{AI}=(0, 2, 2)$, $\overrightarrow{BD}=\overrightarrow{AD}-\overrightarrow{AB}=(-3, 4, 0)$

$$\therefore\ \cos\theta=\frac{|\overrightarrow{AI}\cdot\overrightarrow{BD}|}{|\overrightarrow{AI}||\overrightarrow{BD}|}=\frac{|0\times(-3)+2\times4+2\times0|}{\sqrt{0^2+2^2+2^2}\sqrt{(-3)^2+4^2+0^2}}=\frac{2\sqrt{2}}{5}$$ ← 답

(2) $\overrightarrow{AI}=(0, 2, 2)$, $\overrightarrow{AC}=(3, 4, 0)$이므로

$|\overrightarrow{AI}|^2=0^2+2^2+2^2=8$, $|\overrightarrow{AC}|^2=3^2+4^2+0^2=25$,

$\overrightarrow{AI}\cdot\overrightarrow{AC}=0\times3+2\times4+2\times0=8$

$$\therefore\ S=\frac{1}{2}\sqrt{|\overrightarrow{AI}|^2|\overrightarrow{AC}|^2-(\overrightarrow{AI}\cdot\overrightarrow{AC})^2}=\frac{1}{2}\sqrt{8\times25-8^2}=\sqrt{34}$$ ← 답

**Note* $\overrightarrow{AI}\cdot\overrightarrow{IC}=0$에서 $\angle AIC=90°$임을 이용해도 된다.

유제 **10**-7. 위의 **필수 예제**의 직육면체 ABCD-EFGH에서 선분 FC를 1 : 3으로 내분하는 점을 J라고 할 때, 다음을 구하여라.

(1) 두 직선 AJ, CG가 이루는 예각의 크기를 α라고 할 때, $\cos\alpha$의 값

(2) $\triangle$AJE의 넓이

답 (1) $\frac{3}{7}$ (2) $\sqrt{10}$

필수 예제 10-6 한 모서리의 길이가 2인 정사면체 OABC에서 모서리 OA 위의 점 P를 $\overrightarrow{OA}\cdot\overrightarrow{PB}=1$, 선분 PB 위의 점 Q를 $\overrightarrow{PB}\cdot\overrightarrow{QC}=0$이 되도록 잡는다. $\overrightarrow{OA}=\vec{a}$, $\overrightarrow{OB}=\vec{b}$, $\overrightarrow{OC}=\vec{c}$라고 할 때,

(1) $\vec{a}\cdot\vec{b}$의 값을 구하여라. (2) $\overrightarrow{PB}$를 $\vec{a}$, $\vec{b}$로 나타내어라.

(3) $\overrightarrow{QC}$를 $\vec{a}$, $\vec{b}$, $\vec{c}$로 나타내어라.

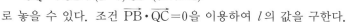

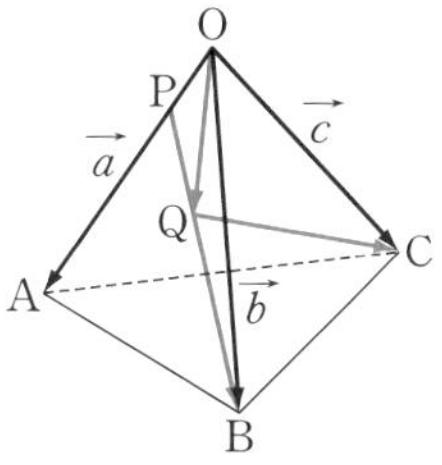

정석연구 (1) 내적의 정의를 이용한다.

정의 $\vec{a}\cdot\vec{b}=|\vec{a}||\vec{b}|\cos\theta$

(2) $\overrightarrow{OP}=k\overrightarrow{OA}\,(0\le k\le 1)$로 놓고 조건 $\overrightarrow{OA}\cdot\overrightarrow{PB}=1$을 이용하여 k의 값을 구한다.

(3) 점 Q가 선분 PB 위의 점이므로

$$\overrightarrow{OQ}=l\overrightarrow{OB}+(1-l)\overrightarrow{OP}\ (0\le l\le 1)$$

로 놓을 수 있다. 조건 $\overrightarrow{PB}\cdot\overrightarrow{QC}=0$을 이용하여 l의 값을 구한다.

모범답안 (1) $\vec{a}\cdot\vec{b}=|\vec{a}||\vec{b}|\cos 60°=2\times2\times\frac{1}{2}=\mathbf{2}$ ← 답

(2) $\overrightarrow{OP}=k\overrightarrow{OA}=k\vec{a}\ (0\le k\le 1)$로 놓으면 $\overrightarrow{PB}=\overrightarrow{OB}-\overrightarrow{OP}=\vec{b}-k\vec{a}$

이 식을 문제의 조건 $\overrightarrow{OA}\cdot\overrightarrow{PB}=1$에 대입하면

$\vec{a}\cdot(\vec{b}-k\vec{a})=1$ $\quad\therefore\ \vec{a}\cdot\vec{b}-k(\vec{a}\cdot\vec{a})=1$ ⇦ $\vec{a}\cdot\vec{a}=|\vec{a}|^2$

$\therefore\ 2-4k=1$ $\quad\therefore\ k=\frac{1}{4}$ $\quad\therefore\ \overrightarrow{\mathbf{PB}}=\vec{\mathbf{b}}-\frac{1}{4}\vec{\mathbf{a}}$ ← 답

(3) $\overrightarrow{OQ}=l\overrightarrow{OB}+(1-l)\overrightarrow{OP}\ (0\le l\le 1)$로 놓으면

$$\overrightarrow{QC}=\overrightarrow{OC}-\overrightarrow{OQ}=\vec{c}-l\vec{b}-(1-l)\times\frac{1}{4}\vec{a}$$

$\overrightarrow{PB}\cdot\overrightarrow{QC}=0$이므로 $\left(\vec{b}-\frac{1}{4}\vec{a}\right)\cdot\left\{\vec{c}-l\vec{b}-\frac{1}{4}(1-l)\vec{a}\right\}=0$

좌변을 전개하고 $\vec{a}\cdot\vec{b}=\vec{b}\cdot\vec{c}=\vec{c}\cdot\vec{a}=2$, $\vec{a}\cdot\vec{a}=\vec{b}\cdot\vec{b}=4$를 대입하면 $-\frac{13}{4}l+\frac{5}{4}=0$ $\quad\therefore\ l=\frac{5}{13}$

$$\therefore\ \overrightarrow{QC}=\vec{c}-\frac{5}{13}\vec{b}-\frac{8}{13}\times\frac{1}{4}\vec{a}=-\frac{2}{13}\vec{\mathbf{a}}-\frac{5}{13}\vec{\mathbf{b}}+\vec{\mathbf{c}}$$ ← 답

유제 **10**-8. 위의 **필수 예제**의 정사면체 OABC에서 모서리 AB 위의 점 R를 $\overrightarrow{OR}\cdot\overrightarrow{RC}=-1$이 되도록 잡을 때, $\overrightarrow{OR}$를 $\vec{a}$, $\vec{b}$로 나타내어라.

답 $\overrightarrow{\mathbf{OR}}=\frac{1}{2}\vec{\mathbf{a}}+\frac{1}{2}\vec{\mathbf{b}}$

§ 3. 공간벡터의 수직과 평행

기본정석

1 공간벡터의 수직 조건과 평행 조건

$\vec{a} \neq \vec{0}$, $\vec{b} \neq \vec{0}$일 때,

$\vec{a} \perp \vec{b} \iff \vec{a} \cdot \vec{b} = 0$, $\quad \vec{a} /\!/ \vec{b} \iff \vec{a} \cdot \vec{b} = \pm|\vec{a}||\vec{b}|$

2 공간벡터의 수직 조건과 성분

$\vec{a} = (a_1, a_2, a_3)$, $\vec{b} = (b_1, b_2, b_3)$이 영벡터가 아닐 때,

$\vec{a} \perp \vec{b} \iff \vec{a} \cdot \vec{b} = 0 \iff a_1b_1 + a_2b_2 + a_3b_3 = 0$

Advice 1° 공간벡터의 수직과 평행

공간에서 $\vec{a} \neq \vec{0}$, $\vec{b} \neq \vec{0}$인 두 벡터 $\vec{a}$, $\vec{b}$가 이루는 각의 크기를 θ라고 하면 평면벡터에서와 마찬가지로 다음이 성립한다.

(1) 수직 조건 : $\vec{a} \perp \vec{b} \iff \cos\theta = 0 \iff \vec{a} \cdot \vec{b} = 0$

또, $\vec{a} = (a_1, a_2, a_3)$, $\vec{b} = (b_1, b_2, b_3)$이라고 하면

$$\vec{a} \perp \vec{b} \iff \vec{a} \cdot \vec{b} = 0 \iff a_1b_1 + a_2b_2 + a_3b_3 = 0$$

(2) 평행 조건 : $\vec{a} /\!/ \vec{b} \iff \cos\theta = \pm 1 \iff \vec{a} \cdot \vec{b} = \pm|\vec{a}||\vec{b}|$

보기 1 $\vec{a} = (1, 2, 3)$, $\vec{b} = (x, 1, 0)$일 때, $2\vec{a} + \vec{b}$와 $\vec{a} - 2\vec{b}$가 서로 수직이 되도록 실수 x의 값을 정하여라.

연구 $2\vec{a} + \vec{b} = (2+x, 5, 6)$, $\vec{a} - 2\vec{b} = (1-2x, 0, 3)$

그런데 $(2\vec{a} + \vec{b}) \perp (\vec{a} - 2\vec{b})$이므로 $\quad (2\vec{a} + \vec{b}) \cdot (\vec{a} - 2\vec{b}) = 0$

$\therefore (2+x)(1-2x) + 5 \times 0 + 6 \times 3 = 0 \quad \therefore \boldsymbol{x = -4, \dfrac{5}{2}}$

Advice 2° 공간의 기본벡터의 내적

공간의 기본벡터 $\vec{e_1}$, $\vec{e_2}$, $\vec{e_3}$에 대하여 다음이 성립한다.

정석 $\vec{e_i} \cdot \vec{e_j} = \begin{cases} 1 & (i = j) \\ 0 & (i \neq j) \end{cases}$ (단, $i = 1, 2, 3$, $j = 1, 2, 3$)

보기 2 공간의 기본벡터 $\vec{e_1}$, $\vec{e_2}$, $\vec{e_3}$에 대하여
$(3\vec{e_1} + x\vec{e_2} + 2\vec{e_3}) \cdot (4\vec{e_1} - \vec{e_2} - x\vec{e_3}) = 0$일 때, 실수 x의 값을 구하여라.

연구 $\vec{e_1} \cdot \vec{e_1} = \vec{e_2} \cdot \vec{e_2} = \vec{e_3} \cdot \vec{e_3} = 1$이고 $\vec{e_i} \cdot \vec{e_j} = 0\,(i \neq j)$이므로

$(3\vec{e_1} + x\vec{e_2} + 2\vec{e_3}) \cdot (4\vec{e_1} - \vec{e_2} - x\vec{e_3}) = 12 - 3x = 0 \quad \therefore \boldsymbol{x = 4}$

필수 예제 **10**-7 다음 물음에 답하여라.

(1) 벡터 $\overrightarrow{a}=(x^2-1,\ 2,\ x+1)$이 두 벡터

$$\overrightarrow{b}=(x-2,\ -5,\ -6x-1),\quad \overrightarrow{c}=(x+25,\ 35x,\ -36x-11)$$

에 수직일 때, 실수 x의 값을 구하여라.

(2) 두 벡터 $\overrightarrow{a}=(-1,\ 4,\ 1)$, $\overrightarrow{b}=(-2,\ -6,\ -5)$에 수직인 단위벡터를 성분으로 나타내어라.

정석연구 다음 수직 조건을 이용한다.

정석 $\overrightarrow{a}\neq\overrightarrow{0}$, $\overrightarrow{b}\neq\overrightarrow{0}$일 때, $\overrightarrow{a}\perp\overrightarrow{b}\iff\overrightarrow{a}\cdot\overrightarrow{b}=0$

모범답안 (1) $\overrightarrow{a}\perp\overrightarrow{b}$ 이므로

$$\overrightarrow{a}\cdot\overrightarrow{b}=(x^2-1)(x-2)+2\times(-5)+(x+1)(-6x-1)=0$$

$$\therefore\ x^3-8x^2-8x-9=0\qquad\therefore\ (x-9)(x^2+x+1)=0\qquad\cdots\cdots①$$

$\overrightarrow{a}\perp\overrightarrow{c}$ 이므로

$$\overrightarrow{a}\cdot\overrightarrow{c}=(x^2-1)(x+25)+2\times35x+(x+1)(-36x-11)=0$$

$$\therefore\ x^3-11x^2+22x-36=0\qquad\therefore\ (x-9)(x^2-2x+4)=0\qquad\cdots\cdots②$$

그런데 $x^2+x+1=\left(x+\dfrac{1}{2}\right)^2+\dfrac{3}{4}>0,\quad x^2-2x+4=(x-1)^2+3>0$

이므로 ①, ②를 동시에 만족시키는 실수 x의 값은 $\boldsymbol{x=9}$ ← 답

(2) 구하는 단위벡터를 $\overrightarrow{e}=(x,\ y,\ z)$라고 하자.

$|\overrightarrow{e}|=1$이므로 $x^2+y^2+z^2=1$ ……①

$\overrightarrow{e}\perp\overrightarrow{a}$ 이므로 $\overrightarrow{e}\cdot\overrightarrow{a}=-x+4y+z=0$ ……②

$\overrightarrow{e}\perp\overrightarrow{b}$ 이므로 $\overrightarrow{e}\cdot\overrightarrow{b}=-2x-6y-5z=0$ ……③

②, ③을 연립하여 x, z를 y로 나타내면 $x=2y,\ z=-2y$

이것을 ①에 대입하면 $4y^2+y^2+4y^2=1\quad\therefore\ 9y^2=1$

$$\therefore\ y=\pm\frac{1}{3}\qquad\therefore\ x=\pm\frac{2}{3},\ z=\mp\frac{2}{3}\ (\text{복부호동순})$$

$$\therefore\ \overrightarrow{e}=\left(\frac{2}{3},\ \frac{1}{3},\ -\frac{2}{3}\right),\ \left(-\frac{2}{3},\ -\frac{1}{3},\ \frac{2}{3}\right)\ \leftarrow\ \text{답}$$

유제 **10**-9. 두 벡터 $\overrightarrow{a}=(2,\ 3,\ 1)$, $\overrightarrow{b}=(1,\ 3,\ 5)$에 수직이고 크기가 $\sqrt{26}$인 벡터 $\overrightarrow{u}$를 성분으로 나타내어라. 답 $\overrightarrow{\boldsymbol{u}}=(\mathbf{4},\ \mathbf{-3},\ \mathbf{1}),\ (\mathbf{-4},\ \mathbf{3},\ \mathbf{-1})$

유제 **10**-10. 두 벡터 $\overrightarrow{a}=(1,\ 3,\ -2)$, $\overrightarrow{b}=(1,\ -1,\ -1)$에 대하여 크기가 $\sqrt{14}$인 벡터 $\overrightarrow{p}$가 $\overrightarrow{a}$와 이루는 각의 크기는 120°이고 $\overrightarrow{b}$에 수직일 때, $\overrightarrow{p}$를 성분으로 나타내어라. 답 $\overrightarrow{\boldsymbol{p}}=(\mathbf{2},\ \mathbf{-1},\ \mathbf{3}),\ (\mathbf{-3},\ \mathbf{-2},\ \mathbf{-1})$

필수 예제 10-8 사면체 OABC에서 $\overline{\mathrm{OA}}=1$, $\overline{\mathrm{OB}}=2$, $\overline{\mathrm{OC}}=\sqrt{2}$, $\angle\mathrm{AOB}=60°$, $\angle\mathrm{BOC}=90°$, $\angle\mathrm{COA}=45°$이다. $\triangle\mathrm{ABC}$의 무게중심을 G라 하고, 선분 OG를 $t:(1-t)$ (단, $0<t<1$)로 내분하는 점을 P라고 하자. $\overrightarrow{\mathrm{OA}}=\vec{a}$, $\overrightarrow{\mathrm{OB}}=\vec{b}$, $\overrightarrow{\mathrm{OC}}=\vec{c}$ 라고 할 때,

(1) $\overrightarrow{\mathrm{AP}}$를 벡터 $\vec{a}$, $\vec{b}$, $\vec{c}$ 와 실수 t로 나타내어라.

(2) 두 선분 OP와 AP가 서로 수직일 때, 실수 t의 값을 구하여라.

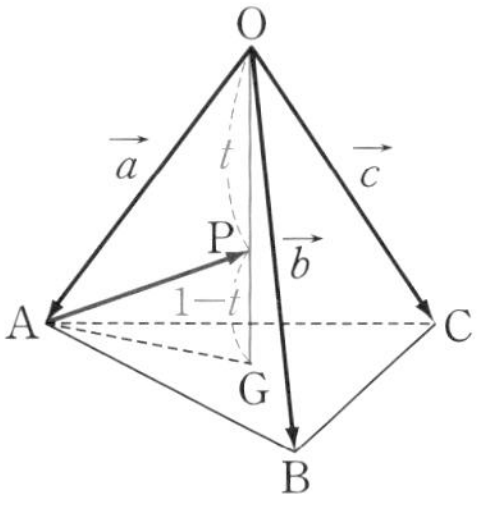

모범답안 (1) G는 $\triangle\mathrm{ABC}$의 무게중심이고, P는 선분 OG를 $t:(1-t)$로 내분하는 점이므로

$$\overrightarrow{\mathrm{OP}}=t\overrightarrow{\mathrm{OG}}=\frac{t}{3}(\vec{a}+\vec{b}+\vec{c})$$

$$\therefore \overrightarrow{\mathrm{AP}}=\overrightarrow{\mathrm{OP}}-\overrightarrow{\mathrm{OA}}=\frac{t}{3}(\vec{a}+\vec{b}+\vec{c})-\vec{a}$$

$$=\left(\frac{t}{3}-1\right)\vec{a}+\frac{t}{3}\vec{b}+\frac{t}{3}\vec{c} \leftarrow \boxed{답}$$

(2) $\overrightarrow{\mathrm{OP}}\perp\overrightarrow{\mathrm{AP}}$이면 $\overrightarrow{\mathrm{OG}}\perp\overrightarrow{\mathrm{AP}}$ $\quad\therefore \overrightarrow{\mathrm{OG}}\cdot\overrightarrow{\mathrm{AP}}=0$

$$\therefore \frac{1}{3}(\vec{a}+\vec{b}+\vec{c})\cdot\left\{\frac{l}{3}(\vec{a}+\vec{b}+\vec{c})-\vec{a}\right\}=0$$

$$\therefore t|\vec{a}+\vec{b}+\vec{c}|^2=3\vec{a}\cdot(\vec{a}+\vec{b}+\vec{c})$$

$$\therefore t\left\{|\vec{a}|^2+|\vec{b}|^2+|\vec{c}|^2+2(\vec{a}\cdot\vec{b})+2(\vec{b}\cdot\vec{c})+2(\vec{c}\cdot\vec{a})\right\}$$

$$=3\left(|\vec{a}|^2+\vec{a}\cdot\vec{b}+\vec{a}\cdot\vec{c}\right) \quad\cdots\cdots①$$

그런데 문제의 조건에서

$|\vec{a}|=1$, $|\vec{b}|=2$, $|\vec{c}|=\sqrt{2}$, $\vec{a}\cdot\vec{b}=|\vec{a}||\vec{b}|\cos 60°=1$,

$\vec{b}\cdot\vec{c}=0$, $\vec{c}\cdot\vec{a}=|\vec{c}||\vec{a}|\cos 45°=1$

이므로 ①에 대입하면 $11t=9$ $\quad\therefore t=\frac{9}{11} \leftarrow \boxed{답}$

유제 **10**-11. 오른쪽 그림과 같이 한 모서리의 길이가 1인 정육면체 ABCD-EFGH에서 점 P는 선분 AB를 $t:(1-t)$로 내분하는 점이고, 점 Q는 선분 FH를 $2t:(1-2t)$로 내분하는 점이다.

$\overrightarrow{\mathrm{AB}}=\vec{a}$, $\overrightarrow{\mathrm{AD}}=\vec{b}$, $\overrightarrow{\mathrm{AE}}=\vec{c}$ 라고 할 때, 다음 물음에 답하여라. 단, $0<t<\frac{1}{2}$이다.

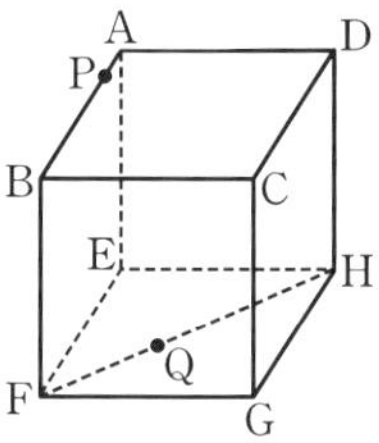

(1) $\overrightarrow{\mathrm{AP}}$, $\overrightarrow{\mathrm{AQ}}$를 벡터 $\vec{a}$, $\vec{b}$, $\vec{c}$ 와 실수 t로 나타내어라.

(2) 두 선분 PQ와 FH가 서로 수직일 때, 실수 t의 값을 구하여라.

답 (1) $\overrightarrow{\mathrm{AP}}=t\vec{a}$, $\overrightarrow{\mathrm{AQ}}=(1-2t)\vec{a}+2t\vec{b}+\vec{c}$ (2) $t=\frac{1}{5}$

연습문제 10

기본 **10-1** 공간벡터 $\overrightarrow{OP}=(1, -1, 1)$을 xy평면, yz평면, zx평면에 정사영하여 얻은 벡터를 각각 $\overrightarrow{OA}$, $\overrightarrow{OB}$, $\overrightarrow{OC}$라고 하자. 세 실수 a, b, c에 대하여 $\overrightarrow{OP}=a\overrightarrow{OA}+b\overrightarrow{OB}+c\overrightarrow{OC}$일 때, $a+b+c$의 값을 구하여라.
단, O는 원점이다.

10-2 좌표공간에 네 점 O(0, 0, 0), A(1, 1, 0), B(0, −2, 3), C(3, 1, 3)이 있다. 점 P가 직선 AB 위의 점이고 $\overrightarrow{PC}$가 $\overrightarrow{OB}$에 평행할 때, 점 P의 좌표를 구하여라.

10-3 공간벡터 $\vec{a}$의 크기는 2이고, $\vec{a}$가 x축, y축의 양의 방향과 이루는 각의 크기는 각각 45°, 60°이다.
(1) 벡터 $\vec{a}$가 z축의 양의 방향과 이루는 각의 크기를 구하여라.
(2) 벡터 $\vec{a}$를 성분으로 나타내어라.

10-4 두 벡터 $\overrightarrow{OA}=(1, 1, 0)$, $\overrightarrow{OB}=(4, 1, 1)$이 있다. ∠AOB의 이등분선이 선분 AB와 만나는 점을 P라고 할 때, 벡터 $\overrightarrow{OP}$를 성분으로 나타내어라.
단, O는 원점이다.

10-5 좌표공간에 네 점 A(2, 0, 0), B(0, 1, 0), C(−3, 0, 0), D(0, 0, 2)를 꼭짓점으로 하는 사면체 ABCD가 있다. 모서리 BD 위를 움직이는 점 P에 대하여 $\overline{PA}^2+\overline{PC}^2$이 최소가 되는 점 P의 좌표를 구하여라.

10-6 사각뿔 A-BCDE에서 밑면 BCDE는 한 변의 길이가 $\sqrt{2}$인 정사각형이고, $\overline{AB}=\overline{AC}=\overline{AD}=\overline{AE}=\sqrt{5}$이다. 선분 AB 위의 점 P와 선분 CD 위의 점 Q가 $\overline{AP}:\overline{PB}=\overline{CQ}:\overline{QD}=t:(1-t)$(단, $0<t<1$)를 만족시키며 움직일 때, 선분 PQ의 길이의 최솟값과 이때 실수 t의 값을 구하여라.

10-7 사면체 OABC에서 ∠COA=45°이고, $\overrightarrow{OA}=\vec{a}$, $\overrightarrow{OB}=\vec{b}$, $\overrightarrow{OC}=\vec{c}$라고 할 때, $|\vec{a}|=\sqrt{2}$, $|\vec{b}|=\sqrt{3}$, $|\vec{c}|=2$, $\vec{a}\cdot\vec{b}=1$, $\vec{b}\cdot\vec{c}=3$이다.
모서리 AB, BC, CA의 길이와 △ABC의 넓이를 구하여라.

10-8 오른쪽 그림과 같이 평면 α 위에 한 변의 길이가 3인 정삼각형 ABC가 있고, 반지름의 길이가 2인 구 S는 점 A에서 평면 α에 접한다. 구 S 위의 점 D에 대하여 선분 AD가 구 S의 중심 O를 지날 때, $|\overrightarrow{AB}+\overrightarrow{DC}|^2$의 값을 구하여라.

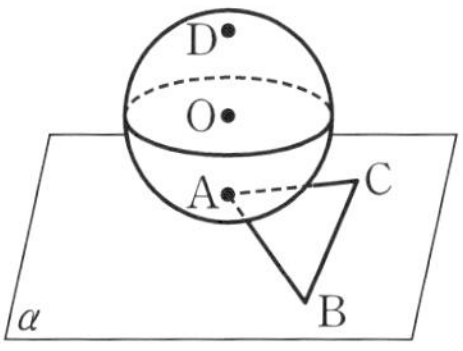

10-9 좌표공간의 네 점 P(0, 2, 1), Q(0, 1, 2), R(2, 0, 2), S(1, 4, 3)에 대하여 다음 물음에 답하여라.

(1) 두 벡터 $\overrightarrow{PQ}$와 $\overrightarrow{PR}$가 이루는 각의 크기를 구하여라.

(2) 세 점 P, Q, R를 지나는 평면과 $\overrightarrow{PS}$는 수직임을 보여라.

(3) 사면체 PQRS의 부피를 구하여라.

실력 **10-10** 한 변의 길이가 10인 정사각형 ABCD의 변 AB, AD가 평면 π와 이루는 예각의 크기를 각각 α, β라고 하자. $\sin\alpha=\dfrac{2}{5}$, $\sin\beta=\dfrac{\sqrt{5}}{5}$일 때, 사각형 ABCD의 평면 π 위로의 정사영의 넓이를 구하여라.

10-11 $\overline{AB}=3$, $\overline{BC}=4$인 직사각형 모양의 종이 ABCD가 있다. 대각선 AC를 접는 선으로 하여 평면 ABC가 평면 ACD와 수직이 되게 접는다. 접은 도형에서 $\overrightarrow{AB}\cdot\overrightarrow{DC}$의 값을 구하여라.

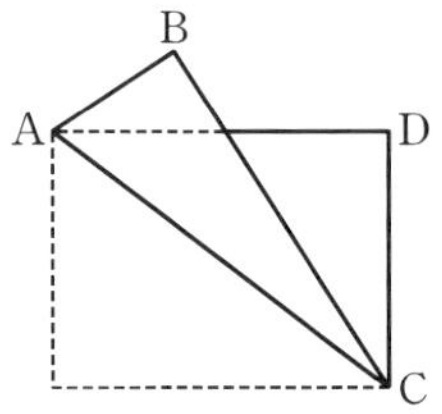

10-12 사면체 OABC에서 $\overline{AB}=\overline{BC}=\overline{CA}$, $\overline{OA}=\overline{OB}=\overline{OC}$이고, 선분 AB를 1 : 2로 내분하는 점을 H라고 하자. 두 벡터 $\overrightarrow{OA}$와 $\overrightarrow{OB}$가 이루는 각의 크기 θ에 대하여 $\cos\theta=\dfrac{5}{6}$일 때, $\overrightarrow{OC}$와 $\overrightarrow{OH}$가 이루는 각의 크기를 구하여라.

10-13 좌표공간의 세 점 A(2, 0, 0), B(0, 2, 0), C(0, 0, 1)에 대하여

(1) $\angle ACB=\theta$라고 할 때, $\sin\theta$의 값과 $\triangle ABC$의 넓이를 구하여라.

(2) 원점 O에서 평면 ABC에 내린 수선의 발을 H라고 할 때, $\overrightarrow{OH}$와 같은 방향의 단위벡터를 성분으로 나타내어라.

(3) 평면 ABC와 평면 AOC가 이루는 예각의 크기를 φ라고 할 때, $\cos\varphi$의 값을 구하여라.

10-14 사면체 OABC에서 $\overrightarrow{OA}=\vec{a}$, $\overrightarrow{OB}=\vec{b}$, $\overrightarrow{OC}=\vec{c}$라고 할 때, $\vec{a}\cdot\vec{b}=\vec{b}\cdot\vec{c}=\vec{c}\cdot\vec{a}=1$이다. $0<t<1$인 실수 t에 대하여 선분 OA, BC를 $t:(1-t)$로 내분하는 점을 각각 P, Q라 하고, 선분 PQ의 중점을 M이라고 할 때, 다음 중 옳은 것만을 있는 대로 골라라.

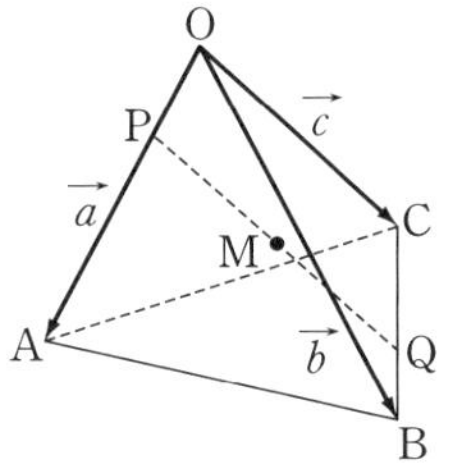

ㄱ. $\overrightarrow{OA}\perp\overrightarrow{BC}$ ㄴ. $|\overrightarrow{OM}|=|\overrightarrow{BM}|$이면 $|\overrightarrow{OB}|=\sqrt{2}$이다.

ㄷ. $\overrightarrow{OP}\cdot\overrightarrow{OQ}=\dfrac{1}{2}$이고 $\overrightarrow{PQ}\perp\overrightarrow{OA}$이면 $\overrightarrow{PQ}\perp\overrightarrow{BC}$이다.

연습문제
풀이 및 정답

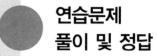

연습문제 풀이 및 정답

1-1. 점 P의 좌표를 (x, y)라고 하자.

(1) $\sqrt{(x+2)^2+y^2}=|x-4|$

양변을 제곱하여 정리하면

$$\boldsymbol{y^2=-12(x-1)}$$

(2) $\sqrt{(x+6)^2+(y-5)^2}=|y-1|$

양변을 제곱하여 정리하면

$$\boldsymbol{(x+6)^2=8(y-3)}$$

(3) $\sqrt{(x-2)^2+(y-3)^2}=\dfrac{|2x+y-1|}{\sqrt{2^2+1^2}}$

양변을 제곱하여 정리하면

$$\boldsymbol{x^2-4xy+4y^2-16x-28y+64=0}$$

1-2. 준선의 방정식을 $x=k$로 놓으면 포물선의 정의에 의하여

$$\sqrt{(6-3)^2+(5-1)^2}=|6-k|$$

$$\therefore |6-k|=5 \quad \therefore k=1, 11$$

(i) 준선의 방정식이 $x=1$일 때

$$\sqrt{(x-3)^2+(y-1)^2}=|x-1|$$

$$\therefore \boldsymbol{(y-1)^2=4(x-2)}$$

(ii) 준선의 방정식이 $x=11$일 때

$$\sqrt{(x-3)^2+(y-1)^2}=|x-11|$$

$$\therefore \boldsymbol{(y-1)^2=-16(x-7)}$$

* ***Note*** $(y-n)^2=4p(x-m)$의 꼴을 이용할 수도 있다.

1-3. 포물선 $y^2=x$의 초점은 점 $\left(\dfrac{1}{4}, 0\right)$이고, 준선은 직선 $x=-\dfrac{1}{4}$이다.

그런데 $y=\log_2(x+a)+b$의 그래프의 점근선은 직선 $x=-a$이므로

$$\boldsymbol{a=\frac{1}{4}}$$

또, $y=\log_2(x+a)+b$의 그래프가 포물선 $y^2=x$의 초점을 지나므로

$$0=\log_2\frac{1}{2}+b=-1+b$$

$$\therefore \boldsymbol{b=1}$$

1-4.

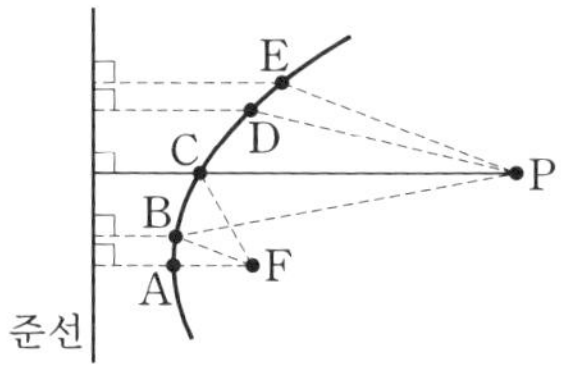

빛은 최단 거리로 이동하므로 점 F까지의 거리와 점 P까지의 거리의 합이 최소인 점을 찾으면 된다.

점 Q를 포물선 위의 점이라고 할 때, $\overline{FQ}+\overline{QP}$가 최소가 되는 점 Q는 점 P에서 포물선의 준선에 그은 수선이 포물선과 만나는 점이다. (∵ 포물선의 정의)

따라서 점 **C**가 구하는 지점이다.

1-5. 포물선 $y^2=4x$의 초점은 점 $(1, 0)$, 준선은 직선 $x=-1$이므로 포물선 $y^2=4(x+1)$에서

초점 $F(0, 0)$, 준선 $x=-2$

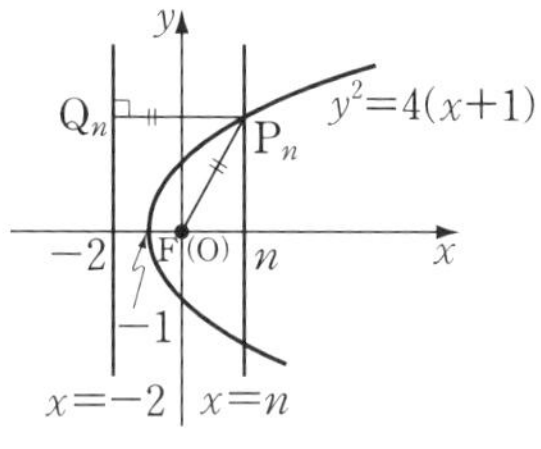

점 P_n에서 준선 $x=-2$에 내린 수선의 발을 Q_n이라고 하면

$$\overline{FP_n}=\overline{P_nQ_n}=n+2$$

$\therefore\ \overline{FP_1}+\overline{FP_2}+\overline{FP_3}+\cdots+\overline{FP_{10}}$
$=3+4+5+\cdots+12$
$=\mathbf{75}$

1-6.

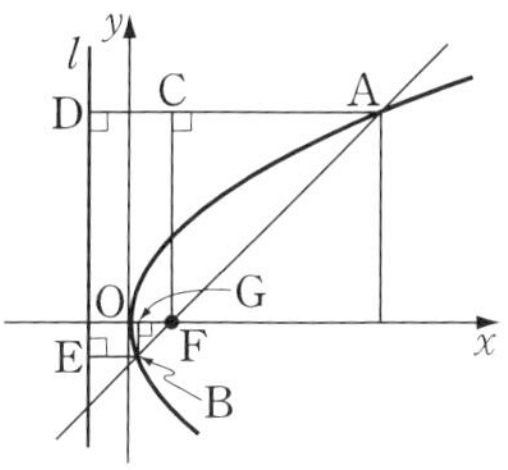

위의 그림과 같이 두 점 A, B에서 준선 l에 내린 수선의 발을 각각 D, E라 하고, 초점 F에서 직선 AD에 내린 수선의 발을 C, 점 B에서 x축에 내린 수선의 발을 G라고 하자.

$\overline{AD}=\overline{AF}=2\sqrt{2}$, $\overline{AC}=2$이므로

$$\overline{CD}=2\sqrt{2}-2$$

또, $\overline{FG}=k$로 놓으면

$$\overline{BE}=\overline{BF}=\sqrt{2}k$$

그런데 $\overline{CD}=\overline{FG}+\overline{BE}$이므로

$$2\sqrt{2}-2=k+\sqrt{2}k$$

$$\therefore\ k=\frac{2\sqrt{2}-2}{\sqrt{2}+1}=6-4\sqrt{2}$$

$$\therefore\ \overline{AB}=\overline{AF}+\overline{FB}=2\sqrt{2}+\sqrt{2}k$$
$$=2\sqrt{2}+\sqrt{2}(6-4\sqrt{2})$$
$$=\mathbf{8(\sqrt{2}-1)}$$

**Note* F$(p,\ 0)$이라고 하면
A$(p+2,\ 2)$이고
포물선의 방정식은 $y^2=4px$,
직선의 방정식은 $y=x-p$
이다. 이를 이용하여 풀어도 된다.

1-7. 원의 중심을 P$(x,\ y)$라고 하면 점 P에서 점 $(1,\ 2)$와 직선 $y=0$에 이르는 거리가 같으므로

$$\sqrt{(x-1)^2+(y-2)^2}=|y|$$

$$\therefore\ \boldsymbol{(x-1)^2=4(y-1)}$$

**Note* 초점이 점 $(1,\ 2)$이고 준선이 x축인 포물선의 방정식을 구해도 된다.

1-8. $y^2=8x$ ……①

직선 BC의 방정식을

$y=mx+n$ ……②

로 놓고, ①에 대입하여 정리하면

$m^2x^2+2(mn-4)x+n^2=0$ …③

③의 두 근을 $\alpha,\ \beta$라고 하면 선분 BC의 중점의 x좌표는

$$\frac{\alpha+\beta}{2}=\frac{-(mn-4)}{m^2}=2$$

$\therefore\ 2m^2+mn-4=0$ ……④

또, ②는 점 A$(2,\ -3)$을 지나므로

$-3=2m+n$ ……⑤

④, ⑤를 연립하여 풀면

$$m=-\frac{4}{3},\ n=-\frac{1}{3}$$

$$\therefore\ \boldsymbol{y=-\frac{4}{3}x-\frac{1}{3}}$$

**Note* 점 A$(2,\ -3)$을 지나는 직선의 방정식을

$x-2=k(y+3)$ ……⑥

으로 놓고, $y^2=8x$에서 x를 소거하면

$$y^2-8ky-24k-16=0$$

이 방정식의 두 근을 $\alpha,\ \beta$라고 하면

$$\frac{\alpha+\beta}{2}=-3\quad\therefore\ 4k=-3$$

$$\therefore\ k=-\frac{3}{4}$$

⑥에 대입하여 정리하면

$$\boldsymbol{y=-\frac{4}{3}x-\frac{1}{3}}$$

1-9. $x^2=4py$ ……①

기울기가 m인 접선의 방정식을

$y=mx+n$ ……②

로 놓고, ①에 대입하여 정리하면

$$x^2-4mpx-4np=0$$

②가 ①에 접하므로

$$D/4=4m^2p^2+4np=0$$

$p\neq0$이므로 $\quad n=-m^2p$

$\therefore$ $\boldsymbol{y=mx-m^2p}$

1-10. 점 P$(a,\ b)$에서의 접선의 방정식은

$$by=2(x+a)$$

따라서 점 Q의 좌표는 $(-a,\ 0)$이다.

한편 $b^2=4a$이므로

$$\overline{\mathrm{PQ}}=\sqrt{(a+a)^2+b^2}=\sqrt{4a^2+4a}$$

조건에서 $\overline{\mathrm{PQ}}=4\sqrt{5}=\sqrt{80}$이므로

$$4a^2+4a=80$$

$$\therefore\ (a-4)(a+5)=0$$

$a\geq0$이므로 $\quad \boldsymbol{a=4} \quad \therefore\ \boldsymbol{b=\pm4}$

1-11. $x^2+y^2=4$, $y^2=3x$에서 y^2을 소거하면

$$x^2+3x-4=0 \quad \therefore\ x=-4,\ 1$$

$y^2=3x\geq0$이므로 $x=1$이고, 이때

$$y^2=3 \quad \therefore\ y=\pm\sqrt{3}$$

따라서 교점 중 y좌표가 양수인 점의 좌표는 $(1,\ \sqrt{3})$이다.

점 $(1,\ \sqrt{3})$에서 원에 접하는 직선의 방정식은

$$1\times x+\sqrt{3}\times y=4$$

$$\therefore\ y=-\frac{1}{\sqrt{3}}x+\frac{4}{\sqrt{3}}$$

$$\therefore\ m_1=-\frac{1}{\sqrt{3}}$$

점 $(1,\ \sqrt{3})$에서 포물선에 접하는 직선의 방정식은

$$\sqrt{3}\,y=\frac{3}{2}(x+1)$$

$$\therefore\ y=\frac{\sqrt{3}}{2}x+\frac{\sqrt{3}}{2} \qquad \therefore\ m_2=\frac{\sqrt{3}}{2}$$

$$\therefore\ m_1m_2=-\frac{1}{\sqrt{3}}\times\frac{\sqrt{3}}{2}=-\frac{\mathbf{1}}{\mathbf{2}}$$

****Note*** 1° y좌표가 음수인 교점에서도 두 접선의 기울기의 곱은 $-\frac{1}{2}$이다.

2° 음함수의 미분법을 이용하여 구할 수도 있다. ⇦ p. 17

1-12.

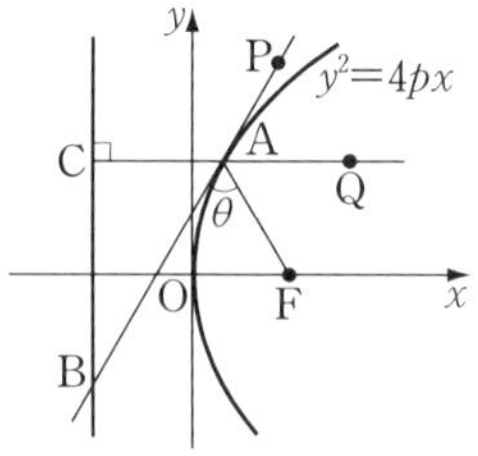

점 A에서 준선에 내린 수선의 발을 C라고 하면 $\overline{\mathrm{AC}}=\overline{\mathrm{AF}}$이므로

$$\overline{\mathrm{AB}}=2\overline{\mathrm{AF}}=2\overline{\mathrm{AC}}$$

$$\therefore\ \overline{\mathrm{AB}}:\overline{\mathrm{AC}}=2:1$$

따라서 직각삼각형 ABC에서

$$\angle\mathrm{CAB}=60^\circ$$

위의 그림에서 점 P는 직선 AB 위의 점이고, 점 Q는 직선 CA 위의 점일 때,

$$\angle\mathrm{PAQ}=\angle\mathrm{CAB}=60^\circ$$

이때, 직선 CQ는 포물선의 축과 평행하므로 $\quad \angle\mathrm{FAB}=\angle\mathrm{PAQ}=60^\circ$

⇦ **필수 예제 1-9**

$$\therefore\ \cos\theta=\cos60^\circ=\frac{\mathbf{1}}{\mathbf{2}}$$

1-13. 준선의 방정식을 $y=k$로 놓으면 포물선의 방정식은

$$\sqrt{(x-4)^2+(y+3)^2}=|y-k|$$

$$\therefore\ (x-4)^2=-2(k+3)y+k^2-9$$

이 포물선이 점 $(0,\ 0)$을 지나므로

$$16=k^2-9 \quad \therefore\ k=\pm5$$

$k=5$일 때 $\quad (x-4)^2=-16y+16$

$$\therefore\ y=-\frac{1}{16}x^2+\frac{1}{2}x$$

$k=-5$일 때 $\quad (x-4)^2=4y+16$

$$\therefore\ y=\frac{1}{4}x^2-2x$$

$$\therefore\ (\boldsymbol{a},\ \boldsymbol{b})=\left(-\frac{\mathbf{1}}{\mathbf{16}},\ \frac{\mathbf{1}}{\mathbf{2}}\right),\ \left(\frac{\mathbf{1}}{\mathbf{4}},\ -\mathbf{2}\right)$$

****Note*** 포물선의 방정식을

$$(x-m)^2=4p(y-n)$$

의 꼴로 고친 다음 평행이동을 생각해

도 된다.

1-14. 포물선 $y^2=12x$에서

초점 $F(3,\ 0)$, 준선 $x=-3$

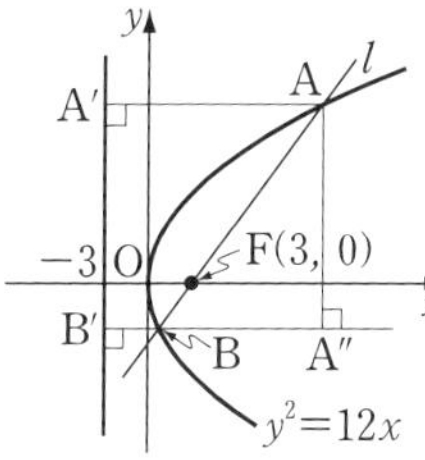

점 A, B에서 준선에 내린 수선의 발을 각각 A′, B′이라 하고, 점 A에서 직선 BB′에 내린 수선의 발을 A″이라고 하자.

$\overline{AF}=4a$, $\overline{BF}=a$로 놓으면

$\overline{AA'}=\overline{AF}=4a$, $\overline{BB'}=\overline{BF}=a$

이때, 직각삼각형 ABA″에서

$\overline{AB}=5a$, $\overline{BA''}=3a$이므로

$$\overline{AA''}=4a$$

$$\therefore \tan(\angle ABA'')=\frac{\overline{AA''}}{\overline{BA''}}=\frac{4}{3}$$

따라서 직선 l의 기울기는 $\frac{4}{3}$이고, 점 $F(3,\ 0)$을 지나므로

$$\boldsymbol{y=\frac{4}{3}(x-3)}$$

1-15. 포물선 $y^2=4x$에서

초점 $F(1,\ 0)$, 준선 $x=-1$

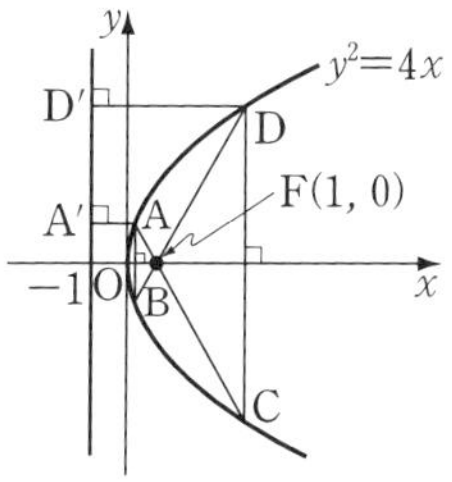

점 A, D에서 준선에 내린 수선의 발을 각각 A′, D′이라고 하자.

$\overline{DD'}=\overline{DF}=5$이므로 점 D의 x좌표는

$5-1=4$ $\quad\therefore D(4,\ 4)$

점 B의 좌표를 $(a,\ b)$라고 하면

$$b^2=4a \qquad \cdots\cdots①$$

직선 BF와 직선 DF의 기울기가 같으므로

$$\frac{b-0}{a-1}=\frac{4-0}{4-1} \quad \therefore b=\frac{4}{3}(a-1)$$

①에 대입하여 정리하면

$$4a^2-17a+4=0$$

$$\therefore (a-4)(4a-1)=0$$

$a<1$이므로 $a=\frac{1}{4}$

따라서 점 A의 x좌표는 $\frac{1}{4}$이므로

$$\overline{AF}=\overline{AA'}=\frac{1}{4}-(-1)=\boldsymbol{\frac{5}{4}}$$

1-16. 포물선 $y^2=nx$에서

초점 $F\left(\frac{n}{4},\ 0\right)$, 준선 $x=-\frac{n}{4}$

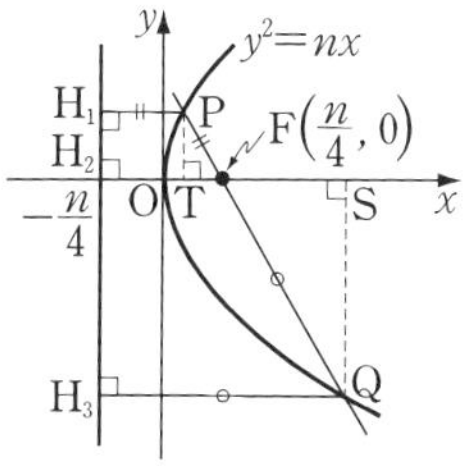

위의 그림에서

$\overline{PH_1}=\overline{PF}=\frac{n}{3}$, $\overline{QH_3}=\overline{QF}=a_n$

또, $\overline{FH_2}=\frac{n}{2}$이므로

$\overline{FT}=\overline{FH_2}-\overline{TH_2}=\frac{n}{2}-\frac{n}{3}=\frac{n}{6}$,

$\overline{FS}=\overline{SH_2}-\overline{FH_2}=a_n-\frac{n}{2}$

$\triangle FPT \backsim \triangle FQS$이므로

$$\overline{FT}:\overline{FS}=\overline{FP}:\overline{FQ}$$

$$\therefore \frac{n}{6}:\left(a_n-\frac{n}{2}\right)=\frac{n}{3}:a_n$$

$$\therefore \frac{n}{3}\left(a_n-\frac{n}{2}\right)=\frac{n}{6}a_n \quad \therefore a_n=n$$

$\therefore\ a_1+a_2+a_3+\cdots+a_{100}$

$=1+2+3+\cdots+100$

$=\mathbf{5050}$

1-17.

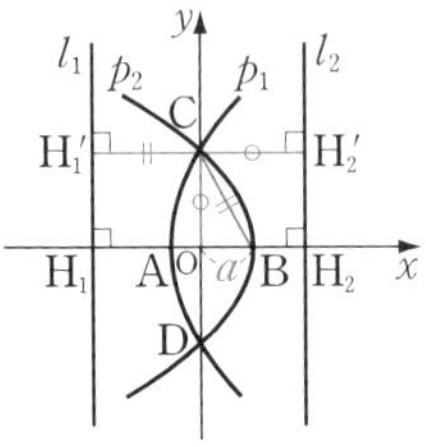

포물선 p_1, p_2의 준선을 각각 l_1, l_2라 하고, l_1, l_2가 x축과 만나는 점을 각각 H_1, H_2, 점 C에서 l_1, l_2에 내린 수선의 발을 각각 H_1', H_2'이라고 하자.

$\overline{OB}=a$라고 하면 $\overline{OA}=1-a$이고, $\overline{AH_1}=\overline{AB}=1$, $\overline{BH_2}=\overline{BO}=a$이므로

$\overline{BC}=\overline{CH_1'}=\overline{OH_1}=\overline{OA}+\overline{AH_1}$

$=(1-a)+1=2-a$,

$\overline{OC}=\overline{CH_2'}=\overline{OH_2}=2a$

이때, 직각삼각형 OBC에서

$a^2+(2a)^2=(2-a)^2 \quad \therefore\ a^2+a-1=0$

$a>0$이므로 $\quad a=\dfrac{-1+\sqrt{5}}{2}$

$\therefore\ \square ADBC=2\triangle ABC$

$=2\times\dfrac{1}{2}\times1\times2a$

$=\boldsymbol{\sqrt{5}-1}$

***Note** 포물선은 축에 대하여 대칭이므로 $\triangle ABC\equiv\triangle ABD$이다.

1-18.

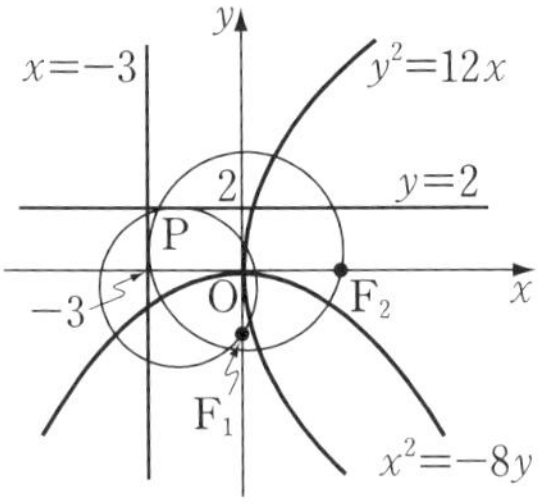

원 C_1은 중심이 포물선 $x^2=-8y$ 위에 있고 초점 $F_1(0,\ -2)$를 지나므로 준선 $y=2$에 접한다.

또, 원 C_2는 중심이 포물선 $y^2=12x$ 위에 있고 초점 $F_2(3,\ 0)$을 지나므로 준선 $x=-3$에 접한다.

따라서 원 C_1과 원 C_2의 교점 P의 좌표를 $(x,\ y)$로 놓으면

$x\ge-3,\ y\le2 \qquad \cdots\cdots①$

또, 점 P는 제2사분면에 있으므로

$x<0,\ y>0 \qquad \cdots\cdots②$

①, ②에서

$-3\le x<0,\ 0<y\le2$

이를 만족시키는 점 P는 오른쪽 그림의 점 찍은 부분(x축, y축을 제외한 경계 포함)에 존재한다.

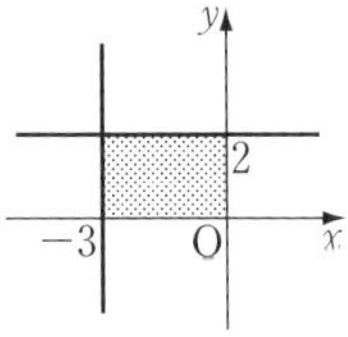

따라서 점 P의 좌표가 $(-3,\ 2)$일 때 $\overline{OP}^2$이 최대가 되므로 구하는 최댓값은

$(-3)^2+2^2=\mathbf{13}$

***Note** P$(-3,\ 2)$일 때

$C_1:\ (x+3)^2+\left(y+\dfrac{9}{8}\right)^2=\left(\dfrac{25}{8}\right)^2$

$C_2:\ \left(x-\dfrac{1}{3}\right)^2+(y-2)^2=\left(\dfrac{10}{3}\right)^2$

1-19. 점 Q의 좌표를 $(x,\ y)$라고 하면

$x=ab \qquad \cdots\cdots①$

$y=a+b \qquad \cdots\cdots②$

점 P$(a,\ b)$가 원 $x^2+y^2=1$ 위를 움직이므로 $\quad a^2+b^2=1$

$\therefore\ (a+b)^2-2ab=1$

이 식에 ①, ②를 대입하면

$y^2-2x=1 \quad$ 곧, $y^2=2\left(x+\dfrac{1}{2}\right)$

한편 a, b는 $t^2-yt+x=0$의 두 실근이므로

$D=y^2-4x\ge0 \quad \therefore\ y^2\ge4x$

$y^2=2x+1$과 $y^2\ge 4x$에서

$$2x+1\ge 4x \quad \therefore\ x\le\frac{1}{2}$$

$$\therefore\ \boldsymbol{y^2=2\left(x+\frac{1}{2}\right)\ \left(x\le\frac{1}{2}\right)}$$

1-20.

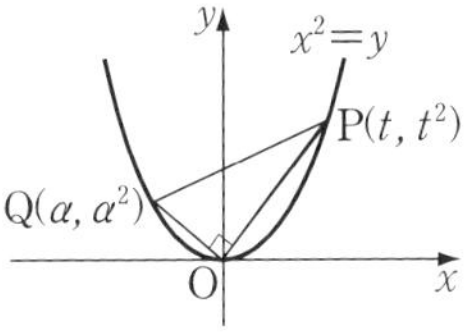

점 Q의 x좌표를 α라고 하면

$$P(t,\ t^2),\ Q(\alpha,\ \alpha^2)$$

그런데 $\overline{OP}\perp\overline{OQ}$이므로

$$\frac{t^2}{t}\times\frac{\alpha^2}{\alpha}=-1 \quad \therefore\ \alpha=-\frac{1}{t}$$

$$\therefore\ Q\left(-\frac{1}{t},\ \frac{1}{t^2}\right)$$

(1) △POQ의 무게중심을 G$(x,\ y)$라고 하면

$$x=\frac{1}{3}\left(t-\frac{1}{t}\right) \quad \cdots\cdots①$$

$$y=\frac{1}{3}\left(t^2+\frac{1}{t^2}\right) \quad \cdots\cdots②$$

①에서 $x^2=\frac{1}{9}\left(t^2-2+\frac{1}{t^2}\right)$

②에서 $t^2+\frac{1}{t^2}=3y$이므로

$$x^2=\frac{1}{9}(3y-2) \quad \therefore\ \boldsymbol{x^2=\frac{1}{3}\left(y-\frac{2}{3}\right)}$$

(2) △POQ의 외심을 M$(x,\ y)$라고 하면 △POQ가 직각삼각형이므로 외심 M은 빗변 PQ의 중점이다.

$$\therefore\ x=\frac{1}{2}\left(t-\frac{1}{t}\right) \quad \cdots\cdots③$$

$$y=\frac{1}{2}\left(t^2+\frac{1}{t^2}\right) \quad \cdots\cdots④$$

③에서 $x^2=\frac{1}{4}\left(t^2-2+\frac{1}{t^2}\right)$

④에서 $t^2+\frac{1}{t^2}=2y$이므로

$$x^2=\frac{1}{4}(2y-2) \quad \therefore\ \boldsymbol{x^2=\frac{1}{2}(y-1)}$$

1-21.

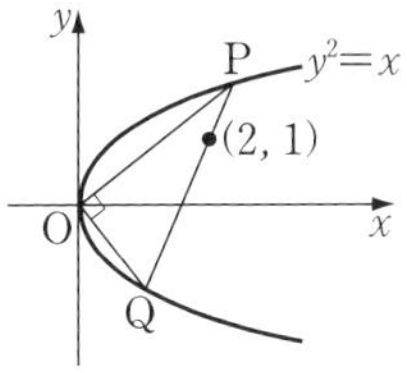

직선 PQ가 x축에 수직이면 직선 PQ의 방정식은 $x=2$이고, 이때 $\angle POQ<90°$이다.

따라서 $\angle POQ=90°$일 때 직선 PQ의 기울기를 m이라고 하면

$$y-1=m(x-2) \quad \cdots\cdots①$$

이것과 $y^2=x$에서 x를 소거하고 정리하면

$$my^2-y-2m+1=0 \quad \cdots\cdots②$$

②의 두 근을 $y_1,\ y_2$라고 하면

$$P({y_1}^2,\ y_1),\ Q({y_2}^2,\ y_2)$$

$\overline{OP}\perp\overline{OQ}$이므로 $\frac{y_1}{{y_1}^2}\times\frac{y_2}{{y_2}^2}=-1$

$$\therefore\ y_1y_2=-1$$

②에서 근과 계수의 관계로부터

$$y_1y_2=\frac{-2m+1}{m}=-1 \quad \therefore\ m=1$$

①에 대입하여 정리하면

$$\boldsymbol{y=x-1}$$

1-22.

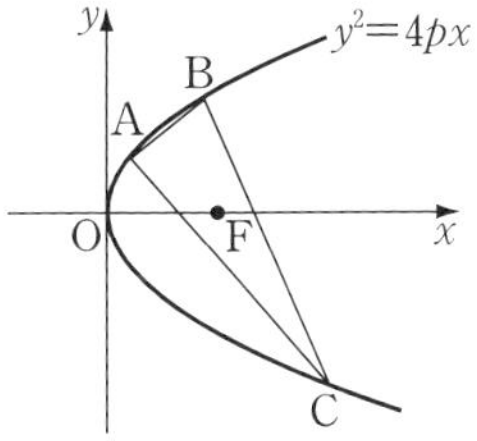

A$(x_1,\ y_1)$, B$(x_2,\ y_2)$, C$(x_3,\ y_3)$이라고 하자.

$y^2=4px,\ 4x+y-20=0$에서 x를 소거하고 정리하면

$$y^2+py-20p=0$$

근과 계수의 관계로부터

$$y_2+y_3=-p$$

$\therefore\ x_2+x_3=\dfrac{20-y_2}{4}+\dfrac{20-y_3}{4}=10+\dfrac{p}{4}$

$\triangle$ABC의 무게중심이 포물선의 초점 F$(p,\ 0)$이므로

$$\frac{x_1+x_2+x_3}{3}=p,\ \ \frac{y_1+y_2+y_3}{3}=0$$

$$\therefore\ x_1=\frac{11}{4}p-10,\ \ y_1=p$$

점 A$(x_1,\ y_1)$은 포물선 $y^2=4px$ 위의 점이므로

$$p^2=4p\left(\frac{11}{4}p-10\right)\quad \therefore\ 10p(p-4)=0$$

$p\neq0$이므로 $\boldsymbol{p=4}$

1-23. (i) 직선 AB가 x축에 수직이 아닌 경우 : 점 A의 x좌표가 p보다 작고 점 B의 x좌표가 p보다 크다고 해도 일반성을 잃지 않는다.

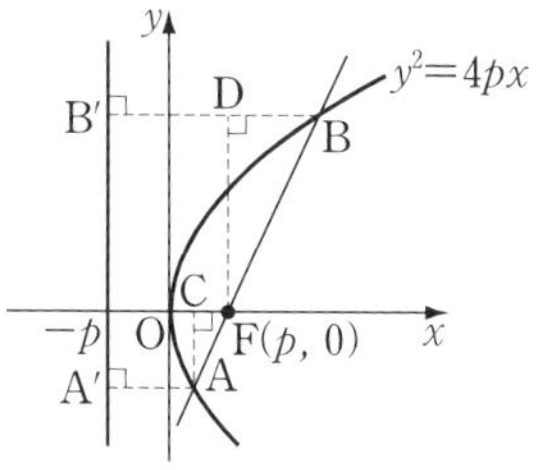

점 A, B에서 준선에 내린 수선의 발을 각각 A′, B′이라 하고, 점 A에서 x축에 내린 수선의 발을 C, 점 F에서 직선 BB′에 내린 수선의 발을 D라고 하자.

$\overline{\mathrm{AF}}=a,\ \overline{\mathrm{BF}}=b$로 놓으면

$$\overline{\mathrm{AA'}}=\overline{\mathrm{AF}}=a,\ \ \overline{\mathrm{BB'}}=\overline{\mathrm{BF}}=b$$

$$\therefore\ \overline{\mathrm{CF}}=2p-a,\ \ \overline{\mathrm{DB}}=b-2p$$

$\triangle\mathrm{AFC}\backsim\triangle\mathrm{FBD}$이므로

$$\overline{\mathrm{AF}}:\overline{\mathrm{FB}}=\overline{\mathrm{CF}}:\overline{\mathrm{DB}}$$

$$\therefore\ a:b=(2p-a):(b-2p)$$

$$\therefore\ b(2p-a)=a(b-2p)$$

정리하면 $\dfrac{1}{a}+\dfrac{1}{b}=\dfrac{1}{p}$

(ii) 직선 AB가 x축에 수직인 경우

$\overline{\mathrm{AF}}=\overline{\mathrm{BF}}=2p$이므로

$$\frac{1}{\overline{\mathrm{AF}}}+\frac{1}{\overline{\mathrm{BF}}}=\frac{1}{2p}+\frac{1}{2p}=\frac{1}{p}$$

(i), (ii)에서 $\dfrac{1}{\overline{\mathrm{AF}}}+\dfrac{1}{\overline{\mathrm{BF}}}=\dfrac{1}{p}$

1-24. 직선 PQ의 기울기를 m이라고 하면

$$y=m(x-1)$$

이 직선이 곡선 $x=y^2-4y+9\,(y>0)$에 접할 때 x축과 이루는 예각의 크기가 최대이고, 이때 $m>0$이다.

$y=m(x-1),\ x=y^2-4y+9$에서 x를 소거하고 정리하면

$$y^2-\left(4+\frac{1}{m}\right)y+8=0\quad \cdots\cdots①$$

접하므로 $D=\left(4+\dfrac{1}{m}\right)^2-32=0$

$$\therefore\ 16m^2-8m-1=0$$

$m>0$이므로 $m=\dfrac{1+\sqrt{2}}{4}$

①에 대입하면 $y^2-4\sqrt{2}\,y+8=0$

$\therefore\ (y-2\sqrt{2}\,)^2=0\quad \therefore\ y=\boldsymbol{2\sqrt{2}}$

****Note*** P$(x,\ y)\,(y>0)$라 하고, 직선 PQ의 기울기를 m이라고 하면

$$m=\frac{y-0}{x-1}=\frac{y}{y^2-4y+8}$$

$$=\frac{1}{y-4+\dfrac{8}{y}}$$

그런데 $y>0$이므로

$$y+\frac{8}{y}\geq2\sqrt{y\times\frac{8}{y}}=4\sqrt{2}$$

$$\therefore\ m\leq\frac{1}{4\sqrt{2}-4}=\frac{\sqrt{2}+1}{4}$$

등호는 $y=\dfrac{8}{y}$일 때 성립하므로 $y=2\sqrt{2}$일 때 m의 값은 최대이고, 이때 x축과 이루는 예각의 크기도 최대이다.

1-25.

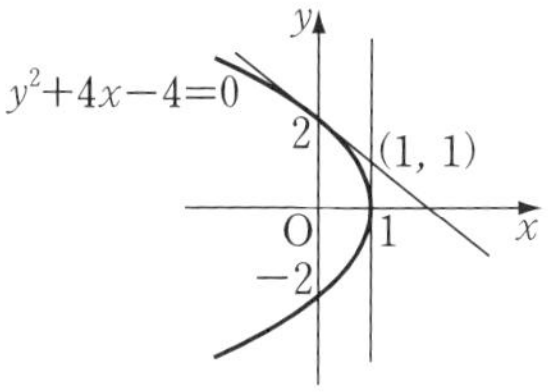

$y^2+4x-4=0$ ……①

(i) $x=1$을 ①에 대입하면 $y=0$ (중근)이므로 직선 $x=1$은 포물선 ①의 접선이다.

(ii) 점 (1, 1)을 지나고 x축에 수직이 아닌 접선의 방정식을

$y=mx+n$ ……②

로 놓고, ①에 대입하여 정리하면

$m^2x^2+2(mn+2)x+n^2-4=0$

접하므로

$D/4=(mn+2)^2-m^2(n^2-4)=0$

$\therefore\ mn+m^2+1=0$ ……③

또, ②는 점 (1, 1)을 지나므로

$m+n=1$ ……④

③, ④를 연립하여 풀면

$m=-1,\ n=2$

$\therefore\ y=-x+2$

(i), (ii)에서 $\boldsymbol{x=1,\ y=-x+2}$

***Note** 포물선 위의 점 (x_1, y_1)에서의 접선의 방정식은

$y_1y+2(x+x_1)-4=0$

이고, 이 직선이 점 (1, 1)을 지남을 이용하여 풀어도 된다.

1-26. 공통접선의 방정식을

$y=mx+n$ ……①

이라고 하자.

(1) $y^2=8x$와 ①에서 y를 소거하고 정리하면

$m^2x^2+2(mn-4)x+n^2=0$

접하므로

$D_1/4=(mn-4)^2-m^2n^2=0$

$\therefore\ mn=2$ ……②

$x^2=8y$와 ①에서 y를 소거하고 정리하면

$x^2-8mx-8n=0$

접하므로 $D_2/4=16m^2+8n=0$

$\therefore\ 2m^2+n=0$ ……③

②, ③을 연립하여 풀면

$m=-1,\ n=-2$

$\therefore\ \boldsymbol{y=-x-2}$

***Note** 공통접선의 기울기를 m이라고 하자.

포물선 $y^2=8x$의 접선의 방정식은

$y=mx+\dfrac{2}{m}$ ⇦ $y=mx+\dfrac{p}{m}$

포물선 $x^2=8y$의 접선의 방정식은

$y=mx-2m^2$ ⇦ 연습문제 1-9

두 접선이 일치하므로

$\dfrac{2}{m}=-2m^2\quad \therefore\ m^3=-1$

m은 실수이므로 $m=-1$

$\therefore\ \boldsymbol{y=-x-2}$

(2) (1)과 같은 방법으로 하면 포물선 $y^2=8x$와 직선 ①이 접할 조건에서

$mn=2$ ……④

원 $x^2+y^2=2$와 직선 ①이 접할 조건에서

$2m^2-n^2+2=0$ ……⑤

④, ⑤를 연립하여 풀면

$m=1,\ n=2$ 또는 $m=-1,\ n=-2$

$\therefore\ \boldsymbol{y=x+2,\ y=-x-2}$

1-27. 포물선의 방정식을

$y^2=4px\ (p>0)$

라고 하면 준선은 직선 $x=-p$이다.

준선 위의 한 점 $(-p, y_1)$에서 포물선에 그은 접선의 기울기를 m이라고 하면 접선의 방정식은

$y=mx+\dfrac{p}{m}$

이 직선이 점 $(-p,\ y_1)$을 지나므로

$$y_1=-mp+\frac{p}{m}$$

$$\therefore\ pm^2+y_1m-p=0 \quad \cdots\cdots ①$$

두 접선의 기울기를 $m_1,\ m_2$라고 하면 이것은 ①의 두 근이다.

근과 계수의 관계로부터

$$m_1m_2=-1$$

이므로 두 접선은 서로 수직이다.

*Note 역으로 한 포물선에 접하고 서로 수직인 두 직선의 교점은 포물선의 준선 위에 있다. 직접 증명해 보아라.

1-28. $y=4x^2 \quad \cdots\cdots ①$

$P(t,\ 5-2t)$로 놓고, 점 P를 지나는 접선의 기울기를 m이라고 하면 접선의 방정식은

$$y=m(x-t)+5-2t \quad \cdots\cdots ②$$

①, ②에서

$$4x^2-mx+(m+2)t-5=0$$

접하므로

$$D=m^2-16\{(m+2)t-5\}=0$$

$$\therefore\ m^2-16tm-16(2t-5)=0$$

이 방정식의 두 근을 $m_1,\ m_2$라고 하면 근과 계수의 관계로부터

$$m_1m_2=-16(2t-5)=-1$$

$$\therefore\ t=\frac{81}{32} \quad \therefore\ \mathbf{P\left(\frac{81}{32},\ -\frac{1}{16}\right)}$$

*Note 연습문제 1-27의 Note에서 점 P는 포물선의 준선 $y=-\dfrac{1}{16}$과 직선 $y=-2x+5$의 교점임을 알 수 있다.

2-1. (1) $\dfrac{x^2}{a^2}+\dfrac{y^2}{b^2}=1\,(a>b>0)$에서

$2a=10,\ 2b=8 \quad \therefore\ a=5,\ b=4$

$$\therefore\ \mathbf{\frac{x^2}{25}+\frac{y^2}{16}=1}$$

(2) $\dfrac{x^2}{a^2}+\dfrac{y^2}{b^2}=1\,(a>b>0,\ k^2=a^2-b^2)$

에서 $k^2=2^2$ 곧, $a^2-b^2=4$

또, $a=3 \quad \therefore\ b^2=5$

$$\therefore\ \mathbf{\frac{x^2}{9}+\frac{y^2}{5}=1}$$

(3) $\dfrac{x^2}{a^2}+\dfrac{y^2}{b^2}=1\,(b>a>0,\ k^2=b^2-a^2)$

에서 $2k=4$ 곧, $2\sqrt{b^2-a^2}=4$

또, $2b=2\sqrt{6} \quad \therefore\ b=\sqrt{6},\ a=\sqrt{2}$

$$\therefore\ \mathbf{\frac{x^2}{2}+\frac{y^2}{6}=1}$$

2-2. $\dfrac{x^2}{2^2}+\dfrac{y^2}{(\sqrt{3})^2}=1$에서

$$k^2=2^2-(\sqrt{3})^2=1$$

이므로 점 $(1,\ 0)$과 점 $C(-1,\ 0)$은 이 타원의 초점이다.

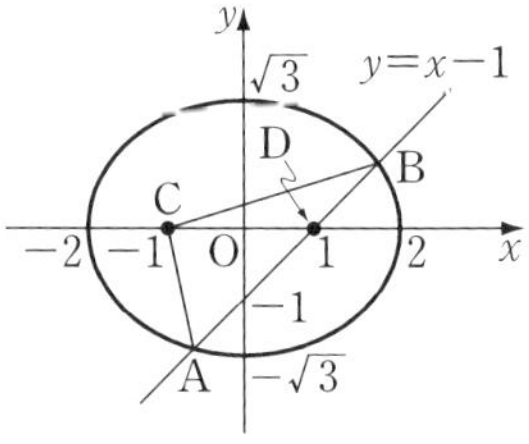

점 $(1,\ 0)$을 D라고 하면 타원의 정의에 의하여

$$\overline{AC}+\overline{AD}=\overline{BC}+\overline{BD}=2\times2=4$$

따라서 △ABC의 둘레의 길이는

$$(\overline{AC}+\overline{AD})+(\overline{BC}+\overline{BD})=4+4=\mathbf{8}$$

2-3.

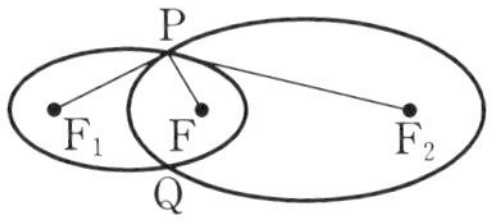

타원의 정의에 의하여

$$\overline{PF}+\overline{PF_1}=\overline{QF}+\overline{QF_1}=16 \quad \cdots ①$$

$$\overline{PF}+\overline{PF_2}=\overline{QF}+\overline{QF_2}=24 \quad \cdots ②$$

①−②에서

$$|\overline{PF_1}-\overline{PF_2}|=8,\ |\overline{QF_1}-\overline{QF_2}|=8$$

$$\therefore\ (\text{준 식})=8+8=\mathbf{16}$$

2-4.

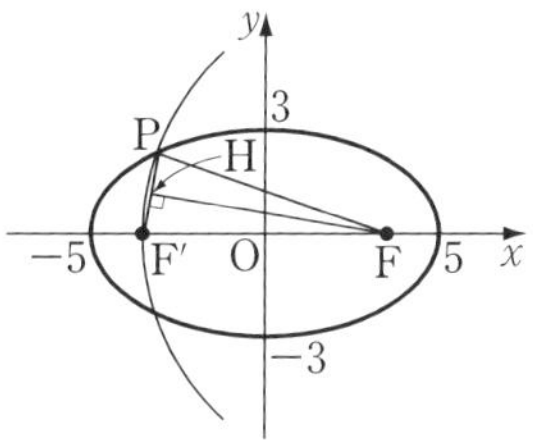

장축의 길이가 10이므로

$\overline{PF}+\overline{PF'}=10$

또, $k^2=5^2-3^2=4^2$이므로 $\overline{FF'}=8$

한편 원의 반지름의 길이는

$\overline{PF}=\overline{FF'}=8 \quad \therefore \overline{PF'}=2$

점 F에서 선분 PF′에 내린 수선의 발을 H라고 하면 $\overline{PH}=1$이므로 직각삼각형 FPH에서

$\overline{FH}=\sqrt{8^2-1^2}=3\sqrt{7}$

$\therefore \triangle PFF'=\frac{1}{2}\times 2\times 3\sqrt{7}=\mathbf{3\sqrt{7}}$

2-5. 주어진 이차곡선의 방정식은

$(x-2)^2+9y^2=9 \quad \therefore \frac{(x-2)^2}{3^2}+y^2=1$

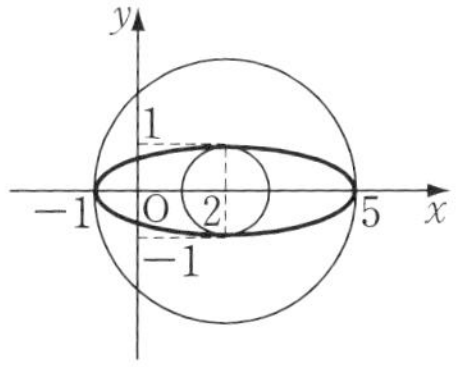

위의 그림과 같이 타원과 원이 두 점 (2, 1), (2, −1)에서 접할 때 $a=1$이고, 두 점 (5, 0), (−1, 0)에서 접할 때 $a=3$이므로 서로 다른 네 점에서 만날 조건은

$\mathbf{1<a<3}$

2-6. 정육각형의 한 내각의 크기는 120°이므로 주어진 그림의 점 찍은 이등변삼각형에서 길이가 같은 두 변의 길이를 각각 a라고 하면 6개의 삼각형의 넓이의 합은

$6\times\frac{1}{2}a^2\sin(180°-120°)=\frac{3\sqrt{3}}{2}a^2$

문제의 조건에서

$\frac{3\sqrt{3}}{2}a^2=6\sqrt{3} \quad \therefore a=2$

따라서 한 타원에서 두 초점 사이의 거리는 $10-2\times 2=6$

단축의 길이를 $2b$라고 하면

$b^2=5^2-3^2=4^2$에서 $2b=2\times 4=8$

2-7. $\frac{x^2}{3}+\frac{y^2}{2}=1$ ……①

$\frac{(x-2a)^2}{3}+\frac{(y-b)^2}{2}=\frac{8a^2+3b^2}{6}$ ……②

①, ②가 서로 합동이기 위한 조건은

$\frac{8a^2+3b^2}{6}=1$

$\therefore 8a^2+3b^2=6$ ……③

②의 중심의 좌표를 (x, y)라고 하면

$x=2a,\ y=b \quad \therefore a=\frac{1}{2}x,\ b=y$

이것을 ③에 대입하여 정리하면

$\mathbf{2x^2+3y^2=6}$

2-8.

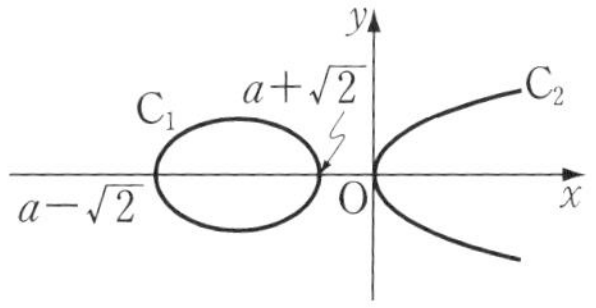

C_1 : $\frac{(x-a)^2}{2}+y^2=1$, C_2 : $y^2=\frac{1}{2}x$

라고 하면 C_1은 중심이 점 $(a, 0)$이고 x절편이 $a-\sqrt{2}$, $a+\sqrt{2}$인 타원이고, C_2는 꼭짓점이 원점이고 왼쪽으로 볼록한 포물선이다.

(i) $a+\sqrt{2}<0$일 때

곧, $a<-\sqrt{2}$일 때, C_1과 C_2는 만나지 않는다.

(ii) $a+\sqrt{2}\ge 0$, $a-\sqrt{2}\le 0$일 때

곧, $-\sqrt{2} \le a \le \sqrt{2}$ 일 때, C_1과 C_2는 만난다.

(iii) $a-\sqrt{2}>0$일 때

곧, $a>\sqrt{2}$ 일 때, 두 식에서 y를 소거하고 정리하면

$$x^2-(2a-1)x+a^2-2=0$$

이 방정식이 실근을 가지므로

$$D=(2a-1)^2-4(a^2-2)\ge 0$$

$$\therefore\ a\le\frac{9}{4}$$

$a>\sqrt{2}$ 이므로 $\sqrt{2}<a\le\frac{9}{4}$

(i), (ii), (iii)에서 $\boldsymbol{-\sqrt{2}\le a\le\frac{9}{4}}$

2-9. 접점의 좌표를 $(x_1,\ y_1)$이라고 하면

$$\frac{{x_1}^2}{8}+\frac{{y_1}^2}{2}=1 \qquad \cdots\cdots ①$$

이고, 접선의 방정식은

$$\frac{x_1x}{8}+\frac{y_1y}{2}=1$$

이 직선이 점 (0, 2)를 지나므로

$$\frac{2y_1}{2}=1 \qquad \therefore\ y_1=1$$

①에 $y_1=1$을 대입하면 $x_1=\pm2$

$\therefore$ P(−2, 1), Q(2, 1) $\quad\therefore\ \overline{PQ}=4$

한편 타원의 다른 한 초점을 F′이라고 하면 $\overline{PF'}=\overline{QF}$이고, 타원의 정의에 의하여 $\overline{PF}+\overline{PF'}=2\times\sqrt{8}=4\sqrt{2}$ 이므로

$$\overline{PF}+\overline{QF}=4\sqrt{2}$$

따라서 △PFQ의 둘레의 길이는

$$\boldsymbol{4+4\sqrt{2}}$$

2-10. 준 식에서 $\frac{x^2}{4}+y^2=1$

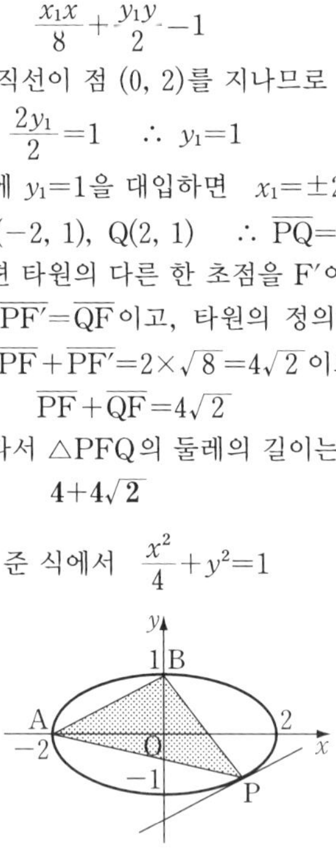

직선 AB에 평행한 타원의 접선 중 제4사분면을 지나는 접선의 접점을 P라고 할 때, △APB의 넓이가 최대이다.

직선 AB의 기울기가 $\frac{1}{2}$이므로 점 P에서의 접선의 방정식은

$$y=\frac{1}{2}x-\sqrt{4\times\left(\frac{1}{2}\right)^2+1}=\frac{1}{2}x-\sqrt{2}$$

$$\therefore\ x-2y-2\sqrt{2}=0 \qquad \cdots\cdots ①$$

점 P와 직선 AB 사이의 거리는 점 B(0, 1)과 직선 ① 사이의 거리와 같으므로

$$\frac{|0-2-2\sqrt{2}|}{\sqrt{1^2+(-2)^2}}=\frac{2\sqrt{2}+2}{\sqrt{5}}$$

$$\therefore\ \triangle APB=\frac{1}{2}\times\sqrt{5}\times\frac{2\sqrt{2}+2}{\sqrt{5}}$$

$$=\boldsymbol{\sqrt{2}+1}$$

*__Note__ 점 P의 좌표를 구한 다음, 점 P와 직선 AB 사이의 거리를 구해도 된다.

2-11.

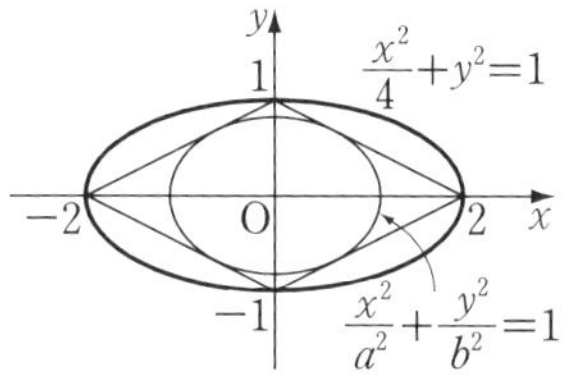

$$\frac{x^2}{a^2}+\frac{y^2}{b^2}=1 \qquad \cdots\cdots ①$$

직선 $y=-\frac{1}{2}x+1$이 ①에 접하므로

$$\sqrt{a^2\times\left(-\frac{1}{2}\right)^2+b^2}=1$$

$$\therefore\ \frac{a^2}{4}+b^2=1 \qquad \cdots\cdots ②$$

또, ①의 초점의 좌표가 $(\pm b,\ 0)$이므로 $a^2-b^2=b^2$

$$\therefore\ a^2=2b^2 \qquad \cdots\cdots ③$$

②, ③에서 $a^2=\frac{4}{3},\ b^2=\frac{2}{3}$

$a>0,\ b>0$이므로

$\boldsymbol{a=\frac{2\sqrt{3}}{3},\ b=\frac{\sqrt{6}}{3}}$

2-12.

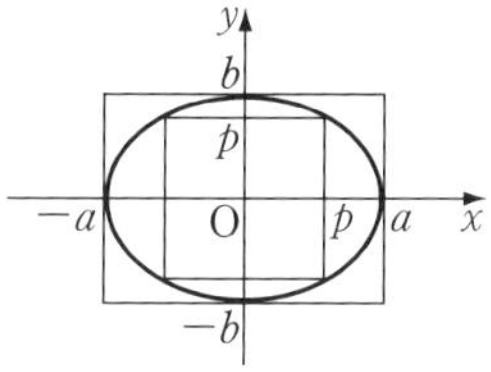

내접하는 정사각형과 타원이 제1사분면에서 만나는 점의 좌표를 $(p,\ p)$라고 하면

$$\frac{p^2}{a^2}+\frac{p^2}{b^2}=1$$

$$\therefore\ (a^2+b^2)p^2=a^2b^2 \quad \cdots\cdots①$$

내접하는 정사각형의 대각선의 길이가 $2\sqrt{3}$ 이므로

$$\sqrt{(2p)^2+(2p)^2}=2\sqrt{3}$$

$$\therefore\ 2p^2=3 \quad \cdots\cdots②$$

외접하는 직사각형의 넓이가 $8\sqrt{3}$ 이므로 $2a\times2b=8\sqrt{3}$

$$\therefore\ ab=2\sqrt{3} \quad \cdots\cdots③$$

②, ③을 ①에 대입하여 정리하면

$$a^2+b^2=8 \quad \cdots\cdots④$$

③, ④에서 $(a^2,\ b^2)=(6,\ 2),\ (2,\ 6)$

$$\therefore\ \boldsymbol{\frac{x^2}{6}+\frac{y^2}{2}=1,\ \frac{x^2}{2}+\frac{y^2}{6}=1}$$

2-13.

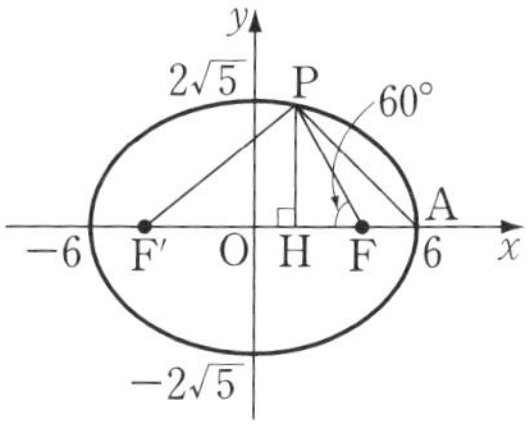

$k^2=36-20$에서 $k=\pm4$

$$\therefore\ \mathrm{F}(4,\ 0),\ \mathrm{F}'(-4,\ 0)$$

점 P에서 x축에 내린 수선의 발을 H라 하고, $\overline{\mathrm{HF}}=a$로 놓으면

$$\overline{\mathrm{PF}}=2a,\ \overline{\mathrm{PH}}=\sqrt{3}\,a$$

한편 $\overline{\mathrm{PF}}+\overline{\mathrm{PF'}}=2\times6=12$이므로

$$\overline{\mathrm{PF'}}=12-2a$$

따라서 직각삼각형 PF′H에서

$$(12-2a)^2=(8-a)^2+(\sqrt{3}\,a)^2$$

$$\therefore\ a=\frac{5}{2}$$

이때, 직각삼각형 PHA에서

$$\overline{\mathrm{PA}}^2=(\sqrt{3}\,a)^2+(2+a)^2$$

$$=4a^2+4a+4=\mathbf{39}$$

*__Note__ 다음과 같이 수학 I 에서 공부하는 코사인법칙을 이용할 수도 있다.

$\overline{\mathrm{PF}}=x$라고 하면 $\overline{\mathrm{PF'}}=12-x$

$\angle\mathrm{PFF'}=60°$이므로 $\triangle\mathrm{PFF'}$에 코사인법칙을 쓰면

$$(12-x)^2=x^2+8^2-2\times x\times8\cos60°$$

$$\therefore\ x=5 \quad \therefore\ \overline{\mathrm{PF}}=5,\ \overline{\mathrm{PF'}}=7$$

또,

$$\angle\mathrm{PFA}=180°-\angle\mathrm{PFF'}=120°,$$

$$\overline{\mathrm{FA}}=\overline{\mathrm{OA}}-\overline{\mathrm{OF}}=2$$

이므로 $\triangle\mathrm{PFA}$에 코사인법칙을 쓰면

$$\overline{\mathrm{PA}}^2=5^2+2^2-2\times5\times2\cos120°$$

$$=\mathbf{39}$$

2-14. $\mathrm{F}(k,\ 0),\ \mathrm{F}'(-k,\ 0)$ (단, $k>0$)이라고 하면 $\overline{\mathrm{F'F}}=2k$이고,

$$k^2=a^2-b^2 \quad \cdots\cdots①$$

$\mathrm{A}(a,\ 0)$이므로 $\overline{\mathrm{F'A}}=k+a$

점 H가 선분 F′P를 3 : 1로 내분하고, $\overline{\mathrm{F'H}}=6$이므로 $\overline{\mathrm{HP}}=2$

$\triangle\mathrm{F'FH}\backsim\triangle\mathrm{F'AP}$이므로 $\overrightarrow{\mathrm{O_1A}}$

$$\overline{\mathrm{F'F}}:\overline{\mathrm{F'A}}=\overline{\mathrm{F'H}}:\overline{\mathrm{F'P}}$$

$$\therefore\ 2k:(k+a)=3:4$$

$$\therefore\ k=\frac{3}{5}a \quad \cdots\cdots②$$

①에 대입하면

$$\left(\frac{3}{5}a\right)^2=a^2-b^2 \quad \therefore\ b^2=\frac{16}{25}a^2$$

$a>0,\ b>0$이므로 $b=\frac{4}{5}a \quad \cdots\cdots③$

타원의 정의에 의하여 $\overline{PF}+\overline{PF'}=2a$ 이므로

$$\overline{PF}=2a-\overline{PF'}=2a-8$$

한편 △F′FH와 △PFH는 직각삼각형이므로

$$\overline{FH}^2=\overline{F'F}^2-\overline{F'H}^2=\overline{PF}^2-\overline{PH}^2$$

$$\therefore\ (2k)^2-6^2=(2a-8)^2-2^2$$

②를 대입하여 정리하면

$$2a^2-25a+75=0 \quad \therefore\ a=5,\ \frac{15}{2}$$

그런데 $a=5$이면 $\overline{PF}=2$이므로 △PFH가 만들어지지 않는다.

$$\therefore\ \boldsymbol{a=\frac{15}{2}}$$

③에 대입하면 $\boldsymbol{b=6}$

2-15. $\overline{OH}=x$, $\overline{OI}=y$라고 하자.

선분 OH, OI가 각각 선분 PF, QF′의 수직이등분선이므로

$$\overline{OP}=\overline{OF}=5,\ \overline{OQ}=\overline{OF'}=5$$

직각삼각형 OHP에서

$$\overline{PH}=\sqrt{5^2-x^2},$$

$$\overline{PF}=2\overline{PH}=2\sqrt{5^2-x^2}$$

△PF′F에서 점 H, O는 각각 변 PF, FF′의 중점이므로

$$\overline{PF'}=2\overline{OH}=2x$$

같은 이유로 △QFF′에서

$$\overline{QF}=2\overline{OI}=2y$$

그런데 $\overline{OP}=\overline{OQ}$이므로 점 P, Q는 x축에 대하여 대칭이다. ……①

$$\therefore\ \overline{FP}=\overline{FQ} \quad \therefore\ 2\sqrt{5^2-x^2}=2y$$

$$\therefore\ x^2+y^2=5^2$$

한편 문제의 조건에서 $xy=10$이므로 장축의 길이는

$$\overline{PF}+\overline{PF'}=\overline{QF}+\overline{PF'}=2y+2x$$
$$=2\sqrt{(x+y)^2}$$
$$=2\sqrt{x^2+y^2+2xy}$$
$$=2\sqrt{5^2+2\times10}=\boldsymbol{6\sqrt{5}}$$

*Note ①은 다음과 같이 설명할 수 있다.

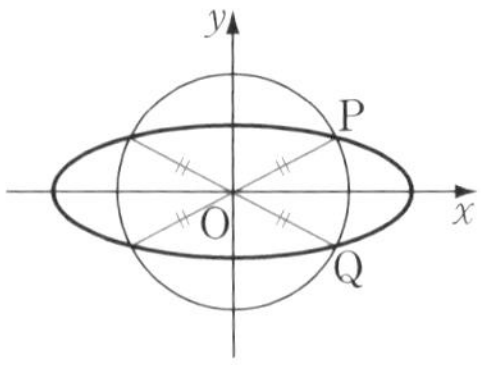

위의 그림과 같이 중심이 점 O이고 반지름의 길이가 $\overline{OP}$인 원이 타원과 만나는 점은 점 P와 x축, y축, 원점에 대하여 대칭인 점뿐이다.

따라서 $\overline{OQ}=\overline{OP}$이면 점 Q는 점 P와 x축에 대하여 대칭이다.

2-16.

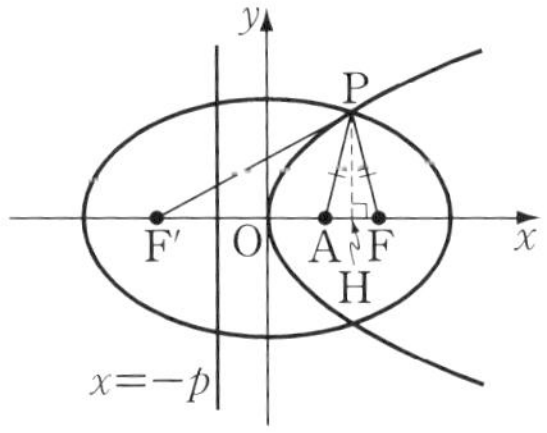

점 P에서 x축에 내린 수선의 발을 H라고 하면 선분 PH는 선분 AF의 수직이등분선이다.

이때, $A(p,\ 0)$이고 $\overline{AF}=2$이므로

$$H(p+1,\ 0),\ F(p+2,\ 0)$$

또, $F'(-p-2,\ 0)$이고, 포물선의 준선의 방정식은 $x=-p$이다.

포물선의 정의에 의하여

$$\overline{PA}=(p+1)+p=2p+1$$

$$\therefore\ \overline{PF}=2p+1$$

한편 $\overline{F'F}=2(p+2)$이므로

$$\overline{F'P}=2p+4$$

따라서 타원의 장축의 길이는

$$\overline{F'P}+\overline{PF}=(2p+4)+(2p+1)$$
$$=4p+5 \quad \cdots\cdots①$$

△PF′H와 △PFH는 직각삼각형이

므로

$$\overline{PH}^2=\overline{F'P}^2-\overline{F'H}^2=\overline{PF}^2-\overline{HF}^2$$

$\therefore\ (2p+4)^2-(2p+3)^2=(2p+1)^2-1^2$

$$\therefore\ p^2=\frac{7}{4}$$

$p>0$이므로 $\quad p=\dfrac{\sqrt{7}}{2}$

①에 대입하면 $\quad \overline{F'P}+\overline{PF}=\mathbf{5+2\sqrt{7}}$

2-17. 타원 $\dfrac{x^2}{2^2}+\dfrac{y^2}{(\sqrt{3})^2}=1$의 두 초점을 $\mathrm{F}(1,\ 0)$, $\mathrm{F'}(-1,\ 0)$이라고 하자.

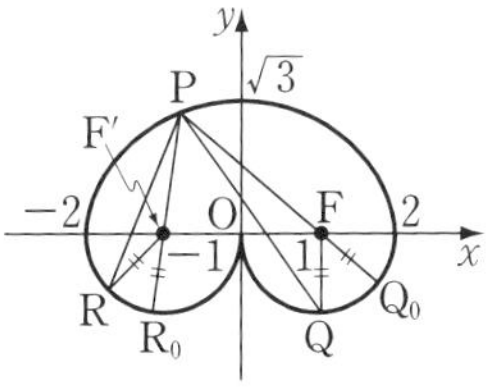

점 P를 지나고 점 F, F′을 각각 지나는 직선이 곡선 M, N과 만나는 점을 각각 $\mathrm{Q_0}$, $\mathrm{R_0}$이라고 하면

$$\overline{PQ}+\overline{PR}\le(\overline{PF}+\overline{FQ})+(\overline{PF'}+\overline{F'R})$$
$$=(\overline{PF}+\overline{FQ_0})+(\overline{PF'}+\overline{F'R_0})$$
$$=\overline{PQ_0}+\overline{PR_0}$$

따라서 최댓값은

$$\overline{PQ_0}+\overline{PR_0}=(\overline{PF}+\overline{PF'})+\overline{FQ_0}+\overline{F'R_0}$$
$$=2\times2+1+1=\mathbf{6}$$

2-18. $\mathrm{P}(m,\ n)$이라고 하면

$m^2+4n^2=16 \quad \therefore\ n^2=4-\dfrac{m^2}{4}$

$\therefore\ \overline{AP}^2=(m-a)^2+n^2$

$$=(m-a)^2+4-\frac{m^2}{4}$$
$$=\frac{3}{4}\left(m-\frac{4a}{3}\right)^2-\frac{a^2}{3}+4$$

그런데 $-4\le m\le4$이므로

(i) $-4\le\dfrac{4a}{3}\le4$, 곧 $\boldsymbol{-3\le a\le3}$일 때

$m=\dfrac{4a}{3}$에서 최솟값 $\boldsymbol{\sqrt{4-\dfrac{a^2}{3}}}$

(ii) $\dfrac{4a}{3}>4$, 곧 $\boldsymbol{a>3}$일 때

$m=4$에서 최솟값 $\boldsymbol{|a-4|}$

(iii) $\dfrac{4a}{3}<-4$, 곧 $\boldsymbol{a<-3}$일 때

$m=-4$에서 최솟값 $\boldsymbol{|a+4|}$

2-19. 준 방정식에서

$$(x-3)^2+4(y-2)^2=4$$

이므로 점 $(3,\ 2)$를 중심으로 하는 타원이다.

삼각형의 넓이는 평행이동해도 변하지 않으므로 주어진 타원을 x축의 방향으로 -3만큼, y축의 방향으로 -2만큼 평행이동하여 원점 O를 중심으로 하는 타원에서 생각하자.

곧, 타원

$$x^2+4y^2=4 \qquad \cdots\cdots①$$

과 x축에 수직인 직선 $x=k$의 두 교점을 $\mathrm{A'}$, $\mathrm{B'}$이라고 하자.

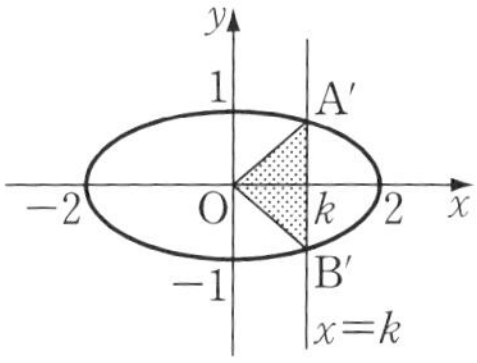

①에 $x=k$를 대입하여 풀면

$$y=\pm\sqrt{1-\frac{k^2}{4}}$$

$$\therefore\ \overline{A'B'}=2\sqrt{1-\frac{k^2}{4}}$$

$\triangle\mathrm{OA'B'}$의 넓이를 S라고 하면

$$\mathrm{S}=\frac{1}{2}\times2\sqrt{1-\frac{k^2}{4}}\times|k|$$

$$\therefore\ \mathrm{S}^2=k^2\left(1-\frac{k^2}{4}\right)=-\frac{1}{4}(k^2-2)^2+1$$

$-2<k<2\,(k\ne0)$이므로 $k^2=2$, 곧 $k=\pm\sqrt{2}$일 때 S^2의 최댓값은 1이고, 이때 S의 최댓값도 1이다.

따라서 구하는 넓이의 최댓값은 **1**

2-20. $x=r\cos\theta,\ y=r\sin\theta$로 놓으면

$$x^2+y^2=r^2(\cos^2\theta+\sin^2\theta)=r^2$$

$r>0$이므로 $r=\sqrt{x^2+y^2}$

또, 조건식에서 $\sqrt{2}\,r+r\cos\theta=1$

$$\therefore\ \sqrt{2}\sqrt{x^2+y^2}+x=1$$

$$\therefore\ \sqrt{2(x^2+y^2)}=1-x$$

양변을 제곱하여 정리하면

$$\boldsymbol{(x+1)^2+2y^2=2}$$

***Note** $0°\le\theta<360°$일 때,
$-1\le\cos\theta\le1$이므로 $r>0$이다.

2-21. 좌표축에 평행하지 않은 한 접선의 기울기를 m이라고 하면 접선의 방정식은

$$y=mx\pm\sqrt{a^2m^2+b^2} \quad \cdots\cdots①$$

$m\neq0$이므로 이 직선에 수직인 접선의 방정식은

$$y=-\frac{1}{m}x\pm\sqrt{\frac{a^2}{m^2}+b^2} \quad \cdots\cdots②$$

①, ②에서 m을 소거하면 ①, ②의 교점의 자취의 방정식을 구할 수 있다.

①에서

$$y-mx=\pm\sqrt{a^2m^2+b^2} \quad \cdots\cdots③$$

②에서

$$my+x=\pm\sqrt{a^2+b^2m^2} \quad \cdots\cdots④$$

③, ④를 각각 제곱하여 더하면

$$(y-mx)^2+(my+x)^2$$
$$=(a^2m^2+b^2)+(a^2+b^2m^2)$$

$$\therefore\ (m^2+1)(x^2+y^2)=(m^2+1)(a^2+b^2)$$

$$\therefore\ x^2+y^2=a^2+b^2 \quad \cdots\cdots⑤$$

한편 좌표축에 평행하고 서로 수직인 접선의 방정식은

$$x=\pm a,\ y=\pm b$$

이고, 이때의 교점은 ⑤를 만족시킨다.

$$\therefore\ \boldsymbol{x^2+y^2=a^2+b^2}$$

2-22. 선분 OC가 x축의 양의 방향과 이루는 각의 크기를 θ라고 하면 $\overline{\text{OC}}=1$이므로

$$\text{C}(\cos\theta,\ \sin\theta)\ (\text{단, } \theta\neq90°,\ 270°)$$

점 C에서 선분 OP에 내린 수선의 발은 선분 OP의 중점이므로

$$\text{P}(2\cos\theta,\ 0)$$

한편 직선 QR는 직선 OP(x축)에 평행한 접선이므로

$$\text{Q}(\cos\theta,\ 1+\sin\theta)$$

사각형 OPRQ가 평행사변형이므로 선분 OR의 중점과 선분 PQ의 중점이 일치한다.

$$\therefore\ \text{R}(3\cos\theta,\ 1+\sin\theta)$$

따라서 $3\cos\theta=x,\ 1+\sin\theta=y$로 놓고 $\cos^2\theta+\sin^2\theta=1$에 대입하면

$$\boldsymbol{\frac{x^2}{9}+(y-1)^2=1\ (x\neq0)}$$

2-23.

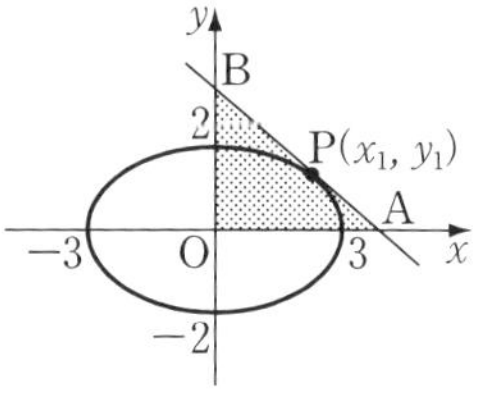

$\text{P}(x_1,\ y_1)$이라고 하면

$$4x_1^2+9y_1^2=36 \quad \cdots\cdots①$$

이고, 점 P에서의 접선의 방정식은

$$4x_1x+9y_1y=36$$

이 접선이 x축, y축과 만나는 점을 각각 A, B라고 하면

$$\text{A}\left(\frac{9}{x_1},\ 0\right),\ \text{B}\left(0,\ \frac{4}{y_1}\right)$$

따라서 삼각형의 넓이를 S라고 하면

$$\text{S}=\frac{1}{2}\left|\frac{9}{x_1}\times\frac{4}{y_1}\right|=\frac{18}{|x_1y_1|}$$

그런데

$$4x_1^2+9y_1^2\ge2\sqrt{4x_1^2\times9y_1^2}=12|x_1y_1|$$

(등호는 $4x_1^2=9y_1^2$일 때 성립)

①에서 $|x_1y_1|\le3$

$$\therefore\ \text{S}=\frac{18}{|x_1y_1|}\ge\frac{18}{3}=\boldsymbol{6}$$

2-24.

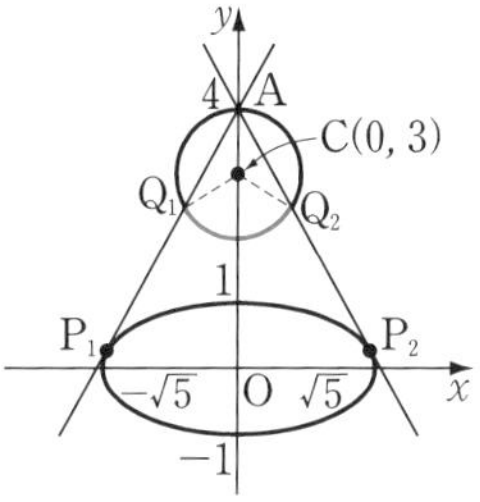

위의 그림과 같이 점 A에서 타원에 그은 두 접선의 접점을 각각 P_1, P_2라고 하면 점 P가 타원 위를 움직일 때, 점 Q의 자취는 그림에서 호 Q_1Q_2이다.

점 (0, 4)를 지나고 타원 $\frac{x^2}{5}+y^2=1$에 접하는 직선의 방정식을 $y=mx+4$라고 하면

$\sqrt{5\times m^2+1}=4 \quad \therefore\ 5m^2+1=16$

$\therefore\ m=\pm\sqrt{3}$

직선 $y=\sqrt{3}x+4$, $y=-\sqrt{3}x+4$가 x축과 이루는 예각의 크기는 각각 60°이므로

$\angle Q_1AQ_2=60°$

$\angle Q_1CQ_2=2\angle Q_1AQ_2=120°$이므로 구하는 자취의 길이는

$$\overset{\frown}{Q_1Q_2}=2\pi\times\frac{120°}{360°}=\mathbf{\frac{2}{3}\pi}$$

3-1. (1) 초점이 x축 위에 있으므로 구하는 방정식을

$$\frac{x^2}{a^2}-\frac{y^2}{b^2}=1\ (a>0,\ b>0)$$

로 놓을 수 있다.

$\therefore\ a^2+b^2=6^2,\ a=4 \quad \therefore\ b^2=20$

$$\therefore\ \mathbf{\frac{x^2}{16}-\frac{y^2}{20}=1}$$

(2) 초점이 y축 위에 있으므로 구하는 방정식을

$$\frac{x^2}{a^2}-\frac{y^2}{b^2}=-1\ (a>0,\ b>0)$$

로 놓을 수 있다.

$$\therefore\ a^2+b^2=4^2,\ \frac{2^2}{a^2}-\frac{(2\sqrt{6})^2}{b^2}=-1$$

$\therefore\ a^2=4,\ b^2=12$

$$\therefore\ \mathbf{\frac{x^2}{4}-\frac{y^2}{12}=-1}$$

(3) 초점이 x축 위에 있으므로 구하는 방정식을

$$\frac{x^2}{a^2}-\frac{y^2}{b^2}=1\ (a>0,\ b>0)$$

로 놓을 수 있다.

$\therefore\ 2a=12,\ 2\sqrt{a^2+b^2}=20$

$\therefore\ a=6,\ b=8 \quad \therefore\ \mathbf{\frac{x^2}{36}-\frac{y^2}{64}=1}$

3-2. $\frac{x^2}{a^2}-\frac{y^2}{b^2}=1$ ……①

에서 x좌표가 양수인 초점을 F라고 하면

$\mathrm{F}(\sqrt{a^2+b^2},\ 0)$

점 F를 지나고 x축에 수직인 직선의 방정식은 $x=\sqrt{a^2+b^2}$이고, 이것을 ①에 대입하면 $y=\pm\frac{b^2}{a}$

따라서 구하는 두 점 사이의 거리는

$$\frac{b^2}{a}-\left(-\frac{b^2}{a}\right)=\mathbf{\frac{2b^2}{a}}$$

3-3. 쌍곡선의 꼭짓점은 y축 위에 있으므로 $x=0$을 대입하면 $y^2=b^2$

따라서 쌍곡선의 꼭짓점의 좌표는 $(0,\ \pm b)$이다.

이 점이 타원의 초점이기 위해서는 $a^2<7$이고

$7-a^2=b^2 \quad \therefore\ \mathbf{a^2+b^2=7}$

3-4.

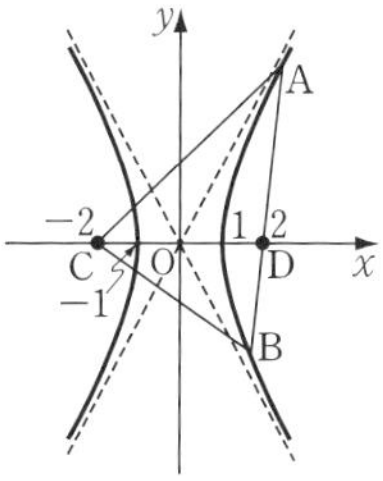

준 식에서 $x^2-\frac{y^2}{3}=1$

D(2, 0)이라고 하면 점 C, D는 이 쌍곡선의 초점이다.

쌍곡선의 정의에 의하여

$\overline{AC}-\overline{AD}=2$ ……①

$\overline{BC}-\overline{BD}=2$ ……②

①+②하면

$\overline{AC}+\overline{BC}-\overline{AB}=4$ ……③

또, △ABC의 둘레의 길이가 23이므로

$\overline{AC}+\overline{BC}+\overline{AB}=23$ ……④

(④−③)÷2하면 $\overline{AB}=\mathbf{\frac{19}{2}}$

3-5. 타원과 쌍곡선의 정의에 의하여

$\overline{PF'}+\overline{PF}=2\overline{OA}$ ……①

$\overline{PF'}-\overline{PF}=2\overline{OB}$ ……②

한편 P(1, 1), F(1, 0), F′(−1, 0)이므로 $\overline{PF}=1$, $\overline{PF'}=\sqrt{5}$

이것을 ①, ②에 대입하면

$\overline{OA}=\frac{\sqrt{5}+1}{2}$, $\overline{OB}=\frac{\sqrt{5}-1}{2}$

$\therefore\ \overline{AB}=\overline{OA}-\overline{OB}=\mathbf{1}$

Note $\overline{AB}=\overline{OA}-\overline{OB}$

$=\frac{\overline{PF'}+\overline{PF}}{2}-\frac{\overline{PF'}-\overline{PF}}{2}$

$=\overline{PF}=\mathbf{1}$

3-6. $\frac{x^2}{4^2}-\frac{y^2}{3^2}=0$에서 점근선의 방정식은

$y=\pm\frac{3}{4}x$

따라서 점 P의 좌표는 (4, 3)이므로 점 P를 지나는 원의 방정식은

$x^2+y^2=5^2$

이때, 두 점 A, B의 좌표는

(5, 0), (−5, 0)

이고, 이 두 점은 쌍곡선의 초점이다.

$\overline{AQ}=a$, $\overline{BQ}=b$라고 하면 쌍곡선의 정의에 의하여

$|a-b|=2\times4=8$

또, 선분 AB가 원의 지름이므로

$\angle AQB=90°$

$\therefore\ a^2+b^2=\overline{AB}^2=10^2$

$(a-b)^2=a^2+b^2-2ab$에서

$8^2=10^2-2ab$ $\therefore\ ab=\mathbf{18}$

3-7.

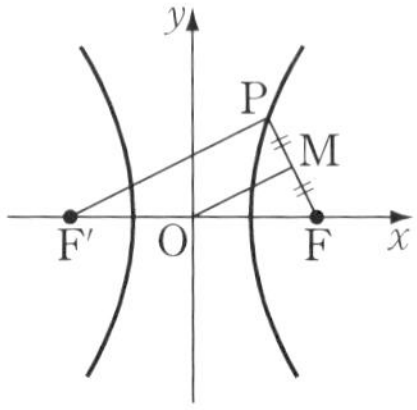

쌍곡선의 다른 한 초점을 F′이라고 하면 $\overline{OF'}=\overline{OF}$이므로 점 O는 선분 F′F의 중점이다.

따라서 △PF′F에서

$\overline{PF'}=2\overline{OM}=12$

쌍곡선의 정의에 의하여

$\overline{PF'}-\overline{PF}=2|a|$

$\therefore\ 2|a|=6$ $\therefore\ |a|=3$

이때, $a^2+b^2=(3\sqrt{5})^2$이므로

$b^2=36$ $\therefore\ \frac{b^2}{a^2}=\frac{36}{9}=\mathbf{4}$

3-8. 쌍곡선에서 x좌표가 양수인 꼭짓점을 A라고 하면 원과 쌍곡선은 점 A에서 만난다.

$\frac{x^2}{\frac{9}{4}}-\frac{y^2}{40}=1$에서 $A\left(\frac{3}{2},\ 0\right)$

또, $k^2=\frac{9}{4}+40=\frac{169}{4}$에서 $k=\frac{13}{2}$

$\therefore\ \overline{FQ}=\overline{FA}=\frac{13}{2}-\frac{3}{2}=5$

$\angle PQF=90°$이므로

$\overline{PF}=\sqrt{12^2+5^2}=13$

쌍곡선의 정의에 의하여

$\overline{PF}-\overline{PF'}=2\overline{OA}$이므로

$$\overline{\mathrm{PF'}}=13-2\times\frac{3}{2}=\mathbf{10}$$

3-9. 점 P의 좌표를 $(x,\ y)$라고 하자.

$\overline{\mathrm{PA}}\times\overline{\mathrm{PB}}=5$이므로

$$\frac{|2y-x+1|}{\sqrt{(-1)^2+2^2}}\times\frac{|2y+x-1|}{\sqrt{1^2+2^2}}=5$$

$$\therefore\ \big|\{2y-(x-1)\}\{2y+(x-1)\}\big|=25$$

$$\therefore\ |4y^2-(x-1)^2|=25$$

$$\therefore\ \boldsymbol{(x-1)^2-4y^2=\pm25}$$

3-10. $y=kx+3$을 $16x^2-y^2=16$에 대입하여 정리하면

$$(16-k^2)x^2-6kx-25=0$$

서로 다른 두 점에서 만나려면

$16-k^2\neq0$이고

$$D/4=(-3k)^2-(16-k^2)(-25)$$
$$=-16(k+5)(k-5)>0$$

$$\therefore\ \boldsymbol{-5<k<5,\ k\neq\pm4}$$

**Note* $k=\pm4$일 때 직선 $y=kx+3$은 쌍곡선의 점근선에 평행하다.

3-11. $\dfrac{x^2}{a^2}-\dfrac{y^2}{b^2}=-1$ ……①

기울기가 m인 접선의 방정식을

$y=mx+n$ ……②

로 놓고, ②를 ①에 대입하여 정리하면

$(b^2-a^2m^2)x^2-2a^2mnx+a^2(b^2-n^2)=0$ ……③

②가 ①에 접하면 ③이 중근을 가지므로

$$D/4=a^4m^2n^2-a^2(b^2-a^2m^2)(b^2-n^2)=0$$

$$\therefore\ a^2b^2(b^2-n^2-a^2m^2)=0$$

$ab\neq0$이므로 $n^2=b^2-a^2m^2$

$$\therefore\ n=\pm\sqrt{b^2-a^2m^2}$$

②에서 $\boldsymbol{y=mx\pm\sqrt{b^2-a^2m^2}}$

**Note* 1° $|m|\ge\left|\dfrac{b}{a}\right|$이면 접하지 않는다.

2° 필수 예제 **3-5**의 (1)에서

$\mathrm{A}=-\dfrac{1}{a^2},\ \mathrm{B}=\dfrac{1}{b^2}$인 경우이다.

3-12. 접점의 좌표를 $(x_1,\ y_1)$이라고 하면

$2x_1{}^2-3y_1{}^2=6$ ……①

이고, 접선의 방정식은

$2x_1x-3y_1y=6$ ……②

이 직선이 점 $(2,\ 1)$을 지나므로

$4x_1-3y_1=6$ ……③

①, ③에서 y_1을 소거하고 정리하면

$$5x_1{}^2-24x_1+27=0$$

$$\therefore\ x_1=\frac{9}{5},\ 3\quad\therefore\ y_1=\frac{2}{5},\ 2$$

②에 대입하여 정리하면

$$\boldsymbol{y=3x-5,\ y=x-1}$$

**Note* 구하는 접선의 방정식을

$y=mx+n$ 또는 $y=m(x-2)+1$

로 놓고 판별식을 이용해도 된다. 그러나 이 식은 x축에 수직인 직선을 나타낼 수 없으므로 직선 $x=2$가 접선이 되는지를 따로 확인해야 한다.

3-13.

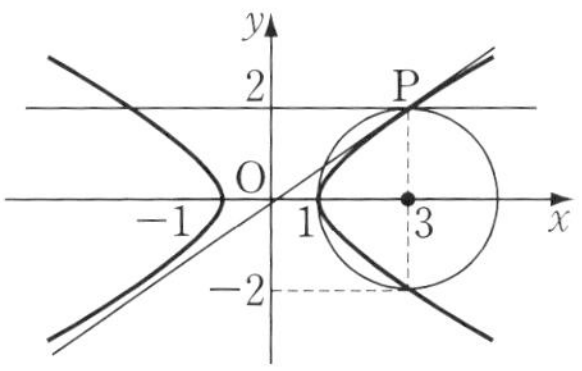

원 $(x-3)^2+y^2=r^2$이 점 $(1,\ 0)$을 지나면 되므로

$$(1-3)^2+0^2=r^2\quad\therefore\ r^2=4$$

이때, 원과 쌍곡선의 방정식에서 y를 소거하면

$$(x-3)^2+\frac{x^2-1}{2}=4\quad\therefore\ x=1,\ 3$$

$x^2-2y^2=1$에 대입하면 $y=0,\ \pm2$

따라서 $\mathrm{P}(3,\ 2)$이고, 이 점에서 원에 접하는 직선의 방정식은 $y=2$

또, 점 $\mathrm{P}(3,\ 2)$에서 쌍곡선에 접하는

직선의 방정식은

$$3x-2\times 2y=1 \qquad \therefore\ y=\frac{3}{4}x-\frac{1}{4}$$

그런데 직선 $y=2$는 x축에 평행한 직선이므로 두 직선 $y=2$, $y=\frac{3}{4}x-\frac{1}{4}$이 이루는 예각의 크기는 직선 $y=\frac{3}{4}x-\frac{1}{4}$이 x축과 이루는 예각의 크기와 같다.

$$\therefore\ \mathbf{\tan\theta=\frac{3}{4}}$$

3-14. 조건을 만족시키는 점을 $P(x, y)$라고 하면 $|\overline{PF}-\overline{PF'}|=2a$

$$\therefore\ \sqrt{(x-a)^2+(y-a)^2}-\sqrt{(x+a)^2+(y+a)^2}=\pm 2a$$

$$\therefore\ \sqrt{(x-a)^2+(y-a)^2}=\sqrt{(x+a)^2+(y+a)^2}\pm 2a$$

양변을 제곱하여 정리하면

$$\pm\sqrt{(x+a)^2+(y+a)^2}=x+y+a$$

다시 양변을 제곱하여 정리하면

$$\boldsymbol{xy=\frac{1}{2}a^2}$$

*__Note__ 쌍곡선 $xy=\frac{1}{2}a^2(a\neq 0)$의 점근선은 x축과 y축이다. 곧, 두 점근선이 직교하므로 이 쌍곡선은 직각쌍곡선이다.

3-15. $\frac{x^2}{a^2}-\frac{y^2}{b^2}=1$ ……①

에서 점근선의 방정식은 $y=\pm\frac{b}{a}x$

따라서 $P(x_1, y_1)$이라고 하면

$$\overline{PR}\times\overline{PQ}=\left|\frac{b}{a}x_1-y_1\right|\left|-\frac{b}{a}x_1-y_1\right|$$

$$=\left|-\frac{b^2}{a^2}x_1^2+y_1^2\right| \quad \cdots\cdots②$$

그런데 점 P는 ① 위의 점이므로

$$\frac{x_1^2}{a^2}-\frac{y_1^2}{b^2}=1 \qquad \therefore\ y_1^2=\frac{b^2}{a^2}x_1^2-b^2$$

②에 대입하면

$$\overline{PR}\times\overline{PQ}=|-b^2|=b^2\ (\text{일정})$$

3-16.

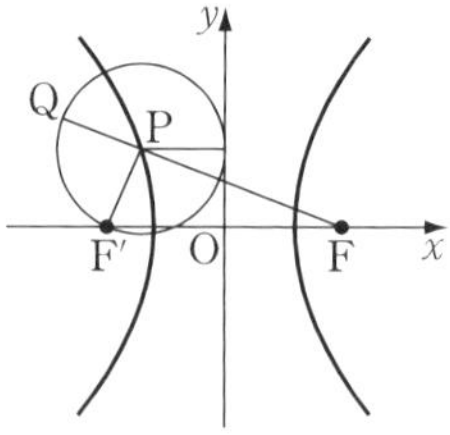

$k^2=9+16=25$에서 초점 F, F′의 좌표는 $F(5, 0)$, $F'(-5, 0)$

점 P의 좌표를 (a, b)라고 하면 점 P는 쌍곡선 위의 점이므로

$$\frac{a^2}{9}-\frac{b^2}{16}=1 \quad \cdots\cdots①$$

또, 원 C가 y축에 접하므로

$$(a+5)^2+b^2=a^2 \quad \cdots\cdots②$$

①, ②에서 b를 소거하여 정리하면

$$16a^2+90a+81=0$$

$$\therefore\ (2a+9)(8a+9)=0$$

$a<-3$이므로 $a=-\frac{9}{2}$

이때, 원 C의 반지름의 길이는

$$\overline{PF'}=|a|=\frac{9}{2}$$

쌍곡선의 정의에 의하여 $\overline{PF}-\overline{PF'}=6$이므로

$$\overline{PF}=6+\frac{9}{2}=\frac{21}{2}$$

따라서 선분 FQ의 길이의 최댓값은

$$\overline{PF}+\overline{PF'}=\frac{21}{2}+\frac{9}{2}=\mathbf{15}$$

3-17. 쌍곡선의 점근선의 방정식은

$\frac{x^2}{a^2}-\frac{y^2}{4a^2}=0$에서 $\frac{x}{a}=\pm\frac{y}{2a}$

$$\therefore\ y=\pm 2x$$

따라서 직선 l의 기울기는 2이고 타원 $\frac{x^2}{2a^2}+\frac{y^2}{a^2}=1$에 접하므로 l의 방정식은

$$y=2x\pm\sqrt{2a^2\times 2^2+a^2}$$

곧, $y=2x\pm 3a$

직선 l과 원점 사이의 거리가 1이므로

$$\frac{|3a|}{\sqrt{2^2+(-1)^2}}=1 \quad \therefore |3a|=\sqrt{5}$$

$$\therefore \boldsymbol{a^2=\frac{5}{9}}$$

3-18. (1) 점 P가 점 A를 출발하여 점 B, C를 차례로 지나 점 A로 돌아온다고 해도 일반성을 잃지 않는다.

(i) $0 \le x \le 1$일 때, 점 P가 변 AB 위에 있으므로 $\overline{\text{AP}}=x$

(ii) $1 \le x \le 2$일 때

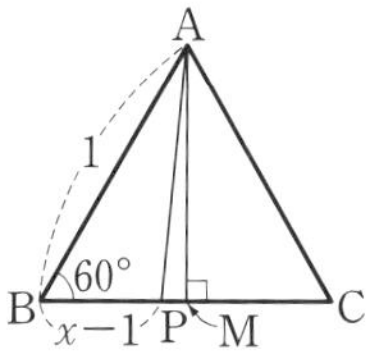

점 P가 변 BC 위에 있으므로 변 BC의 중점을 M이라고 하면

$$\overline{\text{PM}}=\left|\frac{1}{2}-(x-1)\right|=\left|\frac{3}{2}-x\right|$$

또, $\overline{\text{AM}}=\frac{\sqrt{3}}{2}$이므로

$$\overline{\text{AP}}=\sqrt{\overline{\text{AM}}^2+\overline{\text{PM}}^2}$$

$$=\sqrt{\left(\frac{\sqrt{3}}{2}\right)^2+\left(\frac{3}{2}-x\right)^2}$$

$$=\sqrt{x^2-3x+3}$$

(iii) $2 \le x \le 3$일 때

점 P가 변 CA 위에 있으므로

$$\overline{\text{AP}}=1-(x-2)=3-x$$

(i), (ii), (iii)에서

$$f(x)=\begin{cases} x & (0 \le x \le 1) \\ \sqrt{x^2-3x+3} & (1 \le x \le 2) \\ 3-x & (2 \le x \le 3) \end{cases}$$

$1 \le x \le 2$일 때

$y=f(x)=\sqrt{x^2-3x+3}$에서

$$y^2=x^2-3x+3$$

$$\therefore \left(x-\frac{3}{2}\right)^2-y^2=-\frac{3}{4} \quad \cdots①$$

이 그래프는 쌍곡선이므로 $y=f(x)$의 그래프는 쌍곡선의 일부를 포함한다.

(2) 쌍곡선 $x^2-y^2=-\frac{3}{4}$ ……②

의 점근선의 방정식은 $y=\pm x$이고, ①의 그래프는 ②의 그래프를 x축의 방향으로 $\frac{3}{2}$만큼 평행이동한 것이므로 구하는 점근선의 방정식은

$$\boldsymbol{y=\pm\left(x-\frac{3}{2}\right)}$$

3-19. $k^2=9+3=(\pm2\sqrt{3})^2$에서 두 점 F, F′은 쌍곡선의 초점이다.

$x>0$이므로 쌍곡선의 정의에 의하여

$$\overline{\text{PF}'}-\overline{\text{PF}}=6$$

$\overline{\text{PF}}=\overline{\text{PQ}}$이므로

$$\overline{\text{PF}'}-\overline{\text{PQ}}=\overline{\text{QF}'}=6$$

곧, 점 Q와 F′ 사이의 거리가 항상 6이므로 점 Q는 중심이 F′이고 반지름의 길이가 6인 원 위의 점이다.

따라서 점 Q는 이 원과 선분 PF′의 교점이다.

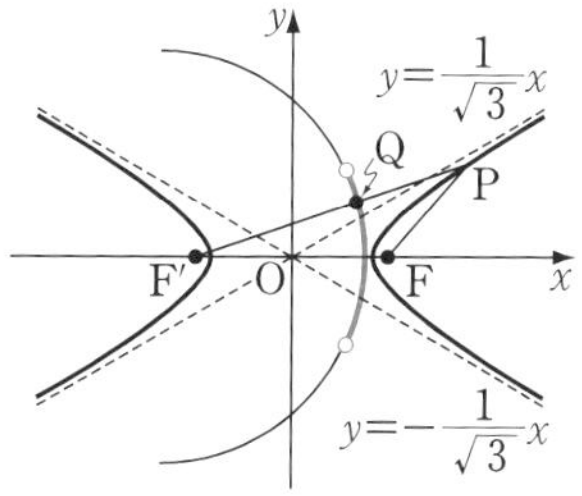

한편 주어진 쌍곡선의 점근선의 방정식이 $y=\pm\frac{1}{\sqrt{3}}x$이므로 두 점근선이 x축과 이루는 예각의 크기는 모두 30°이다.

이때, $\angle\text{PF}'\text{F}$의 크기를 θ라고 하면 $0° \le \theta < 30°$이다.

따라서 점 Q의 자취의 길이는 중심각의 크기가 60°이고 반지름의 길이가 6인 부채꼴의 호의 길이이므로

$$2\pi\times6\times\frac{60^\circ}{360^\circ}=\boldsymbol{2\pi}$$

3-20. $P(x, y)$라고 하면

$$\sqrt{x^2+y^2}-2=\sqrt{(x-4)^2+y^2}-1$$

$$\therefore\ \sqrt{x^2+y^2}-1=\sqrt{(x-4)^2+y^2}$$

양변을 제곱하여 정리하면

$$2\sqrt{x^2+y^2}=8x-15 \qquad \cdots\cdots ①$$

다시 양변을 제곱하여 정리하면

$$60x^2-240x-4y^2+225=0$$

$$\therefore\ 60(x-2)^2-4y^2=15 \qquad \cdots\cdots ②$$

한편 점 P는 두 원의 외부에 있으므로 $\sqrt{x^2+y^2}>2$이고, ①에서

$$8x-15>4 \qquad \therefore\ x>\frac{19}{8}$$

따라서 점 P의 자취는 쌍곡선 ②의 오른쪽 곡선이므로

$$\boldsymbol{60(x-2)^2-4y^2=15\ \left(x\ge\frac{5}{2}\right)}$$

***Note** 중심이 $C(a, b)$이고 반지름의 길이가 r인 원 위의 점과 원 밖의 점 $P(x, y)$ 사이의 거리의 최솟값은

$$\overline{PC}-r=\sqrt{(x-a)^2+(y-b)^2}-r$$

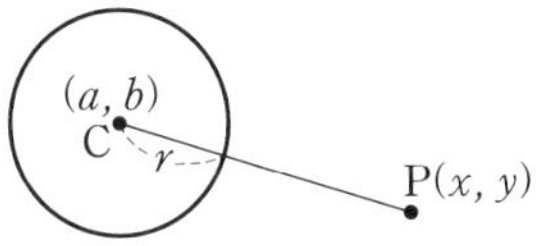

3-21. $A(a, a)$, $B(b, -b)$라고 하면

$$\overline{OA}=\sqrt{a^2+a^2}=\sqrt{2}\,|a|,$$

$$\overline{OB}=\sqrt{b^2+(-b)^2}=\sqrt{2}\,|b|$$

그런데 $\angle AOB=90^\circ$이고 $\triangle OAB=5$이므로 $\frac{1}{2}\times\sqrt{2}\,|a|\times\sqrt{2}\,|b|=5$

$$\therefore\ |ab|=5$$

문제의 조건에서 $ab>0$이므로

$$ab=5 \qquad \cdots\cdots ①$$

선분 AB의 중점을 $M(x, y)$라고 하면

$$x=\frac{a+b}{2},\ y=\frac{a-b}{2}$$

$$\therefore\ a=x+y,\ b=x-y$$

①에 대입하면 $(x+y)(x-y)=5$

$$\therefore\ \boldsymbol{x^2-y^2=5}$$

3-22. $xy=1 \qquad \cdots\cdots ①$

점 (2, 2)를 지나는 직선의 방정식을

$$y=m(x-2)+2 \qquad \cdots\cdots ②$$

로 놓자.

이때, 점 P, Q의 x좌표는 ①, ②에서 y를 소거하여 얻은 이차방정식

$$mx^2+2(1-m)x-1=0 \qquad \cdots\cdots ③$$

의 두 실근이다.

두 근을 α, β라고 하면

$$P\left(\alpha, \frac{1}{\alpha}\right),\ Q\left(\beta, \frac{1}{\beta}\right)$$

이고, 선분 PQ의 중점을 $M(x, y)$라고 하면

$$x=\frac{1}{2}(\alpha+\beta)=\frac{1}{2}\times\frac{2(m-1)}{m}$$

$$=1-\frac{1}{m},$$

$$y=\frac{1}{2}\left(\frac{1}{\alpha}+\frac{1}{\beta}\right)=\frac{1}{2}\times\frac{\alpha+\beta}{\alpha\beta}$$

$$=\frac{1}{2}\times\frac{2(m-1)}{m}\times(-m)=1-m$$

m을 소거하면 $y=1+\frac{1}{x-1}$

한편 ③이 서로 다른 두 실근을 가질 조건은

$$D/4=(1-m)^2+m=m^2-m+1>0$$

이 부등식은 항상 성립하므로 구하는 자취의 방정식은

$$\boldsymbol{y=1+\frac{1}{x-1}}$$

***Note** 점 (2, 2)를 지나고 좌표축에 수직인 직선 중에서 직선 $x=2$는 쌍곡선 $xy=1$과 한 점에서 만나므로 점 (2, 2)를 지나는 직선의 방정식을 ②와 같이 놓을 수 있다. 또, 직선 $y=2$는 쌍곡선 $xy=1$과 한 점에서 만나므로 ②에서

$m \neq 0$이다.

3-23. A(1, 0), B(−1, 0)이라고 하자.

선분 AB와 CD가 수직으로 만나므로

$$C(x_1,\ y_1),\ D(x_1,\ -y_1)\ (-1<x_1<1)$$

로 놓을 수 있다.

이때, 직선 AC, BD의 방정식은

$$y=\frac{y_1}{x_1-1}(x-1) \quad \cdots\cdots①$$

$$y=-\frac{y_1}{x_1+1}(x+1) \quad \cdots\cdots②$$

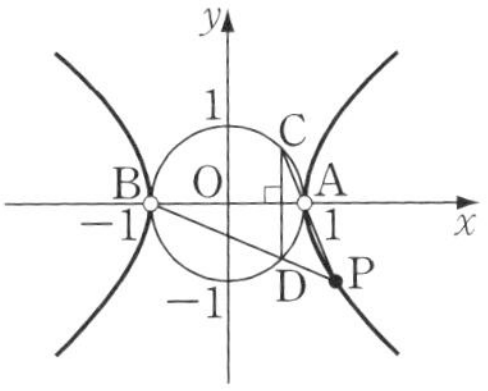

①, ②의 교점을 P(x, y)라고 하면 ①, ②에서

$$x_1=\frac{1}{x},\ y_1=-\frac{y}{x} \quad \cdots\cdots③$$

한편 $C(x_1, y_1)$은 원 $x^2+y^2=1$ 위의 점이므로 $x_1^2+y_1^2=1$

이 식에 ③을 대입하면

$$\left(\frac{1}{x}\right)^2+\left(-\frac{y}{x}\right)^2=1 \quad \therefore\ x^2-y^2=1$$

그런데 $-1<x_1<1$이므로

$x_1=\dfrac{1}{x}$에서 $x<-1,\ x>1$

$$\therefore\ \boldsymbol{x^2-y^2=1\ (x<-1,\ x>1)}$$

****Note*** 쌍곡선 $x^2-y^2=1$에서 $|x|\le 1$인 점은 점 (±1, 0)뿐이므로

$$\boldsymbol{x^2-y^2=1\ (|x|\neq 1)}$$

이라고 해도 된다.

3-24. $2x^2+y^2=10 \quad \cdots\cdots①$

$4y^2-x^2=4 \quad \cdots\cdots②$

①, ②의 교점을 $P(x_1, y_1)$이라고 하면

$2x_1^2+y_1^2=10 \quad \cdots\cdots③$

$4y_1^2-x_1^2=4 \quad \cdots\cdots④$

이고, 점 P에서의 ①, ②의 접선의 방정식은

$2x_1x+y_1y=10 \quad \cdots\cdots⑤$

$4y_1y-x_1x=4 \quad \cdots\cdots⑥$

⑤, ⑥의 직선의 기울기를 각각 $m_1,\ m_2$라고 하면

$$m_1m_2=-\frac{2x_1}{y_1}\times\frac{x_1}{4y_1}$$

$$=-\frac{x_1^2}{2y_1^2} \quad \cdots\cdots⑦$$

그런데 ③, ④에서 $x_1^2=4,\ y_1^2=2$

이것을 ⑦에 대입하면

$$m_1m_2=-1$$

이므로 두 접선은 서로 수직이다.

****Note*** 타원 $2x^2+y^2=10$과 쌍곡선 $4y^2-x^2=4$의 초점의 좌표는 $(0,\ \pm\sqrt{5})$로 일치한다.

일반적으로 초점이 같은 타원과 쌍곡선의 교점에서의 두 접선은 서로 수직이다.

3-25. 접점의 좌표를 $(x_1,\ y_1)$이라고 하면

$x_1^2-2y_1^2=4 \quad \cdots\cdots①$

이고, 접선의 방정식은

$x_1x-2y_1y=4$

이 직선이 점 (p, 0)을 지나므로

$px_1=4 \quad \cdots\cdots②$

(i) $p=0$일 때, ②를 만족시키는 실수 x_1은 존재하지 않으므로 접선의 개수는 0이다.

(ii) $p\neq 0$일 때, ②에서 $x_1=\dfrac{4}{p}$

①에 대입하면 $y_1^2=\dfrac{8}{p^2}-2$

$\dfrac{8}{p^2}-2>0$, 곧 $-2<p<2\,(p\neq 0)$이면 $y_1=\pm\sqrt{\dfrac{8}{p^2}-2}$ 이므로 접선의 개수는 2이다.

$\dfrac{8}{p^2}-2=0$, 곧 $p=\pm 2$이면 $y_1=0$이

므로 접선의 개수는 1이다.

$\frac{8}{p^2}-2<0$, 곧 $p<-2$, $p>2$이면 실수 y_1은 존재하지 않으므로 접선의 개수는 0이다.

(i), (ii)에서

$$f(p)=\begin{cases} 0 & (p<-2,\ p=0,\ p>2) \\ 1 & (p=-2,\ 2) \\ 2 & (-2<p<0,\ 0<p<2) \end{cases}$$

$$\therefore\ g\big(f(x)\big)=\begin{cases} g(0) & (x<-2,\ x=0,\ x>2) \\ g(1) & (x=-2,\ 2) \\ g(2) & (-2<x<0,\ 0<x<2) \end{cases}$$

함수 $g\big(f(x)\big)$가 실수 전체의 집합에서 연속이므로

$$g(0)=g(1)=g(2)$$

$g(0)=k$라고 하면 방정식 $g(x)-k=0$의 해는 $x=0,\ 1,\ 2$

이것을 만족시키는 다항함수 $g(x)$ 중에서 차수가 가장 작은 것은 삼차함수이고, $g(x)$의 최고차항의 계수는 1이므로

$$g(x)-k=x(x-1)(x-2)$$

$x=-1$을 대입하면

$$g(-1)-k=(-1)\times(-2)\times(-3)$$

$$\therefore\ k=g(-1)+6=3+6=9$$

$$\therefore\ g(x)=x(x-1)(x-2)+9$$

곧, $\boldsymbol{g(x)=x^3-3x^2+2x+9}$

4-1. 세 점 A, B, C가 한 직선 위에 있으므로 $\overrightarrow{AC}=k\overrightarrow{AB}$를 만족시키는 실수 k가 존재한다. 그런데

$$\overrightarrow{AC}=\overrightarrow{OC}-\overrightarrow{OA}=2\vec{a}+(m-1)\vec{b},$$

$$\overrightarrow{AB}=\overrightarrow{OB}-\overrightarrow{OA}=-\vec{a}-2\vec{b}$$

$$\therefore\ 2\vec{a}+(m-1)\vec{b}=k(-\vec{a}-2\vec{b})$$

곧, $2\vec{a}+(m-1)\vec{b}=-k\vec{a}-2k\vec{b}$

$\vec{a}$, $\vec{b}$는 영벡터가 아니고 서로 평행하지 않으므로

$$2=-k,\ m-1=-2k$$

$$\therefore\ k=-2,\ \boldsymbol{m=5}$$

4-2.

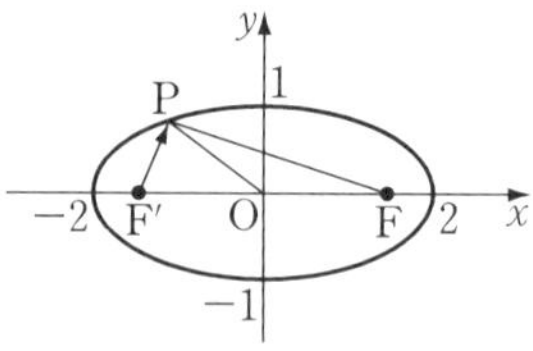

$\overrightarrow{OF}=-\overrightarrow{OF'}$이므로

$$|\overrightarrow{OP}+\overrightarrow{OF}|=|\overrightarrow{OP}-\overrightarrow{OF'}|=|\overrightarrow{F'P}|=1$$

$$\therefore\ \overline{F'P}=1$$

타원의 정의에 의하여 $\overline{F'P}+\overline{PF}=4$이므로 $\overline{PF}=\boldsymbol{3}$

4-3. $\frac{\overrightarrow{OA}}{|\overrightarrow{OA}|}$는 $\overrightarrow{OA}$와 방향이 같은 단위벡터이므로 점 B는 중심이 원점이고 반지름의 길이가 1인 원과 선분 OA의 교점이다.

(i) 점 A가 포물선의 꼭짓점이 아닐 때

직선 OA는 원점을 지나므로 직선 OA의 방정식을 $y=kx$로 놓자.

직선 $y=kx$와 포물선 $y=\frac{1}{4}x^2+3$이 만날 때 k의 값의 범위를 구하면

$\frac{1}{4}x^2+3=kx$ 곧, $x^2-4kx+12=0$

에서 $D/4=4k^2-12\geq0$

$$\therefore\ k\leq-\sqrt{3},\ k\geq\sqrt{3}$$

(ii) 점 A가 포물선의 꼭짓점일 때

직선 OA의 방정식은 $x=0$

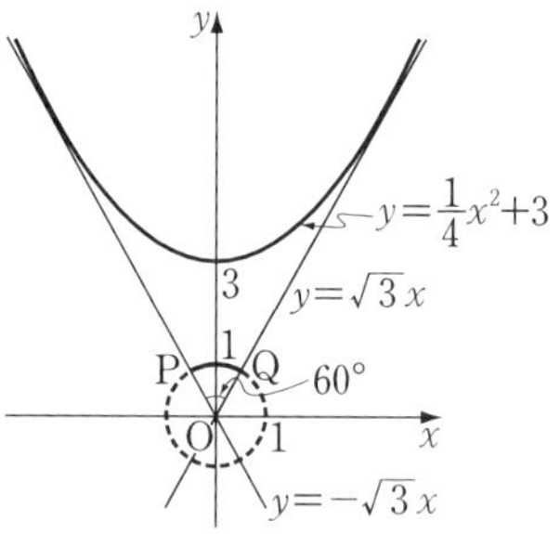

(i), (ii)에 의하여 점 B의 자취는 위의 그림에서 호 PQ이다.

이때, $\angle POQ=60°$이므로 구하는 길이는 $2\pi\times\frac{60°}{360°}=\boldsymbol{\frac{\pi}{3}}$

4-4. 모서리 A_iB_i의 중점을 P_i라고 하면 $P_1=P$이고,

$$\overrightarrow{PA_i}+\overrightarrow{PB_i}=2\overrightarrow{PP_i}=2\overrightarrow{A_1A_i}$$

대각선 A_1A_5, A_3A_7의 교점을 O라고 하면

(준 식)

$=2(\overrightarrow{A_1A_1}+\overrightarrow{A_1A_2}+\cdots+\overrightarrow{A_1A_8})$

$=2\{(\overrightarrow{OA_1}-\overrightarrow{OA_1})+(\overrightarrow{OA_2}-\overrightarrow{OA_1})+\cdots+(\overrightarrow{OA_8}-\overrightarrow{OA_1})\}$

$\overrightarrow{OA_1}+\overrightarrow{OA_2}+\cdots+\overrightarrow{OA_8}=\vec{0}$이므로

(준 식)$=-16\overrightarrow{OA_1}$

$\triangle OA_1A_3$은 직각이등변삼각형이므로

$$|\overrightarrow{OA_1}|=\overline{OA_1}=\frac{1}{\sqrt{2}}\overline{A_1A_3}=3$$

따라서 구하는 크기는 $16\times3=\mathbf{48}$

4-5.

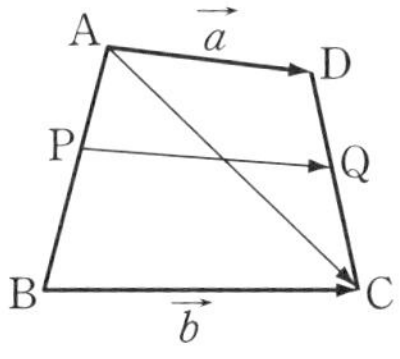

$\overrightarrow{PQ}=\overrightarrow{AQ}-\overrightarrow{AP}=\overrightarrow{AQ}-\frac{2}{5}\overrightarrow{AB}$

$=\frac{2\overrightarrow{AC}+3\overrightarrow{AD}}{2+3}-\frac{2}{5}(\overrightarrow{AC}+\overrightarrow{CB})$

$=\frac{2\overrightarrow{AC}+3\vec{a}}{5}-\frac{2}{5}(\overrightarrow{AC}-\vec{b})$

$=\boldsymbol{\frac{3}{5}\vec{a}+\frac{2}{5}\vec{b}}$

*****Note*** $\overrightarrow{PQ}=\frac{2\overrightarrow{PC}+3\overrightarrow{PD}}{5}$ ……①

이때,

$\overrightarrow{PC}=\overrightarrow{PB}+\overrightarrow{BC}=\frac{3}{5}\overrightarrow{AB}+\vec{b}$,

$\overrightarrow{PD}=\overrightarrow{PA}+\overrightarrow{AD}=-\frac{2}{5}\overrightarrow{AB}+\vec{a}$

①에 대입하여 정리하면

$$\overrightarrow{PQ}=\boldsymbol{\frac{3}{5}\vec{a}+\frac{2}{5}\vec{b}}$$

4-6. 조건식에서

$-\overrightarrow{AP}+(\overrightarrow{AB}-\overrightarrow{AP})+(\overrightarrow{AC}-\overrightarrow{AP})+(\overrightarrow{AD}-\overrightarrow{AP})=3(\overrightarrow{AD}-\overrightarrow{AB})$

$\therefore\ 4\overrightarrow{AP}=4\overrightarrow{AB}+\overrightarrow{AC}-2\overrightarrow{AD}$

이때, $\overrightarrow{AC}=\overrightarrow{AB}+\overrightarrow{AD}$이므로

$4\overrightarrow{AP}=5\overrightarrow{AB}-\overrightarrow{AD}$

$\therefore\ \overrightarrow{AP}=\frac{5\overrightarrow{AB}-\overrightarrow{AD}}{4}=\frac{5\overrightarrow{AB}-\overrightarrow{AD}}{5-1}$

따라서 점 P는 선분 DB를 5 : 1로 외분하는 점이다.

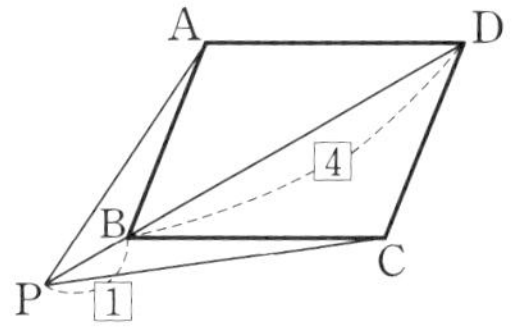

□ABCD=10이므로 △ABD=5

$\therefore\ \triangle APD=\frac{5}{4}\triangle ABD=\frac{25}{4}$

$\therefore\ \square APCD=2\triangle APD=\boldsymbol{\frac{25}{2}}$

4-7.

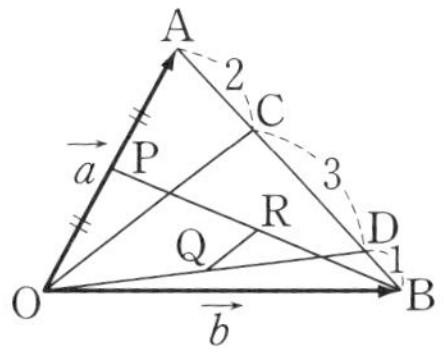

(1) $\overrightarrow{OD}=\frac{5\vec{b}+\vec{a}}{5+1}=\boldsymbol{\frac{1}{6}(\vec{a}+5\vec{b})}$

$\overrightarrow{BP}=\overrightarrow{OP}-\overrightarrow{OB}=\boldsymbol{\frac{1}{2}\vec{a}-\vec{b}}$

(2) $\overrightarrow{OQ}=\frac{1}{2}\overrightarrow{OD}=\frac{1}{2}\times\frac{1}{6}(\vec{a}+5\vec{b})$

$=\frac{1}{12}(\vec{a}+5\vec{b})$

$\overrightarrow{OR}=\frac{1}{2}(\overrightarrow{OB}+\overrightarrow{OP})=\frac{1}{2}\left(\frac{1}{2}\vec{a}+\vec{b}\right)$

$\therefore\ \overrightarrow{QR}=\overrightarrow{OR}-\overrightarrow{OQ}=\boldsymbol{\frac{1}{12}(2\vec{a}+\vec{b})}$

(3) $\overrightarrow{OC}=\dfrac{2\vec{b}+4\vec{a}}{2+4}=\dfrac{1}{3}(2\vec{a}+\vec{b})$

이므로

$\overrightarrow{OC}=4\overrightarrow{QR}$ $\quad\therefore\ \overrightarrow{OC}\,/\!/\,\overrightarrow{QR}$

$\therefore\ \overline{OC}\,/\!/\,\overline{QR}$

4-8.

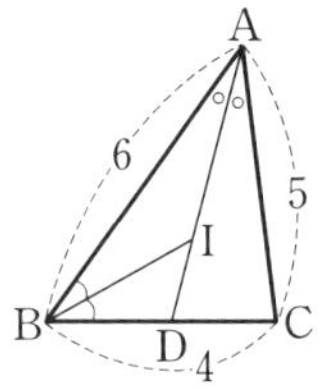

선분 AI의 연장선과 변 BC의 교점을 D라고 하자.

선분 AD는 ∠CAB의 이등분선이므로

$\overline{BD}:\overline{DC}=\overline{AB}:\overline{AC}=6:5$

$\therefore\ \overrightarrow{OD}=\dfrac{6\overrightarrow{OC}+5\overrightarrow{OB}}{6+5}=\dfrac{5\vec{b}+6\vec{c}}{11}$,

$\overline{BD}-\overline{BC}\times\dfrac{6}{6+5}=\dfrac{24}{11}$

또, △ABD에서 선분 BI는 ∠ABD의 이등분선이므로

$\overline{AI}:\overline{ID}=\overline{BA}:\overline{BD}=11:4$

$\therefore\ \overrightarrow{OI}=\dfrac{11\overrightarrow{OD}+4\overrightarrow{OA}}{11+4}$

$=\dfrac{\mathbf{4\vec{a}+5\vec{b}+6\vec{c}}}{\mathbf{15}}$

4-9. 선분 AB를 2 : 1로 내분하는 점을 C라고 하면

$\overrightarrow{PC}=\dfrac{2\overrightarrow{PB}+\overrightarrow{PA}}{2+1}$

$\therefore\ |\overrightarrow{PA}+2\overrightarrow{PB}|=3|\overrightarrow{PC}|$

따라서 선분 PC의 길이가 최소일 때 $|\overrightarrow{PA}+2\overrightarrow{PB}|$가 최소이다.

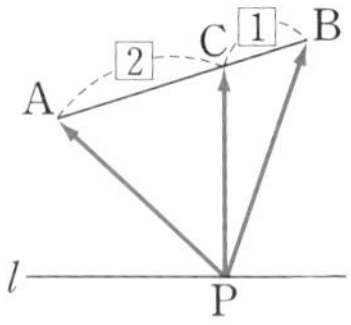

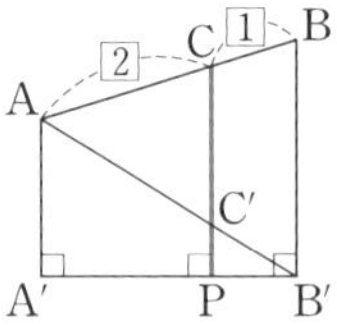

이때, 점 P는 점 C에서 직선 l에 내린 수선의 발이므로 위의 오른쪽 그림에서

$|\overrightarrow{PC}|=\overline{CC'}+\overline{C'P}=\dfrac{2}{3}\overline{BB'}+\dfrac{1}{3}\overline{AA'}$

$=\dfrac{2}{3}\times9+\dfrac{1}{3}\times6=8$

따라서 구하는 최솟값은 $3\times8=\mathbf{24}$

4-10.

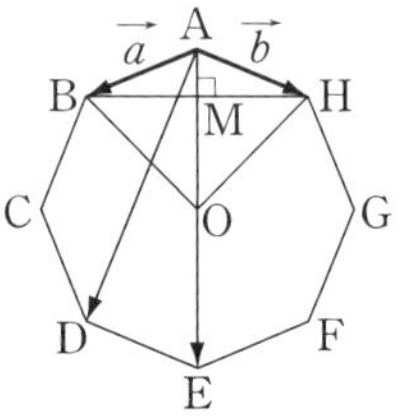

(1) $|\vec{a}-\vec{b}|=|\overrightarrow{AB}-\overrightarrow{AH}|$

$=|\overrightarrow{HB}|=\overline{HB}$

위의 그림에서 $\angle BOH=90°$, $\overline{OB}=1$이므로

$\overline{HB}=\sqrt{2}$ $\quad$ 곧, $|\vec{a}-\vec{b}|=\sqrt{\mathbf{2}}$

또, 직선 AO와 BH의 교점을 M이라고 하면 $\overline{AB}=\overline{AH}$이므로

$\overline{BM}=\overline{MH}$, $\overline{AO}\perp\overline{BH}$

$\therefore\ |\vec{a}+\vec{b}|=|\overrightarrow{AB}+\overrightarrow{AH}|$

$=2|\overrightarrow{AM}|=2\overline{AM}$

△OBM에서

$\overline{OM}=\overline{OB}\cos45°=\dfrac{1}{\sqrt{2}}$

$\therefore\ 2\overline{AM}=2(\overline{OA}-\overline{OM})=2-\sqrt{2}$

곧, $|\vec{a}+\vec{b}|=\mathbf{2-\sqrt{2}}$

(2) 네 점 A, M, O, E는 한 직선 위에 있고

$\dfrac{\overline{AE}}{\overline{AM}}=\dfrac{4}{2-\sqrt{2}}=2(2+\sqrt{2})$

$\therefore\ \overrightarrow{AE}=2(2+\sqrt{2})\overrightarrow{AM}$

$=(\mathbf{2}+\sqrt{\mathbf{2}})(\vec{\boldsymbol{a}}+\vec{\boldsymbol{b}})$

$\therefore\ \overrightarrow{AD}=\overrightarrow{AE}+\overrightarrow{ED}$

$=(2+\sqrt{2})(\vec{a}+\vec{b})-\vec{b}$

$=(\mathbf{2}+\sqrt{\mathbf{2}})\vec{\boldsymbol{a}}+(\mathbf{1}+\sqrt{\mathbf{2}})\vec{\boldsymbol{b}}$

4-11. 물체에 작용하는 중력을 $\vec{f_3}$이라고 하면

$$\vec{f_1}+\vec{f_2}=-\vec{f_3}$$

이므로 오른쪽 그림에서

$$\overrightarrow{OD}=-\vec{f_3}$$

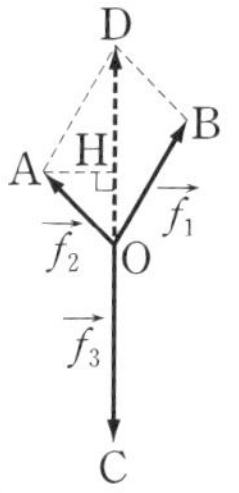

따라서 점 A에서 선분 OD에 내린 수선의 발을 H라 하고, $\overline{AH}=h$라고 하면

$$\angle AOD=45°,\ \angle ADO=30°$$

이므로

$$\overline{OH}=h,\ \overline{HD}=\sqrt{3}h$$

$\overline{OD}=|\vec{f_3}|=20$이므로 $h+\sqrt{3}h=20$

$$\therefore\ h=10(\sqrt{3}-1)$$

$$\therefore\ |\vec{f_1}|=\overline{OB}=\overline{AD}=2h$$

$$=\mathbf{20(\sqrt{3}-1)}\ \textbf{(kg 중)},$$

$$|\vec{f_2}|=\overline{OA}=\sqrt{2}h$$

$$=\mathbf{10(\sqrt{6}-\sqrt{2})}\ \textbf{(kg 중)}$$

* ***Note***

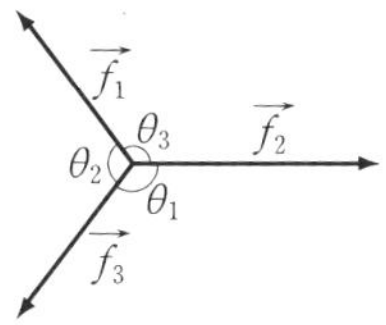

위의 그림과 같이 한 점에서 세 힘 $\vec{f_1}$, $\vec{f_2}$, $\vec{f_3}$이 작용하여 균형 상태에 있을 때, 다음과 같이 삼각형의 꼴로 나타낼 수 있다.

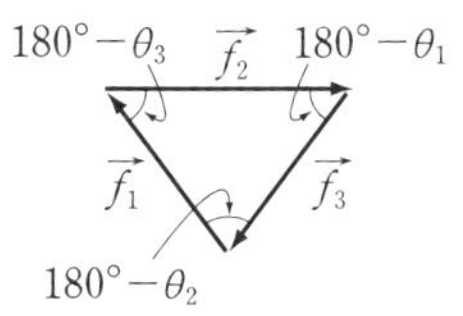

4-12. (1) 조건식에서

$$-\overrightarrow{AP}+2(\overrightarrow{AB}-\overrightarrow{AP})+3(\overrightarrow{AC}-\overrightarrow{AP})=k\overrightarrow{AB}$$

$$\therefore\ \overrightarrow{AP}=\frac{2-k}{6}\overrightarrow{AB}+\frac{1}{2}\overrightarrow{AC}$$

이때, 선분 AC의 중점을 D라고 하면

$$\overrightarrow{AP}=\frac{2-k}{6}\overrightarrow{AB}+\overrightarrow{AD}$$

여기에서 $\frac{2-k}{6}$는 임의의 실수이므로 점 P의 자취는 선분 **AC**의 중점을 지나고 직선 **AB**에 평행한 직선이다.

(2)

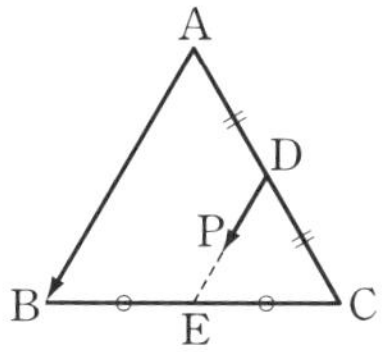

$\overrightarrow{AP}=\frac{2-k}{6}\overrightarrow{AB}+\overrightarrow{AD}$에서

$$\overrightarrow{AP}-\overrightarrow{AD}=\frac{2-k}{6}\overrightarrow{AB}$$

$$\therefore\ \overrightarrow{DP}=\frac{2-k}{6}\overrightarrow{AB}$$

따라서 직선 DP와 변 AB는 평행하다.

이때, 선분 BC의 중점을 E라고 하면 점 P는 선분 DE(단, 점 D, E는 제외) 위에 있어야 한다.

그런데 $\overline{DE}=\frac{1}{2}\overline{AB}$이므로

$0<\frac{2-k}{6}<\frac{1}{2}$ $\quad\therefore\ \mathbf{-1<k<2}$

4-13.

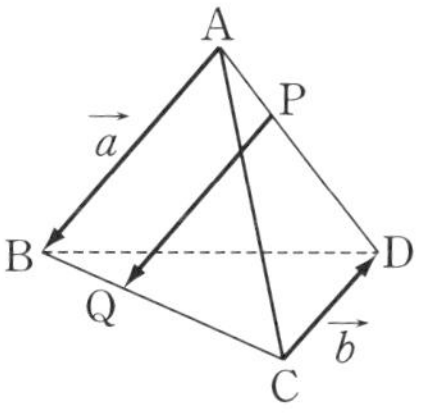

$\overrightarrow{PA}=\vec{c}$ 라고 하면 $\overrightarrow{PD}=-2\vec{c}$

$\overrightarrow{BQ}=\vec{d}$ 라고 하면 $\overrightarrow{CQ}=-2\vec{d}$

$$\therefore\ \overrightarrow{PQ}=\overrightarrow{PA}+\overrightarrow{AB}+\overrightarrow{BQ}$$

$$=\vec{c}+\vec{a}+\vec{d}\qquad\cdots\cdots①$$

$$\overrightarrow{PQ}=\overrightarrow{PD}+\overrightarrow{DC}+\overrightarrow{CQ}$$

$=-2\vec{c}-\vec{b}-2\vec{d}$ ......②

①×2+② 하면 $3\overrightarrow{PQ}=2\vec{a}-\vec{b}$

$\therefore\ \overrightarrow{PQ}=\frac{1}{3}(2\vec{a}-\vec{b})$

4-14.

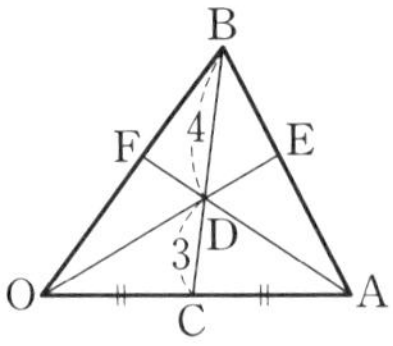

(1) $\overrightarrow{OD}=\frac{4\overrightarrow{OC}+3\overrightarrow{OB}}{4+3}$

$=\frac{4}{7}\times\frac{1}{2}\overrightarrow{OA}+\frac{3}{7}\overrightarrow{OB}$

$=\frac{2}{7}\overrightarrow{OA}+\frac{3}{7}\overrightarrow{OB}$

(2) 세 점 O, D, E는 한 직선 위에 있으므로 $\overrightarrow{OE}=k\overrightarrow{OD}$로 놓으면

$\overrightarrow{OE}=\frac{2}{7}k\overrightarrow{OA}+\frac{3}{7}k\overrightarrow{OB}$

그런데 세 점 A, E, B는 한 직선 위에 있으므로

$\frac{2}{7}k+\frac{3}{7}k=1 \quad \therefore\ k=\frac{7}{5}$

$\therefore\ \overrightarrow{OE}=\frac{2}{5}\overrightarrow{OA}+\frac{3}{5}\overrightarrow{OB}$

또, 세 점 O, F, B는 한 직선 위에 있으므로 $\overrightarrow{OB}=l\overrightarrow{OF}$로 놓고, (1)의 결과에 대입하면

$\overrightarrow{OD}=\frac{2}{7}\overrightarrow{OA}+\frac{3}{7}l\overrightarrow{OF}$

그런데 세 점 A, D, F는 한 직선 위에 있으므로

$\frac{2}{7}+\frac{3}{7}l=1 \quad \therefore\ l=\frac{5}{3}$

$\therefore\ \overrightarrow{OB}=\frac{5}{3}\overrightarrow{OF} \quad \therefore\ \overrightarrow{OF}=\frac{3}{5}\overrightarrow{OB}$

$\therefore\ \overrightarrow{FE}=\overrightarrow{OE}-\overrightarrow{OF}=\frac{2}{5}\overrightarrow{OA}$

(3) (2)에서

$\overline{FE}/\!/\overline{OA},\ \overline{OF}:\overline{FB}=3:2,$

$\overline{BE}:\overline{EA}=2:3$

$\therefore\ \triangle CEF=\triangle OEF=\frac{3}{5}\triangle OBE$

$=\frac{3}{5}\times\frac{2}{5}\triangle OAB$

$=\frac{6}{25}\triangle OAB$

$\therefore\ \triangle CEF:\triangle OAB=\mathbf{6:25}$

4-15.

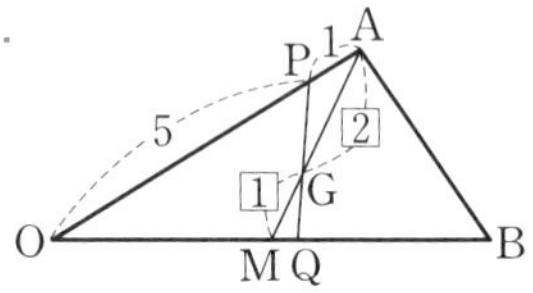

$\overrightarrow{PG}=y\overrightarrow{GQ}$에서 $\overline{PG}:\overline{GQ}=y:1$

$\therefore\ \overrightarrow{OG}=\frac{y\overrightarrow{OQ}+\overrightarrow{OP}}{y+1}$ ......①

$\overrightarrow{OQ}=x\overrightarrow{QB}$에서 $\overline{OQ}:\overline{QB}=x:1$

$\therefore\ \overrightarrow{OQ}=\frac{x}{x+1}\overrightarrow{OB}$

또, $\overrightarrow{OP}=\frac{5}{6}\overrightarrow{OA}$이므로 이들을 ①에 대입하면

$\overrightarrow{OG}=\frac{5}{6(y+1)}\overrightarrow{OA}$

$+\frac{xy}{(x+1)(y+1)}\overrightarrow{OB}$ ...②

한편 점 G는 무게중심이므로 변 OB의 중점을 M이라고 하면

$\overline{AG}:\overline{GM}=2:1$

$\therefore\ \overrightarrow{OG}=\frac{2\overrightarrow{OM}+\overrightarrow{OA}}{2+1}$

$=\frac{2}{3}\times\frac{1}{2}\overrightarrow{OB}+\frac{1}{3}\overrightarrow{OA}$

$=\frac{1}{3}\overrightarrow{OA}+\frac{1}{3}\overrightarrow{OB}$ ......③

②, ③의 우변을 비교하면

$\frac{5}{6(y+1)}=\frac{1}{3},$

$\frac{xy}{(x+1)(y+1)}=\frac{1}{3}$

$\therefore\ x=\frac{5}{4},\ y=\frac{3}{2}$

4-16.

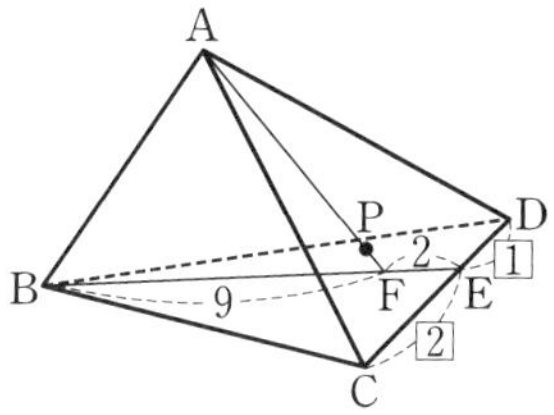

$\overrightarrow{AB}=\vec{b}$, $\overrightarrow{AC}=\vec{c}$, $\overrightarrow{AD}=\vec{d}$, $\overrightarrow{AP}=\vec{p}$ 라고 하자.

$$\overrightarrow{AP}+2\overrightarrow{BP}+3\overrightarrow{CP}+6\overrightarrow{DP}$$
$$=\overrightarrow{AP}+2(\overrightarrow{AP}-\overrightarrow{AB})+3(\overrightarrow{AP}-\overrightarrow{AC})+6(\overrightarrow{AP}-\overrightarrow{AD})$$
$$=12\vec{p}-(2\vec{b}+3\vec{c}+6\vec{d})=\vec{0}$$
$$\therefore\ \vec{p}=\frac{2\vec{b}+3\vec{c}+6\vec{d}}{12}$$
$$=\frac{2}{12}\vec{b}+\frac{9}{12}\times\frac{3\vec{c}+6\vec{d}}{9}$$

모서리 CD를 2 : 1로 내분하는 점을 E라 하고, $\overrightarrow{AE}=\vec{e}$ 라고 하면

$$\frac{3\vec{c}+6\vec{d}}{9}=\frac{2\vec{d}+\vec{c}}{2+1}=\vec{e}$$
$$\therefore\ \vec{p}=\frac{2}{12}\vec{b}+\frac{9}{12}\vec{e}=\frac{2\vec{b}+9\vec{e}}{12}$$
$$=\frac{11}{12}\times\frac{2\vec{b}+9\vec{e}}{11}$$

선분 BE를 9 : 2로 내분하는 점을 F라고 하면

$$\vec{p}=\frac{11}{12}\overrightarrow{AF}$$

따라서 점 P는 선분 AF를 11 : 1로 내분하는 점이다.

따라서 사면체 PBCD의 부피는

$$\boldsymbol{\frac{1}{12}V}$$

4-17.

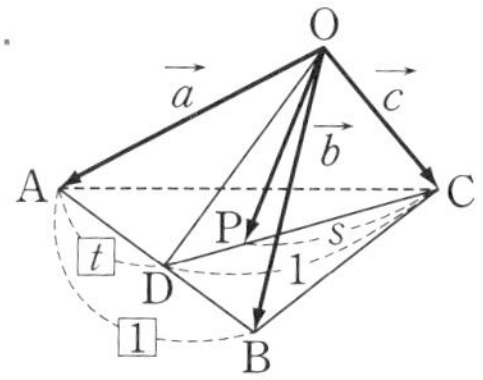

선분 CP의 연장선과 모서리 AB의 교점을 D라고 하면

$$\overrightarrow{OD}=(1-t)\vec{a}+t\vec{b}\ \ (0<t<1),$$
$$\overrightarrow{OP}=(1-s)\vec{c}+s\overrightarrow{OD}\ \ (0<s<1)$$

로 놓을 수 있다. 이때,

$$\overrightarrow{OP}=(1-s)\vec{c}+s\{(1-t)\vec{a}+t\vec{b}\}$$
$$=s(1-t)\vec{a}+st\vec{b}+(1-s)\vec{c}$$

여기에서

$$s(1-t)=l,\ st=m,\ 1-s=n$$

으로 놓으면 $l>0$, $m>0$, $n>0$이고

$$l+m+n=s(1-t)+st+1-s=1$$
$$\therefore\ \overrightarrow{OP}=l\vec{a}+m\vec{b}+n\vec{c},$$
$$l+m+n=1,$$
$$l>0,\ m>0,\ n>0$$

5-1. 원점이 외부에 있는 정사각형 PQRS는 아래 그림과 같다.

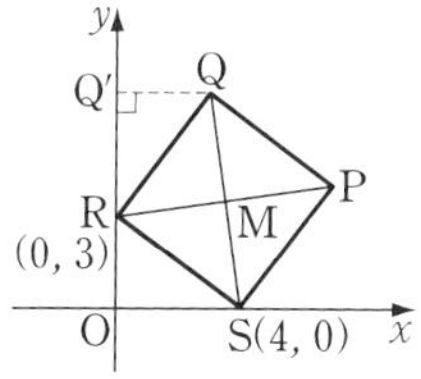

(1) $\overrightarrow{RS}=\overrightarrow{OS}-\overrightarrow{OR}=(4,\ 0)-(0,\ 3)$
$=\mathbf{(4,\ -3)}$

(2) 점 Q에서 y축에 내린 수선의 발을 Q′이라고 하면

$\triangle RQQ'\equiv\triangle SRO\quad \therefore\ Q(3,\ 7)$

$\therefore\ \overrightarrow{RQ}=\overrightarrow{OQ}-\overrightarrow{OR}=(3,\ 7)-(0,\ 3)$
$=\mathbf{(3,\ 4)}$

(3) $\overrightarrow{SQ}=\overrightarrow{OQ}-\overrightarrow{OS}=(3,\ 7)-(4,\ 0)$
$=\mathbf{(-1,\ 7)}$

(4) $\overrightarrow{QM}=-\frac{1}{2}\overrightarrow{SQ}=-\frac{1}{2}(-1,\ 7)$
$=\left(\mathbf{\frac{1}{2}},\ \mathbf{-\frac{7}{2}}\right)$

(5) $\overrightarrow{PM}=\overrightarrow{MR}=\overrightarrow{MQ}+\overrightarrow{QR}$
$=-\overrightarrow{QM}-\overrightarrow{RQ}$

$=-\left(\frac{1}{2},\ -\frac{7}{2}\right)-(3,\ 4)$

$=\left(-\frac{7}{2},\ -\frac{1}{2}\right)$

*Note (4), (5)에서 점 M의 좌표

$M\left(\frac{7}{2},\ \frac{7}{2}\right)$ ⇦ $\overline{QS}$의 중점

을 이용해도 된다.

5-2. $P(x,\ y)$라고 하면

$\overrightarrow{AP}=(x-1,\ y-1)$, $\overrightarrow{BP}=(x+1,\ y+3)$

$|\overrightarrow{AP}|^2=|\overrightarrow{BP}|^2$이므로

$(x-1)^2+(y-1)^2=(x+1)^2+(y+3)^2$

$\therefore\ x+2y+2=0$

이때,

$|\overrightarrow{AP}|^2=(x-1)^2+(y-1)^2$

$=(-2y-3)^2+(y-1)^2$

$=5(y+1)^2+5$

따라서 $y=-1$일 때 구하는 최솟값은

$\boldsymbol{\sqrt{5}}$

*Note $|\overrightarrow{AP}|=|\overrightarrow{BP}|$를 만족시키는 점 P의 자취는 선분 AB의 수직이등분선이다.

따라서 점 P가 선분 AB의 중점일 때 $|\overrightarrow{AP}|$가 최소이고, 최솟값은

$\frac{1}{2}\sqrt{(1+1)^2+(1+3)^2}=\boldsymbol{\sqrt{5}}$

5-3. (1) $\overrightarrow{OA}-2\overrightarrow{OB}=(4,\ 6)$이므로 구하는 벡터의 성분을 $(x,\ y)$라고 하면 0이 아닌 실수 t에 대하여

$(x,\ y)=t(4,\ 6)=(4t,\ 6t)$

크기가 $\sqrt{13}$이므로

$(4t)^2+(6t)^2=(\sqrt{13})^2 \quad \therefore\ t=\pm\frac{1}{2}$

$\therefore\ (x,\ y)=\mathbf{(2,\ 3),\ (-2,\ -3)}$

(2) M(3, 3)이고 점 T는 선분 BM 위의 점이므로 $0\le t\le 1$인 실수 t에 대하여

$\overrightarrow{OT}=t\overrightarrow{OM}+(1-t)\overrightarrow{OB}$

$=(4t-1,\ 3t)$

$\therefore\ \overrightarrow{AT}+\overrightarrow{BT}+\overrightarrow{CT}=(\overrightarrow{OT}-\overrightarrow{OA})$

$+(\overrightarrow{OT}-\overrightarrow{OB})+(\overrightarrow{OT}-\overrightarrow{OC})$

$=3\overrightarrow{OT}-(\overrightarrow{OA}+\overrightarrow{OB}+\overrightarrow{OC})$

$=(12t-8,\ 9t-6)$

$\therefore\ |\overrightarrow{AT}+\overrightarrow{BT}+\overrightarrow{CT}|^2$

$=(12t-8)^2+(9t-6)^2$

$=25(3t-2)^2$

$0\le t\le 1$이므로 $t=0$일 때 구하는 최댓값은 $\sqrt{25\times 4}=\mathbf{10}$

5-4.

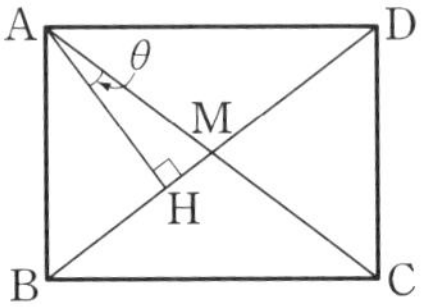

△ABD의 넓이 관계에서

$\frac{1}{2}\times\overline{AB}\times\overline{AD}=\frac{1}{2}\times\overline{BD}\times\overline{AH}$

$\therefore\ \overline{AH}=\frac{12}{5}$

선분 AC의 중점을 M이라 하고, $\angle MAH=\theta$라고 하면

$\overline{AH}=\overline{AM}\cos\theta$

그런데 $\overrightarrow{AC}=2\overrightarrow{AM}$이므로

$\overrightarrow{AH}\cdot\overrightarrow{AC}=2(\overrightarrow{AH}\cdot\overrightarrow{AM})$

$=2|\overrightarrow{AH}||\overrightarrow{AM}|\cos\theta$

$=2\overline{AH}\times\overline{AM}\cos\theta=2\overline{AH}^2$

$=2\times\left(\frac{12}{5}\right)^2=\mathbf{\frac{288}{25}}$

5-5. $\vec{a}-\vec{b}=(2-m,\ -1)$

$\therefore\ |\vec{a}-\vec{b}|=\sqrt{(2-m)^2+(-1)^2}=\sqrt{5}$

$\therefore\ m=4\ (\because\ m>0)$

따라서 $\vec{a}=(1,\ 4)$, $\vec{b}=(3,\ 5)$이므로

$|\vec{a}|=\sqrt{17}$, $|\vec{b}|=\sqrt{34}$

$\therefore\ \cos\theta=\frac{\vec{a}\cdot\vec{b}}{|\vec{a}||\vec{b}|}=\frac{1\times3+4\times5}{\sqrt{17}\times\sqrt{34}}$

$=\mathbf{\frac{23\sqrt{2}}{34}}$

5-6. $\overrightarrow{\mathrm{PQ}}=\overrightarrow{\mathrm{OQ}}-\overrightarrow{\mathrm{OP}}=\vec{a}-2\vec{b}$

$\therefore\ |\overrightarrow{\mathrm{PQ}}|^2=|\vec{a}-2\vec{b}|^2$

$=|\vec{a}|^2-4(\vec{a}\cdot\vec{b})+4|\vec{b}|^2$

그런데

$|\vec{a}|=2,\ |\vec{b}|=2,$

$\vec{a}\cdot\vec{b}=|\vec{a}||\vec{b}|\cos 60°=2$

이므로 $|\overrightarrow{\mathrm{PQ}}|^2=12$

$\therefore\ \mathrm{PQ}=|\overrightarrow{\mathrm{PQ}}|=\mathbf{2\sqrt{3}}$

5-7. $|2\vec{a}-\vec{b}|^2=|\vec{a}+3\vec{b}|^2$이므로

$4|\vec{a}|^2-4(\vec{a}\cdot\vec{b})+|\vec{b}|^2$

$=|\vec{a}|^2+6(\vec{a}\cdot\vec{b})+9|\vec{b}|^2$

$|\vec{a}|=|\vec{b}|$이므로

$\vec{a}\cdot\vec{b}=-\dfrac{1}{2}|\vec{b}|^2$

따라서 구하는 각의 크기를 θ라 하면

$$\cos\theta=\frac{\vec{a}\cdot\vec{b}}{|\vec{a}||\vec{b}|}=\frac{-\frac{1}{2}|\vec{b}|^2}{|\vec{b}||\vec{b}|}=-\frac{1}{2}$$

$\therefore\ \theta=\mathbf{120°}$

5-8. (준 식)

$$=\lim_{x\to0}\frac{|\vec{a}+x\vec{b}|^2-|\vec{a}|^2}{x(|\vec{a}+x\vec{b}|+|\vec{a}|)}$$

$$=\lim_{x\to0}\frac{|\vec{a}|^2+2x(\vec{a}\cdot\vec{b})+x^2|\vec{b}|^2-|\vec{a}|^2}{x(|\vec{a}+x\vec{b}|+|\vec{a}|)}$$

$$=\lim_{x\to0}\frac{2(\vec{a}\cdot\vec{b})+x|\vec{b}|^2}{|\vec{a}+x\vec{b}|+|\vec{a}|}$$

한편

$|\vec{a}|=1,\ |\vec{b}|=1,$

$\vec{a}\cdot\vec{b}=|\vec{a}||\vec{b}|\cos 45°=\dfrac{\sqrt{2}}{2},$

$|\vec{a}+x\vec{b}|$

$=\sqrt{|\vec{a}|^2+2x(\vec{a}\cdot\vec{b})+x^2|\vec{b}|^2}$

$\therefore\ \displaystyle\lim_{x\to0}|\vec{a}+x\vec{b}|=|\vec{a}|=1$

$\therefore\ \displaystyle\lim_{x\to0}\frac{|\vec{a}+x\vec{b}|-|\vec{a}|}{x}=\mathbf{\frac{\sqrt{2}}{2}}$

5-9. (1) $\vec{c}=-(\vec{a}+\vec{b})$이므로

$\vec{a}\cdot\vec{b}=\vec{c}\cdot\vec{a}$에 대입하면

$\vec{a}\cdot\vec{b}=-(\vec{a}+\vec{b})\cdot\vec{a}$

$=-\vec{a}\cdot\vec{a}-\vec{b}\cdot\vec{a}$

$\therefore\ 2(\vec{a}\cdot\vec{b})=-\vec{a}\cdot\vec{a}$

$\vec{a}\cdot\vec{b}=-1$이므로 $\vec{a}\cdot\vec{a}=2$

$\therefore\ |\vec{a}|^2=2 \quad \therefore\ |\vec{a}|=\sqrt{2}$

같은 방법으로 하면

$|\vec{\boldsymbol{a}}|=|\vec{\boldsymbol{b}}|=|\vec{\boldsymbol{c}}|=\mathbf{\sqrt{2}}$

(2) 구하는 각의 크기를 θ라고 하면

$$\cos\theta=\frac{\vec{a}\cdot\vec{b}}{|\vec{a}||\vec{b}|}=\frac{-1}{\sqrt{2}\times\sqrt{2}}=-\frac{1}{2}$$

$\therefore\ \theta=\mathbf{120°}$

5-10.

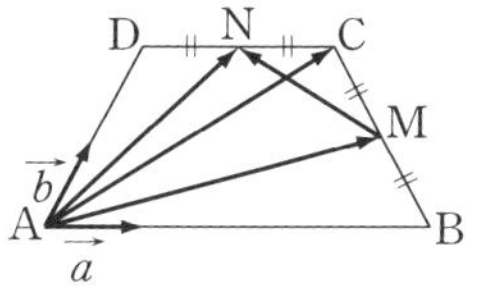

(1) $|\vec{a}|=1,\ |\vec{b}|=1$이므로

$\overrightarrow{\mathrm{DC}}=2\vec{a},\ \overrightarrow{\mathrm{AD}}=2\vec{b}$

이고,

$\mathrm{AB}=\mathrm{AD}\cos 60°+\mathrm{DC}+\mathrm{BC}\cos 60°$

$=2\times\dfrac{1}{2}+2+2\times\dfrac{1}{2}=4$

이므로 $\overrightarrow{\mathrm{AB}}=4\vec{a}$

$\therefore\ \overrightarrow{\mathrm{AC}}=\overrightarrow{\mathrm{AD}}+\overrightarrow{\mathrm{DC}}=\mathbf{2\vec{a}+2\vec{b}},$

$\overrightarrow{\mathrm{AM}}=\dfrac{1}{2}(\overrightarrow{\mathrm{AB}}+\overrightarrow{\mathrm{AC}})=\mathbf{3\vec{a}+\vec{b}},$

$\overrightarrow{\mathrm{AN}}=\overrightarrow{\mathrm{AD}}+\overrightarrow{\mathrm{DN}}=\mathbf{\vec{a}+2\vec{b}}$

(2) $\overrightarrow{\mathrm{MN}}=\overrightarrow{\mathrm{AN}}-\overrightarrow{\mathrm{AM}}=-2\vec{a}+\vec{b}$

$\therefore\ \overrightarrow{\mathrm{AC}}\cdot\overrightarrow{\mathrm{MN}}$

$=2(\vec{a}+\vec{b})\cdot(-2\vec{a}+\vec{b})$

$=-4|\vec{a}|^2-2(\vec{a}\cdot\vec{b})+2|\vec{b}|^2$

그런데

$|\vec{a}|=1,\ |\vec{b}|=1,$

$\vec{a}\cdot\vec{b}=|\vec{a}||\vec{b}|\cos 60°=\dfrac{1}{2}$

$\therefore \overrightarrow{AC}\cdot\overrightarrow{MN}=-4\times1^2-2\times\frac{1}{2}+2\times1^2$
$=-\mathbf{3}$

5-11.

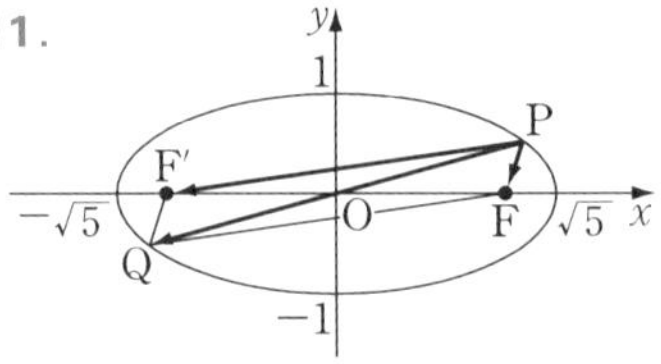

$\frac{x^2}{5}+y^2=1$에서 $k^2=5-1=4$

$\therefore$ F(2, 0), F′(−2, 0)

사각형 PF′QF는 평행사변형이므로

$$\overrightarrow{PQ}=\overrightarrow{PF'}+\overrightarrow{PF}$$

따라서

$$\overrightarrow{PQ}\cdot\overrightarrow{FF'}=(\overrightarrow{PF'}+\overrightarrow{PF})\cdot(\overrightarrow{PF'}-\overrightarrow{PF})$$
$$=|\overrightarrow{PF'}|^2-|\overrightarrow{PF}|^2 \quad \cdots\cdots①$$

$|\overrightarrow{PF}|=a$, $|\overrightarrow{PF'}|=b$라고 하면 타원의 정의에 의하여 $a+b=2\sqrt{5}$

또, $|\overrightarrow{FF'}|=4$이므로

$$|\overrightarrow{FF'}|^2=|\overrightarrow{PF'}-\overrightarrow{PF}|^2$$
$$=|\overrightarrow{PF'}|^2-2(\overrightarrow{PF'}\cdot\overrightarrow{PF})+|\overrightarrow{PF}|^2$$
$$=b^2-2\times\frac{1}{2}+a^2=16$$
$$\therefore a^2+b^2=17$$
$$\therefore ab=\frac{1}{2}\{(a+b)^2-(a^2+b^2)\}=\frac{3}{2}$$
$$\therefore (a-b)^2=a^2+b^2-2ab=14$$

①에서

$$\overrightarrow{PQ}\cdot\overrightarrow{FF'}=b^2-a^2=(b+a)(b-a)$$
$$=2\sqrt{5}\times(\pm\sqrt{14})=\pm\mathbf{2\sqrt{70}}$$

5-12. 아래 그림과 같이 $\overrightarrow{O_2Q}$의 시점이 점 O_1에 오도록 $\overrightarrow{O_2Q}$를 평행이동하면 종점 Q′은 원 O_1의 호 CD 위에 존재한다.

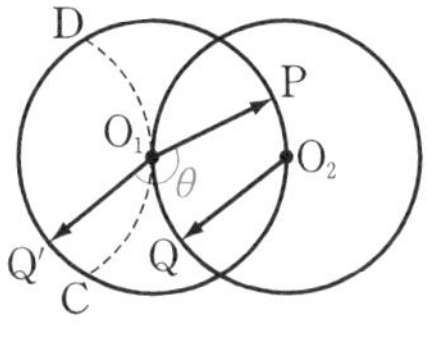

또, $|\overrightarrow{O_1P}|=|\overrightarrow{O_1Q'}|=1$이므로 $\overrightarrow{O_1P}$, $\overrightarrow{O_1Q'}$이 이루는 각의 크기를 θ라고 하면

$$\overrightarrow{O_1P}\cdot\overrightarrow{O_2Q}=\overrightarrow{O_1P}\cdot\overrightarrow{O_1Q'}=\cos\theta$$

따라서 아래 왼쪽 그림과 같이 $\theta=60°$일 때 최대이고, 아래 오른쪽 그림과 같이 $\theta=180°$일 때 최소이다.

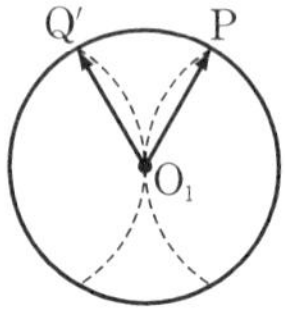

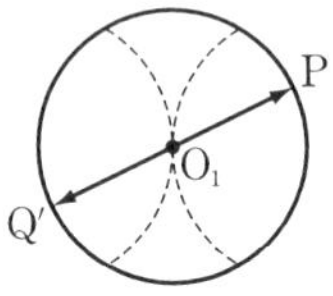

따라서 최댓값은 $\cos 60°=\mathbf{\frac{1}{2}}$,

최솟값은 $\cos 180°=\mathbf{-1}$

5-13. (1) $\vec{a}=\vec{0}$ 또는 $\vec{b}=\vec{0}$일 때, 준 부등식은 성립한다.

$\vec{a}\neq\vec{0}$, $\vec{b}\neq\vec{0}$일 때, $\vec{a}$와 $\vec{b}$가 이루는 각의 크기를 θ라고 하면

$$\vec{a}\cdot\vec{b}=|\vec{a}||\vec{b}|\cos\theta$$

$|\cos\theta|\le1$이므로

$$|\vec{a}\cdot\vec{b}|=|\vec{a}||\vec{b}||\cos\theta|\le|\vec{a}||\vec{b}|$$
$$\therefore |\vec{a}\cdot\vec{b}|\le|\vec{a}||\vec{b}|$$

등호는 $\vec{a}=\vec{0}$ 또는 $\vec{b}=\vec{0}$ 또는 $\vec{a}\,/\!/\,\vec{b}$일 때 성립한다.

(2) $(|\vec{a}|+|\vec{b}|)^2-|\vec{a}+\vec{b}|^2$

$$=|\vec{a}|^2+2|\vec{a}||\vec{b}|+|\vec{b}|^2$$
$$-\{|\vec{a}|^2+2(\vec{a}\cdot\vec{b})+|\vec{b}|^2\}$$
$$=2(|\vec{a}||\vec{b}|-\vec{a}\cdot\vec{b})\ge0 \quad \Leftarrow (1)$$
$$\therefore |\vec{a}+\vec{b}|^2\le(|\vec{a}|+|\vec{b}|)^2$$

그런데 $|\vec{a}+\vec{b}|\ge0$, $|\vec{a}|+|\vec{b}|\ge0$이므로

$$|\vec{a}+\vec{b}|\le|\vec{a}|+|\vec{b}|$$

여기서 등호는 $\vec{a}=\vec{0}$ 또는 $\vec{b}=\vec{0}$ 또는 $\vec{a}$와 $\vec{b}$가 같은 방향으로 평행할 때 성립한다.

5-14.

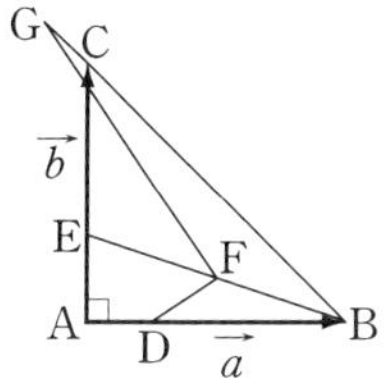

$\overrightarrow{AB}=\vec{a}$, $\overrightarrow{AC}=\vec{b}$ 로 놓으면

$$\overrightarrow{AD}=\frac{1}{4}\vec{a},\ \overrightarrow{AE}=\frac{1}{3}\vec{b},$$

$$\overrightarrow{AF}=\frac{\overrightarrow{AB}+\overrightarrow{AE}}{2}=\frac{1}{2}\vec{a}+\frac{1}{6}\vec{b},$$

$$\overrightarrow{AG}=\frac{7\overrightarrow{AC}-\overrightarrow{AB}}{7-1}=-\frac{1}{6}\vec{a}+\frac{7}{6}\vec{b}$$

따라서

$$\overrightarrow{FD}=\overrightarrow{AD}-\overrightarrow{AF}=-\frac{1}{4}\vec{a}-\frac{1}{6}\vec{b},$$

$$\overrightarrow{FG}=\overrightarrow{AG}-\overrightarrow{AF}=-\frac{2}{3}\vec{a}+\vec{b}$$

한편 $|\vec{a}|=|\vec{b}|$, $\vec{a}\cdot\vec{b}=0$이므로

$$\overrightarrow{FD}\cdot\overrightarrow{FG}$$

$$=\left(-\frac{1}{4}\vec{a}-\frac{1}{6}\vec{b}\right)\cdot\left(-\frac{2}{3}\vec{a}+\vec{b}\right)$$

$$=\frac{1}{6}|\vec{a}|^2-\frac{1}{6}|\vec{b}|^2=0$$

$$\therefore\ \angle DFG=\mathbf{90^\circ}$$

****Note*** 점 A를 좌표평면의 원점에, 선분 AB, AC를 각각 x축, y축에 놓고, 각 점의 좌표를 정하면 $\overrightarrow{FD}$, $\overrightarrow{FG}$를 성분으로 나타낼 수 있다. 이를 이용하여 $\overrightarrow{FD}\cdot\overrightarrow{FG}$의 값을 구해도 된다.

5-15. 조건식에서

$$\overrightarrow{PA}+\overrightarrow{PB}+\overrightarrow{PC}+\overrightarrow{PD}=3(\overrightarrow{PA}-\overrightarrow{PC})$$

$$\therefore\ \frac{\overrightarrow{PB}+\overrightarrow{PD}}{2}=-(2\overrightarrow{PC}-\overrightarrow{PA})$$

$$=-\frac{2\overrightarrow{PC}-\overrightarrow{PA}}{2-1}$$

선분 BD의 중점을 M이라 하고, 선분 AC를 2 : 1로 외분하는 점을 N이라고 하면 $\overrightarrow{PM}=-\overrightarrow{PN}$

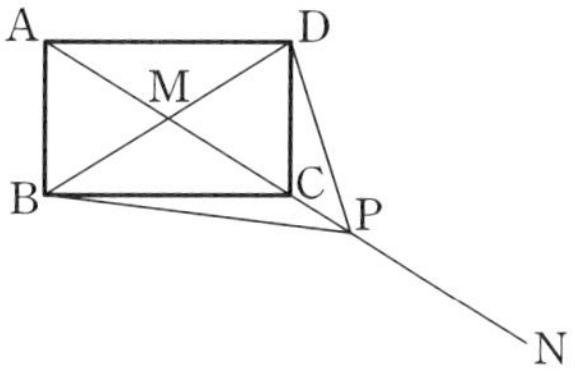

ㄱ. (참) $\overline{AC}=4$이므로 $\overline{CN}=4$

$$\therefore\ \overline{MN}=\overline{MC}+\overline{CN}=6$$

점 P는 선분 MN의 중점이므로

$$\overline{MP}=3 \quad \therefore\ \overline{CP}=1$$

$$\therefore\ \overrightarrow{AP}=5\overrightarrow{CP}$$

ㄴ. (참) $\overrightarrow{PB}\cdot\overrightarrow{PD}$

$$=(\overrightarrow{AB}-\overrightarrow{AP})\cdot(\overrightarrow{AD}-\overrightarrow{AP})$$

$$=\overrightarrow{AB}\cdot\overrightarrow{AD}-\overrightarrow{AP}\cdot(\overrightarrow{AB}+\overrightarrow{AD})+\overrightarrow{AP}\cdot\overrightarrow{AP}$$

$$=-\overrightarrow{AP}\cdot\overrightarrow{AC}+\overrightarrow{AP}\cdot\overrightarrow{AP}$$

$$=\overrightarrow{AP}\cdot(\overrightarrow{AP}-\overrightarrow{AC})$$

$$=\overrightarrow{AP}\cdot\overrightarrow{CP}=5\overrightarrow{CP}\cdot\overrightarrow{CP}$$

$$=5|\overrightarrow{CP}|^2=5$$

ㄷ. (참) △ABP의 넓이가 5이면 △ABM의 넓이는 2이다.

$\overline{AM}=\overline{BM}=2$이므로 $\angle AMB=\theta$라고 하면

$$\frac{1}{2}\times2\times2\times\sin\theta=2$$

$$\therefore\ \sin\theta=1 \quad \therefore\ \theta=90^\circ$$

따라서 □ABCD는 대각선의 길이가 4인 정사각형이다.

$$\therefore\ \overline{AB}=2\sqrt{2},\ \angle BAC=45^\circ$$

$$\therefore\ \overrightarrow{AB}\cdot\overrightarrow{AC}=|\overrightarrow{AB}||\overrightarrow{AC}|\cos45^\circ$$

$$=2\sqrt{2}\times4\times\frac{1}{\sqrt{2}}=8$$

답 ㄱ, ㄴ, ㄷ

5-16. (1) $|\overrightarrow{CB}-\overrightarrow{CP}|=|\overrightarrow{PB}|=\overline{PB}$

그런데 선분 PB의 길이는 점 P가 점 A와 일치할 때 최소이다.

따라서 최솟값은 $\overline{AB}=\mathbf{1}$

(2) △ACD에서 $\overline{AD}=\sqrt{3}$, $\overline{DC}=1$이므로 $\angle CAD=30^\circ$

$\therefore\ \angle EAC=60^\circ+30^\circ=90^\circ$

$$\therefore\ \overrightarrow{CA}\cdot\overrightarrow{CP}=\overrightarrow{CA}\cdot(\overrightarrow{CA}+\overrightarrow{AP})$$
$$=\overrightarrow{CA}\cdot\overrightarrow{CA}+\overrightarrow{CA}\cdot\overrightarrow{AP}$$
$$=|\overrightarrow{CA}|^2+0=2^2=\mathbf{4}$$

(3)

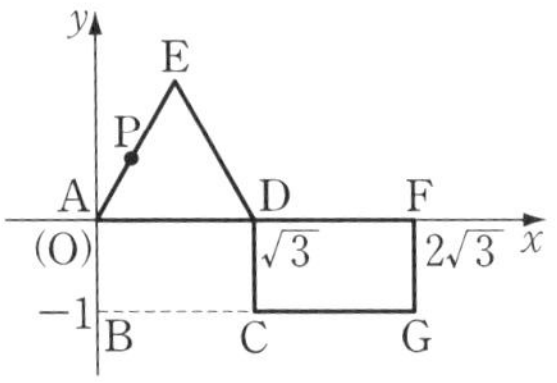

위의 그림과 같이 점 A를 좌표평면의 원점에, 선분 AD를 x축 위에 놓고, $G(2\sqrt{3},\ -1)$이라고 하면

$$\overrightarrow{DA}+\overrightarrow{CP}=\overrightarrow{GC}+\overrightarrow{CP}=\overrightarrow{GP}$$

이때, $|\overrightarrow{GP}|$의 최솟값은 점 G와 직선 AE 사이의 거리이다.

직선 AE의 방정식은 $y=\sqrt{3}x$, 곧 $\sqrt{3}x-y=0$이므로 구하는 최솟값은

$$\frac{|\sqrt{3}\times2\sqrt{3}-(-1)|}{\sqrt{(\sqrt{3})^2+(-1)^2}}=\mathbf{\frac{7}{2}}$$

**Note* 위의 그림에서

$$P(x,\ \sqrt{3}x)\ \left(0\le x\le\frac{\sqrt{3}}{2}\right)$$

라고 하면 $G(2\sqrt{3},\ -1)$에 대하여

$$\overline{GP}^2=(x-2\sqrt{3})^2+(\sqrt{3}x+1)^2$$
$$=4\left(x-\frac{\sqrt{3}}{4}\right)^2+\frac{49}{4}$$

따라서 $x=\dfrac{\sqrt{3}}{4}$일 때 구하는 최솟값은 $\overline{GP}=\sqrt{\dfrac{49}{4}}=\mathbf{\dfrac{7}{2}}$

5-17. $|\vec{u}+t\vec{v}|^2\ge|\vec{u}|^2$이므로

$$|\vec{u}|^2+2t(\vec{u}\cdot\vec{v})+t^2|\vec{v}|^2\ge|\vec{u}|^2$$
$$\therefore\ |\vec{v}|^2t^2+2(\vec{u}\cdot\vec{v})t\ge0$$

$\vec{v}\ne\vec{0}$이므로 모든 실수 t에 대하여 성립하려면

$$D/4=(\vec{u}\cdot\vec{v})^2-|\vec{v}|^2\times0\le0$$
$$\therefore\ (\vec{u}\cdot\vec{v})^2\le0\qquad\therefore\ \vec{u}\cdot\vec{v}=0$$
$$\therefore\ \vec{u}\perp\vec{v}$$

5-18. (1) $\overrightarrow{AD}=\overrightarrow{AB}+\overrightarrow{BC}+\overrightarrow{CD}$
$$=(4+x,\ -2+y)$$
$$\therefore\ \overrightarrow{DA}=(-4-x,\ 2-y)$$

0이 아닌 실수 t에 대하여 $\overrightarrow{DA}=t\overrightarrow{BC}$이므로

$$(-4-x,\ 2-y)=t(x,\ y)$$
$$\therefore\ -4-x=tx,\ 2-y=ty$$

t를 소거하면

$\boldsymbol{x+2y=0\ (x\ne0,\ x\ne-4)}$ ……①

(2) $\overrightarrow{AC}=\overrightarrow{AB}+\overrightarrow{BC}=(6+x,\ 1+y)$,
$\overrightarrow{BD}=\overrightarrow{BC}+\overrightarrow{CD}=(x-2,\ y-3)$

$\overrightarrow{AC}\cdot\overrightarrow{BD}=0$이므로

$$(6+x)(x-2)+(1+y)(y-3)=0$$

이것과 ①을 연립하여 풀면

$\boldsymbol{x=2,\ y=-1}$ **또는** $\boldsymbol{x=-6,\ y=3}$

5-19.

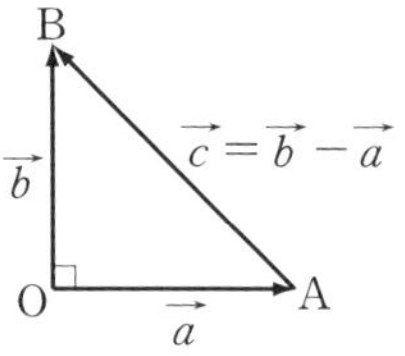

$$\vec{c}=\overrightarrow{AB}=\overrightarrow{OB}-\overrightarrow{OA}=\vec{b}-\vec{a}$$

(1) $\vec{p}=7(\vec{a}+\vec{b})+(\vec{b}-\vec{a})$
$$=6\vec{a}+8\vec{b}$$
$$\therefore\ |\vec{p}|^2=|6\vec{a}+8\vec{b}|^2$$
$$=36|\vec{a}|^2+96(\vec{a}\cdot\vec{b})+64|\vec{b}|^2$$

$|\vec{a}|=\overline{OA}=1$, $|\vec{b}|=\overline{OB}=1$, $\vec{a}\cdot\vec{b}=0$이므로

$$|\vec{p}|^2=100\qquad\therefore\ |\boldsymbol{\vec{p}}|=\mathbf{10}$$

(2) $\vec{c}-x\vec{a}=(\vec{b}-\vec{a})-x\vec{a}$
$$=\vec{b}-(x+1)\vec{a}$$

이므로

$(\vec{c}-x\vec{a})\cdot\vec{a}=\{\vec{b}-(x+1)\vec{a}\}\cdot\vec{a}$

$=\vec{a}\cdot\vec{b}-(x+1)|\vec{a}|^2$

$=0-(x+1)\times 1=0$

$\therefore\ \boldsymbol{x=-1}$

5-20.

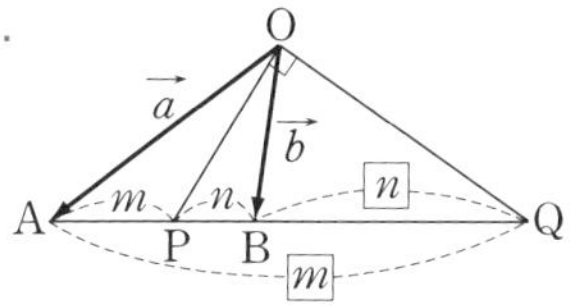

$\overrightarrow{OP}=\dfrac{m\vec{b}+n\vec{a}}{m+n},\ \overrightarrow{OQ}=\dfrac{m\vec{b}-n\vec{a}}{m-n}$

$\overrightarrow{OP}\cdot\overrightarrow{OQ}=0$이므로

$\dfrac{m\vec{b}+n\vec{a}}{m+n}\cdot\dfrac{m\vec{b}-n\vec{a}}{m-n}$

$=\dfrac{m^2|\vec{b}|^2-n^2|\vec{a}|^2}{m^2-n^2}=0$

$\therefore\ m^2|\vec{b}|^2=n^2|\vec{a}|^2$

$m>n>0$이므로 $\ m|\vec{b}|=n|\vec{a}|$

$\therefore\ |\boldsymbol{\vec{a}}|:|\boldsymbol{\vec{b}}|=\boldsymbol{m}:\boldsymbol{n}$

5-21.

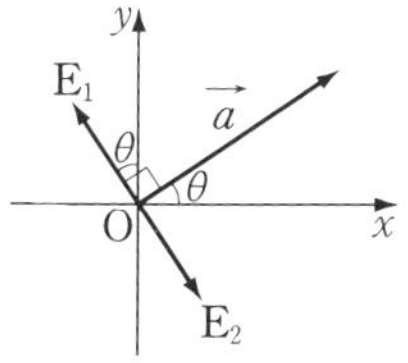

$\vec{a}$에 수직인 단위벡터를 위의 그림과 같이 $\overrightarrow{OE_1}$, $\overrightarrow{OE_2}$라고 하자.

$\overrightarrow{OE_1}$의 x성분은

$|\overrightarrow{OE_1}|\cos(\theta+90°)=-\sin\theta$

$\overrightarrow{OE_1}$의 y성분은

$|\overrightarrow{OE_1}|\sin(\theta+90°)=\cos\theta$

$\therefore\ \overrightarrow{OE_1}=(\boldsymbol{-\sin\theta,\ \cos\theta})$

$\overrightarrow{OE_2}$의 x성분은

$|\overrightarrow{OE_2}|\cos(\theta-90°)=\sin\theta$

$\overrightarrow{OE_2}$의 y성분은

$|\overrightarrow{OE_2}|\sin(\theta-90°)=-\cos\theta$

$\therefore\ \overrightarrow{OE_2}=(\boldsymbol{\sin\theta,\ -\cos\theta})$

5-22.

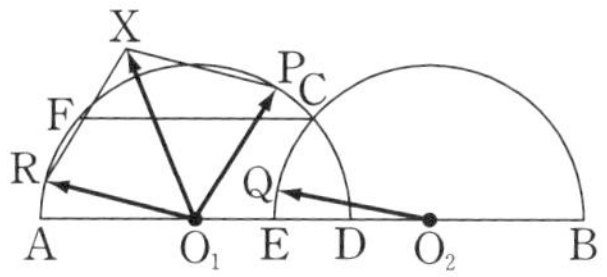

점 C를 지나고 선분 AB에 평행한 직선이 호 AC와 만나는 점을 F라고 하면 $\overrightarrow{O_2Q}=\overrightarrow{O_1R}$인 점 R를 호 AF 위에 잡을 수 있다. 이때,

$\overrightarrow{O_1P}+\overrightarrow{O_2Q}=\overrightarrow{O_1P}+\overrightarrow{O_1R}=\overrightarrow{O_1X}$

라고 하면 $|\overrightarrow{O_1X}|$가 최소일 때는 점 R가 점 A에, 점 P가 점 C에 있을 때이다.

따라서 $\angle AO_1C=\theta$라고 하면

$|\overrightarrow{O_1A}+\overrightarrow{O_1C}|=\dfrac{1}{2}$이므로

$|\overrightarrow{O_1A}+\overrightarrow{O_1C}|^2=|\overrightarrow{O_1A}|^2+2(\overrightarrow{O_1A}\cdot\overrightarrow{O_1C})+|\overrightarrow{O_1C}|^2$

$=1+2\times1\times1\times\cos\theta+1$

$=2+2\cos\theta=\dfrac{1}{4}$

$\therefore\ \cos\theta=-\dfrac{7}{8}$

이때, 점 Q는 점 E에 있으므로 $\triangle O_1PQ$의 넓이는 $\triangle O_1CE$의 넓이와 같다.

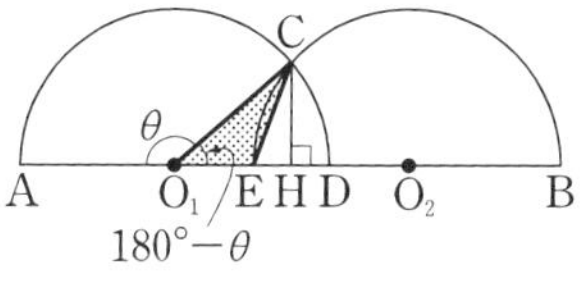

점 C에서 선분 O_1D에 내린 수선의 발을 H라고 하면

$\overline{O_1H}=\overline{O_1C}\cos(180°-\theta)$

$=1\times(-\cos\theta)=\dfrac{7}{8}$

$\therefore\ \overline{EH}=\overline{HD}=1-\dfrac{7}{8}=\dfrac{1}{8}$

$\therefore\ \overline{O_1E}=\dfrac{7}{8}-\dfrac{1}{8}=\dfrac{3}{4}$

따라서 $\triangle O_1PQ$의 넓이를 S라고 하면

$$S=\frac{1}{2}\times1\times\frac{3}{4}\times\sin(180^\circ-\theta)$$
$$=\frac{3}{8}\sin\theta=\frac{3}{8}\sqrt{1-\cos^2\theta}$$
$$=\mathbf{\frac{3\sqrt{15}}{64}}$$

5-23. $\overrightarrow{AD}\cdot\overrightarrow{CX}=\overrightarrow{AD}\cdot(\overrightarrow{AX}-\overrightarrow{AC})$
$=\overrightarrow{AD}\cdot\overrightarrow{AX}-\overrightarrow{AD}\cdot\overrightarrow{AC}$

이때, 점 A, C, D는 고정된 점이므로 $\overrightarrow{AD}\cdot\overrightarrow{AC}$는 상수이다.

따라서 $\overrightarrow{AD}\cdot\overrightarrow{AX}$가 최소일 때 $\overrightarrow{AD}\cdot\overrightarrow{CX}$는 최소이다.

그런데 $\overrightarrow{AD}$와 $\overrightarrow{AX}$가 이루는 각의 크기를 θ라고 하면

$$\overrightarrow{AD}\cdot\overrightarrow{AX}=|\overrightarrow{AD}||\overrightarrow{AX}|\cos\theta$$

이고, $|\overrightarrow{AD}|$가 상수이므로 $|\overrightarrow{AX}|\cos\theta$가 최소일 때 $\overrightarrow{AD}\cdot\overrightarrow{AX}$는 최소이다.

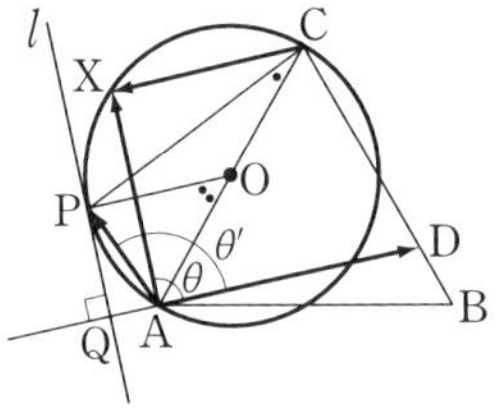

위의 그림과 같이 직선 AD에 수직이고 원에 접하는 직선 l을 그었을 때, 원에 접하는 점을 P, 직선 l과 직선 AD의 교점을 Q라 하고 $\angle PAD=\theta'$이라 하면

$$|\overrightarrow{AX}|\cos\theta\geq|\overrightarrow{AP}|\cos\theta'=-|\overrightarrow{AQ}|$$

따라서 점 X가 점 P에 있을 때 $|\overrightarrow{AX}|\cos\theta$는 최솟값을 가진다.

이때, $l\perp\overline{OP}$이므로 $\overline{OP}\,/\!/\,\overline{AD}$

$$\therefore\ \angle POA=\angle OAD$$
$$=60^\circ-12^\circ=48^\circ$$

따라서 구하는 크기는

$$\angle ACP=\frac{1}{2}\angle POA=\mathbf{24}^\circ$$

5-24. $\overline{AB}^2=|\overrightarrow{OB}-\overrightarrow{OA}|^2=4^2$이므로

$$|\overrightarrow{OB}|^2-2(\overrightarrow{OB}\cdot\overrightarrow{OA})+|\overrightarrow{OA}|^2=16 \quad\cdots\cdots①$$

$\overline{BC}^2=|\overrightarrow{OC}-\overrightarrow{OB}|^2=6^2$이므로

$$|\overrightarrow{OC}|^2-2(\overrightarrow{OC}\cdot\overrightarrow{OB})+|\overrightarrow{OB}|^2=36 \quad\cdots\cdots②$$

점 O가 $\triangle ABC$의 외심이므로

$$\overline{OA}=\overline{OB}=\overline{OC}$$

따라서 ①−②하면

$$-2(\overrightarrow{OA}-\overrightarrow{OC})\cdot\overrightarrow{OB}=-20$$
$$\therefore\ \overrightarrow{CA}\cdot\overrightarrow{BO}=\mathbf{-10}$$

5-25. (1)

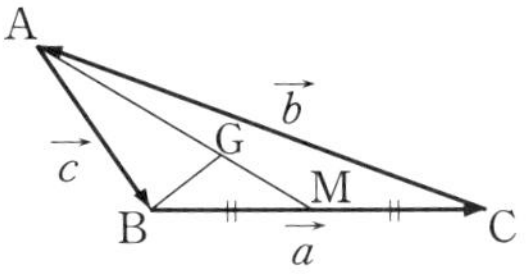

변 BC의 중점을 M이라고 하면

$$\overrightarrow{AG}=\frac{2}{3}\overrightarrow{AM}=\frac{2}{3}\times\frac{\overrightarrow{AB}+\overrightarrow{AC}}{2}$$
$$=\mathbf{\frac{\vec{c}-\vec{b}}{3}}$$

(2) $$|\overrightarrow{AG}|^2=\frac{|\vec{b}|^2-2(\vec{b}\cdot\vec{c})+|\vec{c}|^2}{9} \quad\cdots\cdots①$$

그런데 $\vec{b}+\vec{c}=-\vec{a}$이므로

$$|\vec{b}+\vec{c}|^2=|\vec{a}|^2$$
$$\therefore\ |\vec{b}|^2+2(\vec{b}\cdot\vec{c})+|\vec{c}|^2=|\vec{a}|^2$$

$|\vec{a}|=a,\ |\vec{b}|=b,\ |\vec{c}|=c$이므로

$$2(\vec{b}\cdot\vec{c})=a^2-b^2-c^2$$

이것을 ①에 대입하면

$$|\overrightarrow{AG}|^2=\mathbf{\frac{2b^2+2c^2-a^2}{9}} \quad\cdots②$$

(3) $\overrightarrow{BG}=\overrightarrow{AG}-\overrightarrow{AB}$

$$=\frac{\vec{c}-\vec{b}}{3}-\vec{c}=-\frac{\vec{b}+2\vec{c}}{3}$$
$$\therefore\ |\overrightarrow{BG}|^2=\frac{|\vec{b}|^2+4(\vec{b}\cdot\vec{c})+4|\vec{c}|^2}{9}$$
$$=\frac{2c^2+2a^2-b^2}{9} \quad\cdots\cdots③$$

②, ③에 $a=2\sqrt{3}$, $b=\sqrt{21}$, $c=\sqrt{3}$을 대입하면

$$|\overrightarrow{AG}|^2=4,\ |\overrightarrow{BG}|^2=1$$

$$\therefore\ |\overrightarrow{AG}|=2,\ |\overrightarrow{BG}|=1$$

따라서 △AGB는 세 변의 길이가 2, 1, $\sqrt{3}$인 직각삼각형이므로

$$\angle AGB=\mathbf{60^\circ}$$

5-26.

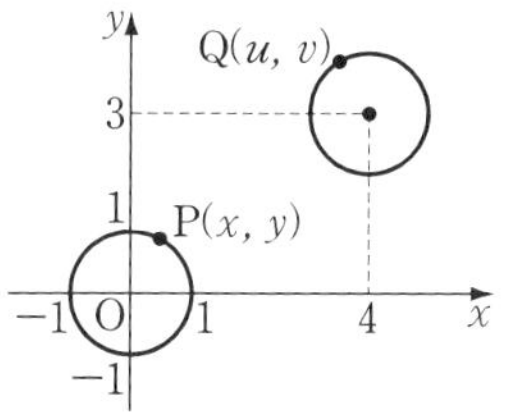

P(x, y), Q(u, v)라고 하면 점 P는 원 $x^2+y^2=1$ 위의 점이고, 점 Q는 원 $(x-4)^2+(y-3)^2=1$ 위의 점이다.

$\overrightarrow{OP}$와 $\overrightarrow{OQ}$가 이루는 각의 크기를 θ라고 하면

$$xu+yv=\overrightarrow{OP}\cdot\overrightarrow{OQ}=|\overrightarrow{OP}||\overrightarrow{OQ}|\cos\theta=|\overrightarrow{OQ}|\cos\theta$$

따라서 $|\overrightarrow{OQ}|$의 값이 최대이고 $\theta=0^\circ$일 때 $\overrightarrow{OP}\cdot\overrightarrow{OQ}$는 최대이다.

또, $|\overrightarrow{OQ}|$의 값이 최대이고 $\theta=180^\circ$일 때 $\overrightarrow{OP}\cdot\overrightarrow{OQ}$는 최소이다.

그런데 $|\overrightarrow{OQ}|$의 최댓값은 $\sqrt{4^2+3^2}+1=6$이므로

최댓값 $6\times\cos 0^\circ=\mathbf{6}$,

최솟값 $6\times\cos 180^\circ=\mathbf{-6}$

5-27. (1) $\overrightarrow{OA}=\vec{a}$, $\overrightarrow{OB}=\vec{b}$, $\overrightarrow{OC}=\vec{c}$, $\angle AOB=\theta$라고 하면

$$\vec{a}+\vec{b}=-\vec{c}\quad\therefore\ |\vec{a}+\vec{b}|^2=|\vec{c}|^2$$

$$\therefore\ |\vec{a}|^2+2(\vec{a}\cdot\vec{b})+|\vec{b}|^2=|\vec{c}|^2$$

$|\vec{a}|=|\vec{b}|=|\vec{c}|=1$이므로

$$1+2\times1\times1\times\cos\theta+1=1$$

$$\therefore\ \cos\theta=-\frac{1}{2}\quad\therefore\ \theta=\mathbf{120^\circ}$$

**Note* $\angle BOC=\angle COA=120^\circ$

(2)

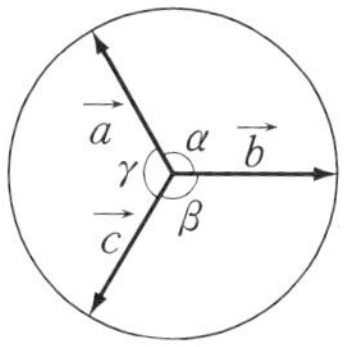

$\alpha+\beta+\gamma=360^\circ$이므로 반지름의 길이가 1인 원의 중심을 시점, 원 위의 점을 종점으로 하고, 서로 이루는 각의 크기가 α, β, γ인 세 벡터 $\vec{a}$, $\vec{b}$, $\vec{c}$를 생각할 수 있다. 이때,

$$|\vec{a}+\vec{b}+\vec{c}|^2=|\vec{a}|^2+|\vec{b}|^2+|\vec{c}|^2+2(\vec{a}\cdot\vec{b}+\vec{b}\cdot\vec{c}+\vec{c}\cdot\vec{a})=1+1+1+2(\cos\alpha+\cos\beta+\cos\gamma)$$

$$\therefore\ \cos\alpha+\cos\beta+\cos\gamma=\frac{1}{2}(|\vec{a}+\vec{b}+\vec{c}|^2-3)$$

따라서 $\vec{a}+\vec{b}+\vec{c}=\vec{0}$, 곧

$\boldsymbol{\alpha=\beta=\gamma=120^\circ}$일 때 최솟값 $\mathbf{-\frac{3}{2}}$

5-28. $\overrightarrow{OP}=-2(1,\ 0)+m(0,\ 1)=(-2,\ m)$,

$\overrightarrow{OQ}=n(1,\ 0)+(0,\ 1)=(n,\ 1)$,

$\overrightarrow{OR}=5(1,\ 0)-(0,\ 1)=(5,\ -1)$

세 점 P, Q, R가 한 직선 위에 있으므로 $\overrightarrow{PQ}=k\overrightarrow{PR}$로 놓으면

$$\overrightarrow{OQ}-\overrightarrow{OP}=k(\overrightarrow{OR}-\overrightarrow{OP})$$

$$\therefore\ (n+2,\ 1-m)=k(7,\ -1-m)$$

$\therefore\ n+2=7k$ ……①

$1-m=-k(1+m)$ ……②

또, $\overrightarrow{OP}\cdot\overrightarrow{OQ}=0$이므로

$(-2,\ m)\cdot(n,\ 1)=-2n+m=0$ …③

①, ②, ③에서

$\boldsymbol{m=6,\ n=3}$ 또는 $\boldsymbol{m=3,\ n=\frac{3}{2}}$

5-29.

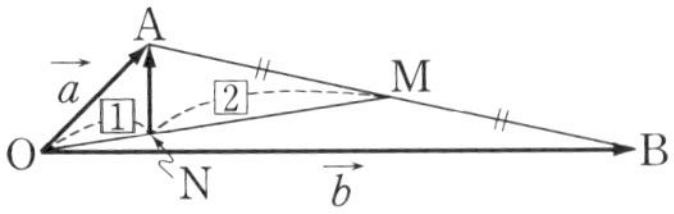

(1) $\overrightarrow{ON}=\frac{1}{3}\overrightarrow{OM}=\frac{1}{3}\times\frac{1}{2}(\overrightarrow{OA}+\overrightarrow{OB})$

$=\frac{1}{6}(\vec{a}+\vec{b})$

$\therefore\ \overrightarrow{NA}=\overrightarrow{OA}-\overrightarrow{ON}=\boldsymbol{\frac{1}{6}(5\vec{a}-\vec{b})}$

(2) $\overrightarrow{ON}\cdot\overrightarrow{NA}=0$이므로

$\frac{1}{6}(\vec{a}+\vec{b})\cdot\frac{1}{6}(5\vec{a}-\vec{b})=0$

$\therefore\ 5|\vec{a}|^2+4(\vec{a}\cdot\vec{b})-|\vec{b}|^2=0$

$|\vec{b}|=4|\vec{a}|$이므로 $\angle AOB=\theta$라고 하면

$5|\vec{a}|^2+4|\vec{a}|\times4|\vec{a}|\cos\theta-4^2|\vec{a}|^2=0$

$\therefore\ \cos\theta=\frac{11|\vec{a}|^2}{16|\vec{a}|^2}=\boldsymbol{\frac{11}{16}}$

5-30.

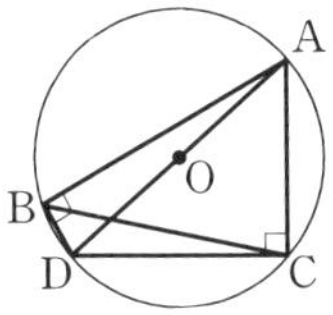

(1) $\overrightarrow{BC}=\overrightarrow{AC}-\overrightarrow{AB}$이므로

$|\overrightarrow{BC}|^2=|\overrightarrow{AC}-\overrightarrow{AB}|^2$

$\therefore\ |\overrightarrow{BC}|^2=|\overrightarrow{AC}|^2-2(\overrightarrow{AC}\cdot\overrightarrow{AB})+|\overrightarrow{AB}|^2$

$\therefore\ (2\sqrt{7})^2=4^2-2(\overrightarrow{AC}\cdot\overrightarrow{AB})+6^2$

$\therefore\ \overrightarrow{AC}\cdot\overrightarrow{AB}=\mathbf{12}$

(2) $\overrightarrow{BD}=\overrightarrow{AD}-\overrightarrow{AB}$

$=x\overrightarrow{AB}+y\overrightarrow{AC}-\overrightarrow{AB}$

$=(x-1)\overrightarrow{AB}+y\overrightarrow{AC}$

선분 AD가 지름이므로

$\overrightarrow{AB}\perp\overrightarrow{BD}\qquad\therefore\ \overrightarrow{AB}\cdot\overrightarrow{BD}=0$

$\therefore\ (x-1)|\overrightarrow{AB}|^2+y(\overrightarrow{AB}\cdot\overrightarrow{AC})=0$

(1)의 결과를 대입하면

$36(x-1)+12y=0\qquad\cdots\cdots①$

또, $\overrightarrow{CD}=\overrightarrow{AD}-\overrightarrow{AC}$

$=x\overrightarrow{AB}+(y-1)\overrightarrow{AC}$

선분 AD가 지름이므로 $\overrightarrow{AC}\perp\overrightarrow{CD}$

①과 같은 방법으로 하면

$\overrightarrow{AC}\cdot\overrightarrow{CD}=12x+16(y-1)$

$=0\qquad\cdots\cdots②$

①, ②에서 $\boldsymbol{x=\frac{8}{9},\ y=\frac{1}{3}}$

5-31.

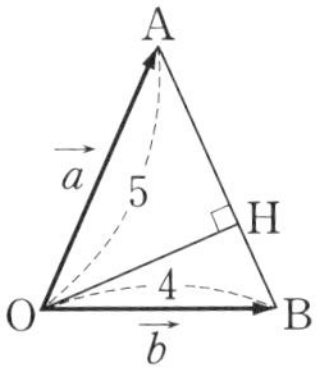

$0<t<1$인 실수 t에 대하여

$\overrightarrow{OH}=(1-t)\vec{a}+t\vec{b}\qquad\cdots\cdots①$

또, $\overrightarrow{OH}\perp\overrightarrow{AB}$이므로 $\overrightarrow{OH}\cdot\overrightarrow{AB}=0$

$\therefore\ \overrightarrow{OH}\cdot(\overrightarrow{OB}-\overrightarrow{OA})=0$

①을 대입하면

$\{(1-t)\vec{a}+t\vec{b}\}\cdot(\vec{b}-\vec{a})=0$

$\therefore\ (1-t)(\vec{a}\cdot\vec{b})-(1-t)|\vec{a}|^2+t|\vec{b}|^2-t(\vec{a}\cdot\vec{b})=0\ \cdots②$

조건에서 $|\vec{a}|=5,\ |\vec{b}|=4$이고

$\vec{a}\cdot\vec{b}=|\vec{a}||\vec{b}|\cos60^\circ=10$

②에 대입하면

$10(1-t)-25(1-t)+16t-10t=0$

$\therefore\ t=\frac{5}{7}$

①에 대입하면 $\boldsymbol{\overrightarrow{OH}=\frac{2}{7}\vec{a}+\frac{5}{7}\vec{b}}$

6-1. 직선 g_1의 방정식에서

$(x,\ y)=(3,\ 0)+t(-3,\ 2)$

이므로 g_1의 방향벡터를 $\vec{d}$라고 하면

$\vec{d}=(-3,\ 2)$

따라서 직선 g_2의 법선벡터가

$\overrightarrow{d}=(-3, 2)$이므로 g_2의 방정식은

$$-3(x-1)+2(y+3)=0$$

$$\therefore\ -3x+2y+9=0$$

$y=0$일 때 $x=3$ $\quad\therefore\ a=3$

$x=0$일 때 $y=-\dfrac{9}{2}$ $\quad\therefore\ b=-\dfrac{9}{2}$

$$\therefore\ \boldsymbol{a+b=-\frac{3}{2}}$$

6-2.

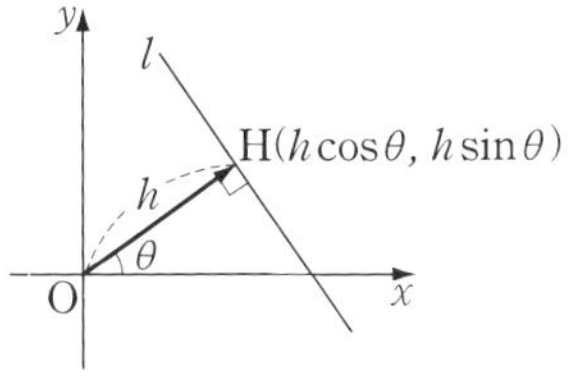

직선 l은 점 H를 지나고 법선벡터가 $\overrightarrow{\mathrm{OH}}$인 직선이다.

이때, $\overrightarrow{\mathrm{OH}}=(h\cos\theta, h\sin\theta)$이므로 직선 l의 방정식은

$$h\cos\theta(x-h\cos\theta)+h\sin\theta(y-h\sin\theta)=0$$

$h\neq0$이므로

$$x\cos\theta+y\sin\theta=h(\cos^2\theta+\sin^2\theta)\quad\cdots\cdots①$$

$$\therefore\ \boldsymbol{x\cos\theta+y\sin\theta=h}$$

****Note*** ①에서 각의 크기 θ에 대하여

$$\sin^2\theta+\cos^2\theta=1$$

이 성립함을 이용하였다.

⇦ 실력 수학 I p. 90

6-3. △ABC의 무게중심 G의 좌표는

$$\mathrm{G}\left(\frac{3-2+0}{3}, \frac{1+5+k}{3}\right)$$

곧, $\mathrm{G}\left(\dfrac{1}{3}, \dfrac{k+6}{3}\right)$

$$\therefore\ \overrightarrow{\mathrm{CG}}=\left(\frac{1}{3}, \frac{k+6}{3}\right)-(0, k)=\left(\frac{1}{3}, \frac{-2k+6}{3}\right)$$

한편 $\overrightarrow{\mathrm{PG}}$는 직선 l의 방향벡터이므로

$$\overrightarrow{\mathrm{PG}}\perp\overrightarrow{\mathrm{CG}}\quad\therefore\ \overrightarrow{\mathrm{PG}}\cdot\overrightarrow{\mathrm{CG}}=0$$

이때,

$$\overrightarrow{\mathrm{PG}}=\left(\frac{1}{3}, \frac{k+6}{3}\right)-\left(-\frac{4}{3}, \frac{3}{2}\right)=\left(\frac{5}{3}, \frac{2k+3}{6}\right)$$

이므로

$$\left(\frac{5}{3}, \frac{2k+3}{6}\right)\cdot\left(\frac{1}{3}, \frac{-2k+6}{3}\right)=0$$

$$\therefore\ 2k^2-3k-14=0$$

$\therefore\ (k+2)(2k-7)=0$ $\quad\therefore\ \boldsymbol{k=-2, \dfrac{7}{2}}$

6-4.

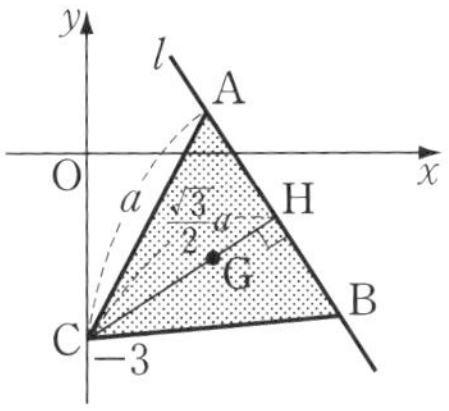

점 C에서 직선 l에 내린 수선의 발을 H라고 하면 $\mathrm{H}(-2t+1, 3t+2)$로 놓을 수 있다.

직선 l의 방정식에서

$$(x, y)=(1, 2)+t(-2, 3)$$

이므로 l의 방향벡터를 $\overrightarrow{d}$라고 하면

$$\overrightarrow{d}=(-2, 3)$$

$\overrightarrow{\mathrm{CH}}\perp\overrightarrow{d}$ 이므로 $\overrightarrow{\mathrm{CH}}\cdot\overrightarrow{d}=0$

이때,

$$\overrightarrow{\mathrm{CH}}=(-2t+1, 3t+2)-(0, -3)=(-2t+1, 3t+5)$$

이므로

$$(-2t+1, 3t+5)\cdot(-2, 3)=0$$

$$\therefore\ -2(-2t+1)+3(3t+5)=0$$

$\therefore\ t=-1$ $\quad\therefore\ \overrightarrow{\mathrm{CH}}=(3, 2)$

△ABC의 한 변의 길이를 a라고 하면

$|\overrightarrow{\mathrm{CH}}|=\sqrt{13}=\dfrac{\sqrt{3}}{2}a$ $\quad\therefore\ a=\dfrac{2\sqrt{13}}{\sqrt{3}}$

$$\therefore\ \triangle\mathrm{ABC}=\frac{\sqrt{3}}{4}a^2=\frac{\sqrt{3}}{4}\times\frac{4\times13}{3}=\boldsymbol{\frac{13\sqrt{3}}{3}}$$

한편 $\overrightarrow{CG}=\frac{2}{3}\overrightarrow{CH}$ 이므로

$$\overrightarrow{CG}=\left(2,\ \frac{4}{3}\right)$$

$$\therefore\ \overrightarrow{OG}=\overrightarrow{OC}+\overrightarrow{CG}$$
$$=(0,\ -3)+\left(2,\ \frac{4}{3}\right)=\left(2,\ -\frac{5}{3}\right)$$
$$\therefore\ \mathbf{G}\left(\mathbf{2},\ -\frac{\mathbf{5}}{\mathbf{3}}\right)$$

6-5. $\overrightarrow{OP}=\left(t+\frac{1}{t}+2,\ 2\left(t+\frac{1}{t}\right)+1\right)$

이므로 $\overrightarrow{OP}=(x,\ y)$라고 하면

$$x=t+\frac{1}{t}+2,\ \ y=2\left(t+\frac{1}{t}\right)+1$$

t를 소거하면 $y=2x-3$

한편 $\left|t+\frac{1}{t}\right|\geq 2$이므로 $|x-2|\geq 2$

$$\therefore\ x\leq 0,\ x\geq 4$$

따라서 점 P의 자취의 방정식은

$$\boldsymbol{y=2x-3\ (x\leq 0,\ x\geq 4)}$$

6-6.

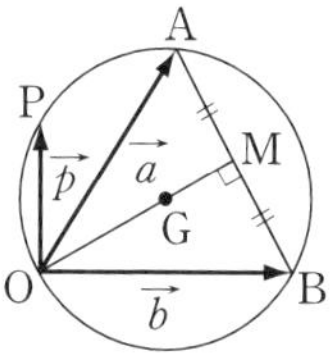

△OAB는 정삼각형이므로 외심은 무게중심 G와 일치한다.

따라서 점 P는 중심이 점 G이고 반지름이 $\overline{OG}$인 원 위의 점이다.

$$\therefore\ |\vec{p}-\overrightarrow{OG}|=|\overrightarrow{OG}|$$

선분 AB의 중점을 M이라고 하면

$$\overrightarrow{OG}=\frac{2}{3}\overrightarrow{OM}=\frac{2}{3}\times\frac{1}{2}(\overrightarrow{OA}+\overrightarrow{OB})$$
$$=\frac{\vec{a}+\vec{b}}{3}$$
$$\therefore\ \left|\vec{p}-\frac{\vec{a}+\vec{b}}{3}\right|=\left|\frac{\vec{a}+\vec{b}}{3}\right|$$

6-7. (1) 원 위의 점을 $\mathrm{P}(x,\ y)$라고 하면

$\overrightarrow{AP}\perp\overrightarrow{BP}$이므로 $\overrightarrow{AP}\cdot\overrightarrow{BP}=0$

$$\therefore\ (x-a_1,\ y-a_2)\cdot(x-b_1,\ y-b_2)=0$$
$$\therefore\ (x-a_1)(x-b_1)+(y-a_2)(y-b_2)=0$$

(2) 두 점 P, Q를 지름의 양 끝 점으로 하는 원의 방정식은 (1)에 의하여

$$(x-2)(x-5)+(y+3)(y-a)=0$$

점 R(3, −5)가 이 원 위의 점이므로

$$(3-2)(3-5)+(-5+3)(-5-a)=0$$
$$\therefore\ \boldsymbol{a=-4}$$

선분 PQ의 중점을 M이라고 하면

$$\mathrm{M}\left(\frac{7}{2},\ -\frac{7}{2}\right)\quad\therefore\ \overrightarrow{RM}=\left(\frac{1}{2},\ \frac{3}{2}\right)$$

또, 접선의 방향벡터를 $\vec{d}$라고 하면

$$\vec{d}=(b,\ -2)$$

$\overrightarrow{RM}\perp\vec{d}$ 이므로 $\overrightarrow{RM}\cdot\vec{d}=0$

$$\therefore\ \left(\frac{1}{2},\ \frac{3}{2}\right)\cdot(b,\ -2)=0$$
$$\therefore\ \boldsymbol{b=6}$$

6-8. $\vec{a}\cdot(\vec{p}-\vec{a})=0$에서

$\overrightarrow{OA}\cdot\overrightarrow{AP}=0\quad\therefore\ \overrightarrow{OA}\perp\overrightarrow{AP}$

따라서 점 P는 점 A를 지나고 $\overrightarrow{OA}$에 수직인 직선 위의 점이다.

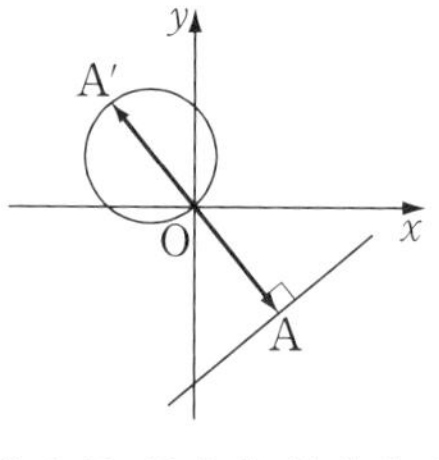

한편 점 A와 원점에 대하여 대칭인 점을 A′이라고 하면 $\vec{q}\cdot(\vec{q}+\vec{a})=0$에서

$$\overrightarrow{OQ}\cdot(\overrightarrow{OQ}-\overrightarrow{OA'})=0$$
$$\therefore\ \overrightarrow{OQ}\cdot\overrightarrow{A'Q}=0\quad\therefore\ \overrightarrow{OQ}\perp\overrightarrow{A'Q}$$

곧, 점 Q는 두 점 O, A′을 지름의 양 끝 점으로 하는 원 위의 점이다.

따라서 $|\overrightarrow{PQ}|$는 점 Q가 점 O이고 점 P가 점 A일 때 최소이므로 구하는 최솟값은 $|\overrightarrow{OA}|=\sqrt{3^2+(-4)^2}=\mathbf{5}$

6-9. 준 식에서

$|\vec{p}|^2-2(\vec{a}\cdot\vec{p})+|\vec{a}|^2$
$-\{|\vec{p}|^2-2(\vec{b}\cdot\vec{p})+|\vec{b}|^2\}$
$=|\vec{a}|^2-2(\vec{a}\cdot\vec{b})+|\vec{b}|^2$

$\therefore\ \vec{b}\cdot\vec{p}-\vec{a}\cdot\vec{p}=|\vec{b}|^2-\vec{a}\cdot\vec{b}$

$\therefore\ \vec{p}\cdot(\vec{b}-\vec{a})=\vec{b}\cdot(\vec{b}-\vec{a})$

$\therefore\ (\vec{p}-\vec{b})\cdot(\vec{b}-\vec{a})=0$

$\therefore\ (\overrightarrow{OP}-\overrightarrow{OB})\cdot(\overrightarrow{OB}-\overrightarrow{OA})=0$

$\therefore\ \overrightarrow{BP}\cdot\overrightarrow{AB}=0 \quad \therefore\ \overrightarrow{BP}\perp\overrightarrow{AB}$

따라서 **점 B를 지나고 직선 AB에 수직인 직선**

6-10.

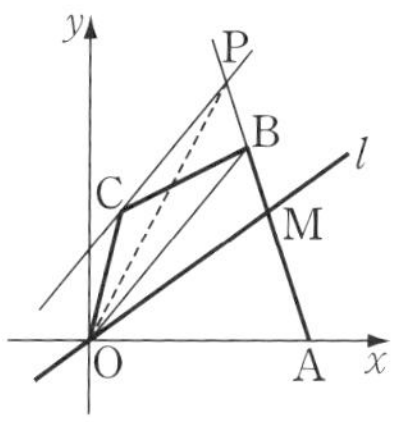

위의 그림과 같이 점 C를 지나고 $\overrightarrow{OB}$에 평행한 직선과 직선 AB의 교점을 P라고 하면

$\overrightarrow{OP}=(1,\ 4)+t(5,\ 6)$
$=(5t+1,\ 6t+4)$

$\therefore\ \overrightarrow{BP}=\overrightarrow{OP}-\overrightarrow{OB}=(5t-4,\ 6t-2)$

이때, $\overrightarrow{AB}=\overrightarrow{OB}-\overrightarrow{OA}=(-2,\ 6)$이고 $\overrightarrow{AB}\,/\!/\,\overrightarrow{BP}$이므로

$(5t-4)\times(-3)=6t-2 \quad \therefore\ t=\dfrac{2}{3}$

$\therefore\ \overrightarrow{OP}=\left(\dfrac{13}{3},\ 8\right)$

직선 CP와 직선 OB는 서로 평행하므로 $\triangle OBC=\triangle OBP$

$\therefore\ \square OABC=\triangle OAP$

따라서 직선 l은 선분 AP의 중점 M을 지난다. 이때,

$\overrightarrow{OM}=\dfrac{1}{2}(\overrightarrow{OA}+\overrightarrow{OP})=\left(\dfrac{17}{3},\ 4\right)$

$\therefore\ \vec{d}=(17,\ 12) \quad \therefore\ \boldsymbol{a=12}$

6-11.

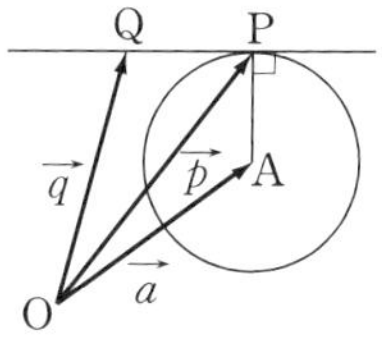

$\vec{a}$의 종점을 A라고 하면 점 A는 원의 중심이므로

$\overrightarrow{AP}\perp\overrightarrow{PQ} \quad \therefore\ \overrightarrow{AP}\cdot\overrightarrow{PQ}=0$

그런데 $\overrightarrow{AP}=\vec{p}-\vec{a}$, $\overrightarrow{PQ}=\vec{q}-\vec{p}$이므로 $(\vec{p}-\vec{a})\cdot(\vec{q}-\vec{p})=0$

$\therefore\ (\vec{p}-\vec{a})\cdot\{(\vec{q}-\vec{a})-(\vec{p}-\vec{a})\}=0$

$\therefore\ (\vec{p}-\vec{a})\cdot(\vec{q}-\vec{a})$
$-(\vec{p}-\vec{a})\cdot(\vec{p}-\vec{a})=0$

$\therefore\ (\vec{p}-\vec{a})\cdot(\vec{q}-\vec{a})=r^2$

6-12. $3\overrightarrow{OA}+4\overrightarrow{OB}=-5\overrightarrow{OC}$이므로

$(3\overrightarrow{OA}+4\overrightarrow{OB})\cdot(3\overrightarrow{OA}+4\overrightarrow{OB})$
$=(-5\overrightarrow{OC})\cdot(-5\overrightarrow{OC})$

$\therefore\ 9|\overrightarrow{OA}|^2+24(\overrightarrow{OA}\cdot\overrightarrow{OB})$
$+16|\overrightarrow{OB}|^2=25|\overrightarrow{OC}|^2$

$|\overrightarrow{OA}|=|\overrightarrow{OB}|=|\overrightarrow{OC}|=1$을 대입하면

$\overrightarrow{OA}\cdot\overrightarrow{OB}=0$

이를 만족시키는 점 A, B를 A(1, 0), B(0, 1)로 놓을 수 있다. 이때,

$\overrightarrow{OC}=-\dfrac{1}{5}(3\overrightarrow{OA}+4\overrightarrow{OB})$
$=-\dfrac{1}{5}\{3(1,\ 0)+4(0,\ 1)\}$
$=\left(-\dfrac{3}{5},\ -\dfrac{4}{5}\right)$

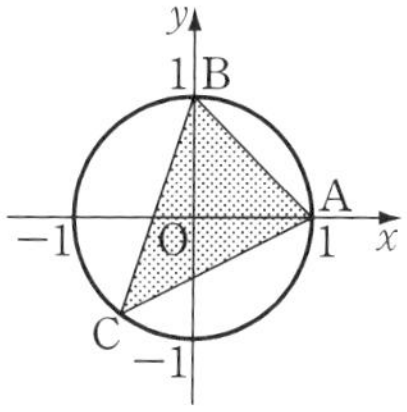

위의 그림에서 원주각의 성질에 의하

여 $\angle BCA=45^\circ$이고

$$|\overrightarrow{CA}|=\sqrt{\left(1+\frac{3}{5}\right)^2+\left(0+\frac{4}{5}\right)^2}=\frac{4\sqrt{5}}{5},$$

$$|\overrightarrow{CB}|=\sqrt{\left(0+\frac{3}{5}\right)^2+\left(1+\frac{4}{5}\right)^2}=\frac{3\sqrt{10}}{5}$$

$$\therefore\ \triangle ABC=\frac{1}{2}|\overrightarrow{CA}||\overrightarrow{CB}|\sin 45^\circ$$
$$=\frac{1}{2}\times\frac{4\sqrt{5}}{5}\times\frac{3\sqrt{10}}{5}\times\frac{1}{\sqrt{2}}$$
$$=\boldsymbol{\frac{6}{5}}$$

***Note** $3\overrightarrow{OA}+4\overrightarrow{OB}+5\overrightarrow{OC}=\overrightarrow{0}$에서

$$\overrightarrow{OC}=-\frac{7}{5}\times\frac{3\overrightarrow{OA}+4\overrightarrow{OB}}{7}$$

이때, 선분 AB를 4 : 3으로 내분하는 점을 P라고 하면

$$\overrightarrow{OC}=-\frac{7}{5}\overrightarrow{OP}$$

따라서 A(1, 0), B(0, 1)일 때, 점 P의 좌표는 $P\left(\frac{3}{7},\ \frac{4}{7}\right)$이므로

$$\overrightarrow{OC}=-\frac{7}{5}\overrightarrow{OP}=\left(-\frac{3}{5},\ -\frac{4}{5}\right)$$

6-13. 선분 OB가 원 C_1과 만나는 점을 B′이라 하고, 세 점 A, B′, P의 위치벡터를 각각 $\vec{a}$, $\vec{b}$, $\vec{p}$라고 하면

$$\overrightarrow{OB}=3\vec{b}$$

조건 ㈎에서

$$3\vec{b}\cdot\vec{p}=3\vec{a}\cdot\vec{p}$$
$$\therefore\ \vec{b}\cdot\vec{p}=\vec{a}\cdot\vec{p}\qquad\cdots\cdots①$$

조건 ㈏에서

$$|\vec{a}-\vec{p}|^2+|3\vec{b}-\vec{p}|^2=20$$
$$\therefore\ |\vec{a}|^2-2(\vec{a}\cdot\vec{p})+|\vec{p}|^2+9|\vec{b}|^2-6(\vec{b}\cdot\vec{p})+|\vec{p}|^2=20$$

$|\vec{a}|=|\vec{b}|=1$과 ①을 대입하여 정리하면

$$|\vec{p}|^2-4(\vec{a}\cdot\vec{p})=5\qquad\cdots\cdots②$$

한편

$$\overrightarrow{PA}\cdot\overrightarrow{PB}=(\vec{a}-\vec{p})\cdot(3\vec{b}-\vec{p})$$
$$=3(\vec{a}\cdot\vec{b})-\vec{a}\cdot\vec{p}-3(\vec{b}\cdot\vec{p})+|\vec{p}|^2$$

①, ②를 대입하여 정리하면

$$\overrightarrow{PA}\cdot\overrightarrow{PB}=3(\vec{a}\cdot\vec{b})+5\qquad\cdots\cdots③$$

따라서 $\vec{a}\cdot\vec{b}$가 최소일 때 $\overrightarrow{PA}\cdot\overrightarrow{PB}$는 최소이다.

그런데 $|\vec{a}|=|\vec{b}|=1$이므로 $\vec{a}\cdot\vec{b}$가 최소인 경우는 $\vec{b}=-\vec{a}$일 때이다.

①에 대입하면 $-\vec{a}\cdot\vec{p}=\vec{a}\cdot\vec{p}$

$$\therefore\ \vec{a}\cdot\vec{p}=0$$

이때, ②에서 $|\vec{p}|^2=5$

또, ③에 $\vec{b}=-\vec{a}$를 대입하면

$$\overrightarrow{PA}\cdot\overrightarrow{PB}=-3|\vec{a}|^2+5=2$$

한편

$$|\overrightarrow{PA}|^2=(\vec{a}-\vec{p})^2$$
$$=|\vec{a}|^2-2(\vec{a}\cdot\vec{p})+|\vec{p}|^2$$
$$=6$$

이고, 조건 ㈏에서

$$|\overrightarrow{PB}|^2=20-|\overrightarrow{PA}|^2=14$$

$$\therefore\ \cos\theta=\frac{\overrightarrow{PA}\cdot\overrightarrow{PB}}{|\overrightarrow{PA}||\overrightarrow{PB}|}=\frac{2}{\sqrt{6}\times\sqrt{14}}$$
$$=\boldsymbol{\frac{\sqrt{21}}{21}}$$

6-14. $|\overrightarrow{PA}+\overrightarrow{PB}+\overrightarrow{PC}|=6$에서

$$|\overrightarrow{OA}+\overrightarrow{OB}+\overrightarrow{OC}-3\overrightarrow{OP}|=6$$
$$\therefore\ \left|\overrightarrow{OP}-\frac{\overrightarrow{OA}+\overrightarrow{OB}+\overrightarrow{OC}}{3}\right|=2$$

따라서 점 P의 자취는 △ABC의 무게중심 G(0, 3)을 중심으로 하고 반지름의 길이가 2인 원이다.

곧, $P(x,\ y)$라고 하면 점 P의 자취의 방정식은

$$x^2+(y-3)^2=4\qquad\cdots\cdots①$$

(1) 접점을 $Q(a,\ b)$라고 하면

$$\overrightarrow{GQ}=(a,\ b-3),\ \overrightarrow{AB}=(1,\ 2)$$

$\overrightarrow{AB}\perp\overrightarrow{GQ}$이므로 $\overrightarrow{AB}\cdot\overrightarrow{GQ}=0$

$\therefore\ (1,\ 2)\cdot(a,\ b-3)=0$

$\therefore\ a+2(b-3)=0 \quad \cdots\cdots②$

한편 점 Q는 ① 위에 있으므로

$a^2+(b-3)^2=4 \quad \cdots\cdots③$

②, ③을 연립하여 풀면

$(a,\ b)=\left(\pm\dfrac{4\sqrt{5}}{5},\ 3\mp\dfrac{2\sqrt{5}}{5}\right)$

(복부호동순)

(2) $\overrightarrow{OA}\cdot\overrightarrow{OP}=\overrightarrow{OA}\cdot(\overrightarrow{OG}+\overrightarrow{GP})$

$=\overrightarrow{OA}\cdot\overrightarrow{OG}+\overrightarrow{OA}\cdot\overrightarrow{GP} \quad \cdots①$

이때,

$\overrightarrow{OA}\cdot\overrightarrow{OG}=(1,\ 4)\cdot(0,\ 3)=12 \quad \cdots②$

또,

$-|\overrightarrow{OA}||\overrightarrow{GP}|\le\overrightarrow{OA}\cdot\overrightarrow{GP}\le|\overrightarrow{OA}||\overrightarrow{GP}|$

이므로

$-2\sqrt{17}\le\overrightarrow{OA}\cdot\overrightarrow{GP}\le2\sqrt{17} \quad \cdots③$

①, ②, ③에서

$12-2\sqrt{17}\le\overrightarrow{OA}\cdot\overrightarrow{OP}\le12+2\sqrt{17}$

따라서 최댓값 $\mathbf{12+2\sqrt{17}}$,

최솟값 $\mathbf{12-2\sqrt{17}}$

6-15.

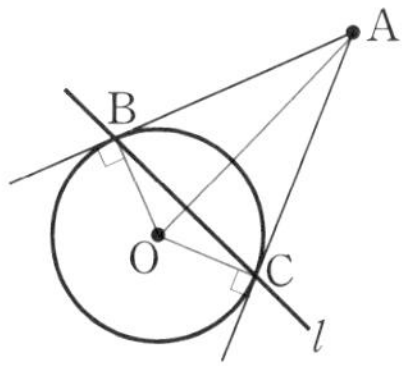

점 A에서 원에 그은 두 접선의 접점을 각각 B, C라고 하자.

$\overrightarrow{OB}\perp\overrightarrow{AB}$이므로 $\overrightarrow{OB}\cdot\overrightarrow{AB}=0$

이때, 점 B의 위치벡터를 $\vec{b}$라고 하면

$\vec{b}\cdot(\vec{b}-\vec{a})=0$

$\therefore\ \vec{a}\cdot\vec{b}=|\vec{b}|^2=r^2$

$\overrightarrow{OA}\perp l$이고 점 P는 직선 l 위의 점이므로

$\overrightarrow{OA}\perp\overrightarrow{BP} \quad \therefore\ \overrightarrow{OA}\cdot\overrightarrow{BP}=0$

$\therefore\ \vec{a}\cdot(\vec{p}-\vec{b})=0$

$\therefore\ \vec{a}\cdot\vec{p}=\vec{a}\cdot\vec{b}$

$\therefore\ \vec{a}\cdot\vec{p}=r^2 \quad \cdots\cdots①$

* ***Note*** $\vec{a}=(x_1,\ y_1)$, $\vec{p}=(x,\ y)$라고 하면 ①은 $x_1x+y_1y=r^2$이다.

7-1. 점 B와 평면 α에 대하여 대칭인 점을 B′이라 하고, 선분 AB′과 평면 α의 교점을 P라고 하면 이 점이 구하는 점이다.

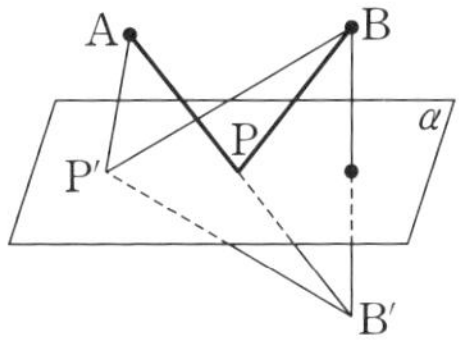

(증명) 평면 α 위의 점 P가 아닌 점을 P′이라고 하면

$\overline{BP}=\overline{B'P},\ \overline{BP'}=\overline{B'P'}$

$\therefore\ \overline{AP'}+\overline{BP'}=\overline{AP'}+\overline{B'P'}$

$>\overline{AB'}=\overline{AP}+\overline{B'P}$

$=\overline{AP}+\overline{BP}$

7-2.

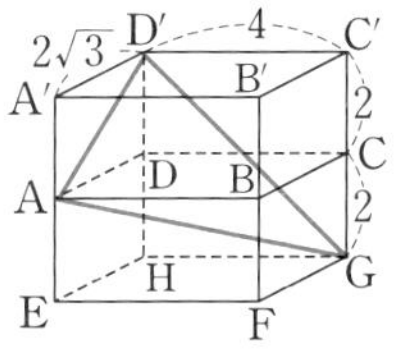

위의 그림과 같이 주어진 직육면체와 합동인 직육면체 ABCD-A′B′C′D′을 생각하자.

여기에서 선분 AG와 CF가 이루는 각의 크기는 선분 AG와 AD′이 이루는 각의 크기와 같다.

이때,

$\overline{AG}=\sqrt{4^2+2^2+(2\sqrt{3})^2}=4\sqrt{2}$,

$\overline{AD'}=\sqrt{2^2+(2\sqrt{3})^2}=4$,

$\overline{D'G}=\sqrt{4^2+(2+2)^2}=4\sqrt{2}$

곧, $\overline{AG}=\overline{D'G}$이므로 점 G에서 선분

AD′에 내린 수선의 발을 H라고 하면

$$\overline{AH}=\frac{1}{2}\overline{AD'}=2$$

$$\therefore\ \cos\theta=\frac{\overline{AH}}{\overline{AG}}=\frac{2}{4\sqrt{2}}=\boldsymbol{\frac{\sqrt{2}}{4}}$$

7-3.

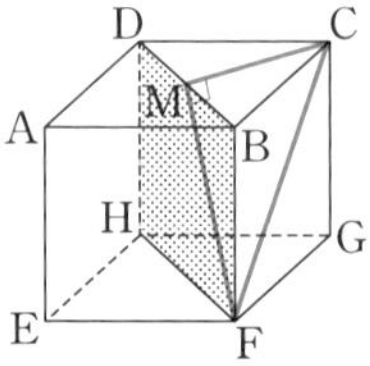

점 C에서 평면 BDHF에 내린 수선의 발을 M이라고 하면 점 M은 선분 BD의 중점이다.

점 F는 평면 BDHF 위의 점이므로 선분 CF와 평면 BDHF가 이루는 각의 크기는 ∠CFM의 크기와 같다.

한 모서리의 길이를 a라고 하면

$\overline{CF}=\sqrt{2}a$, $\overline{CM}=\frac{\sqrt{2}}{2}a$, ∠FMC=90°

이므로

$$\overline{FM}=\sqrt{\overline{CF}^2-\overline{CM}^2}=\frac{\sqrt{6}}{2}a$$

$$\therefore\ \cos(\angle CFM)=\frac{\overline{FM}}{\overline{CF}}=\frac{\frac{\sqrt{6}}{2}a}{\sqrt{2}a}=\frac{\sqrt{3}}{2}$$

$$\therefore\ \angle CFM=\mathbf{30^\circ}$$

*__Note__ △CFA가 정삼각형이고 점 M은 선분 AC의 중점이므로 ∠CFM=30°이다.

7-4. 정사각형 A′BCD의 한 변의 길이를 a라고 하면

$\overline{AB}=\overline{BC}=a$, ∠ABC=60°

이므로 △ABC는 정삼각형이다.

$\therefore\ \overline{AC}=a$ ……①

또, 정사각형 A′BCD의 두 대각선의 교점을 O라고 하면 점 O는 점 A, C에서 선분 BD에 내린 수선의 발이다.

$$\therefore\ \overline{AO}=\overline{OC}=\frac{1}{2}\overline{BD}=\frac{\sqrt{2}}{2}a\ \cdots②$$

①, ②에서 △AOC는 ∠AOC=90°인 직각이등변삼각형이다.

따라서 두 평면이 이루는 각의 크기는

$$\angle AOC=\mathbf{90^\circ}$$

7-5. 직각이등변삼각형 ABC에서

$\overline{BC}=\overline{AC}=2$, $\overline{AB}=2\sqrt{2}$

한편 $\overline{BC}\perp\overline{AC}$, $\overline{BC}\perp\overline{CC'}$에서

$\overline{BC}\perp$(평면 AA′C′C)이므로

$$\overline{BC}\perp\overline{A'C}$$

$$\therefore\ \overline{A'B}=\frac{\overline{BC}}{\sin 30^\circ}=4$$

이때, 직각삼각형 A′B′B에서

$$\overline{BB'}=\sqrt{4^2-(2\sqrt{2})^2}=2\sqrt{2}$$

따라서 구하는 부피는

$$\left(\frac{1}{2}\times2\times2\right)\times2\sqrt{2}=\mathbf{4\sqrt{2}}$$

7-6.

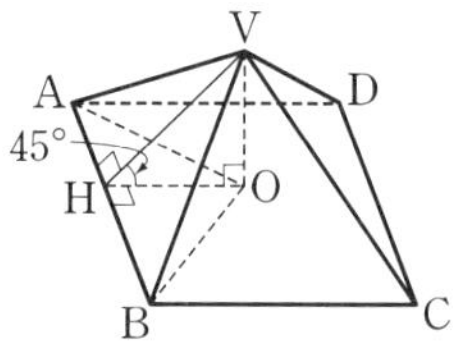

위의 그림과 같이 꼭짓점 V에서 밑면에 내린 수선의 발을 O라고 하면 점 O는 밑면의 두 대각선의 교점이다.

점 O에서 모서리 AB에 내린 수선의 발을 H라고 하자.

△OAB에서 $\overline{OA}=8$, $\overline{OB}=6$이라고 하면 ∠AOB=90°이므로

$$\overline{AB}=\sqrt{8^2+6^2}=10$$

△OAB의 넓이 관계에서

$$\frac{1}{2}\times\overline{AB}\times\overline{OH}=\frac{1}{2}\times\overline{OA}\times\overline{OB}$$

$$\therefore\ \frac{1}{2}\times10\times\overline{OH}=\frac{1}{2}\times8\times6$$

$$\therefore\ \overline{OH}=\frac{24}{5}$$

삼수선의 정리에 의하여 $\overline{VH}\perp\overline{AB}$이고, $\angle VHO=45°$이므로 $\overline{VO}=\dfrac{24}{5}$

따라서 구하는 부피는

$$\frac{1}{3}\times\left(\frac{1}{2}\times12\times16\right)\times\frac{24}{5}=\mathbf{\frac{768}{5}}$$

7-7.

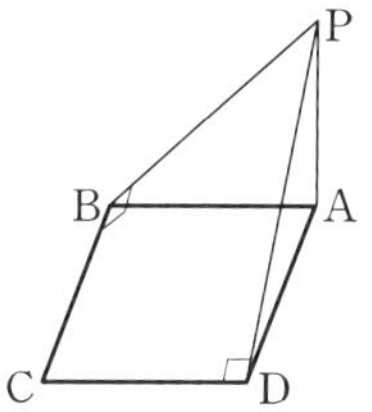

$\overline{BC}\perp\overline{AB}$, $\overline{BC}\perp\overline{PB}$이므로

$\overline{BC}\perp$(평면 PAB) $\quad\therefore\ \overline{BC}\perp\overline{AP}$

$\overline{BC}/\!/\overline{AD}$이므로 $\quad\overline{AP}\perp\overline{AD}$

같은 방법으로 하면 $\quad\overline{AP}\perp\overline{AB}$

따라서 선분 AP는 평면 ABCD 위에서 만나는 두 직선 AB, AD에 수직이므로 $\overline{AP}\perp$(평면 ABCD)이다.

7-8.

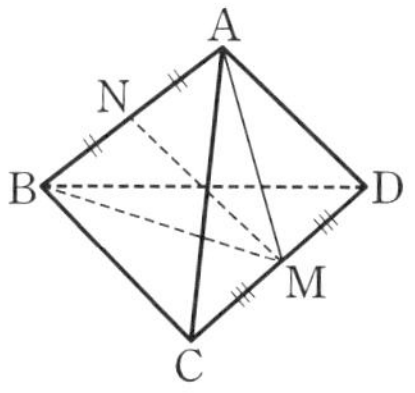

모서리 CD, AB의 중점을 각각 M, N이라고 하자.

(1) $\triangle$BCD는 정삼각형이므로

$\overline{CD}\perp\overline{BM}$

또, $\triangle$ACD도 정삼각형이므로

$\overline{CD}\perp\overline{AM}\quad\therefore\ \overline{CD}\perp$(평면 ABM)

$\therefore\ \overline{CD}\perp\overline{AB}$

(2) (1)에서 $\overline{CD}\perp$(평면 ABM)이므로

$\overline{CD}\perp\overline{MN}$

(1)과 같은 방법으로 하면

$\overline{AB}\perp$(평면 CDN)이므로

$\overline{AB}\perp\overline{MN}$

따라서 모서리 AB, CD 사이의 거리는 선분 MN의 길이이다.

$\overline{AN}=\dfrac{a}{2}$, $\overline{AM}=\dfrac{\sqrt{3}}{2}a$이므로

$$\overline{MN}=\sqrt{\overline{AM}^2-\overline{AN}^2}$$

$$=\sqrt{\left(\frac{\sqrt{3}}{2}a\right)^2-\left(\frac{a}{2}\right)^2}=\mathbf{\frac{\sqrt{2}}{2}a}$$

7-9.

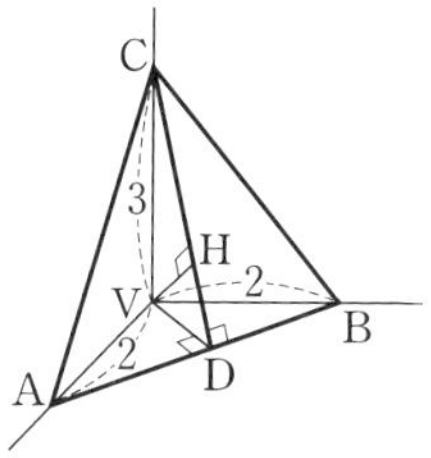

(1) $\angle AVB=90°$, $\angle AVC=90°$, $\angle BVC=90°$이므로

$\overline{AB}=2\sqrt{2}$, $\overline{AC}=\overline{BC}=\sqrt{13}$

점 C에서 모서리 AB에 내린 수선의 발을 D라고 하면

$\overline{AD}=\overline{BD}=\sqrt{2}$

$$\therefore\ \overline{CD}=\sqrt{\overline{AC}^2-\overline{AD}^2}$$

$$=\sqrt{(\sqrt{13})^2-(\sqrt{2})^2}=\sqrt{11}$$

$$\therefore\ \triangle ABC=\frac{1}{2}\times\overline{AB}\times\overline{CD}$$

$$=\frac{1}{2}\times2\sqrt{2}\times\sqrt{11}=\mathbf{\sqrt{22}}$$

(2) $\overline{VA}=\overline{VB}$이므로 $\quad\overline{VD}\perp\overline{AB}$

$$\therefore\ \cos\theta=\frac{\overline{VD}}{\overline{CD}}=\frac{\sqrt{2^2-(\sqrt{2})^2}}{\sqrt{11}}$$

$$=\mathbf{\frac{\sqrt{22}}{11}}$$

(3) $\overline{VH}\perp\overline{AB}$, $\overline{VC}\perp\overline{AB}$이므로

(평면 VCH)$\perp\overline{AB}$

$\therefore\ \overline{CH}\perp\overline{AB}$

같은 방법으로 하면

$\overline{BH}\perp\overline{AC}$, $\overline{AH}\perp\overline{BC}$

이므로 점 H는 $\triangle ABC$의 수심이다.

7-10. $\triangle DPF$에서 코사인법칙으로부터

$$\overline{PF}^2=\overline{DP}^2+\overline{DF}^2-2\times\overline{DP}\times\overline{DF}\times\cos 60^\circ$$
$$=2^2+3^2-2\times2\times3\times\frac{1}{2}=7$$
$$\therefore\ \overline{PF}=\sqrt{7}$$

이때, $\overline{CF}\perp$(평면 DEF)이므로 $\triangle CPF$에서

$$\overline{CP}=\sqrt{\overline{CF}^2+\overline{PF}^2}$$
$$=\sqrt{3^2+(\sqrt{7})^2}=4$$

$\triangle APD$에서

$$\overline{AP}=\sqrt{\overline{AD}^2+\overline{DP}^2}$$
$$=\sqrt{3^2+2^2}=\sqrt{13}$$

$\triangle APC$에서 코사인법칙으로부터

$$\cos(\angle ACP)=\frac{\overline{AC}^2+\overline{CP}^2-\overline{AP}^2}{2\times\overline{AC}\times\overline{CP}}$$
$$=\frac{3^2+4^2-(\sqrt{13})^2}{2\times3\times4}=\frac{1}{2}$$
$$\therefore\ \angle ACP=60^\circ$$
$$\therefore\ \triangle APC=\frac{1}{2}\times\overline{AC}\times\overline{CP}\times\sin 60^\circ$$
$$=\frac{1}{2}\times3\times4\times\frac{\sqrt{3}}{2}=3\sqrt{3}$$

따라서 점 B와 평면 APC 사이의 거리를 x라고 하면 사면체 ABPC의 부피 관계에서

$$\frac{1}{3}\times\triangle ABC\times3=\frac{1}{3}\times\triangle APC\times x$$
$$\therefore\ \frac{1}{3}\times\frac{\sqrt{3}}{4}\times3^2\times3=\frac{1}{3}\times3\sqrt{3}\times x$$
$$\therefore\ x=\mathbf{\frac{9}{4}}$$

7-11. $\overline{PC}\perp\alpha$, $\overline{BC}\perp\overline{AB}$이므로 삼수선의 정리에 의하여 $\overline{PB}\perp\overline{AB}$이다.

따라서 $\triangle PAB$는 $\angle PBA=90^\circ$인 직각삼각형이고

$$\overline{PB}=\sqrt{2^2+3^2}=\sqrt{13},$$
$$\overline{PA}=\sqrt{(\sqrt{13})^2+1^2}=\sqrt{14}$$
$$\therefore\ \cos\theta=\frac{\overline{PB}}{\overline{PA}}=\frac{\sqrt{13}}{\sqrt{14}}=\mathbf{\frac{\sqrt{182}}{14}}$$

7-12.

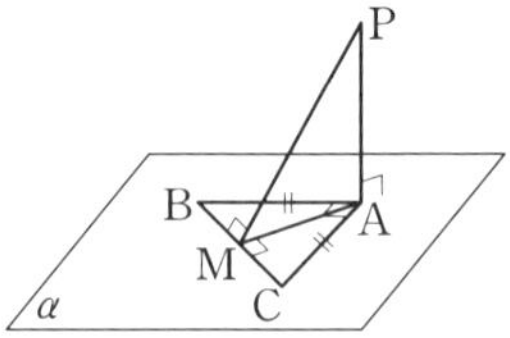

점 P에서 직선 BC에 내린 수선의 발을 M이라 하면 삼수선의 정리에 의하여

$$\overline{AM}\perp\overline{BC}$$

$\overline{AB}=\overline{AC}$이므로 점 M은 선분 BC의 중점이다.

$$\therefore\ \overline{AM}=\overline{BM}=\frac{1}{2}\overline{BC}=3$$

$\overline{PA}=4$이므로 직각삼각형 PAM에서

$$\overline{PM}=\sqrt{4^2+3^2}=\mathbf{5}$$

7-13.

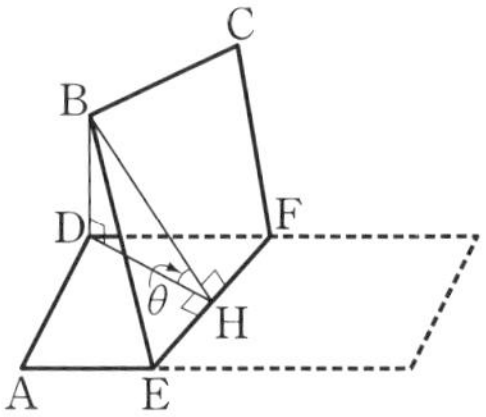

점 B에서 선분 EF에 내린 수선의 발을 H라고 하면 삼수선의 정리에 의하여

$$\overline{DH}\perp\overline{EF}$$

따라서 θ는 두 평면의 교선 EF에 수직인 직선 BH와 DH가 이루는 예각의 크기와 같다.

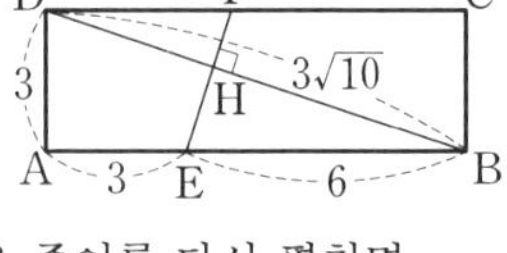

접은 종이를 다시 펼치면

$$\overline{BD}=\sqrt{9^2+3^2}=3\sqrt{10}$$

또, $\triangle ABD\backsim\triangle HBE$이므로

$$\overline{BA}:\overline{BH}=\overline{BD}:\overline{BE}$$

$\therefore\ 9 : \overline{BH} = 3\sqrt{10} : 6$

$\therefore\ \overline{BH} = \dfrac{9\sqrt{10}}{5}$,

$\overline{DH} = \overline{DB} - \overline{BH} = \dfrac{6\sqrt{10}}{5}$

$\therefore\ \cos\theta = \dfrac{\overline{DH}}{\overline{BH}} = \mathbf{\dfrac{2}{3}}$

7-14.

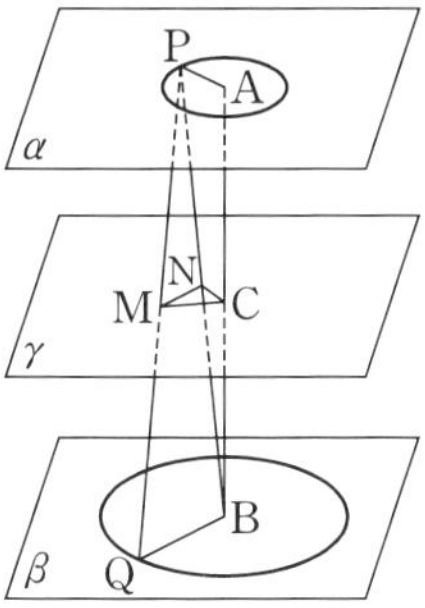

선분 AB의 중점을 C라고 하면 점 M은 점 C를 지나고 평면 α, β에 평행한 평면 γ 위에 있다.

직선 PB와 평면 γ의 교점을 N이라고 하면 △PQB와 △APB에서 삼각형의 두 변의 중점을 연결한 선분의 성질에 의하여

$$\overline{MN} = \frac{1}{2}\overline{QB} = 2,$$
$$\overline{CN} = \frac{1}{2}\overline{AP} = 1$$

그런데 세 점 C, M, N이 한 직선 위에 있을 때 $\overline{CM}$은 최대 또는 최소이므로

$$2-1 \le \overline{CM} \le 2+1$$
$$\therefore\ 1 \le \overline{CM} \le 3$$

따라서 점 M은 중심이 점 C이고 반지름의 길이가 각각 1, 3인 두 원으로 둘러싸인 부분에 있다.

따라서 구하는 넓이는

$$\pi \times 3^2 - \pi \times 1^2 = \mathbf{8\pi}$$

7-15. $\overline{AB} = \overline{AC} = a$라 하고, 점 B, C에서 두 평면의 교선에 내린 수선의 발을 각각 H, K라고 하자.

직각삼각형 ABH에서

$\angle BAH = 45°$ $\quad\therefore\ \overline{BH} = \dfrac{a}{\sqrt{2}}$

같은 방법으로 하면 $\overline{CK} = \dfrac{a}{\sqrt{2}}$

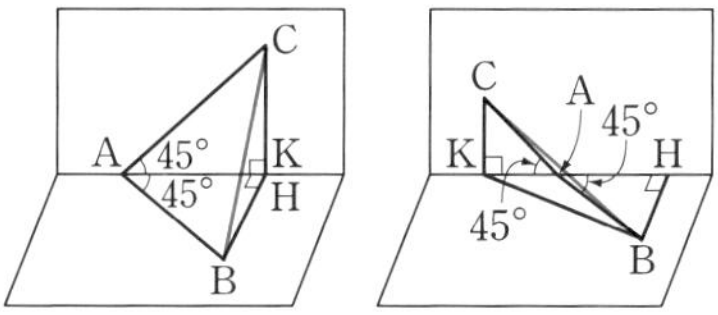

(i) 위의 왼쪽 그림일 때, 두 점 H, K는 일치한다.

직각이등변삼각형 BCH에서

$\overline{BC} = \sqrt{2}\,\overline{BH} = \sqrt{2} \times \dfrac{a}{\sqrt{2}} = a$

이므로 △ABC는 정삼각형이다.

$\therefore\ \angle \mathbf{BAC} = \mathbf{60°}$

(ii) 위의 오른쪽 그림일 때,

$\overline{CK} \perp$(평면 BKH)이므로 $\overline{CK} \perp \overline{BK}$

직각삼각형 KBH, BCK에서

$$\begin{aligned}\overline{BC}^2 &= \overline{CK}^2 + \overline{BK}^2 \\ &= \overline{CK}^2 + \overline{BH}^2 + \overline{HK}^2 \\ &= \left(\frac{a}{\sqrt{2}}\right)^2 + \left(\frac{a}{\sqrt{2}}\right)^2 + \left(2 \times \frac{a}{\sqrt{2}}\right)^2 \\ &= 3a^2\end{aligned}$$

곧, $\overline{BC} = \sqrt{3}\,a$이고, $\overline{AB} = \overline{AC} = a$이므로 △ABC는 이등변삼각형이다.

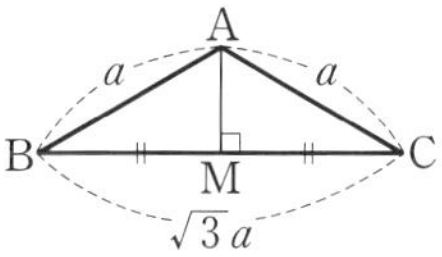

꼭짓점 A에서 변 BC에 내린 수선의 발을 M이라고 하면

$$\sin(\angle BAM) = \frac{\overline{BM}}{\overline{AB}} = \frac{\frac{\sqrt{3}}{2}a}{a} = \frac{\sqrt{3}}{2}$$

$\therefore\ \angle BAM = 60°$

$\therefore\ \angle \mathbf{BAC} = 2\angle BAM = \mathbf{120°}$

7-16.

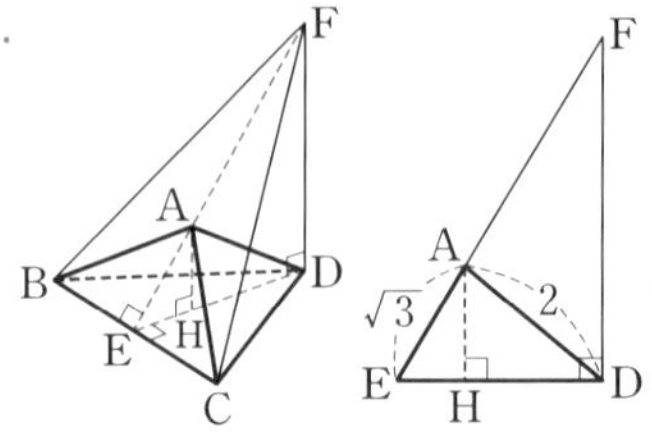

점 E는 선분 BC의 중점이므로

$$\overline{BC}\perp\overline{EF}$$

또, 점 A에서 △BCD에 내린 수선의 발을 H라고 하면 점 H는 △BCD의 무게중심이다. 따라서 점 H는 선분 ED를 1 : 2로 내분한다.

$$\therefore\ \overline{EA}:\overline{AF}=1:2$$

그런데 $\overline{AE}=\sqrt{3}$ 이므로

$$\overline{EF}=3\overline{EA}=3\sqrt{3}$$

$$\therefore\ \triangle BCF=\frac{1}{2}\times\overline{BC}\times\overline{EF}$$

$$=\frac{1}{2}\times 2\times 3\sqrt{3}=\mathbf{3\sqrt{3}}$$

7-17.

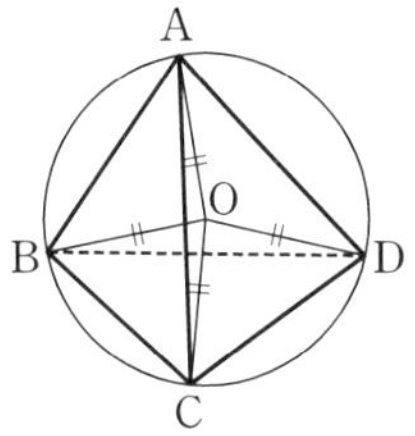

외접하는 구의 중심을 O라고 하면 사면체 OABC, OACD, ODAB, OBCD는 모두 합동이므로 점 O에서 정사면체의 네 면에 이르는 거리는 같다. 따라서 점 O는 내접하는 구의 중심이기도 하다.

$\overline{OB}=\overline{OC}=\overline{OD}$이므로 점 O에서 △BCD에 내린 수선의 발을 H라고 하면 △OBH≡△OCH≡△ODH이다.

따라서 $\overline{HB}=\overline{HC}=\overline{HD}$이므로 점 H는 정삼각형 BCD의 외심이고, 무게중심이다.

따라서 점 H는 점 A에서 △BCD에 내린 수선의 발이기도 하므로 점 O는 선분 AH 위의 점이다.

이때, 선분 OA는 외접하는 구의 반지름, 선분 OH는 내접하는 구의 반지름이다.

또, 사면체 OBCD의 부피는 정사면체 ABCD의 부피의 $\frac{1}{4}$이므로

$$\overline{OH}=\frac{1}{4}\overline{AH},\ \overline{OA}=\frac{3}{4}\overline{AH}$$

한편 △BCD가 정삼각형이므로

$$\overline{BH}=\frac{\sqrt{3}}{2}\times\frac{2}{3}=\frac{\sqrt{3}}{3}$$

$$\therefore\ \overline{AH}=\sqrt{\overline{AB}^2-\overline{BH}^2}=\frac{\sqrt{6}}{3}$$

따라서 외접하는 구의 반지름의 길이는

$$\frac{3}{4}\overline{AH}=\mathbf{\frac{\sqrt{6}}{4}}$$

내접하는 구의 반지름의 길이는

$$\frac{1}{4}\overline{AH}=\mathbf{\frac{\sqrt{6}}{12}}$$

7-18.

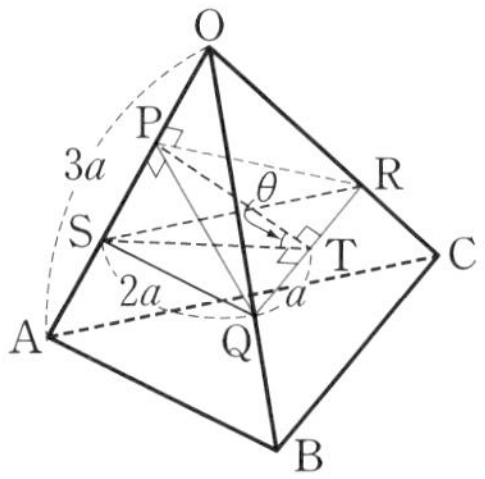

모서리 OA를 2 : 1로 내분하는 점을 S라고 하면 △ABC와 △SQR는 평행하므로 △PQR와 △SQR가 이루는 예각의 크기는 θ이다.

그런데 선분 QR의 중점을 T라고 하면 $\overline{PQ}=\overline{PR}$이므로 $\overline{PT}\perp\overline{QR}$이고, $\overline{SQ}=\overline{SR}$이므로 $\overline{ST}\perp\overline{QR}$이다.

$$\therefore\ \angle PTS=\theta$$

또, 점 P는 선분 OS의 중점이고, △OSQ와 △OSR가 모두 정삼각형이므

로 $\overline{OS}\perp\overline{QP}$, $\overline{OS}\perp\overline{RP}$이다.

$\therefore\ \overline{OS}\perp$(평면 PQR) $\quad\therefore\ \overline{OS}\perp\overline{PT}$

$$\therefore\ \cos\theta=\frac{\overline{PT}}{\overline{ST}}$$

$\overline{OA}=3a$라고 하면 $\overline{SQ}=2a$, $\overline{PS}=a$, $\overline{QT}=a$이므로

$\overline{ST}=\sqrt{\overline{SQ}^2-\overline{QT}^2}=\sqrt{4a^2-a^2}=\sqrt{3}\,a$,

$\overline{PT}=\sqrt{\overline{ST}^2-\overline{PS}^2}=\sqrt{3a^2-a^2}=\sqrt{2}\,a$

$$\therefore\ \cos\theta=\frac{\sqrt{2}\,a}{\sqrt{3}\,a}=\mathbf{\frac{\sqrt{6}}{3}}$$

7-19.

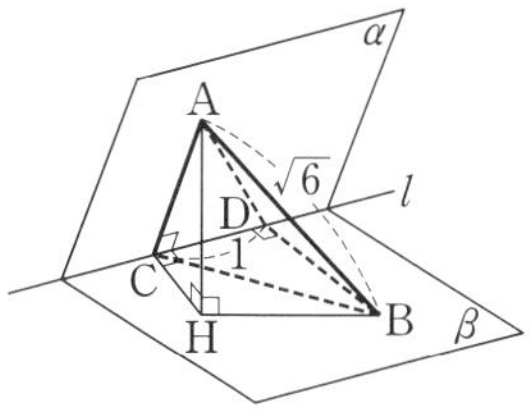

점 A에서 평면 β에 내린 수선의 발을 H라고 하면 삼수선의 정리에 의하여

$$\overline{CH}\perp l$$

$\angle ACH=60^\circ$, $\angle ABH=45^\circ$이고 $\overline{AB}=\sqrt{6}$이므로

$$\overline{AH}=\overline{HB}=\sqrt{3},$$
$$\overline{CH}=1,\ \overline{AC}=2$$

$\overline{CD}=1$이므로 사다리꼴 BDCH에서

$$\overline{BD}=\overline{CH}+\sqrt{\overline{HB}^2-\overline{CD}^2}$$
$$=1+\sqrt{(\sqrt{3})^2-1^2}=1+\sqrt{2}$$

$$\therefore\ \triangle BDC=\frac{1}{2}\times\overline{CD}\times\overline{BD}$$
$$=\frac{1}{2}(\sqrt{2}+1)$$

따라서 사면체 ABCD의 부피는

$$\frac{1}{3}\times\triangle BDC\times\overline{AH}$$
$$=\frac{1}{3}\times\frac{1}{2}(\sqrt{2}+1)\times\sqrt{3}$$
$$=\mathbf{\frac{\sqrt{6}+\sqrt{3}}{6}}$$

7-20.

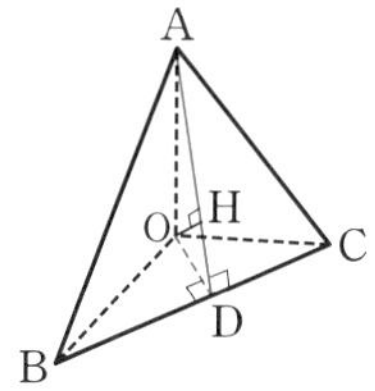

$\overline{OA}=a$, $\overline{OB}=b$, $\overline{OC}=c$라고 하자.

점 O에서 평면 ABC에 내린 수선의 발을 H라 하고, 선분 AH의 연장선과 모서리 BC의 교점을 D라고 하자.

$\overline{OA}\perp\overline{OB}$, $\overline{OA}\perp\overline{OC}$이므로

$\overline{OA}\perp$(평면 OBC) $\quad\therefore\ \overline{OA}\perp\overline{BC}$

$\overline{OH}\perp\overline{BC}$이므로

$\overline{BC}\perp$(평면 OAH) $\quad\therefore\ \overline{BC}\perp\overline{AD}$

삼수선의 정리에 의하여 $\quad\overline{OD}\perp\overline{BC}$

$\overline{OA}\perp\overline{OD}$이므로 $\quad\cos\alpha=\dfrac{\overline{OA}}{\overline{AD}}$

직각삼각형 OBC에서

$\overline{BC}=\sqrt{b^2+c^2}\quad\therefore\ \overline{OD}=\dfrac{bc}{\sqrt{b^2+c^2}}$

$$\therefore\ \overline{AD}^2=\overline{AO}^2+\overline{OD}^2=a^2+\frac{b^2c^2}{b^2+c^2}$$
$$=\frac{b^2c^2+c^2a^2+a^2b^2}{b^2+c^2}$$

$$\therefore\ \cos^2\alpha=\frac{\overline{OA}^2}{\overline{AD}^2}=\frac{a^2(b^2+c^2)}{b^2c^2+c^2a^2+a^2b^2}$$

같은 방법으로 하면

$$\cos^2\beta=\frac{b^2(c^2+a^2)}{b^2c^2+c^2a^2+a^2b^2},$$
$$\cos^2\gamma=\frac{c^2(a^2+b^2)}{b^2c^2+c^2a^2+a^2b^2}$$

$$\therefore\ \cos^2\alpha+\cos^2\beta+\cos^2\gamma=2$$

7-21.

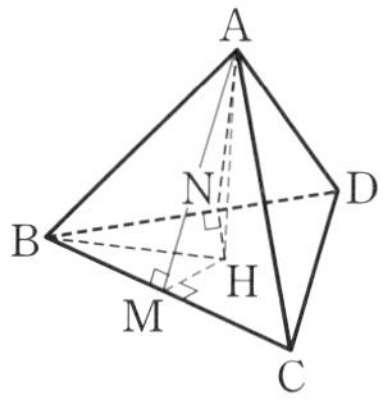

직각삼각형 ABH에서

$$\overline{AH}=\sqrt{a^2-\overline{BH}^2} \quad \cdots\cdots①$$

점 H에서 모서리 BC, BD에 내린 수선의 발을 각각 M, N이라고 하면 삼수선의 정리에 의하여

$$\overline{AM}\perp\overline{BC},\ \overline{AN}\perp\overline{BD}$$

$$\therefore\ \overline{BM}=\overline{BN}=a\cos 60°=\frac{a}{2}$$

$$\therefore\ \triangle BMH\equiv\triangle BNH$$

$$\therefore\ \angle HBM=\frac{1}{2}\angle DBC=30°$$

따라서 $\overline{BM}=\overline{BH}\cos 30°$이므로

$$\frac{a}{2}=\overline{BH}\times\frac{\sqrt{3}}{2} \quad \therefore\ \overline{BH}=\frac{a}{\sqrt{3}}$$

이 값을 ①에 대입하면

$$\overline{AH}=\sqrt{a^2-\left(\frac{a}{\sqrt{3}}\right)^2}=\boldsymbol{\frac{\sqrt{6}}{3}a}$$

7-22.

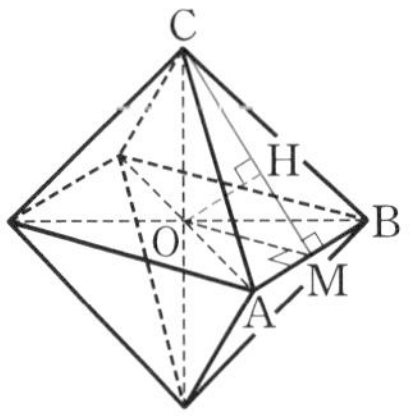

위의 그림에서 $\overline{OA}=\overline{OB}=\overline{OC}=x$라고 하면

$$\sqrt{2}x=a \quad \therefore\ x=\frac{\sqrt{2}}{2}a$$

(1) 서로 마주 보는 꼭짓점 사이의 거리는

$$2x=\boldsymbol{\sqrt{2}a}$$

(2) 모서리 AB의 중점을 M이라고 하면

$$\overline{OM}\perp\overline{AB},\ \overline{CM}\perp\overline{AB}$$

따라서 점 O에서 선분 CM에 내린 수선의 발을 H라고 하면 삼수선의 정리에 의하여 $\overline{OH}\perp$(평면 ABC)

$$\overline{OM}=\frac{\overline{OA}}{\sqrt{2}}=\frac{x}{\sqrt{2}},$$

$$\overline{CM}=\sqrt{x^2+\left(\frac{x}{\sqrt{2}}\right)^2}=\sqrt{\frac{3}{2}}x$$

한편 △OMC의 넓이 관계에서

$$\frac{1}{2}\times\overline{OH}\times\overline{CM}=\frac{1}{2}\times\overline{OC}\times\overline{OM}$$

$$\therefore\ \frac{1}{2}\times\overline{OH}\times\sqrt{\frac{3}{2}}x=\frac{1}{2}\times x\times\frac{x}{\sqrt{2}}$$

$$\therefore\ \overline{OH}=\frac{x}{\sqrt{3}}=\frac{a}{\sqrt{6}}$$

따라서 서로 마주 보는 평행한 면 사이의 거리는

$$2\overline{OH}=2\times\frac{a}{\sqrt{6}}=\boldsymbol{\frac{\sqrt{6}}{3}a}$$

7-23. 점 P, Q, R에서 평면 α에 내린 수선의 발을 각각 P′, Q′, R′이라고 하자.

또, 점 P에서 선분 QQ′, 선분 RR′에 내린 수선의 발을 각각 A, B, 점 Q에서 선분 RR′에 내린 수선의 발을 C라 하자.

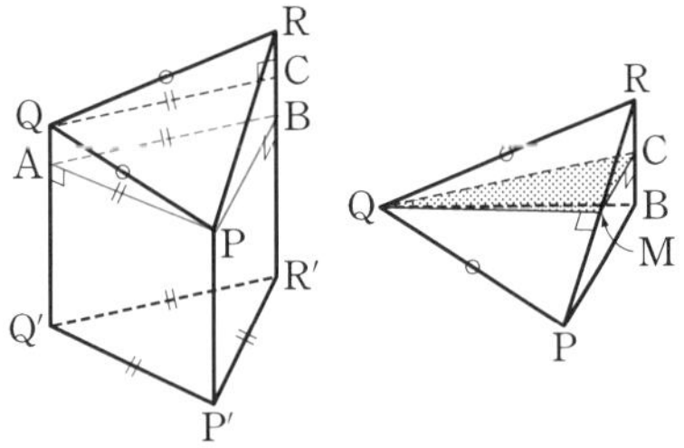

문제의 조건에서 △PQR가 이등변삼각형이고 $\overline{PR}>\overline{PQ}$, $\overline{PR}>\overline{QR}$이므로 $\overline{PQ}=\overline{QR}$이다.

또, $\overline{AP}=\overline{Q'P'}$, $\overline{QC}=\overline{Q'R'}$이고 △P′Q′R′은 정삼각형이므로 $\overline{AP}=\overline{QC}$이다.

$$\therefore\ \triangle QAP\equiv\triangle RCQ \quad \therefore\ \overline{QA}=\overline{RC}$$

또, $\overline{QC}\,/\!/\,\overline{AB}$이므로 $\overline{QA}=\overline{CB}$

$$\therefore\ \overline{RC}=\overline{CB}$$

따라서 선분 RP의 중점을 M이라고 하면 $\overline{MC}\,/\!/\,\overline{PB}$이다.

또, $\overline{QC}\,/\!/\,\overline{Q'R'}$이므로 평면 QMC는 평면 α와 평행하다.

한편 $\overline{PQ}=\overline{QR}$이므로 $\overline{QM}\perp\overline{PR}$

또한 $\overline{RB}\perp(\triangle QMC)$이므로

$$\overline{QM}\perp\overline{RB} \quad \therefore \overline{QM}\perp(\triangle RPB)$$

$$\therefore \overline{QM}\perp\overline{MC}$$

따라서 두 선분 RM과 MC가 이루는 각의 크기는 △PQR와 평면 α가 이루는 각의 크기와 같다.

$$\therefore \overline{PR}\cos 60^\circ=\overline{PB}=\overline{P'R'}=2\sqrt{3}$$

$$\therefore \overline{PR}=4\sqrt{3} \quad \therefore \overline{RM}=2\sqrt{3}$$

$$\therefore \overline{RC}=\overline{CB}=\overline{RM}\sin 60^\circ=3$$

$$\therefore \boldsymbol{a=8+3=11,\ b=8+6=14}$$

***Note** 위의 그림에서 세 점 P′, Q′, R′은 각각 세 원기둥의 밑면 중 평면 α 위에 있는 원의 중심이다.

따라서 $\overline{P'Q'}=\overline{P'R'}=\overline{Q'R'}=2\sqrt{3}$이므로 $\overline{PA}=\overline{PB}=\overline{AB}=2\sqrt{3}$

한편 $8<a<b$이므로

$\overline{QA}=a-8,\ \overline{RC}=b-a,\ \overline{RB}=b-8$

$\overline{PQ}=\overline{QR}$에서 $\overline{PQ}^2=\overline{QR}^2$이므로

$$(a-8)^2+(2\sqrt{3})^2=(b-a)^2+(2\sqrt{3})^2$$

$$\therefore a-8=b-a$$

$$\therefore b=2a-8 \quad \cdots\cdots ①$$

$$\therefore \overline{RB}=b-8=2(a-8)$$

따라서 점 C는 선분 RB의 중점이다. 선분 RP의 중점 M에 대하여

$$\overline{MC}=\frac{1}{2}\overline{PB}=\sqrt{3}$$

$\angle RMC=60^\circ$이므로

$$\overline{RC}=\overline{MC}\tan 60^\circ=3$$

$$\therefore b-a=3 \quad \cdots\cdots ②$$

①, ②에서 $\boldsymbol{a=11,\ b=14}$

8-1.

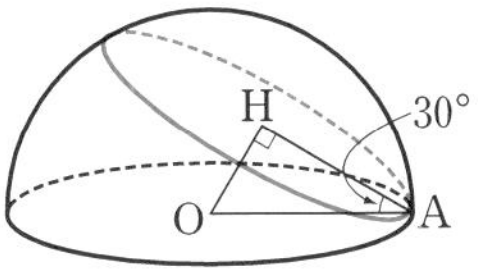

반구의 중심을 O라 하고, 점 O에서 잘린 단면에 내린 수선의 발을 H라 하자.

$$\overline{AH}=\overline{OA}\cos 30^\circ=4\times\frac{\sqrt{3}}{2}=2\sqrt{3}$$

따라서 잘린 단면의 넓이는

$$\pi\times(2\sqrt{3})^2=12\pi$$

이므로 정사영의 넓이는

$$12\pi\cos 30^\circ=\boldsymbol{6\sqrt{3}\,\pi}$$

8-2. 판의 전체 넓이를 S라고 하면

$$S=16-\pi$$

또, 그림자의 넓이를 S′이라고 하면 S′은 판이 태양 광선과 수직을 이룰 때 최대이다. 이때, 판이 지면과 이루는 각의 크기는 30°이다.

$$\therefore S'\cos 30^\circ=S \quad \therefore \frac{\sqrt{3}}{2}S'=16-\pi$$

$$\therefore \boldsymbol{S'=\frac{2\sqrt{3}}{3}(16-\pi)}$$

***Note**

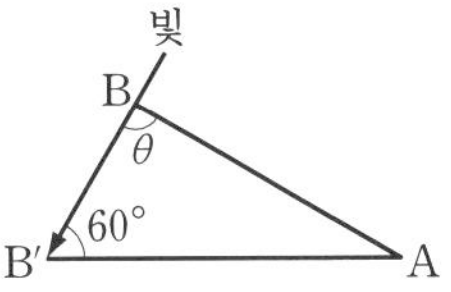

△ABB′에서 사인법칙으로부터

⇦ 실력 수학 Ⅰ p. 127

$$\frac{\overline{AB'}}{\sin\theta}=\frac{\overline{AB}}{\sin 60^\circ}$$

$$\therefore \overline{AB'}=\frac{2\sqrt{3}}{3}\overline{AB}\sin\theta$$

따라서 $\overline{AB}$가 일정하면 $\theta=90^\circ$일 때 $\overline{AB'}$이 최대이다.

8-3.

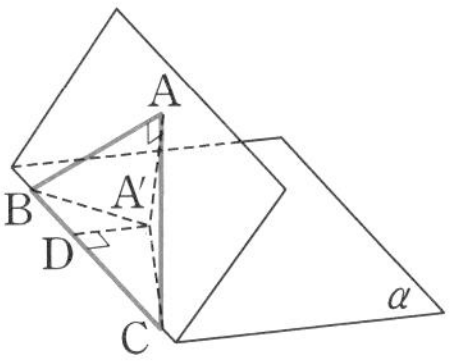

(1) $\overline{AA'}=x$라고 하면

$$\overline{AB}^2=2^2+x^2,\ \overline{AC}^2=(\sqrt{19})^2+x^2$$

△ABC가 직각삼각형이므로

$$\overline{AB}^2+\overline{AC}^2=\overline{BC}^2$$

$\therefore\ 2^2+x^2+(\sqrt{19})^2+x^2=5^2 \quad \therefore\ x=1$

$\therefore\ \overline{\mathbf{AB}}=\sqrt{\mathbf{5}},\ \overline{\mathbf{AC}}=\mathbf{2}\sqrt{\mathbf{5}},\ \overline{\mathbf{AA'}}=\mathbf{1}$

(2) 점 A′에서 변 BC에 내린 수선의 발을 D라고 하면 삼수선의 정리에 의하여

$$\overline{AD}\perp\overline{BC}$$

따라서 △ABC를 포함하는 평면과 평면 α가 이루는 예각의 크기는 ∠ADA′의 크기이다.

△ABC의 넓이 관계에서

$$\frac{1}{2}\times\overline{AB}\times\overline{AC}=\frac{1}{2}\times\overline{BC}\times\overline{AD}$$

$$\therefore\ \overline{AD}=2$$

$$\therefore\ \sin(\angle ADA')=\frac{\overline{AA'}}{\overline{AD}}=\frac{1}{2}$$

$$\therefore\ \angle ADA'=\mathbf{30°}$$

****Note*** $\overline{AD}\cos(\angle ADA')=\overline{A'D}$를 이용할 수도 있다.

8-4. 원판이 두 평면 α, β와 만나는 점을 각각 A, B라 하고, 점 A에서 교선 l에 내린 수선의 발을 C, 점 C에서 선분 AB에 내린 수선의 발을 H라고 하면

$$\overline{AB}=12,\ \overline{AC}=6,\ \overline{AH}=3$$

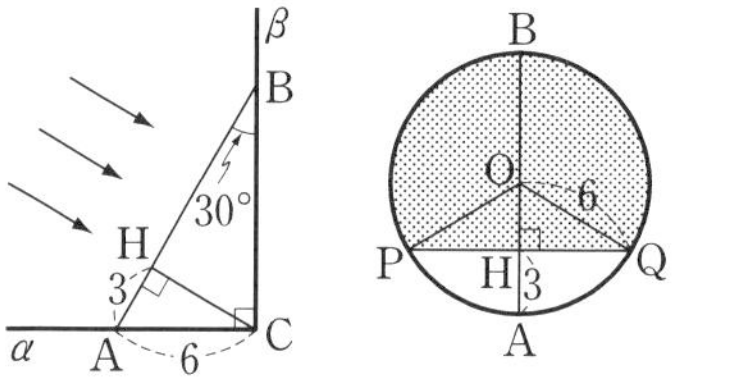

따라서 평면 β에 그림자가 생기는 부분은 위의 오른쪽 원판에서 점 찍은 부분이다.

∠POQ=120°이므로 점 찍은 부분의 넓이를 S라고 하면

$$S=\pi\times6^2\times\frac{240°}{360°}+\frac{1}{2}\times6^2\times\sin(180°-120°)$$

$$=24\pi+9\sqrt{3}$$

그림자의 넓이를 S′이라고 하면 $S'\cos30°=S$이므로

$$S'=\frac{24\pi+9\sqrt{3}}{\sqrt{3}/2}=\mathbf{18+16\sqrt{3}\,\pi}$$

8-5. 사각형 ABCD, AA′B′B, AA′D′D의 그림자의 넓이의 합을 구하면 된다.

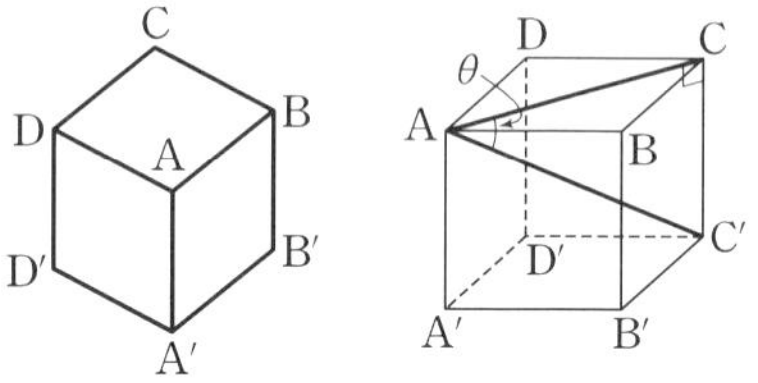

그림자가 생기는 평면을 α라고 하자.

직선 AC′이 평면 α에 수직이므로 ∠CAC′$=\theta$라고 하면 평면 ABCD와 평면 α가 이루는 각의 크기는 $90°-\theta$이다.

이때,

$$\cos(90°-\theta)=\sin\theta=\frac{\overline{CC'}}{\overline{AC'}}=\frac{1}{\sqrt{3}}$$

따라서 □ABCD의 그림자의 넓이는

$$\square ABCD\times\frac{1}{\sqrt{3}}=\frac{1}{\sqrt{3}}$$

같은 방법으로 하면 사각형 AA′B′B, AA′D′D의 그림자의 넓이는 모두 $\frac{1}{\sqrt{3}}$이므로 구하는 그림자의 넓이는

$$3\times\frac{1}{\sqrt{3}}=\sqrt{\mathbf{3}}$$

8-6.

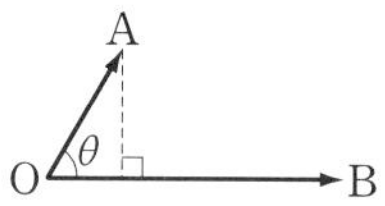

$\overrightarrow{OA}$와 $\overrightarrow{OB}$가 이루는 각의 크기를 θ라고 하면 $\overrightarrow{OA}$의 직선 OB 위로의 정사영의 크기는 $\left||\overrightarrow{OA}|\cos\theta\right|$

한편 $\overrightarrow{OA}\cdot\overrightarrow{OB}=|\overrightarrow{OA}||\overrightarrow{OB}|\cos\theta$에서

$$\left||\overrightarrow{OA}|\cos\theta\right|=\frac{|\overrightarrow{OA}\cdot\overrightarrow{OB}|}{|\overrightarrow{OB}|}\quad\cdots①$$

그런데 $\overrightarrow{OA}+\overrightarrow{OB}=-\overrightarrow{OC}$이므로

$$|\overrightarrow{OA}+\overrightarrow{OB}|^2=|\overrightarrow{OC}|^2$$

$\therefore$ $|\overrightarrow{OA}|^2+2(\overrightarrow{OA}\cdot\overrightarrow{OB})+|\overrightarrow{OB}|^2=|\overrightarrow{OC}|^2$

$\therefore$ $4^2+2(\overrightarrow{OA}\cdot\overrightarrow{OB})+8^2=(4\sqrt{7})^2$

$\therefore$ $\overrightarrow{OA}\cdot\overrightarrow{OB}=16$

①에 대입하면 $\left||\overrightarrow{OA}|\cos\theta\right|=\mathbf{2}$

8-7.

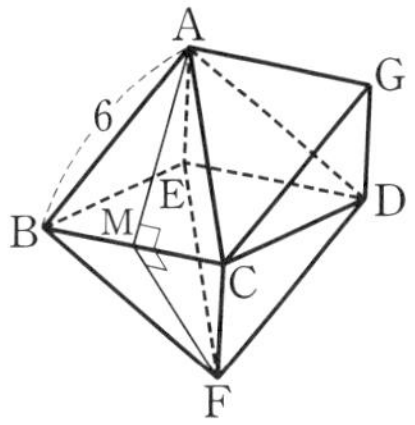

선분 BC의 중점을 M이라고 하면

$$\overline{AM}\perp\overline{BC},\ \overline{FM}\perp\overline{BC}$$

△AMF에서

$$\overline{AM}=\overline{MF}=3\sqrt{3},\ \overline{AF}=6\sqrt{2}$$

이므로 코사인법칙으로부터

$$\cos(\angle AMF)=\frac{(3\sqrt{3})^2+(3\sqrt{3})^2-(6\sqrt{2})^2}{2\times3\sqrt{3}\times3\sqrt{3}}=-\frac{1}{3}$$

따라서 정팔면체의 이웃하는 두 면이 이루는 각의 크기를 α라고 하면

$$\cos\alpha=-\frac{1}{3} \qquad \cdots\cdots ①$$

한편 정사면체의 이웃하는 두 면이 이루는 각의 크기를 β라고 하면

$$\cos\beta=\frac{1}{3} \qquad \cdots\cdots ②$$

⇦ **필수 예제 7-6**의 (2)

①, ②에서 $\alpha+\beta=180°$

따라서 정팔면체의 면 ABC와 정사면체의 면 ACG는 같은 평면 위에 있고, $\angle BAG=120°$이다.

$$\therefore\ \triangle ABG=\frac{1}{2}\times6\times6\times\sin120°=9\sqrt{3}$$

△ABG의 평면 ADG 위로의 정사영의 넓이를 S라고 하면

$$S=\triangle ABG\times\cos\beta=9\sqrt{3}\times\frac{1}{3}=\mathbf{3\sqrt{3}}$$

8-8.

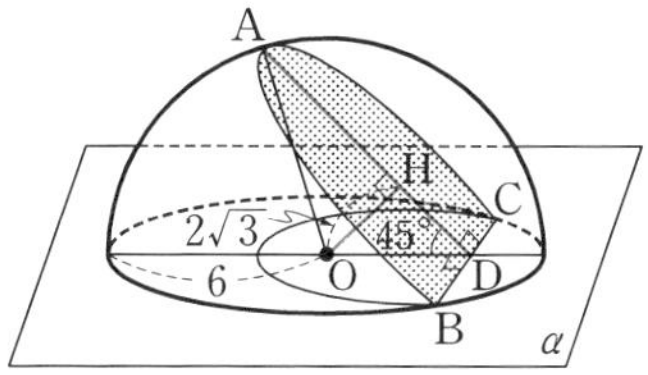

반구와 평면 β가 만나서 생기는 도형은 원의 일부이다. 점 O에서 평면 β에 내린 수선의 발을 H라고 하자.

위의 그림에서 △OAH가 직각삼각형이고 $\overline{OA}=6,\ \overline{OH}=2\sqrt{3}$이므로

$$\overline{AH}=\sqrt{6^2-(2\sqrt{3})^2}=2\sqrt{6}$$

또, 직각삼각형 OHD에서

$\angle ODH=45°$이므로 $\overline{DH}=\overline{OH}=2\sqrt{3}$

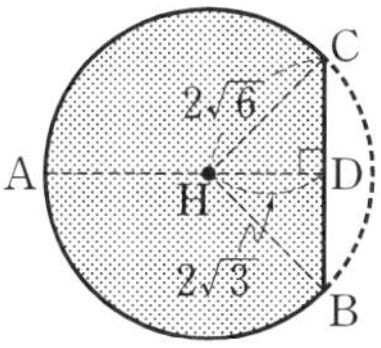

위의 그림의 직각삼각형 CHD에서

$$\overline{CD}=\sqrt{(2\sqrt{6})^2-(2\sqrt{3})^2}=2\sqrt{3}$$

$$\therefore\ \angle CHD=45°$$

위의 그림에서 점 찍은 부분의 넓이는

$$\pi\times(2\sqrt{6})^2\times\frac{270°}{360°}+\frac{1}{2}\times(2\sqrt{6})^2=12+18\pi$$

따라서 단면의 평면 α 위로의 정사영의 넓이는

$$(12+18\pi)\cos45°=\mathbf{6\sqrt{2}+9\sqrt{2}\pi}$$

8-9. 점 P가 선분 AC를 1 : 2로 내분하는 점이고, 점 C에서 평면 α에 이르는 거

리가 3이므로 점 P에서 평면 α에 이르는 거리는 1이다. 따라서 직선 PB는 평면 α와 평행하다.

△ABC와 평면 α가 이루는 예각의 크기를 θ라고 하자.

평면 α에 평행하고 직선 PB를 포함하는 평면을 β라고 하면 평면 PBC와 평면 β가 이루는 예각의 크기도 θ이다.

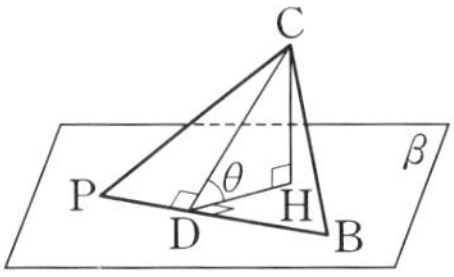

점 C에서 평면 β에 내린 수선의 발을 H, 직선 PB에 내린 수선의 발을 D라고 하면 삼수선의 정리에 의하여

$$\overline{DH}\perp\overline{PB} \quad \therefore \angle CDH=\theta$$

한편 $\triangle PBC=\dfrac{2}{3}\triangle ABC=\dfrac{2}{3}\times 9=6$, $\overline{PB}=4$이므로 $\overline{CD}=3$

또, $\overline{CH}=2$이므로

$$\overline{DH}=\sqrt{3^2-2^2}=\sqrt{5}$$

$$\therefore \cos\theta=\frac{\overline{DH}}{\overline{CD}}=\frac{\sqrt{5}}{3}$$

따라서 정사영의 넓이는

$$9\times\frac{\sqrt{5}}{3}=\mathbf{3\sqrt{5}}$$

8-10.

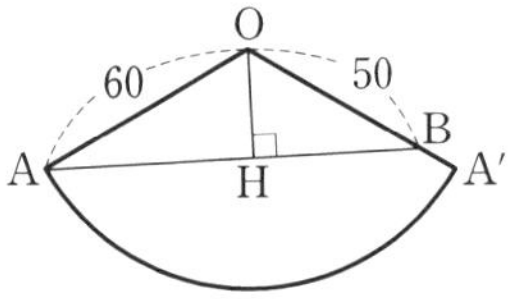

위의 전개도에서 점 A와 B 사이의 최단 거리는 선분 AB의 길이이다.

또, 꼭짓점 O에서 선분 AB에 내린 수선의 발을 H라고 하면 점 H에서 점 B까지가 내리막길이다.

호 AA′의 길이가 $2\pi\times 20$이므로 $\angle AOB=\theta$라고 하면

$$2\pi\times 60\times\frac{\theta}{360^\circ}=40\pi \quad \therefore \theta=120^\circ$$

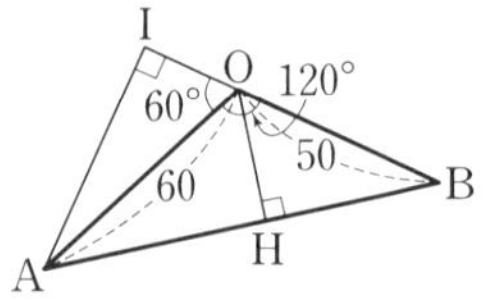

점 A에서 직선 OB에 내린 수선의 발을 I라고 하면

$$\overline{AI}=60\sin 60^\circ=30\sqrt{3},$$
$$\overline{OI}=60\cos 60^\circ=30$$
$$\therefore \overline{AB}=\sqrt{(30\sqrt{3})^2+(30+50)^2}=10\sqrt{91}$$

△AOB의 넓이 관계에서

$$\frac{1}{2}\times\overline{AB}\times\overline{OH}=\frac{1}{2}\times\overline{OB}\times\overline{AI}$$
$$\therefore \overline{OH}=\frac{150\sqrt{3}}{\sqrt{91}}$$

△OHB에서

$$\overline{HB}^2=\overline{OB}^2-\overline{OH}^2=2500\times\frac{64}{91}$$
$$\therefore \overline{HB}=\mathbf{\frac{400}{\sqrt{91}}}$$

* ***Note*** 선분 AB의 길이는 다음과 같이 수학 I에서 공부하는 코사인법칙을 이용하여 구할 수도 있다.

△AOB에 코사인법칙을 쓰면

$$\overline{AB}^2=60^2+50^2-2\times 60\times 50\cos 120^\circ=9100$$
$$\therefore \overline{AB}=10\sqrt{91}$$

8-11. (1)

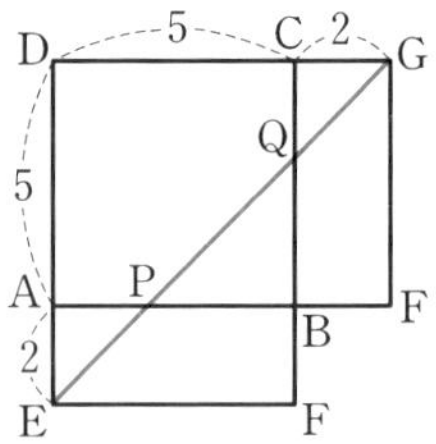

길이가 최소인 선은 위의 전개도에

서 선분 EG이므로

$$\overline{EG}=\sqrt{\overline{DE}^2+\overline{DG}^2}$$
$$=\sqrt{7^2+7^2}=\mathbf{7\sqrt{2}}$$

(2)

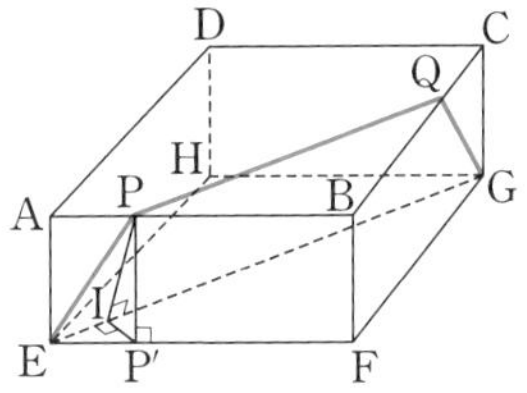

점 P에서 선분 EF에 내린 수선의 발을 P′이라고 하면 점 P′은 점 P에서 평면 EFGH에 내린 수선의 발이다.

따라서 점 P에서 선분 EG에 내린 수선의 발을 I라고 하면 삼수선의 정리에 의하여

$$\overline{P'I}\perp\overline{EG} \quad \therefore \angle PIP'=\theta$$

그런데 등변사다리꼴 EPQG에서

$$\overline{PE}=\overline{QG}=2\sqrt{2},$$
$$\overline{PQ}=3\sqrt{2},\ \overline{EG}=5\sqrt{2}$$

이므로 $\overline{EI}=\sqrt{2}$

직각삼각형 PEI에서

$$\overline{PI}=\sqrt{\overline{PE}^2-\overline{EI}^2}$$
$$=\sqrt{(2\sqrt{2})^2-(\sqrt{2})^2}=\sqrt{6}$$

또, 직각삼각형 IEP′에서

$\angle GEP'=45^\circ$이므로

$$\overline{IP'}=\overline{EI}=\sqrt{2}$$

따라서 직각삼각형 PP′I에서

$$\cos\theta=\frac{\overline{P'I}}{\overline{PI}}=\frac{\sqrt{2}}{\sqrt{6}}=\mathbf{\frac{\sqrt{3}}{3}}$$

9-1. 주어진 선분이 원점 (0, 0, 0)과 점 (a, b, c)를 연결하는 선분이라고 해도 된다. 이때,

$$l^2=a^2+b^2+c^2,\ \ l_{xy}{}^2=a^2+b^2,$$
$$l_{yz}{}^2=b^2+c^2,\ \ l_{zx}{}^2=c^2+a^2$$

이므로

$$l_{xy}{}^2+l_{yz}{}^2+l_{zx}{}^2=2(a^2+b^2+c^2)=2l^2$$

9-2. $\overline{AB}^2=(4-3)^2+(6-2)^2+(10-1)^2$
$=98$

$\overline{AC}^2=(a-3)^2+(3-2)^2+(5-1)^2$
$=(a-3)^2+17$

$\overline{AD}^2=(7-3)^2+(b-2)^2+(2-1)^2$
$=(b-2)^2+17$

$\overline{AB}^2=\overline{AC}^2$이므로 $(a-3)^2=81$

$\therefore a=12,\ -6$

$\overline{AB}^2=\overline{AD}^2$이므로 $(b-2)^2=81$

$\therefore b=11,\ -7$

또, $\overline{AB}^2=\overline{BC}^2=\overline{CD}^2=\overline{BD}^2$을 만족시켜야 하므로 $\mathbf{a=12,\ b=11}$

9-3. (1) xy평면에 대하여 점 B와 대칭인 점을 B′이라고 하면

$$B'(1,\ 1,\ -1)$$

$\overline{AP}+\overline{PB}=\overline{AP}+\overline{PB'}\ge\overline{AB'}$이므로 최솟값은

$$\overline{AB'}=\sqrt{(1-2)^2+(1-0)^2+(-1-2)^2}$$
$$=\mathbf{\sqrt{11}}$$

이때, 세 점 A, B′, P의 z좌표를 비교하면 점 P는 선분 AB′을 2 : 1로 내분하는 점이므로

$$\mathbf{P\left(\frac{4}{3},\ \frac{2}{3},\ 0\right)}$$

(2) xy평면에 대하여 점 A와 대칭인 점을 A′, yz평면에 대하여 점 B와 대칭인 점을 B″이라고 하면

$$A'(2,\ 0,\ -2),\ B''(-1,\ 1,\ 1)$$
$$\overline{AP}+\overline{PQ}+\overline{QB}=\overline{A'P}+\overline{PQ}+\overline{QB''}$$
$$\ge\overline{A'B''}$$

이므로 최솟값은

$$\overline{A'B''}=\sqrt{(-1-2)^2+(1-0)^2+(1+2)^2}$$
$$=\mathbf{\sqrt{19}}$$

9-4. 점 D의 좌표를 $D(x,\ y,\ z)$라고 하면 대각선 BD, AC의 중점의 좌표는 각각

$$\left(\frac{-1+x}{2},\ \frac{2+y}{2},\ \frac{4+z}{2}\right),$$

$\left(\frac{4-3}{2}, \frac{3+5}{2}, \frac{-3+8}{2}\right)$

두 대각선의 중점은 일치하므로

$\frac{-1+x}{2}=\frac{4-3}{2}$, $\frac{2+y}{2}=\frac{3+5}{2}$,

$\frac{4+z}{2}=\frac{-3+8}{2}$

$\therefore\ x=2,\ y=6,\ z=1 \quad \therefore$ **D(2, 6, 1)**

$\therefore\ \overline{BD}=\sqrt{(2+1)^2+(6-2)^2+(1-4)^2}$

$=\sqrt{34}$

9-5. 좌표공간에 점 D를 원점에, 선분 DE를 x축 위에, 선분 AD를 z축 위에 오도록 삼각기둥을 놓고, 각 점의 좌표를 다음과 같이 정한다.

A(0, 0, 4), B(4, 0, 4), C$(2, 2\sqrt{3}, 4)$,
D(0, 0, 0), E(4, 0, 0), F$(2, 2\sqrt{3}, 0)$

이때, 점 M, N의 좌표는

M(2, 0, 4), N$(2, 2\sqrt{3}, 2)$

점 P는 선분 MN을 1 : 2로 내분하는 점이므로 $P\left(2, \frac{2\sqrt{3}}{3}, \frac{10}{3}\right)$

점 P에서 x축에 내린 수선의 발을 Q라고 하면 Q(2, 0, 0)이므로 점 P에서 선분 DE에 이르는 거리는

$\overline{PQ}=\sqrt{(2-2)^2+\left(-\frac{2\sqrt{3}}{3}\right)^2+\left(-\frac{10}{3}\right)^2}$

$=\frac{4\sqrt{7}}{3}$

****Note*** 점 M, P에서 밑면 DEF에 내린 수선의 발을 각각 M′, P′이라고 하면 점 M′은 선분 DE의 중점이고, $\overline{FP'} : \overline{P'M'}=2 : 1$이므로 점 P′은 △DEF의 무게중심이다. 이를 이용하여 선분 PM′의 길이를 구해도 된다.

9-6. (1) 구의 반지름의 길이를 r라고 하면 각 좌표평면에 접하고 점 (1, 1, −2)를 지나므로 구의 중심의 좌표는 $(r, r, -r)$이다.

따라서 구의 방정식은

$(x-r)^2+(y-r)^2+(z+r)^2=r^2$

점 (1, 1, −2)를 지나므로

$(1-r)^2+(1-r)^2+(-2+r)^2=r^2$

$\therefore\ r^2-4r+3=0 \quad \therefore\ r=1, 3$

따라서

중심 (1, 1, −1), 반지름의 길이 1

또는

중심 (3, 3, −3), 반지름의 길이 3

(2) 구의 중심의 좌표를 (a, b, c)라고 하면 구의 중심은 선분 AB를 수직이등분하는 평면 위에 있고 선분 AB의 중점의 좌표는 (1, 1, 2)이므로 $c=2$

또, 구의 중심에서 y축, z축까지의 거리가 각각 반지름의 길이 r이므로

$r=\sqrt{a^2+c^2}=\sqrt{a^2+b^2}$

$\therefore\ b^2=c^2=4 \quad \therefore\ b=\pm 2$

(i) $b=2$일 때

구의 방정식은

$(x-a)^2+(y-2)^2+(z-2)^2=a^2+4$

점 A(1, 1, 1)을 지나므로

$(1-a)^2+(1-2)^2+(1-2)^2=a^2+4$

$\therefore\ a=-\frac{1}{2}$

$\therefore\ r=\sqrt{\frac{1}{4}+4}=\frac{\sqrt{17}}{2}$

(ii) $b=-2$일 때

구의 방정식은

$(x-a)^2+(y+2)^2+(z-2)^2=a^2+4$

같은 방법으로 하면

$a=\frac{7}{2},\ r=\frac{\sqrt{65}}{2}$

따라서 **중심 $\left(-\frac{1}{2}, 2, 2\right)$,**

반지름의 길이 $\frac{\sqrt{17}}{2}$

또는 **중심 $\left(\frac{7}{2}, -2, 2\right)$,**

반지름의 길이 $\frac{\sqrt{65}}{2}$

9-7. 구와 x축의 접점의 좌표는 $(1, 0, 0)$이므로 구의 반지름의 길이는

$$\sqrt{(1-1)^2+1^2+1^2}=\sqrt{2}$$

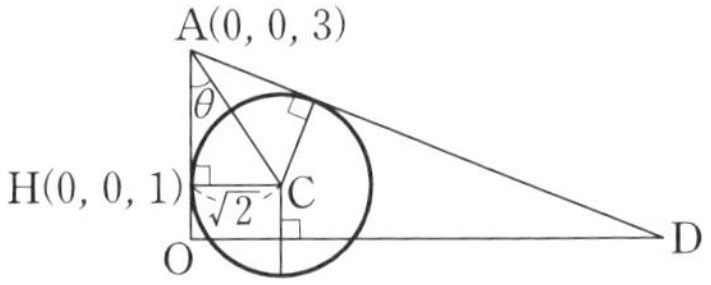

z축과 구의 중심을 포함하고 xy평면에 수직인 평면으로 구를 자른 단면은 위의 그림과 같고, 원점 O와 점 D 사이의 거리가 구하는 최댓값이다.

$\angle\mathrm{CAH}=\theta$라고 하면 $\overline{\mathrm{AH}}=2$, $\overline{\mathrm{CH}}=\sqrt{2}$이므로

$$\tan\theta=\frac{\sqrt{2}}{2}$$

이때, $\angle\mathrm{OAD}=2\theta$이므로

$$\overline{\mathrm{OD}}=\overline{\mathrm{OA}}\tan 2\theta$$

배각의 공식에 의하여

$$\tan 2\theta=\frac{2\tan\theta}{1-\tan^2\theta}=\frac{2\times\frac{\sqrt{2}}{2}}{1-\left(\frac{\sqrt{2}}{2}\right)^2}=2\sqrt{2}$$

따라서 두 점 사이의 거리의 최댓값은

$$\overline{\mathrm{OD}}=3\times2\sqrt{2}=\mathbf{6\sqrt{2}}$$

9-8. xy평면 위에서 생각한다.

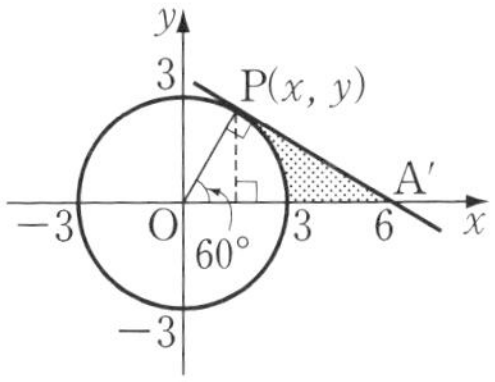

x축 위의 점 $\mathrm{A}'(6, 0)$에서 원 $x^2+y^2=9$에 그은 접선과 원 및 x축으로 둘러싸인 도형을 x축 둘레로 회전시켜 생기는 입체의 부피를 구하면 된다.

원 위의 접점을 $\mathrm{P}(x, y)$라고 하면

$$\overline{\mathrm{OP}}=3,\ \angle\mathrm{POA}'=60^\circ$$

$$\therefore\ x=3\cos60^\circ=\frac{3}{2},$$

$$y=3\sin60^\circ=\frac{3\sqrt{3}}{2}$$

따라서 구하는 부피를 V라고 하면

$$\mathrm{V}=\frac{1}{3}\pi\left(\frac{3\sqrt{3}}{2}\right)^2\left(6-\frac{3}{2}\right)-\pi\int_{\frac{3}{2}}^{3}y^2dx$$

$$=\frac{81}{8}\pi-\pi\int_{\frac{3}{2}}^{3}(9-x^2)dx$$

$$=\frac{81}{8}\pi-\pi\left[9x-\frac{1}{3}x^3\right]_{\frac{3}{2}}^{3}=\boldsymbol{\frac{9}{2}\pi}$$

9-9. $\mathrm{P}(x, 0, 0)$, $\mathrm{Q}(0, y, 0)$, $\mathrm{R}(0, 0, z)$라고 하면

$$\overline{\mathrm{AP}}^2+\overline{\mathrm{PQ}}^2+\overline{\mathrm{QR}}^2+\overline{\mathrm{RA}}^2$$

$$=\{(x-a)^2+b^2+c^2\}+(x^2+y^2)+(y^2+z^2)+\{a^2+b^2+(z-c)^2\}$$

$$=2(x^2+y^2+z^2-ax-cz+a^2+b^2+c^2)$$

$$=2\left(x-\frac{a}{2}\right)^2+2y^2+2\left(z-\frac{c}{2}\right)^2+\frac{3}{2}a^2+2b^2+\frac{3}{2}c^2$$

따라서 $x=\frac{a}{2}$, $y=0$, $z=\frac{c}{2}$일 때 최소이다.

$$\therefore\ \mathbf{P}\left(\frac{a}{2}, 0, 0\right),\ \mathbf{Q}(0, 0, 0),\ \mathbf{R}\left(0, 0, \frac{c}{2}\right)$$

9-10.

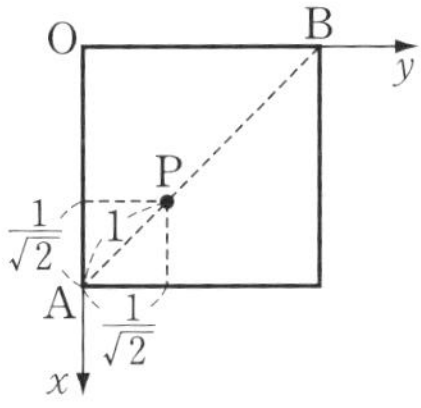

t초 후 점 P의 좌표는

$$\mathrm{P}\left(2-\frac{2t}{\sqrt{2}},\ \frac{2t}{\sqrt{2}},\ 0\right)$$

곧, $\mathrm{P}(2-\sqrt{2}t, \sqrt{2}t, 0)$

t초 후 점 Q의 좌표는

$$Q\left(\frac{\sqrt{3}t}{\sqrt{3}}, \frac{\sqrt{3}t}{\sqrt{3}}, \frac{\sqrt{3}t}{\sqrt{3}}\right)$$

곧, $Q(t, t, t)$

점 P와 점 Q 사이의 거리를 l이라고 하면

$$l^2=(2-\sqrt{2}t-t)^2+(\sqrt{2}t-t)^2+(0-t)^2$$
$$=7t^2-4(1+\sqrt{2})t+4$$

따라서 l이 최소가 되는 t의 값은

$$t=\frac{4(1+\sqrt{2})}{2\times7}=\mathbf{\frac{2(1+\sqrt{2})}{7}}\ (초)$$

9-11.

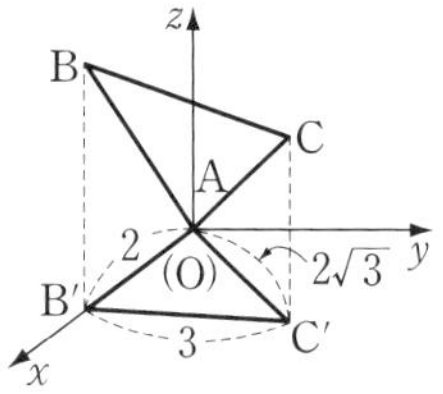

위의 그림과 같이 점 A를 원점, 평면 α를 xy평면, 점 B의 정사영 B′을 x축 위의 점이라고 하면

$\overline{AB'}=2$, $\overline{B'C'}=3$, $\overline{AC'}=2\sqrt{3}$

이라고 해도 된다.

점 B의 z좌표를 b라 하고, 점 C의 좌표를 (x, y, z)라고 하면 각 점의 좌표는

$A(0, 0, 0)$, $B(2, 0, b)$, $C(x, y, z)$,
$B'(2, 0, 0)$, $C'(x, y, 0)$

이므로

$\overline{AC'}^2=x^2+y^2=(2\sqrt{3})^2$ ……①
$\overline{B'C'}^2=(x-2)^2+y^2=3^2$ ……②
$\overline{AB}^2=2^2+b^2$ ……③
$\overline{BC}^2=(x-2)^2+y^2+(z-b)^2$ …④
$\overline{AC}^2=x^2+y^2+z^2$ ……⑤
$\overline{AB}=\overline{BC}=\overline{AC}$ ……⑥

②를 ④에 대입하고 ③, ⑥을 이용하면 $2^2+b^2=9+(z-b)^2$

$\therefore\ 2bz=z^2+5$ ……⑦

①을 ⑤에 대입하고 ③, ⑥을 이용하면 $2^2+b^2=12+z^2$

$\therefore\ b^2=8+z^2$ ……⑧

⑦에서 $z\neq0$이므로 $b=\dfrac{z^2+5}{2z}$를 ⑧에 대입하고 정리하면

$3z^4+22z^2-25=0$

$\therefore\ (3z^2+25)(z^2-1)=0$

z는 실수이므로 $z^2=1$

이 값과 ①을 ⑤에 대입하면

$\overline{AC}^2=12+1=13$ $\therefore\ \overline{AC}=\mathbf{\sqrt{13}}$

9-12. 구 $x^2+y^2+z^2=1$은 중심이 점 $(0, 0, 0)$이고 반지름의 길이가 1인 구이다. ……①

또, 구 $(x-2)^2+(y+1)^2+(z-2)^2=4$는 중심이 점 $(2, -1, 2)$이고 반지름의 길이가 2인 구이다. ……②

이 두 구에 동시에 외접하는 반지름의 길이가 2인 구의 중심을 $P(x, y, z)$라고 하면 중심 사이의 거리는 반지름의 길이의 합과 같으므로 ①에서

$x^2+y^2+z^2=(1+2)^2$ ……③

②에서

$(x-2)^2+(y+1)^2+(z-2)^2=(2+2)^2$ ……④

③은 중심이 점 $O(0, 0, 0)$이고 반지름의 길이가 3인 구, ④는 중심이 점 $A(2, -1, 2)$이고 반지름의 길이가 4인 구이다.

따라서 ③, ④를 동시에 만족시키는 점 P의 자취는 원이다. 그리고 이 원의 반지름의 길이는 오른쪽 그림에서 선분 PB의 길이이다.

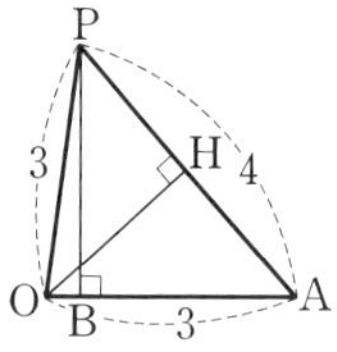

$\overline{OA}=\sqrt{2^2+(-1)^2+2^2}=3$, $\overline{OP}=3$, $\overline{PA}=4$이므로

$\overline{AH}=\frac{1}{2}\overline{PA}=2$,

$\overline{OH}=\sqrt{3^2-2^2}=\sqrt{5}$

$\triangle$OAP의 넓이 관계에서

$\frac{1}{2}\times3\times\overline{PB}=\frac{1}{2}\times4\times\sqrt{5}$

$\therefore\ \overline{PB}=\frac{4\sqrt{5}}{3}$

따라서 구하는 자취의 길이는

$2\pi\times\frac{4\sqrt{5}}{3}=\mathbf{\frac{8\sqrt{5}}{3}\pi}$

9-13. 점 P를 지나는 평면을 α라 하고, 평면 α와 xy평면이 이루는 예각의 크기를 θ라고 하자.

평면 α가 구 S와 만나서 생기는 원의 넓이는 π이므로 이 원의 xy평면 위로의 정사영의 넓이는 $\pi\cos\theta$이다. 따라서 θ가 최대일 때 정사영의 넓이는 최소이다.

점 P는 yz평면 위의 점이므로 아래 그림과 같이 yz평면을 단면으로 하여 생각할 수 있다.

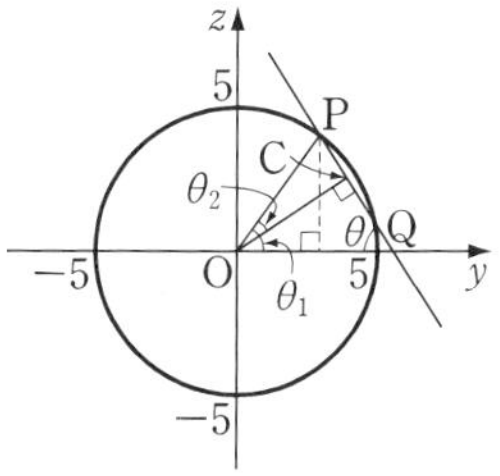

원의 중심을 C라고 하면 평면 α가 yz평면과 수직이고 점 C의 z좌표가 최소일 때 θ는 최대이다.

평면 α가 y축과 만나는 점을 Q라 하고, $\angle POQ=\theta_1$, $\angle POC=\theta_2$라고 하면

$\cos\theta=\cos\left(90°-(\theta_1-\theta_2)\right)$

$=\sin(\theta_1-\theta_2)$

$=\sin\theta_1\cos\theta_2-\cos\theta_1\sin\theta_2$

이때, $\sin\theta_1=\frac{4}{5}$, $\cos\theta_1=\frac{3}{5}$,

$\sin\theta_2=\frac{1}{5}$, $\cos\theta_2=\frac{2\sqrt{6}}{5}$이므로

$\cos\theta=\frac{4}{5}\times\frac{2\sqrt{6}}{5}-\frac{3}{5}\times\frac{1}{5}$

$=\frac{8\sqrt{6}-3}{25}$

따라서 구하는 넓이의 최솟값은

$\mathbf{\frac{8\sqrt{6}-3}{25}\pi}$

9-14.

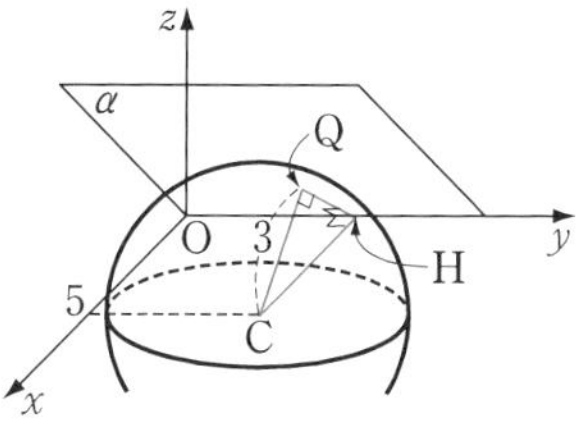

구의 중심을 C라 하고, 점 C에서 y축에 내린 수선의 발을 H라고 하면

C(5, 4, 0), H(0, 4, 0) $\quad\therefore\ \overline{CH}=5$

이때, y축을 포함하는 평면 α와 구의 접점을 Q라고 하면 $\overline{CQ}=3$

따라서 직각삼각형 CQH에서

$\overline{QH}=\sqrt{5^2-3^2}=4$

한편 $\overline{CQ}\perp\alpha$, $\overline{CH}\perp\overline{OH}$이므로 삼수선의 정리에 의하여 $\overline{OH}\perp\overline{QH}$이다.

따라서 $\angle QHC=\theta$이므로

$\cos\theta=\frac{\overline{QH}}{\overline{CH}}=\mathbf{\frac{4}{5}}$

* ***Note*** 점 Q의 z좌표가 0보다 작은 경우에도 $\cos\theta$의 값은 같다.

9-15. $x^2+y^2+z^2=81$ ……①

$x^2+(y-5)^2+z^2=56$ ……②

①−②하면

$10y-25=25 \quad\therefore\ y=5$

②에 대입하면 $x^2+z^2=56$

따라서 두 구가 만나서 생기는 원의 방정식은 $x^2+z^2=56$, $y=5$

점 P는 이 원 위의 점이므로

$P(x,\ 5,\ z)$로 놓을 수 있다. 이때, 점 P′의 좌표는 $P'(x,\ 5,\ 0)$이다.

두 점 Q, R 사이의 거리는 구 S_1의 지름의 길이와 같으므로 $\overline{QR}=18$

$$\therefore\ \triangle QP'R=\frac{1}{2}\times\overline{QR}\times|\text{점 P}'\text{의 } x\text{좌표}|=9|x|$$

사면체 PQP′R의 부피를 V라고 하면

$$V=\frac{1}{3}\times\triangle QP'R\times\overline{PP'}=\frac{1}{3}\times9|x|\times|z|=3|xz|=3\sqrt{x^2z^2}\le3\times\frac{x^2+z^2}{2}=84$$

등호는 $x^2=z^2$일 때 성립하고, V의 최댓값은 **84**

9-16.

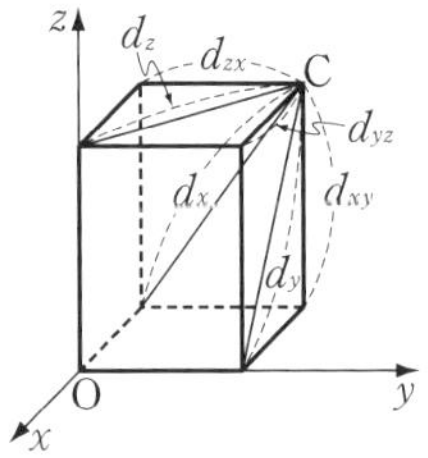

주어진 구는 중심이 점 $C(-2,\ 3,\ 4)$이고 반지름의 길이가 $r=\sqrt{24}$인 구이다.

점 C와 xy, yz, zx평면 사이의 거리를 각각 d_{xy}, d_{yz}, d_{zx}라고 하면

$$d_{xy}=4<r,\ \ d_{yz}=2<r,\ \ d_{zx}=3<r$$

이므로 주어진 구는 점 C와 각각 xy평면, yz평면, zx평면에 대하여 대칭인 점이 속한 부분을 지난다.

또, 점 C와 x, y, z축 사이의 거리를 각각 d_x, d_y, d_z라고 하면

$$d_x=\sqrt{3^2+4^2}=5>r,$$
$$d_y=\sqrt{(-2)^2+4^2}=\sqrt{20}<r,$$
$$d_z=\sqrt{(-2)^2+3^2}=\sqrt{13}<r$$

이므로 주어진 구는 점 C와 각각 y축, z축에 대하여 대칭인 점이 속한 부분은 지나지만, 점 C와 x축에 대하여 대칭인 점이 속한 부분은 지나지 않는다.

또, 점 C와 원점 사이의 거리를 d_0이라고 하면

$$d_0=\sqrt{(-2)^2+3^2+4^2}=\sqrt{29}>r$$

이므로 주어진 구는 점 C와 원점에 대하여 대칭인 점이 속한 부분은 지나지 않는다.

따라서 지나는 부분의 개수는 **6**

9-17.

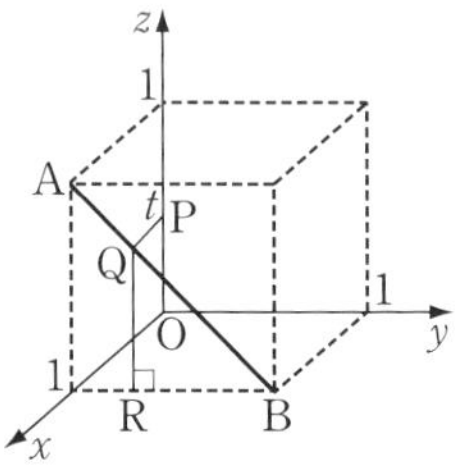

점 $P(0,\ 0,\ t)\,(0\le t\le1)$를 지나고 z축에 수직인 평면이 선분 AB와 만나는 점을 Q라고 하자.

조건을 만족시키는 입체를 점 P를 지나고 z축에 수직인 평면으로 자른 단면은 반지름이 선분 PQ인 원이므로 이 원의 넓이를 $S(t)$라고 하면

$$S(t)=\pi\overline{PQ}^2$$

한편 점 Q에서 xy평면에 내린 수선의 발을 R라고 하면 직각이등변삼각형 QRB에서 $\overline{RB}=\overline{QR}=t$

$$\therefore\ R(1,\ 1-t,\ 0)\qquad\therefore\ Q(1,\ 1-t,\ t)$$

$$\therefore\ \overline{PQ}^2=1^2+(1-t)^2+(t-t)^2=t^2-2t+2$$

따라서 구하는 부피를 V라고 하면

$$V=\int_0^1 S(t)dt=\int_0^1\pi(t^2-2t+2)dt=\pi\left[\frac{1}{3}t^3-t^2+2t\right]_0^1=\mathbf{\frac{4}{3}\pi}$$

10-1. $\overrightarrow{OA}=(1,\ -1,\ 0)$,
$\overrightarrow{OB}=(0,\ -1,\ 1)$, $\overrightarrow{OC}=(1,\ 0,\ 1)$

이므로 $\overrightarrow{OP}=a\overrightarrow{OA}+b\overrightarrow{OB}+c\overrightarrow{OC}$에서

$$(1,\ -1,\ 1)=a(1,\ -1,\ 0)+b(0,\ -1,\ 1)+c(1,\ 0,\ 1)$$
$$=(a+c,\ -a-b,\ b+c)$$

$\therefore\ a+c=1,\ a+b=1,\ b+c=1$

세 식을 변변 더하면

$$2(a+b+c)=3$$

$$\therefore\ \boldsymbol{a+b+c=\frac{3}{2}}$$

10-2. 점 P가 직선 AB 위의 점이므로

$$\overrightarrow{OP}=t\overrightarrow{OA}+(1-t)\overrightarrow{OB}$$
$$=t(1,\ 1,\ 0)+(1-t)(0,\ -2,\ 3)$$
$$=(t,\ 3t-2,\ 3-3t)\ (t\text{는 실수})$$

로 놓을 수 있다. 이때,

$$\overrightarrow{PC}=\overrightarrow{OC}-\overrightarrow{OP}$$
$$=(3,\ 1,\ 3)-(t,\ 3t-2,\ 3-3t)$$
$$=(3-t,\ 3-3t,\ 3t)$$

그런데 $\overrightarrow{PC}\,/\!/\,\overrightarrow{OB}$이므로 0이 아닌 실수 k에 대하여

$$\overrightarrow{PC}=k\overrightarrow{OB}$$

곧, $(3-t,\ 3-3t,\ 3t)=k(0,\ -2,\ 3)$

$\therefore\ 3-t=0,\ 3-3t=-2k,\ 3t=3k$

$\therefore\ t=3,\ k=3\qquad \therefore\ \mathbf{P(3,\ 7,\ -6)}$

10-3. (1) $\vec{a}$가 z축의 양의 방향과 이루는 각의 크기를 γ라고 하면

$$\cos^2 45°+\cos^2 60°+\cos^2\gamma=1$$

$$\therefore\ \left(\frac{1}{\sqrt{2}}\right)^2+\left(\frac{1}{2}\right)^2+\cos^2\gamma=1$$

$$\therefore\ \cos^2\gamma=\frac{1}{4}\qquad \therefore\ \cos\gamma=\pm\frac{1}{2}$$

$$\therefore\ \boldsymbol{\gamma=60°,\ 120°}$$

(2) $\vec{a}=2(\cos 45°,\ \cos 60°,\ \cos\gamma)$

$$=2\left(\frac{1}{\sqrt{2}},\ \frac{1}{2},\ \pm\frac{1}{2}\right)$$

$$=\boldsymbol{(\sqrt{2},\ 1,\ \pm 1)}$$

10-4. $\overline{OA}=|\overrightarrow{OA}|=\sqrt{1^2+1^2+0^2}=\sqrt{2}$,

$\overline{OB}=|\overrightarrow{OB}|=\sqrt{4^2+1^2+1^2}=3\sqrt{2}$

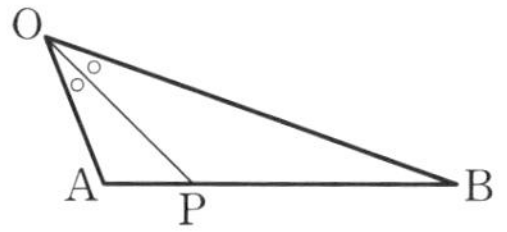

선분 OP는 ∠AOB를 이등분하므로

$$\overline{AP}:\overline{PB}=\overline{OA}:\overline{OB}$$
$$=\sqrt{2}:3\sqrt{2}=1:3$$

따라서 점 P는 선분 AB를 1 : 3으로 내분하는 점이므로

$$\overrightarrow{OP}=\frac{\overrightarrow{OB}+3\overrightarrow{OA}}{1+3}$$
$$=\frac{1}{4}(4,\ 1,\ 1)+\frac{3}{4}(1,\ 1,\ 0)$$
$$=\boldsymbol{\left(\frac{7}{4},\ 1,\ \frac{1}{4}\right)}$$

10-5.

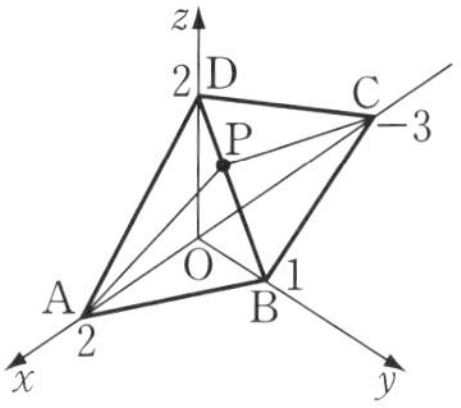

점 P가 모서리 BD 위를 움직이므로

$$\overrightarrow{OP}=t\overrightarrow{OB}+(1-t)\overrightarrow{OD}$$
$$=t(0,\ 1,\ 0)+(1-t)(0,\ 0,\ 2)$$
$$=(0,\ t,\ 2-2t)\ (0\le t\le 1)\ \cdots①$$

로 놓을 수 있다. 이때,

$$\overrightarrow{PA}=\overrightarrow{OA}-\overrightarrow{OP}=(2,\ -t,\ 2t-2),$$
$$\overrightarrow{PC}=\overrightarrow{OC}-\overrightarrow{OP}=(-3,\ -t,\ 2t-2)$$

$$\therefore\ \overline{PA}^2+\overline{PC}^2=|\overrightarrow{PA}|^2+|\overrightarrow{PC}|^2$$
$$=\left\{2^2+(-t)^2+(2t-2)^2\right\}+\left\{(-3)^2+(-t)^2+(2t-2)^2\right\}$$
$$=10\left(t-\frac{4}{5}\right)^2+\frac{73}{5}\ (0\le t\le 1)$$

따라서 $t=\frac{4}{5}$일 때 최소이고, ①에 대입하면 $\mathbf{P}\boldsymbol{\left(0,\ \frac{4}{5},\ \frac{2}{5}\right)}$

10-6. 선분 BD와 선분 CE의 교점을 O

라고 하면

$\overline{BD}=\overline{CE}=\sqrt{(\sqrt{2})^2+(\sqrt{2})^2}=2$

$\therefore\ \overline{OB}=\overline{OC}=\overline{OD}=\overline{OE}=1$

△ABO는 ∠AOB=90°인 직각삼각형이므로 $\overline{OA}=\sqrt{(\sqrt{5})^2-1^2}=2$

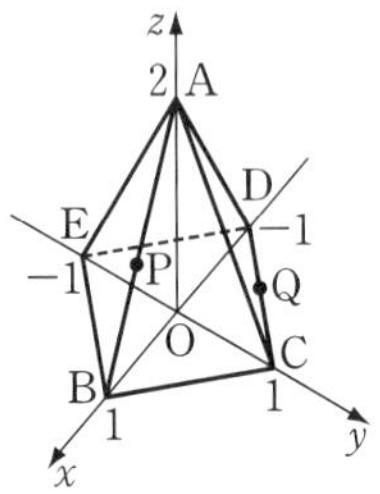

위의 그림과 같이 점 O를 좌표공간의 원점에, 선분 BD, CE, OA를 각각 x축, y축, z축 위에 놓고, 각 점의 좌표를 다음과 같이 정한다.

A(0, 0, 2), B(1, 0, 0), C(0, 1, 0), D(−1, 0, 0), E(0, −1, 0)

이때,

$\overrightarrow{OP}=t\overrightarrow{OB}+(1-t)\overrightarrow{OA}=(t,\ 0,\ 2-2t)$,

$\overrightarrow{OQ}=t\overrightarrow{OD}+(1-t)\overrightarrow{OC}=(-t,\ 1-t,\ 0)$

이므로

$\overrightarrow{PQ}=\overrightarrow{OQ}-\overrightarrow{OP}$

$=(-2t,\ 1-t,\ -2+2t)$

$\therefore\ |\overrightarrow{PQ}|^2=(-2t)^2+(1-t)^2+(-2+2t)^2$

$=9\left(t-\frac{5}{9}\right)^2+\frac{20}{9}\ (0<t<1)$

따라서 $|\overrightarrow{PQ}|$의 최솟값은 $\boldsymbol{t=\frac{5}{9}}$일 때 $\sqrt{\frac{20}{9}}=\boldsymbol{\frac{2\sqrt{5}}{3}}$

10-7.

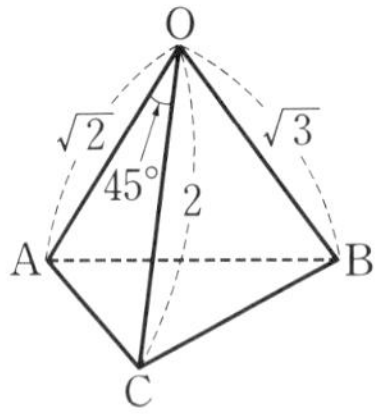

$\overline{AB}^2=|\overrightarrow{AB}|^2=|\overrightarrow{OB}-\overrightarrow{OA}|^2$

$=|\vec{b}-\vec{a}|^2$

$=|\vec{b}|^2-2(\vec{a}\cdot\vec{b})+|\vec{a}|^2$

$=(\sqrt{3})^2-2\times1+(\sqrt{2})^2=3$

$\overline{BC}^2=|\overrightarrow{BC}|^2=|\overrightarrow{OC}-\overrightarrow{OB}|^2$

$=|\vec{c}-\vec{b}|^2$

$=|\vec{c}|^2-2(\vec{b}\cdot\vec{c})+|\vec{b}|^2$

$=2^2-2\times3+(\sqrt{3})^2=1$

$\overline{CA}^2=|\overrightarrow{CA}|^2=|\overrightarrow{OA}-\overrightarrow{OC}|^2$

$=|\vec{a}-\vec{c}|^2$

$=|\vec{a}|^2-2(\vec{a}\cdot\vec{c})+|\vec{c}|^2$

$=(\sqrt{2})^2-2\times\sqrt{2}\times2\cos45°+2^2$

$=2$

$\therefore\ \boldsymbol{\overline{AB}=\sqrt{3},\ \overline{BC}=1,\ \overline{CA}=\sqrt{2}}$

이때, $\overline{AB}^2=\overline{AC}^2+\overline{BC}^2$이므로

$\angle C=90°$

$\therefore\ \boldsymbol{\triangle ABC}=\frac{1}{2}\times\overline{AC}\times\overline{BC}=\boldsymbol{\frac{\sqrt{2}}{2}}$

10-8. $\overline{DA}\perp\alpha$이므로

$\overline{DC}=\sqrt{\overline{DA}^2+\overline{AC}^2}=\sqrt{4^2+3^2}=5$

한편 $\overline{AB}\perp\overline{AD}$이므로

$\overrightarrow{AB}\cdot\overrightarrow{DC}=\overrightarrow{AB}\cdot(\overrightarrow{AC}-\overrightarrow{AD})$

$=\overrightarrow{AB}\cdot\overrightarrow{AC}-\overrightarrow{AB}\cdot\overrightarrow{AD}$

$=|\overrightarrow{AB}||\overrightarrow{AC}|\cos60°-0$

$=3\times3\times\frac{1}{2}=\frac{9}{2}$

$\therefore\ |\overrightarrow{AB}+\overrightarrow{DC}|^2$

$=|\overrightarrow{AB}|^2+2(\overrightarrow{AB}\cdot\overrightarrow{DC})+|\overrightarrow{DC}|^2$

$=3^2+2\times\frac{9}{2}+5^2=\boldsymbol{43}$

10-9. 원점 O에 대하여

(1) $\overrightarrow{PQ}=\overrightarrow{OQ}-\overrightarrow{OP}=(0,\ -1,\ 1)$,

$\overrightarrow{PR}=\overrightarrow{OR}-\overrightarrow{OP}=(2,\ -2,\ 1)$

따라서

$\overrightarrow{PQ}\cdot\overrightarrow{PR}=(0,\ -1,\ 1)\cdot(2,\ -2,\ 1)=3$,

$|\overrightarrow{PQ}|=\sqrt{0^2+(-1)^2+1^2}=\sqrt{2}$,

$|\overrightarrow{PR}|=\sqrt{2^2+(-2)^2+1^2}=3$

$\overrightarrow{PQ}$와 $\overrightarrow{PR}$가 이루는 각의 크기를 θ라고 하면

$$\cos\theta=\frac{\overrightarrow{PQ}\cdot\overrightarrow{PR}}{|\overrightarrow{PQ}||\overrightarrow{PR}|}=\frac{3}{\sqrt{2}\times3}$$

$$=\frac{1}{\sqrt{2}} \quad \therefore\ \theta=\mathbf{45^\circ}$$

(2) $\overrightarrow{PS}=\overrightarrow{OS}-\overrightarrow{OP}=(1,\ 2,\ 2)$이므로

$\overrightarrow{PS}\cdot\overrightarrow{PQ}=(1,\ 2,\ 2)\cdot(0,\ -1,\ 1)=0,$

$\overrightarrow{PS}\cdot\overrightarrow{PR}=(1,\ 2,\ 2)\cdot(2,\ -2,\ 1)=0$

따라서 $\overrightarrow{PS}\perp\overrightarrow{PQ}$이고 $\overrightarrow{PS}\perp\overrightarrow{PR}$이므로 $\overrightarrow{PS}$는 선분 PQ와 PR를 포함하는 평면과 수직이다.

곧, 세 점 P, Q, R를 지나는 평면과 $\overrightarrow{PS}$는 수직이다.

(3) $\triangle PQR\perp\overrightarrow{PS}$이므로 사면체 PQRS의 부피를 V라고 하면

$$V=\frac{1}{3}\times\triangle PQR\times|\overrightarrow{PS}|$$

$$=\frac{1}{3}\left(\frac{1}{2}|\overrightarrow{PQ}||\overrightarrow{PR}|\sin 45^\circ\right)|\overrightarrow{PS}|$$

$$=\frac{1}{3}\left(\frac{1}{2}\times\sqrt{2}\times3\times\frac{1}{\sqrt{2}}\right)\times3$$

$$=\mathbf{\frac{3}{2}}$$

10-10.

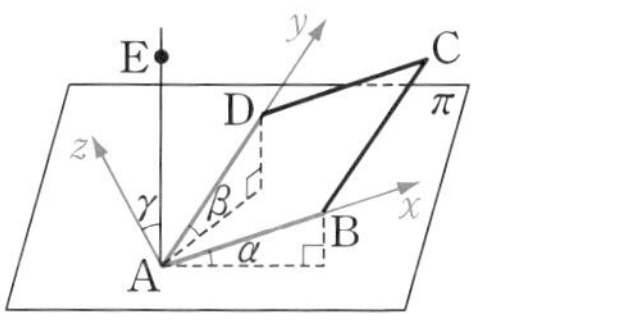

위의 그림과 같이 점 A를 원점, 직선 AB를 x축, 직선 AD를 y축으로 하는 좌표공간을 생각하자.

또, 점 A를 지나고 평면 π에 수직인 직선 AE를 생각하자.

직선 AE가 x축의 양의 방향과 이루는 각의 크기는 $90^\circ-\alpha$, y축의 양의 방향과 이루는 각의 크기는 $90^\circ-\beta$이므로 z축의 양의 방향과 이루는 각의 크기를 γ라고 하면 벡터 $\overrightarrow{AE}$에 대하여

$\cos^2(90^\circ-\alpha)+\cos^2(90^\circ-\beta)+\cos^2\gamma=1$

$\therefore\ \sin^2\alpha+\sin^2\beta+\cos^2\gamma=1$

$\therefore\ \left(\frac{2}{5}\right)^2+\left(\frac{\sqrt{5}}{5}\right)^2+\cos^2\gamma=1$

$\therefore\ \cos^2\gamma=\frac{16}{25} \quad \therefore\ \cos\gamma=\pm\frac{4}{5}$

z축은 평면 ABCD에 수직이고, 직선 AE는 평면 π에 수직이므로 평면 ABCD와 평면 π가 이루는 예각의 크기는 z축과 직선 AE가 이루는 예각의 크기와 같다. ⇦ 아래 ***Note***

따라서 정사영의 넓이는

$\square ABCD\times|\cos\gamma|=10^2\times\frac{4}{5}=\mathbf{80}$

****Note***

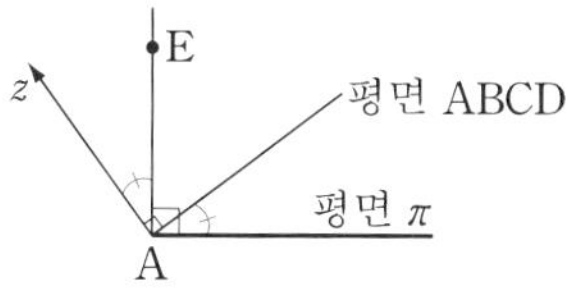

10-11. 접기 전에 점 B가 있던 자리의 점을 B′이라고 하면 $\overrightarrow{AB'}=\overrightarrow{DC}$이므로

$$\overrightarrow{AB}\cdot\overrightarrow{DC}=\overrightarrow{AB}\cdot\overrightarrow{AB'}$$

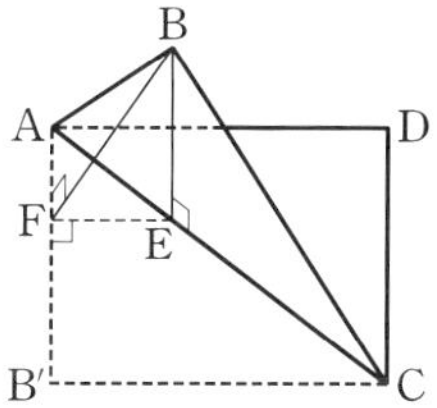

점 B에서 평면 ACD에 내린 수선의 발을 E, 점 E에서 선분 AB′에 내린 수선의 발을 F라고 하면 삼수선의 정리에 의하여 $\overline{BF}\perp\overline{AB'}$

$\angle BAE=\theta$라고 하면 $\angle B'AE=\theta$이고 $\cos\theta=\frac{\overline{AB}}{\overline{AC}}=\frac{3}{5}$이므로

$\overline{AE}=\overline{AB}\cos\theta=\dfrac{9}{5}$,

$\overline{AF}=\overline{AE}\cos\theta=\dfrac{27}{25}$

$\therefore\ \cos(\angle BAB')=\dfrac{\overline{AF}}{\overline{AB}}=\dfrac{9}{25}$

$\therefore\ \overrightarrow{AB}\cdot\overrightarrow{AB'}=\overline{AB}\times\overline{AB'}\cos(\angle BAB')$

$=3\times3\times\dfrac{9}{25}=\mathbf{\dfrac{81}{25}}$

10-12. $\overrightarrow{OA}=\vec{a}$, $\overrightarrow{OB}=\vec{b}$, $\overrightarrow{OC}=\vec{c}$ 라고 하면 $\overline{OA}=\overline{OB}=\overline{OC}$에서

$|\vec{a}|=|\vec{b}|=|\vec{c}|$

점 H는 선분 AB를 1 : 2로 내분하는 점이므로

$\overrightarrow{OH}=\dfrac{\overrightarrow{OB}+2\overrightarrow{OA}}{3}=\dfrac{2}{3}\vec{a}+\dfrac{1}{3}\vec{b}$

따라서

$|\overrightarrow{OH}|^2=\left|\dfrac{2}{3}\vec{a}+\dfrac{1}{3}\vec{b}\right|^2$

$=\dfrac{4}{9}|\vec{a}|^2+\dfrac{4}{9}(\vec{a}\cdot\vec{b})+\dfrac{1}{9}|\vec{b}|^2$

$=\dfrac{4}{9}|\vec{a}|^2+\dfrac{4}{9}|\vec{a}||\vec{a}|\times\dfrac{5}{6}+\dfrac{1}{9}|\vec{a}|^2$

$=\dfrac{25}{27}|\vec{a}|^2$

또, $\overline{AB}=\overline{BC}=\overline{CA}$, $\overline{OA}=\overline{OB}=\overline{OC}$이므로

$\angle AOB=\angle BOC=\angle COA$

따라서

$\overrightarrow{OC}\cdot\overrightarrow{OH}=\vec{c}\cdot\left(\dfrac{2}{3}\vec{a}+\dfrac{1}{3}\vec{b}\right)$

$=\dfrac{2}{3}(\vec{c}\cdot\vec{a})+\dfrac{1}{3}(\vec{c}\cdot\vec{b})$

$=\dfrac{2}{3}|\vec{a}||\vec{a}|\times\dfrac{5}{6}+\dfrac{1}{3}|\vec{a}||\vec{a}|\times\dfrac{5}{6}$

$=\dfrac{5}{6}|\vec{a}|^2$

$\overrightarrow{OC}$와 $\overrightarrow{OH}$가 이루는 각의 크기를 θ'이라고 하면

$\cos\theta'=\dfrac{\overrightarrow{OC}\cdot\overrightarrow{OH}}{|\overrightarrow{OC}||\overrightarrow{OH}|}$

$=\dfrac{\dfrac{5}{6}|\vec{a}|^2}{|\vec{a}|\times\dfrac{5}{3\sqrt{3}}|\vec{a}|}=\dfrac{\sqrt{3}}{2}$

$\therefore\ \theta'=\mathbf{30^\circ}$

10-13.

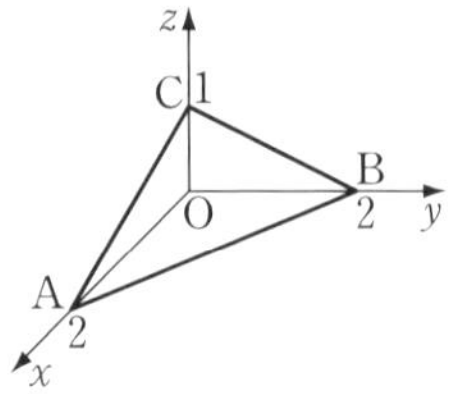

(1) $\overrightarrow{CA}=(2,\ 0,\ -1)$, $\overrightarrow{CB}=(0,\ 2,\ -1)$

$\therefore\ \cos\theta=\dfrac{\overrightarrow{CA}\cdot\overrightarrow{CB}}{|\overrightarrow{CA}||\overrightarrow{CB}|}$

$=\dfrac{2\times0+0\times2+(-1)\times(-1)}{\sqrt{2^2+0^2+(-1)^2}\sqrt{0^2+2^2+(-1)^2}}$

$=\dfrac{1}{5}$

$\therefore\ \sin\theta=\sqrt{1-\left(\dfrac{1}{5}\right)^2}=\mathbf{\dfrac{2\sqrt{6}}{5}}$

$\therefore\ \triangle ABC=\dfrac{1}{2}|\overrightarrow{CA}||\overrightarrow{CB}|\sin\theta$

$=\dfrac{1}{2}\times\sqrt{5}\times\sqrt{5}\times\dfrac{2\sqrt{6}}{5}$

$=\mathbf{\sqrt{6}}$

(2) $\overrightarrow{OH}$와 같은 방향의 단위벡터를 $\vec{e}=(x,\ y,\ z)$라고 하면 $x>0$, $y>0$, $z>0$이고

$x^2+y^2+z^2=1$ ……①

$\vec{e}\perp\overrightarrow{CA}$, $\vec{e}\perp\overrightarrow{CB}$이므로

$\vec{e}\cdot\overrightarrow{CA}=0$, $\vec{e}\cdot\overrightarrow{CB}=0$에서

$2x-z=0$ ……②

$2y-z=0$ ……③

①, ②, ③을 연립하여 풀면

$x=\pm\dfrac{1}{\sqrt{6}}$, $y=\pm\dfrac{1}{\sqrt{6}}$, $z=\pm\dfrac{\sqrt{2}}{\sqrt{3}}$

(복부호동순)

그런데 $x>0$, $y>0$, $z>0$이므로

$\overrightarrow{e}=\left(\dfrac{\sqrt{6}}{6}, \dfrac{\sqrt{6}}{6}, \dfrac{\sqrt{6}}{3}\right)$

(3) $\overrightarrow{e}\perp\triangle ABC$, $\overline{OB}\perp\triangle AOC$이므로

$$\cos\varphi=\frac{|\overrightarrow{e}\cdot\overrightarrow{OB}|}{|\overrightarrow{e}||\overrightarrow{OB}|}$$

$$=\frac{\frac{\sqrt{6}}{6}\times 2}{1\times 2}=\frac{\sqrt{6}}{6}$$

***Note** 정사영을 생각하면

$\triangle ABC\times\cos\varphi=\triangle AOC$

에서 $\cos\varphi$의 값을 구할 수 있다.

10-14. $\overrightarrow{OP}=\overrightarrow{p}$, $\overrightarrow{OQ}=\overrightarrow{q}$ 라고 하면

$\overrightarrow{p}=t\overrightarrow{a}$, $\overrightarrow{q}=t\overrightarrow{c}+(1-t)\overrightarrow{b}$

ㄱ. (참) $\overrightarrow{OA}\cdot\overrightarrow{BC}=\overrightarrow{a}\cdot(\overrightarrow{c}-\overrightarrow{b})$

$=\overrightarrow{a}\cdot\overrightarrow{c}-\overrightarrow{a}\cdot\overrightarrow{b}=0$

$\therefore\ \overline{OA}\perp\overline{BC}$

ㄴ. (참) $|\overrightarrow{BM}|^2=|\overrightarrow{OM}-\overrightarrow{OB}|^2$

$=|\overrightarrow{OM}|^2-2(\overrightarrow{OM}\cdot\overrightarrow{OB})+|\overrightarrow{OB}|^2$

$|\overrightarrow{OM}|^2=|\overrightarrow{BM}|^2$이므로 대입하여 정리하면

$|\overrightarrow{OB}|^2=2(\overrightarrow{OM}\cdot\overrightarrow{OB})$

이때,

$\overrightarrow{OM}=\dfrac{1}{2}(\overrightarrow{p}+\overrightarrow{q})$

$=\dfrac{1}{2}\left\{t\overrightarrow{a}+(1-t)\overrightarrow{b}+t\overrightarrow{c}\right\}$

이므로

$|\overrightarrow{b}|^2=2\times\dfrac{1}{2}\left\{t\overrightarrow{a}+(1-t)\overrightarrow{b}+t\overrightarrow{c}\right\}\cdot\overrightarrow{b}$

$\therefore\ |\overrightarrow{b}|^2=t(\overrightarrow{a}\cdot\overrightarrow{b})+(1-t)|\overrightarrow{b}|^2+t(\overrightarrow{c}\cdot\overrightarrow{b})$

$\therefore\ t|\overrightarrow{b}|^2=2t$

$0<t<1$이므로 $|\overrightarrow{b}|^2=2$

$\therefore\ |\overrightarrow{OB}|=\sqrt{2}$

ㄷ. (거짓) $\overrightarrow{OP}\cdot\overrightarrow{OQ}$

$=(t\overrightarrow{a})\cdot\left\{t\overrightarrow{c}+(1-t)\overrightarrow{b}\right\}$

$=t^2(\overrightarrow{a}\cdot\overrightarrow{c})+t(1-t)(\overrightarrow{a}\cdot\overrightarrow{b})$

$=t^2+t(1-t)=t$

조건에서 $t=\dfrac{1}{2}$이므로

$\overrightarrow{OP}=\dfrac{1}{2}\overrightarrow{a}$, $\overrightarrow{OQ}=\dfrac{1}{2}(\overrightarrow{b}+\overrightarrow{c})$

$\therefore\ \overrightarrow{PQ}=\dfrac{1}{2}(\overrightarrow{b}+\overrightarrow{c}-\overrightarrow{a})$

이때, $\overline{PQ}\perp\overline{OA}$이므로

$\overrightarrow{PQ}\cdot\overrightarrow{OA}=\dfrac{1}{2}(\overrightarrow{b}+\overrightarrow{c}-\overrightarrow{a})\cdot\overrightarrow{a}=0$

$\therefore\ \dfrac{1}{2}(2-|\overrightarrow{a}|^2)=0 \quad \therefore\ |\overrightarrow{a}|^2=2$

한편

$\overrightarrow{PQ}\cdot\overrightarrow{BC}=\dfrac{1}{2}(\overrightarrow{b}+\overrightarrow{c}-\overrightarrow{a})\cdot(\overrightarrow{c}-\overrightarrow{b})$

$=\dfrac{1}{2}(|\overrightarrow{c}|^2-|\overrightarrow{b}|^2)$

$|\overrightarrow{b}|\neq|\overrightarrow{c}|$이면 $\overrightarrow{PQ}\cdot\overrightarrow{BC}\neq 0$이고, 이때 $\overrightarrow{PQ}$와 $\overrightarrow{BC}$는 서로 수직이 아니다.

***Note** (반례) $|\overrightarrow{a}|=\sqrt{2}$, $|\overrightarrow{b}|=\sqrt{2}$, $|\overrightarrow{c}|=1$, $\angle AOB=60°$, $\angle BOC=45°$, $\angle COA=45°$

인 경우 $\overrightarrow{a}\cdot\overrightarrow{b}=\overrightarrow{b}\cdot\overrightarrow{c}=\overrightarrow{c}\cdot\overrightarrow{a}=1$

이지만 $\overrightarrow{PQ}\cdot\overrightarrow{BC}=-\dfrac{1}{2}\neq 0$이다.

답 ㄱ, ㄴ

유제
풀이 및 정답

유제 풀이 및 정답

1-1. 포물선 위의 점을 $P(x, y)$, 초점을 F 라고 하자.

(1) $\overline{PF}=\sqrt{(x-3)^2+(y-2)^2}$

또, 점 $P(x, y)$와 준선 $y=-3$ 사이의 거리는 $|y+3|$

$\therefore \sqrt{(x-3)^2+(y-2)^2}=|y+3|$

$\therefore (x-3)^2+(y-2)^2=(y+3)^2$

정리하면 $\boldsymbol{(x-3)^2=10\left(y+\frac{1}{2}\right)}$

(2) $\overline{PF}=\sqrt{(x-2)^2+(y+2)^2}$

또, 점 $P(x, y)$와 준선 $x=4$ 사이의 거리는 $|x-4|$

$\therefore \sqrt{(x-2)^2+(y+2)^2}=|x-4|$

$\therefore (x-2)^2+(y+2)^2=(x-4)^2$

정리하면 $\boldsymbol{(y+2)^2=-4(x-3)}$

1-2. 구하는 포물선은 초점과 꼭짓점이 모두 x축 위에 있으므로 포물선 $y^2=4px$를 평행이동한 것이다.

곧, $(y-n)^2=4p(x-m)$에서 $m=3$, $n=0$인 경우이므로

$y^2=4p(x-3)$

이 포물선의 초점의 좌표는 $(p+3, 0)$이므로

$p+3=-1 \quad \therefore p=-4$

$\therefore \boldsymbol{y^2=-16(x-3)}$

*__Note__ 조건에 맞게 포물선을 그려 보면 준선이 직선 $x=7$임을 알 수 있다. 이를 이용하여 포물선의 방정식을 구할 수도 있다.

1-3. (1) 준 식을 변형하면

$(y-3)^2=-8(x+2)$ ……①

이것은 포물선 $y^2=-8x$를 x축의 방향으로 -2만큼, y축의 방향으로 3만큼 평행이동한 것이다.

그런데 포물선 $y^2=-8x$에서

꼭짓점 $(0, 0)$, 초점 $(-2, 0)$, 준선 $x=2$

이므로 포물선 ①에서

꼭짓점 $\boldsymbol{(-2, 3)}$, 초점 $\boldsymbol{(-4, 3)}$,

준선 $\boldsymbol{x=0}$

(2) 준 식을 변형하면

$(x-5)^2=4(y+1)$ ……②

이것은 포물선 $x^2=4y$를 x축의 방향으로 5만큼, y축의 방향으로 -1만큼 평행이동한 것이다.

그런데 포물선 $x^2=4y$에서

꼭짓점 $(0, 0)$, 초점 $(0, 1)$, 준선 $y=-1$

이므로 포물선 ②에서

꼭짓점 $\boldsymbol{(5, -1)}$, 초점 $\boldsymbol{(5, 0)}$,

준선 $\boldsymbol{y=-2}$

1-4.

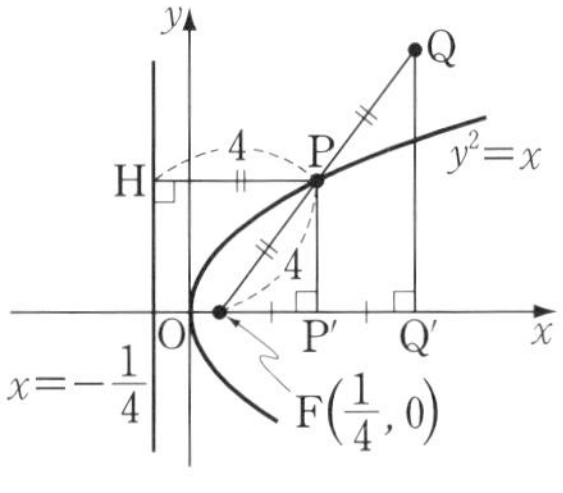

점 P에서 포물선 $y^2=x$의 준선에 내린 수선의 발을 H, x축에 내린 수선의 발을 P′이라 하고, 점 Q에서 x축에 내린 수선의 발을 Q′이라고 하자.

준선의 방정식이 $x=-\frac{1}{4}$이고 포물선

의 정의에 의하여 $\overline{\mathrm{HP}}=\overline{\mathrm{FP}}=4$이므로

$$\mathrm{P}'\left(\frac{15}{4},\ 0\right)$$

한편 $\overline{\mathrm{FP}}=\overline{\mathrm{PQ}}$이므로 $\overline{\mathrm{FP'}}=\overline{\mathrm{P'Q'}}$이고 $\overline{\mathrm{FP'}}=\dfrac{14}{4}$이므로 $\mathrm{Q}'\left(\dfrac{29}{4},\ 0\right)$

따라서 점 Q의 x좌표는 $\boldsymbol{\dfrac{29}{4}}$

****Note*** 포물선의 정의를 이용하여 점 P의 x좌표를 구하고, 점 P가 선분 FQ의 중점임을 이용하여 점 Q의 x좌표를 구해도 된다.

1-5. 선분 PF의 중점을 M이라고 하면 선분 PF를 지름으로 하는 원은 중심이 M, 반지름의 길이가 $\overline{\mathrm{MF}}$이다.

이때, 점 M의 좌표는

$$\left(\frac{1}{2}(x_1+p),\ \frac{1}{2}y_1\right)$$

이고

$$\overline{\mathrm{MF}}=\frac{1}{2}\overline{\mathrm{PF}}=\frac{1}{2}\sqrt{(x_1-p)^2+y_1{}^2}$$
$$=\frac{1}{2}|x_1+p| \qquad \Leftarrow y_1{}^2=4px_1$$

여기에서 점 M의 x좌표의 절댓값과 원의 반지름의 길이가 같으므로 이 원은 y축에 접한다.

1-6.

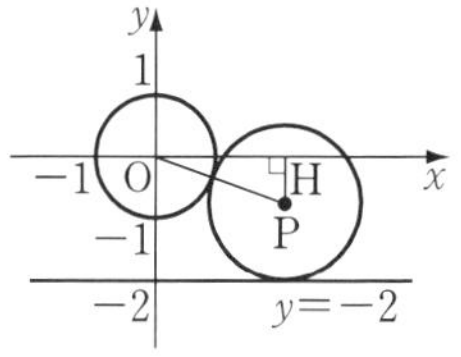

원 $x^2+y^2=1$에 외접하고 직선 $y=-2$에 접하는 원의 중심을 P$(x,\ y)$라고 하면 두 원의 중심 사이의 거리가 반지름의 길이의 합과 같으므로

$$\sqrt{x^2+y^2}=1+(y+2)$$

양변을 제곱하여 정리하면

$$\boldsymbol{x^2=6y+9}$$

****Note*** 피타고라스 정리를 이용하여 다음과 같이 풀 수도 있다.

점 P$(x,\ y)$에서 x축에 내린 수선의 발을 H, 원점을 O라고 하면 위의 그림에서

$$\overline{\mathrm{OH}}=|x|,\quad \overline{\mathrm{HP}}=|y|,$$
$$\overline{\mathrm{OP}}=1+(y+2)$$

이때, $\overline{\mathrm{OH}}^2+\overline{\mathrm{HP}}^2=\overline{\mathrm{OP}}^2$이므로

$$x^2+y^2=\{1+(y+2)\}^2$$
$$\therefore\ \boldsymbol{x^2=6y+9}$$

1-7. $x=\cos\theta-1,\ y=\sin\theta+2$라고 하면 $\sin^2\theta+\cos^2\theta=1$이므로

$$(x+1)^2+(y-2)^2=1$$

따라서 점 P의 자취는 중심이 C$(-1,\ 2)$이고 반지름의 길이가 1인 원이다.

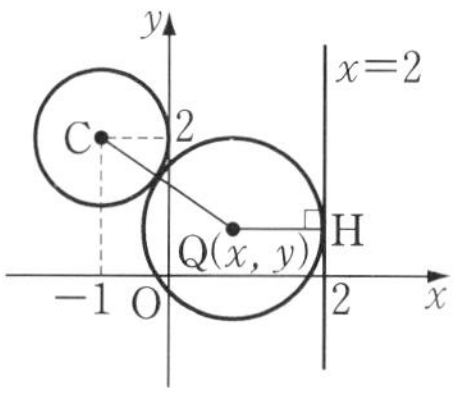

원 $(x+1)^2+(y-2)^2=1$에 외접하고 직선 $x=2$에 접하는 원의 중심을 Q$(x,\ y)$라 하고, 점 Q에서 직선 $x=2$에 내린 수선의 발을 H라고 하면

$$\overline{\mathrm{QC}}=1+\overline{\mathrm{QH}}$$
$$\therefore\ \sqrt{(x+1)^2+(y-2)^2}=1+(2-x)$$
$$\therefore\ (x+1)^2+(y-2)^2=(3-x)^2$$
$$\therefore\ \boldsymbol{(y-2)^2=-8(x-1)}$$

1-8. $y^2-5y-x+2=0,\ x-y+3=0$에서 x를 소거하면

$$y^2-5y-(y-3)+2=0$$
$$\therefore\ y=1,\ 5$$

이때, $x=-2,\ 2$이므로 교점의 좌표는

$$(-2,\ 1),\ (2,\ 5)$$

구하는 포물선의 초점의 좌표를 $(a, 2)$, 준선의 방정식을 $y=k$라고 하자.

교점과 준선 사이의 거리와 교점과 초점 사이의 거리가 각각 같으므로

$$|1-k|=\sqrt{(a+2)^2+(2-1)^2},$$
$$|5-k|=\sqrt{(a-2)^2+(2-5)^2}$$

각각 양변을 제곱하면

$$(k-1)^2=(a+2)^2+1,$$
$$(k-5)^2=(a-2)^2+9$$

연립하여 풀면 $a=-2,\ k=0$

따라서 준선의 방정식은 $\boldsymbol{y=0}$

1-9. 직선 $y=x$에 수직인 직선의 방정식을

$$y=-x+k \qquad \cdots\cdots ①$$

이라고 하자. 이 식과

$$y^2=2x \qquad \cdots\cdots ②$$

에서 y를 소거하고 정리하면

$$x^2-2(k+1)x+k^2=0 \qquad \cdots\cdots ③$$

③의 두 근을 α, β라고 하면 α, β는 ①, ②의 교점의 x좌표이므로

$$\mathrm{P}(\alpha,\ -\alpha+k),\ \mathrm{Q}(\beta,\ -\beta+k)$$

이때, 선분 PQ의 중점을 M(X, Y)라고 하면

$$\mathrm{X}=\frac{\alpha+\beta}{2},\ \mathrm{Y}=\frac{-\alpha-\beta+2k}{2}$$

그런데 ③에서 $\alpha+\beta=2(k+1)$이므로

$$\mathrm{X}=k+1,\ \mathrm{Y}=-1$$
$$\therefore\ \mathrm{M}(k+1,\ -1)$$

곧, 점 M은 k의 값이 변함에 따라 직선 $\mathrm{Y}=-1$ 위를 움직인다.

한편 ③은 서로 다른 두 실근을 가져야 하므로

$$D/4=(k+1)^2-k^2>0$$
$$\therefore\ k>-\frac{1}{2}$$

그러므로 $\mathrm{X}=k+1$에서 $\mathrm{X}>\frac{1}{2}$

따라서 구하는 자취의 방정식은

$$\boldsymbol{y=-1\ \left(x>\frac{1}{2}\right)}$$

1-10. 접점의 좌표를 $(x_1,\ y_1)$이라고 하면 접선의 방정식은

$$y_1y=4(x+x_1)$$

이 직선이 점 $(0, 2)$를 지나므로

$$2y_1=4x_1 \quad \therefore\ y_1=2x_1 \quad \cdots\cdots ①$$

한편 점 $(x_1,\ y_1)$은 포물선 $y^2=8x$ 위의 점이므로

$$y_1{}^2=8x_1 \qquad \cdots\cdots ②$$

①을 ②에 대입하면

$$4x_1{}^2=8x_1 \quad \therefore\ x_1(x_1-2)=0$$
$$\therefore\ x_1=0,\ 2 \quad \therefore\ y_1=0,\ 4$$
$$\therefore\ \boldsymbol{x=0,\ y=x+2}$$

****Note*** 점 $(0, 2)$를 지나는 접선의 방정식을 $y=mx+2$로 놓고 판별식을 이용하여 풀 수도 있지만, 이 방정식은 x축에 수직인 직선을 나타낼 수 없음에 주의해야 한다.

따라서 이 경우에는 주어진 점을 지나고 x축에 수직인 접선이 있는지를 따로 확인해야 한다.

1-11. $y^2+8x-16=0 \qquad \cdots\cdots ①$

(1) 직선 $y=\frac{1}{2}x-1$에 수직인 직선의 방정식을 $y=-2x+n \qquad \cdots\cdots ②$

로 놓고, ②를 ①에 대입하면

$$(-2x+n)^2+8x-16=0$$
$$\therefore\ 4x^2-4(n-2)x+n^2-16=0 \cdots ③$$

②가 ①에 접하면 ③이 중근을 가지므로

$$D/4=4(n-2)^2-4(n^2-16)=0$$
$$\therefore\ n=5 \quad \therefore\ \boldsymbol{y=-2x+5}$$

(2) 직선 $y=x+5$에 평행한 직선의 방정식을 $y=x+n \qquad \cdots\cdots ④$

로 놓고, ④를 ①에 대입하면

$$(x+n)^2+8x-16=0$$
$$\therefore\ x^2+2(n+4)x+n^2-16=0 \ \cdots ⑤$$

④가 ①에 접하면 ⑤가 중근을 가지므로

$D/4=(n+4)^2-(n^2-16)=0$

$\therefore\ n=-4 \qquad \therefore\ \boldsymbol{y=x-4}$

*__Note__ 포물선 $y^2=4px$에 접하고 기울기가 m인 직선의 방정식은

$y=mx+\dfrac{p}{m}$임을 이용하여 풀 수도 있다.

1-12.

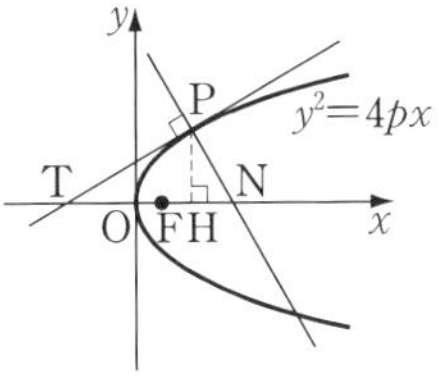

점 P의 좌표를 $(x_1,\ y_1)$이라고 하자.

점 P에서의 접선의 방정식은

$y_1y=2p(x+x_1)$ ……①

점 P에서의 법선의 방정식은

$y-y_1=-\dfrac{y_1}{2p}(x-x_1)$ ……②

①에서 $y=0$일 때 $x=-x_1$

$\therefore\ T(-x_1,\ 0)$

②에서 $y=0$일 때 $x=2p+x_1$

$\therefore\ N(2p+x_1,\ 0)$

또, F는 초점이므로 $F(p,\ 0)$이고 $H(x_1,\ 0)$이다.

(1) $\overline{OT}=|-x_1|=x_1,\ \overline{OH}=|x_1|=x_1$

이므로 $\overline{OT}=\overline{OH}$

(2) $\overline{TF}=|p-(-x_1)|=p+x_1,$

$\overline{FN}=|2p+x_1-p|=p+x_1$

이므로 $\overline{TF}=\overline{FN}$

2-1. $\overline{PA}+\overline{PB}=8$이므로

$\sqrt{x^2+y^2}+\sqrt{(x-4)^2+y^2}=8$

$\therefore\ \sqrt{(x-4)^2+y^2}=8-\sqrt{x^2+y^2}$

양변을 제곱하여 정리하면

$2\sqrt{x^2+y^2}=x+6$

다시 양변을 제곱하여 정리하면

$3x^2-12x+4y^2-36=0$

$\therefore\ \boldsymbol{3(x-2)^2+4y^2=48}$

*__Note__ 다음과 같이 구할 수도 있다.

두 점 $A'(-2,\ 0),\ B'(2,\ 0)$으로부터의 거리의 합이 8인 점의 자취의 방정식을

$\dfrac{x^2}{a^2}+\dfrac{y^2}{b^2}=1\ (a>b>0)$

로 놓으면 $2a=8 \qquad \therefore\ a=4$

또, $a^2-b^2=2^2$이므로 $b=2\sqrt{3}$

$\therefore\ \dfrac{x^2}{4^2}+\dfrac{y^2}{(2\sqrt{3})^2}=1$

곧, $3x^2+4y^2=48$ ……①

선분 AB의 중점이 점 $(2,\ 0)$이므로 점 P의 자취는 ①을 x축의 방향으로 2만큼 평행이동한 것이다.

$\therefore\ \boldsymbol{3(x-2)^2+4y^2=48}$

2-2. $\overline{PA}+\overline{PB}=4$이므로

$\sqrt{x^2+\{y-(3-\sqrt{2})\}^2}$

$+\sqrt{x^2+\{y-(3+\sqrt{2})\}^2}=4$

$\therefore\ \sqrt{x^2+\{y-(3-\sqrt{2})\}^2}$

$=4-\sqrt{x^2+\{y-(3+\sqrt{2})\}^2}$

양변을 제곱하여 정리하면

$2\sqrt{x^2+\{y-(3+\sqrt{2})\}^2}$

$=-\sqrt{2}y+3\sqrt{2}+4$

다시 양변을 제곱하여 정리하면

$2x^2+y^2-6y+5=0$

$\therefore\ \boldsymbol{2x^2+(y-3)^2=4}$

*__Note__ 다음과 같이 구할 수도 있다.

두 점 $A'(0,\ -\sqrt{2}),\ B'(0,\ \sqrt{2})$로부터의 거리의 합이 4인 점의 자취의 방정식을

$\dfrac{x^2}{a^2}+\dfrac{y^2}{b^2}=1\ (b>a>0)$

로 놓으면 $2b=4 \qquad \therefore\ b=2$

또, $b^2-a^2=(\sqrt{2})^2$이므로 $a=\sqrt{2}$

$\therefore\ \dfrac{x^2}{(\sqrt{2})^2}+\dfrac{y^2}{2^2}=1$

곧, $2x^2+y^2=4$ ……①

선분 AB의 중점이 점 (0, 3)이므로 점 P의 자취는 ①을 y축의 방향으로 3만큼 평행이동한 것이다.

$$\therefore\ \mathbf{2x^2+(y-3)^2=4}$$

2-3. 구하는 타원의 방정식을

$$\frac{x^2}{a^2}+\frac{y^2}{b^2}=1\ (a>b>0)$$

로 놓으면 $k=4$이므로

$$a^2-b^2=4^2 \quad \cdots\cdots ①$$

또, 장축의 길이가 12이므로

$2a=12 \quad \therefore\ a=6$

①에 대입하면 $b^2=a^2-16=20$

$$\therefore\ \mathbf{\frac{x^2}{36}+\frac{y^2}{20}=1}$$

2-4. $4x^2+9y^2=36$에서 $\dfrac{x^2}{3^2}+\dfrac{y^2}{2^2}=1$

$k=\sqrt{3^2-2^2}=\sqrt{5}$ 이므로 타원의 초점의 좌표는

$(\sqrt{5},\ 0),\ (-\sqrt{5},\ 0)$

따라서 구하는 타원의 방정식을

$$\frac{x^2}{a^2}+\frac{y^2}{b^2}=1\ (a>b>0) \quad \cdots\cdots ①$$

로 놓으면 $k=\sqrt{5}$ 이므로

$$a^2-b^2=(\sqrt{5})^2 \quad \cdots\cdots ②$$

또, ①은 점 (3, 2)를 지나므로

$$\frac{9}{a^2}+\frac{4}{b^2}=1 \quad \cdots\cdots ③$$

②에서 $a^2=b^2+5$를 ③에 대입하여 풀면 $b^2=10 \quad \therefore\ a^2=15$

$$\therefore\ \mathbf{\frac{x^2}{15}+\frac{y^2}{10}=1}$$

2-5. 준 식에서

$$16(x-3)^2+25(y-2)^2=400$$

$$\therefore\ \frac{(x-3)^2}{5^2}+\frac{(y-2)^2}{4^2}=1 \quad \cdots\cdots ①$$

따라서 $\dfrac{x^2}{5^2}+\dfrac{y^2}{4^2}=1 \quad \cdots\cdots ②$

로 놓으면 타원 ①은 타원 ②를 x축의 방향으로 3만큼, y축의 방향으로 2만큼 평행이동한 것이다.

그런데 ②에서

장축의 길이 10, 단축의 길이 8,
중심 (0, 0),
꼭짓점 (±5, 0), (0, ±4),
초점 (±3, 0)

이므로 ①에 대해서는 다음과 같다.

장축의 길이 10, 단축의 길이 8,
중심 (3, 2),
꼭짓점 (8, 2), (−2, 2),
(3, 6), (3, −2),
초점 (6, 2), (0, 2)

2-6.

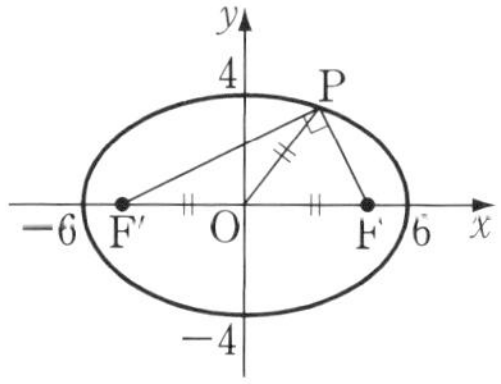

$k^2=36-16=20$, 곧 $k=\pm2\sqrt{5}$ 이므로

$$F(2\sqrt{5},\ 0),\ F'(-2\sqrt{5},\ 0)$$

이라고 해도 된다.

문제의 조건에서 $\overline{OP}=\overline{OF}$이고 $\overline{OF}=\overline{OF'}$이므로 점 O는 세 점 P, F, F′을 지나는 원의 중심이다.

따라서 $\angle FPF'=90°$이다.

$\overline{PF}=a,\ \overline{PF'}=b$라고 하면

$$a^2+b^2=\overline{FF'}^2=(4\sqrt{5})^2=80$$

또, 타원의 정의에 의하여

$$a+b=2\times6=12$$

$$\therefore\ 2ab=(a+b)^2-(a^2+b^2)=12^2-80=64$$

$$\therefore\ \overline{PF}\times\overline{PF'}=ab=\mathbf{32}$$

**Note* 실력 수학(하)(p. 17)에서 공부한 중선정리를 이용하여 다음과 같이 풀 수도 있다.

$\overline{PF}+\overline{PF'}=2\times6=12$ ……①

$k^2=36-16=20$이므로

$F(2\sqrt{5}, 0)$

△PF′F에서

$\overline{PF'}^2+\overline{PF}^2=2(\overline{OP}^2+\overline{OF}^2)$

이고, $\overline{OP}^2=\overline{OF}^2=20$이므로

$\overline{PF'}^2+\overline{PF}^2=80$ ……②

①, ②에서

$2\overline{PF}\times\overline{PF'}=(\overline{PF}+\overline{PF'})^2-(\overline{PF'}^2+\overline{PF}^2)=64$

$\therefore$ $\overline{PF}\times\overline{PF'}=$**32**

2-7. $A(a, 0)$, $B(0, b)$라고 하면

$\overline{AB}=5$이므로 $a^2+b^2=25$ ……①

조건을 만족시키는 점을 $P(x, y)$라고 하면

$$x=\frac{3\times0+2\times a}{3+2},\ y=\frac{3\times b+2\times0}{3+2}$$

$$\therefore\ a=\frac{5}{2}x,\ b=\frac{5}{3}y$$

①에 대입하여 정리하면

$$\boldsymbol{9x^2+4y^2=36}$$

2-8. $A(a, 0)$, $B(0, b)$라고 하면

$\overline{AB}=c$이므로 $a^2+b^2=c^2$ ……①

조건을 만족시키는 점을 $P(x, y)$라고 하면

$$x=\frac{m\times0+n\times a}{m+n},\ y=\frac{m\times b+n\times0}{m+n}$$

$$\therefore\ a=\frac{m+n}{n}x,\ b=\frac{m+n}{m}y$$

①에 대입하여 정리하면

$$\frac{x^2}{n^2}+\frac{y^2}{m^2}=\frac{c^2}{(m+n)^2}$$

이 방정식이 타원의 방정식이려면

$m^2\neq n^2$

$m>0$, $n>0$이므로 $\boldsymbol{m\neq n}$

**Note* $m=n$이면 조건을 만족시키는 점의 자취는 원이다.

2-9.

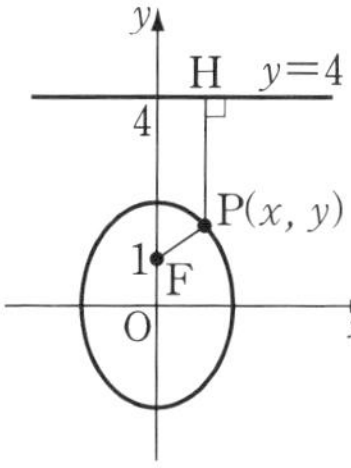

점 $(0, 1)$을 F, 조건을 만족시키는 점을 $P(x, y)$라 하고, 점 P에서 직선 $y=4$에 내린 수선의 발을 H라고 하면

$\overline{PF}=\sqrt{x^2+(y-1)^2}$, $\overline{PH}=|4-y|$

그런데 문제의 조건에서

$\overline{PF}:\overline{PH}=1:2$ 곧, $2\overline{PF}=\overline{PH}$

$\therefore$ $2\sqrt{x^2+(y-1)^2}=|4-y|$

양변을 제곱하여 정리하면

$$\boldsymbol{4x^2+3y^2=12}$$

2-10.

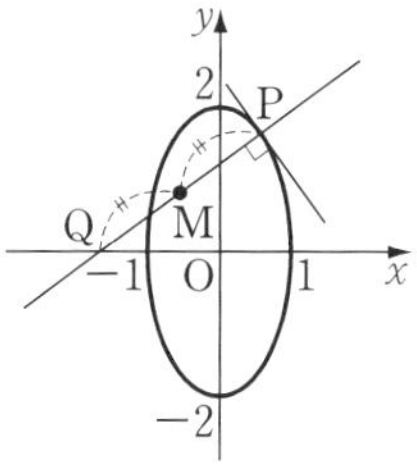

$P(x_1, y_1)$이라고 하면 점 P는 타원 $4x^2+y^2=4$ 위의 점이므로

$4x_1^2+y_1^2=4$ ……①

점 P에서의 접선의 방정식은

$4x_1x+y_1y=4$ ……②

$y_1\neq0$이므로 ②의 기울기는 $-\dfrac{4x_1}{y_1}$

(i) $x_1\neq0$일 때, 점 P를 지나고 ②에 수직인 직선의 방정식은

$$y-y_1=\frac{y_1}{4x_1}(x-x_1)$$

$y=0$을 대입하면 $x=-3x_1$

$\therefore$ $Q(-3x_1, 0)$

따라서 $M(X, Y)$라고 하면

$$\mathrm{X}=\frac{x_1-3x_1}{2}=-x_1,\ \mathrm{Y}=\frac{y_1}{2}$$

$\therefore\ x_1=-\mathrm{X},\ y_1=2\mathrm{Y}$

①에 대입하면 $4(-\mathrm{X})^2+(2\mathrm{Y})^2=4$

$\therefore\ \mathrm{X}^2+\mathrm{Y}^2=1$ ……③

그런데 점 P는 x축 위의 점이 아니므로 $2\mathrm{Y}=y_1\neq0$ $\therefore\ \mathrm{Y}\neq0$

이때, $\mathrm{X}\neq\pm1$

곧, 점 $(\pm1,\ 0)$은 제외한다.

(ii) $x_1=0$일 때 $y_1=\pm2$이고, Q(0, 0)이므로 이때의 중점은 ③을 만족시킨다.

(i), (ii)에서 구하는 자취의 방정식은

$\boldsymbol{x^2+y^2=1}$ **단, 점 $(\pm1,\ 0)$은 제외**

2-11. $9x^2+16y^2=144$에서 $\dfrac{x^2}{4^2}+\dfrac{y^2}{3^2}=1$

(1) 기울기가 2이므로

$y=2x\pm\sqrt{4^2\times2^2+3^2}$

$\therefore\ \boldsymbol{y=2x\pm\sqrt{73}}$

(2) 기울기가 $-\dfrac{1}{2}$이므로

$$y=-\frac{1}{2}x\pm\sqrt{4^2\times\left(-\frac{1}{2}\right)^2+3^2}$$

$\therefore\ \boldsymbol{y=-\dfrac{1}{2}x\pm\sqrt{13}}$

(3) 기울기가 1이므로

$y=x\pm\sqrt{4^2\times1^2+3^2}$ $\therefore\ \boldsymbol{y=x\pm5}$

***Note** 1° 타원 $\dfrac{x^2}{a^2}+\dfrac{y^2}{b^2}=1$에 접하고 기울기가 m인 직선의 방정식은

$$\boldsymbol{y=mx\pm\sqrt{a^2m^2+b^2}}$$

임을 이용하였다.

2° 공식을 이용하지 않고 판별식을 이용할 수도 있다.

이를테면 (1)에서 접선의 방정식을 $y=2x+n$으로 놓고, y를 소거하여 정리하면

$73x^2+64nx+16n^2-144=0$

접하므로

$\mathrm{D}/4=(32n)^2-73(16n^2-144)=0$

$\therefore\ n^2=73$ $\therefore\ n=\pm\sqrt{73}$

$\therefore\ \boldsymbol{y=2x\pm\sqrt{73}}$

2-12. 준 식에서

$$x^2+y^2=1,\quad \frac{x^2}{(\sqrt{3})^2}+\frac{y^2}{\left(\frac{1}{\sqrt{3}}\right)^2}=1$$

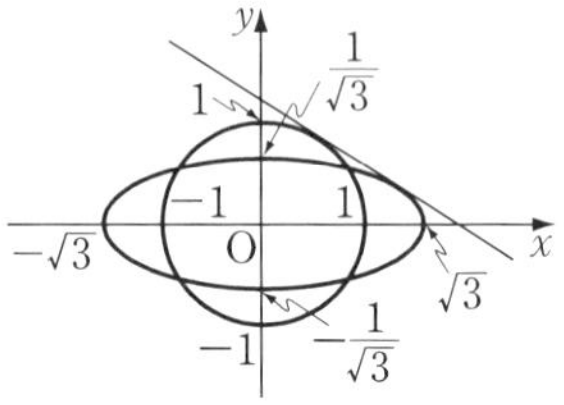

따라서 공통접선의 기울기를 m이라고 하면 접선의 방정식은 각각

$y=mx\pm\sqrt{m^2+1}$ ……①

$y=mx\pm\sqrt{3m^2+\dfrac{1}{3}}$ ……②

①, ②가 일치하므로

$$\sqrt{m^2+1}=\sqrt{3m^2+\frac{1}{3}}$$

양변을 제곱하면

$m^2+1=3m^2+\dfrac{1}{3}$ $\therefore\ m^2=\dfrac{1}{3}$

그런데 위의 그림에서 $m<0$이므로

$m=-\dfrac{\sqrt{3}}{3}$이고, 이 값을 ① 또는 ②에 대입하면

$$y=-\frac{\sqrt{3}}{3}x\pm\frac{2\sqrt{3}}{3}$$

이 중에서 접점이 제1사분면에 있는 것은

$$\boldsymbol{y=-\frac{\sqrt{3}}{3}x+\frac{2\sqrt{3}}{3}}$$

2-13.

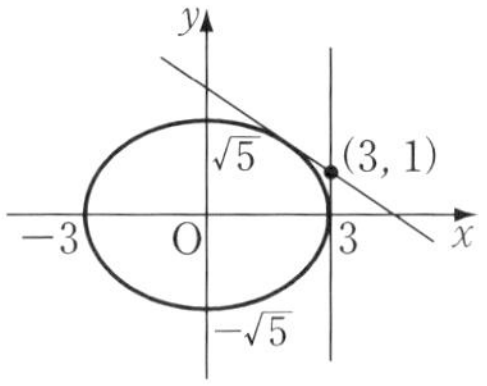

접점의 좌표를 $(x_1,\ y_1)$이라고 하면

$$5x_1^2+9y_1^2=45 \quad \cdots\cdots①$$

이고, 접선의 방정식은

$$5x_1x+9y_1y=45 \quad \cdots\cdots②$$

이 직선이 점 (3, 1)을 지나므로

$$15x_1+9y_1=45 \quad \cdots\cdots③$$

③에서의 $y_1=5-\dfrac{5}{3}x_1$을 ①에 대입하여 정리하면

$$x_1^2-5x_1+6=0 \quad \therefore\ x_1=2,\ 3$$

$x_1=2$일 때, ③에서 $y_1=\dfrac{5}{3}$

$x_1=3$일 때, ③에서 $y_1=0$

이 값을 ②에 대입하여 정리하면

$$\boldsymbol{y=-\frac{2}{3}x+3,\ \ x=3}$$

* ***Note*** 구하는 접선의 방정식을 $y=mx+n$으로 놓고 판별식을 이용하여 풀 수도 있다. 그러나 이 식은 x축에 수직인 직선을 나타낼 수 없으므로 직선 $x=3$이 접선이 되는지를 따로 확인해야 한다.

2-14. $4x^2+y^2-16x-2y+c=0 \quad \cdots①$

점 (0, 0)을 지나는 접선의 방정식을

$$y=mx \quad \cdots\cdots②$$

로 놓고, ②를 ①에 대입하여 정리하면

$$(4+m^2)x^2-2(8+m)x+c=0 \quad \cdots③$$

②가 ①에 접하면 ③이 중근을 가지므로

$$D/4=(8+m)^2-c(4+m^2)=0$$

$$\therefore\ (1-c)m^2+16m+64-4c=0 \quad \cdots\cdots④$$

(i) $c\neq1$일 때, ④의 두 근을 m_1, m_2라고 하면 m_1, m_2는 두 접선의 기울기이고 두 접선이 서로 수직이므로

$$m_1m_2=\frac{64-4c}{1-c}=-1$$

$$\therefore\ c=13$$

(ii) $c=1$일 때, ④는

$$16m+60=0 \quad \therefore\ m=-\frac{15}{4}$$

또, ①에서

$$4(x-2)^2+(y-1)^2=16$$

$$\therefore\ \frac{(x-2)^2}{4}+\frac{(y-1)^2}{16}=1$$

이 타원은 y축에 접하므로 직선 $x=0$도 접선이다. 따라서 두 접선은 직선 $y=-\dfrac{15}{4}x$, $x=0$이고, 이 두 직선은 서로 수직이 아니다.

(i), (ii)에서 $\boldsymbol{c=13}$

2-15. $x^2=4py \quad \cdots\cdots①$

$$\frac{x^2}{2a^2}+\frac{y^2}{a^2}=1 \quad \cdots\cdots②$$

①, ②의 교점을 $P(x_1,\ y_1)$이라고 하면 점 P에서 ①에 그은 접선의 방정식은

$$x_1x=2p(y+y_1) \quad \cdots\cdots③$$

점 P에서 ②에 그은 접선의 방정식은

$$\frac{x_1x}{2a^2}+\frac{y_1y}{a^2}=1 \quad \cdots\cdots④$$

③, ④의 기울기를 각각 m, m'이라고 하면

$$m=\frac{x_1}{2p},\ \ m'=-\frac{x_1}{2y_1}$$

$$\therefore\ mm'=\frac{x_1}{2p}\times\left(-\frac{x_1}{2y_1}\right)$$

$$=-\frac{x_1^2}{4py_1} \quad \cdots\cdots⑤$$

한편 점 P는 ① 위의 점이므로

$$x_1^2=4py_1$$

⑤에 대입하면 $mm'=-1$이므로 ①, ②는 직교한다.

2-16. $y^2=4px \quad \cdots\cdots①$

$$\frac{x^2}{16}+\frac{y^2}{a}=1 \quad \cdots\cdots②$$

①, ②의 교점을 $P(x_1,\ y_1)$이라고 하면 점 P에서 ①에 그은 접선의 방정식은

$$y_1y=2p(x+x_1) \quad \cdots\cdots③$$

점 P에서 ②에 그은 접선의 방정식은

$$\frac{x_1x}{16}+\frac{y_1y}{a}=1 \qquad \cdots\cdots④$$

③, ④의 기울기를 각각 m, m'이라고 하면

$$m=\frac{2p}{y_1},\ m'=-\frac{ax_1}{16y_1}$$

$$\therefore\ mm'=\frac{2p}{y_1}\times\left(-\frac{ax_1}{16y_1}\right)$$

$$=-\frac{apx_1}{8y_1^2} \qquad \cdots\cdots⑤$$

한편 점 P는 ① 위의 점이므로

$$y_1^2=4px_1$$

⑤에 대입하면 $mm'=-\frac{a}{32}$

①, ②가 직교하므로 $mm'=-1$

$$\therefore\ -\frac{a}{32}=-1 \qquad \therefore\ \boldsymbol{a=32}$$

3-1. 초점이 x축 위에 있으므로 구하는 방정식을

$$\frac{x^2}{a^2}-\frac{y^2}{b^2}=1\ (a>0,\ b>0)$$

로 놓을 수 있다.

초점의 좌표가 $(\pm5,\ 0)$이므로

$$a^2+b^2=5^2 \qquad \cdots\cdots①$$

주축의 길이가 6이므로

$$2a=6 \qquad \therefore\ a=3$$

①에 대입하면 $b^2=16$

$$\therefore\ \frac{x^2}{9}-\frac{y^2}{16}=1 \qquad \therefore\ \boldsymbol{16x^2-9y^2=144}$$

3-2. 점근선의 방정식이

$2x-y=0,\ 2x+y=0$, 곧 $4x^2-y^2=0$

이므로 구하는 방정식을

$$4x^2-y^2=p$$

로 놓을 수 있다.

점 $(-3,\ 2)$를 지나므로

$$4\times(-3)^2-2^2=p \qquad \therefore\ p=32$$

$$\therefore\ \boldsymbol{4x^2-y^2=32}$$

* ***Note*** 두 점근선의 교점이 점 $(0,\ 0)$이므로 구하는 쌍곡선의 중심도 점 $(0,\ 0)$이다.

3-3. 준 식에서

$$4(x-4)^2-9(y-2)^2=36$$

$$\therefore\ \frac{(x-4)^2}{3^2}-\frac{(y-2)^2}{2^2}=1 \qquad \cdots①$$

이것은 쌍곡선

$$\frac{x^2}{3^2}-\frac{y^2}{2^2}=1 \qquad \cdots\cdots②$$

를 x축의 방향으로 4만큼, y축의 방향으로 2만큼 평행이동한 것이다.

그런데 ②에서

주축의 길이 6, 중심 $(0,\ 0)$,

초점 $(\pm\sqrt{13},\ 0)$,

점근선 $y=\pm\frac{2}{3}x$

이므로 ①에 대해서는 다음과 같다.

주축의 길이 6, 중심 (4, 2),

초점 $(4\pm\sqrt{13},\ 2)$,

점근선 $y=\pm\frac{2}{3}(x-4)+2$

3-4.

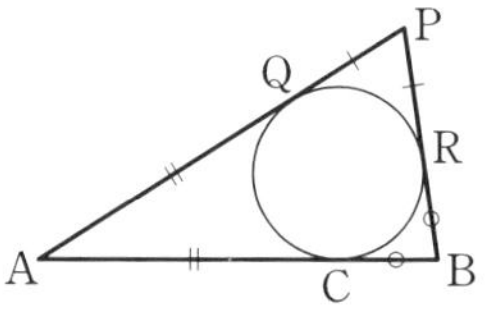

$\triangle$PAB의 내접원이 선분 AB, PA, PB와 접하는 점을 각각 C, Q, R라고 하자.

$\overline{PQ}=\overline{PR},\ \overline{AQ}=\overline{AC},\ \overline{BR}=\overline{BC}$

이므로

$$\overline{PA}-\overline{PB}=(\overline{PQ}+\overline{AQ})-(\overline{PR}+\overline{BR})$$

$$=\overline{AQ}-\overline{BR}=\overline{AC}-\overline{BC}$$

그런데 점 C는 선분 AB를 3 : 1로 내분하는 점이고, $\overline{AB}=8$이므로

$$\overline{AC}-\overline{BC}=6-2=4$$

곧, $\overline{PA}-\overline{PB}=4$

따라서 점 P의 자취는 두 점 **A, B**를 초점으로 하고 주축의 길이가 **4**인 쌍곡선 중에서 점 **B**에 가까운 부분(단, 꼭짓점은 제외)이다.

3-5. 조건을 만족시키는 점을 $\mathrm{P}(x,\ y)$라 하고, 점 P에서 직선 $x=-1$에 내린 수선의 발을 H라고 하면

$$\overline{\mathrm{PF}}=\sqrt{(x-2)^2+y^2},\ \overline{\mathrm{PH}}=|x+1|$$

그런데 문제의 조건에서

$$\overline{\mathrm{PF}}:\overline{\mathrm{PH}}=2:1 \quad \text{곧, } \overline{\mathrm{PF}}=2\overline{\mathrm{PH}}$$

$$\therefore\ \sqrt{(x-2)^2+y^2}=2|x+1|$$

양변을 제곱하여 정리하면

$$3x^2+12x-y^2=0$$

$$\therefore\ \boldsymbol{\frac{(x+2)^2}{4}-\frac{y^2}{12}=1}$$

3-6.

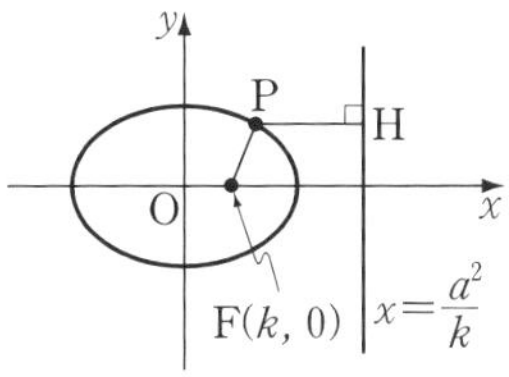

조건을 만족시키는 점을 $\mathrm{P}(x,\ y)$라 하고, 점 P에서 직선 $x=\dfrac{a^2}{k}$에 내린 수선의 발을 H라고 하면

$$\overline{\mathrm{PF}}=\sqrt{(x-k)^2+y^2},$$

$$\overline{\mathrm{PH}}=\left|x-\frac{a^2}{k}\right|=\frac{|kx-a^2|}{k}$$

그런데 문제의 조건에서

$$\overline{\mathrm{PF}}:\overline{\mathrm{PH}}=k:a$$

$$\text{곧, } a\overline{\mathrm{PF}}=k\overline{\mathrm{PH}}$$

$$\therefore\ a\sqrt{(x-k)^2+y^2}=|kx-a^2|$$

양변을 제곱하여 정리하면

$$(a^2-k^2)x^2+a^2y^2=a^2(a^2-k^2)$$

여기에서 $a^2-k^2=b^2$으로 놓으면

$$b^2x^2+a^2y^2=a^2b^2$$

양변을 a^2b^2으로 나누면

$$\boldsymbol{\frac{x^2}{a^2}+\frac{y^2}{b^2}=1}\ \textbf{(단, } \boldsymbol{k^2=a^2-b^2}\textbf{)}$$

3-7. $9x^2-16y^2=144$에서 $\dfrac{x^2}{4^2}-\dfrac{y^2}{3^2}=1$

(1) 기울기가 -1이므로

$$y=-x\pm\sqrt{4^2\times(-1)^2-3^2}$$

$$\therefore\ \boldsymbol{y=-x\pm\sqrt{7}}$$

(2) 점 $\left(5,\ \dfrac{9}{4}\right)$는 쌍곡선 위의 점이므로

$$9\times5x-16\times\frac{9}{4}y=144$$

$$\therefore\ \boldsymbol{5x-4y=16}$$

***Note** 1° 쌍곡선의 접선의 방정식을 구하는 공식(p. 56)을 이용하였다.

2° 공식을 이용하지 않고 판별식을 이용할 수도 있다.

이를테면 (1)에서 접선의 방정식을 $y=-x+n$으로 놓고, y를 소거하여 정리하면

$$7x^2-32nx+16n^2+144=0$$

접하므로

$$D/4=(-16n)^2-7(16n^2+144)=0$$

$$\therefore\ n^2=7 \quad \therefore\ n=\pm\sqrt{7}$$

$$\therefore\ \boldsymbol{y=-x\pm\sqrt{7}}$$

3-8.

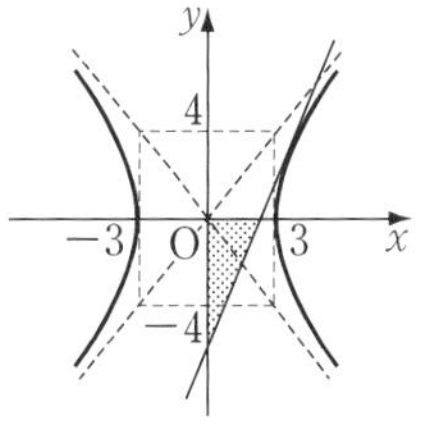

쌍곡선 위의 점 $(a,\ b)$에서의 접선의 방정식은

$$\frac{ax}{9}-\frac{by}{16}=1$$

$y=0$을 대입하면 $x=\dfrac{9}{a}$

$x=0$을 대입하면 $y=-\dfrac{16}{b}$

따라서 구하는 삼각형의 넓이는

$$\frac{1}{2}\times\frac{9}{a}\times\frac{16}{b}=\boldsymbol{\frac{72}{ab}}$$

3-9. $3x^2-y^2=9$에서 $\dfrac{x^2}{3}-\dfrac{y^2}{9}=1$

$\therefore\ F(2\sqrt{3},\ 0)$

또, 점근선의 방정식은 $y=\pm\sqrt{3}x$

이 직선과 직선 $x=2\sqrt{3}$이 만나는 점 중에서 y좌표가 양수인 점은

$$P(2\sqrt{3},\ 6)$$

접점의 좌표를 $(x_1,\ y_1)$이라고 하면

$$3x_1^2-y_1^2=9 \qquad \cdots\cdots①$$

이고, 접선의 방정식은

$$3x_1x-y_1y=9 \qquad \cdots\cdots②$$

점 $P(2\sqrt{3},\ 6)$을 지나므로

$$6\sqrt{3}x_1-6y_1=9 \quad \therefore\ y_1=\sqrt{3}x_1-\frac{3}{2}$$

①에 대입하여 풀면

$$x_1=\frac{5\sqrt{3}}{4} \quad \therefore\ y_1=\frac{9}{4}$$

이 값을 ②에 대입하여 정리하면

$$\mathbf{5\sqrt{3}x-3y=12}$$

3-10. 점 $P(x_1,\ y_1)$에서의 접선의 방정식은

$$b^2x_1x+a^2y_1y=a^2b^2$$

이 직선의 기울기가 $-\dfrac{b^2x_1}{a^2y_1}$이므로 법선의 방정식은

$$y-y_1=\frac{a^2y_1}{b^2x_1}(x-x_1)$$

$y=0$을 대입하면

$$x=\frac{a^2-b^2}{a^2}x_1 \qquad \cdots\cdots①$$

초점의 좌표를

$$F'(-k,\ 0),\ F(k,\ 0)\ (k^2=a^2-b^2)$$

으로 놓고, 법선과 x축이 만나는 점을 A라고 하면 ①에서

$$A\left(\frac{k^2}{a^2}x_1,\ 0\right)$$

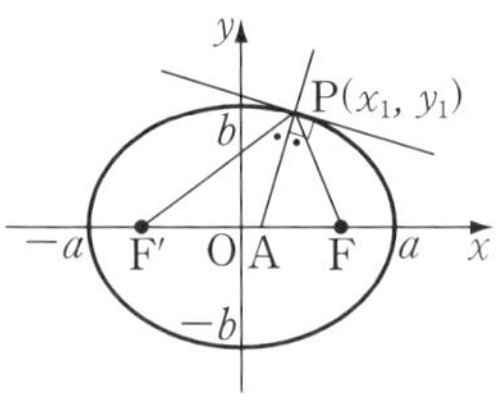

한편

$$\overline{PF'}^2=(x_1+k)^2+y_1^2$$
$$=x_1^2+2kx_1+k^2+y_1^2 \qquad \cdots②$$

그런데 $P(x_1,\ y_1)$이 타원 위의 점이므로 $b^2x_1^2+a^2y_1^2=a^2b^2$

$$\therefore\ y_1^2=b^2\left(1-\frac{x_1^2}{a^2}\right)$$
$$=(a^2-k^2)\left(1-\frac{x_1^2}{a^2}\right)$$

②에 대입하여 정리하면

$$\overline{PF'}^2=\frac{k^2x_1^2}{a^2}+2kx_1+a^2$$
$$=\left(\frac{kx_1}{a}+a\right)^2$$

같은 방법으로 하면

$$\overline{PF}^2=\left(\frac{kx_1}{a}-a\right)^2$$

$$\therefore\ \overline{PF'}:\overline{PF}=\left|\frac{kx_1}{a}+a\right|:\left|\frac{kx_1}{a}-a\right|$$
$$=\left|\frac{k^2}{a^2}x_1+k\right|:\left|\frac{k^2}{a^2}x_1-k\right|$$
$$=\overline{AF'}:\overline{AF}$$

따라서 법선 PA는 $\angle F'PF$를 이등분한다.

4-1. 크기와 방향이 각각 같은 벡터를 고르면

$$\overrightarrow{\mathbf{AB}}=\overrightarrow{\mathbf{DC}},\quad \overrightarrow{\mathbf{BC}}=\overrightarrow{\mathbf{AD}},$$
$$\overrightarrow{\mathbf{AO}}=\overrightarrow{\mathbf{OC}},\quad \overrightarrow{\mathbf{BO}}=\overrightarrow{\mathbf{OD}}$$

4-2. (1) 한 눈금의 길이를 1로 보고 각각의 크기를 구하면

① $2\sqrt{5}$, ② $\sqrt{10}$, ③ $\sqrt{13}$,
④ 5, ⑤ $\sqrt{13}$, ⑥ $\sqrt{5}$,
⑦ $\sqrt{10}$, ⑧ $\sqrt{10}$, ⑨ $2\sqrt{2}$,
⑩ 2

따라서 크기가 같은 벡터는

②와 ⑦과 ⑧, ③과 ⑤

(2) 방향이 같은 벡터는

①과 ⑥, ③과 ⑤

(3) 서로 같은 벡터는 크기와 방향이 각각 같은 벡터이므로 (1), (2)에서

③과 ⑤

4-3. $\overrightarrow{AB}-\overrightarrow{AC}=\overrightarrow{CB}$, $\overrightarrow{DB}-\overrightarrow{DC}=\overrightarrow{CB}$ 이므로

$$\overrightarrow{AB}-\overrightarrow{AC}=\overrightarrow{DB}-\overrightarrow{DC}$$

$$\therefore\ \overrightarrow{AB}+\overrightarrow{DC}=\overrightarrow{AC}+\overrightarrow{DB}$$

****Note*** $\overrightarrow{AB}+\overrightarrow{BD}+\overrightarrow{DC}+\overrightarrow{CA}=\vec{0}$ 이므로

$$\overrightarrow{AB}+\overrightarrow{DC}=-\overrightarrow{CA}-\overrightarrow{BD}$$

$$\therefore\ \overrightarrow{AB}+\overrightarrow{DC}=\overrightarrow{AC}+\overrightarrow{DB}$$

4-4.

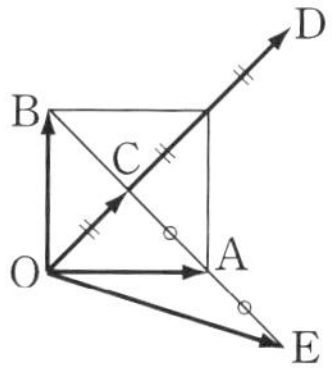

(1) $\vec{a}+\vec{b}=2\vec{c}$ 이므로

$$\vec{a}+\vec{b}+\vec{c}=3\vec{c}$$

따라서 선분 OC를 점 C 방향으로 3배 연장한 끝을 D라고 하면

$$\vec{a}+\vec{b}+\vec{c}=\overrightarrow{OD}$$

$$\therefore\ |\vec{a}+\vec{b}+\vec{c}|=3|\vec{c}|=\boldsymbol{\frac{3\sqrt{2}}{2}}$$

(2) $\vec{a}+\vec{b}-\vec{c}=2\vec{c}-\vec{c}=\vec{c}$

$$\therefore\ |\vec{a}+\vec{b}-\vec{c}|=|\vec{c}|=\boldsymbol{\frac{\sqrt{2}}{2}}$$

(3) $\vec{a}-\vec{b}+\vec{c}=\overrightarrow{OA}-\overrightarrow{OB}+\overrightarrow{OC}$

$$=\overrightarrow{OA}+\overrightarrow{BO}+\overrightarrow{OC}$$

$$=\overrightarrow{OA}+\overrightarrow{BC}$$

따라서 선분 CA를 점 A 방향으로 2배 연장한 끝을 E라고 하면

$$\vec{a}-\vec{b}+\vec{c}=\overrightarrow{OA}+\overrightarrow{AE}=\overrightarrow{OE}$$

한편 직각삼각형 OCE에서

$$\overline{OE}^2=\overline{OC}^2+\overline{CE}^2$$

$$=\left(\frac{1}{\sqrt{2}}\right)^2+\left(2\times\frac{1}{\sqrt{2}}\right)^2=\frac{5}{2}$$

$$\therefore\ \overline{OE}=\frac{\sqrt{10}}{2}$$

$$\therefore\ |\vec{a}-\vec{b}+\vec{c}|=|\overrightarrow{OE}|=\boldsymbol{\frac{\sqrt{10}}{2}}$$

4-5. (1) $\overrightarrow{EB}=\frac{1}{3}\overrightarrow{AB}=\boldsymbol{\frac{1}{3}\vec{a}}$

(2) $\overrightarrow{CF}=\frac{2}{3}\overrightarrow{CD}=-\frac{2}{3}\overrightarrow{AB}=\boldsymbol{-\frac{2}{3}\vec{a}}$

(3) $\overrightarrow{BD}=\overrightarrow{BC}+\overrightarrow{CD}=\overrightarrow{BC}-\overrightarrow{AB}$

$$=\boldsymbol{-\vec{a}+\vec{b}}$$

(4) $\overrightarrow{OE}=\overrightarrow{OB}+\overrightarrow{BE}=-\frac{1}{2}\overrightarrow{BD}-\overrightarrow{EB}$

$$=-\frac{1}{2}(-\vec{a}+\vec{b})-\frac{1}{3}\vec{a}$$

$$=\boldsymbol{\frac{1}{6}\vec{a}-\frac{1}{2}\vec{b}}$$

4-6. (1) (좌변)$=(\overrightarrow{AB}+\overrightarrow{AD})$

$$+(\overrightarrow{AB}+\overrightarrow{AE})+(\overrightarrow{AD}+\overrightarrow{AE})$$

$$=2(\overrightarrow{AB}+\overrightarrow{AD}+\overrightarrow{AE})$$

$$=2(\overrightarrow{AC}+\overrightarrow{CG})=2\overrightarrow{AG}$$

$$\therefore\ \overrightarrow{AC}+\overrightarrow{AF}+\overrightarrow{AH}=2\overrightarrow{AG}$$

(2) (좌변)$=(\overrightarrow{AC}+\overrightarrow{CG})+(\overrightarrow{BD}+\overrightarrow{DH})$

$$+(\overrightarrow{CA}+\overrightarrow{AE})+(\overrightarrow{DB}+\overrightarrow{BF})$$

$$=(\overrightarrow{AC}+\overrightarrow{CA})+(\overrightarrow{BD}+\overrightarrow{DB})$$

$$+4\overrightarrow{AE}$$

$$=\vec{0}+\vec{0}+4\overrightarrow{AE}=4\overrightarrow{AE}$$

$$\therefore\ \overrightarrow{AG}+\overrightarrow{BH}+\overrightarrow{CE}+\overrightarrow{DF}=4\overrightarrow{AE}$$

4-7. $\overrightarrow{FL}=\overrightarrow{FG}+\overrightarrow{GL}=\overrightarrow{FG}+\frac{1}{2}\overrightarrow{GD}$

$$=\overrightarrow{FG}+\frac{1}{2}\overrightarrow{FA}$$

$$=\overrightarrow{FG}+\frac{1}{2}(\overrightarrow{FB}+\overrightarrow{FE})$$

$$=\boldsymbol{\vec{a}+\frac{1}{2}\vec{b}+\frac{1}{2}\vec{c}}$$

4-8. (1) $\vec{a}$, $\vec{b}$는 영벡터가 아니고 서로 평행하지 않으므로

$$m-1=0,\ m+n=0$$

$$\therefore\ \boldsymbol{m=1,\ n=-1}$$

(2) 준 식에서

$$(3m+2n)\vec{a}+(2m-3n)\vec{b}=16\vec{a}+2\vec{b}$$

여기에서 $\vec{a}$, $\vec{b}$는 영벡터가 아니고 서로 평행하지 않으므로

$$3m+2n=16,\ 2m-3n=2$$

$$\therefore\ \boldsymbol{m=4,\ n=2}$$

4-9.

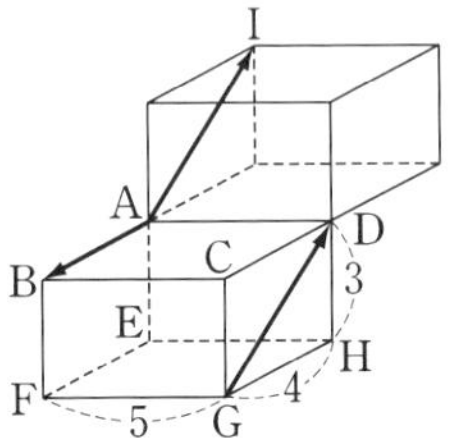

$\overrightarrow{GD}=\overrightarrow{AI}$인 점 I를 위의 그림과 같이 잡으면

$$\overrightarrow{AX}=k\overrightarrow{AB}+(1-k)\overrightarrow{AI}$$
$$=\overrightarrow{AI}+k(\overrightarrow{AB}-\overrightarrow{AI})$$
$$=\overrightarrow{AI}+k\overrightarrow{IB}\ (0\le k\le 1)$$

따라서 점 X의 자취는 선분 BI이므로 구하는 길이는

$$\sqrt{(4+4)^2+3^2}=\boldsymbol{\sqrt{73}}$$

4-10. (1) $\overrightarrow{OP}=m(2\overrightarrow{OA})+n(3\overrightarrow{OB})$이므로 $2\overrightarrow{OA}=\overrightarrow{OA'}$, $3\overrightarrow{OB}=\overrightarrow{OB'}$이라고 하면 점 P는 선분 OA′, OB′을 이웃하는 두 변으로 하는 평행사변형의 둘레와 내부를 움직인다.

$|\overrightarrow{OA'}|=4$, $|\overrightarrow{OB'}|=9$이므로 구하는 넓이는

$$2\times\left(\frac{1}{2}\times4\times9\times\sin60^\circ\right)=\boldsymbol{18\sqrt{3}}$$

(2) $\overrightarrow{OP}=m(3\overrightarrow{OA})+n(-2\overrightarrow{OB})$이므로 $3\overrightarrow{OA}=\overrightarrow{OA'}$, $-2\overrightarrow{OB}=\overrightarrow{OB'}$이라고 하면 점 P는 삼각형 OA′B′의 둘레와 내부를 움직인다.

$|\overrightarrow{OA'}|=6$, $|\overrightarrow{OB'}|=6$이고 $\angle A'OB'=120^\circ$이므로 구하는 넓이는

$$\frac{1}{2}\times6\times6\times\sin(180^\circ-120^\circ)=\boldsymbol{9\sqrt{3}}$$

4-11.

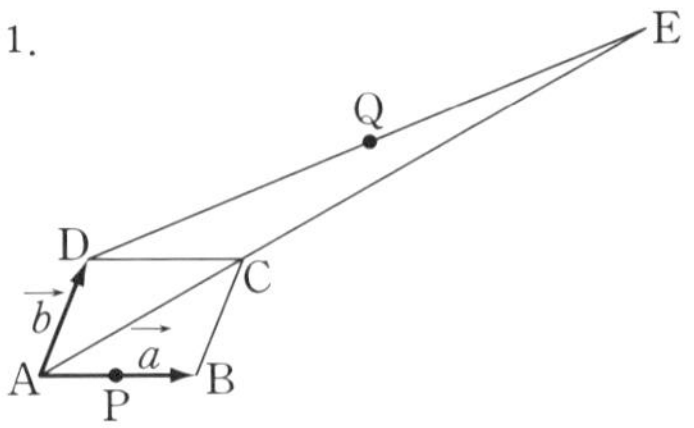

(1) 위의 그림에서

$$\overrightarrow{AC}=\overrightarrow{AB}+\overrightarrow{AD}=\vec{a}+\vec{b}$$

$$\therefore\ \overrightarrow{AE}=3\overrightarrow{AC}=3\vec{a}+3\vec{b}$$

또, 점 Q는 선분 DE의 중점이므로

$$\overrightarrow{AQ}=\frac{1}{2}(\overrightarrow{AD}+\overrightarrow{AE})$$
$$=\frac{1}{2}\{\vec{b}+(3\vec{a}+3\vec{b})\}$$
$$=\boldsymbol{\frac{1}{2}(3\vec{a}+4\vec{b})}$$

(2) $\overrightarrow{PC}=\overrightarrow{AC}-\overrightarrow{AP}=(\vec{a}+\vec{b})-\frac{1}{2}\vec{a}$

$$=\frac{1}{2}\vec{a}+\vec{b}$$

$$\overrightarrow{PQ}=\overrightarrow{AQ}-\overrightarrow{AP}$$
$$=\frac{1}{2}(3\vec{a}+4\vec{b})-\frac{1}{2}\vec{a}$$
$$=\vec{a}+2\vec{b}$$

곧, $\overrightarrow{PQ}=2\overrightarrow{PC}$이므로 세 점 P, C, Q는 한 직선 위에 있다.

4-12.

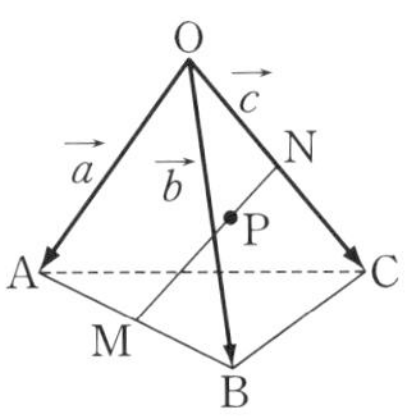

(1) $\overrightarrow{MN}=\overrightarrow{ON}-\overrightarrow{OM}$

$$=\frac{1}{2}\overrightarrow{OC}-\frac{1}{2}(\overrightarrow{OA}+\overrightarrow{OB})$$

$=\boldsymbol{\frac{1}{2}(-\vec{a}-\vec{b}+\vec{c})}$

(2) △OMN에서

$\overrightarrow{OP}=\dfrac{2\overrightarrow{ON}+\overrightarrow{OM}}{2+1}$

$=\dfrac{1}{3}\overrightarrow{OM}+\dfrac{2}{3}\overrightarrow{ON}$

$=\dfrac{1}{3}\times\dfrac{1}{2}(\overrightarrow{OA}+\overrightarrow{OB})+\dfrac{2}{3}\times\dfrac{1}{2}\overrightarrow{OC}$

$=\boldsymbol{\frac{1}{6}(\vec{a}+\vec{b}+2\vec{c})}$

4-13.

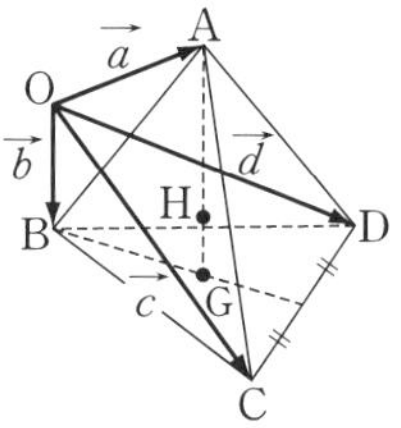

(1) 점 G는 △BCD의 무게중심이므로

$\overrightarrow{OG}=\dfrac{1}{3}(\overrightarrow{OB}+\overrightarrow{OC}+\overrightarrow{OD})$

$=\boldsymbol{\frac{1}{3}(\vec{b}+\vec{c}+\vec{d})}$

(2) 점 H는 선분 AG를 3 : 1로 내분하는 점이므로

$\overrightarrow{OH}=\dfrac{1}{4}(3\overrightarrow{OG}+\overrightarrow{OA})$

$=\dfrac{1}{4}\left\{3\times\dfrac{1}{3}(\vec{b}+\vec{c}+\vec{d})+\vec{a}\right\}$

$=\boldsymbol{\frac{1}{4}(\vec{a}+\vec{b}+\vec{c}+\vec{d})}$

****Note*** 점 H를 사면체 ABCD의 무게중심이라고 한다.

4-14. $\overrightarrow{PA}+3\overrightarrow{PB}+5\overrightarrow{PC}=\vec{0}$에서

$-\overrightarrow{AP}+3(\overrightarrow{AB}-\overrightarrow{AP})+5(\overrightarrow{AC}-\overrightarrow{AP})=\vec{0}$

$\therefore\ 9\overrightarrow{AP}=3\overrightarrow{AB}+5\overrightarrow{AC}$

$\therefore\ \overrightarrow{AP}=\dfrac{1}{9}(3\overrightarrow{AB}+5\overrightarrow{AC})$

$=\dfrac{8}{9}\times\dfrac{3\overrightarrow{AB}+5\overrightarrow{AC}}{8}$ …①

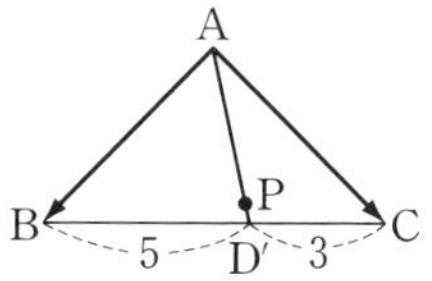

여기에서 변 BC를 5 : 3으로 내분하는 점을 D′이라고 하면

$\overrightarrow{AD'}=\dfrac{5\overrightarrow{AC}+3\overrightarrow{AB}}{8}$ ……②

①, ②에서 $\overrightarrow{AP}=\dfrac{8}{9}\overrightarrow{AD'}$

이므로 세 점 A, P, D′은 한 직선 위에 있다.

따라서 점 D′은 직선 AP와 변 BC의 교점이므로 점 D와 D′은 일치한다.

$\therefore\ \boldsymbol{\overline{BD}:\overline{DC}=5:3}$

4-15.

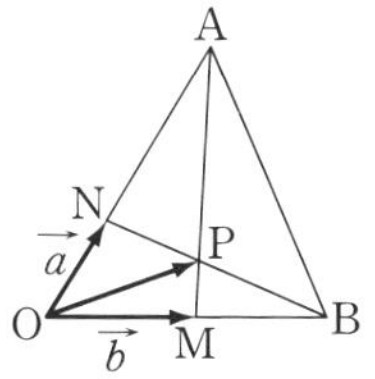

△OAM에서

$\overline{AP}:\overline{PM}=m:(1-m)\ (0<m<1)$

이라고 하면

$\overrightarrow{OP}=m\overrightarrow{OM}+(1-m)\overrightarrow{OA}$

$=m\vec{b}+(1-m)\times3\vec{a}$ ……①

△OBN에서

$\overline{BP}:\overline{PN}=n:(1-n)\ (0<n<1)$

이라고 하면

$\overrightarrow{OP}=n\overrightarrow{ON}+(1-n)\overrightarrow{OB}$

$=n\vec{a}+(1-n)\times2\vec{b}$ ……②

①, ②에서

$3(1-m)\vec{a}+m\vec{b}=n\vec{a}+2(1-n)\vec{b}$

$\vec{a}$, $\vec{b}$는 영벡터가 아니고 서로 평행하지 않으므로

$3(1-m)=n,\ \ m=2(1-n)$

$\therefore\ m=\dfrac{4}{5},\ n=\dfrac{3}{5}$

$\therefore\ \boldsymbol{\overrightarrow{\mathrm{OP}}=\dfrac{3}{5}\vec{a}+\dfrac{4}{5}\vec{b}}$

4-16.

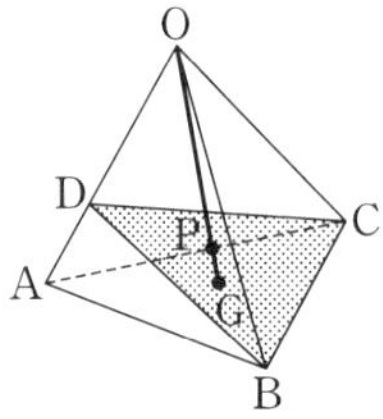

$\overrightarrow{\mathrm{OA}}=\vec{a}$, $\overrightarrow{\mathrm{OB}}=\vec{b}$, $\overrightarrow{\mathrm{OC}}=\vec{c}$ 라고 하면

$$\overrightarrow{\mathrm{OG}}=\frac{\vec{a}+\vec{b}+\vec{c}}{3}$$

세 점 O, P, G가 한 직선 위에 있으므로

$$\overrightarrow{\mathrm{OP}}=t\,\overrightarrow{\mathrm{OG}}=\frac{t}{3}\vec{a}+\frac{t}{3}\vec{b}+\frac{t}{3}\vec{c}$$

를 만족시키는 실수 t가 존재한다.

$\overrightarrow{\mathrm{OD}}=\vec{d}$ 라고 하면 $\vec{a}=\dfrac{3}{2}\vec{d}$ 이므로

$$\overrightarrow{\mathrm{OP}}=\frac{t}{2}\vec{d}+\frac{t}{3}\vec{b}+\frac{t}{3}\vec{c}$$

그런데 네 점 P, B, C, D가 한 평면 위에 있고 어느 세 점도 한 직선 위에 있지 않으므로

$$\frac{t}{2}+\frac{t}{3}+\frac{t}{3}=1 \qquad \therefore\ t=\frac{6}{7}$$

$\therefore\ \overrightarrow{\mathrm{OP}}=\dfrac{6}{7}\overrightarrow{\mathrm{OG}} \qquad \therefore\ \boldsymbol{\overline{\mathrm{OP}}:\overline{\mathrm{PG}}=6:1}$

5-1. $m(3,\ 2)+n(-2,\ 3)=(0,\ 0)$

$\therefore\ (3m-2n,\ 2m+3n)=(0,\ 0)$

$\therefore\ 3m-2n=0,\ 2m+3n=0$

$\therefore\ \boldsymbol{m=0,\ n=0}$

5-2. $m(2,\ -1)+n(-3,\ 5)=(4,\ 5)$

$\therefore\ (2m-3n,\ -m+5n)=(4,\ 5)$

$\therefore\ 2m-3n=4,\ -m+5n=5$

$\therefore\ \boldsymbol{m=5,\ n=2}$

5-3. $\vec{a}+2\vec{b}=(1,\ 2)+2(k,\ 1)$

$=(1+2k,\ 4)$,

$2\vec{a}-\vec{b}=2(1,\ 2)-(k,\ 1)$

$=(2-k,\ 3)$

$(\vec{a}+2\vec{b})\,/\!/\,(2\vec{a}-\vec{b})$이므로

$$\vec{a}+2\vec{b}=m(2\vec{a}-\vec{b})$$

를 만족시키는 0이 아닌 실수 m이 존재한다.

$\therefore\ (1+2k,\ 4)=m(2-k,\ 3)$

$\therefore\ 1+2k=m(2-k),\ 4=3m$

$\therefore\ m=\dfrac{4}{3},\ \boldsymbol{k=\dfrac{1}{2}}$

5-4.

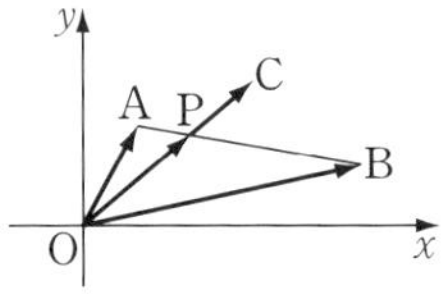

점 P는 직선 OC 위의 점이므로

$\overrightarrow{\mathrm{OP}}=k\overrightarrow{\mathrm{OC}}$ (k는 실수) ……①

로 놓을 수 있다.

그런데 세 점 A, B, P는 한 직선 위의 점이므로 실수 t에 대하여

$\overrightarrow{\mathrm{OP}}=(1-t)\overrightarrow{\mathrm{OA}}+t\overrightarrow{\mathrm{OB}}$

$=(1-t)(1,\ 2)+t(5,\ 1)$

$=(1+4t,\ 2-t)$

따라서 ①에서

$(1+4t,\ 2-t)=(3k,\ 3k)$

$\therefore\ 1+4t=3k,\ 2-t=3k$

$\therefore\ t=\dfrac{1}{5},\ k=\dfrac{3}{5}$

$\therefore\ \boldsymbol{\overrightarrow{\mathrm{OP}}=\dfrac{4}{5}\overrightarrow{\mathrm{OA}}+\dfrac{1}{5}\overrightarrow{\mathrm{OB}}}$

5-5. $|2\vec{a}+3\vec{b}|^2$

$=4|\vec{a}|^2+12(\vec{a}\cdot\vec{b})+9|\vec{b}|^2$

$=4\times1^2+12\times2+9\times2^2=64$

$\therefore\ |2\vec{a}+3\vec{b}|=\sqrt{64}=8$

5-6. $|x\vec{a}+\vec{b}|^2=1$이므로

$x^2|\vec{a}|^2+2x(\vec{a}\cdot\vec{b})+|\vec{b}|^2=1$ …①

$|\vec{a}|=2,\ |\vec{b}|=\sqrt{3}$,

$\vec{a}\cdot\vec{b}=|\vec{a}||\vec{b}|\cos 150°$

$=2\times\sqrt{3}\times\left(-\frac{\sqrt{3}}{2}\right)=-3$

이므로 ①에 대입하면

$x^2\times2^2+2x\times(-3)+(\sqrt{3})^2=1$

$\therefore (2x-1)(x-1)=0 \quad \therefore x=\frac{1}{2}, 1$

x는 정수이므로 $\boldsymbol{x=1}$

5-7. $|\vec{a}+\vec{b}|^2=1$이므로

$|\vec{a}|^2+2(\vec{a}\cdot\vec{b})+|\vec{b}|^2=1$

$\therefore 2^2+2(\vec{a}\cdot\vec{b})+(\sqrt{3})^2=1$

$\therefore \boldsymbol{\vec{a}\cdot\vec{b}=-3}$

따라서 $\vec{a}$와 $\vec{b}$가 이루는 각의 크기를 θ라고 하면

$\cos\theta=\frac{\vec{a}\cdot\vec{b}}{|\vec{a}||\vec{b}|}=\frac{-3}{2\times\sqrt{3}}=-\frac{\sqrt{3}}{2}$

$\therefore \boldsymbol{\theta=150°}$

5-8. 조건식에서 $\vec{a}+\vec{b}=-\vec{c}$

$\therefore |\vec{a}+\vec{b}|^2=|\vec{c}|^2$

$\therefore |\vec{a}|^2+2(\vec{a}\cdot\vec{b})+|\vec{b}|^2=|\vec{c}|^2$

$\therefore (4\sqrt{3})^2+2(\vec{a}\cdot\vec{b})+(6+2\sqrt{3})^2$
$=(2\sqrt{6})^2$

$\therefore \vec{a}\cdot\vec{b}=-36-12\sqrt{3}$

따라서 $\vec{a}$와 $\vec{b}$가 이루는 각의 크기를 θ라고 하면

$\cos\theta=\frac{\vec{a}\cdot\vec{b}}{|\vec{a}||\vec{b}|}$

$=\frac{-36-12\sqrt{3}}{4\sqrt{3}\times(6+2\sqrt{3})}=-\frac{\sqrt{3}}{2}$

$\therefore \boldsymbol{\theta=150°}$

5-9. $\vec{a}=(2, 3)$, $\vec{b}=(5, 6)$, $\vec{c}=(0, -3)$ 이므로

$\vec{a}-\vec{b}=(-3, -3)$,

$\vec{a}+\vec{c}=(2, 0)$

$\therefore (\vec{a}-\vec{b})\cdot(\vec{a}+\vec{c})$
$=(-3, -3)\cdot(2, 0)=-6$,

$|\vec{a}-\vec{b}|=\sqrt{(-3)^2+(-3)^2}=3\sqrt{2}$,

$|\vec{a}+\vec{c}|=\sqrt{2^2+0^2}=2$

$\vec{a}-\vec{b}$와 $\vec{a}+\vec{c}$가 이루는 각의 크기를 θ라고 하면

$\cos\theta=\frac{(\vec{a}-\vec{b})\cdot(\vec{a}+\vec{c})}{|\vec{a}-\vec{b}||\vec{a}+\vec{c}|}$

$=\frac{-6}{3\sqrt{2}\times2}=-\frac{1}{\sqrt{2}}$

$\therefore \boldsymbol{\theta=135°}$

5-10. $\vec{a}\cdot\vec{b}=(1, -1)\cdot(-1, x)$
$=-1-x$,

$|\vec{a}|=\sqrt{1^2+(-1)^2}=\sqrt{2}$,

$|\vec{b}|=\sqrt{(-1)^2+x^2}=\sqrt{x^2+1}$

이므로 $\vec{a}\cdot\vec{b}=|\vec{a}||\vec{b}|\cos 120°$에서

$-1-x=\sqrt{2}\times\sqrt{x^2+1}\times\left(-\frac{1}{2}\right)$

$\therefore 2(x+1)=\sqrt{2(x^2+1)}$ ……①

양변을 제곱하여 정리하면

$x^2+4x+1=0 \quad \therefore x=-2\pm\sqrt{3}$

그런데 $x=-2+\sqrt{3}$만 ①을 만족시킨다. $\therefore \boldsymbol{x=-2+\sqrt{3}}$

5-11. 원점 O에 대하여

(1) $\overrightarrow{AB}=\overrightarrow{OB}-\overrightarrow{OA}=(-3, 5)$,

$\overrightarrow{AC}=\overrightarrow{OC}-\overrightarrow{OA}=(1, 4)$

이므로

$|\overrightarrow{AB}|=\sqrt{(-3)^2+5^2}=\boldsymbol{\sqrt{34}}$,

$|\overrightarrow{AC}|=\sqrt{1^2+4^2}=\boldsymbol{\sqrt{17}}$,

$\overrightarrow{AB}\cdot\overrightarrow{AC}=(-3, 5)\cdot(1, 4)=\boldsymbol{17}$

(2) △ABC의 넓이를 S라고 하면

$S=\frac{1}{2}\sqrt{|\overrightarrow{AB}|^2|\overrightarrow{AC}|^2-(\overrightarrow{AB}\cdot\overrightarrow{AC})^2}$

$=\frac{1}{2}\sqrt{(\sqrt{34})^2\times(\sqrt{17})^2-17^2}=\boldsymbol{\frac{17}{2}}$

***Note** 한 직선 위에 있지 않은 세 점 $A(x_1, y_1)$, $B(x_2, y_2)$, $C(x_3, y_3)$을 꼭짓점으로 하는 △ABC의 넓이를

S라고 하면

$$S=\frac{1}{2}\left|(x_1-x_2)y_3+(x_2-x_3)y_1+(x_3-x_1)y_2\right|$$

⇦ 실력 수학(하) p. 40

5-12. $(\vec{a}+5\vec{b})\perp(2\vec{a}-3\vec{b})$이므로

$(\vec{a}+5\vec{b})\cdot(2\vec{a}-3\vec{b})=0$

$\therefore\ 2|\vec{a}|^2+7(\vec{a}\cdot\vec{b})-15|\vec{b}|^2=0$

$|\vec{a}|=2|\vec{b}|$를 대입하면

$8|\vec{b}|^2+7(\vec{a}\cdot\vec{b})-15|\vec{b}|^2=0$

$\therefore\ \vec{a}\cdot\vec{b}=|\vec{b}|^2$

따라서 $\vec{a}$와 $\vec{b}$가 이루는 각의 크기를 θ라고 하면

$$\cos\theta=\frac{\vec{a}\cdot\vec{b}}{|\vec{a}||\vec{b}|}=\frac{|\vec{b}|^2}{2|\vec{b}|\times|\vec{b}|}=\frac{1}{2}$$

$\therefore\ \theta=$**60°**

5-13. $(\vec{a}+t\vec{b})\perp(\vec{a}-t\vec{b})$이므로

$(\vec{a}+t\vec{b})\cdot(\vec{a}-t\vec{b})=0$

$\therefore\ |\vec{a}|^2-t^2|\vec{b}|^2=0$

$|\vec{a}|=5,\ |\vec{b}|=\sqrt{5}$를 대입하면

$5^2-t^2\times(\sqrt{5})^2=0\quad\therefore\ \boldsymbol{t=\pm\sqrt{5}}$

5-14. $\vec{a}+\vec{b}=(2+x,\ 5)$,

$\vec{a}-\vec{b}=(2-x,\ 1)$

$(\vec{a}+\vec{b})\perp(\vec{a}-\vec{b})$이므로

$(\vec{a}+\vec{b})\cdot(\vec{a}-\vec{b})=0$

$\therefore\ (2+x)(2-x)+5=0$

$\therefore\ x^2=9\quad\therefore\ \boldsymbol{x=\pm3}$

5-15. $\vec{a}+x\vec{b}=(3,\ 4)+x(2,\ -1)$

$=(3+2x,\ 4-x)$,

$\vec{a}-\vec{b}=(1,\ 5)$

$(\vec{a}+x\vec{b})\perp(\vec{a}-\vec{b})$이므로

$(\vec{a}+x\vec{b})\cdot(\vec{a}-\vec{b})=0$

$\therefore\ (3+2x)+5(4-x)=0\quad\therefore\ \boldsymbol{x=\frac{23}{3}}$

5-16. 구하는 벡터를 $\vec{b}=(x,\ y)$라고 하자.

$\vec{a}\perp\vec{b}$이므로 $\vec{a}\cdot\vec{b}=0$

$\therefore\ 3x+4y=0$ ……①

또, $|\vec{b}|=1$이므로

$x^2+y^2=1$ ……②

①, ②를 연립하여 풀면

$x=\pm\frac{4}{5},\ y=\mp\frac{3}{5}$ (복부호동순)

$\therefore\ \vec{b}=\boldsymbol{\left(\frac{4}{5},\ -\frac{3}{5}\right),\ \left(-\frac{4}{5},\ \frac{3}{5}\right)}$

5-17. (1) $\vec{a}+t\vec{b}=(-1,\ 2)+t(1,\ 3)$

$=(-1+t,\ 2+3t)$

$\therefore\ |\vec{a}+t\vec{b}|^2=(-1+t)^2+(2+3t)^2$

$=10\left(t+\frac{1}{2}\right)^2+\frac{5}{2}$

따라서 $\boldsymbol{t=-\frac{1}{2}}$일 때 $|\vec{a}+t\vec{b}|$는 최소이다.

(2) $\vec{a}+t_0\vec{b}=\vec{a}-\frac{1}{2}\vec{b}$

$=(-1,\ 2)-\frac{1}{2}(1,\ 3)$

$=\left(-\frac{3}{2},\ \frac{1}{2}\right)$

$\therefore\ (\vec{a}+t_0\vec{b})\cdot\vec{b}=\left(-\frac{3}{2},\ \frac{1}{2}\right)\cdot(1,\ 3)$

$=-\frac{3}{2}+\frac{3}{2}=0$

따라서 $\vec{a}+t_0\vec{b}$는 $\vec{b}$에 수직이다.

6-1. (1) $\overrightarrow{AP}/\!/\overrightarrow{AC}$이므로 0이 아닌 실수 t에 대하여 $\overrightarrow{AP}=t\overrightarrow{AC}$

$\therefore\ \vec{p}-\vec{a}=t(\vec{c}-\vec{a})$

$\therefore\ \vec{p}=\vec{a}+t(\vec{c}-\vec{a})$

$t=0$일 때 $\vec{p}=\vec{a}$이므로 점 P는 점 A와 일치한다.

따라서 직선 AC의 벡터방정식은

$\boldsymbol{\vec{p}=\vec{a}+t(\vec{c}-\vec{a})}$ (단, $\boldsymbol{t}$는 실수)

(2) 점 D는 선분 AC의 중점이므로 점 D의 위치벡터는 $\dfrac{\vec{a}+\vec{c}}{2}$

$\overrightarrow{BQ}\perp\overrightarrow{BD}$이므로 $\overrightarrow{BQ}\cdot\overrightarrow{BD}=0$

$\therefore\ (\overrightarrow{q}-\overrightarrow{b})\cdot\left(\dfrac{\overrightarrow{a}+\overrightarrow{c}}{2}-\overrightarrow{b}\right)=0$

$\therefore\ \boldsymbol{(\overrightarrow{q}-\overrightarrow{b})\cdot(\overrightarrow{a}-2\overrightarrow{b}+\overrightarrow{c})=0}$

6-2. $2(x-1)=-3(y+1)$의 양변을 6으로 나누면

$$\frac{x-1}{3}=\frac{y+1}{-2}$$

따라서 직선 l은 방향벡터가 $(3,\ -2)$이고 점 $(2,\ -3)$을 지나므로

$$\boldsymbol{\frac{x-2}{3}=\frac{y+3}{-2}}$$

또, 직선 m은 법선벡터가 $(3,\ -2)$이고 점 $(2,\ -3)$을 지나므로

$$3(x-2)+(-2)\times(y+3)=0$$

$$\therefore\ \boldsymbol{3x-2y-12=0}$$

6-3. (1) 점 A에서 직선 l에 내린 수선의 발을 H라고 하면 점 H는 직선 l 위의 점이므로 $\mathrm{H}(-2t+3,\ -t)$로 놓을 수 있다.

직선 l의 방정식에서

$$(x,\ y)=(3,\ 0)+t(-2,\ -1)$$

이므로 l의 방향벡터를 $\overrightarrow{d}$라고 하면

$$\overrightarrow{d}=(-2,\ -1)$$

$\overrightarrow{\mathrm{AH}}\perp\overrightarrow{d}$이므로 $\overrightarrow{\mathrm{AH}}\cdot\overrightarrow{d}=0$

이때,

$$\overrightarrow{\mathrm{AH}}=(-2t+3,\ -t)-(3,\ a)=(-2t,\ -t-a)$$

이므로

$$(-2t,\ -t-a)\cdot(-2,\ -1)=0$$

$$\therefore\ 5t+a=0 \quad \cdots\cdots①$$

한편 $|\overrightarrow{\mathrm{AH}}|=\sqrt{5}$이므로

$$\sqrt{(-2t)^2+(-t-a)^2}=\sqrt{5}$$

$$\therefore\ 5t^2+2at+a^2=5 \quad \cdots\cdots②$$

①, ②를 연립하여 풀면

$t=\dfrac{1}{2},\ a=-\dfrac{5}{2}$ 또는

$t=-\dfrac{1}{2},\ a=\dfrac{5}{2}$

$a>0$이므로 $\boldsymbol{a=\dfrac{5}{2}}$

(2) 점 C는 직선 l 위의 점이므로 $\mathrm{C}(-2t+3,\ -t)$로 놓을 수 있다.

$-2t+3=7,\ -t=c$이므로

$t=-2,\ \boldsymbol{c=2}$

직선 m은 방향벡터가 $\overrightarrow{d}=(2,\ -3)$이고 점 $\mathrm{C}(7,\ 2)$를 지나므로 m의 방정식은

$$\frac{x-7}{2}=\frac{y-2}{-3}$$

점 $\mathrm{B}(b,\ -1)$은 직선 m 위의 점이므로

$$\frac{b-7}{2}=\frac{-1-2}{-3} \quad \therefore\ \boldsymbol{b=9}$$

6-4. 두 직선 $g_1,\ g_2$의 방향벡터를 각각 $\overrightarrow{d_1},\ \overrightarrow{d_2}$라고 하면

$$\overrightarrow{d_1}=(-1,\ 2),\ \overrightarrow{d_2}=(-3,\ 1)$$

따라서 두 직선이 이루는 예각의 크기를 θ라고 하면

$$\cos\theta=\frac{|\overrightarrow{d_1}\cdot\overrightarrow{d_2}|}{|\overrightarrow{d_1}||\overrightarrow{d_2}|}=\frac{|(-1)\times(-3)+2\times1|}{\sqrt{(-1)^2+2^2}\sqrt{(-3)^2+1^2}}=\frac{1}{\sqrt{2}}$$

$$\therefore\ \boldsymbol{\theta=45^\circ}$$

6-5. 두 점 A, B를 지나는 직선 g_1의 방향벡터를 $\overrightarrow{d_1}$이라고 하면

$$\overrightarrow{d_1}=(-3,\ 0)-(2,\ -\sqrt{3})=(-5,\ \sqrt{3})$$

두 점 C, D를 지나는 직선 g_2의 방향벡터를 $\overrightarrow{d_2}$라고 하면

$$\overrightarrow{d_2}=(3\sqrt{3},\ -4)-(2\sqrt{3},\ -5)=(\sqrt{3},\ 1)$$

$$\therefore\ \cos\theta=\frac{|\overrightarrow{d_1}\cdot\overrightarrow{d_2}|}{|\overrightarrow{d_1}||\overrightarrow{d_2}|}$$

$$=\frac{|-5\times\sqrt{3}+\sqrt{3}\times 1|}{\sqrt{(-5)^2+(\sqrt{3})^2}\sqrt{(\sqrt{3})^2+1^2}}$$

$$=\frac{\sqrt{3}}{\sqrt{7}}$$

$\therefore\ \sin\theta=\sqrt{1-\cos^2\theta}=\boldsymbol{\frac{2\sqrt{7}}{7}}$

6-6. 조건을 만족시키는 점 P는 직선 BC 위의 점이다.

직선 BC의 방정식은

$$\frac{x-3}{-1-3}=\frac{y+1}{7+1}$$

$$\therefore\ x-3=\frac{y+1}{-2}\ (=t)$$

따라서 점 P의 좌표는 $(t+3,\ -2t-1)$로 놓을 수 있다.

한편 직선 BC의 방향벡터를 $\vec{d}$라고 하면 $\vec{d}=(1,\ -2)$

$|\overrightarrow{AP}|$의 최솟값은 점 A에서 직선 BC에 이르는 거리이고, 이때 $\overrightarrow{AP}\perp\vec{d}$이다.

곧, $\overrightarrow{AP}\cdot\vec{d}=0$이고

$$\overrightarrow{AP}=(t+3,\ -2t-1)-(2,\ 4)$$
$$=(t+1,\ -2t-5)$$

이므로

$$(t+1,\ -2t-5)\cdot(1,\ -2)=0$$

$$\therefore\ (t+1)-2(-2t-5)=0$$

$$\therefore\ t=-\frac{11}{5}\qquad\therefore\ \mathbf{P}\boldsymbol{\left(\frac{4}{5},\ \frac{17}{5}\right)}$$

이때, $\overrightarrow{AP}=\left(-\frac{6}{5},\ -\frac{3}{5}\right)$이므로

$$|\overrightarrow{AP}|=\sqrt{\left(-\frac{6}{5}\right)^2+\left(-\frac{3}{5}\right)^2}=\boldsymbol{\frac{3\sqrt{5}}{5}}$$

6-7. $|\vec{a}|^2=\vec{a}\cdot\vec{a}$이므로 주어진 식은

$$\vec{p}\cdot\vec{p}-4(\vec{a}\cdot\vec{p})+4(\vec{a}\cdot\vec{a})=|\vec{b}|^2$$

$$\therefore\ (\vec{p}-2\vec{a})\cdot(\vec{p}-2\vec{a})=|\vec{b}|^2$$

$$\therefore\ |\vec{p}-2\vec{a}|^2=|\vec{b}|^2$$

따라서 **중심이 위치벡터 $\boldsymbol{2\vec{a}}$의 종점이고 반지름의 길이가 $|\boldsymbol{\vec{b}}|$인 원**

6-8. 점 P의 자취는 두 점 A, B를 지름의 양 끝 점으로 하는 원이다.

원의 중심은 선분 AB의 중점이므로 중심의 좌표는

$$\left(\frac{-1+3}{2},\ \frac{1+3}{2}\right)=(1,\ 2)$$

또, 반지름의 길이는

$$\frac{1}{2}|\overrightarrow{AB}|=\frac{1}{2}\sqrt{(3+1)^2+(3-1)^2}$$
$$=\sqrt{5}$$

따라서 원의 방정식은

$$(x-1)^2+(y-2)^2=5\qquad\cdots\cdots①$$

직선 l의 방정식은 $\frac{x-3}{2}=y-1\ (=t)$이므로 l 위의 점의 좌표를 $(2t+3,\ t+1)$로 놓을 수 있다.

이것을 ①에 대입하면

$$(2t+3-1)^2+(t+1-2)^2=5$$

$$\therefore\ t(5t+6)=0\qquad\therefore\ t=0,\ -\frac{6}{5}$$

따라서 두 점 Q, R의 좌표는

$t=0$일 때 $(3,\ 1)$,

$t=-\frac{6}{5}$일 때 $\left(\frac{3}{5},\ -\frac{1}{5}\right)$

$$\therefore\ |\overrightarrow{QR}|=\sqrt{\left(\frac{3}{5}-3\right)^2+\left(-\frac{1}{5}-1\right)^2}$$
$$=\boldsymbol{\frac{6\sqrt{5}}{5}}$$

6-9.

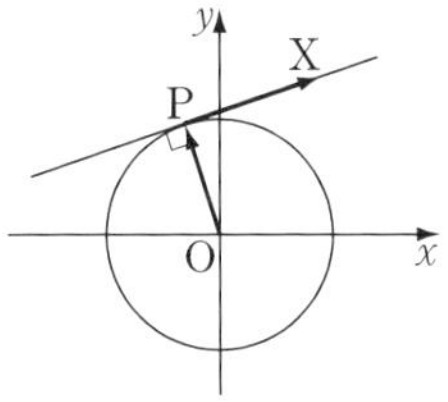

(1) 접선 위의 점을 X$(x,\ y)$라 하고, 두 점 P, X의 위치벡터를 각각 $\vec{p},\ \vec{x}$라고 하면 $|\vec{p}|=|r|$

$$\overrightarrow{OP}\perp\overrightarrow{PX}\text{이므로}\quad\overrightarrow{OP}\cdot\overrightarrow{PX}=0$$

$$\therefore\ \vec{p}\cdot(\vec{x}-\vec{p})=0$$

$$\therefore\ \vec{p}\cdot\vec{x}=|\vec{p}|^2=r^2$$

이때, $\overrightarrow{p}=(x_1,\ y_1)$, $\overrightarrow{x}=(x,\ y)$이므로

$$(x_1,\ y_1)\cdot(x,\ y)=r^2$$

$$\therefore\ \boldsymbol{x_1x+y_1y=r^2}$$

(2) 점 P는 직선 $\dfrac{x-1}{3}=y-2\,(=t)$ 위의 점이므로 $\mathrm{P}(3t+1,\ t+2)$로 놓을 수 있다.

한편 직선의 방향벡터를 $\overrightarrow{d}$ 라고 하면 $\overrightarrow{d}=(3,\ 1)$

$\overrightarrow{\mathrm{OP}}\perp\overrightarrow{d}$ 이므로 $\overrightarrow{\mathrm{OP}}\cdot\overrightarrow{d}=0$

$$\therefore\ (3t+1,\ t+2)\cdot(3,\ 1)=0$$

$$\therefore\ 3(3t+1)+(t+2)=0$$

$$\therefore\ t=-\frac{1}{2}\qquad \therefore\ \mathbf{P}\left(-\frac{1}{2},\ \frac{3}{2}\right)$$

또, 반지름의 길이는

$$\overline{\mathrm{OP}}=\sqrt{\left(-\frac{1}{2}\right)^2+\left(\frac{3}{2}\right)^2}=\frac{\sqrt{10}}{2}$$

6-10.

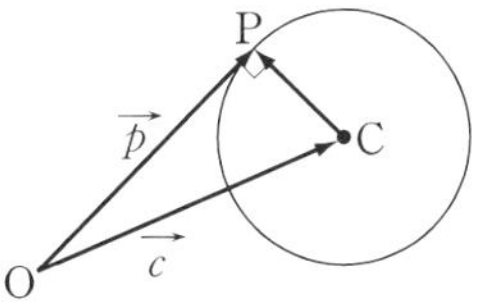

$\overrightarrow{\mathrm{CP}}\perp\overrightarrow{\mathrm{OP}}$이므로 $\overrightarrow{\mathrm{CP}}\cdot\overrightarrow{\mathrm{OP}}=0$

$$\therefore\ (\overrightarrow{p}-\overrightarrow{c})\cdot\overrightarrow{p}=0$$

$$\therefore\ \overrightarrow{c}\cdot\overrightarrow{p}=|\overrightarrow{p}|^2$$

$|\overrightarrow{\mathrm{CP}}|=1$, $|\overrightarrow{c}|=\sqrt{a^2+b^2}$ 이고

$\triangle$POC는 직각삼각형이므로

$$|\overrightarrow{p}|^2=|\overrightarrow{c}|^2-|\overrightarrow{\mathrm{CP}}|^2=a^2+b^2-1$$

곧, $\overrightarrow{c}\cdot\overrightarrow{p}=\boldsymbol{a^2+b^2-1}$

6-11. (1) $|\overrightarrow{\mathrm{PA}}+\overrightarrow{\mathrm{PB}}+\overrightarrow{\mathrm{PC}}|=3$에서

$$\left|(\overrightarrow{\mathrm{OA}}-\overrightarrow{\mathrm{OP}})+(\overrightarrow{\mathrm{OB}}-\overrightarrow{\mathrm{OP}})+(\overrightarrow{\mathrm{OC}}-\overrightarrow{\mathrm{OP}})\right|=3$$

$$\therefore\ \left|\overrightarrow{\mathrm{OP}}-\frac{\overrightarrow{\mathrm{OA}}+\overrightarrow{\mathrm{OB}}+\overrightarrow{\mathrm{OC}}}{3}\right|=1$$

따라서 점 P의 자취는 중심이 $\dfrac{\overrightarrow{\mathrm{OA}}+\overrightarrow{\mathrm{OB}}+\overrightarrow{\mathrm{OC}}}{3}$ 의 종점이고 반지름의 길이가 1인 원이다.

이때, $\dfrac{\overrightarrow{\mathrm{OA}}+\overrightarrow{\mathrm{OB}}+\overrightarrow{\mathrm{OC}}}{3}$ 의 종점은 $\triangle$ABC의 무게중심이므로 이 점의 좌표는

$$\left(\frac{3-2-1}{3},\ \frac{2+1-3}{3}\right)$$

곧, $(0,\ 0)$

따라서 점 P의 자취의 방정식은

$$\boldsymbol{x^2+y^2=1}$$

(2) $|\overrightarrow{\mathrm{PA}}+2\overrightarrow{\mathrm{PB}}|=12$에서

$$\left|(\overrightarrow{\mathrm{OA}}-\overrightarrow{\mathrm{OP}})+2(\overrightarrow{\mathrm{OB}}-\overrightarrow{\mathrm{OP}})\right|=12$$

$$\therefore\ \left|\overrightarrow{\mathrm{OP}}-\frac{\overrightarrow{\mathrm{OA}}+2\overrightarrow{\mathrm{OB}}}{3}\right|=4$$

따라서 점 P의 자취는 중심이 $\dfrac{\overrightarrow{\mathrm{OA}}+2\overrightarrow{\mathrm{OB}}}{3}$ 의 종점이고 반지름의 길이가 4인 원이다.

이때, $\dfrac{\overrightarrow{\mathrm{OA}}+2\overrightarrow{\mathrm{OB}}}{3}$ 의 종점은 선분 AB를 2 : 1로 내분하는 점이므로 이 점의 좌표는

$$\left(\frac{2\times(-2)+1\times3}{2+1},\ \frac{2\times1+1\times2}{2+1}\right)$$

곧, $\left(-\dfrac{1}{3},\ \dfrac{4}{3}\right)$

따라서 점 P의 자취의 방정식은

$$\boldsymbol{\left(x+\frac{1}{3}\right)^2+\left(y-\frac{4}{3}\right)^2=16}$$

7-1.

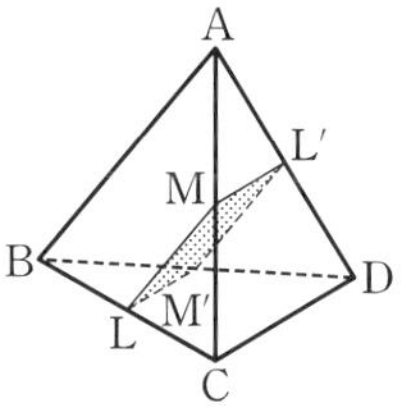

(1) 직선 LM과 AD는 만나지도 않고 한 평면 위에 있지도 않으므로 꼬인 위치에 있다.

(2) $\triangle$BCD에서 점 L, M′은 각각 변

BC, BD의 중점이므로

$$\overline{LM'} /\!/ \overline{CD},\ \overline{LM'}=\frac{1}{2}\overline{CD} \quad \cdots ①$$

△ACD에서 점 M, L′은 각각 변 AC, AD의 중점이므로

$$\overline{ML'} /\!/ \overline{CD},\ \overline{ML'}=\frac{1}{2}\overline{CD} \quad \cdots ②$$

①, ②에서 직선 LM′과 ML′은 평행하다.

(3) (2)에서 사각형 LML′M′은 평행사변형이므로 직선 LL′과 MM′은 한 점에서 만난다.

7-2. (i) △ABD에서 점 L, N은 각각 변 AB, AD의 중점이므로

$$\overline{LN} /\!/ \overline{BD},\ \overline{LN}=\frac{1}{2}\overline{BD} \quad \cdots\cdots ①$$

△CBD에서 점 R, P는 각각 변 CB, CD의 중점이므로

$$\overline{RP} /\!/ \overline{BD},\ \overline{RP}=\frac{1}{2}\overline{BD} \quad \cdots\cdots ②$$

①, ②로부터

$$\overline{LN} /\!/ \overline{RP},\ \overline{LN}=\overline{RP}$$

이므로 사각형 LNPR는 평행사변형이다.

따라서 선분 LP, NR는 서로 다른 것을 이등분하며 한 점에서 만난다.

(ii) 같은 방법으로 하면

$$\overline{LM} /\!/ \overline{QP},\ \overline{LM}=\overline{QP}$$

이므로 사각형 LMPQ는 평행사변형이다.

따라서 선분 LP, MQ는 서로 다른 것을 이등분하며 한 점에서 만난다.

(i), (ii)에 의하여 선분 LP, MQ, NR는 한 점에서 만나고 서로 다른 것을 이등분한다.

7-3. 평면 α가 모서리 AB, BC, CD, DA와 만나는 점을 각각 P, Q, R, S라고 하자.

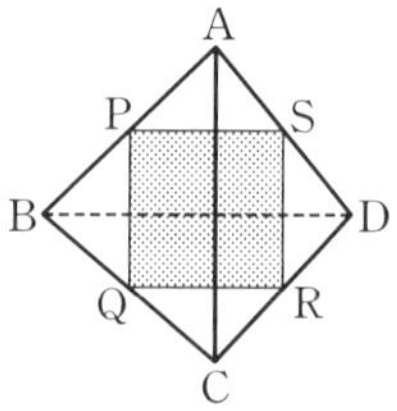

$\alpha /\!/ \overline{BD}$이므로 모서리 BD를 포함하는 평면과 α의 교선은 모서리 BD와 평행하다.

따라서 모서리 BD를 포함하는 평면 ABD와 α의 교선은 직선 PS이므로 $\overline{PS} /\!/ \overline{BD}$이다.

또, 모서리 BD를 포함하는 평면 CBD와 α의 교선은 직선 QR이므로 $\overline{QR} /\!/ \overline{BD}$이다. $\quad \therefore\ \overline{PS} /\!/ \overline{QR}$

같은 방법으로 하면 $\overline{PQ} /\!/ \overline{SR}$이다.

한편 $\overline{AP} : \overline{PB}=m : n$이라고 하면 $\overline{AC}=\overline{BD}=a$이므로

$$\overline{PQ}=\overline{SR}=\frac{n}{m+n}a,$$

$$\overline{PS}=\overline{QR}=\frac{m}{m+n}a$$

따라서 사각형 PQRS의 둘레의 길이를 l이라고 하면

$$l=\overline{PQ}+\overline{QR}+\overline{RS}+\overline{SP}$$
$$=2(\overline{PQ}+\overline{PS})$$
$$=2\left(\frac{n}{m+n}a+\frac{m}{m+n}a\right)=\boldsymbol{2a}$$

7-4.

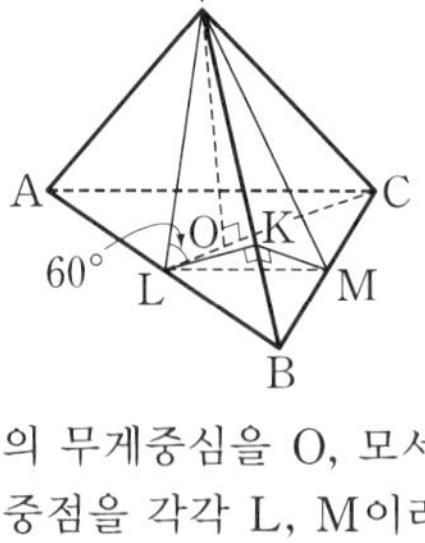

밑면의 무게중심을 O, 모서리 AB, BC의 중점을 각각 L, M이라 하고, $\overline{AB}=a$라고 하면

$\overline{OL}=\frac{1}{3}\overline{CL}=\frac{1}{3}\times\frac{\sqrt{3}}{2}a=\frac{\sqrt{3}}{6}a$

$\angle VLO=60°$이므로

$\overline{VL}=2\overline{OL}=\frac{\sqrt{3}}{3}a$

직각삼각형 VLB에서

$\overline{VB}=\sqrt{\overline{VL}^2+\overline{LB}^2}$

$=\sqrt{\left(\frac{\sqrt{3}}{3}a\right)^2+\left(\frac{a}{2}\right)^2}=\frac{\sqrt{21}}{6}a$

한편 점 L에서 모서리 VB에 내린 수선의 발을 K라고 하면 △VLB의 넓이 관계에서

$\frac{1}{2}\times\overline{VB}\times\overline{LK}=\frac{1}{2}\times\overline{LB}\times\overline{VL}$

$\therefore\ \frac{1}{2}\times\frac{\sqrt{21}}{6}a\times\overline{LK}=\frac{1}{2}\times\frac{a}{2}\times\frac{\sqrt{3}}{3}a$

$\therefore\ \overline{LK}=\frac{a}{\sqrt{7}}$

△VLB와 △VMB가 서로 합동이므로 점 M에서 모서리 VB에 내린 수선의 발도 K이고 $\overline{MK}=\overline{LK}=\frac{a}{\sqrt{7}}$

또, $\overline{LM}=\frac{1}{2}\overline{AC}=\frac{a}{2}$

△KLM에서 코사인법칙으로부터

$\cos\theta=\frac{\overline{LK}^2+\overline{MK}^2-\overline{LM}^2}{2\times\overline{LK}\times\overline{MK}}$ ⇦ 수학 I

$=\frac{\left(\frac{a}{\sqrt{7}}\right)^2+\left(\frac{a}{\sqrt{7}}\right)^2-\left(\frac{a}{2}\right)^2}{2\times\frac{a}{\sqrt{7}}\times\frac{a}{\sqrt{7}}}=\mathbf{\frac{1}{8}}$

7-5. 정육면체의 한 모서리의 길이를 x cm라고 하면 부피가 $3\sqrt{3}$ cm^{3}이므로

$x^3=3\sqrt{3}=(\sqrt{3})^3 \quad \therefore\ x=\sqrt{3}$

따라서 대각선의 길이를 l이라고 하면

$l=\sqrt{x^2+x^2+x^2}=\sqrt{3}x=\mathbf{3\,(cm)}$

7-6. 점 P는 대각선 AC의 중점이므로

$\overline{AP}=\overline{CP} \quad \therefore\ 2\triangle APG=\triangle ACG$

$\therefore\ 2\times\left(\frac{1}{2}\times\overline{AG}\times\overline{PQ}\right)=\frac{1}{2}\times\overline{AC}\times\overline{CG}$

$\therefore\ 2\times\overline{AG}\times\overline{PQ}=\overline{AC}\times\overline{CG}$ …①

한편

$\overline{AG}=\sqrt{12^2+12^2+12^2}=12\sqrt{3}$,

$\overline{AC}=\sqrt{12^2+12^2}=12\sqrt{2}$, $\overline{CG}=12$

이므로 ①에 대입하면 $\overline{PQ}=\mathbf{2\sqrt{6}}$

7-7.

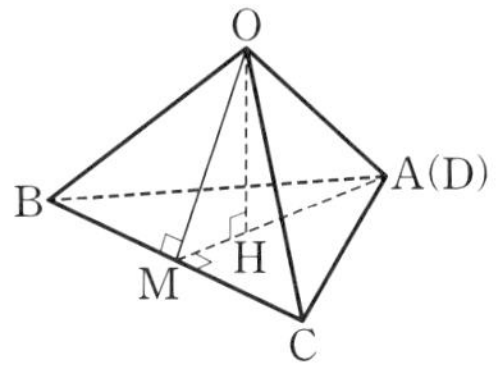

삼각뿔 OABC에서

$\overline{AB}=\overline{BC}=\overline{CA}=a$,

$\overline{OA}=\overline{OB}=\overline{OC}=\frac{\sqrt{2}}{2}a$

이므로

△OAH≡△OBH≡△OCH

따라서 점 H는 정삼각형 ABC의 무게중심이다.

두 직선 AH와 BC의 교점을 M이라고 하면

$\overline{BM}=\overline{CM}$, $\overline{AH}:\overline{HM}=2:1$

$\therefore\ \overline{AM}=\sqrt{a^2-\left(\frac{a}{2}\right)^2}=\frac{\sqrt{3}}{2}a$,

$\overline{AH}=\frac{2}{3}\overline{AM}=\frac{2}{3}\times\frac{\sqrt{3}}{2}a=\frac{\sqrt{3}}{3}a$

$\therefore\ \overline{OH}=\sqrt{\overline{OA}^2-\overline{AH}^2}$

$=\sqrt{\left(\frac{\sqrt{2}}{2}a\right)^2-\left(\frac{\sqrt{3}}{3}a\right)^2}=\mathbf{\frac{\sqrt{6}}{6}a}$

7-8.

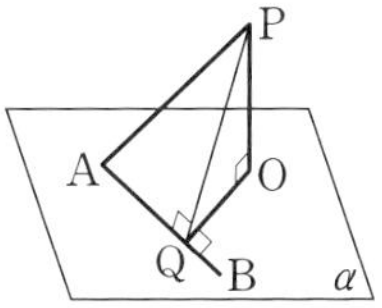

$\overline{PO}\perp\alpha$, $\overline{OQ}\perp\overline{AQ}$이므로 삼수선의 정리에 의하여 $\overline{PQ}\perp\overline{AQ}$이다.

따라서 △PQA는 ∠PQA=90°인 직

각삼각형이므로

$$\overline{PQ}=\sqrt{\overline{AP}^2-\overline{AQ}^2}$$
$$=\sqrt{7^2-(2\sqrt{6})^2}=5\,(cm)$$

또, △PQO는 ∠POQ=90°인 직각삼각형이므로

$$\overline{OQ}=\sqrt{\overline{PQ}^2-\overline{PO}^2}$$
$$=\sqrt{5^2-4^2}=\mathbf{3\,(cm)}$$

7-9. (1)

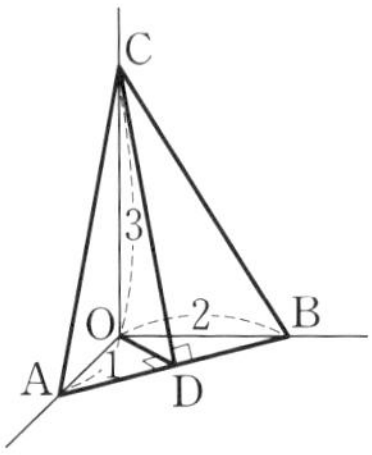

점 C에서 직선 AB에 내린 수선의 발을 D라고 하면 삼수선의 정리에 의하여 $\overline{OD}\perp\overline{AB}$이다.

따라서 △OAB의 넓이 관계에서

$$\frac{1}{2}\times\overline{AB}\times\overline{OD}=\frac{1}{2}\times\overline{OA}\times\overline{OB}$$

이때, $\overline{AB}=\sqrt{1^2+2^2}=\sqrt{5}$이므로

$$\frac{1}{2}\times\sqrt{5}\times\overline{OD}=\frac{1}{2}\times1\times2$$
$$\therefore\ \overline{OD}=\frac{2}{\sqrt{5}}$$
$$\therefore\ \overline{CD}=\sqrt{\overline{OD}^2+\overline{OC}^2}$$
$$=\sqrt{\left(\frac{2}{\sqrt{5}}\right)^2+3^2}=\frac{7}{\sqrt{5}}$$
$$\therefore\ \triangle ABC=\frac{1}{2}\times\overline{AB}\times\overline{CD}$$
$$=\frac{1}{2}\times\sqrt{5}\times\frac{7}{\sqrt{5}}=\mathbf{\frac{7}{2}}$$

(2) 점 O에서 평면 ABC에 내린 수선의 발을 H라고 하면 사면체 OABC의 부피 관계에서

$$\frac{1}{3}\times\triangle ABC\times\overline{OH}=\frac{1}{3}\times\triangle OAB\times\overline{OC}$$
$$\therefore\ \frac{1}{3}\times\frac{7}{2}\times\overline{OH}=\frac{1}{3}\times1\times3$$
$$\therefore\ \overline{OH}=\mathbf{\frac{6}{7}}$$

(3) $\cos\theta=\cos(\angle CDO)=\dfrac{\overline{OD}}{\overline{CD}}=\mathbf{\dfrac{2}{7}}$

8-1. 단면의 밑면 위로의 정사영은 원기둥의 밑면의 반원이고 넓이가 $\frac{1}{2}\pi\times10^2$이다.

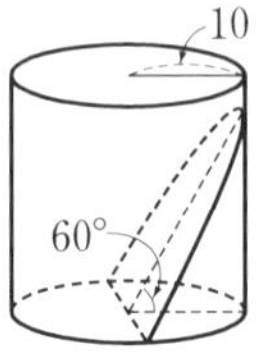

따라서 단면의 넓이를 S라고 하면

$$\frac{1}{2}\pi\times10^2=S\cos60°$$
$$\therefore\ S=\mathbf{100\pi\,(cm^2)}$$

8-2. △PEC에서

$$\overline{CP}=\overline{PE}=\sqrt{6^2+3^2}=3\sqrt{5},$$
$$\overline{EC}=\sqrt{6^2+6^2+6^2}=6\sqrt{3}$$

점 P에서 선분 EC에 내린 수선의 발을 Q라고 하면

$$\overline{PQ}=\sqrt{\overline{PE}^2-\overline{EQ}^2}$$
$$=\sqrt{(3\sqrt{5})^2-(3\sqrt{3})^2}=3\sqrt{2}$$
$$\therefore\ \triangle PEC=\frac{1}{2}\times6\sqrt{3}\times3\sqrt{2}=9\sqrt{6}$$

한편 점 P의 평면 EFGH 위로의 정사영을 P′이라고 하면 △PEC의 평면 EFGH 위로의 정사영의 넓이는

$$\triangle P'EG=\frac{1}{2}\times3\times6=9$$

△P′EG=△PEC×cos θ이므로

$$9=9\sqrt{6}\times\cos\theta$$
$$\therefore\ \cos\theta=\frac{1}{\sqrt{6}}=\mathbf{\frac{\sqrt{6}}{6}}$$

8-3. 두 평면 α, β가 이루는 예각의 크기를 θ라고 하면

$$\frac{\sqrt{6}}{2}=\left(\frac{\sqrt{3}}{4}\times2^2\right)\times\cos\theta$$
$$\therefore\ \cos\theta=\frac{\sqrt{2}}{2}\qquad\therefore\ \theta=\mathbf{45°}$$

8-4. 다음 그림의 직사각형의 정사영과 두 반원의 정사영의 넓이의 합을 구하면 된다.

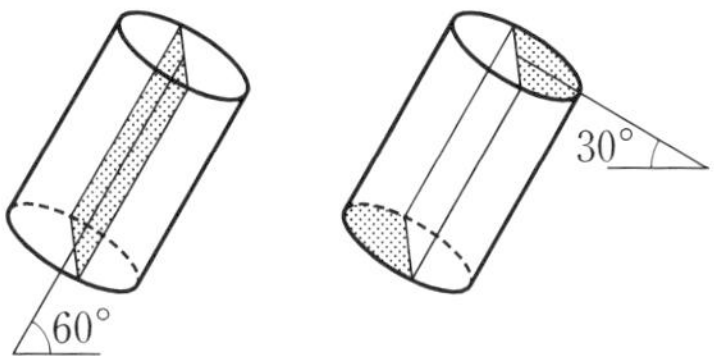

직사각형이 평면 α와 이루는 각의 크기가 $60°$이므로 정사영의 넓이는

$$10\times4\times\cos 60°=20$$

두 반원이 평면 α와 이루는 각의 크기가 $30°$이므로 정사영의 넓이는

$$2\times\left(\frac{1}{2}\pi\times2^2\right)\times\cos 30°=2\sqrt{3}\,\pi$$

따라서 구하는 넓이는 $\mathbf{20+2\sqrt{3}\,\pi}$

8-5.

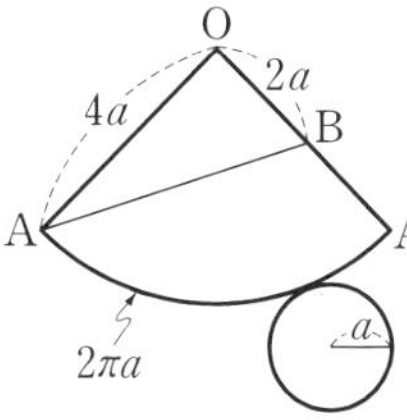

모선 OA로 원뿔을 잘라 펼치면 전개도는 위와 같은 부채꼴과 원이 되고, 구하는 실의 길이는 선분 AB의 길이와 같다.

$\angle AOA'=\theta$라고 하면

$$2\pi\times4a\times\frac{\theta}{360°}=2\pi a \quad \therefore\ \theta=90°$$

$$\therefore\ \overline{AB}=\sqrt{\overline{OA}^2+\overline{OB}^2}$$
$$=\sqrt{(4a)^2+(2a)^2}=\mathbf{2\sqrt{5}\,a}$$

8-6.

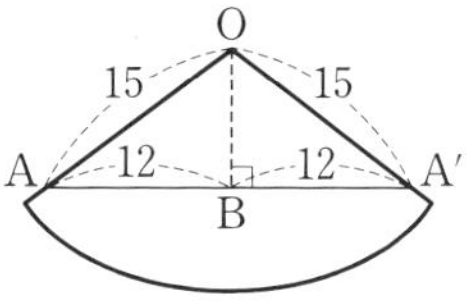

점 A를 지나는 모선으로 원뿔의 옆면을 잘라 펼치면 위와 같은 부채꼴이 되고, 끈이 감긴 부분은 선분 AA′이다.

꼭짓점 O에서 끈에 이르는 가장 가까운 점이 B이므로

$$\overline{OB}=\sqrt{15^2-12^2}=\mathbf{9\,(cm)}$$

8-7. 원기둥의 옆면을 선분 PQ로 잘라 펼치면 아래와 같은 전개도를 얻는다.

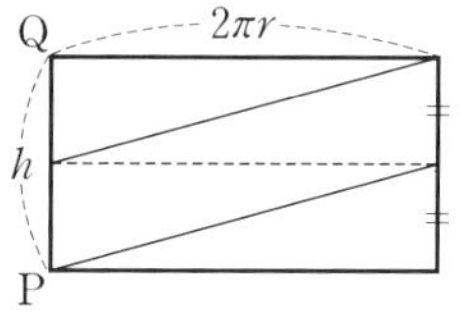

따라서 실의 길이를 l이라고 하면

$$l=2\sqrt{\left(\frac{h}{2}\right)^2+(2\pi r)^2}$$
$$=\sqrt{\boldsymbol{h^2+16\pi^2r^2}}$$

8-8. 꼭짓점 A에서 꼭짓점 G까지 가는 직선거리는 세 모서리 BF, BC, CD를 통과하는 경우이다.

이때의 직선거리를 각각 l_1, l_2, l_3이라고 하면

$$l_1=\sqrt{c^2+(a+b)^2},$$
$$l_2=\sqrt{b^2+(a+c)^2},$$
$$l_3=\sqrt{a^2+(b+c)^2}$$

여기에서

$$l_1^2-l_3^2=2b(a-c)>0,$$
$$l_2^2-l_3^2=2c(a-b)>0$$

곧, $l_1>l_3$, $l_2>l_3$이므로 꼭짓점 A에서 꼭짓점 G까지 가는 최단 거리는

$$l_3=\sqrt{\boldsymbol{a^2+(b+c)^2}}$$

9-1. (1) 점 P는 x축 위의 점이므로 $P(x,\ 0,\ 0)$이라고 하면

$$\overline{AP}^2=(x-1)^2+(0-1)^2+(0-2)^2,$$
$$\overline{BP}^2=(x+1)^2+(0-2)^2+(0-3)^2$$

$\overline{AP}^2=\overline{BP}^2$이므로

$$(x-1)^2+5=(x+1)^2+13$$

$\therefore\ x=-2 \quad \therefore\ \mathbf{P(-2,\ 0,\ 0)}$

(2) 점 C는 yz평면 위의 점이므로
C$(0,\ y,\ z)$라고 하면

$\overline{AB}^2=(-1-1)^2+(2-1)^2+(3-2)^2$
$=6,$

$\overline{BC}^2=(0+1)^2+(y-2)^2+(z-3)^2,$

$\overline{CA}^2=(0-1)^2+(y-1)^2+(z-2)^2$

$\overline{BC}^2=\overline{AB}^2$이므로

$(y-2)^2+(z-3)^2+1=6 \ \cdots\cdots①$

$\overline{CA}^2=\overline{AB}^2$이므로

$(y-1)^2+(z-2)^2+1=6 \ \cdots\cdots②$

①−②하면 $-2y-2z+8=0$

$\therefore\ z=-y+4 \quad \cdots\cdots③$

③을 ①에 대입하면

$(y-2)^2+(-y+4-3)^2+1=6$

$\therefore\ y=0,\ 3 \quad \therefore\ z=4,\ 1$

$\therefore\ \mathbf{(0,\ 0,\ 4),\ (0,\ 3,\ 1)}$

9-2.

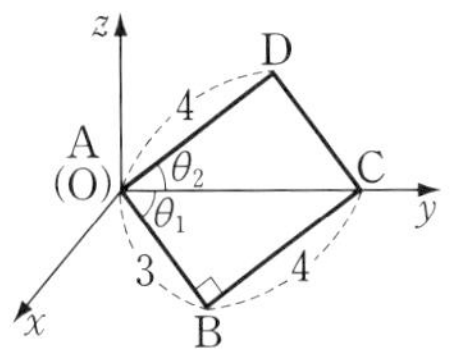

점 A를 좌표공간의 원점에, 선분 AC를 y축 위에 놓고, △ABC가 xy평면 위에 있다고 하면 △ADC는 yz평면 위에 있다.

$\angle CAB=\theta_1$이라고 하면 직각삼각형 ABC에서

$$\sin\theta_1=\frac{4}{5},\ \cos\theta_1=\frac{3}{5}$$

이고, B$(3\sin\theta_1,\ 3\cos\theta_1,\ 0)$이므로

$$B\left(\frac{12}{5},\ \frac{9}{5},\ 0\right)$$

또, $\angle DAC=\theta_2$라고 하면 마찬가지 방법으로 D$(0,\ 4\cos\theta_2,\ 4\sin\theta_2)$에서

$$D\left(0,\ \frac{16}{5},\ \frac{12}{5}\right)$$

$$\therefore\ \overline{BD}=\sqrt{\left(-\frac{12}{5}\right)^2+\left(\frac{16}{5}-\frac{9}{5}\right)^2+\left(\frac{12}{5}\right)^2}$$
$$=\mathbf{\frac{\sqrt{337}}{5}}$$

9-3. 점 C의 좌표를 C$(x,\ y,\ z)$라고 하면 무게중심 G의 좌표가 G$(2,\ 3,\ 6)$이므로

$$\frac{3+(-1)+x}{3}=2,\ \frac{4+2+y}{3}=3,$$
$$\frac{5+7+z}{3}=6$$

$\therefore\ x=4,\ y=3,\ z=6 \quad \therefore\ \mathbf{C(4,\ 3,\ 6)}$

9-4. $G_n\left(\frac{a_n}{3},\ \frac{a_n}{3},\ \frac{a_n}{3}\right)$, O$(0,\ 0,\ 0)$ 이므로

$$l_n=\overline{OG_n}=\sqrt{\left(\frac{a_n}{3}\right)^2+\left(\frac{a_n}{3}\right)^2+\left(\frac{a_n}{3}\right)^2}$$
$$=\frac{\sqrt{3}}{3}a_n=\frac{\sqrt{3}}{3}\times\frac{1}{2^n}$$

$l_n<0.001$에서

$$\frac{\sqrt{3}}{3}\times\frac{1}{2^n}<\frac{1}{1000}$$

$\therefore\ \sqrt{3}\times 2^n>1000 \quad \cdots\cdots①$

이때, $\sqrt{3}\times 2^9<1000<\sqrt{3}\times 2^{10}$

이므로 ①을 만족시키는 자연수 n의 최솟값은 **10**

9-5. (1) $\overline{AB}$

$=\sqrt{(2+1)^2+(3-2)^2+(-1-3)^2}$
$=\sqrt{26}$

$\overline{BC}=\sqrt{(3-2)^2+(-1-3)^2+(2+1)^2}$
$=\sqrt{26}$

$\overline{CA}=\sqrt{(-1-3)^2+(2+1)^2+(3-2)^2}$
$=\sqrt{26}$

곧, $\overline{AB}=\overline{BC}=\overline{CA}$이므로 △ABC는 정삼각형이다.

$\therefore\ \triangle ABC=\frac{\sqrt{3}}{4}\times(\sqrt{26})^2=\mathbf{\frac{13\sqrt{3}}{2}}$

(2) $\overline{OA}=\sqrt{(-1)^2+2^2+3^2}=\mathbf{\sqrt{14}}$

$\overline{OB}=\sqrt{2^2+3^2+(-1)^2}=\mathbf{\sqrt{14}}$

$\overline{OC}=\sqrt{3^2+(-1)^2+2^2}=\sqrt{14}$

(3) $\overline{OA}=\overline{OB}=\overline{OC}$이고 $\triangle ABC$는 정삼각형이므로 원점 O에서 밑면 ABC에 내린 수선의 발은 $\triangle ABC$의 무게중심이다.

$\triangle ABC$의 무게중심을 G라고 하면 $G\left(\frac{4}{3}, \frac{4}{3}, \frac{4}{3}\right)$이므로

$$\overline{OG}=\sqrt{\left(\frac{4}{3}\right)^2+\left(\frac{4}{3}\right)^2+\left(\frac{4}{3}\right)^2}=\frac{4\sqrt{3}}{3}$$

따라서 구하는 부피를 V라고 하면

$$V=\frac{1}{3}\times\triangle ABC\times\overline{OG}$$
$$=\frac{1}{3}\times\frac{13\sqrt{3}}{2}\times\frac{4\sqrt{3}}{3}=\mathbf{\frac{26}{3}}$$

9-6. (1) 구의 중심을 C라고 하면 점 C는 선분 AB의 중점이므로

$$C\left(\frac{10-6}{2}, \frac{2+10}{2}, \frac{5+11}{2}\right)$$
곧, $C(2, 6, 8)$

구의 반지름의 길이는

$$\overline{AC}=\sqrt{(2-10)^2+(6-2)^2+(8-5)^2}$$
$$=\sqrt{89}$$

따라서 구의 방정식은

$$\boldsymbol{(x-2)^2+(y-6)^2+(z-8)^2=89}$$

(2) 구와 xy평면의 교선의 방정식은 구의 방정식에서 $z=0$일 때이므로

$$(x-2)^2+(y-6)^2+(0-8)^2=89$$
곧, $(x-2)^2+(y-6)^2=25$

따라서 중심이 점 $(2, 6, 0)$이고 반지름의 길이가 5인 xy평면 위의 원이므로, 구하는 넓이는

$$\pi\times5^2=\mathbf{25\pi}$$

9-7.

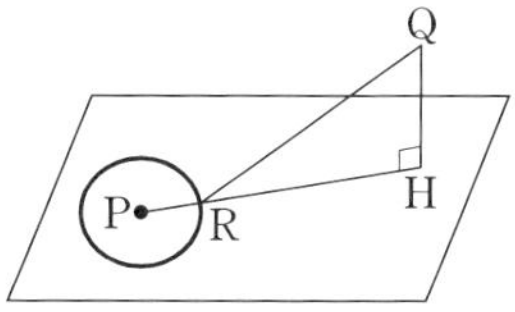

점 Q에서 xy평면에 내린 수선의 발을 H라 하고, 선분 PH와 원의 교점을 R라고 하자.

이때, 선분 QR의 길이가 구하는 최단거리이다.

$H(-2, 6, 0)$이므로

$$\overline{PH}=\sqrt{(-2-3)^2+(6-1)^2+0^2}$$
$$=5\sqrt{2}$$
$$\therefore \overline{RH}=\overline{PH}-\overline{PR}$$
$$=5\sqrt{2}-\sqrt{2}=4\sqrt{2}$$
$$\therefore \overline{QR}=\sqrt{\overline{QH}^2+\overline{RH}^2}$$
$$=\sqrt{3^2+(4\sqrt{2})^2}=\mathbf{\sqrt{41}}$$

9-8. 반지름의 길이가 $\sqrt{26}$인 구의 방정식을

$$(x-a)^2+(y-b)^2+(z-c)^2=26 \cdots①$$

이라고 하면 이 구와 zx평면의 교선의 방정식은 $y=0$일 때이므로

$$(x-a)^2+(0-b)^2+(z-c)^2=26$$
곧, $(x-a)^2+(z-c)^2=26-b^2$

이 방정식이 $(x-2)^2+(z+2)^2=25$와 일치하므로

$$a=2,\ c=-2,\ 26-b^2=25$$
$$\therefore b=\pm1$$

①에 대입하면

$$\boldsymbol{(x-2)^2+(y\pm1)^2+(z+2)^2=26}$$

9-9. 구 위의 점 B의 좌표를 $B(x_1, y_1, z_1)$이라고 하면

$$x_1{}^2+y_1{}^2+z_1{}^2=a^2 \quad \cdots\cdots①$$

조건을 만족시키는 점을 $P(x, y, z)$라고 하면 점 P는 두 점

$$A(0, 0, 3a),\ B(x_1, y_1, z_1)$$

을 연결하는 선분 AB의 중점이므로

$$x=\frac{0+x_1}{2},\ y=\frac{0+y_1}{2},\ z=\frac{3a+z_1}{2}$$
$$\therefore x_1=2x,\ y_1=2y,\ z_1=2z-3a$$

①에 대입하고 정리하면

$$\boldsymbol{x^2+y^2+z^2-3az+2a^2=0}$$

9-10.

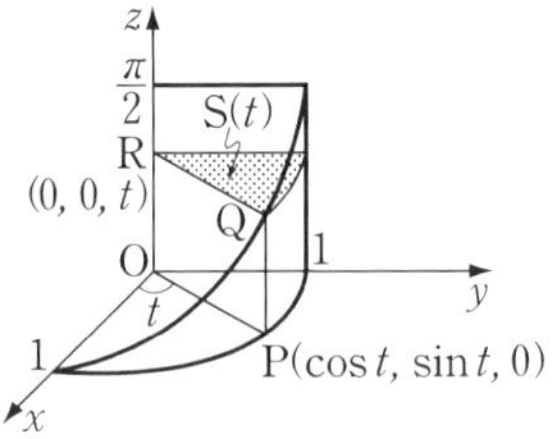

조건을 만족시키는 입체를 점 $R(0,\ 0,\ t)$를 지나고 z축에 수직인 평면으로 자른 단면은 반지름이 선분 RQ이고 중심각의 크기가 $\frac{\pi}{2}-t$인 부채꼴이다.

이 부채꼴의 넓이를 $S(t)$라고 하면

$$S(t)=\frac{1}{2}\times 1^2\times\left(\frac{\pi}{2}-t\right)=\frac{\pi}{4}-\frac{1}{2}t$$

따라서 구하는 부피를 V라고 하면

$$V=\int_0^{\frac{\pi}{2}}S(t)dt=\int_0^{\frac{\pi}{2}}\left(\frac{\pi}{4}-\frac{1}{2}t\right)dt$$

$$=\left[\frac{\pi}{4}t-\frac{1}{4}t^2\right]_0^{\frac{\pi}{2}}=\boldsymbol{\frac{\pi^2}{16}}$$

****Note*** $x=\cos t,\ y=\sin t$로 놓으면 $x^2+y^2=1$이므로 $0\le t\le\frac{\pi}{2}$일 때, 점 P는 xy평면 위의 원 $x^2+y^2=1$에서 $x\ge 0,\ y\ge 0$인 부분을 움직인다.

9-11. xy평면으로 두 구를 자르면 두 구의 단면은 각각 두 원

$$x^2+y^2=9,\ (x-4)^2+y^2=25$$

이다.

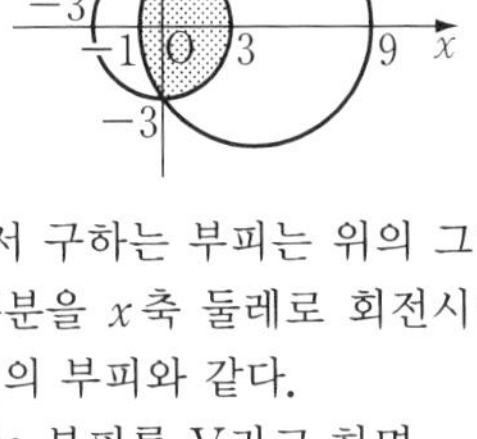

따라서 구하는 부피는 위의 그림의 점찍은 부분을 x축 둘레로 회전시켜 생기는 입체의 부피와 같다.

구하는 부피를 V라고 하면

$$V=\pi\int_{-1}^{0}\{25-(x-4)^2\}dx+\frac{1}{2}\times\frac{4}{3}\pi\times 3^3$$

$$=\pi\left[25x-\frac{1}{3}(x-4)^3\right]_{-1}^{0}+18\pi=\boldsymbol{\frac{68}{3}\pi}$$

9-12.

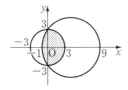

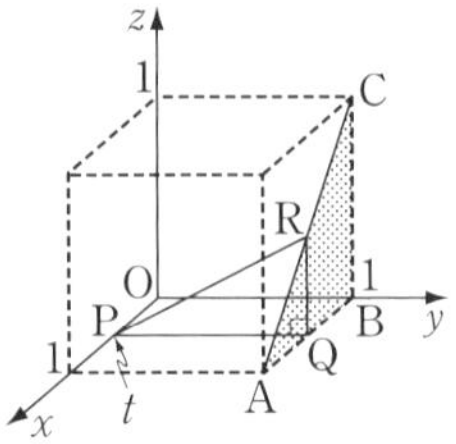

점 $P(t,\ 0,\ 0)(0\le t\le 1)$을 지나고 x축에 수직인 평면과 선분 AB, AC가 만나는 점을 각각 Q, R라고 하자.

조건을 만족시키는 입체를 평면 PQR로 자른 단면의 넓이를 $S(t)$라고 하면

$$S(t)=\pi(\overline{PR}^2-\overline{PQ}^2)=\pi\overline{QR}^2$$

한편 $Q(t,\ 1,\ 0)$이고 △AQR는 직각이등변삼각형이므로

$$\overline{QR}=\overline{QA}=1-\overline{QB}=1-t$$

$$\therefore\ S(t)=\pi(1-t)^2=\pi(t-1)^2$$

따라서 구하는 부피를 V라고 하면

$$V=\int_0^1 S(t)dt=\int_0^1\pi(t-1)^2dt$$

$$=\pi\left[\frac{1}{3}(t-1)^3\right]_0^1=\boldsymbol{\frac{\pi}{3}}$$

10-1. (1) $l\vec{a}+m\vec{b}+n\vec{c}=l(-1,\ 1,\ 0)+m(0,\ -1,\ 1)+n(1,\ 0,\ 1)$

$=(-l+n,\ l-m,\ m+n)$

$=(0,\ 0,\ 0)$

에서

$$-l+n=0,\ l-m=0,\ m+n=0$$

연립하여 풀면 $l=m=n=0$

(2) $l\vec{a}+m\vec{b}+n\vec{c}=(-l+n,\ l-m,\ m+n)$

이므로

$$(-1,\ 7,\ 2)=(-l+n,\ l-m,\ m+n)$$

$$\therefore\ -l+n=-1,\ l-m=7,\ m+n=2$$

연립하여 풀면

$$l=5,\ m=-2,\ n=4$$

10-2. $\vec{a}\,/\!/\,\vec{b}$ 이므로 $\vec{b}=m\vec{a}$ 를 만족시키는 0이 아닌 실수 m이 존재한다.

$\therefore\ (x-1,\ 6,\ 2y)=m(3,\ -2,\ 4)$

$\therefore\ x-1=3m,\ 6=-2m,\ 2y=4m$

$\therefore\ m=-3,\ \boldsymbol{x=-8,\ y=-6}$

10-3. (1) $\vec{u}=\vec{a}+\vec{b}=(5,\ -2,\ -1)$ 이므로

$$|\vec{u}|=\sqrt{5^2+(-2)^2+(-1)^2}=\boldsymbol{\sqrt{30}}$$

또, $\vec{v}=\vec{a}-\vec{b}=(3,\ -2,\ 1)$이므로

$$|\vec{v}|=\sqrt{3^2+(-2)^2+1^2}=\boldsymbol{\sqrt{14}}$$

(2) $$\vec{x}=\frac{1}{|\vec{u}|}\vec{u}=\frac{1}{\sqrt{30}}(5,\ -2,\ -1)=\boldsymbol{\left(\frac{\sqrt{30}}{6},\ -\frac{\sqrt{30}}{15},\ -\frac{\sqrt{30}}{30}\right)}$$

$$\vec{y}=\frac{1}{|\vec{v}|}\vec{v}=\frac{1}{\sqrt{14}}(3,\ -2,\ 1)=\boldsymbol{\left(\frac{3\sqrt{14}}{14},\ -\frac{\sqrt{14}}{7},\ \frac{\sqrt{14}}{14}\right)}$$

10-4. 좌표공간의 원점을 O라고 하자.

(i) 사각형 ABCD가 평행사변형일 때, $\overrightarrow{CD}=\overrightarrow{BA}$이므로

$$\overrightarrow{OD}-\overrightarrow{OC}=\overrightarrow{OA}-\overrightarrow{OB}$$

$\therefore\ (x-5,\ y+3,\ z)=(-3,\ 5,\ 4)$

$\therefore\ \boldsymbol{(x,\ y,\ z)=(2,\ 2,\ 4)}$

(ii) 사각형 ABDC가 평행사변형일 때, $\overrightarrow{CD}=\overrightarrow{AB}$이므로

$$\overrightarrow{OD}-\overrightarrow{OC}=\overrightarrow{OB}-\overrightarrow{OA}$$

$\therefore\ (x-5,\ y+3,\ z)=(3,\ -5,\ -4)$

$\therefore\ \boldsymbol{(x,\ y,\ z)=(8,\ -8,\ -4)}$

(iii) 사각형 ADBC가 평행사변형일 때, $\overrightarrow{AD}=\overrightarrow{CB}$이므로

$$\overrightarrow{OD}-\overrightarrow{OA}=\overrightarrow{OB}-\overrightarrow{OC}$$

$\therefore\ (x+2,\ y-1,\ z-3)=(-4,\ -1,\ -1)$

$\therefore\ \boldsymbol{(x,\ y,\ z)=(-6,\ 0,\ 2)}$

10-5. $\vec{a}\cdot\vec{b}=(1,\ -1,\ 0)\cdot(1,\ -3,\ x)=4,$

$|\vec{a}|=\sqrt{1^2+(-1)^2+0^2}=\sqrt{2},$

$|\vec{b}|=\sqrt{1^2+(-3)^2+x^2}=\sqrt{x^2+10}$

이므로 $\vec{a}\cdot\vec{b}=|\vec{a}||\vec{b}|\cos 45°$에서

$$4=\sqrt{2}\times\sqrt{x^2+10}\times\frac{1}{\sqrt{2}}$$

$\therefore\ \sqrt{x^2+10}=4$ ……①

양변을 제곱하여 정리하면

$x^2=6\quad \therefore\ x=\pm\sqrt{6}$

이 값은 모두 ①을 만족시키므로

$\boldsymbol{x=\pm\sqrt{6}}$

10-6. $\overrightarrow{OA}$, $\overrightarrow{OB}$가 이루는 각의 크기를 θ라고 하면 $\overrightarrow{OB}$의 직선 OA 위로의 정사영의 크기는 $\left||\overrightarrow{OB}|\cos\theta\right|$이다.

$|\overrightarrow{OA}|=\sqrt{5^2+2^2+3^2}=\sqrt{38},$

$\overrightarrow{OA}\cdot\overrightarrow{OB}=5\times2+2\times5+3\times6=38$

이므로 $\overrightarrow{OA}\cdot\overrightarrow{OB}=|\overrightarrow{OA}||\overrightarrow{OB}|\cos\theta$에서

$$\left||\overrightarrow{OB}|\cos\theta\right|=\frac{|\overrightarrow{OA}\cdot\overrightarrow{OB}|}{|\overrightarrow{OA}|}=\frac{38}{\sqrt{38}}=\boldsymbol{\sqrt{38}}$$

10-7. **필수 예제 10-5의 모범답안**과 같이 좌표공간을 설정하고 각 점의 좌표를 정한다.

이때, 선분 FC를 1 : 3으로 내분하는 점 J의 좌표를 J$(x,\ y,\ z)$라고 하면 F(3, 0, 2), C(3, 4, 0)이므로

$$x=\frac{1\times3+3\times3}{1+3},\quad y=\frac{1\times4+3\times0}{1+3},$$

$$z=\frac{1\times0+3\times2}{1+3}\qquad \therefore\ \mathrm{J}\left(3,\ 1,\ \frac{3}{2}\right)$$

(1) $\overrightarrow{AJ}=\left(3,\ 1,\ \frac{3}{2}\right),$

$\overrightarrow{CG}=\overrightarrow{AG}-\overrightarrow{AC}=(0,\ 0,\ 2)$이므로

$\cos\alpha=\dfrac{|\overrightarrow{\mathrm{AJ}}\cdot\overrightarrow{\mathrm{CG}}|}{|\overrightarrow{\mathrm{AJ}}||\overrightarrow{\mathrm{CG}}|}$

$=\dfrac{\left|3\times0+1\times0+\frac{3}{2}\times2\right|}{\sqrt{3^2+1^2+\left(\frac{3}{2}\right)^2}\sqrt{0^2+0^2+2^2}}$

$=\mathbf{\dfrac{3}{7}}$

(2) $\overrightarrow{\mathrm{AJ}}=\left(3,\ 1,\ \frac{3}{2}\right)$, $\overrightarrow{\mathrm{AE}}=(0,\ 0,\ 2)$

이므로

$|\overrightarrow{\mathrm{AJ}}|^2=3^2+1^2+\left(\frac{3}{2}\right)^2=\frac{49}{4}$,

$|\overrightarrow{\mathrm{AE}}|^2=0^2+0^2+2^2=4$,

$\overrightarrow{\mathrm{AJ}}\cdot\overrightarrow{\mathrm{AE}}=3\times0+1\times0+\frac{3}{2}\times2=3$

$\therefore\ \triangle\mathrm{AJE}$

$=\frac{1}{2}\sqrt{|\overrightarrow{\mathrm{AJ}}|^2|\overrightarrow{\mathrm{AE}}|^2-(\overrightarrow{\mathrm{AJ}}\cdot\overrightarrow{\mathrm{AE}})^2}$

$=\frac{1}{2}\sqrt{\frac{49}{4}\times4-3^2}=\mathbf{\sqrt{10}}$

10-8. 점 R가 선분 AB 위의 점이므로

$\overrightarrow{\mathrm{OR}}=t\,\overrightarrow{\mathrm{OA}}+(1-t)\overrightarrow{\mathrm{OB}}\ (0\le t\le1)$

$\therefore\ \overrightarrow{\mathrm{OR}}=t\,\vec{a}+(1-t)\,\vec{b}$ ……①

한편 $\overrightarrow{\mathrm{OR}}\cdot\overrightarrow{\mathrm{RC}}=-1$에서

$\overrightarrow{\mathrm{OR}}\cdot(\overrightarrow{\mathrm{OC}}-\overrightarrow{\mathrm{OR}})=-1$

$\therefore\ \overrightarrow{\mathrm{OR}}\cdot\overrightarrow{\mathrm{OC}}=|\overrightarrow{\mathrm{OR}}|^2-1$ ……②

이때, ①에서

$\overrightarrow{\mathrm{OR}}\cdot\overrightarrow{\mathrm{OC}}=\left\{t\,\vec{a}+(1-t)\,\vec{b}\right\}\cdot\vec{c}$

$=t(\vec{a}\cdot\vec{c})+(1-t)(\vec{b}\cdot\vec{c})$

$=2t+2(1-t)=2$

②에 대입하면 $|\overrightarrow{\mathrm{OR}}|^2=3$

$\therefore\ |\overrightarrow{\mathrm{OR}}|=\sqrt{3}$

따라서 $\overline{\mathrm{OR}}$는 정삼각형 OAB의 높이이므로 점 R는 선분 AB의 중점이다.

$\therefore\ \overrightarrow{\mathbf{OR}}=\mathbf{\frac{1}{2}\vec{a}+\frac{1}{2}\vec{b}}$ ⇦ $t=\frac{1}{2}$

10-9. $\vec{u}=(x,\ y,\ z)$라고 하자.

$\vec{u}\perp\vec{a}$ 이므로

$\vec{u}\cdot\vec{a}=2x+3y+z=0$ ……①

$\vec{u}\perp\vec{b}$ 이므로

$\vec{u}\cdot\vec{b}=x+3y+5z=0$ ……②

$|\vec{u}|=\sqrt{26}$ 이므로

$x^2+y^2+z^2=26$ ……③

①, ②를 연립하여 x, y를 z로 나타내면 $x=4z,\ y=-3z$

이것을 ③에 대입하면

$16z^2+9z^2+z^2=26$

$\therefore\ z^2=1\quad\therefore\ z=\pm1$

$\therefore\ x=\pm4,\ y=\mp3$ (복부호동순)

$\therefore\ \vec{\boldsymbol{u}}=\mathbf{(4,\ -3,\ 1),\ (-4,\ 3,\ -1)}$

10-10. $\vec{p}=(x,\ y,\ z)$라고 하자.

$|\vec{p}|=\sqrt{14}$ 이므로

$x^2+y^2+z^2=14$ ……①

$\vec{a}\cdot\vec{p}=|\vec{a}||\vec{p}|\cos120^\circ$ 이므로

$(1,\ 3,\ -2)\cdot(x,\ y,\ z)$

$=\sqrt{1^2+3^2+(-2)^2}\times\sqrt{14}\times\left(-\frac{1}{2}\right)$

$\therefore\ x+3y-2z=-7$ ……②

$\vec{b}\perp\vec{p}$ 이므로

$\vec{b}\cdot\vec{p}=(1,\ -1,\ -1)\cdot(x,\ y,\ z)=0$

$\therefore\ x-y-z=0$ ……③

②, ③을 연립하여 x, z를 y로 나타내면 $x=5y+7,\ z=4y+7$ ……④

이것을 ①에 대입하여 정리하면

$y^2+3y+2=0\quad\therefore\ y=-1,\ -2$

④에 대입하여 x, z의 값을 구하면

$\vec{\boldsymbol{p}}=\mathbf{(2,\ -1,\ 3),\ (-3,\ -2,\ -1)}$

10-11. (1) $\overrightarrow{\mathrm{AP}}=t\overrightarrow{\mathrm{AB}}=\boldsymbol{t\,\vec{a}}$

$\overrightarrow{\mathrm{AQ}}=2t\overrightarrow{\mathrm{AH}}+(1-2t)\overrightarrow{\mathrm{AF}}$

$=2t(\vec{b}+\vec{c})+(1-2t)(\vec{a}+\vec{c})$

$=\mathbf{(1-2t)\,\vec{a}+2t\,\vec{b}+\vec{c}}$

(2) $\overrightarrow{\mathrm{PQ}}=\overrightarrow{\mathrm{AQ}}-\overrightarrow{\mathrm{AP}}$

$=(1-2t)\,\vec{a}+2t\,\vec{b}+\vec{c}-t\,\vec{a}$

$=(1-3t)\,\vec{a}+2t\,\vec{b}+\vec{c}$

$\overrightarrow{FH}=\overrightarrow{BD}=\overrightarrow{AD}-\overrightarrow{AB}$

$=\vec{b}-\vec{a}$

$\overrightarrow{PQ}\perp\overrightarrow{FH}$에서 $\overrightarrow{PQ}\cdot\overrightarrow{FH}=0$이므로

$\left\{(1-3t)\vec{a}+2t\vec{b}+\vec{c}\right\}\cdot(\vec{b}-\vec{a})=0$ ……①

그런데 문제의 조건에서

$|\vec{a}|=|\vec{b}|=|\vec{c}|=1$,

$\vec{a}\cdot\vec{b}=\vec{b}\cdot\vec{c}=\vec{c}\cdot\vec{a}=0$

이므로 ①을 정리하면

$-(1-3t)+2t=0 \quad \therefore \ \boldsymbol{t=\frac{1}{5}}$

찾 아 보 기

실력 수학의 정석

기하

1966년 초판 발행
총개정 제12판 발행

지 은 이 홍 성 대 (洪 性 大)

도 운 이 남 진 영
박 재 희

발 행 인 홍 상 욱

발 행 소 **성지출판(주)**

06743 서울특별시 서초구 강남대로 202
등록 1997.6.2. 제22-1152호
전화 02-574-6700(영업부), 6400(편집부)
Fax 02-574-1400, 1358

인쇄 : 동화인쇄공사 · 제본 : 광성문화사

ISBN 979-11-5620-038-3 53410

수학의 정석 시리즈

홍성대 지음

개정 교육과정에 따른

수학의 정석 시리즈 안내

기본 수학의 정석 수학(상)
기본 수학의 정석 수학(하)
기본 수학의 정석 수학 I
기본 수학의 정석 수학 II
기본 수학의 정석 미적분
기본 수학의 정석 확률과 통계
기본 수학의 정석 기하

실력 수학의 정석 수학(상)
실력 수학의 정석 수학(하)
실력 수학의 정석 수학 I
실력 수학의 정석 수학 II
실력 수학의 정석 미적분
실력 수학의 정석 확률과 통계
실력 수학의 정석 기하